Les petits bovidés (Caprini et Rupicaprini) pléistocènes dans le bassin méditerranéen et le Caucase

Etude paléontologique, biostratigraphique, archéozoologique et paléoécologique

Florent Rivals

BAR International Series 1327
2004

Published in 2016 by
BAR Publishing, Oxford

BAR International Series 1327

Les petits bovidés (Caprini et Rupicaprini) pléistocènes dans le bassin méditerranéen et le Caucase

ISBN 9781841716725 paperback
ISBN 9781407327549 e-format
DOI https://doi.org/10.30861/9781841716725
A catalogue record for this book is available from the British Library

BAR Publishing is the trading name of British Archaeological Reports (Oxford) Ltd. British Archaeological Reports was first incorporated in 1974 to publish the BAR Series, International and British. In 1992 Hadrian Books Ltd became part of the BAR group. This volume was originally published by Archaeopress in conjunction with British Archaeological Reports (Oxford) Ltd / Hadrian Books Ltd, the Series principal publisher, in 2004. This present volume is published by BAR Publishing, 2016.

BAR
PUBLISHING

BAR titles are available from:

BAR Publishing
122 Banbury Rd, Oxford, OX2 7BP, UK
EMAIL info@barpublishing.com
PHONE +44 (0)1865 310431
FAX +44 (0)1865 316916
www.barpublishing.com

Table des matieres

Liste des figures v
Liste des tableaux xiii
Remerciements xv
Abstract xvii

Introduction 1

Chapitre I – Présentation des sites 3
I – La Caune de l'Arago 3
1.1 – Stratigraphie 5
1.2 – La faune 8
1.3 – L'occupation de la grotte 8
II – Orgnac 3 9
III – La grotte de l'Hortus 10
IV – La grotte du Portel-Ouest 12
V – La Cova de l'Arbreda 13
VI – La cavité E de la grotte de Karaïn (Antalya, Turquie) 15
VII – Les sites du Caucase (Géorgie et Azerbaïdjan) 16
7.1 – Sakazia 16
7.2 – La grotte d'Ortvala (Ortvala Cave) 18
7.3 – Tsutskhvati 19
7.4 – Ortvala Klde 20
7.5 – Tsona 20
7.6 – Azych et Taglar 20
VIII – Autres sites étudiés et utilisés pour comparaison 20
8.1 – La grotte du Castel 2 20
8.2 – Le site Arche 98 20

Chapitre II – Paléontologie 21
I – Introduction 21
II – Données sur l'origine et l'évolution des Caprinae 21
III – Le genre *Ovis* 23
3.1 – Introduction 23
3.2 – L'argali, *Ovis ammon antiqua* (Pommerol, 1880) 24
3.2.1 – Morphologie des chevilles osseuses 24
3.2.2 – Comparaisons du crâne avec les argalis fossiles et actuels 26
3.2.3 – Biométrie des éléments crâniens 27
3.2.4 – Description morphologique et biométrie des M3 supérieures 31
3.2.5 – Description morphologique et biométrie des mandibules 32
3.2.6 – Description morphologique et biométrie du talus 34
3.2.7 – Conclusion 35
3.3 – Le mouflon, *Ovis gmelinii* Blyth, 1841 35
3.3.1 – La M3 supérieure 35
3.3.2 – La P3 inférieure 36
3.3.3 – Le talus 36
3.3.4 – Conclusion 36
IV – Le genre *Hemitragus* 38
4.1 – Le tahr de Bonal, *Hemitragus bonali* Harlé et Stehlin, 1913 38
4.1.1 – Morphologie des chevilles osseuses 38
4.1.2 – Troisième molaire supérieure 39
4.1.3 – Troisième molaire inférieure 40
4.1.4 – Talus 40
4.1.5 – Révision de la détermination de certains spécimens 42
4.2 – Le tahr des Cèdres, *Hemitragus cedrensis* Crégut-Bonnoure, 1989 42
4.3 – Conclusion 59
V – Le genre *Capra* 60
5.1 – Le bouquetin du Caucase, *Capra* aff. *caucasica* Pällas, 1783 60
5.1.1 – La Caune de l'Arago 60
5.1.2 – Le Portel-Ouest 72

5.1.3 – Comparaison avec le gisement Arche 98 72
5.2 – Le bouquetin des Pyrénées, *Capra pyrenaica* Schinz, 1838 73
5.2.1 – La Caune de l'Arago 73
5.2.2 – La Cova de l'Arbreda 73
5.2.3 – Comparaison avec le site de Castel 2 73
5.3 – Conclusion 75
VI – Le genre *Rupicapra* 76
6.1 – Le chamois de la Caune de l'Arago, *Rupicapra* cf. *pyrenaica* 76
6.2 – Le chamois d'Orgnac 3, *Rupicapra* cf. *pyrenaica* 83
6.3 – L'isard, *Rupicapra pyrenaica* (Bonaparte, 1845) 85
6.3.1 – Le Portel-Ouest 85
6.3.2 – La Cova de l'Arbreda 85
6.3.3 – La grotte de Castel 2 86
6.4 – Evolution du genre *Rupicapra* 87
6.5 – Conclusion 87
VII – Conclusion 88

Chapitre III – Phylogénie et biostratigraphie 89
I – Essai d'analyse phylogénétique 89
1.1 – Description des méthodes 89
1.1.1 – Analyse cladistique (systématique phylogénétique) 89
1.1.2 – Analyse phénétique (systématique phénétique ou numérique) 89
1.2 – Choix des taxons 90
1.3 – Choix des caractères 90
1.4 – Analyse des caractères et réalisation des dendrogrammes 90
1.5 – Résultats 91
1.5.1 – Analyse cladistique 91
1.5.2 – Analyse phénétique 93
1.5.3 – Conclusions 93
1.6 – Comparaisons avec les résultats obtenus sur les taxons actuels 94
1.6.1 – Comparaisons avec les résultats des analyses morphologiques 94
1.6.2 – Comparaisons avec les résultats des analyses moléculaires 94
II – Position biostratigraphique des gisements étudiés 96

Chapitre IV – Archéozoologie 98
I – Méthodes 98
1.1 – Quantification des restes osseux 98
1.1.1 – Nombre de restes (NR) 98
1.1.2 – Nombre minimum d'individus (NMI) 98
1.1.3 – Indices de conservation 98
1.1.4 – Représentation squelettique 98
1.2 – Estimation de l'âge 99
1.2.1 – Problèmes liés à la méthode 99
1.2.2 – Les degrés d'usure dentaire 100
1.2.3 – Les classes d'âge 101
1.3 – Estimation de la saison de mortalité 102
1.3.1 – Détection de la saisonnalité 102
1.3.2 – Détermination de la saison 102
1.4 – Détermination du sexe 102
II – Etude de la répartition spatiale des ossements 104
2.1 – Répartition verticale 104
2.1.1 – Essai d'individualisation du niveau archéologique E 104
2.1.2 – Essai d'individualisation du niveau archéologique F 104
2.1.3 – Essai d'individualisation du niveau archéologique G 104
2.2 – Conclusion 105
III – Quantification des petits bovidés à la Caune de l'Arago 110
IV – Une occupation anthropique : les niveaux E, F, Gs, Gm et Gi 110
4.1 – Introduction 110
4.2 – Profils de mortalité des populations de petits bovidés 111
4.2.1 – L'argali 111
4.2.2 – Le tahr 112
4.2.3 – Discussion sur les profils de mortalité 113

4.2.4 – Comparaison des profils avec d'autres populations fossiles et actuelles 113
4.3 – Sex-ratio 115
4.4 – Saisonnalité de la chasse 116
4.5 – Caractérisation taphonomique des niveaux 117
4.6 – Conclusion sur l'assemblage d'argali des niveaux E, F, Gs, Gm et Gi 118
V – Une occupation par les carnivores : les niveaux M, N et O 118
5.1 – Introduction 118
5.2 – Structure de la population d'argali 119
5.3 – Répartition spatiale 120
5.4 – Caractérisation des niveaux M, N et O 120
5.4.1 – Proportion relative carnivores / ongulés 120
5.4.2 – Etude des modifications de surface 121
5.4.3 – Pathologies osseuses 122
5.4.4 – Représentation squelettique par région anatomique 122
5.4.5 – Conservation différentielle 124
5.4.6 – Indices de conservation 126
5.4.7 – Processus de désarticulation 127
5.5 – Synthèse 128
5.6 – Conclusion sur l'assemblage d'argali des niveaux M, N et O 129
VI – Conclusion 130

Chapitre V – Paléoécologie 131
I – Adaptations écologiques 131
1.1 – Estimation du poids corporel des animaux 131
1.1.1 – Estimation à partir de la première molaire inférieure 131
1.1.2 – Estimation à partir du talus 132
1.1.3 – Conséquences éco-éthologiques du poids corporel 133
1.2 – Reconstitution des adaptations écologico-fonctionnelles des taxons fossiles 134
1.2.1 – La tête du fémur 134
1.2.2 – Le métapode postérieur 135
1.2.3 – La première phalange 136
1.2.4 – La deuxième phalange 136
1.2.5 – La troisième phalange 136
1.2.6 – Comparaison avec les données sur les argalis et les bouquetin actuels 138
II – Etude du régime alimentaire 138
2.1 – Indice d'hypsodontie 139
2.2 – Morphologie de l'appareil masticatoire 139
2.2.1 – Morphologie du corps du maxillaire 141
2.2.2 – Morphologie du corps de l'os incisif 141
2.3 – Etude des micro-traces d'usure dentaire 141
2.3.1 – Introduction 143
2.3.2 – Méthodologie 144
2.3.3 – L'argali du sol F de la Caune de l'Arago 144
2.3.3.1 – Densité des micro-traces 145
2.3.3.2 – Dimensions des micro-traces 146
2.3.3.3 – Différences avec les espèces actuelles 146
2.3.3.4 – Variations saisonnières de l'alimentation 148
2.3.3.5 – Caractéristiques des micro-traces dans les niveaux archéologiques Fb et Fs 148
2.3.3.6 – Conclusions 149
2.3.4 – Comparaison avec l'argali des autres niveaux de la Caune de l'Arago 149
2.3.5 – Comparaison avec les autres Caprinae fossiles 151
2.3.5.1 – Le tahr de Bonal 151
2.3.5.2 – Comparaison avec le tahr des Cèdres 152
2.3.5.3 – Comparaison avec le bouquetin du Caucase 152
2.3.5.4 – Comparaison avec le chamois *s.l.* 154
2.3.6 – Synthèse 155
2.4 – Intérêt des altérations de l'émail 156

2.4.1 – Altérations observées sur le matériel de la Caune de l'Arago 157
2.4.2 – Altérations observées sur le matériel d'Orgnac 3 157
2.4 – Conclusions 158
III – Conclusion 159

Conclusion 160
Bibliographie 164
Annexe A – Références des mesures 179
Annexe B – Mesures des restes dentaires et osseux 237
Annexe C – Stades d'usure des dents sur les mandibules et maxillaires pour *Ovis ammon antiqua* et *Hemitragus bonali* de la Caune de l'Arago 239

Liste des figures

Fig. 1 – Localisation des sites étudiés 3
Fig. 2 – Vue de l'entrée de la Caune de l'Arago 4
Fig. 3 – Vue du remplissage de la Caune de l'Arago, lors du dégagement de la surface du sol F (photo : G. Chevalier, CERP Tautavel) 5
Fig. 4 – Coupe stratigraphique transversale en bande 18 (y = 50) du remplissage de la Caune de l'Arago (Données de H. de Lumley et collaborateurs) 6
Fig. 5 – Coupe stratigraphique longitudinale F/G du remplissage de la Caune de l'Arago (Données de H. de Lumley et collaborateurs) 6
Fig. 6 – Localisation des terres brunes (TB) dans la coupe longitudinale I/J (Données de H. de Lumley et collaborateurs) 8
Fig. 7 – Vue du plateau calcaire d'Orgnac (photo : CERP Tautavel) 9
Fig. 8 – Coupe stratigraphique longitudinale synthétique du remplissage d'Orgnac 3 (Données de H. de Lumley et collaborateurs) 9
Fig. 9 – Vue de la falaise de l'Hortus et localisation de l'entrée de la grotte 11
Fig. 10 – Coupe stratigraphique du remplissage du grand fossé de la grotte de l'Hortus (d'après Lumley, 1972*b*) 11
Fig. 11 – Coupe stratigraphique longitudinale du remplissage de la grotte du Portel-Ouest (Données de H. de Lumley et collaborateurs) 13
Fig. 12 – Vue de la Cova de l'Arbreda 14
Fig. 13 – Coupe stratigraphique du remplissage de la Cova de l'Arbreda 14
Fig. 14 – Vue de la grotte de Karain E 15
Fig. 15 – Coupe stratigraphique transversale du remplissage de la grotte de Karain E (Données de H. de Lumley et collaborateurs) 16
Fig. 16 – Localisation des sites de Géorgie (Toushabramishvili, 2002 ; modifié) 17
Fig. 17 – Sakazia, (a) entrée de la grotte, (b) gorges de la rivière Ckhalcitela 17
Fig. 18 – Coupe stratigraphique du remplissage de la grotte de Sakazia (d'après Nioradze, 1953) 18
Fig. 19 – Coupes stratigraphiques du remplissage de la grotte d'Ortvala (d'après Davitaia, 1978) 18
Fig. 20 – La grotte du Bronze (Tsutskhvati), (a) vue de la coupe et (b) vue des gorges 19
Fig. 21 – Coupe stratigraphique du remplissage de la grotte du Bronze (d'après Toushabramishvili, 2002) 19
Fig. 22 – Crâne d'argali de la Caune de l'Arago, vues latérale et dorsale (AR E14 EFN1 961) 24
Fig. 23 – Sections de chevilles osseuses gauches d'*Ovis ammon antiqua* adultes, sections à la base (a), à 10 cm (b) et à 20 cm (c) (AR F19 FKF33 2608 et AR E18 ESY0 807) 25
Fig. 24 – Sections de chevilles osseuses droites d'*Ovis ammon antiqua* adultes, sections à la base (a), à 10 cm (b) et à 20 cm (c) (AR G13 GEO3 1045 et AR E14 EFN1 961) 25
Fig. 25 – Section basales de chevilles osseuses d'*Ovis ammon antiqua* jeunes (AR H14 HFO4 4876 à gauche et AR J19 JKF8 3150 à droite) 26
Fig. 26 – *Ovis shantungensis* du Sangkan-ho (d'après Teilhard de Chardin et Piveteau, 1930) 26
Fig. 27 – Crâne d'*Ovis antiqua* de Pont-du-Château, vue antérieure et vue postérieure (d'après Pommerol, 1880) 27
Fig. 28 – Crâne d'*Ovis antiqua* de la collection Pommerol en vue latérale (d'après Crégut-Bonnoure et Guérin, 1996) 27
Fig. 29 – Sections de cheville osseuse de l'*Ovis antiqua* de Pont-du-Château à l'échelle ¼, de gauche à droite, sections à la base, dans la partie moyenne et au sommet (d'après Pommerol, 1880) 27
Fig. 30 – Crâne d'argali *Ovis ammon ammon* en vues latérale et postérieure (individu mâle, MNHN A10790) 27
Fig. 31 – Relation entre la longueur totale du crâne et la longueur de la série de dents jugales chez le genre *Ovis* et position de l'argali de la Caune de l'Arago 29
Fig. 32 – Relation entre la largeur du crâne à l'arrière des orbites et la longueur maximale du crâne (d'après Grubb, 2000) et position de l'argali de la Caune de l'Arago 29

Fig. 33 – Dispersion du DT et du DAP des chevilles osseuses à la base 30
Fig. 34 – Diagramme des rapports des dimensions moyennes des longueurs dentaires supérieures d'*Ovis* (Base de référence : *Ovis ammon polii*) 30
Fig. 35 – M3 supérieure gauche de *Ovis ammon antiqua* de la Caune de l'Arago (AR H14 HA1 584), vues linguale et vestibulaire (dessin : Laurence Macary, CERP Tautavel) 31
Fig. 36 – M3 supérieure de *Ovis ammon* de la grotte de Sakazia (Sak.593), vues linguale, vestibulaire et occlusale 31
Fig. 37 – Diagramme des rapports des dimensions moyennes des M3 supérieures d'*Ovis ammon* (Base de référence : Caune de l'Arago) 32
Fig. 38 – Mandibule d'*Ovis ammon antiqua* (AR D13 DEO3 2328) en vue vestibulaire (dessin : Olivia Cuadra, CERP Tautavel) 33
Fig. 39 – Diagramme des rapports des dimensions moyennes des mandibules du genre *Ovis* (Base de référence : *Ovis gmelinii gmelinii*) 33
Fig. 40 – Talus d'*Ovis ammon antiqua* en vues dorsale (a), plantaire (b), plantaire incliné à 45° (c), médiale (d) et proximale (e). (dessins : Eva Richard, Laboratoire du Lazaret) 34
Fig. 41 – Diagramme des rapports des dimensions moyennes du talus d'*Ovis* (Base de référence : *Ovis gmelinii musimon* actuel) 35
Fig. 42 – Diagramme des rapports des dimensions moyennes de la M3 supérieure d'*Ovis* (Base de référence : *Ovis ammon antiqua*) 36
Fig. 43 – Talus d'*Ovis gmelinii* de Karain E (KE86 F16 c.27) 37
Fig. 44 – Diagramme des rapports des dimensions moyennes du talus d'*Ovis* (Base de référence : *Ovis ammon antiqua*) 37
Fig. 45 – Vue médiale de la cheville osseuse droite d'*H. bonali* (AR D18 DJG3 3920) 38
Fig. 46 – Section de cheville osseuse droite d'*Hemitragus bonali* (AR E12 J2 15 ; section à la base) 38
Fig. 47 – Cheville osseuse droite d'*H. bonali* de l'Abri Vaufrey. A gauche : vue latérale et sections transversales ; au centre : v. antérieure ; à droite : v. médiale (Delpech *et al.*, 1983) 38
Fig. 48 – Section basale de cheville osseuse de *H. jemlahicus* (Schaller, 1977) 39
Fig. 49 – Diagramme des rapports des dimensions moyennes des M3 supérieures de tahrs (Base de référence : Escale) 39
Fig. 50 – Diagramme des rapports des dimensions moyennes des M3 inférieures de tahrs du Pléistocène inférieur et moyen (Base de référence : *H. bonali* de l'Escale) 40
Fig. 51 – Talus en vue dorsale (a), plantaire (b), plantaire incliné à 45° (c), médiale (d) et proximale (e). (Dessins : Eva Richard, Laboratoire Départemental du Lazaret) 41
Fig. 52 – Diagramme des rapports des dimensions moyennes des talus de tahr 41
Fig. 53 – Diagramme des rapports des dimensions moyennes des P2 supérieures de tahr des Cèdres (Base de référence : *H. bonali* de la Caune de l'Arago) 43
Fig. 54 – Diagramme des rapports des dimensions moyennes des P3 supérieures de tahr des Cèdres (Base de référence : *H. bonali* de la Caune de l'Arago) 43
Fig. 55 – Diagramme des rapports des dimensions moyennes des P4 supérieures de tahr des Cèdres (Base de référence : *H. bonali* de la Caune de l'Arago) 44
Fig. 56 – Première molaire supérieure d'*Hemitragus cedrensis* (AR K19 KKD2 197), vues linguale, labiale, distale, mésiale et occlusale (dessin : Laurence Macary, CERP Tautavel) 44
Fig. 57 – Diagramme des rapports des dimensions moyennes des M1 supérieures de tahr des Cèdres (Base de référence : *H. bonali* de la Caune de l'Arago) 44
Fig. 58 – Deuxième molaire supérieure d'*Hemitragus cedrensis* (AR J19 JKD11 649), vues linguale, labiale, distale, mésiale et occlusale (dessin : Laurence Macary, CERP Tautavel) 45
Fig. 59 – Diagramme des rapports des dimensions moyennes des M2 supérieures de tahr des Cèdres (Base de référence : *H. bonali* de la Caune de l'Arago) 45
Fig. 60 – Troisième molaire supérieure de tahr des Cèdres (AR I24 IPB4 799), vues linguale et labiale (dessin : Laurence Macary, CERP Tautavel) 45
Fig. 61 – Diagramme des rapports des dimensions moyennes des M3 supérieures de tahr des Cèdres (Base de référence : *H. bonali* de la Caune de l'Arago) 46

Fig. 62 – Troisième prémolaire inférieure d'*Hemitragus cedrensis* (AR I21 IMD4 689), vues labiale, linguale et distale (dessin : Laurence Macary, CERP Tautavel) 47
Fig. 63 – Diagramme des rapports des dimensions moyennes des P3 inférieures de tahr des Cèdres (Base de référence : *H. bonali* de la Caune de l'Arago) 47
Fig. 64 – Quatrième prémolaire inférieure d'*Hemitragus cedrensis* (AR F24 FPD5 526), vues labiale, linguale et distale (dessin : Laurence Macary, CERP Tautavel) 47
Fig. 65 – Diagramme des rapports des dimensions moyennes des P4 inférieures de tahr des Cèdres (Base de référence : *H. bonali* de la Caune de l'Arago) 47
Fig. 66 – Première molaire inférieure d'*Hemitragus cedrensis* (AR K18 KJD7 R10768), vue linguale (dessin : Laurence Macary, CERP Tautavel) 48
Fig. 67 – Diagramme des rapports des dimensions moyennes des M1 inférieures de tahr des Cèdres (Base de référence : *H. bonali* de la Caune de l'Arago) 48
Fig. 68 – Troisième molaire inférieure d'*Hemitragus cedrensis* (AR J20 JLE2 1757), vues labiale et linguale (dessin : Laurence Macary, CERP Tautavel) 48
Fig. 69 – Diagramme des rapports des dimensions moyennes des M3 inférieures de tahr des Cèdres (Base de référence : *H. bonali* de la Caune de l'Arago) 49
Fig. 70 – Humérus de tahr des Cèdres (AR E22 END4 92), vues caudale, latérale, crâniale et proximale (dessins : Laurence Macary, CERP Tautavel) 49
Fig. 71 – Diagramme des rapports des dimensions moyennes de l'humérus de tahr des Cèdres (Base de référence : *H. bonali* de la Caune de l'Arago) 50
Fig. 72 – Pyramidal de tahr des Cèdres (AR K19 KKD3 R14369) en vue médiale, (dessin : Laurence Macary, CERP Tautavel) 50
Fig. 73 – Cubonaviculaire de tahr des Cèdres (AR K18 KJBE7 2817), vues dorsale (a), plantaire (b) et supérieure (c). (Dessins : Laurence Macary, CERP Tautavel) 51
Fig. 74 – Talus droit de tahr des Cèdres (AR I18 IJD6 3190), vues dorsale, plantaire et supérieure (dessins : Laurence Macary, CERP Tautavel) 51
Fig. 75 – Diagramme des rapports des dimensions moyennes des talus de tahr des Cèdres (Base de référence : *H. bonali* de la Caune de l'Arago) 52
Fig. 76 – Métapode postérieur d'*Hemitragus cedrensis* en vues dorsale et plantaire (AR I24 IPC10 1673 ; dessin Laurence Macary, CERP Tautavel) 53
Fig. 77 – Morphologie comparée de l'extrémité proximale du métapode postérieur. 1. *Hemitragus*, 2. *Capra* (d'après Crégut-Bonnoure, 1995*a*) 53
Fig. 78 – Extrémité proximale des métapodes postérieurs d'*Hemitragus cedrensis* (de à droite : AR I24 IPC10 1673 ; AR J19 JKD1 29 et AR H19 HKC1 3), gauche (dessins Laurence Macary, CERP Tautavel) 53
Fig. 79 – Diagramme des rapports des dimensions moyennes des métapodes postérieurs de tahr des Cèdres (Base de référence : *H. bonali* de l'Escale, données Crégut-Bonnoure, 1995*a*) 54
Fig. 80 – Diagramme des rapports des dimensions moyennes des premières phalanges antérieures de tahr des Cèdres (Base de référence : *H. bonali* de la Caune de l'Arago) 56
Fig. 81 – Diagramme des rapports des dimensions moyennes des premières phalanges postérieures de tahr des Cèdres (Base de référence : *H. bonali* de la Caune de l'Arago) 56
Fig. 82 – Deuxième phalange antérieure d'*Hemitragus cedrensis* (AR J19 JKD2 190), (dessins Laurence Macary, CERP Tautavel) 57
Fig. 83 – Diagramme des rapports des dimensions moyennes des deuxièmes phalanges antérieures de tahr des Cèdres (Base de référence : *H. bonali* de la Caune de l'Arago) 57
Fig. 84 – Diagramme des rapports des dimensions moyennes des deuxièmes phalanges postérieures de tahr des Cèdres (Base de référence : *H. bonali* de la Caune de l'Arago) 58
Fig. 85 – Fragment de troisième phalange d'*Hemitragus cedrensis*, vues axiale, abaxiale et proximale, (AR K19 KKD3 R14249; dessin Laurence Macary, CERP Tautavel) 58
Fig. 86 – Carte de répartition du bouquetin pendant la dernière glaciation. 1 : Calottes glaciaires, 2 : *Capra ibex*, 3 : *Capra pyrenaica* (d'après Griggo, 1991) 60
Fig. 87 – P4 supérieures de *Capra* aff. *caucasica* de la Caune de l'Arago (dessin : Laurence Macary, CERP Tautavel) 60

Fig. 88 – Diagramme des rapports des dimensions moyennes des P4 supérieures de *Capra* aff. *caucasica* (Base de référence : Adaouste) ... 61
Fig. 89 – M2 supérieure de *Capra* aff. *caucasica* de la Caune de l'Arago (I22 IND8 2062), vues linguale, labiale, (dessin : Laurence Macary, CERP Tautavel) ... 61
Fig. 90 – Diagramme des rapports des dimensions moyennes des M2 supérieures de *Capra* aff. *caucasica* (Base de référence : Adaouste) ... 62
Fig. 91 – Troisième molaire supérieure de *Capra* aff. *caucasica* de la Caune de l'Arago (AR J19 JKD14 1401), (dessin : Laurence Macary, CERP Tautavel) ... 62
Fig. 92 – Diagramme des rapports des dimensions moyennes des M3 supérieures de *Capra* aff. *caucasica* de la Caune de l'Arago et du Portel-Ouest et de *Capra ibex* : Bayol (Base de référence), Les Pêcheurs et Sartanette (Crégut-Bonnoure, 1992*d*) ... 63
Fig. 93 – Diagramme des rapports des dimensions moyennes des M3 supérieures de *Capra* aff. *caucasica* européens (Base de référence : Adaouste) ... 63
Fig. 94 – M3 supérieure de *Capra* aff. *caucasica* de l'Hortus (H10 c.29 1828), vues linguale et labiale (dessin : Eva Richard, Laboratoire Départemental du Lazaret) ... 64
Fig. 95 – M3 supérieure de *Capra caucasica* de Ortvala Cave (Ort.181 et Ort.220) ... 64
Fig. 96 – Diagramme des rapports des dimensions moyennes des M3 supérieures de *Capra caucasica* du Caucase et de la Caune de l'Arago (Base de référence : Adaouste) ... 64
Fig. 97 – P4 inférieure de *Capra* aff. *caucasica* de la Caune de l'Arago (AR K19 KKE16B 3191), (dessin : Laurence Macary, CERP Tautavel) ... 65
Fig. 98 – Diagramme des rapports des dimensions moyennes des P4 inférieures de *Capra caucasica* (Base de référence : Adaouste) ... 65
Fig. 99 – M3 inférieure de *Capra* aff. *caucasica* de la Caune de l'Arago (AR H19 HKD11 106), (dessin : Laurence Macary, CERP Tautavel) ... 66
Fig. 100 – Diagramme des rapports des dimensions moyennes des M3 inférieures de *Capra caucasica* (Base de référence : Baume Moula-Guercy) ... 66
Fig. 101 – Diagramme des rapports des dimensions moyennes du pyramidal de *Capra caucasica* (Base de référence : Ortvala Cave) ... 67
Fig. 102 – Talus droit de *Capra* aff. *caucasica* de l'Hortus (I10 c.28 2009), vues dorsale, plantaire, médiale et supérieure (dessin : Eva Richard, Laboratoire du Lazaret) ... 67
Fig. 103 – Diagramme des rapports des dimensions moyennes de la 1ère phalange antérieure de *Capra caucasica* (Base de référence : Hortus) ... 68
Fig. 104 – Diagramme des rapports des dimensions moyennes de la 1ère phalange postérieure de *Capra caucasica* (Base de référence : Hortus) ... 69
Fig. 105 – Deuxième phalange postérieure de *Capra* aff. *caucasica* (AR J20 JLE3 1514), vues dorsale, palmaire, abaxiale, axiale, proximale et distale, (dessins : Laurence Macary, CERP Tautavel) ... 69
Fig. 106 – Diagramme des rapports des dimensions moyennes de la 2ème phalange antérieure de *Capra caucasica* (Base de référence : Hortus) ... 70
Fig. 107 – Diagramme des rapports des dimensions moyennes de la 2ème phalange postérieure de *Capra caucasica* (Base de référence : Hortus) ... 70
Fig. 108 – Troisième phalange de *Capra* aff. *caucasica* (AR J20 JLE2 1694). Vues abaxiale, axiale et proximale (dessins : Laurence Macary, CERP Tautavel). ... 71
Fig. 109 – Diagramme des rapports des dimensions moyennes de la 3ème phalange de *Capra caucasica* (Base de référence : Ortvala-Klde) ... 71
Fig. 110 – Crâne du bouquetin de la grotte du Portel-Ouest ... 72
Fig. 111 – Sections des chevilles osseuses gauches et droites du massacre de *Capra* aff. *caucasica*. Le Portel-Ouest (sections à la base (a), à 5 cm (b) et à 10 cm (c)) ... 72
Fig. 112 – Dispersion des diamètres basaux des chevilles osseuses de *Capra* ... 72
Fig. 113 – Crâne du bouquetin de la grotte Arche 98 et sections basale (a), à 5 cm (b) et 10 cm (c) de la cheville osseuse droite ... 73
Fig. 114 – Diagramme des rapports des dimensions moyennes de la M3 supérieure de *Capra pyrenaica* (Base de référence : *C.* aff. *caucasica* de l'Hortus) ... 74
Fig. 115 – Comparaison du diamètre transversal de l'extrémité proximale du radius de *Capra* ... 74

Fig. 116 – Sections basales des chevilles osseuses du bouquetin de Castel 2 75
Fig. 117 – Sections de cheville osseuse de *Capra pyrenaica* (d'après Boule, 1906) 75
Fig. 118 – Distribution du chamois fossile en Europe de l'Ouest (d'après Massini et Lovari, 1988) 76
Fig. 119 – Section de la cheville osseuse (AR R12544) 76
Fig. 120 – M1 supérieure gauche de *Rupicapra* (AR H16 HDZ2 1456 ; dessin : Laurence Macary, CERP Tautavel) 76
Fig. 121 – Diagramme des rapports des dimensions moyennes de la M1 supérieure de *Rupicapra* (Base de référence : Portel-Ouest) 77
Fig. 122 – M2 supérieure gauche de *Rupicapra* (AR H16 HDZ2 1456 ; dessin : Laurence Macary, CERP Tautavel) 77
Fig. 123 – Diagramme des rapports des dimensions moyennes de la M2 supérieure de *Rupicapra* (Base de référence : Portel-Ouest) 78
Fig. 124 – M2 inférieure de chamois (AR R12067), vues vestibulaire, mésiale, linguale, distale, occlusale et vue de la M2 inférieure sur le fragment de mandibule (dessin Laurence Macary, CERP Tautavel) 78
Fig. 125 – Diagramme des rapports des dimensions moyennes de la M2 inférieure de *Rupicapra* (Base de référence : Portel-Ouest) 79
Fig. 126 – M3 inférieure droite de *Rupicapra* , vues linguale et vestibulaire (AR H20 HLF6 482 ; dessin : Laurence Macary, CERP Tautavel) 79
Fig. 127 – Diagramme des rapports des dimensions moyennes de la M3 inférieure de *Rupicapra* (Base de référence : Les Gras) 80
Fig. 128 – Scapula droite de chamois (AR G20 GLF9 1263) (dessin : Laurence Macary, CERP Tautavel) 80
Fig. 129 – Diagramme des rapports des dimensions moyennes de la deuxième phalange de *Rupicapra* (Base de référence : Portel-Ouest) 82
Fig. 130 – Troisième phalange de *Rupicapra*, vues axiale, abaxiale et proximale (AR I20 ILE8 688; dessin : Laurence Macary, CERP Tautavel) 82
Fig. 131 – Diagramme des rapports des dimensions moyennes de la troisième phalange de *Rupicapra* (Base de référence : *R. pyrenaica* actuel) 83
Fig. 132 – M3 inférieure droite de *Rupicapra* , vues linguale et vestibulaire (OR3 C8 c.3 69 ; dessin : Laurence Macary, CERP Tautavel) 83
Fig. 133 – Diagramme des rapports des dimensions moyennes de l'extrémité distale du tibia de *Rupicapra* (Base de référence : Chamois de la grotte du Bison à Tsutskhvati) 84
Fig. 134 – Diagramme des rapports des dimensions moyennes de la première phalange de *Rupicapra* (Base de référence : Isard du Portel-Ouest) 85
Fig. 135 – Section basale de la cheville (LPO B 5,8-0,3x0,95) 85
Fig. 136 – Diagramme de dispersion des dimensions de la cheville osseuse du chamois (d'après les mesures de Altuna, 1972 ; Clot et Marsan, 1986 et mesures personnelles) 86
Fig. 137 – Extrémité distale du métapode antérieur d'isard de l'Arbreda (ARB c.21-24, 70133), vues dorsale et palmaire 86
Fig. 138 – Comparaison du diamètre transversal distal maximum du tibia de *Rupicapra* 87
Fig. 139 – Cladogramme consensus issu du traitement sans pondération des caractères 92
Fig. 140 – Cladogrammes issus du traitement avec pondération des caractères 92
Fig. 141 – Cladogramme consensus issu du traitement avec pondération des caractères 93
Fig. 142 – Phénogramme obtenu par la méthode UPGMA 93
Fig. 143 – Evolution de *Capra* (a) d'après la morphologie des cornes et (b) d'après la coloration du pelage (d'après Veinberg, 1993) 94
Fig. 144 – Arbre consensus obtenu après l'étude du cytochrome *b* (ADN mitochondrial) pour la famille des Bovidae (d'après Hassanin et Douzery, 1999) 94
Fig. 145 – Arbre consensus issu de l'étude du cytochrome *b* (ADN mitochondrial) pour la sous-famille des Caprinae (d'après Hassanin, Pasquet et Vigne, 1998) 95
Fig. 146 – Biostratigraphie et évolution des Caprinae en Europe occidentale (d'après Crégut-Bonnoure, 1992*a* ; Alberdi *et al.*, 1998*a* et 1998*b* ; Crégut-Bonnoure et Spassov, 2002) 96

Fig. 147 – Régions anatomiques de Wilson (1989) 99
Fig. 148 – Stades d'usure 3 à 7 des M2 inférieures d'argali en vue vestibulaire (photo : Denis Dainat, CERP Tautavel) 100
Fig. 149 – Stades d'usure 3 à 7 des M2 inférieures d'argali en vue occlusale (photo : Denis Dainat, CERP Tautavel) 100
Fig. 150 – Radiographie de la mandibule AR E12 EDN1 1469 (photo : J. Zammit) 100
Fig. 151 – Radiographie de la mandibule AR H17 HQT8 1589 (photo : J. Zammit) 101
Fig. 152 – Radiographie de la mandibule AR F17 FMY1 1722 (photo : J. Zammit) 101
Fig. 153 – Pelvis de mouton (mâle et femelle), ilium et acétabulum, en vue dorsale (d'après Prummel et Frisch, 1986) 103
Fig. 154 – Pelvis de mouton (femelle et mâle), en vue ventrale (d'après Prummel et Frisch, 1986) 103
Fig. 155 – Coupe transversale 15/16 et projection des objets de la bande 16 (x de 10 à 20) 106
Fig. 156 – Coupe transversale 18 (y=50) et projection des objets de la bande 18 (x de 0 à 10) 107
Fig. 157 – Coupe longitudinale H/I et projection des objets de la bande H (x de 90 à 100) 108
Fig. 158 – Coupe longitudinale H /I et projection des objets de la bande I (x de 0 à 10) 109
Fig. 159 – Profil de mortalité de l'argali dans le sol E 111
Fig. 160 – Profil de mortalité de l'argali dans le sol F 112
Fig. 161 – Profil de mortalité de l'argali dans le sol Gs 112
Fig. 162 – Profil de mortalité de l'argali dans le sol Gm 112
Fig. 163 – Profil de mortalité de l'argali dans le sol Gi 112
Fig. 164 – Profil de mortalité obtenu par la méthode Klein (Klein et Cruz-Uribe, 1984) 112
Fig. 165 – Profil de mortalité du tahr dans le sol E 113
Fig. 166 – Profil de mortalité du tahr dans le sol F 113
Fig. 167 – Profil de mortalité du tahr dans le sol Gs 113
Fig. 168 – Profil de mortalité du tahr dans le sol Gm 113
Fig. 169 – Profil de mortalité du tahr dans le sol Gi 113
Fig. 170 – Diagramme triangulaire (d'après Stiner, 1998). (a) méthode de construction et (b) définition des zones en fonction de l'âge 114
Fig. 171 – Diagramme triangulaire 115
Fig. 172 – Distribution de la hauteur de la couronne des M1 inférieures d'*Ovis* du sol F 116
Fig. 173 – Saison de chasse des argalis à la Caune de l'Arago 116
Fig. 174 – Evolution des indices de conservation pour l'argali et le tahr des niveaux de l'ensemble III 118
Fig. 175 – Courbes de mortalité pour l'argali des niveaux M, N et O et du sol F 119
Fig. 176 – Structure de la population d'argali dans le sol F et les niveaux M, N et O 119
Fig. 177 – Répartition spatiale des restes d'argali ◆ et de tahr □ dans les niveaux M, N et O 120
Fig. 178 – Proportions relatives des carnivores et des ongulés dans les niveaux M, N et O et dans le sol F (d'après Rivals *et al.*, sous presse) 120
Fig. 179 – Cupule et piquetages sur un pelvis gauche d'argali (AR E13 EEN4 2446) (barres d'échelle = 1 cm) 121
Fig. 180 – Traces de rongement (*scores*) sur une mandibule d'argali (AR G12 GDP17 536) 122
Fig. 181 – Représentation anatomique pour l'argali des niveaux M, N et O et du sol F 123
Fig. 182 – Représentation squelettique pour l'argali des niveaux M, N et O et du sol F par région anatomique 123
Fig. 183 – Diagramme des rapports du nombre de restes des parties anatomiques de l'argali pour le sol F et les niveaux M, N et O 124
Fig. 184 – Représentation des éléments anatomiques de l'argali des niveaux M, N et O et du sol F 125
Fig. 185 – Abondance des éléments anatomiques (MAU) en fonction de leur densité 126
Fig. 186 – Abondance des éléments anatomiques (MAU) en fonction du FUI 126
Fig. 187 – Dessin de la connexion anatomique *in situ* dans le sol N de la Caune de l'Arago (F15 FGN7 et G15 GGN9) 127

Fig. 188 – Vertèbres lombaires, coccyx, pelvis droit, et fémur d'argali en connexion anatomique dans le sol N de la Caune de l'Arago (zones F15 et G15) 127
Fig. 189 – Corrélation entre la hauteur de la couronne de la M1 inférieure et le poids de l'argali estimé sur cette même dent à partir de l'équation (1) 132
Fig. 190 – Corrélation entre les deux mesures utilisées pour le calcul de la surface du talus de Caprinae actuels et fossiles 132
Fig. 191 – Distribution du poids corporel pour l'argali de la Caune de l'Arago 133
Fig. 192 – Distribution du poids corporel pour le bouquetin de l'Hortus 133
Fig. 193 – Tête de fémur d'*Ovis ammon antiqua* (AR H15 HAY12 6633) et de *Capra* aff. *caucasica*. (Hortus I9 c.26 1394) 135
Fig. 194 – Métapode postérieur d'*Ovis ammon antiqua* (AR G16 GHL3 7500) à droite et de *Capra* aff. *caucasica* (Hortus I9 c.29 2042) à gauche, en vue dorsale (a et b) et extrémité distale en vue latérale (c). (dessins : Olivia Cuadra, CERP Tautavel). 135
Fig. 195 – Extrémité proximale de métapode postérieur de type B et de type C en vue dorsale la zone hachurée (1) correspond au sillon du tendon du muscle extenseur latéral (d'après Köhler, 1993) 136
Fig. 196 – Première phalange postérieure d'*Ovis ammon antiqua* AR B13 BFP1 747 (1) et de *Capra* aff. *caucasica* Hortus J9 c.29 1838 (2), en vues dorsale (a) et axiale (b) 137
Fig. 197 – Deuxième phalange d'*Ovis ammon antiqua* AR D20 DLE4 849 (1) et de *Capra* aff. *caucasica* Hortus H8 c.12 63 (2), en vues dorsale (a) et axiale (b) 137
Fig. 198 – Troisième phalange d'*Ovis ammon antiqua* AR I18 IST5 1848 (1) et de *Capra* aff. *caucasica* Hortus I9 c.9 219 (2), en vues axiale (a) et dorsale (b) 137
Fig. 199 – Diagramme de dispersion de l'indice d'hypsodontie en fonction de la surface de la M2 inférieure (cm^2) pour l'argali et le tahr 138
Fig. 200 – Surface d'insertion du muscle masséter sur le crâne de Caprinae actuels 140
Fig. 201 – Surface d'insertion du muscle masséter de l'argali de la Caune de l'Arago 140
Fig. 202 – Dimension de la protrusion du masséter en fonction de la longueur modifiée du crâne (transformés en ln). Données des 3 premières catégories d'après Solounias *et al.* (1995) 140
Fig. 203 – Hauteur de la surface d'insertion du masséter en fonction de la longueur modifiée du crâne (transformés en Ln). Données des catégories brouteurs, paisseurs et "mangeurs mixtes" d'après N. Solounias *et al.* (1995) 140
Fig. 204 – Superficie de l'insertion du masséter en fonction de la longueur modifiée du crâne (transformés en Ln). Données des catégories brouteurs, paisseurs et "mangeurs mixtes" d'après N. Solounias *et al.* (1995) 141
Fig. 205 – Morphologie de l'os incisif (a), incisif de brouteur (b) et de paisseur (c) (d'après Solounias *et al.*, 1993*b*) 141
Fig. 206 – Incisif du crâne d'argali AR E14 EFN1 961 en vue dorsale 141
Fig. 207 – Micro-traces d'usure sur une dent d'argali présentant des trous (1), des rayures (2) et des cannelures (3), (haut, côté labial; gauche, côté distal ; spécimen AR I20 ILF8 1767; grandissement x 500) 142
Fig. 208 – Impact de l'intensité des forces de compression (*compression*) et de cisaillement (*shear*) sur la morphologie des micro-traces (d'après Gordon, 1982) 142
Fig. 209 – Surface occlusale d'une M2 supérieure gauche d'argali, la flèche indique la zone d'émail examinée (dessin : Olivia Cuadra, CERP Tautavel) 143
Fig. 210 – Email d'une M2 d'argali (haut, labial ; gauche, distal ; spécimen AR D20 DLF5M 1097). (a) Localisation de la zone d'étude (ligne pointillée); grandissement x 250. (b) surface d'émail étudiée (grandissement x 500) 143
Fig. 211 – Rayures et quelques trous sur la surface d'émail (haut, labial; gauche, distal ; spécimen AR D20 DLF5M 1097; grandissement x 500) 144
Fig. 212 – Rayures courtes et cannelures sur la surface d'émail (haut, labial; gauche, distal ; spécimen AR C16 CH10 275; grandissement x 500) 144
Fig. 213 – Diagramme bivarié de la densité des trous et des rayures pour l'argali du sol F et les herbivores actuels (données "autres herbivores" d'après Solounias *et al.*, 2000) 145
Fig. 214 – Distribution de la longueur des rayures (µm) pour les niveaux Fb et Fs 146

Fig. 215 – Diagramme bivarié des dimensions des rayures pour l'argali fossile, le mouton domestique (données d'après Mainland, 2000) et les paisseurs et brouteurs actuels (données d'après Solounias et Hayek, 1993) 146
Fig. 216 – Relation des densités de rayures et de trous pour plusieurs espèces actuelles (données d'après Solounias *et al.*, 2000) pour l'argali du sol F........ 147
Fig. 217 – Nombre moyen de rayures et de trous pour l'argali de différents niveaux de la Caune de l'Arago 150
Fig. 218 – Diagramme des dimensions des rayures pour l'argali de différents niveaux de la Caune de l'Arago (dimensions en µm, SEM = erreur standard de la moyenne)........ 150
Fig. 219 – Micro-traces d'usure sur l'émail d'une dent de tahr de Bonal AR I16 IPY3 4450, grandissement x 500 (a) et x 1000 (b)........ 151
Fig. 220 – Micro-traces d'usure sur l'émail d'une dent de tahr de Bonal AR H17 HQY3 3680, grandissement x 500 (a) et x 1000 (b) 152
Fig. 221 – Micro-traces d'usure sur l'émail d'une dent de tahr des Cèdres AR J19 JKD11 649, grandissement x 1000 152
Fig. 222 – Micro-traces d'usure sur l'émail d'une dent de *Capra* de la Caune de l'Arago spécimen AR I22 IND8 2062, grandissement x 500 (a) et x 1000 (b)........ 152
Fig. 223 – Micro-traces d'usure sur l'émail d'une dent de *Capra* de l'Hortus spécimen Hortus J9 c.8 53, grandissement x 500 (a) et x 1000 (b)........ 153
Fig. 224 – Micro-traces d'usure sur l'émail d'une dent de *Capra* du Portel-Ouest spécimen LPO Moustérien couche G, grandissement x 500 (a et b)........ 153
Fig. 225 – Micro-traces d'usure sur l'émail d'une dent de *Capra caucasica* de Sakazia spécimen 19 ls 74:2137 142, grandissement x 500 (a) et x 1000 (b)........ 153
Fig. 226 – Micro-traces d'usure sur l'émail d'une dent de *C. caucasica* de la grotte du Bronze (spécimen sans numéro), grandissement x 500........ 154
Fig. 227 – Micro-traces d'usure sur une dent de *R.* cf. *pyrenaica* de la Caune de l'Arago spécimen AR H16 HDZ4 2010, grandissement x 500 (a) et x 1000 (b)........ 154
Fig. 228 – Micro-traces d'usure sur une dent de *Rupicapra pyrenaica* du Portel-Ouest spécimen Moustérien F2 (LPO 3,1x2,2x3,45), grandissement x 500........ 154
Fig. 229 – Micro-traces d'usure sur une dent de *Rupicapra pyrenaica* du Portel-Ouest spécimen LPO R10189 (Paléolithique supérieur), grandissement x 500 (a) et x 1000 (b)........ 155
Fig. 230 – Diagramme bivarié de la densité des trous et des rayures et regroupement des sites étudiés (LCA = La Caune de l'Arago ; LPO = Le Portel-Ouest)........ 155
Fig. 231 – Diagramme bivarié de la densité des trous et des rayures et regroupement des espèces étudiées (LCA = La Caune de l'Arago ; LPO = Le Portel-Ouest)........ 156
Fig. 232 – Structure de l'émail non usé visible à la limite dentine-émail d'une dent d'argali. AR D11 B4 212, grandissement x 500 (a) et AR G14 GA4 1225, grandissement x 1000 (b)........ 156
Fig. 233 – Email d'une dent d'argali ayant subit une altération chimique anté-mortem spécimen AR G14 GA4 1225, grandissement x 549........ 157
Fig. 234 – Email d'une dent de bouquetin ayant subit une altération chimique anté-mortem spécimen AR I22 IND8 2062, grandissement x 500 (a) et x 1000 (b)........ 157
Fig. 235 – Altération chimique post-mortem sur l'émail d'une dent d'argali spécimen AR D20 DLF5M 1097, grandissement x 500........ 157
Fig. 236 – Email d'une dent de tahr d'Orgnac 3, spécimen OR3 C16 5b 503, grandissement x 500........ 158
Fig. 237 – Vue de la vallée de Tautavel à la fin du printemps........ 159

Liste des tableaux

Tabl. 1 – Position chronologique des sites étudiés 4
Tabl. 2 – Log stratigraphique du remplissage de la Caune de l'Arago (d'après Lumley *et al.*, 1984 modifié) 7
Tabl. 3 – Tableau récapitulatif des données apportées par les grands mammifères d'Orgnac 3 10
Tabl. 4 – Log stratigraphique du remplissage de la grotte de l'Hortus (d'après Lumley, 1972*b* modifié) 12
Tabl. 5 – Classification adoptée par l'IUCN/SCC pour l'étude du groupe des Caprinae (d'après Shackleton et Lovari, 1997, modifié en mai 2000) 22
Tabl. 6 – Références bibliographiques dont sont issues certaines données métriques 23
Tabl. 7 – Dimensions des crânes d'*Ovis ammon antiqua* de la Caune de l'Arago (mesures en mm) 28
Tabl. 8 – Dimensions des maxillaires et proportion des longueurs des séries de prémolaires et de molaires supérieures par rapport à la longueur totale de la série dentaire 30
Tabl. 9 – Dimensions comparées de la M3 supérieure d'*Ovis ammon* (mesures en mm) 32
Tabl. 10 – Dimensions comparées de la mandibule d'*Ovis*, mesures en mm 33
Tabl. 11 – Proportion des longueurs des séries de prémolaires et de molaires inférieures par rapport à la longueur totale de la série dentaire 34
Tabl. 12 – Dimensions du talus d'*Ovis*, mesures en mm 35
Tabl. 13 – Dimensions de la P3 inférieure d'*Ovis gmelinii*, mesures en mm 36
Tabl. 14 – Dimensions du talus d'*Ovis gmelinii*, mesures en mm 37
Tabl. 15 – Dimensions comparées des M3 supérieures de tahrs du Pléistocène inférieur et moyen, mesures en mm 39
Tabl. 16 – Dimensions comparées des M3 inférieures de tahrs du Pléistocène inférieur et moyen, mesures en mm 40
Tabl. 17 – Dimensions comparées des talus de tahr, mesures en mm 41
Tabl. 18 – Dimensions de la D4 supérieure de tahr des Cèdres (en mm) 43
Tabl. 19 – Dimensions de la P2 supérieure de tahr des Cèdres (en mm) 43
Tabl. 20 – Dimensions de la P3 supérieure de tahr des Cèdres (en mm) 43
Tabl. 21 – Dimensions de la P4 supérieure de tahr des Cèdres (en mm) 43
Tabl. 22 – Dimensions de la M1 supérieure de tahr des Cèdres (en mm) 44
Tabl. 23 – Dimensions de la M2 supérieure de tahr des Cèdres (en mm) 45
Tabl. 24 – Dimensions de la M3 supérieure de tahr des Cèdres (en mm) 45
Tabl. 25 – Dimensions comparées des M3 supérieures d'*H. cedrensis* et *H. bonali* (en mm) 46
Tabl. 26 – Dimensions de la P3 inférieure de tahr des Cèdres (en mm) 47
Tabl. 27 – Dimensions de la P4 inférieure de tahr des Cèdres (en mm) 47
Tabl. 28 – Dimensions de la M1 inférieure de tahr des Cèdres (en mm) 48
Tabl. 29 – Dimensions de la M3 inférieure de tahr des Cèdres (en mm) 48
Tabl. 30 – Dimensions de l'humérus de tahr des Cèdres (en mm) 49
Tabl. 31 – Dimensions du pyramidal de tahr des Cèdres (en mm) 50
Tabl. 32 – Dimensions du talus de tahr des Cèdres (en mm) 52
Tabl. 33 – Dimensions des métapodes postérieurs de tahr des Cèdres (en mm) 54
Tabl. 34 – Indices comparés des mesures de l'extrémité proximale du métapodes postérieurs d'*Hemitragus* et de *Capra* (M = Moyenne, EXT = Extrêmes) 55
Tabl. 35 – Comparaison de l'indice 4 établi sur les mesures de l'extrémité proximale du métapode postérieur 55
Tabl. 36 – Dimensions des premières phalanges antérieures de tahr des Cèdres (en mm) 56
Tabl. 37 – Dimensions des premières phalanges postérieures de tahr des Cèdres (en mm) 56
Tabl. 38 – Dimensions des deuxièmes phalanges antérieures de tahr des Cèdres (en mm) 57
Tabl. 39 – Dimensions des deuxièmes phalanges postérieures de tahr des Cèdres (en mm) 58
Tabl. 40 – Dimensions des troisièmes phalanges de tahr des Cèdres (en mm) 58
Tabl. 41 – Dimensions des P4 supérieures de *Capra* aff. *caucasica* (en mm) 61
Tabl. 42 – Dimensions de la M2 supérieure de *Capra* aff. *caucasica* (en mm) 61
Tabl. 43 – Dimensions de la M3 supérieure de *Capra* aff. *caucasica* (en mm) 63
Tabl. 44 – Dimensions de la P4 inférieure de *Capra* aff. *caucasica* (en mm) 65
Tabl. 45 – Dimensions de la M1 inférieure de *Capra* aff. *caucasica* (en mm) 65
Tabl. 46 – Dimensions de la M3 inférieure de *Capra* aff. *caucasica* (en mm) 65
Tabl. 47 – Dimensions du pyramidal de *Capra* aff. *caucasica* (en mm) 66
Tabl. 48 – Dimensions de l'extrémité distale du tibia de *Capra* aff. *caucasica* (en mm) 67

Tabl. 49 – Dimensions des 1ères phalanges de *Capra* aff. *caucasica* (en mm) 68
Tabl. 50 – Dimensions des 2èmes phalanges de *Capra* aff. *caucasica* (en mm) 69
Tabl. 51 – Dimensions des 3èmes phalanges de *Capra* aff. *caucasica* (en mm) 71
Tabl. 52 – Dimensions comparées du diamètre transversal de l'extrémité proximale du radius de quelques populations de *Capra* 74
Tabl. 53 – Dimensions de la M1 supérieure de *Rupicapra* (en mm) 76
Tabl. 54 – Dimensions de la M2 supérieure de *Rupicapra* (en mm) 77
Tabl. 55 – Dimensions de la M2 inférieure de *Rupicapra* (en mm) 78
Tabl. 56 – Dimensions de la M3 inférieure de *Rupicapra* (en mm) 81
Tabl. 57 – Dimensions de la deuxième phalange de *Rupicapra* (en mm) 81
Tabl. 58 – Dimensions de la troisième phalange de *Rupicapra* (en mm) 82
Tabl. 59 – Dimensions de la M3 inférieure de chamois d'Orgnac 3 (en mm) 84
Tabl. 60 – Dimensions de l'extrémité distale du tibia de chamois d'Orgnac 3 (en mm) 84
Tabl. 61 – Dimensions de la première phalange de *Rupicapra* d'Orgnac 3 (en mm) 84
Tabl. 62 – Diamètre transversal distal maximum du tibia de Chamois (en mm) 87
Tabl. 63 – Matrice des caractères crâniens et dentaires retenus pour l'analyse phylogénétique 91
Tabl. 64 – Matrice des caractères retenus pour l'analyse phylogénétique sur les os du tarse 91
Tabl. 65 – Matrice de similitude (Indice de correspondance simple en %) 93
Tabl. 66 – Classes d'âge de l'argali établies sur les dents inférieures 101
Tabl. 67 – Classes d'âge de l'argali établies sur les dents supérieures 102
Tabl. 68 – Classes d'âge du tahr établies sur les dents inférieures 102
Tabl. 69 – Classes d'âge du tahr établies sur les dents supérieures 102
Tabl. 70 – Dimensions du pelvis des individus mâles (en mm) 103
Tabl. 71 – Dimensions du pelvis des individus femelles (en mm) 103
Tabl. 72 – Nombre de restes (NR) et nombre minimum d'individus de combinaison (NMIc) par niveau archéostratigraphique 110
Tabl. 73 – Proportion des classes d'âge d'argali par niveau (% du NMIc) 112
Tabl. 74 – Proportion des classes d'âge du tahr par niveau (% du NMIc) 113
Tabl. 75 – Comparaison des proportions des classes d'âges de diverses populations actuelles et fossiles 114
Tabl. 76 – Sex-ratio de l'argali dans les niveaux de l'ensemble III 115
Tabl. 77 – Indices comparés pour l'argali des niveaux de l'ensemble III 118
Tabl. 78 – Indices comparés pour le tahr des niveaux de l'ensemble III 118
Tabl. 79 – Rapports du nombre de reste (NR) des parties anatomiques de l'argali pour le sol F et les niveaux M, N et O 124
Tabl. 80 – Comparaison des indices de conservation pour l'argali de la Caune de l'Arago 127
Tabl. 81 – Synthèse des différences entre les assemblages primaires et secondaires dans les assemblages actuels et de l'assemblage de Venta Micena (d'après Palmqvist et Arribas, 2001). Etude comparative de l'assemblage des niveaux M, N et O de la Caune de l'Arago 128
Tabl. 82 – Comparaison du sol F et des niveaux M, N et O de la Caune de l'Arago avec plusieurs sites italiens (Stiner, 1994) 129
Tabl. 83 – Comparaison des estimations du poids corporel de l'argali (en kg) obtenues à partir de la M1 inférieure 131
Tabl. 84 – Estimation du poids corporel des espèces étudiées (en kg) 133
Tabl. 85 – Estimation de diverses variables écologiques pour les populations fossiles 134
Tabl. 86 – Critères de distinction observés sur le métapode postérieur 136
Tabl. 87 – Nombre de dents examinées et nombre d'images au grandissement x 500 pour les espèces fossiles étudiées 144
Tabl. 88 – Données résumées des mesures des micro-traces d'usure pour l'argali du sol F (s = écart-type de la moyenne) 145
Tabl. 89 – Densité des micro-traces pour des herbivores actuel et pour l'argali du sol F 147
Tabl. 90 – Statistiques résumées des micro-traces pour les M2 supérieures d'*Ovis ammon antiqua*. (x = nombre moyen, s = écart-type, dimensions en µm, périmètre des trous en µm²) 149
Tabl. 91 – Quantification des micro-traces pour les M2 supérieures d'*Ovis ammon antiqua* 150
Tabl. 92 – Quantification des micro-traces pour les M2 supérieures de Caprinae 151

Remerciements

C'est avec grand plaisir que je peux exprimer ici tous mes remerciements aux personnes qui m'ont aidé, conseillé, ou simplement encouragé, au cours de ces trois années de thèse.

Tout d'abord, j'adresse mes respectueux remerciements au Professeur Henry de Lumley qui m'a accueilli il y a quatre ans dans le cadre du DEA et qui m'a confié l'étude des petits bovidés. Il m'a également intégré dans l'équipe de la fouille de la Caune de l'Arago et dans plusieurs programmes de recherche et de collaboration avec des équipes étrangères.

Mes remerciements sincères s'adressent également à Jean-Claude Miskovsky, qui m'a accueilli au sein du Laboratoire de Préhistoire de l'Université de Perpignan et qui, grâce au soutien de l'UMR 5590 du CNRS, a pu financer ma participation à différents colloques internationaux.

Je tiens à remercier Anne-Marie Moigne, qui a toujours été disponible pour encadrer mon travail, pour ses conseils tant au laboratoire que sur le terrain.

Je remercie aussi les membres du jury, qui ont accepté de juger ce mémoire.

Au cours des missions organisées par le Professeur Henry de Lumley, nous avons eu la chance de rencontrer de nombreux chercheurs qui nous ont permis d'accéder à leur collections :

Narcis Soler de l'Université de Girona.
Işin Yalçinkaya et Harun Taşkiran du Département de Préhistoire de l'Université d'Ankara.
David Lordkipanidze, Abdessalom Vekua, et Nikoloz Toushabramishvili du Musée d'Etat géorgien à Tbilissi.
Sabir Aliyev et Asadulla Jafarov, respectivement de l'Université de Médecine d'Azerbaïdjan et de l'Académie des Sciences à Bakou.

Mes remerciements vont aussi à Maria Rita Palombo, Professeur à l'Université La Sapienza à Rome pour les discussions très fructueuses que nous avons eu à propos de la chronostratigraphie des faunes du Pléistocène. Je remercie également Nikos Solounias, Professeur au New York College of Osteopathic Medicine et chercheur associé à l'American Museum of Natural History à New York pour ses précieux conseils lors de l'analyse des micro-traces d'usure dentaire.

Je voudrais sincèrement remercier les personnes qui ont mis à ma disposition les collections de petits bovidés actuels et fossiles :

Evelyne Crégut-Bonnoure du Musée d'Histoire Naturelle à Avignon,
Henry de Lumley et Marylène Patou-Mathis de l'Institut de Paléontologie Humaine à Paris,
Jean-Denis Vigne, Jacques Repérand, Daniel Robineau et Francis Renoult du laboratoire d'Anatomie Comparée du Muséum National d'Histoire Naturelle à Paris.
Je remercie aussi Jacques Pernaud, conservateur du Musée de Tautavel, qui m'a confié l'étude du matériel de deux sites audois (Castel 2 et Arche 98).

Je tiens également à remercier David Shackleton et les membres du *Caprinae Specialist Group* de l'IUCN, grâce à qui j'ai pu obtenir de nombreuses données récentes sur les petits bovidés actuels, ainsi que Marco Festa-Bianchet pour le financement de ma participation au *Workshop on Caprinae Taxonomy* organisé à Ankara en mai 2000.

Je tiens aussi à remercier mes contacts indispensables à l'Institut de Paléontologie Humaine à Paris : Florence Tosca, qui fut une aide très précieuse au cours de mon cursus en troisième cycle et Nicolas Claret, grâce à qui les missions à l'étranger se sont, en ce qui me concerne, déroulées sans accident…

Je suis particulièrement reconnaissant à :
Brigitte Deniaux, pour ses judicieux conseils et pour m'avoir initié à l'utilisation du microscope électronique à balayage environnemental,
Véronique Pois qui a résolu nombre de mes problèmes informatiques,
Mathilde Gouze et Marie Claude Philippe pour leur aide dans les dédales de la recherche bibliographique,
Florence Fuentes, gestionnaire de l'UMR 5590 du CNRS, pour son aide dans les nombreuses démarches administratives,
Laurence Macary et Olivia Cuadra, nos deux dessinatrices dynamiques qui ont rapidement fait des progrès remarquables, et à qui je dois la quasi totalité des dessins qui illustrent ce travail.

Evelyne Crégut-Bonnoure, Patricia Valensi, Brigitte Deniaux et Jacques Pernaud pour les nombreuses corrections apportées à la première version de ce manuscrit.

J'exprime tous mes remerciements chaleureux à mes collègues de l'équipe du chantier de fouille de la Caune de l'Arago, ainsi qu'à mes collègues paléontologues, Agnès, Djamila, Sarah, Véronique, José et Pierre, qui m'ont soutenu, encouragé au cours de ces années passées à Tautavel.

Enfin, j'adresse à mes parents, Danièle et Bernard, ainsi qu'au reste de ma famille et mes amis, des remerciements sans limite, pour leur immense soutien pendant ces longues années d'étude. J'espère que l'aboutissement de ce travail les récompense un peu.

Abstract

In the Middle and Upper Pleistocene sites studied in the Mediterranean area and the Caucasus, small bovids are represented by 4 genera (*Ovis, Hemitragus*, *Capra* and *Rupicapra*). *Ovis ammon antiqua* and *Capra* aff. *caucasica* are similar to those known in other European and Caucasian populations. Two species of tahr are present at the Caune de l'Arago, namely *Hemitragus bonali* in the Middle Pleistocene levels and *Hemitragus cedrensis* in the Upper Pleistocene level. *Rupicapra* from the Caune de l'Arago is the oldest sample of the genera in Europe. This taxa would be phylogenetically linked to *Rupicapra pyrenaica.* A zooarchaeological approach was applied to the levels of units I and III of the Caune de l'Arago. The levels M, N and O from unit I correspond to carnivore occupations while in most of the levels of unit III, argali accumulation is due to human occupation. In level F dated from about 440,000 years, the cavity was occupied from the end of spring to the beginning of summer by groups which practised non selective hunting and argali was the main prey. The study of locomotive and dietary adaptations shows that fossil populations had very comparable adaptations to those of current populations. Dental microwear shows the seasonal changes in food selection which varied with the hunting season of small bovids and with palaeoenvironmental conditions.

Introduction

Les activités de l'homme fossile dans son cadre naturel, les modes d'acquisition et d'exploitation des ressources animales, font aujourd'hui partie des thèmes majeurs de la préhistoire à travers l'étude des assemblages osseux. De nombreux sites archéologiques d'Europe occidentale (Fosse 1994 ; Auguste 1995 ; par exemple) ont fait l'objet de recherches sur les interactions entre l'homme et son environnement au cours du temps et à travers l'espace pour contribuer à résoudre les problèmes que posent l'origine de ces ossements dans les sites archéologiques. Dans ce cadre, le bassin méditerranéen constitue une zone clé dans les mouvements des hommes au Paléolithique et les restes de petits bovidés y sont fréquents en raison du contexte géographique dans lequel ils trouvent un biotope favorable. Les gisements préhistoriques de cette région sont depuis longtemps connus pour leur intérêt paléontologique, puisqu'au début du 19e siècle le naturaliste Tournal a étudié ces faunes alors dites antédiluviennes. L'étude des assemblages archéologiques qui permettent d'en préciser la chronologie, a bénéficié de travaux comme la thèse de Lumley (1971), sur la stratigraphie et les industries de gisements du Paléolithique inférieur et moyen du midi méditerranéen, ou bien, à une plus petite échelle, la synthèse de Combier (1967) sur le Paléolithique de l'Ardèche.

Les assemblages fossiles de petits bovidés étudiés dans ce travail proviennent tous de gisements en grotte et se répartissent dans quatre zones du bassin méditerranéen : la partie orientale des Pyrénées (La Caune de l'Arago, Le Portel-Ouest et l'Arbreda), le Languedoc (L'Hortus et Orgnac 3), le sud de l'Anatolie (Karaïn E) et le Caucase (en Géorgie : Sakazia, Ortvala Cave, Ortvala Klde, les grottes de Tsutskhvati et Tsona ; en Azerbaïdjan : Azych et Taglar). Cette dernière zone, bien quelle soit quelque peu hors du contexte méditerranéen, est prise en compte dans ce travail car elle constitue une région clé pour l'étude des Caprinés. Tous ces gisements couvrent diverses périodes depuis le Pléistocène moyen (stade isotopique 14) jusqu'à la fin du Pléistocène supérieur (stade isotopique 2). Les faunes de la Caune de l'Arago, par exemple, ont été déjà étudiées par Crégut-Bonnoure dès 1979. Cet auteur a montré leur intérêt paléontologique, à travers l'étude des petits bovidés du sud de l'Europe occidentale, et plus particulièrement ceux du bassin méditerranéen (Crégut-Bonnoure 1987, 1992a, b, c, d, 1995a, b, 1999). Outre ces études globales de paléontologie, des analyses archéozoologiques et paléoécologiques ont été réalisées dans quelques-uns des sites étudiés dans ce travail (Moigne 1983 ; Gardeisen 1994 ; Monchot 1996 par exemple). L'évolution méthodologique permet une nouvelle et meilleure exploitation des données. Les études antérieures ont donc été reprises et complétées car il était nécessaire d'obtenir le plus d'informations possibles, en particulier sur le sex-ratio et la saison de chasse, afin d'aborder le mode d'acquisition de la nourriture carnée par les hommes préhistoriques. Quant à l'approche paléoécologique, déjà amorcée sur les petits bovidés de la Caune de l'Arago par Monchot (1996), de nouvelles méthodes d'analyse sont testées dans ce travail sur les assemblages de plusieurs sites du Pléistocène.

Notre recherche a pour objectifs de déterminer les comportements d'acquisition des petits bovidés par l'homme préhistorique tout en définissant le contexte environnemental au Pléistocène en Europe méditerranéenne à partir des vestiges osseux de petits bovidés (genres *Ovis*, *Hemitragus*, *Capra* et *Rupicapra*).

Dans un premier temps, il a fallu compléter l'étude paléontologique du matériel afin de définir précisément les taxons présents dans chaque gisement. Le premier chapitre aborde chaque espèce sous un aspect morphologique et ostéométrique afin de les comparer à celles des populations d'autres gisements de la même zone. Le site de la Caune de l'Arago, à cause de l'abondance des restes et de l'extension de la fouille, est pris comme référence. Les autres gisements sont intégrés pour réaliser des comparaisons. Les caractères morphologiques seront ensuite utilisés dans une analyse phylogénétique du groupe des Caprinae, en prenant en compte les espèces précédemment définies. La présence de chaque espèce dans les différents sites, ainsi que leurs relations phylogénétiques seront utilisées afin de positionner les gisements de manière biostratigraphique.

Le chapitre consacré à l'archéozoologie concerne exclusivement la Caune de l'Arago car il s'agit du seul site pour lequel l'échantillon était suffisamment important pour réaliser une telle étude. Après une présentation des méthodes utilisées, l'étude de la répartition spatiale des restes de petits bovidés est entreprise afin de préciser les limites des niveaux archéostratigraphiques de l'ensemble III du complexe moyen. Deux types d'habitat sont alors successivement étudiés, afin de caractériser les occupations qui s'y sont succédées et de connaître l'origine des accumulations osseuses.

Le dernier chapitre aborde deux aspects de la paléoécologie. Dans un premier temps, il s'agit des adaptations écologiques des petits bovidés par l'étude du poids corporel et par les adaptations liées à la locomotion. Ensuite, l'étude de l'alimentation de ces animaux au Pléistocène est réalisée en utilisant plusieurs méthodes : l'indice d'hypsodontie, la morphologie de l'appareil masticatoire et l'analyse des micro-traces d'usure dentaire.

Notre propos répond à une double préoccupation :

(1) tenter de connaître l'environnement dans lequel ont vécu les différentes espèces de caprinés au Pléistocène et quelle était leur alimentation dans le but de
(2) mieux comprendre les différentes occupations qui se sont succédées à la Caune de l'Arago et dans le cas des occupations par l'homme, de définir les modalités de l'acquisition de la nourriture.

En raison de l'abondance des restes dans les sites étudiés, cette étude servira de référence pour pouvoir ensuite l'appliquer à d'autres sites du bassin méditerranéen et de l'Europe occidentale.

Chapitre 1

Présentation des sites

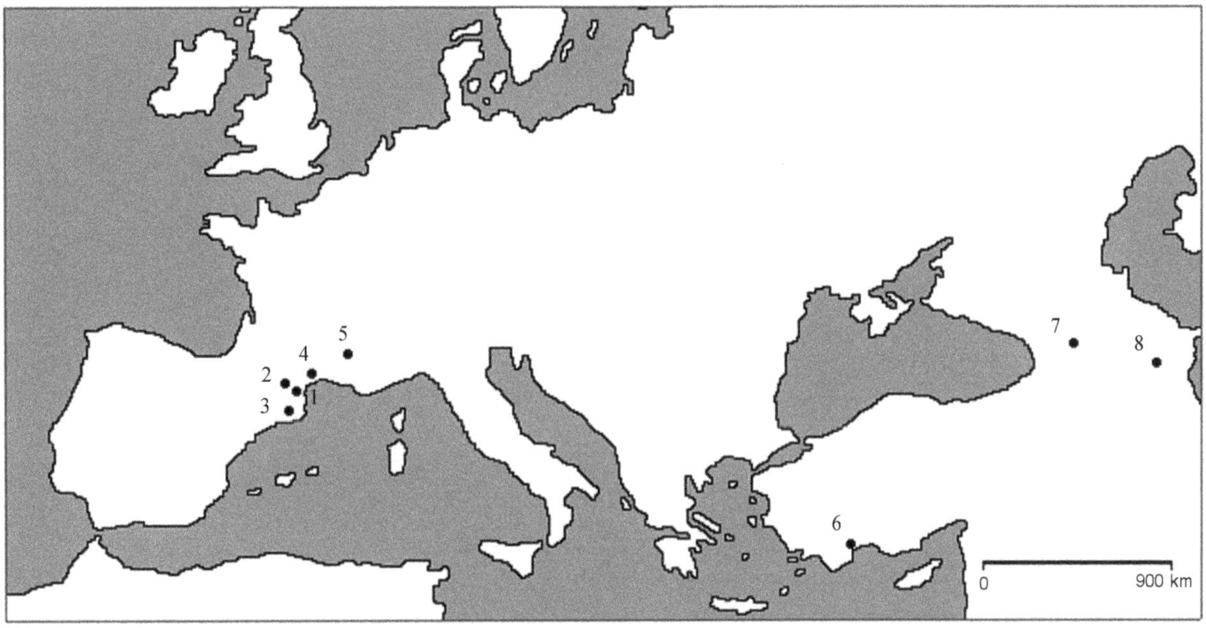

Fig. 1 – Localisation des sites étudiés : (1) Caune de l'Arago, (2) Portel-Ouest, (3) Arbreda, (4) Hortus, (5) Orgnac 3, (6) Karaïn E, (7) Sakazia, Ortvala Cave, Ortvala-Klde, Tsutskhvati et (8) Azych et Taglar.

Les sites étudiés sont localisés dans quatre zones géographiques : trois dans le bassin méditerranéen et une dans le Caucase (Fig. 1). Ils couvrent des périodes plus ou moins longues du Pléistocène moyen et supérieur (Tabl.1) :

- La première zone regroupe les gisements situés dans la partie orientale des Pyrénées. Il s'agit de la Caune de l'Arago (1), du Portel-Ouest (2) et de la Cova de l'Arbreda (3).

- La deuxième comprend deux sites du Languedoc : l'Hortus (4) et Orgnac 3 (5).

- La troisième concerne l'Anatolie méridionale (Turquie) et plus particulièrement le site de Karaïn E (6).

- Enfin, la quatrième comprend les sites moustériens du Caucase, plus particulièrement ceux situés en Géorgie (7) : Sakazia, Ortvala Cave, Ortvala Klde et la grotte du Bronze dans le complexe de Tsutskhvati. Ces derniers ont été étudiés au cours de la mission de juin 2002 organisée dans le cadre du Programme INTAS 2000. La faune des sites d'Azych et de Taglar en Azerbaïdjan (8) a été examinée dans le cadre de ce même programme lors de la mission de septembre 2002.

Parmi tous les sites étudiés dans le cadre de ce travail, la Caune de l'Arago fait l'objet d'une présentation plus approfondie, notamment au niveau de la stratigraphie car des études archéozoologiques et paléoécologiques ont été menées sur certains niveaux de ce gisement.

I – La Caune de l'Arago

La Caune de l'Arago, dont la chronologie s'étend du Pléistocène moyen au Pléistocène supérieur, est située sur le territoire de la commune de Tautavel (Pyrénées-Orientales), à une vingtaine de kilomètres au nord-ouest de Perpignan. Elle se trouve dans la partie méridionale du massif des Corbières et au nord de la plaine du Roussillon. Le littoral méditerranéen se trouve aujourd'hui à 25 kilomètres à l'est de la grotte.

Actuellement, le porche de la grotte s'ouvre vers l'est, sur un escarpement à 88 mètres au-dessus du Verdouble, rivière qui débouche dans la plaine de Tautavel par les gorges des Gouleyrous (Fig. 2). La Caune de l'Arago se présente comme une vaste galerie karstique creusée dans des calcaires urgo-aptiens du massif des Corbières. La cavité a une longueur de 35 m

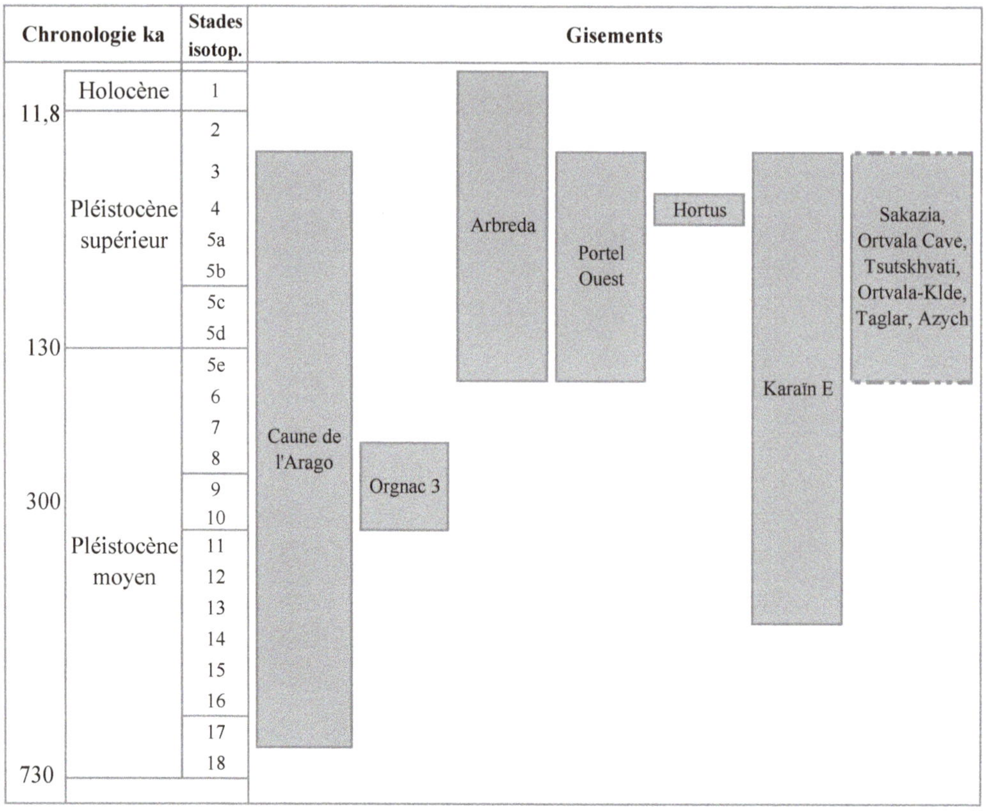

Tabl. 1 – Position chronologique des sites étudiés.

Fig. 2 – Vue de l'entrée de la Caune de l'Arago (à l'intersection des deux flèches).

sur 7 à 10 m de large. La grotte est fouillée chaque année, depuis 1964, par les équipes du Professeur Henry de Lumley. La présence d'un plancher stalagmitique à l'entrée prouve que celle-ci devait se trouver au moins 20 m plus en avant (Lumley et al. 1984).

1.1 – Stratigraphie

Les huit carottages réalisés en 1981 et 1983 dans les dépôts quaternaires ont permis de déterminer l'épaisseur et la stratigraphie complète du remplissage (Lumley et al. 1984). Celle-ci atteint 15 m dans le carottage de la zone G 27. Diverses analyses ont pu être menées sur les prélèvements : sédimentologie, géochimie, paléoma-gnétisme, datations absolues par résonance de spin électronique et par les isotopes de la famille de l'uranium (Bischoff & Rosenbauer 1981). L'ensemble de ces études ainsi que les coupes relevées au cours des fouilles depuis 1967 ont permis d'établir la stratigraphie du remplissage de la cavité (Fig. 3, 4, 5 et Tabl. 2).

Complexe inférieur

Le complexe inférieur n'a pas encore été atteint par la fouille, il n'est connu que par les carottages. Il a été daté des stades isotopiques 17 à 15 (690 000 à 570 000 ans). L'analyse granulométrique a mis en évidence la présence majoritaire d'argiles et de limons. L'étude palynologique réalisée par Renault-Miskovsky (1980) indique la présence de Conifères qui suggèrent un climat froid et humide.

Complexe moyen

Les sédiments du complexe moyen succèdent directement à ceux du complexe inférieur. Ce complexe est divisé en trois ensembles.

⇨ L'ensemble I est constitué de sables lités, assez grossiers. Les sols S à K datent du stade isotopique 14 (respectivement 570 000 et 530 000 ans environ). La présence du renne et de l'argali est caractéristique d'un paysage découvert et d'un climat froid et sec. L'étude palynologique indique que les arbres sont peu nombreux, le paysage est formé d'une steppe à Poacées et à Astéracées.

⇨ L'ensemble II est formé de limons sablo-argileux qui ont été mis en place par le ruissellement. Il regroupe les sols J à H, dont l'âge est estimé au stade isotopique 13 (530 000 à 480 000 ans environ). L'abondance du cerf et du daim indique un paysage forestier et un climat tempéré et plus humide. L'analyse pollinique indique que les arbres deviennent plus abondants avec du chêne, du charme et de l'orme. Au sommet de cet ensemble, se trouvent également des taxons tempérés et thermophiles (platane, noyer, pistachier, pin maritime,...).

Fig. 3 – Vue du remplissage de la Caune de l'Arago, lors du dégagement de la surface du sol F (photo : G. Chevalier, CERP Tautavel).

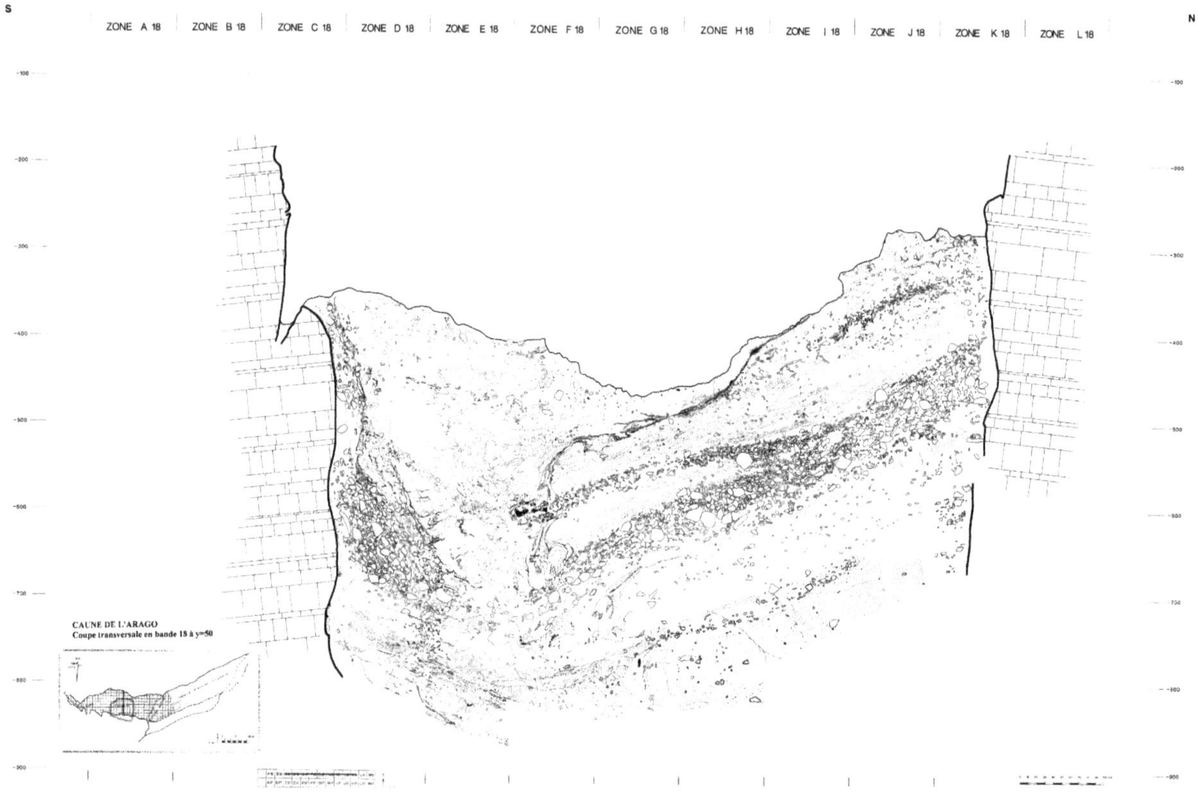

Fig. 4 – Coupe stratigraphique transversale en bande 18 (y = 50) du remplissage de la Caune de l'Arago (Données de H. de Lumley et collaborateurs).

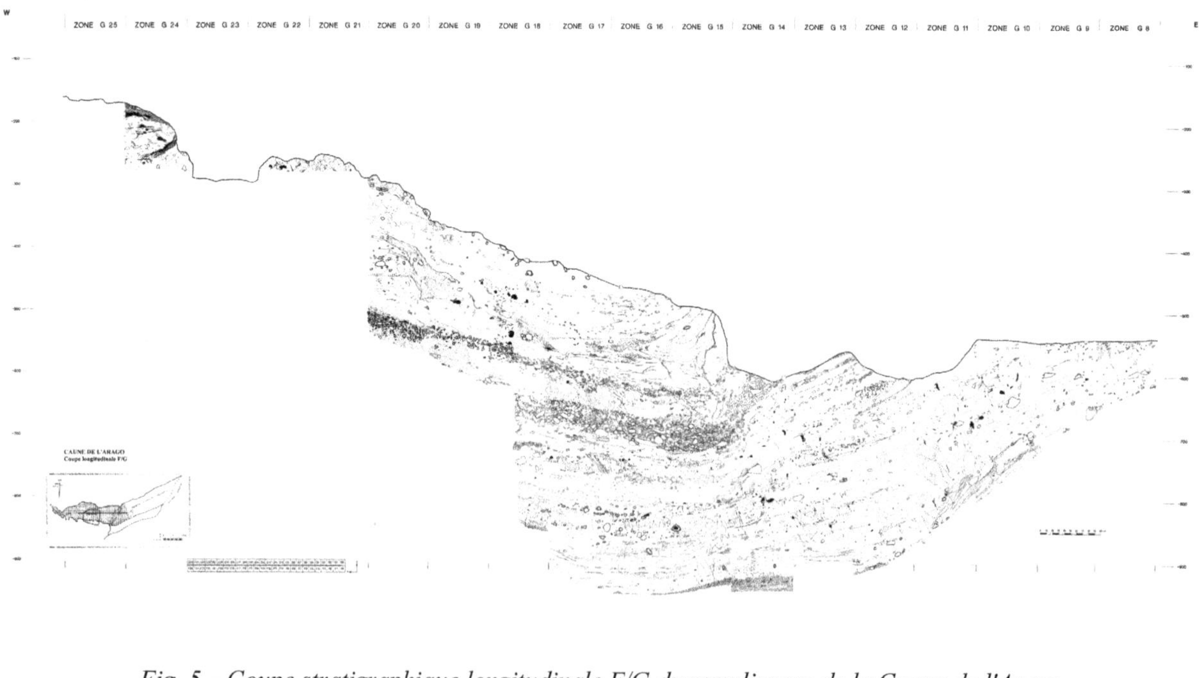

Fig. 5 – Coupe stratigraphique longitudinale F/G du remplissage de la Caune de l'Arago (Données de H. de Lumley et collaborateurs).

Datation	Chronologie isotopique (Chaud / froid)	Dénomination stratigraphique: Complexe	Ensemble	Plancher stalagmitique	Sol	Sédimentation	Végétation	Climat
0								
35 000	3	COMPLEXE SUPÉRIEUR	VI	VI		Stalactites Terres brunes	Evolution géochimique du remplissage paragenèse phosphatée	
	4		V	V 1 à 3	A B	Planchers stalagmitiques intercalés de sols archéologiques	Forêt tempérée fraîche	Alternance de phases sèches relativement froides et de phases tempérées et humides
92 000	5		IV	IV 8 IV 7			Forêt tempérée à arbres caducifoliés	Tempéré et humide
128 000	6			IV 6			Forêt tempérée fraîche	Frais et humide
195 000 220 000 250 000	7			IV 5d IV 5c IV 5b IV 5a IV 4 IV 3	C C C C C moy.		Forêt tempérée à arbres caducifoliés	Tempéré et humide
	8				C inf.		Larges espaces herbacés	Frais et sec
320 000	9 10			IV 2			Forêt tempérée	Tempéré et humide
370 000 400 000	11			IV 1			Forêt tempérée à arbres caducifoliés et éléments méditerranéens	Tempéré et humide
430 000 450 000	12	COMPLEXE MOYEN	III		D E F G	Sables grossiers lités	Larges espaces herbacés à chicorées et graminées parsemés de pins et de genévriers (25% d'arbres)	Froid et sec à vents violents
(480 000)	13		II		H I J	Limons sablo-argileux	Forêt tempérée à pins méditerranéens dominants associés à des Cupressacées (conifères et cyprès), des caducifoliés et à des éléments méditerranéens	Tempéré et humide
(530 000)	14		I		K L M N O P Q R S	Sables lités	Larges espaces herbacés à chicorées et graminées parsemés de pins et de genévriers (25% d'arbres)	Froid et sec à vents violents
(570 000)	15	COMPLEXE INFÉRIEUR			T	Argiles rouges	Forêt tempérée fraîche à pins et sapins associés à des arbres caducifoliés hygrophiles	Tempéré
(620 000)	16				U à W X à Z	Argiles brunes	Forêt fraîche à sapins, pins, bouleaux et hêtres	Frais et humide
(660 000) 690 000	17			0		Plancher stalagmitique	Forêt tempérée ouverte à genévriers dominants, pins et éléments méditerranéens	Tempéré
110 - 120 millions d'années		CALCAIRE "URGO-APTIEN"				SUBSTRATUM CALCAIRE		

Tabl. 2 – Stratigraphie du remplissage de la Caune de l'Arago (d'après Lumley et al. 1984 modifié).

⇨ L'ensemble III est formé de sables assez grossiers et lités apportés par des vents violents. Il contient plusieurs couches de cailloutis qui correspondent à des niveaux d'habitat, les sols G, F, E et D. Il est daté du stade isotopique 12 (480 000 à 400 000 ans environ). Cet ensemble contient une faune très diversifiée avec du renne, du cerf, de l'argali, du tahr, du bison des steppes, du bœuf musqué, du cheval de Mosbach et du rhinocéros de prairie. L'étude pollinique montre de nombreuses fluctuations climatiques. La présence de la forêt indique un climat tempéré et humide alors que le développement de la steppe suggère un climat plus froid et sec (Renault-Miskovsky 1980).

Complexe supérieur

Le complexe supérieur n'a été préservé que dans le fond de la grotte. Dans l'entrée, il a été détruit par le lessivage à cause de l'effondrement du porche et de l'ouverture du plafond à une époque récente.

L'ensemble IV (400 000 à 92 000 ans environ, stades isotopiques 11 à 5) est formé d'une succession de planchers stalagmitiques séparés par des dépôts de sables limoneux et argileux. Cet ensemble renferme les sols C (stades isotopiques 8 et 7). La végétation est caractéristique d'un climat tempéré et humide.

L'ensemble V renferme les sols B et A, il est constitué par un cailloutis et contient un plancher stalagmitique. Ces niveaux témoignent d'importantes variations climatiques.

L'ensemble VI est un plancher stalagmitique qui recouvre l'ensemble V, son âge a été estimé à 35 000 ans (stade isotopique 3).

Cet ensemble comprend également une formation appelée "terres brunes". Elle correspond à un niveau qui se trouvait au sommet du remplissage et qui a été injecté dans les couches sous-jacentes (Fig. 6). Ce niveau est plus récent que 92 000 ans (Perrenoud 1993).

La faune contenue dans ces niveaux est peu abondante et le plus souvent en très mauvais état à cause de sa présence dans des zones concrétionnées.

Les dépôts (surtout ceux des ensembles III et IV) ont subi une évolution géochimique qui a provoqué un phénomène de décarbonatation dans une zone identifiée comme la poche décarbonatée. Ce phénomène est postérieur au dépôt de l'ensemble V, mais antérieur à l'ouverture du plafond de la grotte et au dépôt de l'ensemble VI. Ce phénomène, survenu entre 92 000 et 35 000 ans, a affecté le matériel osseux présent dans cette zone (Perrenoud 1993).

Le matériel est conservée dans les réserves archéologiques du Centre Européen de Recherches Préhistoriques à Tautavel.

1.2 – La faune

La première étude paléontologique complète des grands mammifères a été réalisée par Crégut (1979). Elle a toutefois été précédée par les travaux de Prat (1968) et Guérin (1976). La liste de la faune comporte : *Macaca sylvanus*, *Canis lupus mosbachensis*, *Cuon priscus*, *Vulpes vulpes*, *Ursus deningeri*, *Ursus arctos*, *Panthera pardus*, *Panthera* (*Leo*) *spelaea*, *Felis silvestris*, *Lynx spelaea*, *Meles meles*, *Mustela palerminea*, Elephantidae genre et espèce indéterminés, *Sus scrofa*, *Rangifer tarandus*, *Dama clactoniana*, *Cervus elaphus*, *Bison priscus*, *Praeovibos priscus*, *Ovis ammon antiqua*, *Hemitragus bonali*, *Rupicapra* sp., *Equus mosbachensis*, *Stephanorhinus hemitoechus*, *Oryctolagus cuniculus huxleyi*, *Lepus capensis*, *Lepus timidus*, *Ochotona pusilla*, *Castor fiber*, *Hystrix* sp.

1.3 – L'occupation de la grotte

La Caune de l'Arago semble être un abri idéal. En effet, la grotte est orientée vers le soleil levant, à l'abri du vent et se situe à proximité d'un point d'eau. De plus, elle constitue un bon point d'observation sur la plaine et elle se trouve au cœur des zones de chasse (la plaine de Tautavel et les reliefs qui l'entourent). La grotte a été occupée par des groupes de chasseurs qui ont installé leur campement. L'activité de ces chasseurs-cueilleurs a été mise en évidence par Moigne (1983) grâce à une étude de la fracturation et des traces de boucherie sur les os. Elle a également réalisé une étude archéozoologique qui met en évidence la saisonnalité

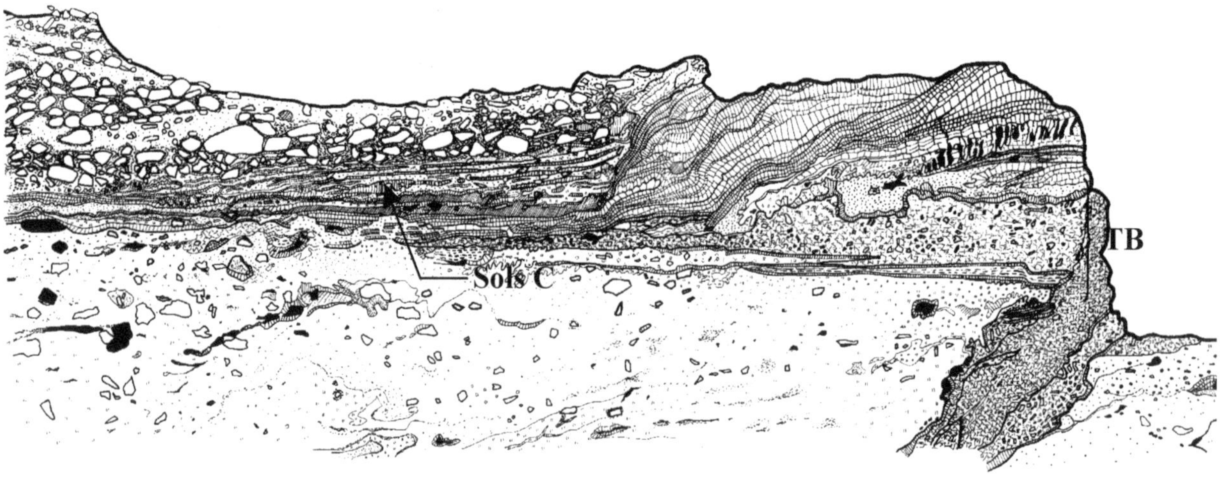

Fig. 6 – Localisation des terres brunes (TB) dans la coupe longitudinale I/J (Données de H. de Lumley et collaborateurs).

de la chasse. Il n'existe pas de réelle structure d'habitat. Les animaux abattus étaient ramenés à la grotte pour y être consommés crus puisque, à ce jour, aucune trace de feu n'a été découverte et ce jusqu'au niveau D inclus.

Par le nombre et l'importance des fossiles humains du groupe des Anténéandertaliens qu'il a livré, le gisement de la Caune de l'Arago se place parmi les plus remarquables sites du Paléolithique ancien européen (Lumley 1981). Jusqu'à ce jour, le remplissage de la grotte a livré 100 restes humains attribués à *Homo erectus*.

L'industrie est riche en galets aménagés et pauvre en bifaces, le débitage est non Levallois et non laminaire. Parmi le petit outillage, ce sont les racloirs qui dominent l'assemblage (Byrne 2001 ; Barsky 2001). Le quartz est la matière première majoritairement exploitée (Grégoire 2000).

II – Orgnac 3

Le site d'Orgnac 3 est localisé sur le territoire de la commune d'Orgnac-l'Aven, dans le sud de l'Ardèche. Le gisement est situé sur un plateau calcaire à 325 m d'altitude et se présente actuellement comme une dépression qui résulte de l'effondrement d'une doline (Fig. 7). Orgnac 3 a été fouillé de 1959 à 1972 par Jean Combier sur une surface de 45 m². Le remplissage atteint 7 m d'épaisseur et a livré 10 niveaux archéologiques (Combier 1967) ayant un âge, obtenu par U/Th, ESR et traces de fission, compris entre 340 000 et 298 000 ans (Falguères et al. 1988 ; Khatib 1994). Ces niveaux sont attribués au stade isotopique 9 et au début du stade 8 (Fig. 8 et Tabl. 3).

Fig. 7 – Vue du plateau calcaire d'Orgnac (photo : CERP Tautavel).

La faune de grands mammifères a été le sujet de la thèse de Aouraghe (1992). La liste de faune comporte : *Canis lupus mosbachensis*, *Canis lupus lunellensis*, *Vulpes vulpes jansoni*, *Lynx pardina spelaea*, *Felis silvestris*, *Panthera* (*Leo*) *spelaea*, *Panthera pardus*, *Crocuta crocuta*, *Ursus deningeri*, *Ursus arctos*, *Ursus thibetanus*, *Meles meles*, *Mustela nivalis*, *Mustela erminea*, *Mustela putorius*, *Equus caballus mosbachensis*, *Equus hydruntinus*, *Dicerorhinus hemitoechus*, *Sus scrofa*, *Cervus elaphus*, *Dama clactoniana*, *Capreolus sussenbornensis*, *Megaloceros* sp., *Rangifer tarandus*, *Hemitragus bonali*, *Rupicapra rupicapra*, *Bos primigenius*, *Bison priscus*, *Macaca* sp.

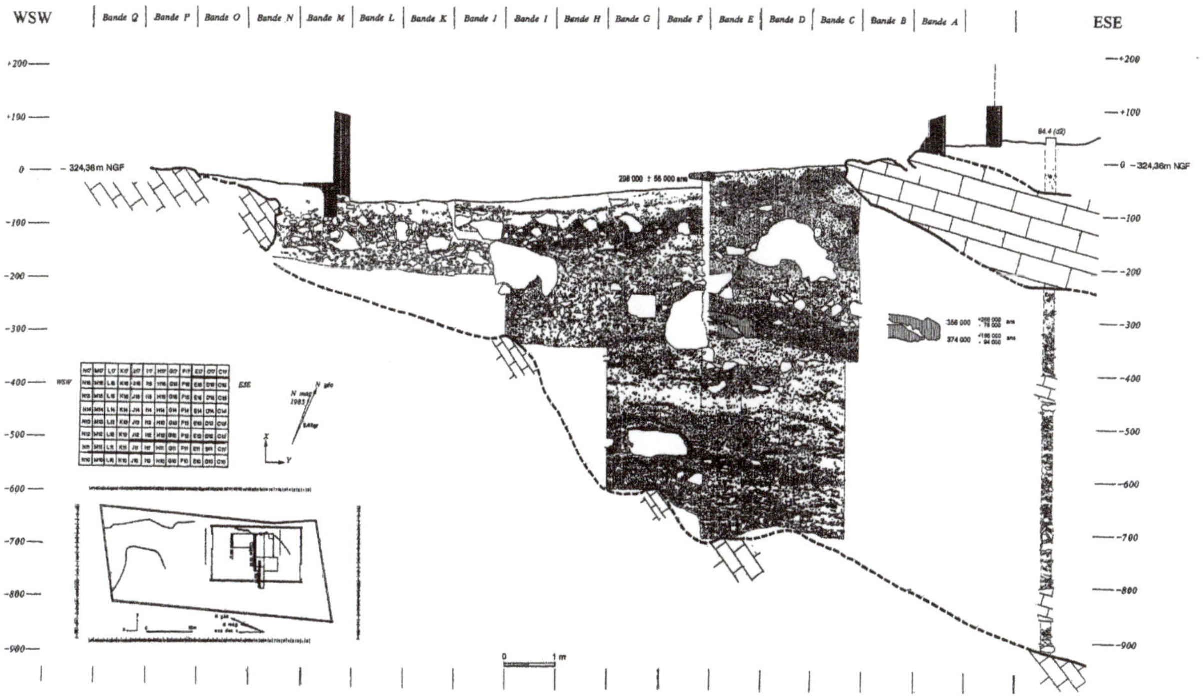

Fig. 8 – Coupe stratigraphique longitudinale synthétique du remplissage d'Orgnac 3 (Données de H. de Lumley et collaborateurs).

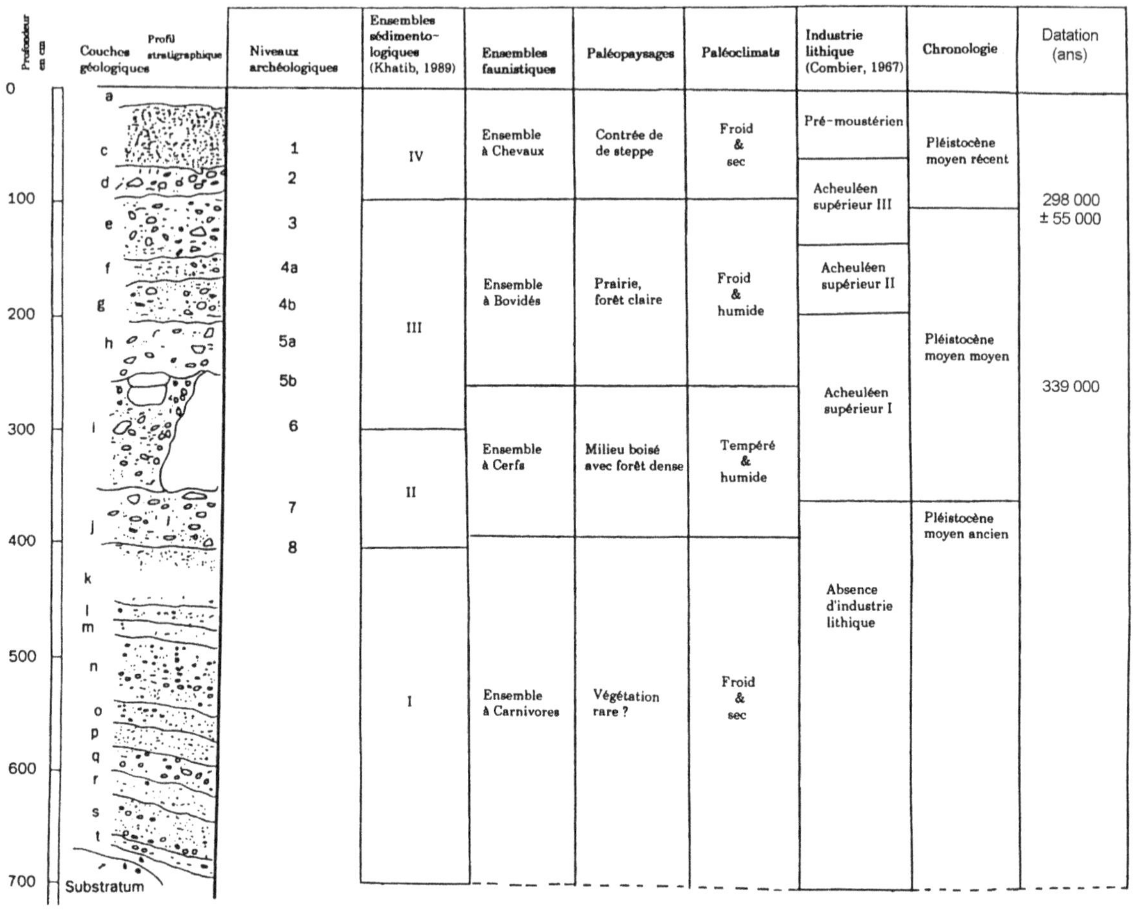

Tabl. 3 – Tableau récapitulatif des données apportées par les grands mammifères d'Orgnac 3 (d'après Aouraghe 1999, datations d'après Falguères et al. 1988 et Khatib 1994).

L'industrie découverte dans ce gisement a permis de mettre en évidence l'évolution d'un Acheuléen à bifaces et à galets aménagés à un outillage sur éclats. Le débitage est Levallois. La matière première utilisée est généralement d'origine locale, principalement le silex (Moncel & Combier 1992).

Les paléopaysages sont évoqués dans le tableau 3.

Le matériel archéologique est conservée au Centre Européen de Recherches Préhistoriques à Tautavel.

III – La grotte de l'Hortus

La grotte de l'Hortus est située sur le territoire de la commune de Valflaunès (Hérault), à environ 21 km au Nord de Montpellier. Elle est creusée à 390 m d'altitude, dans un plateau calcaire nommé le Causse de l'Hortus (Fig. 9).

La grotte de l'Hortus fait partie d'un vaste réseau karstique. La partie fouillée de 1960 à 1964 par Henry de Lumley est le grand fossé qui mesure 12 m de longueur sur 2 m de largeur (Lumley 1972*a*). La partie la plus importante du remplissage de ce fossé a été corrélée au stade isotopique 4. La description de la stratigraphie (Fig. 10) est synthétisée dans le tableau 4.

Le matériel est conservée au Centre Européen de Recherches Préhistoriques à Tautavel.

La liste de la faune de grands mammifères a été établie par Pillard (1972) : *Canis lupus*, *Vulpes vulpes*, *Lynx spelaea*, *Panthera pardus*, *Panthera spelaea*, *Ursus spelaeus*, *Cervus elaphus*, *Capreolus capreolus*, *Rangifer tarandus*, *Capra ibex*, *Bos* ou *Bison*, *Equus caballus*, *Equus hydruntinus*, *Dicerorhinus mercki*.

Dans différentes couches du grand fossé, 86 restes humains de néandertaliens ont été découverts (Lumley 1972c). Les néandertaliens ont utilisé la grotte comme simple halte de chasse ou comme lieu de campements temporaires.

Le silex est la matière première majoritairement exploitée pour la réalisation de l'industrie. Cette dernière est à débitage faiblement laminaire et Levallois dominant. Les outils les plus abondants sont les racloirs (Lumley & Licht 1972).

Fig. 9 – Vue de la falaise de l'Hortus et localisation de l'entrée de la grotte (à l'intersection des deux flèches).

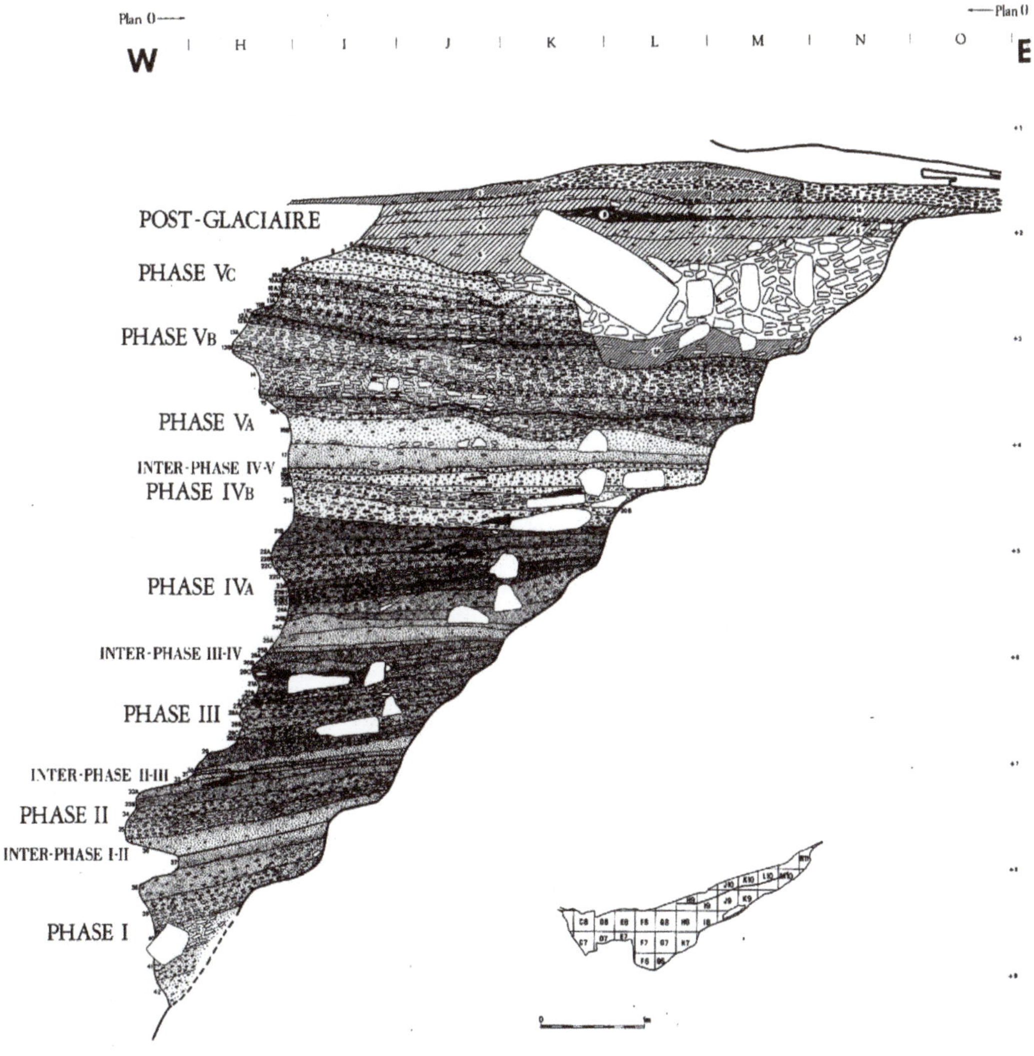

Fig. 10 – Coupe stratigraphique du remplissage du grand fossé de la grotte de l'Hortus (d'après Lumley 1972b).

δO16/O18 (éventuel)	CHRONOLOGIE	parois et falaise	couches	LITHOLOGIE	COULEUR	Plancher stalagmitique	CLIMATS	CULTURES
1	POST-GLACIAIRE – Vème SIECLE		Ens. A2 et A Ens. E et B1	Gros blocs, cailloux et cendres Cailloutis et cendres	Gris Gris brun		Tempéré et relativement sec	Paléochrétien
	DEUXIEME MOITIE DU IVème SIECLE		Ens. A8F5 à F1	Cailloutis et cendres	Gris brun		Tempéré et relativement sec	Paléochrétien
				Ravinement			Très humide	
			Ens. A9 à A1	Sables argileux Gros blocs, cailloux et cendres			Tempéré et humide Tempéré et relativement sec	Paléochrétien
				Deblais remaniés Deblais remaniés Deblais remaniés Deblais remaniés Deblais remaniés Deblais remaniés Deblais remaniés				Bronze final Bronze moyen Bronze ancien Chalcolithique Néolithique final Néolithique Ancien (Chasséen) Mésolithique
				Grand ravinement et vidange				
2	WÜRMIEN RECENT	Important recul falaise	6	Eboulis et depôts de pente Cailloutis anguleux à gros éléments	Blanc-jaunâtre		Froid et généralement très sec	Paléolithique supérieur dans les depôts de pente
3	INTER-WÜRMIEN II-III		PL1 7	Pl. stalagm./consolidation en brèche Encroûtement calcaire superf. Sable à petit cailloutis	Blanchâtre	▬	Tempéré et extrêmement humide Tempéré et aride	
4	WÜRMIEN II – Phase VC	Léger recul de la falaise de l'Hortus	11c à 7	Sables à gros blocs et cailloux anguleux	Blanc-grisâtre		Très froid et aride	*Moustérien typique*
	Phase VB		14 à 12a	Sables à gros blocs et cailloux anguleux	Blanc-jaunâtre		Très froid et aride	*Moustérien typique*
	Phase VA		17 à 15	Sables à gros blocs et cailloux anguleux	Jaune-rosé		Très froid et aride	*Moustérien typique*
	Inter-Phase IV-V		18	Encroûtement calcaire superf. Sable à petit cailloutis	Blanchâtre Blanchâtre		Tempéré et sec	*Moustérien typique*
	Phase IVB		21a à 18	Sables à gros blocs et cailloux anguleux	Blanc-jaunâtre		Froid et aride	*Moustérien typique*
	Phase IVA		25b à 21b	Sables à gros blocs et cailloux anguleux	Blanc-jaunâtre		Froid et faiblement humide	*Moustérien typique enrichi en denticulés*
	Inter-Phase III-IV		26a et 25b	Sable à petit cailloutis	Brun-rougeâtre		Tempéré et faiblement humide	
	Phase III		31 à 26a	Sables à gros blocs et cailloux anguleux	Jaune-rosé		Froid et alternances d'épisodes secs/humides	*Moustérien à débitage Levallois*
	Inter-Phase II-III		32 et 31	Sable à petit cailloutis	Brun rougeâtre		Tempéré et assez sec	
	Phase II		36 à 32	Sables à gros blocs et cailloux anguleux	Blanc-jaunâtre		Froid et très humide	*Moustérien*
	Inter-Phase I-II		37 et 36	Sable à petit cailloutis	Jaunâtre		Tempéré et humide	
	Phase I		42 à 37	Sables à gros blocs et cailloux anguleux	Blanc-jaunâtre		Assez froid et très humide	*Moustérien*
5 – 5a (?)	INTER-WÜRMIEN I-II		PL2	Plancher stalagmitique		▬	Tempéré et humide	
			SARG	Sables fins A-L à cailloux	Brun-rouge		Chaud et très humide	*Moustérien à débitage Levallois*
				Grand ravinement et vidange			Extrêmement humide	
				Altération relativement forte			Chaud et humide	
	WÜRMIEN I – Phases II à V		CAR SAR SAPR	Sable A-L à cailloux Sable A-L pauvre en cailloux Sables A-L	Rouge Rouge Rouge-jaune		Froid et très humide Peu froid et très humide Tempéré et très humide	*Moustérien à débitage Levallois*
5d (?)	Inter-Phase I-II			Ravinement			Extrêmement humide	
	Phase I		SAJL	Sables grossiers lités	Jaunâtre		Tempéré et très humide	*Moustéroïde*
5e (?)	RISS-WÜRM			Plancher stalagmitique Ruissellement		▬	Humide Très humide	
6 (?)	RISS (?)	Corrosion des parois		Corrosion des parois			Froid et humide	

Tabl. 4 – Log stratigraphique du remplissage de la grotte de l'Hortus (d'après Lumley 1972b modifié).

IV – La grotte du Portel-Ouest

La grotte du Portel-Ouest est située sur le territoire de la commune de Loubens (Ariège) dans la chaîne calcaire du Plantaurel. La grotte a été fouillée depuis 1949 par Joseph Vézian puis par son fils Jean Vézian.

Le remplissage (Fig. 11) a livré un matériel riche et diversifié, tant au niveau de l'industrie que de la faune. Le matériel est aujourd'hui conservée au Centre Européen de Recherches Préhistoriques à Tautavel.

La faune fait actuellement l'objet de la thèse de Régis Vézian. Les grands mammifères présents sont : *Canis lupus*, *Vulpes vulpes*, *Alopex lagopus*, *Meles meles*, *Mustela putorius*, *Martes* sp., *Crocuta crocuta spelaea*, *Panthera* (*Leo*) *spelaea*, *Lynx lynx*, *Felis silvestris*, *Ursus spelaeus*, *Bos primigenius*, *Bison priscus*, *Capra pyrenaica*, *Rupicapra pyrenaica*, *Rangifer tarandus*, *Megaloceros* sp., *Cervus elaphus*, *Capreolus capreolus*, *Mammuthus* sp., *Coelodonta antiquitatis*, *Equus caballus* aff. *germanicus* et *Sus scrofa* (Gardeisen 1994 ; Marquet et al. 1998).

La grotte a été occupée entre 115 000 et 35 000 ans par les néandertaliens. Les restes humains sont au nombre de 36 et font partie d'une lignée de néandertaliens évolués (Lumley M.A. 1976). Ces restes proviennent des couches F2 et F3, niveaux d'occupation humaine les plus importants (Vézian 1989).

L'industrie est réalisée principalement sur roches locales. La couche G a livré un moustérien à denticulé. Dans les couches F, l'industrie est assimilable à un Moustérien charentien. Le niveau C supérieur montre un Moustérien de tradition acheuléenne (Prince 2000).

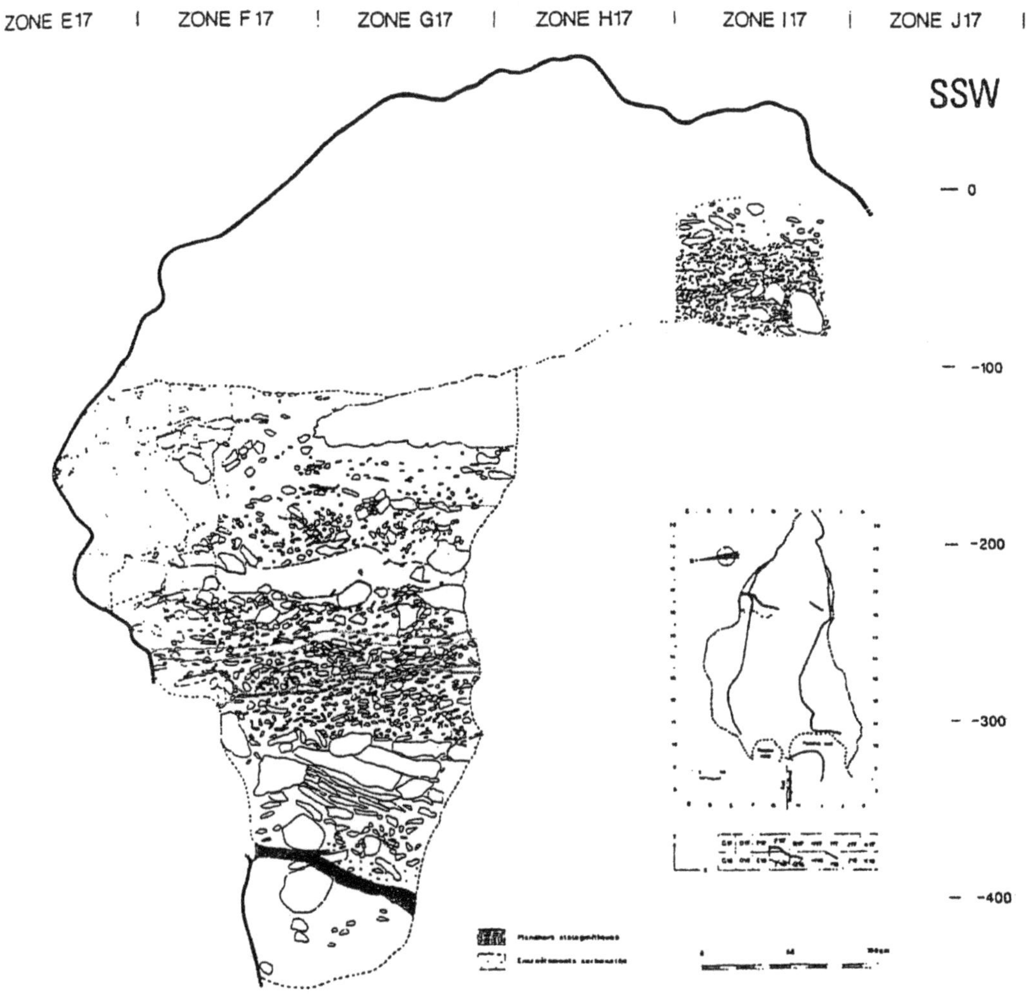

Fig. 11 – Coupe stratigraphique longitudinale du remplissage de la grotte du Portel-Ouest (Données de H. de Lumley et collaborateurs).

V – La Cova de l'Arbreda

Le gisement de la Cova de l'Arbreda est situé en Catalogne sud (nord-est de l'Espagne), sur le territoire de la commune de Serinyà, à 30 km environ de la mer Méditerranée. La Cova de l'Arbreda est l'une des nombreuses grottes du Reclau, c'est à dire qu'elle appartient au complexe des grottes de Serinyà qui s'étend sur 300 m de long. Elle s'ouvre à 15 m au-dessus de la rivière Serinyadell, à 200 m d'altitude absolue (Fig. 12). La grotte est creusée dans la formation de travertins de la haute terrasse lacustre, située à 60 m au-dessus du lac actuel. Elle s'est remplie de sédiments et s'est totalement effondrée (Soler i Masferrer & Maroto i Genover 1987).

La présence de cavités dans le Paratge du Reclau est signalée par Pere Alsius en 1896. En décembre 1972, le Dr. Corominas débute la fouille de la Cova de l'Albareda, qui deviendra Arbreda. Cette fouille concerne le secteur Alpha sur une surface de 6 m² et jusqu'à une profondeur de 8,80 m. La stratigraphie de l'Arbreda est résumée dans la figure 13.

Le matériel archéologique est conservé au Musée Régional d'Archéologie de Banyoles en Espagne.

L'étude de la faune par Estévez (1987) a révélé la présence de : *Ursus spelaeus*, *Vulpes vulpes*, *Lynx spelaea*, *Lynx pardina*, *Panthera pardus*, *Crocuta spelaea*, *Mustela nivalis*, *Elephas* sp., *Dicerorhinus* sp., *Equus caballus*, *Equus hydruntinus*, *Sus scrofa*, *Rangifer tarandus*, *Cervus elaphus*, *Bos*/*Bison*, *Ovibos moschatus*, *Capra pyrenaica*, *Rupicapra pyrenaica*.

A ce jour, la fouille n'ayant pas livré de restes humains, les industries et les faunes, avec quelques traces de boucherie, sont les seules marques de l'occupation humaine. L'industrie moustérienne est à faible indice Levallois et présente beaucoup de racloirs. Dans les niveaux du Paléolithique supérieur, l'outillage est dominé par les grattoirs (Soler i Masferrer & Maroto i Genover, 1990).

Fig. 12 – Vue de la Cova de l'Arbreda.

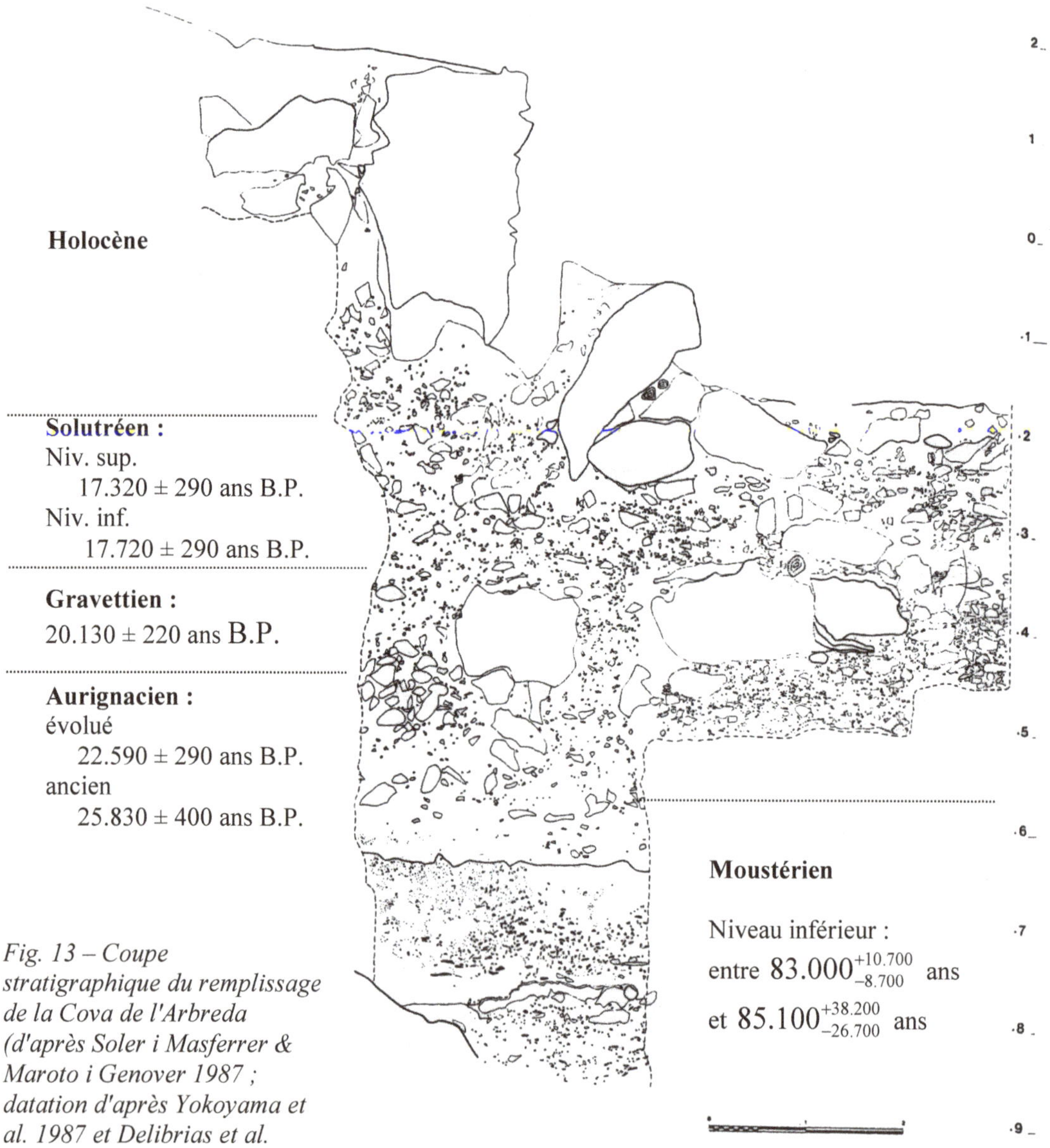

Fig. 13 – Coupe stratigraphique du remplissage de la Cova de l'Arbreda (d'après Soler i Masferrer & Maroto i Genover 1987 ; datation d'après Yokoyama et al. 1987 et Delibrias et al. 1987).

VI – La cavité E de la grotte de Karaïn (Antalya, Turquie)

La grotte de Karaïn est située dans les contreforts des montagnes du Katran à proximité du village de Yagca, à environ 30 km d'Antalya dans le sud-ouest de la Turquie (Fig. 14). Le site contient plusieurs cavités interconnectées (A-G), dont la cavité Karaïn E qui présente une longue séquence allant du Paléolithique inférieur au Paléolithique supérieur. Ce site a livré des restes humains datant de 100-130 000 et de 200-300 000 ans B.P. (Otte *et al.*, 1998).

Les premières fouilles ont commencé dans les années 1940 par le Professeur Ismail Kilic Kökten dans plusieurs cavités. Elles ont été reprises par le Professeur Işin Yalçinkaya en 1985. La cavité Karaïn E contient une séquence du Paléolithique moyen de 11 mètres d'épaisseur (Fig. 15). Les restes de néandertaliens rendent ce site unique pour la Turquie puisqu'ils sont les plus anciens hominidés découverts à ce jour. De plus, de nombreux restes d'animaux ont été identifiés (Otte *et al.*, 1998) : *Ursus spelaeus*, *Ursus arctos*, *Crocuta spelaea*, *Panthera pardus*, *Lynx lynx*, *Felis silvestris*, *Canis lupus*, *Vulpes vulpes*, *Meles meles*, *Martes martes*, *Cervus elaphus*, *Dama dama*, *Capreolus capreolus*, *Ovis* et *Capra*, *Bos* sp., *Sus scrofa*, *Equus caballus*, *Equus hydruntinus*, *Hippopotamus amphibius*, *Rhinoceros* sp., *Elephas* sp.

La collection des restes de faune issus des fouilles du Professeur Yalçinkaya sont conservés sur le site même de Karaïn. L'étude des faunes a été menée en mars 2002 à Karaïn et dans le Département de Préhistoire de l'Université d'Ankara (Faculté des langues, histoire et géographie).

Fig. 14 – Vue de la grotte de Karaïn E (l'entrée, située à l'intersection des deux flèches, est dissimulée par la végétation).

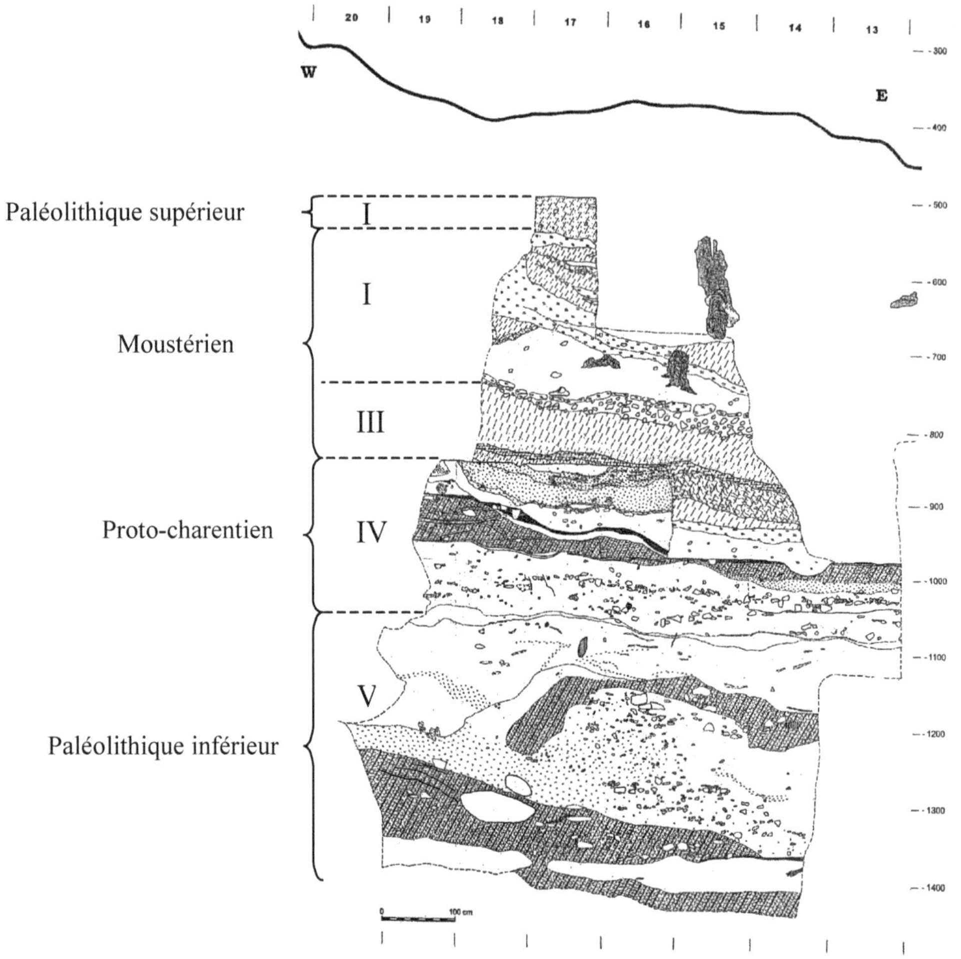

Fig. 15 – Coupe stratigraphique transversale du remplissage de la grotte de Karaïn E (Données de H. de Lumley et collaborateurs).

VII – Les sites du Caucase (Géorgie et Azerbaïdjan)

Les sites du Caucase ont été étudiés lors des missions organisées par le Professeur Henry de Lumley dans le cadre du programme INTAS 2000. Dans ce travail, les sites de Géorgie et d'Azerbaïdjan sont présentés.

Pour la Géorgie (Fig. 16), il s'agit de : Sakazia (1), Ortvala Cave (1), les grottes de Tsutskhvati (2), Ortvala Klde (3) et Tsona (4). Toutes ces grottes sont creusée dans le vaste massif calcaire du bassin versant des fleuves Rioni et Kvirila.

Le matériel, conservé au Musée d'Etat Géorgien de Tbilissi, a été étudié lors de la mission organisée en juin 2002.

7.1 – Sakazia

La grotte de Sakazia à été découverte en 1914 par Schmidt et Kozlowski. Dans l'entrée, ils ont fouillé une surface d'environ 35 à 38 m² et ont fait les premières découvertes pour le Paléolithique en Géorgie. Le Professeur Georgi Nioradze a mené des fouilles dans la grotte en 1936-1937. En 1971, Medea Nioradze a poursuivi les recherches : entre 1974 et 1980, elle a régulièrement dirigé les fouilles. Ces recherches ont montré la présence de couches du Paléolithique moyen (Nioradze & Otte 2000). Dans l'entrée de la grotte, un maxillaire de néandertalien a été découvert.

La grotte de Sakazia se trouve dans le village Godogani près de Kutaisi (région de Teržola, Ouest de la Géorgie). Elle est située sur la rive gauche de la rivière Ckhalcitela (dépression du fleuve Rioni), à 80 m au-dessus du niveau de la rivière et à 235 m au-dessus du niveau de la mer. L'entrée de la grotte est orientée vers le Sud (Fig. 17).

En 1971, Nioradze confirme la présence d'une unique couche contenant des objets du Paléolithique supérieur. Lors des travaux de 1974-1980, six couches du Paléolithique moyen d'une épaisseur de 4 à 4,5 m ont été mises en évidence (Fig. 18).

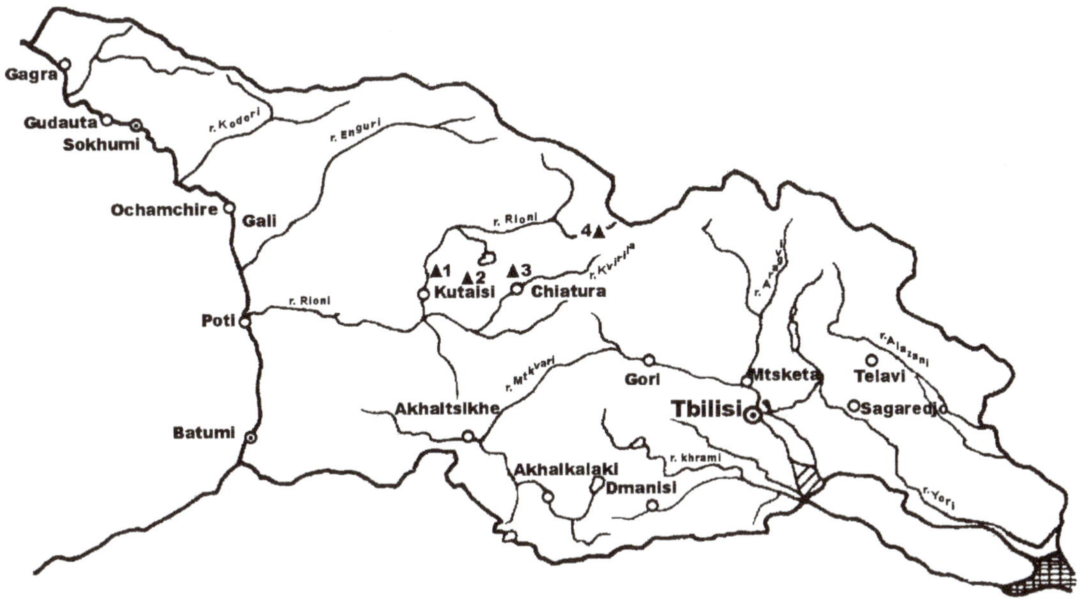

Fig. 16 – Localisation des sites de Géorgie (d'après Toushabramishvili 2002 modifié) (1) Sakazia, Ortvala Cave, (2) Grottes de Tsutskhvati, (3) Ortvala Klde, (4) Tsona.

Fig. 17 – Sakazia, (a) entrée de la grotte, (b) gorges de la rivière Ckhalcitela.

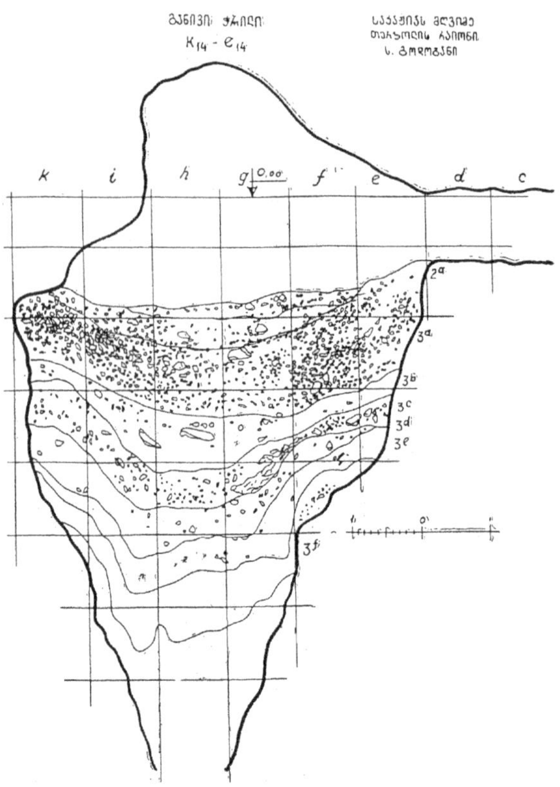

Fig. 18 – Coupe stratigraphique du remplissage de la grotte de Sakazia (d'après Nioradze, 1953).

La faune a été étudiée par Vekua (Vekua & Lordkipanidze 1998) et est constituée de : *Bos* sp., *Cervus elaphus*, *Alces* sp., *Capreolus* sp., *Rupicapra* sp., *Capra caucasica*, *Sus scrofa*, *Equus* sp., *Ursus spelaeus*, *Ursus arctos*, *Canis lupus*, *Vulpes* sp., *Felis* sp., *Lynx* sp., *Mustela* sp., *Meles* sp., *Castor fiber*, *Hystrix*.

7.2 – La grotte d'Ortvala (Ortvala Cave)

La grotte d'Ortvala (ou Ortvala Cave) est située dans la région de Teržola à l'ouest de la Géorgie, non loin de la grotte de Sakazia. La grotte s'ouvre à environ 240 m au-dessus du niveau de la mer. Les fouilles ont été dirigées par Medea Nioradze et ont montré la présence d'industries attribuées au Paléolithique moyen. La stratigraphie de 2,30 m de hauteur comporte 8 couches : 1, 2, 3, 3a, 3b, 3c, 3d et 4 (Fig. 19).

La faune identifiée par Vekua (Vekua & Lordkipanidze 1998) comporte: *Bos* sp., *Cervus elaphus*, *Capra caucasica*, *Sus scrofa*, *Ursus spelaeus*, *Canis lupus*, *Vulpes* sp., *Felis* sp.

Deux dents de néandertalien ont été découvertes dans la couche 3a.

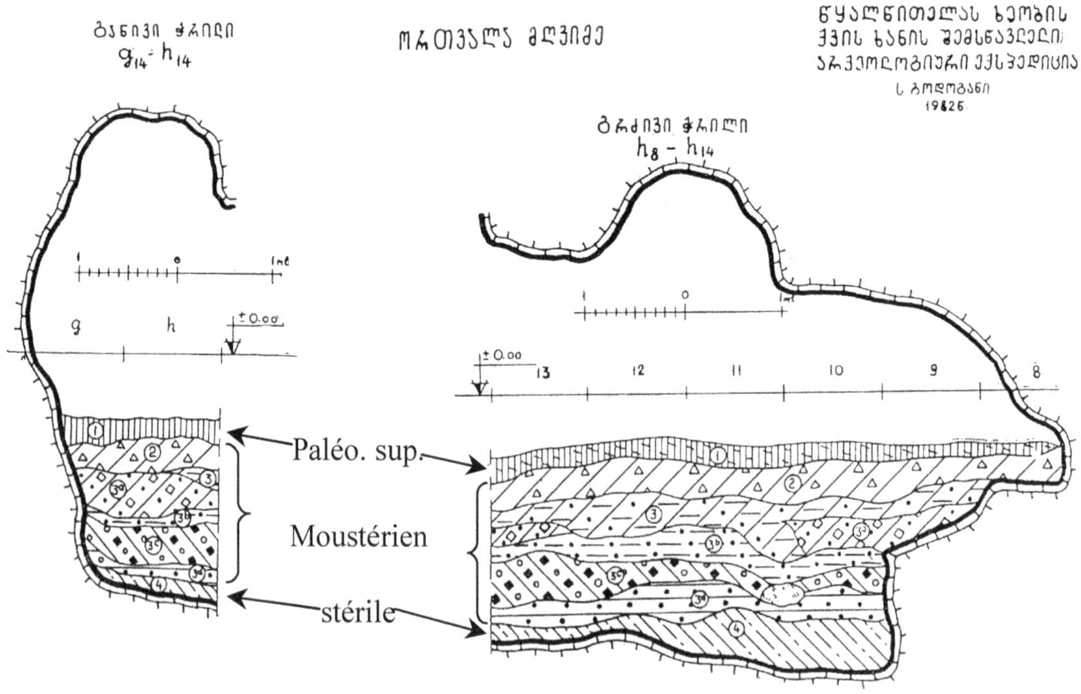

Fig. 19 – Coupes stratigraphiques du remplissage de la grotte d'Ortvala (d'après Davitaia 1978).

7.3 – Tsutskhvati

Le complexe de Tsutskhvati se situe dans la région de Tkibouli, entre 250 m et 350 m d'altitude. Il a été découvert par le Professeur Marouashvili (Institut de Géographie de Géorgie) en 1970. Les fouilles ont été dirigées par le Professeur D. Toushabramishvili du Musée d'Etat de Géorgie en 1970 et 1971, et de 1974 à 1978. Les fouilles sont maintenant dirigées par N. Toushabramishvili en collaboration avec des scientifiques étrangers.

Le complexe est formé de 13 niveaux de grottes dont la grotte du Bronze, la grotte du Bison, la grotte Double et la grotte de l'Ours. Dans la grotte du Bronze, la section stratigraphique fait 17 m de hauteur et a livré une dent de néandertalien (Fig. 20 et 21).

La liste de la faune déterminée par Vekua (1978) comporte : *Sus scrofa*, *Cervus elaphus*, *Bison priscus*, *Capra caucasica*, *Equus caballus*, *Rhinoceros* sp., *Ursus spelaeus*, *Meles meles*, *Canis lupus*, *Vulpes vulpes*, *Lynx lynx*, *Panthera pardus*.

Fig. 20 – La grotte du Bronze (Tsutskhvati), (a) vue de la coupe et (b) vue des gorges.

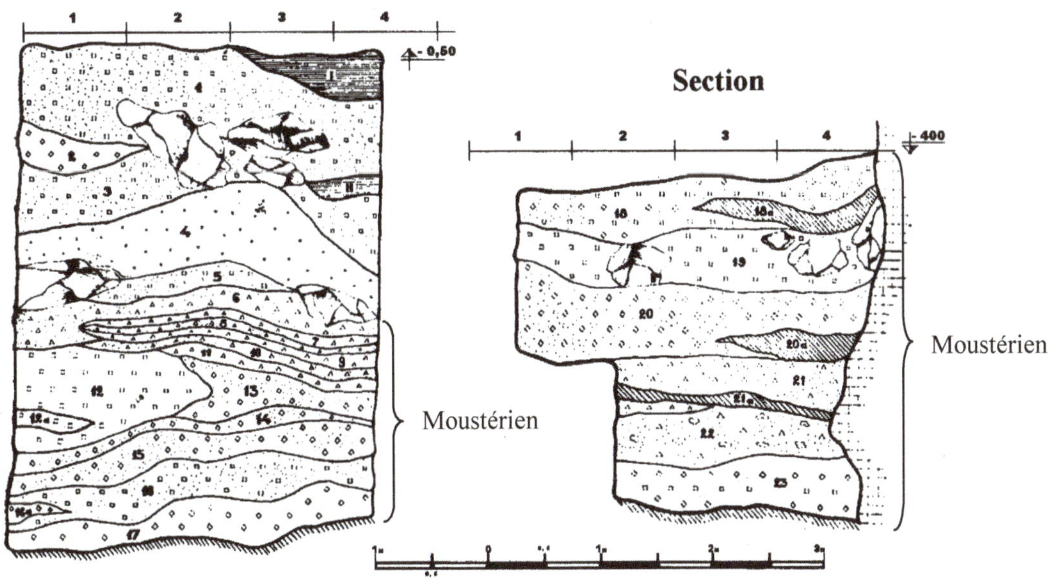

Fig. 21 – Coupe stratigraphique du remplissage de la grotte du Bronze (d'après Toushabramishvili 2002).

7.4 – Ortvala Klde

Ortvala Klde se trouve dans le village de Didi Rgani (région de Tchiatoura), dans la gorge de la rivière Čerula, affluent droit de la rivière Kvirila, à 35 m au-dessus du niveau de la rivière et à 530 m au-dessus du niveau de la mer. La grotte s'ouvre vers l'est, ce qui fait qu'elle est sèche et éclairée. La cavité a été découverte en 1973, lors d'une expédition archéologique dirigée par le Professeur D.M. Toushabramishvili et a été fouillée dès 1974.

Grâce à deux coupes stratigraphiques de 4 m d'épaisseur, 11 couches lithologiques ont été identifiées. Neuf couches sont considérées comme couches archéologiques, dont deux appartiennent au Paléolithique supérieur, les 7 autres se rapportent au Moustérien (Toushabramishvili *et al.* 1990). Une dent de néandertalien a été identifiée dans la 5e couche.

La faune de grands mammifères est riche. Les taxons identifiés par A. Vekua (Vekua & Lordkipanidze 1998) sont les suivants : *Ursus spelaeus, Canis lupus, Felis* sp., *Sus scrofa, Bison priscus, Bos* sp., *Capra caucasica, Ovis ammon, Cervus elaphus* et *Capreolus* sp.

7.5 – Tsona

La grotte de Tsona se situe en Ossétie du sud et s'ouvre à 2100 m au-dessus du niveau de la mer. Il s'agit d'un des habitats préhistoriques parmi les plus hauts en altitude. La grotte a été découverte en 1958, puis fouillée de 1959 à 1969 par A.N. Kalandadze. Le Professeur D.M. Toushabramishvili reprend les fouilles en 1977.

Les 6,80 m de remplissage ont livré 2 couches archéologiques acheuléennes et moustériennes. La grande faune est composée de : *Canis lupus, Cuon* sp., *Vulpes vulpes, Ursus spelaeus, Ursus arctos, Panthera pardus, Panthera spelaea, Sus scrofa, Cervus elaphus, Capreolus capreolus, Bison priscus, Capra caucasica* et *Ovis ammon* (Lioubine, 2002).

7.6 – Azych et Taglar

Au cours d'une mission organisée en Azerbaïdjan en septembre 2002 dans le cadre du programme européen INTAS 2000, trois sites du Caucase ont été étudiés. Il s'agit d'Azych, de Taglar et de Gazma. Seuls les deux premiers sont ici rapidement présentés car l'étude a montré la présence d'*Ovis ammon* et de *Capra caucasica*. La faune est conservée dans le Département de Biologie de l'Université de Médecine de Bakou.

La grotte d'Azych est située à l'extrémité sud-est du Petit Caucase, dans la chaîne de montagnes de Karabakh, à 800 mètres d'altitude. Trois couches contiennent du matériel archéologique attribué à l'Acheuléen. La faune, étudiée par Aliyev (1969), se compose de *Canis* cf. *lupus, Canis aureus, Vulpes vulpes, Meles meles, Martes* cf. *foina, Crocuta spelaea, Felis chaus, Felis lynx, Panthera pardus, Ursus spelaeus, Ursus* aff. *arctos, Ursus* sp., *Sus scrofa, Capreolus capreolus, Dama mesopotamica, Megaloceros giganteus, Cervus elaphus, Gazella* aff. *subgutturosa, Capra aegagrus, Bison* sp., *Equus caballus, Equus hydruntinus, Dicerorhinus mercki.*

La grotte de Taglar est située à quelques kilomètres seulement d'Azych. La fouille a livré des industries moustériennes. Aucune information bibliographique n'a été obtenue concernant ce gisement.

VIII – Autres sites étudiés et utilisés pour comparaison

Les deux sites présentés ci-dessous, Castel 2 et Arche 98, ont été étudiés car ils ont livré des faunes essentiellement composées de petits bovidés. Ces dernières ne sont pas très importantes en nombre de restes mais ils ont l'avantage d'être en très bon état de conservation, donc très utiles pour l'étude paléontologique.

8.1 – La grotte du Castel 2

La grotte du Castel 2 est située sur le territoire de la commune de Bessède-de-Sault (haute vallée de l'Aude) à 635 m d'altitude. Elle a été fouillée en 1999 et 2000 par Jacques Pernaud (Pernaud *et al.*, sous presse). La faune se compose essentiellement de Carnivores : *Crocuta spelaea* (hyène des cavernes) et *Ursus spelaeus* (ours des cavernes) et de Caprinae : *Capra pyrenaica* (bouquetin des Pyrénées) et *Rupicapra pyrenaica* (isard). Les dépôts datent probablement de la fin du Pléistocène supérieur. Le matériel est conservé au Musée de Tautavel.

8.2 – Le site Arche 98

Le site Arche 98 est situé sur le territoire de la commune de Bugarach (Aude). Il s'agit d'un site paléontologique ayant livré presque exclusivement des restes complets (crânes et ossements) d'un bouquetin de type *Capra* aff. *caucasica*. Les vestiges ont été récupérés dans plusieurs galeries par une équipe de spéléologues. Les vestiges datent, comme ceux du Castel 2, de la fin du Pléistocène. Le matériel est conservé au Musée de Tautavel.

Chapitre 2

Paléontologie

I - Introduction

La classification et la nomenclature des espèces actuelles de petits bovidés utilisées dans ce travail sont en accord avec celles établies par D. Shackleton et le groupe de spécialistes des Caprinae de l'Union Internationale pour la Conservation de la Nature (IUCN/SCC) (Shackleton *et al.*, 1997) mises à jour lors du *Workshop on Caprinae Taxonomy* qui s'est tenu à Ankara (Turquie) du 8 au 10 mai 2000 (Tabl. 5).

Pour le genre *Ovis*, il semble nécessaire de préciser que celui-ci rassemble tous les "moutons sauvages" communément appelés mouflons en français. Toutefois, le nom vernaculaire "mouflon" fait référence à l'espèce *Ovis gmelini*. Il est préférable de désigner l'ensemble des membres du genre *Ovis* par mouflon *sensu lato* (équivalent de *wild sheep* en anglais). Le terme argali désignera les "mouflons d'Asie" ou *Ovis ammon*.

La référence des mesures réalisées sur les collections d'ossements fossiles et les collections d'ossements de comparaison utilisées dans ce travail sont données sous forme de planches dans l'annexe A. Le détail des mesures obtenues est présenté dans l'annexe B.

Les espèces fossiles décrites sont comparées avec celles d'autres gisements généralement situés dans le pourtour du bassin méditerranéen à partir de mesures personnelles réalisées sur les collections du Musée d'Histoire Naturelle d'Avignon. Des comparaisons ont été effectuées avec les taxons actuels des collections du Centre Européen de Recherches Préhistoriques de Tautavel, de l'Institut de Paléontologie Humaine (Collection Regalia) et du Laboratoire d'Anatomie Comparée du Muséum National d'Histoire Naturelle (MNHN) à Paris et de l'Institut de Zoologie du Musée National Géorgien (GSM) à Tbilissi. Enfin des données issues de la bibliographie ont été exploitées (Tabl. 6).

Ce travail se consacre d'abord à l'étude morphologique et métrique de quelques éléments de *Ovis ammon antiqua* et *Hemitragus bonali* et des restes de *Capra* et *Rupicapra*. La Caune de l'Arago ayant livré un matériel très riche et les dernières fouilles ayant produit un nouveau matériel intéressant, ce site est au centre de l'étude et les autres y sont inclus pour réaliser des comparaisons. Les restes d'*Ovis ammon antiqua* et *Hemitragus bonali* ont fait l'objet de plusieurs études détaillées (Crégut-Bonnoure 1979 ; Moigne 1983 ; Monchot 1996). Seules les données sur quelques éléments du squelette sont discutées ici. En revanche l'intégralité des autres espèces découvertes dans ce site font l'objet d'une description détaillée.

Dans les diagrammes de Simpson (ou diagrammes des rapports des dimensions moyennes) les différences par rapport à une population de référence sont exprimées en logarithmes décimaux. Les tests statistiques ne sont pas utilisés dans ce chapitre soit parce que la taille de l'échantillon était trop petite pour être représentative de la population, soit à cause du dimorphisme sexuel, assez marqué chez les Caprinae, qui peut faire varier les données en fonction du sex-ratio.

Liste des abréviations utilisées dans les tableaux :
- DAP = Diamètre antéro-postérieur.
- DMD = Diamètre mésio-distal.
- DT = Diamètre transversal.
- DVL = Diamètre vestibulo-lingual.
- HC = Hauteur de la couronne des dents isolées.
- NR = Nombre de restes.
- s = Ecart-type.
- TB = Terres brunes de la Caune de l'Arago.
- x = Moyenne.

II – Données sur l'origine et l'évolution des Caprinae

La région d'origine et de spéciation des Caprinae pourrait se situer en Asie centrale. En effet c'est dans cette région que l'on rencontre les plus anciens fossiles considérés comme menant aux lignées du Pléistocène. Il s'agit de *Tossunoria pseudibex* pour *Hemitragus* et *Capra* (Gentry 1971 ; Geist 1985), de *Pachygazella* pour *Rupicapra* (Thenius & Hofer 1960, *in* Schaller 1977) et de *Oioceros* pour *Ovis* (Chen 1988). *Ovis*, *Hemitragus*, *Capra* et *Rupicapra* auraient ensuite migré vers les Balkans et le bassin des Carpates, puis vers l'Europe méridionale. C'est un assèchement de l'environnement qui serait à l'origine de l'évolution et de la dispersion des Caprini il y a environ 4 à 5 millions d'années (Spassov & Crégut-Bonnoure 1999).

La première phase de migration débute à la fin du Pliocène avec l'arrivée d'*Hemitragus* en Europe. La deuxième phase concerne les genres *Ovis* et *Rupicapra* qui arrivent au cours du Pléistocène moyen. *Hemitragus* s'est parfaitement adapté aux influences du climat de la région méditerranéenne tandis que le mouflon disparaît de France à la fin du stade isotopique 11. *Capra ibex* et *Rupicapra rupicapra*, et probablement *Rupicapra pyrenaica*, arrivent en Europe à la fin du Pléistocène moyen. *Capra ibex* jusqu'alors localisé dans le sud-est se disperse vers l'ouest. Une troisième phase de migration commence avec l'arrivée de *Capra* aff. *caucasica* au stade 5. La présence de *Capra ibex* en Provence limite sa progression et l'oblige à se déplacer vers les Pyrénées où il a évolué vers *Capra pyrenaica*. (Crégut-Bonnoure 1992a, 1992b, et 1992c).

Tribu :	Espèces :	Sous-espèces :	Nom vernaculaire :
Caprini			
	Hemitragus jemlahicus **(H. Smith, 1826)**		Thar de l'Himalaya
	Hemitragus hylocrius **(Ogilby, 1838)**		Thar des Nilgiri
	Hemitragus jayakari **Thomas, 1894**		Thar d'Arabie
Capra	***Capra aegagrus*** **Erxleben, 1777**		**Bouquetin aegagre (chèvre à bézoard)**
		Capra aegagrus aegagrus Erxleben, 1777	Aegagre de Perse
		Capra aegagrus blythi Hume, 1875	Aegagre de l'Inde (Pasang)
		Capra aegagrus chialtanensis Lydekker, 1913	Aegagre du Chialtan
		Capra aegagrus cretica Schinz, 1838	Aegagre de Crète ou agrimi
	Capra falconeri **Wagner, 1839**		**Markhor**
		Capra falconeri falconeri Wagner, 1839	Markhor de l'Astor (du Cashemire)
		Capra falconeri heptneri Zalkin, 1945	Markhor du Tadjik
		Capra falconeri megaceros Hutton, 1842	Markhor du Kaboulistan
	Capra ibex **Linnaeus, 1758**		**Bouquetin d'Europe, Ibex des Alpes**
	Capra nubiana **F. Cuvier, 1825**		**Bouquetin de Nubie (de la Mer Rouge)**
	Capra pyrenaica **Schinz, 1838**		**Bouquetin ibérique**
		Capra pyrenaica hispanica Schimper, 1848	Bouquetin d'Andalousie
		Capra pyrenaica lusitanica Schlegel, 1872	Bouquetin du Portugal (éteint)
		Capra pyrenaica pyrenaica Schinz, 1838	Bouquetin des Pyrénées
		Capra pyrenaica victoriae Cabrera, 1911	Bouquetin de Gredos (de Castille)
	Capra sibirica **Pallas, 1776**		**Bouquetin de Sibérie**
	Capra walie **Ruppell, 1835**		Bouquetin de Wallie
	Capra caucasica **Guldenstaed et Pallas, 1783**		Bouquetin (Tur) de l'Ouest du Caucase
	Capra cylindricornis **Blyth, 1841**		Bouquetin (Tur) de l'Est du Caucase
Ovis	***Ovis vignei*** **Blyth, 1841**		**Urial (ou mouflon rouge)**
		Ovis vignei arkal Eversmann, 1850	Urial du Turkestan
		Ovis vignei bocharensis Nasonov, 1914	Urial de Boukharie
		Ovis vignei cycloceros Hutton, 1842	Urial d'Afghanistan
		Ovis vignei orientalis Gmelin, 1774	Urial de l'Elbourz
		Ovis vignei punjabiensis Lydekker, 1913	Urial du Penjab
		Ovis vignei severtzovi Nasonov, 1914	Urial de Severtzov
		Ovis vignei vignei Blyth, 1841	Urial du Cachemire
	Ovis gmelini **Blyth, 1841**		**Mouflon**
		Ovis gmelini gmelini Blyth, 1841	Mouflon d'Arménie
		Ovis gmelini anatolica Valenciennes, 1856	Mouflon de Turquie
		Ovis gmelini isphahanica Nasonov, 1910	Mouflon d'Ispahan
		Ovis gmelini laristanica Nasonov, 1909	Mouflon de Laristan
		Ovis gmelini musimon Schreber, 1782	Mouflon de Corse (ou M. d'Europe)
		Ovis gmelini ophion Blyth, 1841	Mouflon de Chypre
	Ovis ammon **Linnaeus, 1766**		**Argali**
		Ovis ammon ammon Linneus, 1766	Argali de l'Altaï (Argali sibérien)
		Ovis ammon hodgsoni Blyth, 1840	Argali du Tibet (ou Nayan)
		Ovis ammon jubata Peters, 1876	Argali du Shansi (A. de Mandchourie)
		Ovis ammon karelini Severtzov, 1873	Argali du Tien Shan (A. de Karéline)
		Ovis ammon nigrimontana Severtzov, 1873	Argali du Kara-Tau (A. des Montagnes Noires)
		Ovis ammon poli Blyth, 1841	Argali de Marco Polo
	Ovis canadensis **Shaw, 1804**		**Bighorn du Far-West**
		Ovis canadensis canadensis Shaw, 1804	Bighorn des Montagnes Rocheuses
		Ovis canadensis nelsoni Merriam, 1897	Bighorn du désert (B. de Nelson)
		Ovis canadensis mexicana Merriam, 1901	Bighorn du Mexique
	Ovis dalli **Nelson, 1884**		**Bighorn du Grand Nord**
		Ovis dalli dalli Nelson, 1884	Bighorn de Dall (B. blanc, B. d'Alaska)
		Ovis dalli stonei Allen, 1897	Bighorn de la Stikine
	Ovis nivicola **Eschscholtz, 1829**		**Bighorn de Sibérie**
		Ovis nivicola borealis Severtzov, 1873	Bighorn boréal
		Ovis nivicola lydekkeri Kowarzik, 1913	Bighorn à bandeau
		Ovis nivicola nivicola Eschscholtz, 1829	Bighorn du Kamtchatka
Rupicaprini			
	Rupicapra rupicapra **Linnaeus, 1758**		**Chamois**
		Plusieurs sous-espèces dont la validité est douteuse	
	Rupicapra pyrenaica **Bonaparte, 1845**		**Isard**
		Rupicapra pyrenaica ornata Neumann, 1899	Isard des Apenins ou des Abruzzes
		Rupicapra pyrenaica pyrenaica Bonaparte, 1845	Isard des Pyrénées
		Rupicapra pyrenaica parva Cabrera, 1911	Isard des Monts Cantabres

Tabl. 5 – Classification adoptée par l'IUCN/SCC pour l'étude du groupe des Caprinae (d'après Shackleton & Lovari 1997, modifié en mai 2000).

Site	Pays	Référence
Adaouste	France (13)	Defleur *et al*., 1994
Baume Moula-Guercy	France (07)	Crégut-Bonnoure et Guérin, 1986 ; Defleur *et al*., 2001
Belvis	France (11)	Sacchi *et al*., 1992
Bois du Cantet	France (65)	Clot *et al*., 1984
Bouxès	France (12)	Defleur *et al.* , 1994
Cimay	France (83)	Crégut-Bonnoure, 1999
Cueva del Nacimiento	Espagne	Alférez Delgado *et al.* , 1981
Cueva Millan	Espagne	Pérez-Legido et Cerdeño, 1992
Cueva Victoria	Espagne	Crégut-Bonnoure, 1999
Escale	France (13)	Crégut-Bonnoure, 1995a
Hundsheim	Autriche	Daxner, 1968 ; Crégut-Bonnoure, 1987 et 1999
La Niche - Montmaurin	France (31)	Tavoso *et al*., 1990
Les Cèdres	France (83)	Crégut-Bonnoure, 1995a
Les Eglises	France (09)	Delpech et Le Gall, 1983
Les Pêcheurs (Abri)	France (07)	Crégut-Bonnoure, 1999
Marcq (Abri)	France (84)	Crégut-Bonnoure, 1993
Nestier	France (65)	Clot et Marsan, 1986
Pont-du-Château	France (63)	Pommerol, 1880 et 1882
Rigabe	France (83)	Crégut-Bonnoure, 1995a
Saint-Marcel-d'Ardèche	France (12)	Defleur *et al.* , 2001
Salemas	Portugal	Cardoso et Antunes, 1989
Smolućka cave	Serbie	Dimitrijević, 1991
Vaufrey (Abri)	France (24)	Crégut-Bonnoure, 1995a
Venta Micena	Espagne	Crégut-Bonnoure, 1999
Villany-Csanorta	Hongrie	Crégut-Bonnoure, 1999

Tabl. 6 – Références bibliographiques dont sont issues certaines données métriques.

III – Le genre *Ovis*

3.1 – Introduction

Le plus ancien *Ovis* fossile, *O. shantungensis*, est signalé dans le Villafranchien de l'Asie centrale à Nihowan en Chine (Teilhard de Chardin & Piveteau 1930). A partir de ce foyer asiatique, le genre *Ovis* se serait répandu au cours du Pléistocène selon deux grands axes de migration : l'un se dirigeant vers l'Asie du Nord-Est et atteignant l'Amérique du Nord par le détroit de Béring, le second vers l'Eurasie et l'Europe de l'Ouest. Ces espèces asiatiques n'auraient effectué que de brèves incursions en Europe méridionale.

Actuellement, le genre *Ovis* est largement distribué dans les régions biogéographiques Paléarctique et Néarctique. Les argalis (*Ovis ammon*) sont présents en Asie, du Pamir et du Plateau du Tibet, vers le nord jusqu'aux montagnes de l'Altaï et au désert de Gobi en Mongolie et en Mongolie-Intérieure (Valdez 1982). Argali est le nom mongol pour mouflon *s.l.* et il est communément utilisé pour désigner tous les mouflons de l'espèce *ammon*.

L'argali, *Ovis ammon antiqua* (Pommerol 1880) est très rare dans les sites européens. Il n'est présent que dans quelques gisements du Pléistocène moyen du sud de l'Europe occidentale :

- Pont-du-Château, Puy-de-Dôme (Pommerol 1880 et 1882).
- La Caune de l'Arago, Pyrénées-Orientales (Crégut 1979), compris dans cette étude.
- Camp-de-Peyre, Lot-et-Garonne (Delpech et al. 1978).
- Visogliano, Italie (Cattani et al. 1991).
- Magliana, Italie (Portis 1917).
- Cueva Victoria, Espagne (Crégut-Bonnoure 1999).

Le crâne de Magliana est à ce jour introuvable dans les collections italiennes, il a pu être détruit lors du bombardement du musée pendant la dernière guerre (M. R. Palombo, comm. pers.).

Plus à l'Est, cette espèce a été identifiée dans les sites du Pléistocène moyen et supérieur du Bassin des Carpates et de Moravie : dans les sites moraves de Stranska Skala et de Turany datés de 400 à 450 000 ans et de Tarkő Cave (Kordos 2001) ; dans l'abri sous roche d'Uppony I en Hongrie daté de 140 à 120 000 ans (Janossy et al. 1968 ; Kordos 2001).

Ovis ammon est également connu dans des sites du Pléistocène du Caucase notamment en Géorgie dans les sites de Koudaro I et III, à Tsona, dans les grottes de Tsutskhvati et à Sakazia (Vereshchagin 1967 ; Lioubin & Baryshnikov 1984 ; Baryshnikov 1989 et 1999).
Au stade isotopique 3, il se retrouve dans la région de Angara-Baïkal (en Sibérie centrale) dans les sites de Karginsk et de Kamenka (Chlachula 2001).
Récemment, une espèce différente a été identifiée à Slivnitsa (Bulgarie), site du Pléistocène inférieur (Spassov & Crégut-Bonnoure 1999).

D'autres vestiges ont été signalés en France mais les déterminations sont controversées :

Un fragment crânien avec le départ de la cheville gauche a été signalé à Sénèze (Haute-Loire) par Schaub (1944). Le spécimen ressemble à *Ovis ammon* mais le matériel n'est pas suffisant pour permettre une détermination spécifique.

Ovis est signalé au Vallonnet (Alpes-Maritimes) par Moullé (1992). L'examen de photographies du matériel par Spassov & Crégut-Bonnoure (1999) indique qu'il s'agirait de *Soergelia.* Toutefois, Moullé (comm. pers), après une nouvelle révision du matériel, remet en question cette détermination.

Vers 9 ou 10 000 ans, *Ovis gmelini* a été domestiqué en Asie Mineure et le mouton (*Ovis aries*) a atteint l'Europe au milieu du 7e millénaire. Le mouton est introduit en Corse vers le 6e millénaire, vraisemblablement importé par les navigateurs néolithiques. Le mouflon de Corse (*Ovis gmelini musimon*) serait issu de moutons domestiques revenus à l'état sauvage par marronnage (Poplin, 1979 ; Vigne 1988). Il a été introduit tardivement sur le continent européen, au XVIIIe siècle comme animal de parc, puis comme gibier au XIXe siècle (Bon et al. 1991).

3.2 – L'argali, *Ovis ammon antiqua* (Pommerol, 1880)

L'argali (*Ovis ammon antiqua*) a été identifié à la Caune de l'Arago par Crégut (1979). La Caune de l'Arago a livré une collection importante de vestiges attribués à l'argali présents dans le remplissage du sol P (dernier niveau entièrement dégagé par la fouille) jusqu'au sol D inclus, soit de 550 000 à 400 000 ans. En prenant en compte l'intégralité du matériel, campagne de fouilles 2000 inclue, le nombre de restes s'élève à 12771, soit 6716 restes de plus par rapport à la dernière étude (Monchot 1996). Ces nouveaux restes proviennent pour la plupart du sol F.

Afin de le comparer aux *Ovis* actuels et fossiles, quelques éléments sont décrits et mesurés car de nouveaux ossements complets ont été découverts : un nouveau crâne presque complet, des chevilles osseuses, des hémi-maxillaires (dont un avec le palais complet) et les mandibules (parmi les 394 hémi-mandibules déterminées, 11 sont en bon état de conservation et 5 sont complètes). De plus deux éléments significatifs pour la distinction des espèces sont discutés dans ce travail : la M3 supérieure et le talus.

3.2.1 – Morphologie des chevilles osseuses

Les chevilles osseuses sont de la plus haute importance pour la détermination spécifique des mouflons *s.l.* Ces prolongements osseux s'insèrent au-dessus de l'orbite et occupent la partie externe et supérieure du crâne. Leur base est très rapprochée. Elles se dirigent d'abord vers le haut, puis vers l'arrière et l'extérieur, c'est un enroulement de type homonyme (Fig. 22).

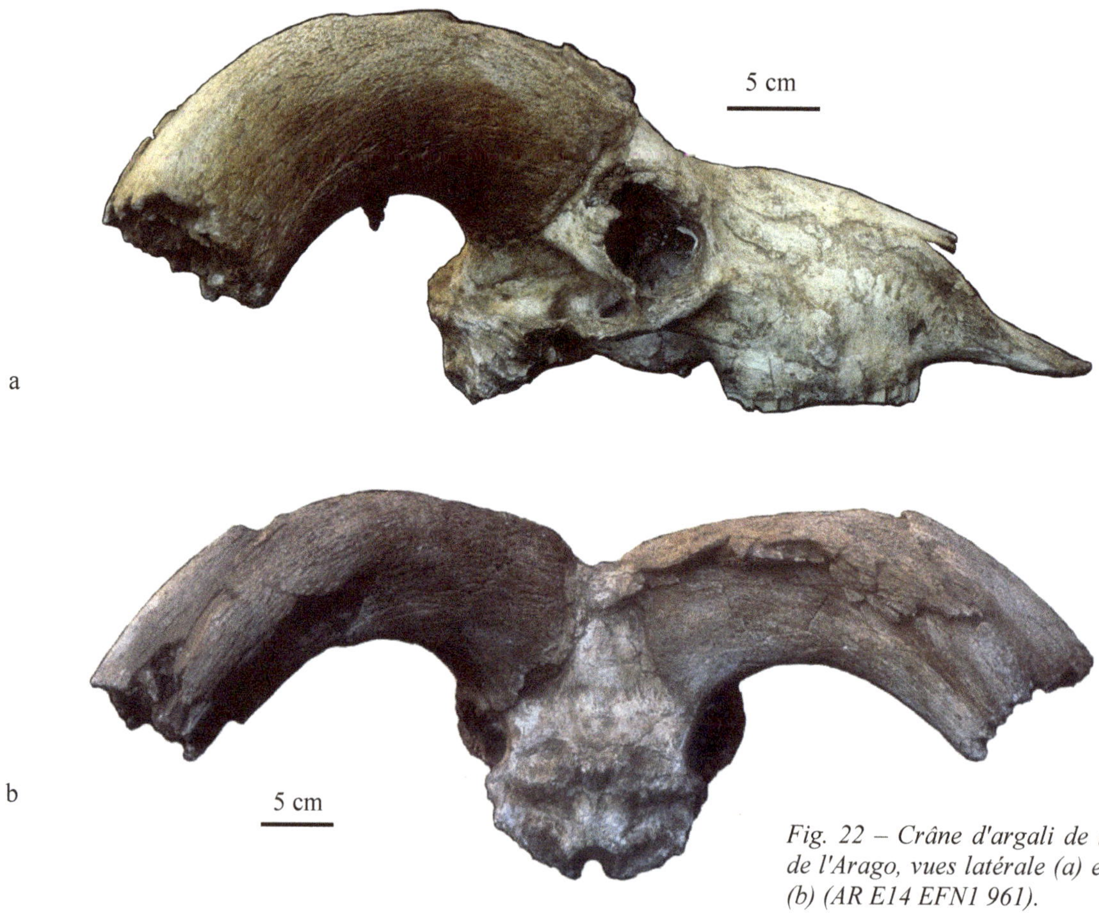

Fig. 22 – Crâne d'argali de la Caune de l'Arago, vues latérale (a) et dorsale (b) (AR E14 EFN1 961).

La morphologie des chevilles osseuses est abordée ici par l'étude des sections transversales réalisées à la base, à 10 et à 20 cm (Fig. 23, 24 et 25).

Chez les individus adultes, la section à la base de la cheville osseuse montre une importante variabilité morphologique. La section est généralement arrondie. Trois carènes se développent dès la base : une antéro-externe, une interne, et une postérieure. Sur les sections à 10 cm de la base, la cheville osseuse devient plate sur la face antérieure, la face externe est convexe et la face interne est plane ou légèrement concave. Les sections à 20 cm ont une forme plus triangulaire. Ceci est dû au fait que la carène postérieure est de plus en plus marquée vers l'apex de la cheville.

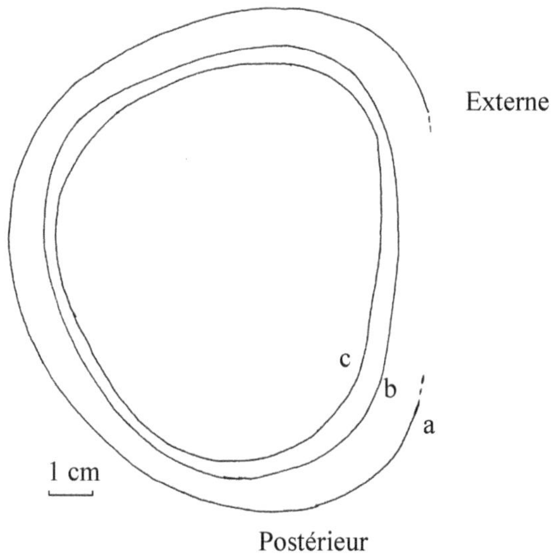

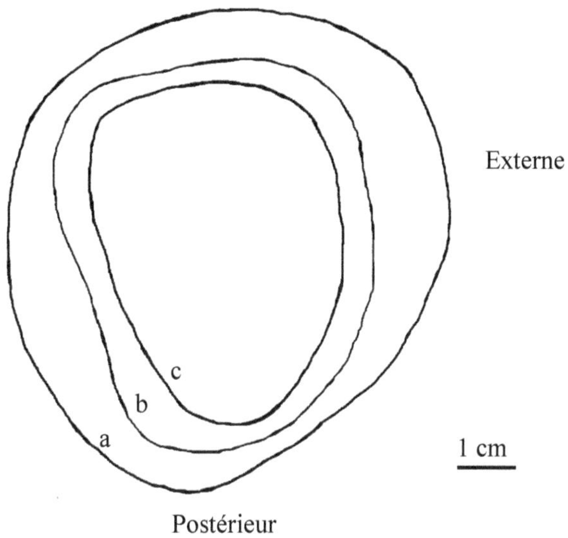

*Fig. 23 – Sections de chevilles osseuses gauches d'*Ovis ammon antiqua *adultes, sections à la base (a), à 10 cm (b) et à 20 cm (c) (AR F19 FKF33 2608 et AR E18 ESY0 807).*

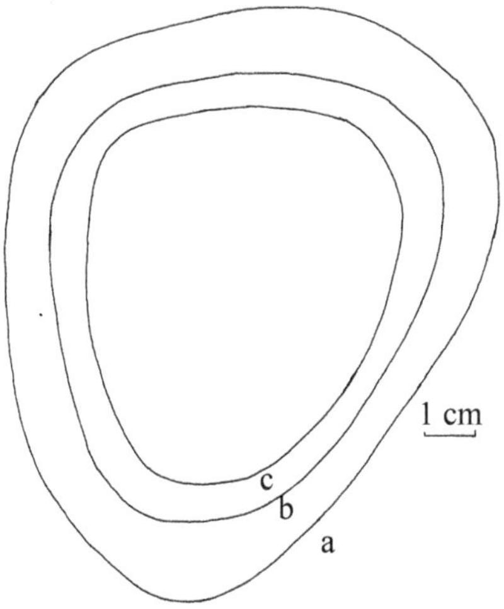

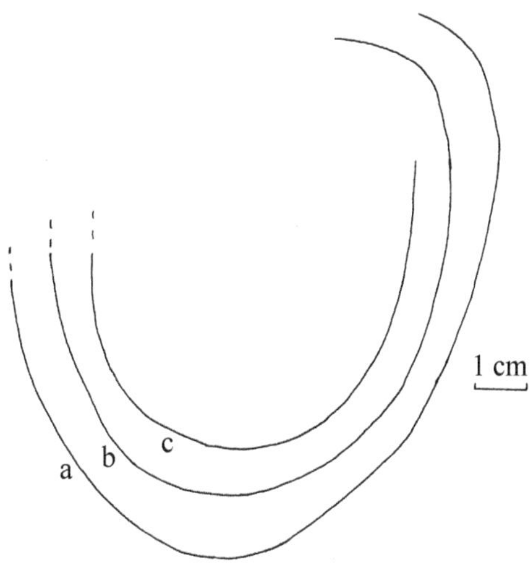

*Fig. 24 – Sections de chevilles osseuses droites d'*Ovis ammon antiqua *adultes, sections à la base (a), à 10 cm (b) et à 20 cm (c) (AR G13 GEO3 1045 et AR E14 EFN1 961).*

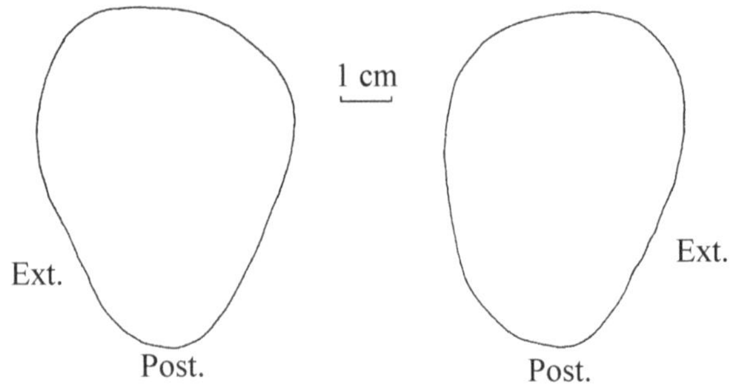

*Fig. 25 – Section basales de chevilles osseuses d'*Ovis ammon antiqua *jeunes (AR H14 HFO4 4876 à gauche et AR J19 JKF8 3150 à droite).*

3.2.2 – Comparaison du crâne avec les argalis fossiles et actuels

1- *Ovis shantungensis* du Sangkan-ho à Nihowan, Chine (Teilhard de Chardin & Piveteau 1930)

Chez *Ovis ammon antiqua*, comme chez *Ovis shantungensis* (Fig. 26), la partie postérieure du crâne (frontaux, pariétaux, occipitaux) se projette en arrière de la ligne postérieure des cornes. La région occipitale est donc fortement développée. Les fosses temporales sont assez bien développées mais ne se prolongent pas autant que chez *O. shantungensis*. La longueur du basi-occipital et du basisphénoïde est plus courte que chez *O. shantungensis*. Comparé à l'argali actuel, le mouflon du Sangkan-ho, *Ovis shantungensis*, a des chevilles osseuses moins grosses, plus triangulaires, et moins inclinées vers l'arrière.

Bien que de type *ammon*, l'argali du Sangkan-ho est nettement différent de l'argali de la Caune de l'Arago. Il est beaucoup plus ancien, puisqu'il date du Villafranchien.

2- *Ovis antiqua* de Pont-du-Château (Pommerol, 1880 et 1882)

Chez le spécimen de la Caune de l'Arago comme chez celui de Pont-du-Château, la région frontale est plane entre les orbites alors qu'elle est convexe entre les chevilles osseuses (Fig. 27 et 28). Contrairement à l'argali actuel, la région occipitale est identique à celle de l'argali de la Caune de l'Arago qui est très anguleuse. Les chevilles osseuses sont similaires, c'est à dire que la section à la base s'aplanit sur la face antérieure, la face externe est convexe, la face interne est plane (Fig. 29). La cheville est allongée et rétrécie postérieurement.

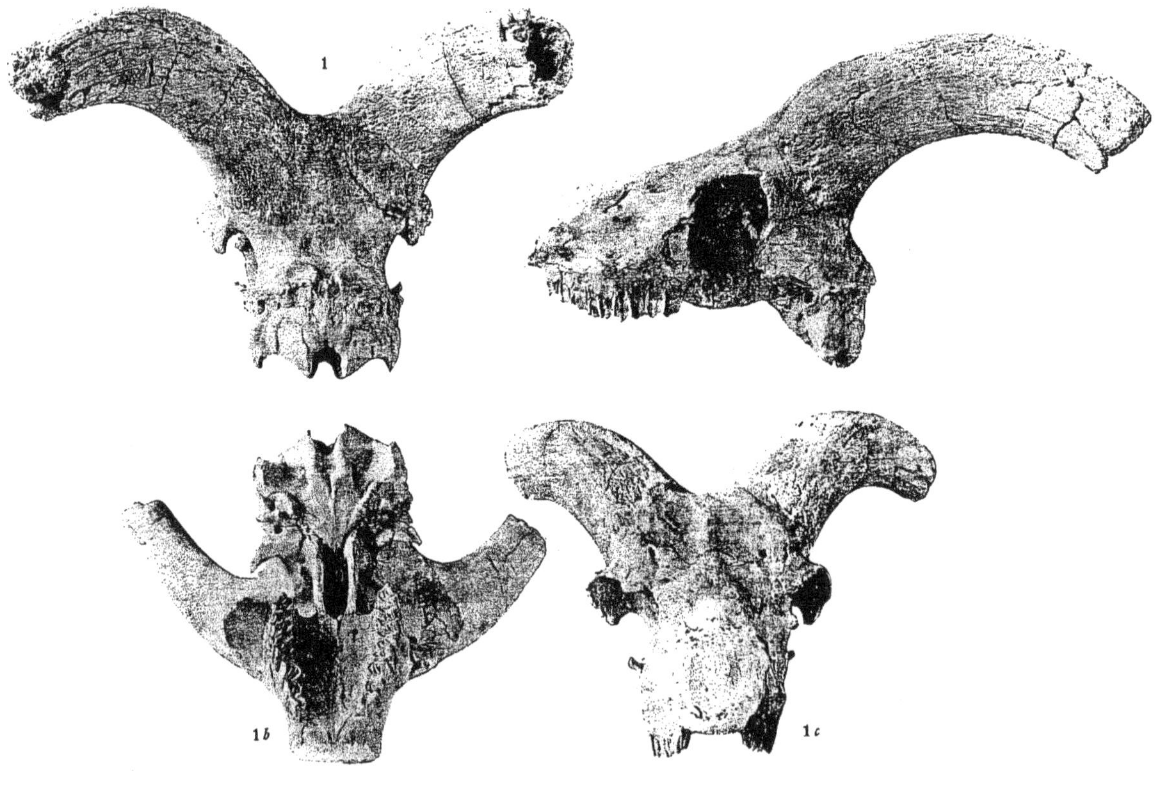

Fig. 26 – Ovis shantungensis *du Sangkan-ho (d'après Teilhard de Chardin & Piveteau 1930).*

Fig. 27 – Crâne d'*Ovis antiqua* de Pont-du-Château, vue antérieure et vue postérieure (d'après Pommerol 1880).

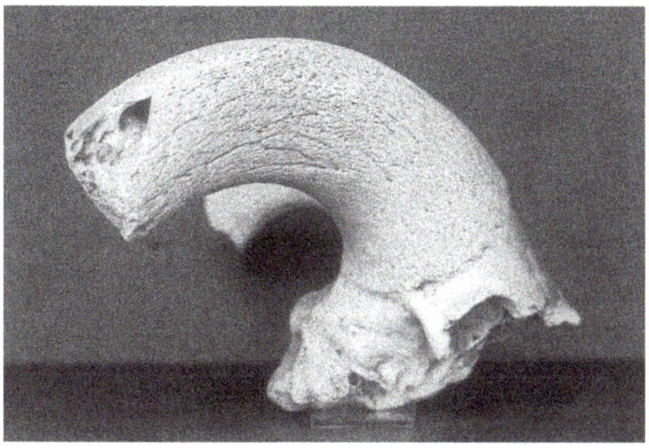

*Fig. 28 – Crâne d'*Ovis antiqua *de la collection Pommerol en vue latérale (d'après Crégut-Bonnoure & Guérin 1996).*

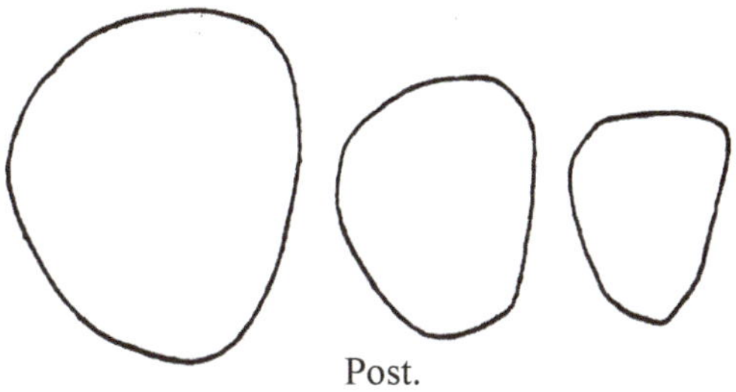

*Fig. 29 – Sections de cheville osseuse de l'*Ovis antiqua *de Pont-du-Château à l'échelle ¼, de gauche à droite, sections à la base, dans la partie moyenne et au sommet (d'après Pommerol 1880).*

3- *Ovis ammon* actuel

Chez *Ovis ammon ammon* (Fig. 30) les chevilles osseuses sont très rapprochées à leur base. Le bombement du frontal entre les chevilles visible sur le crâne découvert à la Caune de l'Arago est observable chez l'argali actuel. A l'arrière, le frontal est vertical et situé dans le même plan que les pariétaux et l'occipital. Par contre, la région occipitale et les fosses temporales de l'*Ovis ammon antiqua* sont plus développées que chez l'argali actuel.

Chez *Ovis ammon poli*, les chevilles sont plus écartées à leur base que chez l'argali de la Caune de l'Arago. En arrière des chevilles osseuses, le frontal n'est pas vertical comme chez *O. a. ammon* et *O. a. antiqua* mais il est oblique.

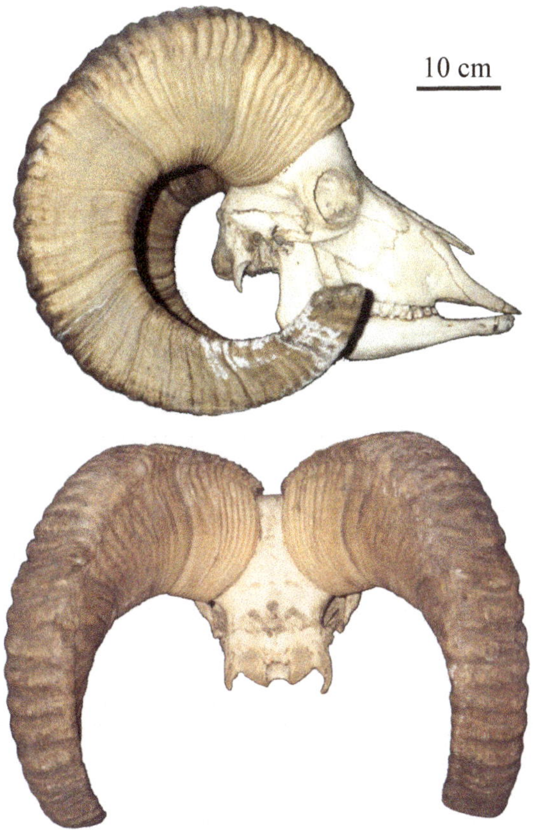

Fig. 30 – Crâne d'argali Ovis ammon ammon *en vues latérale et postérieure (individu mâle, MNHN A10790)*

3.2.3 – Biométrie des éléments crâniens

Les données métriques des populations actuelles ont été obtenues sur les squelettes du Laboratoire d'Anatomie Comparée du Muséum National d'Histoire Naturelle à Paris et de l'Institut de Zoologie du Musée National Géorgien à Tbilissi. Ces données ont été complétées par des mesures issues de la bibliographie (Schaffer & Reed 1972 ; Pfeffer 1967 ; Geist 1991).

① Biométrie des crânes

Les mesures des crânes de l'*Ovis ammon antiqua* de la Caune de l'Arago sont données dans le tableau 7.

Sur la base des dimensions du crâne, l'argali de la Caune de l'Arago se place parmi les plus grandes formes actuelles, c'est à dire dans le groupe des *Ovis a. ammon* ou argalis de l'Altaï (Fig. 31 et 32). Il est beaucoup plus robuste que *O. a. poli* et que *O. a. hodgsoni.*

Mesures	E14 EFN1 961	E18 ESY0 807	G13 GEO3 1045	Moyenne
1	364,2			364,2
2	351,6			351,6
3	324,7			324,7
4	231,2			231,2
5	94,0			94,0
6	184,0			184,0
7	218,7			218,7
8	177,0			177,0
9	183,0			183,0
10				
11	148,0	155,0		151,5
12	262,0			262,0
13	173,6		188,2	180,9
14	283,2			283,2
15	252,0			252,0
16	110,1			110,1
17	201,5			201,5
18	161,1			161,1
19	142,3			142,3
20	102,8		91,4	97,1
21	73,0		64,7	68,9
22	33,4		29,5	31,5
23	53,9		57,1	55,5
24				
25		124,0	124,3	124,2
26	93,6	91,1	86,2	90,3
27				
28	25,1	27,5	30,3	27,6
29	22,5	23,0	23,0	22,8
30	120,8	94,5	149,0	121,4
31	26,2	40,5	47,0	37,9
32	260,3			260,3
33	194,9			194,9
34	141,8			141,8
35	57,4			57,4
36	127,4			127,4
37	72,0			72,0
38	101,8		106,6	104,2
39	47,5			47,5
40	160,7	187,3	173,0	173,7
41	152,5	178,6	171,0	167,4
42	329,0	338,0	368,0	345,0
43	296,0	291,0	278,0	288,3
44	278,0	262,0	247,0	262,3
45	98,6	105,8	121,5	108,6
46	96,9	103,8	96,0	98,9
47				
48	38,8		52,0	45,4
49	149,2			149,2
50	231,0			231,0
51				
52	170,1	181,0	189,3	180,1
53	256,8			256,8
54	9,3			9,3
55	40,8			40,8
56				
57	93,0		92,0	92,5
58	14,0			14,0
59	63,1			63,1
60	90,7			90,7
61	26,2			26,2
62	88,0	91,5		89,8

*Tabl. 7 – Dimensions des crânes d'*Ovis ammon antiqua *de la Caune de l'Arago (mesures en mm).*

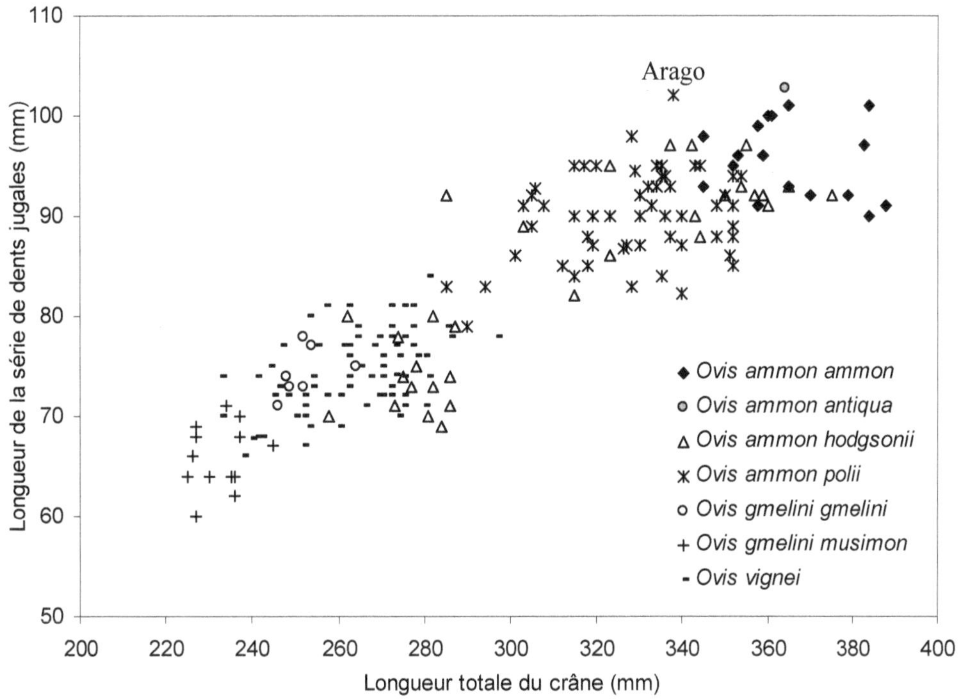

Fig. 31 – Relation entre la longueur totale du crâne et la longueur de la série de dents jugales chez le genre Ovis *et position de l'argali de la Caune de l'Arago.*

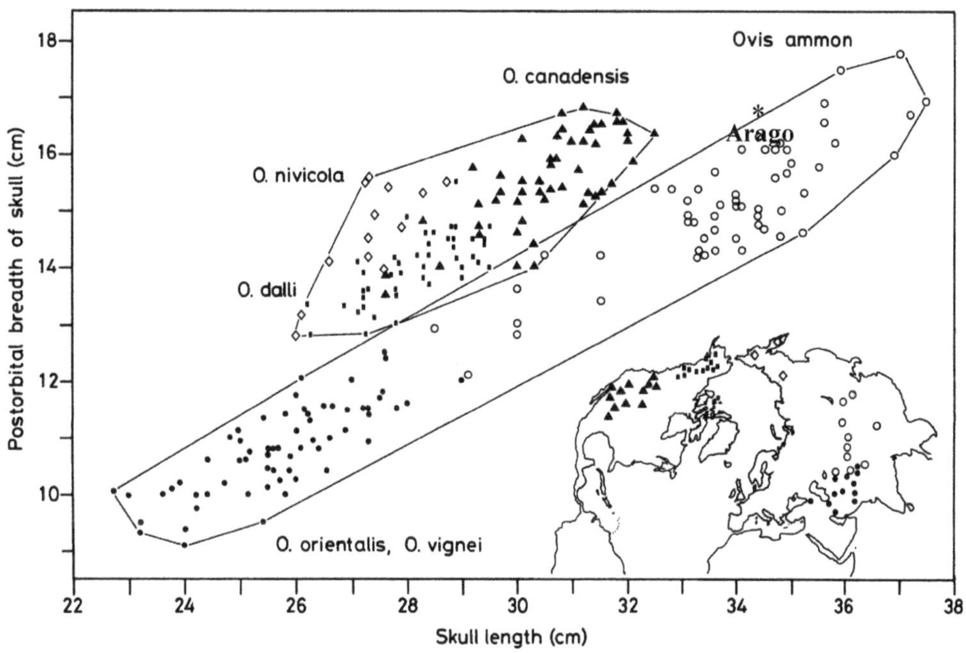

Fig. 32 – Relation entre la largeur du crâne à l'arrière des orbites et la longueur maximale du crâne (d'après Grubb 2000) et position de l'argali de la Caune de l'Arago (*).

② Biométrie des chevilles osseuses

D'après les chevilles osseuses (Fig. 33), l'argali fossile apparaît légèrement moins robuste que ce qui a été observé à partir des mesures du crâne. Les quatre chevilles osseuses de l'*Ovis* de la Caune de l'Arago ont un diamètre transverse qui est du même ordre de grandeur pour un diamètre antéro-postérieur plus faible que chez les argalis actuels.

A partir de l'étude des espèces actuelles, Schaffer & Reed (1972) ont démontré qu'au cours de l'évolution de la lignée *Ovis*, les cornes ont tendance à devenir plus larges (augmentation du diamètre transversal). Le crâne, qui suit cette tendance, devient progressivement plus robuste sans doute pour résister aux forces d'impact pendant les combats.

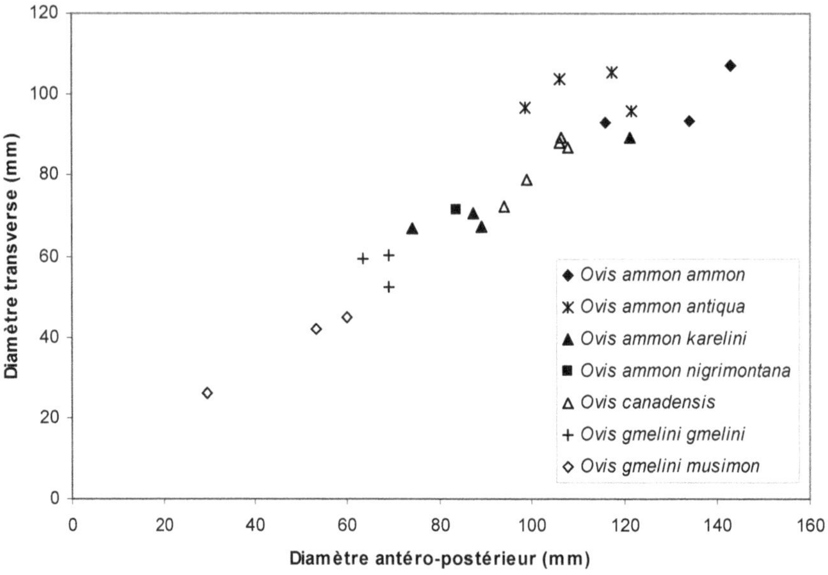

Fig. 33 – Dispersion du DT et du DAP des chevilles osseuses à la base.

Espèce	Collection	N	Mesures (mm) 20	21	22	% longueur prémolaires	% longueur molaires
Ovis ammon antiqua	Caune de l'Arago	3	97,4	68,7	31,3	31,31	68,69
Ovis shantungensis	Sangkan-ho	2	90,0	63,5	34,5	35,20	64,80
Ovis ammon ammon	MNHN Actuel	4	91,1	64,4	26,9	29,47	70,53
Ovis ammon hodgsoni	MNHN Actuel	3	85,7	61,2	24,5	28,58	71,42
Ovis ammon karelini	MNHN Actuel	2	98,8	66,7	32,2	32,56	67,44
Ovis ammon poli	MNHN Actuel	7	92,6	65,0	27,5	29,74	70,26
Ovis canadensis	MNHN Actuel	5	87,5	60,7	26,8	30,64	69,36
Ovis gmelini musimon	MNHN Actuel	4	67,0	45,7	21,4	31,89	68,11
Ovis vignei orientalis	MNHN Actuel	2	71,0	48,0	23,0	32,42	67,58

Tabl. 8 – Dimensions des maxillaires et proportion des longueurs des séries de prémolaires et de molaires supérieures par rapport à la longueur totale de la série dentaire.

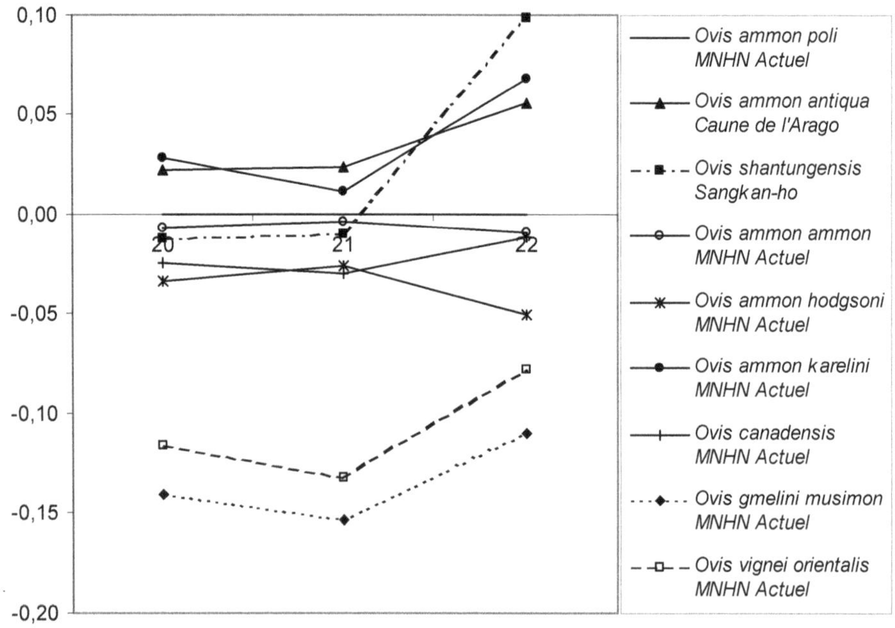

*Fig. 34 – Diagramme des rapports des dimensions moyennes des longueurs dentaires supérieures d'*Ovis *(Base de référence :* Ovis ammon poli*).*

③ Biométrie du maxillaire

La proportion entre les séries de dents prémolaires et molaires est assez similaire chez toutes les espèces de mouflons *s.l.*, les prémolaires représentant environ 1/3 de la longueur de la série de dents jugales (Tabl. 8). Les variations observées (Fig. 34) rapprochent l'argali de la Caune de l'Arago de l'*Ovis ammon karelini* actuel. L'*Ovis shantungensis* présente le même type de variations mais la série de prémolaires est légèrement plus longue que chez l'argali de la Caune de l'Arago.

3.2.4 – Description morphologique et biométrie des M3 supérieures

La troisième molaire d'*Ovis ammon antiqua* possède un métastyle rectiligne, épais et de section quadrangulaire (Crégut 1979). La face linguale du lobe distal est carénée. Les surfaces interstylaires sont de largeur inégale, la surface distale est plus large que la mésiale (Fig. 35).

Ces mêmes caractéristiques sont visibles sur les M3 supérieures des populations du Caucase de Sakazia (Fig. 36), Ortvala Cave, Azych et Taglar. Ces spécimens appartiennent à l'espèce *Ovis ammon antiqua*.

Les dimensions de la M3 supérieure de l'argali de la Caune de l'Arago sont du même ordre de grandeur que celles des individus du Pléistocène du Caucase (Tabl. 9).

Le diagramme de Simpson (Fig. 37) montre une très forte similarité entre les quatre populations d'argalis du Caucase. Ces dernières se différencient de l'argali de la Caune de l'Arago par la mesure du diamètre vestibulo-lingual du premier lobe (mesure 3) et les mesures de la largeur des surfaces interstylaires (mesures 9 et 10). La M3 supérieure a un diamètre vestibulo-lingual moins important, le lobe mésial de la dent est donc plus aplati que chez les autres populations. La différence de largeur des surfaces interstylaires est plus marquée chez les populations du Pléistocène du Caucase (Sakazia, Ortvala Cave, Azych et Taglar).

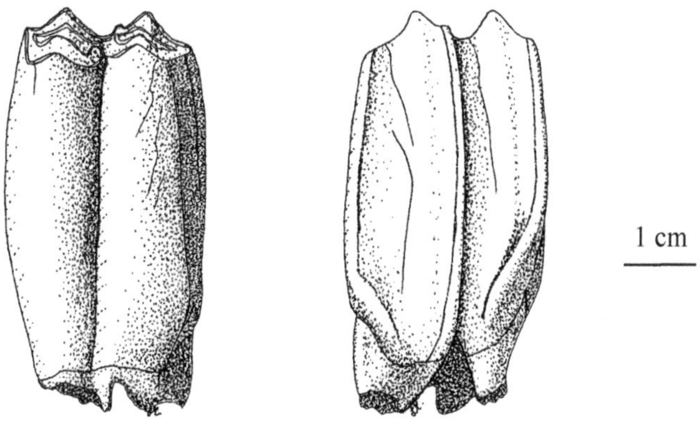

Fig. 35 – M3 supérieure gauche de Ovis ammon antiqua *de la Caune de l'Arago (AR H14 HA1 584), vues linguale et vestibulaire (dessin : Laurence Macary, CERP Tautavel).*

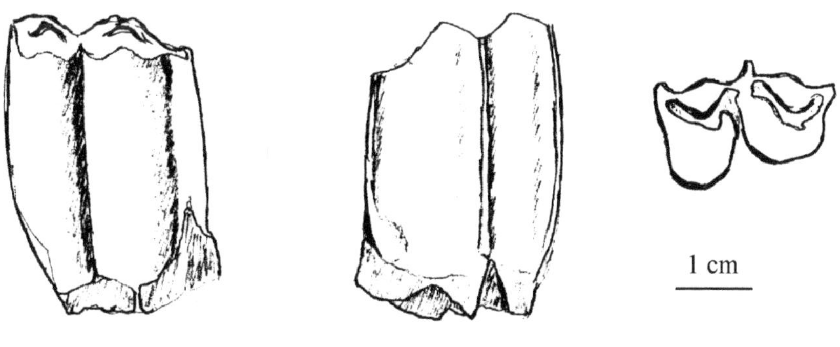

Fig. 36 – M3 supérieure de Ovis ammon antiqua *de la grotte de Sakazia (Sak.593), vues linguale, vestibulaire et occlusale (dessin de l'auteur).*

Collection	N		1	2	3	4	5	6	7	8	9	10	11	12	Référence
			Mesure												
Caune de l'Arago	159	x	25,1	27,0	16,5	13,3	17,2	12,6	11,0	15,0	9,6	10,4	23,2	24,7	
		s	2,3	1,5	2,1	1,9	0,8	1,8	1,2	1,1	0,7	0,9	1,1	0,9	
Pont-du-Château	1	x	25,0		15,0										Pommerol, 1880
Ortvala Cave	7	x	23,5	25,1	14,2	12,0	15,7	12,6	10,7	15,1	8,4	10,7	20,9	21,9	
Sakazia	3	x	24,9	28,0	15,1	13,3	17,2	12,7	11,1	15,4	8,9	11,9	20,9	22,3	
Azych	1	x	24,0	24,2	13,2	11,5	16,6	11,4	9,7	13,5	8,9	11,1	19,6	22,5	
Taglar	18	x	22,5	25,3	13,4	11,8	15,2	11,4	9,9	14,1	8,0	10,5	19,6	22,2	
		s	2,2	1,6	1,4	1,1	1,5	1,3	1,1	2,2	0,6	1,1	1,5	1,8	

*Tabl. 9 – Dimensions comparées de la M3 supérieure d'*O. ammon antiqua *(mesures en mm).*

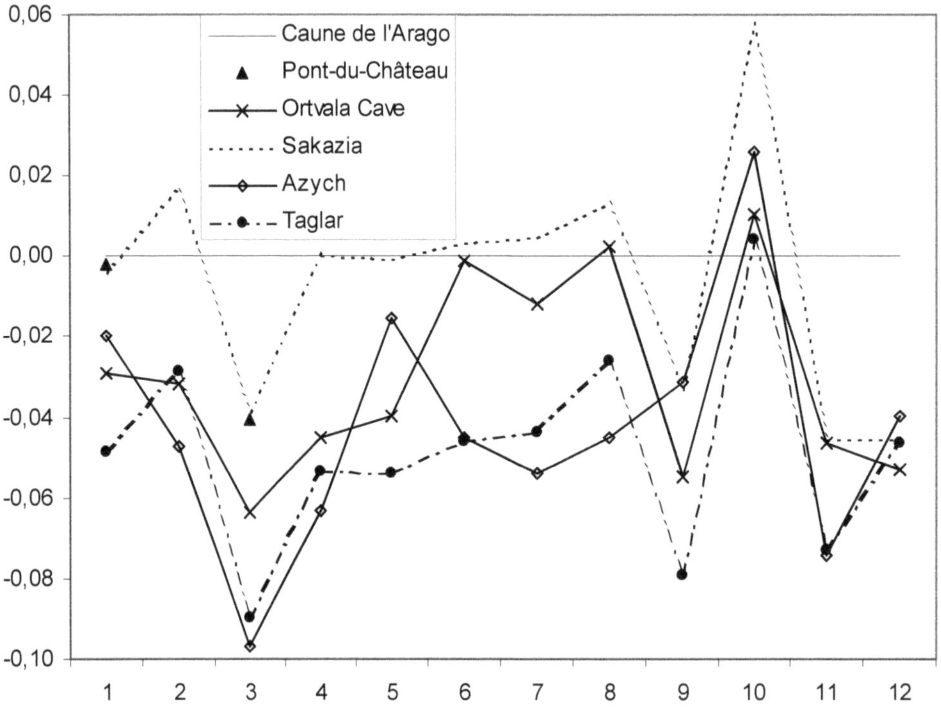

*Fig. 37 – Diagramme des rapports des dimensions moyennes des M3 supérieures d'*Ovis ammon antiqua *(Base de référence : Caune de l'Arago).*

3.2.5 – Description morphologique et biométrie des mandibules

La mandibule de l'argali de la Caune de l'Arago possède généralement, en plus du foramen mentonnier, un autre petit foramen situé au-dessous de la P3 ou entre la P2 et la P3, il est également visible sur les mandibules de mouton. Sur la branche horizontale elle possède une protubérance correspondant à la zone d'insertion du muscle masséter située au niveau de l'arrière de la M3 (Fig. 38). L'angle de la mandibule est bien marqué comme chez *Ovis aries* (mouton domestique). La partie antérieure de la branche montante et le processus coronoïde sont plus inclinés vers l'arrière que chez *Ovis aries* et *Capra*. Le foramen mandibulaire est large. Le sillon mylo-hyoïdien est très large et assez profond.

Les dimensions des mandibules le placent plutôt dans l'ordre de grandeur des mesures de l'*Ovis ammon karelini* actuel que dans celles de l'*Ovis ammon ammon*, contrairement à ce qui a été observé sur le crâne (Tabl. 10 et Fig. 39).

Chez *Ovis ammon ammon* actuel, la série de prémolaires est plus courte que chez l'argali fossile (Tabl. 11). Par contre chez *Ovis ammon karelini*, cette série est proportionnellement plus longue.

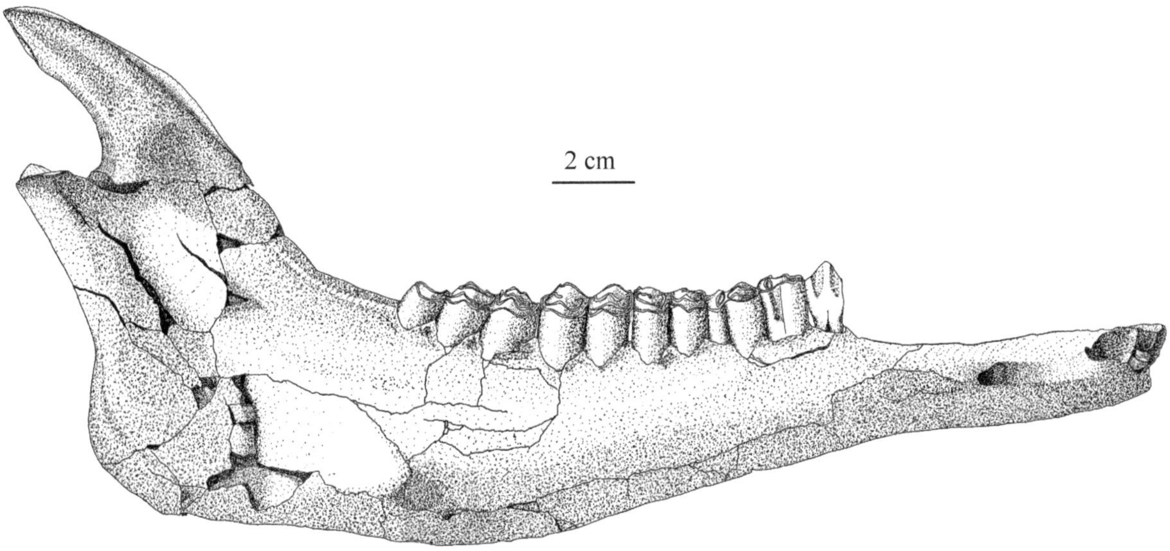

*Fig. 38 – Mandibule d'*Ovis ammon antiqua *(AR D13 DEO3 2328) en vue vestibulaire (dessin : Olivia Cuadra, CERP Tautavel).*

Espèce	Collection	N		Mesures															Référence
				1	2	3	4	5	6	7	8	9	11	12	13	15a	15b	15c	
O. a. antiqua	Caune de l'Arago	11	x	230,9	285,9	67,6	168,3	161,6	190,0	112,2	77,5	34,4	54,4	81,2	77,4	53,2	35,8	28,2	
			s							6,8	5,5	1,8				6,3	3,0	4,9	
O. a. ammon	MNHN Paris	1								96,4	76,4	20,0							
O. a. karelini	MNHN Paris	1		245,5	259,8				192,6	91,3	66,6	37,9	68,8	87,9		51,0	35,7	25,3	
O. a. polii	MNHN Paris	1								90,0	66,0	24,0							
O. v. orientalis	MNHN Paris	2	x							72,0	50,3	21,7							
O. canadensis	Crowsnest Pass	1								89,8	64,0	26,0							Driver, 1982
O. dalli	MNHN Paris	1								81,3	44,6	36,7							
O. g. musimon	MNHN Paris	2	x							73,0	48,1	24,9							
O. g. gmelini	GSM Tbilissi	1		166,0	188,5	47,2	120,2	116,7	134,4	70,9	49,3	20,1	49,2	72,1	64,0	33,2	21,4	18,5	

*Tabl. 10 – Dimensions comparées de la mandibule d'*Ovis*, mesures en mm.*

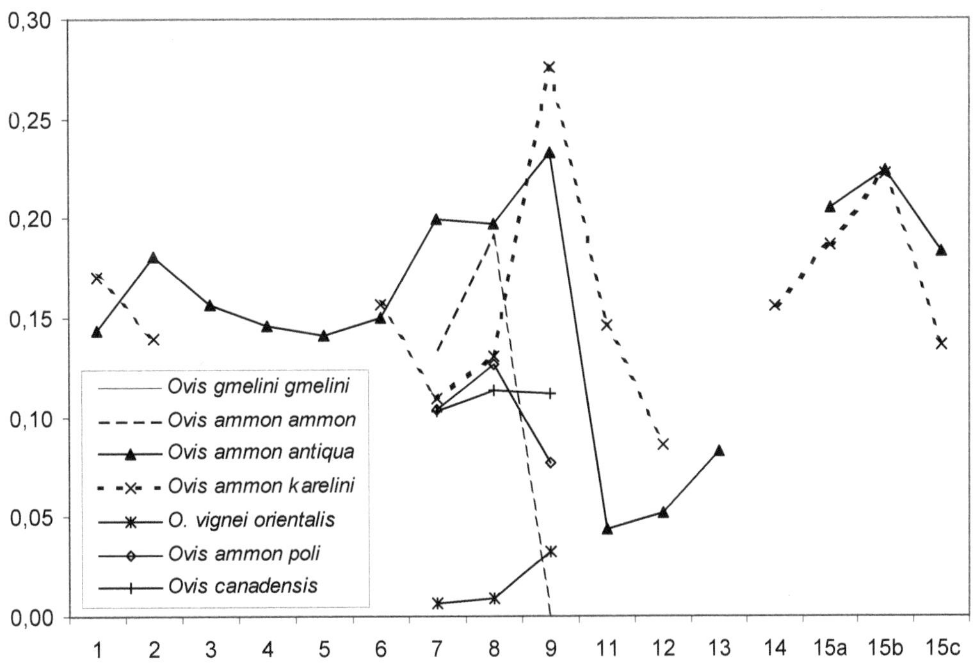

Fig. 39 – Diagramme des rapports des dimensions moyennes des mandibules du genre Ovis *(Base de référence :* Ovis gmelini gmelini*).*

Espèce	Collection	Actuel / Fossile	N	% long. des prémolaires	% long. des molaires	Référence
O. ammon antiqua	Caune de l'Arago	Fossile	11	30,7	69,3	
O. ammon ammon	MNHN Paris	Actuel	1	20,7	79,3	
O. ammon poli	MNHN Paris	Actuel	1	26,7	73,3	
O. canadensis	Crowsnest Pass	Fossile	1	28,9	71,1	Driver, 1982
O. gmelini gmelini	GSM Tbilissi	Actuel	1	29,0	71,0	
O. vignei orientalis	MNHN Paris	Actuel	2	30,1	69,9	
O. gmelini musimon	MNHN Paris	Actuel	2	34,1	65,9	
O. ammon karelini	MNHN Paris	Actuel	1	36,3	63,7	
O. dalli	MNHN Paris	Actuel	1	45,1	54,9	

Tabl. 11 – Proportion des longueurs des séries de prémolaires et de molaires inférieures par rapport à la longueur totale de la série dentaire.

3.2.6 – Description morphologique et biométrie du talus

Les caractères morphologiques du talus ont été étudiés par Boessneck et al. (1964).

En vue dorsale, la gorge de la trochlée proximale présente un petit renflement (1a). Au centre du talus, du côté médial, la protubérance est bien marquée (2). Chez *Ovis*, la gorge de la trochlée distale est excentrée vers la face médiale (Fig. 40). En vue plantaire, outre le renflement sur la gorge de la trochlée proximale toujours visible (1b), le sillon vasculaire, tout d'abord horizontal, s'incline très légèrement. L'observation de ce critère est facilitée lorsque le talus est incliné à 45° (3). En vue proximale, le bord plantaire de la trochlée est en forme de "U" dissymétrique (4). De plus, la lèvre médiale de la trochlée est large. En vue médiale, le creux présent sur le côté distal est plus estompé chez *Ovis* que chez *Hemitragus* (5).

Chez les bovidés, le bord inférieur de la lèvre latérale de la trochlée proximale (zone d'articulation pour le tibia) n'est pas continu. Il présente deux zones d'interruption chez *Ovis* (6 et 7).

Le talus de l'argali de la Caune de l'Arago à des dimensions proches de celles de l'*Ovis ammon antiqua* d'Ortvala-Klde, excepté pour les mesures 7 et 12 (Tabl. 12). En effet, le talus est plus large au niveau du diamètre dorso-plantaire médial (mesure 7). La facette articulaire calcanéenne latéro-distale (mesure 12) est plus large chez l'*Ovis ammon antiqua* de la Caune de l'Arago (Fig. 41).

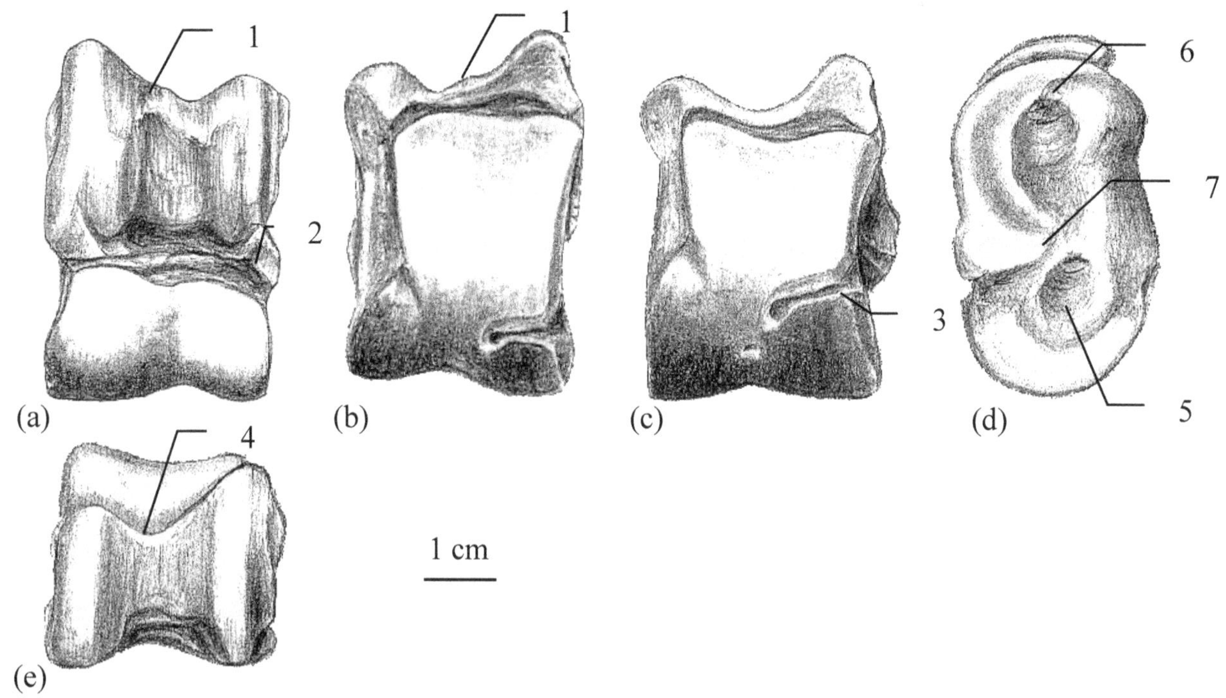

*Fig. 40 – Talus d'*Ovis ammon antiqua *en vues dorsale (a), plantaire (b), plantaire incliné à 45° (c), médiale (d) et proximale (e). (dessins : Eva Richard, Laboratoire du Lazaret).*

Espèce	Collection	N		1	2	3	4	7	8	9	10	11	12	13	14	15
Ovis a. antiqua	Caune de l'Arago	105	x	29,4	27,3	9,6	28,0	26,4	41,6	25,1	44,5	7,4	16,8	36,0	26,8	25,9
			s	1,6	1,3	0,8	1,3	1,4	1,7	1,1	1,6	0,6	1,3	1,5	1,5	1,5
Ovis a. antiqua	Ortvala-Klde	1		25,5	24,1	8,3	25,7	20,4	38,3	21,8	41,0	7,0	13,3	33,1	22,9	26,6
Ovis g. musimon	Actuel	2	x	22,8	21,2	7,0	21,0	19,7	30,6	18,2	33,0	5,0	11,5	26,2		22,4
Ovis aries	Néolithique	2	x	17,2	16,7		19,3	19,1	27,2	15,8	28,7					
Ovis gmelini	Karaïn E	4	x	19,4	18,1	7,1	20,0	15,8	28,3	16,8	29,3	4,5	8,7	24,4	17,7	19,4

*Tabl. 12 – Dimensions du talus d'*Ovis*, mesures en mm.*

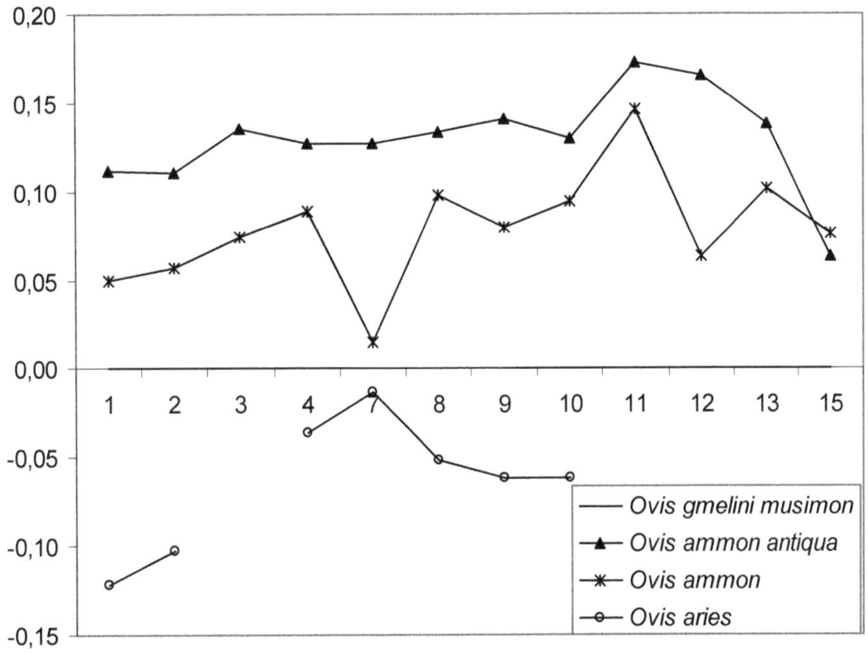

*Fig. 41 – Diagramme des rapports des dimensions moyennes du talus d'*Ovis
(Base de référence : Ovis gmelini musimon *actuel).*

3.2.7 – Conclusion

A l'examen des caractères qualitatifs et quantitatifs de l'argali de la Caune de l'Arago, il ressort clairement que ce spécimen s'inscrit parfaitement dans les populations actuelles d'*Ovis ammon*. Au niveau métrique, il est parmi les plus grands argalis fossiles d'Europe et du Caucase. Par contre, il est intéressant de remarquer que, au niveau sub-spécifique, le rapprochement est moins évident. En fonction du caractère considéré, la population de la Caune de l'Arago est affine avec différentes sous-espèces actuelles d'argalis. Cependant les données métriques le rapprochent plus de l'*Ovis ammon ammon* que de l'*Ovis ammon karelini*. Ceci peut s'expliquer par la forte variabilité individuelle qui existe chez les argalis, notamment au niveau du crâne. De plus il faut prendre en compte le faible nombre d'exemplaires bien conservés : seulement 4 crânes en Europe, dont 3 à la Caune de l'Arago.

La Caune de l'Arago étant le gisement qui, en Europe, a livré le plus grand nombre de restes fossiles d'argali, représente un site de référence pour cette espèce.

3.3 – Le mouflon, *Ovis gmelini* Blyth, 1841

Le mouflon *Ovis gmelini* a été identifié dans les niveaux moustériens de la grotte de Karaïn E. Au cours de la première mission organisée en Turquie, seuls quelques types d'ossements ont pu être analysés. Il s'agit de la M3 supérieure, des P3 et P4 inférieures et du talus. Un total de 2423 restes sont attribuables aux petits bovidés, faute de temps, seuls 327 restes ont pu être déterminés et 44 attribués au mouflon.

3.3.1 – La M3 supérieure

De morphologie identique à la M3 supérieure de l'*Ovis ammon antiqua*, elle se différencie par sa taille, nettement plus petite (Fig. 42). Les données métriques indiquent que le diamètre mésio-distal est plus faible mais que le diamètre vestibulo-lingual est proportionnellement plus grand.

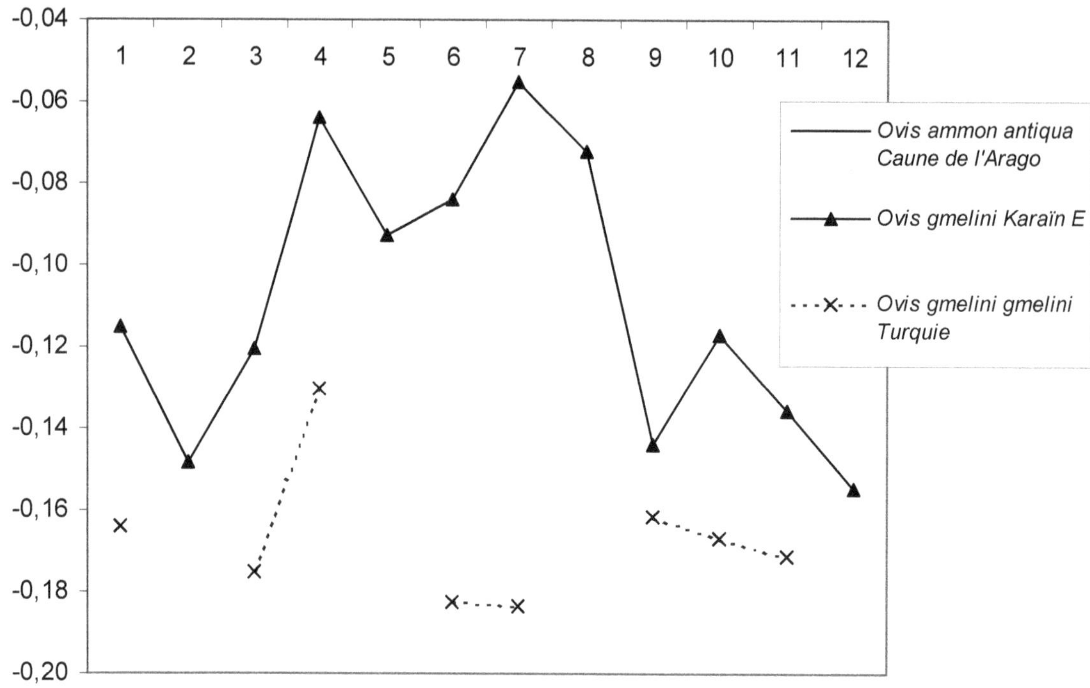

*Fig. 42 – Diagramme des rapports des dimensions moyennes de la M3 supérieure d'*Ovis *(Base de référence :* Ovis ammon antiqua*).*

3.3.2 – La P3 inférieure

La P3 inférieure est représentée par 10 spécimens qui sont morphologiquement semblables à la P3 inférieure de l'*Ovis ammon antiqua*. Elle est formée de deux denticules mésiaux, les deux denticules distaux étant à l'état d'ébauches ; ces derniers encadrent deux fossettes distales qui s'isolent en un îlot d'émail, disparaissant rapidement avec l'usure de la dent. Une troisième fossette se transforme en un îlot rond d'émail central. La face vestibulaire, bombée, n'a plus qu'un seul sillon distal (Crégut 1979). Les dimensions sont données dans le tableau 13.

KE	Zone	AH	HC	1	2	3	4	5	6
87	A4	1	14,6	9,0	8,9	4,8	5,4	6,5	4,4
86	A	5	11,8	9,0	8,8	4,9	5,2	6,6	4,2
86	A2	7	7,8	8,5	7,5	4,8	5,6	5,8	3,8
87	A4b	8	8,2	8,6	8,4	5,0	5,4	5,9	4,2
87	A3	14		9,2	8,4	4,6	5,2	5,4	4,3
85	P1	15	13,0	9,1	9,1	4,8	5,2	6,4	4,3
93	17F	25	11,3	8,7	8,4	4,7			4,2
96	17F	30	11,0	7,2	6,3	3,7	5,7	6,4	3,2
93	16F	18-19	11,6	8,3	8,2	4,6	4,8	5,7	4,0
93	15F	21-23	9,5	8,9	8,5	5,9	6,5	7,1	3,8
Moyenne				**8,65**	**8,25**	**4,78**	**5,44**	**6,20**	**4,04**
Ecart-type				**0,58**	**0,81**	**0,53**	**0,47**	**0,53**	**0,36**

*Tabl. 13 – Dimensions de la P3 inférieure d'*Ovis gmelini*, mesures en mm.*

3.3.3 – Le talus

Les caractères morphologiques sont dans l'ensemble assez semblables à ceux observés chez l'argali de la Caune de l'Arago.

La gorge de la trochlée distale est excentrée vers la face médiale (Fig. 43). Au centre du talus, du côté médial, la protubérance est bien marquée. Par contre, la gorge de la trochlée proximale ne présente pas le petit renflement visible chez l'argali. Le bord inférieur de la lèvre latérale de la trochlée proximale qui est la zone d'articulation pour le tibia, possède deux zones d'interruption comme chez *Ovis ammon*. En vue proximale, le bord plantaire de la trochlée est en forme de "U" dissymétrique. De plus, la lèvre médiale de la trochlée est assez large.

Les mesures du talus de mouflon de Karaïn E (Tabl. 14) sont du même ordre de grandeur que celles du mouflon de Corse et de Sardaigne (*Ovis gmelini musimon*) actuel (Fig. 44).

3.3.4 – Conclusions

Le mouflon, *Ovis gmelini*, est présent dans tous les niveaux moustériens de la cavité E de Karaïn. Par sa morphologie et ses dimensions il est très semblable au mouflon de Turquie actuel.

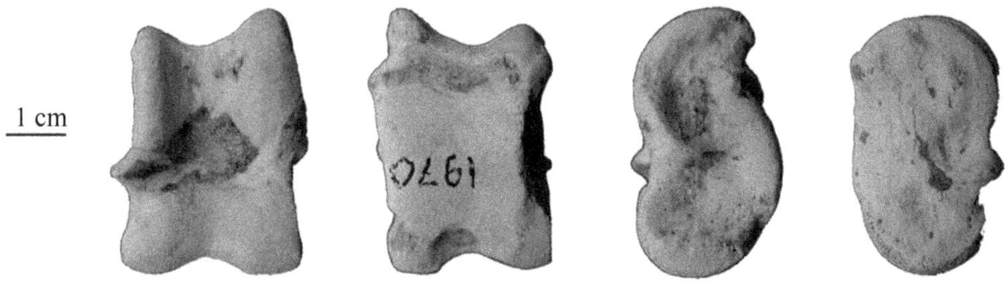

*Fig. 43 – Talus d'*Ovis gmelini *de Karaïn E (KE86 F16 c.27).*

KE	Zone	AH	1	2	3	4	5	6	7	8	9	10	11	12	13	14	15
89 DP	12J	10				20,7				28,4							
99	18H	25	18,8	18,0	7,1	19,3	7,7	11,4				29,3			24,1		
86	16F	27	20,0	18,1	7,1	19,3	8,5	10,9	15,8	28,1	16,2	29,2	4,5	8,7	24,7	17,5	19,4
96	17F	32			7,1	20,8	8,6	11,5			17,4					18,0	
Moyenne			**19,4**	**18,1**	**7,1**	**20,0**	**8,3**	**11,3**	**15,8**	**28,3**	**16,8**	**29,3**	**4,5**	**8,7**	**24,4**	**17,7**	**19,4**
Ecart-type			**0,8**	**0,1**	**0,0**	**0,8**	**0,5**	**0,3**		**0,2**	**0,8**	**0,1**			**0,4**	**0,3**	

*Tabl. 14 – Dimensions du talus d'*Ovis gmelini*, mesures en mm.*

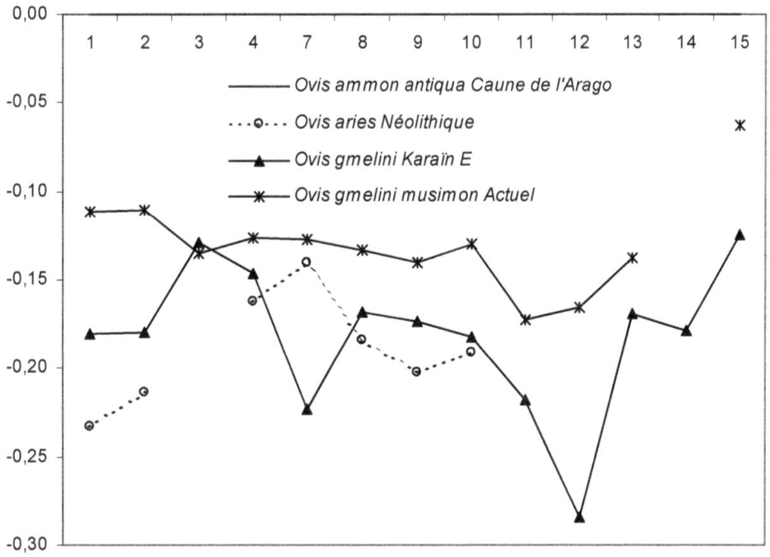

*Fig. 44 – Diagramme des rapports des dimensions moyennes du talus d'*Ovis *(Base de référence :* Ovis ammon antiqua*).*

IV – Le genre *Hemitragus*

L'immigration du tahr de Bonal (*Hemitragus bonali*) en Europe occidentale semble se produire pendant le grand "*faunal turnover*" au début du Pléistocène moyen (Azzaroli et al. 1988).

Le genre semble atteindre l'Europe de l'Ouest en suivant le sud de l'arc alpin. Pendant le Pléistocène moyen, il est représenté par une espèce de grande taille, *H. bonali*, qui fut présente dans toutes les zones de moyenne altitude du sud de la France jusqu'au stade isotopique 6. A la fin du stade 5e, le tahr disparaît de l'ouest de la France et subsiste jusqu'au début du stade 5b dans le sud-est (Delpech 1988 ; Crégut-Bonnoure 1992*b*).

L'étude morphologique menée par Crégut-Bonnoure (1995a) et la distribution des sites montre que *H. bonali* était différent des trois espèces de tahrs actuels et suggère qu'il n'était pas une espèce adaptée à la haute montagne. La distribution du tahr actuel (Schaller 1977) est restreinte aux versants sud de l'Himalaya (*H. jemlahicus*), au sud de l'Inde (*H. hylocrius*) et au sud du la péninsule arabique (*H. jayakari*).

4.1 – Le tahr de Bonal, *Hemitragus bonali* Harlé et Stehlin, 1913

Le tahr de Bonal a été décrit à partir du matériel fossile de la grotte Harlé (Harlé & Stehlin 1913). Il est représenté à la Caune de l'Arago par 1901 restes depuis le sol P jusqu'au sol B. Dans les couches 2 à 8 d'Orgnac 3, 54 restes ont été déterminés. Les données métriques sont comparées avec la population de référence de l'Escale (Bonifay 1974-75), et afin d'utiliser le maximum de mesures significatives, les mesures prises par Crégut-Bonnoure (1995a) ont été utilisées.

4.1.1 – Morphologie des chevilles osseuses

Dans les deux sites de notre étude où cette espèce est présente, les chevilles osseuses n'ont été découvertes qu'à la Caune de l'Arago (Fig. 45). Celles-ci sont très rapprochées à leur base et ont une face rostrale étroite. La cheville présente sur toute sa hauteur une carène antérieure qui se dirige légèrement vers l'extérieur puis, vers l'apex, elle tend à se rapprocher du plan médial. Elle présente une faible hétéronymie. Vue en section (Fig. 46), la face interne est faiblement bombée dans l'axe antéro-postérieur. Du côté externe la convexité est fortement marquée. Dans le quart supérieur, cette convexité s'atténue et la section devient symétrique. L'asymétrie n'est donc marquée que vers la base de la cheville. En vue latérale, la courbure vers l'arrière est fortement prononcée. La morphologie est très similaire à celle de la cheville de tahr de l'Abri Vaufrey (Fig. 47) décrite par Delpech et al. (1983).

*Fig. 45 – Vue médiale de la cheville osseuse droite d'*Hemitragus bonali *(AR D18 DJG3 3920).*

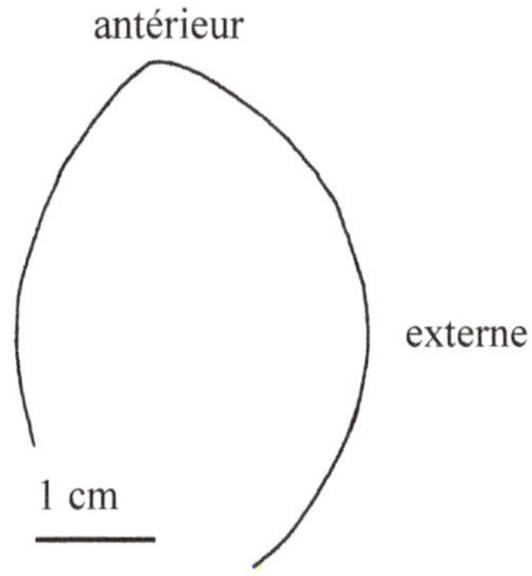

*Fig. 46 – Section de cheville osseuse droite d'*Hemitragus bonali *(AR E12 J2 15 ; section à la base).*

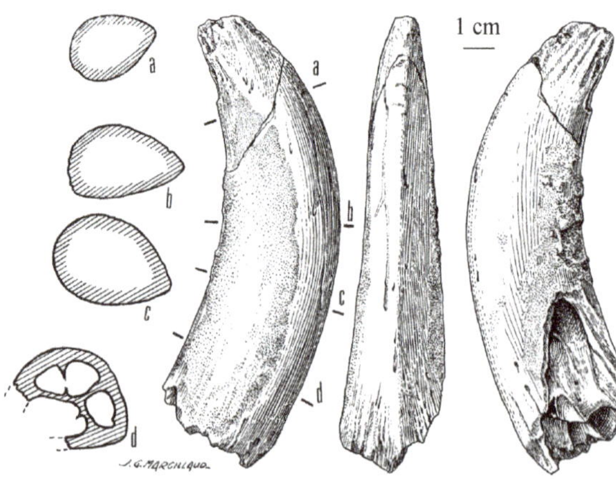

*Fig. 47 – Cheville osseuse droite d'*H. bonali *de l'Abri Vaufrey. A gauche : vue latérale et sections transversales ; au centre : v. antérieure ; à droite : v. médiale (Delpech et al. 1983).*

La section de la cheville osseuse de *Hemitragus jemlahicus* actuel (Fig. 48) est symétrique dans l'axe antéro-postérieur, alors que, chez le tahr de la Caune de l'Arago, la partie externe est plus développée ; il existe donc une dissymétrie dans le plan antéro-postérieur.

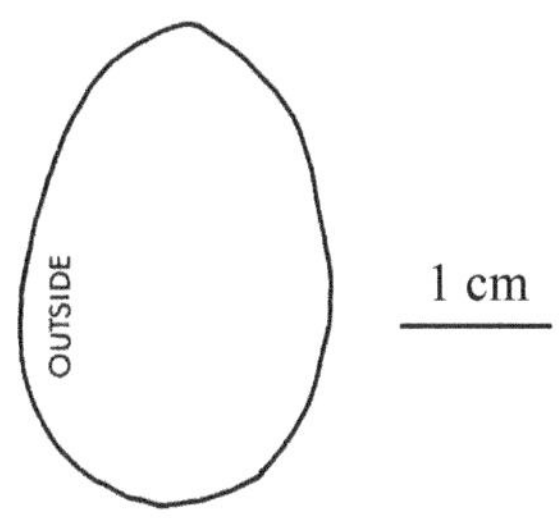

Fig. 48 – Section basale de cheville osseuse de H. jemlahicus *(Schaller 1977).*

4.1.2 – Troisième molaire supérieure

Les caractères et les dimensions de la troisième molaire sont présentés car ils sont significatifs de ce taxon. Le métastyle ne se développe pas en forme d'aile comme chez le bouquetin, il reste de largeur constante le long de la couronne. Les deux lobes linguaux sont moins symétriques par rapport au sillon interlobaire que chez le bouquetin. Le lobe distal est plus oblique et aplati à la base.

La M3 supérieure de la Caune de l'Arago présente de fortes similarités métriques avec celles des *Hemitragus bonali* de Cueva Victoria et de Vaufrey (Tabl. 15 et Fig. 49).

Espèce	Collection	N		1	2	3	4	5	6	7	8	9	10	11	12	Référence
H. albus	Venta Micena	20	x	20,3	21,6	11,9	10,8	14,6	9,8	9,0	12,0	7,2	8,6	17,6	18,7	Crégut-Bonnoure, 1999
H. bonali	Cueva Victoria	4	x	22,4	23,4	13,9	12,5	16,1	12,3	11,3	13,6	6,4	9,2	19,1	19,6	Crégut-Bonnoure, 1999
H. bonali	Hundsheim	10	x	21,6	23,7	12,2	12,0	13,8	11,6	10,2	12,2	7,4	8,5	17,6	18,8	Crégut-Bonnoure, 1995a
H. bonali	Escale	31	x	21,5	23,2	12,7	11,6	14,9	10,7	9,8	12,6	7,9	8,8	18,1	19,2	Crégut-Bonnoure, 1995a
H. bonali	Caune de l'Arago	21	x	20,4	21,5	12,4	11,4	13,7	10,9	9,8	12,2	6,7	8,3	17,7	18,2	
			s	1,7	1,1	1,3	1,6	0,7	1,3	1,5	0,5	0,4	0,5	0,9	1,0	
H. bonali	Orgnac3	1							11,2	10,0	10,6	6,5				
H. bonali	Vaufrey	2	x	19,0	19,6	12,0	10,8	13,6	10,7	9,6	12,2	6,2	7,9	16,7	17,8	Crégut-Bonnoure, 1995a
H. jemlahicus	Actuel	2	x	16,3		10,8	9,0		9,3	7,7		7,8	7,6	16,0		

Tabl. 15 – Dimensions comparées des M3 supérieures de tahrs du Pléistocène inférieur et moyen, mesures en mm.

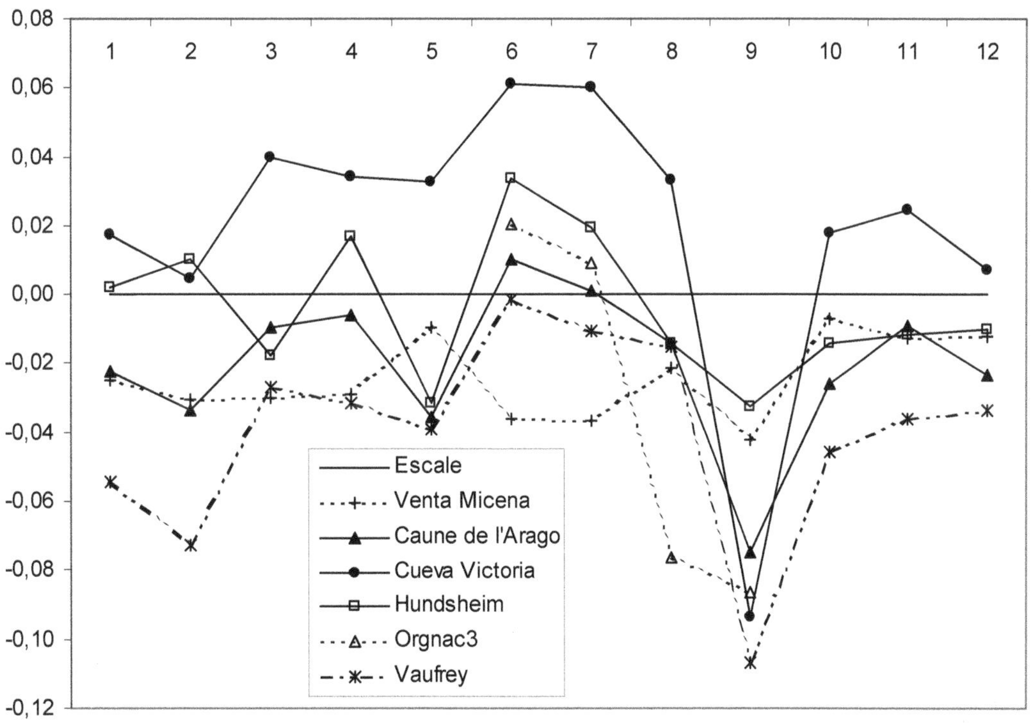

Fig. 49 – Diagramme des rapports des dimensions moyennes des M3 supérieures de tahrs (Base de référence : Escale).

4.1.3 – Troisième molaire inférieure

La M3 inférieure du tahr de la Caune de l'Arago présente de fortes similarités métriques avec celle du tahr de la grotte d'Aldène (Tabl. 16 et Fig. 50). Pour le tahr d'Orgnac 3, population plus récente, la similarité est moindre à cause d'une diminution du diamètre vestibulo-lingual du lobe postérieur (mesure 4). Par rapport au tahr de la Caune de l'Arago, ceux de Villány-Kalkberg et de Slivnitsa (Crégut-Bonnoure & Spassov 2002), populations plus anciennes, présentent des M3 de plus fortes dimensions.

4.1.4 – Talus

Les caractères morphologiques du talus ont été étudiés par Boessneck et al. (1964) et par Crégut-Bonnoure (1987).

En vue dorsale, la gorge de la trochlée proximale ne présente pas le petit renflement observé chez *Ovis* (1a). Au centre du talus, du côté médial, la protubérance est peu marquée (2). La gorge de la trochlée distale est presque centrée transversalement (Fig. 51). En vue plantaire, le sillon vasculaire, tout d'abord horizontal, devient oblique (proche de 90°) et il est plus long que chez *Ovis*. L'observation de ce critère est facilitée lorsque le talus est incliné à 45° (3). En vue proximale, le bord plantaire de la trochlée est en forme de "L" couché (4). De plus, la lèvre médiale de la trochlée est moins large que chez *Ovis*. En vue médiale, le creux présent sur le côté distal est net et profond (5). Le bord inférieur de la lèvre latérale de la trochlée proximale présente une seule zone d'interruption (6).

Espèce	Collection	N		1	2	3	4	5	6	Référence
Hemitragus bonali	Caune de l'Arago	24	x	25,2	26,1	9,0	9,0	5,0	9,7	
			s	1,1	1,1	0,7	0,9	0,8	0,5	
Hemitragus bonali	Orgnac 3	6	x	23,4	24,3	8,8	8,1	4,9	8,9	
Hemitragus bonali	Escale	41	x	26,5	28,0	9,5	9,2	5,2	10,2	Crégut-Bonnoure, 1995a
Hemitragus bonali	Cueva Victoria	4	x	25,9		9,3	9,5	5,6	10,7	Crégut-Bonnoure, 1995a
Hemitragus bonali	Aldène	7	x	25,2	25,5	9,1	8,9	4,9	9,3	Crégut-Bonnoure, 1995a
Hemitragus albus	Venta Micena	22	x	24,9	25,8	8,8	8,3	4,5	9,7	Crégut-Bonnoure, 1999
Hemitragus orientalis	Villány-Kalkberg	2	x	29,8	31,9	10,4	9,7	5,9	11,1	Crégut-Bonnoure et Spassov, 2002
Hemitragus orientalis	Slivnitsa	7	x	28,6	32,1	9,8	9,3	5,6	11,2	Crégut-Bonnoure et Spassov, 2002

Tabl. 16 – Dimensions comparées des M3 inférieures de tahrs du Pléistocène inférieur et moyen, mesures en mm.

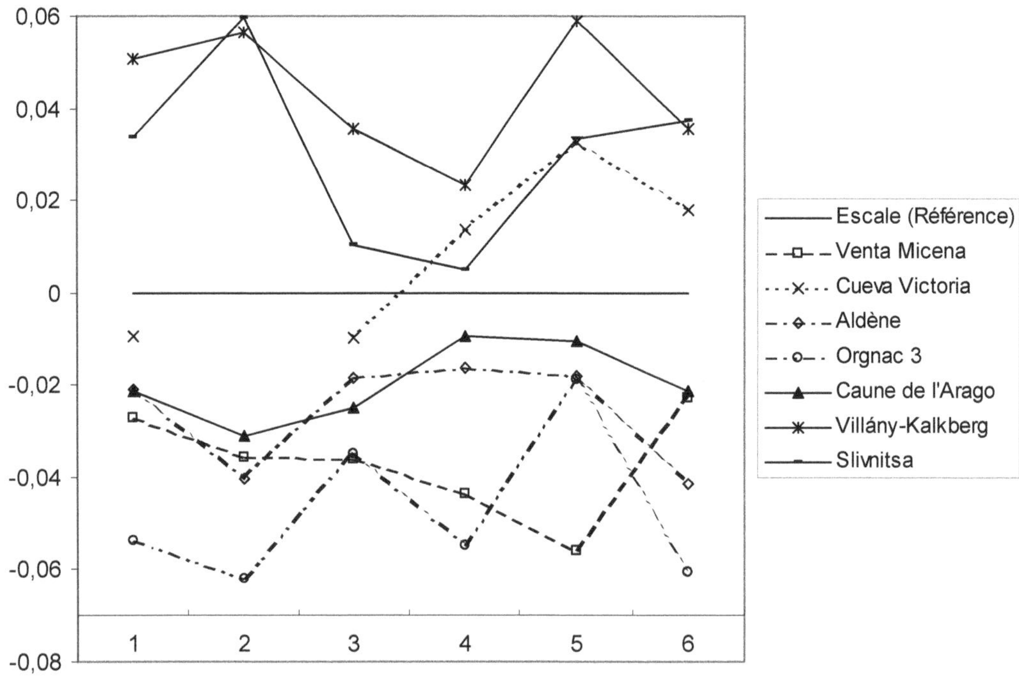

Fig. 50 – Diagramme des rapports des dimensions moyennes des M3 inférieures de tahrs du Pléistocène inférieur et moyen (Base de référence : H. bonali *de l'Escale).*

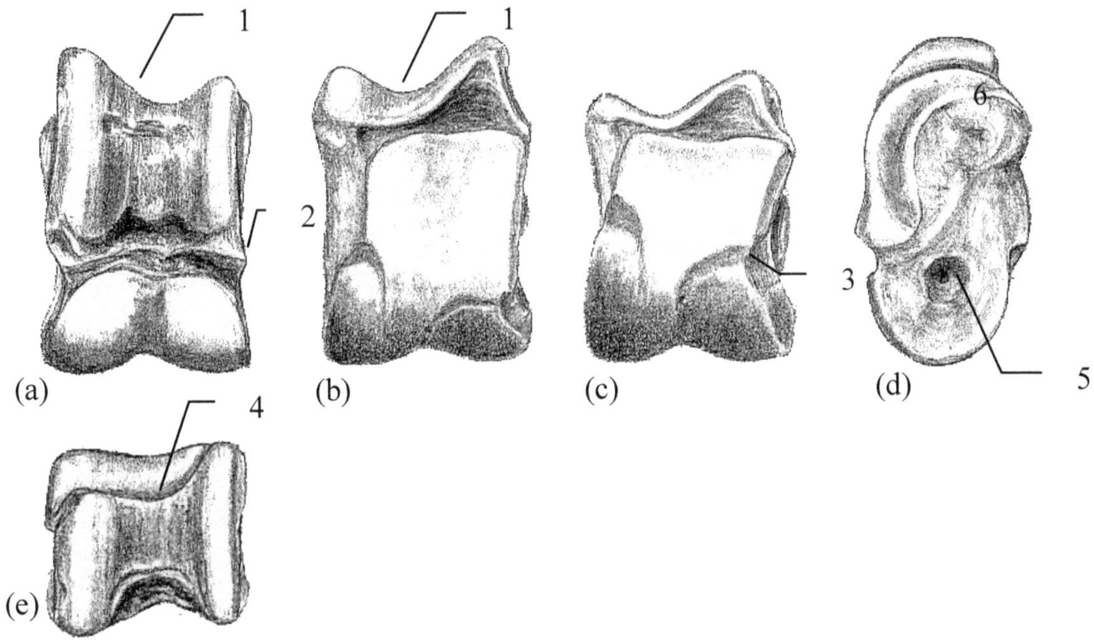

Fig. 51 – Talus en vue dorsale (a), plantaire (b), plantaire incliné à 45° (c), médiale (d) et proximale (e). (Dessins : Eva Richard, Laboratoire Départemental du Lazaret).

Collection	N	1	2	3	4	7	8	9	10	11	12	13	14	15	Référence
Igue des Rameaux	2	25,0	21,7	7,7	24,4	22,1	35,8	21,6	38,5	5,6	11,9	31,2	22,5	25,9	
Venta Micena	2	23,1	19,3	8,1	22,4	20,0	32,0	18,5	34,0	6,9	14,9	27,6	20,5	20,3	Crégut-Bonnoure, 1999
Caune de l'Arago	32	26,7	23,9	9,7	26,5	23,0	37,7	22,0	39,9	6,1	13,3	32,5	25,0	23,9	
Escale	5	25,2			25,6	23,1	37,1	21,8	39,8	6,7		32,1	23,5	24,1	Bonifay, 74-75
Hundsheim	1				26,6	22,8	37,6	22,4	40,5	7,6		32,9	24,3	24,9	Crégut-Bonnoure, 1987
Caune de l'Arago	3	22,6	22,0	8,4	22,9	18,9	34,4	20,0	36,2			31,1			
Actuel	3	22,8	21,2	8,1	22,7	20,6	32,5	19,1	34,9	5,3	9,0	27,5	20,4	22,9	

Tabl. 17 – Dimensions comparées des talus de tahr, mesures en mm.

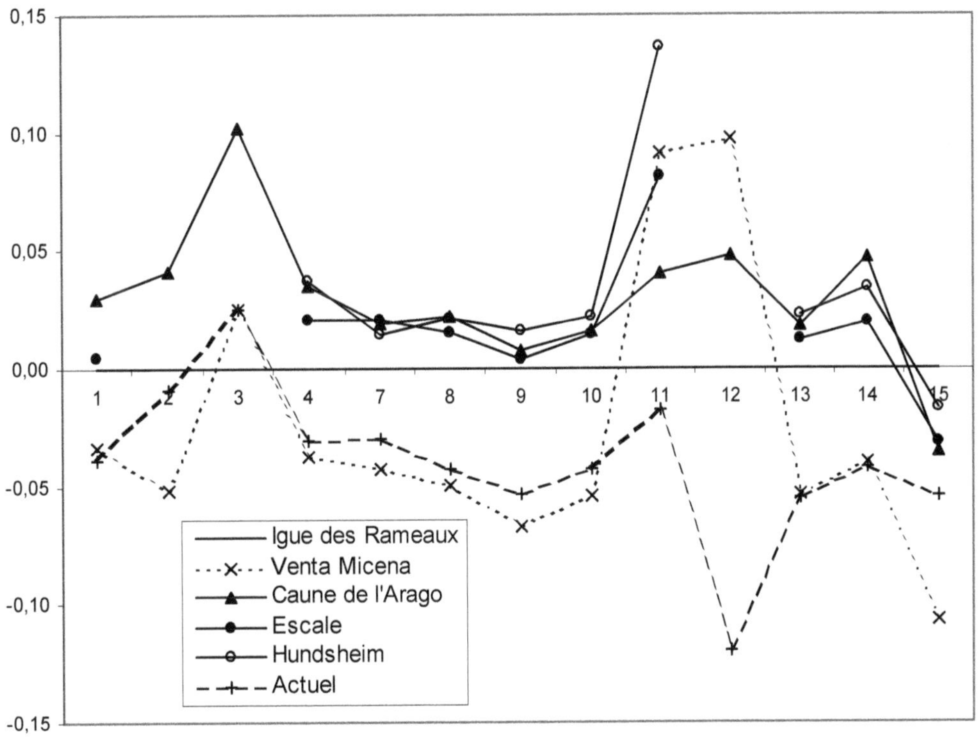

Fig. 52 – Diagramme des rapports des dimensions moyennes des talus de tahr.

Les dimensions obtenues pour la Caune de l'Arago sont voisines de celles de l'Escale (Tabl. 17 et Fig. 52). Par rapport au tahr actuel, la différence la plus importante concerne le diamètre transversal de la facette articulaire calcanéenne latéro-distale (mesure 12). Cette facette est plus courte chez le tahr actuel.

4.1.5 – Révision de la détermination de certains spécimens

Après révision complète du matériel, la détermination de certains spécimens de la collection de la Caune de l'Arago a été modifiée.

Semi-lunaire : AR K19 KKE11B 3217
Le semi-lunaire K19 KKE11B 3217 avait été déterminé comme *Hemitragus* (Monchot 1996). Cet os de petite taille ne présente aucun des caractères de la famille des bovidés, la morphologie des facettes articulaires est différente. Il s'agit en fait d'un cervidé de petite taille.

Hamatum : AR G15 GZ2 1090
Le spécimen AR G15 GZ2 1090 était placé depuis l'étude de Crégut (1979) dans le genre *Rupicapra*.
Face articulaire supérieure :
- Les facettes articulaires supérieures correspondant au semi-lunaire et au pyramidal sont séparées par une crête aiguë comme chez *Hemitragus*.
- Le bord médial de la facette répondant au semi-lunaire présente un angle chez *Rupicapra* alors que sur celui-ci le bord est rectiligne (1).
- Le bord palmaire de l'os est très large, plus large que la partie articulaire, alors que chez *Rupicapra* le côté latéral est oblique, et donc le bord palmaire est moins large que le reste de l'articulation (2). La facette inféro-postérieure est oblique et non verticale comme chez le chamois.

Face articulaire inférieure : La face inférieure est plus large que chez *Rupicapra*.
Compte tenu de tous ces caractères, cet hamatum doit être attribué à *Hemitragus bonali*.

Pyramidal : AR G15 GT10 2675
Le pyramidal G15 GT10 2675 attribué au chamois par Crégut (1979) ne présente pas les caractères du genre *Rupicapra*. En vue proximale, la face articulaire supérieure est pincée vers la face palmaire chez le chamois (alpin et pyrénéen). Sur ce spécimen, cette face ressemble plus à celle observée chez la tribu des *Caprini*. Les caractères sont proches de ceux décrits par Crégut-Bonnoure (1987) pour le genre *Hemitragus*. Cet os a été ingéré par un carnivore car la surface a subit une forte digestion. Il est donc difficile de se prononcer sur la détermination spécifique de ce spécimen mais, tout comme l'hamatum précédemment décrit, il pourrait s'agir d'*Hemitragus bonali*.

4.2 – Le tahr des Cèdres, *Hemitragus cedrensis* Crégut-Bonnoure, 1989

Le tahr des Cèdres, *Hemitragus cedrensis* (Crégut-Bonnoure 1989) a été défini sur le matériel fossile de la grotte des Cèdres (située dans le département du Var et corrélée au stade isotopique 5). L'auteur donne la diagnose suivante : "*Hemitragus* de taille inférieure à celle d'*H. bonali* du Pléistocène moyen et voisine de celle d'*H. jemlahicus* actuel. Crâne et chevilles osseuses inconnus. Jugales à couronne plus rétrécie à la base que chez *H. bonali*, plus courtes et moins épaisses à l'exception des P4 qui sont aussi allongées. Molaires supérieures à styles étroits, modérément saillants, et à cônes peu dilatés. M3 supérieure à parastyle et métastyle sub-rectiligne, à lobe distal non caréné et à boursouflure basale faible, à limite cément-émail étroite sur la racine postéro-mésiale. P3 et P4 inférieures à sillon vestibulaire accentué et à hypoconide développé. P3 inférieure à métaconide rectiligne et non coudé, pouvant être comme chez *H. bonali* ou écrasé comme chez *H. jemlahicus*. P4 inférieure à métaconide et à entoconide très faiblement dilatés vers la base de la couronne et à sillon lingual très peu marqué. M1 inférieure à face linguale sans creusement basal et à limite cément-émail de la face distale courte et en "V" à pointe inversée. M2 inférieure de morphologie identique à celle d'*H. bonali*. M3 inférieure à repli vestibulaire mésial faiblement marqué et à lobe distal peu divergent vers la base de la couronne. Extrémité ventrale du scapulum à bord latéral fortement anguleux. Première phalange antérieure à tubercule d'insertion supéro-axial massif et peu étendu vers le bas. Première phalange postérieure à tubercule d'insertion supéro-axial massif et à diaphyse à bords sub-rectilignes.".

Parmi les gisements étudiés, le tahr des Cèdres n'a été identifié qu'à la Caune de l'Arago dans des niveaux très récents par rapport à l'ensemble du remplissage et dénommés "terres brunes". Le nombre de restes s'élève à 56.

Le tahr des Cèdres étant décrit pour la première fois à la Caune de l'Arago, l'inventaire total du matériel est présenté et chaque pièce fait l'objet d'une description systématique.

Inventaire des restes

Dents supérieures : 1 D4, 1 P2, 2 P3, 2 P4, 4 M1, 1 M2, 2 M3 et 1 M1-2.
Dents inférieures : 1 P3, 2 P4, 2 M1 et 2 M3.
Post-cranien : 1 fragment d'humérus, 1 fragment de radius, 1 fragment d'ulna, 1 pyramidal, 1 fragment de métapode antérieur, 1 cubo-naviculaire, 5 talus, 4 métapodes postérieurs (dont 1 complet), 9 premières phalanges, 6 deuxièmes phalanges et 5 troisièmes phalanges.

Quatrième prémolaire lactéale supérieure

Une seule dent lactéale a été identifiée, il s'agit d'une D4 supérieure gauche, AR K19 KKE21B 4236, très peu usée. Crégut-Bonnoure (1995a) n'a observé aucune différence avec *H. bonali*, le mésostyle est saillant, le paracône et le métacône sont bien dilatés. Seule la taille de la dent découverte à la Caune de l'Arago permet de la rapporter à *H. cedrensis*. De plus elle se trouve dans une couche où d'autres restes de tahr des Cèdres ont été identifiés. Ses dimensions sont données dans le tableau 18.

Collection	HC	1	2	3	4	5	6	7
Arago K19 KKE21B 4236	9,4	13,0	11,7	5,0	4,9	5,8	4,6	8,3

Tabl. 18 – Dimensions de la D4 supérieure de tahr des Cèdres (en mm).

Deuxième prémolaire supérieure

L'exemplaire AR I21 R10364 est une deuxième prémolaire droite encore incluse dans l'alvéole du maxillaire. Comme l'a observé Crégut-Bonnoure (1995a) sur une P2 supérieure de la grotte des Cèdres, la face linguale est très anguleuse, ce qui n'est jamais le cas chez *H. bonali*. Ses dimensions sont de l'ordre de grandeur de celles du tahr de la grotte des Cèdres (Tabl. 19 et Fig. 53). Elle est plus large au niveau occlusal (mesure 3) mais cela peut s'expliquer par l'âge de l'animal, la dent est plus usée.

Collection	HC	1	2	3	4	5
Arago I21 R10364 T.brunes	7,1	6,6	6,3	6,8	6,8	6,9

Tabl. 19 – Dimensions de la P2 supérieure de tahr des Cèdres (en mm).

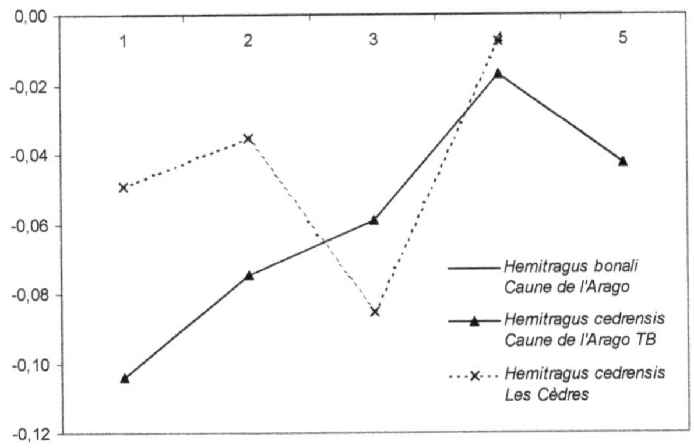

Fig. 53 – Diagramme des rapports des dimensions moyennes des P2 supérieures de tahr des Cèdres (Base de référence : H. bonali *de la Caune de l'Arago).*

Troisième prémolaire supérieure

La P3 supérieure, AR K19 KKE16B 4082, présente un parastyle et un métastyle moins saillants que chez *H. bonali* (Crégut-Bonnoure 1995a). Les styles sont étroits. Les dimensions de cette dent sont présentées dans le tableau 20 et sont comparées à celles du tahr de la grotte des Cèdres dans la figure 54. Le spécimen est de très petite dimension. La même remarque que pour la P2 supérieure peut être faite concernant la largueur occlusale du spécimen de la Caune de l'Arago.

Collection	HC	1	2	3	4	5
Arago K19 KKE16B 4082	7,7	8,0	7,2	7,7	7,6	8,1

Tabl. 20 – Dimensions de la P3 supérieure de tahr des Cèdres (en mm).

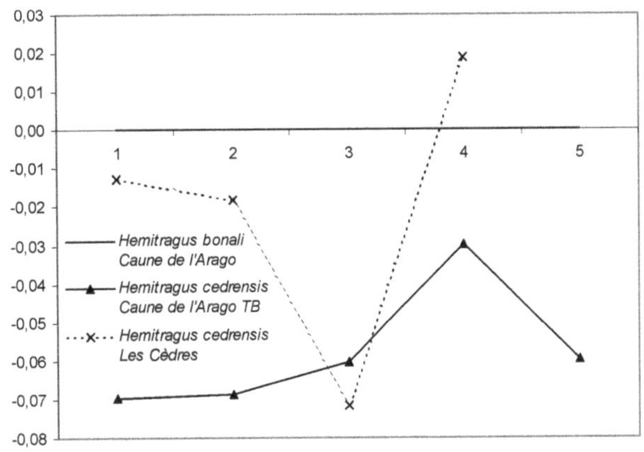

Fig. 54 – Diagramme des rapports des dimensions moyennes des P3 supérieures de tahr des Cèdres (Base de référence : H. bonali *de la Caune de l'Arago).*

Quatrième prémolaire supérieure

Deux dents ont été déterminées comme P4 supérieures, AR I20 ILD12 355 et AR C22 CND3P 145. Les styles sont obliques et non rectilignes comme chez le bouquetin. L'épaississement du métastyle et du parastyle vers la base de la couronne visible chez *H. bonali* est absent ici. Les styles sont plus étroits que chez *H. bonali*. La base de la dent est pincée. Il s'agit donc d'*Hemitragus cedrensis*. Pour la plupart des dimensions observées (Tabl. 21 et Fig. 55), la P4 de la Caune de l'Arago présente des variations inverses à celles observées pour la P4 des Cèdres. Toutefois, la taille de l'échantillon ne permet pas de confirmer cette observation. Malgré cette différence au niveau des dimensions, la morphologie indique bien l'appartenance des deux P4 supérieures à l'espèce *cedrensis*.

Espèce	Collection	HC	1	2	3	4	5
Hemitragus cedrensis	Arago C22 CND3P 145		9,2	8,0	11,8	10,7	11,4
Hemitragus cedrensis	Arago I20 ILD12 355		9,3	7,6			

Tabl. 21 – Dimensions de la P4 supérieure de tahr des Cèdres (en mm).

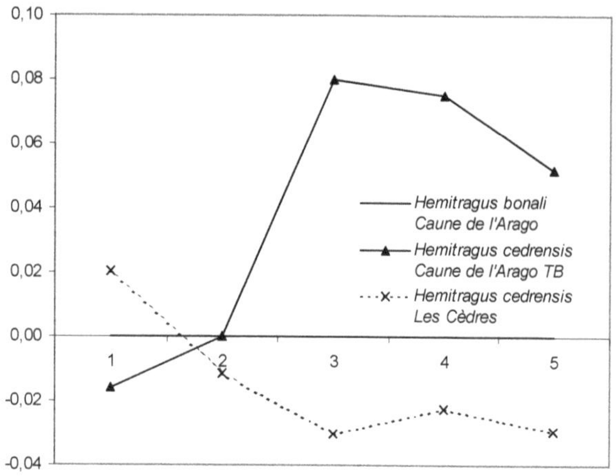

Fig. 55 – Diagramme des rapports des dimensions moyennes des P4 supérieures de tahr des Cèdres (Base de référence : H. bonali *de la Caune de l'Arago).*

Première molaire supérieure

Quatre dents ont été déterminées comme M1 supérieures : AR K19 KKD2 197 (M1 gauche), AR K19 KKD46 1937 (M1 droite), AR I19 IKD8 223 (M1 droite), AR Remanié R 12527 (M1 droite).

La racine postéro-linguale est bien plus développée que celle de *Capra*, alors que la racine de la face distale est moins étendue. De plus, la limite cément-émail est assez basse (Fig. 56). D'après Crégut-Bonnoure (1995a), ces deux critères sont caractéristiques du genre *Hemitragus*. Sur la M1 de la Caune de l'Arago plusieurs caractères sont spécifiques à *H. cedrensis* : le parastyle est moins large et les plis du paracône et du métacône sont plus étroits que chez *H. bonali*..

Les dimensions de la M1 sont du même ordre de grandeur que celles du tahr de la grotte des Cèdres, et excepté pour les longueurs (mesures 1 et 2), la dent est plus courte que celle des Cèdres (Tabl. 22 et Fig. 57).

*Fig. 56 – Première molaire supérieure d'*Hemitragus cedrensis *(AR K19 KKD2 197), vues linguale, labiale, distale, mésiale et occlusale (dessin : Laurence Macary, CERP Tautavel).*

Collection	HC	1	2	3	4	5	6	7
Arago I19 IKD8 223	8,5	13,3	11,1	11,7	11,5	10,2	10,2	12,2
Arago K19 KKD2 197	14,9	14,6	11,6	12,0	10,9	10,5	9,9	12,7
Arago K19 KKD46 1937	7,1	11,8		11,8	11,6	10,8	10,7	13,3
Arago R 12527		14,0						
Moyenne		**13,4**	**11,3**	**11,8**	**11,3**	**10,5**	**10,3**	**12,7**
Ecart-type		1,2	0,3	0,1	0,4	0,3	0,4	0,6

Tabl. 22 – Dimensions de la M1 supérieure de tahr des Cèdres (en mm).

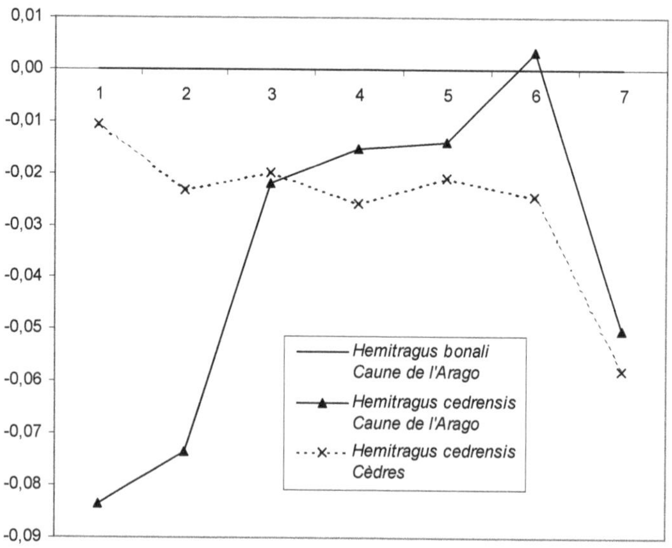

Fig. 57 – Diagramme des rapports des dimensions moyennes des M1 supérieures de tahr des Cèdres (Base de référence : H. bonali *de la Caune de l'Arago).*

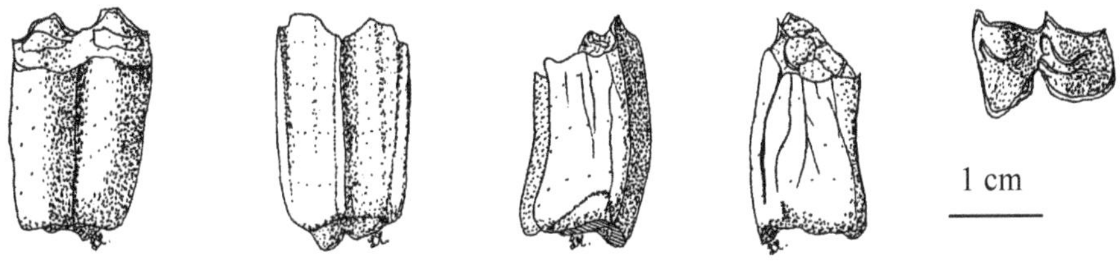

*Fig. 58 – Deuxième molaire supérieure d'*Hemitragus cedrensis *(AR J19 JKD11 649), vues linguale, labiale, distale, mésiale et occlusale (dessin : Laurence Macary, CERP Tautavel).*

Deuxième molaire supérieure

Un seul exemplaire, AR J19 JKD11 649, est attribuable à une M2 supérieure gauche (Fig. 58). A la différence de celle du bouquetin, cette dent a des styles étroits. Elle ne présente par d'épaississement basal comme chez *H. bonali.* Vers la base le parastyle s'infléchit vers l'arrière tout en gardant une épaisseur constante (Crégut-Bonnoure 1995a).

Les mesures prises sur cet unique exemplaire sont proches de celles obtenues pour le tahr de la grotte des Cèdres, à l'exception des longueurs qui sont inférieures (Tabl. 23 et Fig. 59).

Collection	HC	1	2	3	4	5	6	7
Arago J19 JKD11 649	16,8	15,4	12,6	11,6	10,8	9,8	9,3	13,2

Tabl. 23 – Dimensions de la M2 supérieure de tahr des Cèdres (en mm).

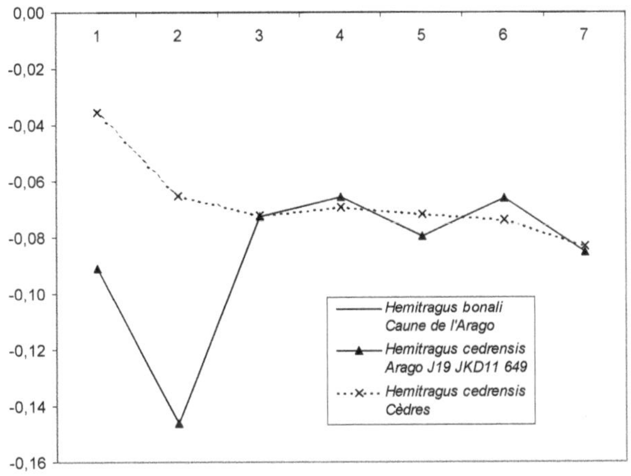

Fig. 59 – Diagramme des rapports des dimensions moyennes des M2 supérieures de tahr des Cèdres (Base de référence : H. bonali *de la Caune de l'Arago).*

Troisième molaire supérieure

Les spécimens AR I23 IOB3 106 et AR I24 IPB4 799 (Fig. 60) sont deux M3 supérieures de petite taille. Sur la première le lobe mésial est absent. Sur les deux exemplaires, le métastyle est rectiligne, il ne forme pas d'aile métastylaire. Il s'agit donc du genre *Hemitragus*. De plus, le métastyle à une base faiblement infléchie vers le mésostyle (le parastyle est cassé sur les deux exemplaires). Du côté postéro-lingual, le lobe distal n'est pas caréné comme chez *H. bonali*, son contour est arrondi comme chez *H. cedrensis*.

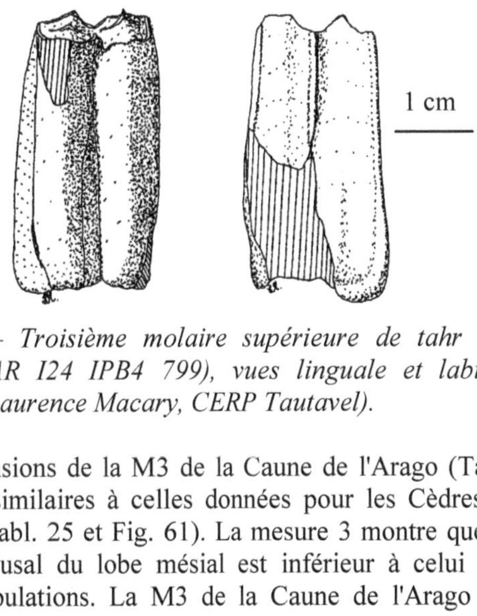

Fig. 60 – Troisième molaire supérieure de tahr des Cèdres (AR I24 IPB4 799), vues linguale et labiale (dessin : Laurence Macary, CERP Tautavel).

Les dimensions de la M3 de la Caune de l'Arago (Tabl. 24) sont similaires à celles données pour les Cèdres et Rigabe (Tabl. 25 et Fig. 61). La mesure 3 montre que le DVL occlusal du lobe mésial est inférieur à celui des autres populations. La M3 de la Caune de l'Arago est donc moins large que dans les populations provençales d'*Hemitragus cedrensis*.

Collection	HC	1	2	3	4	5	6	7	8	9	10	11	12
Arago I23 IOB3 106							9,1	8,3			7,6		
Arago I24 IPB4 799	30,6	15,6	18,8	9,2	8,8	10,5			11,6	7,1	7,3	15,0	17,0

Tabl. 24 – Dimensions de la M3 supérieure de tahr des Cèdres (en mm).

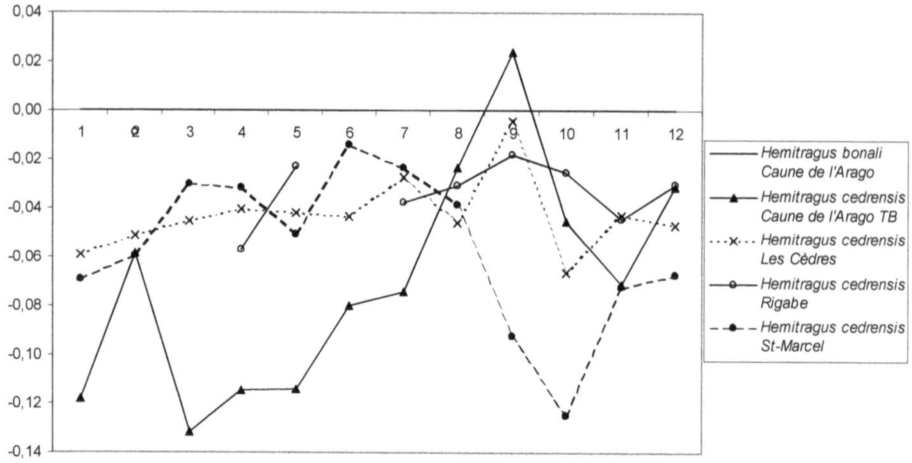

Fig. 61 – Diagramme des rapports des dimensions moyennes des M3 supérieures de tahr des Cèdres (Base de référence : H. bonali *de la Caune de l'Arago).*

	Hemitragus cedrensis				*Hemitragus bonali*				
	Cèdres	**Rigabe**	**St-Marcel**	**Caune de l'Arago**	**Caune de l'Arago**	**Escale**	**Hundsheim**	**Vaufrey**	**Aldène**
1									
n	8	-	1	1	19	31	9	2	2
min-max	16,9-19,0	-	17,4	15,6	17,2-23,0	18,4-26,0	20,9-22,5	18,2-19,7	18,9-26,5
moy	17,82	-	-	-	20,41	21,48	21,58	-	-
2									
n	8	1	1	1	17	28	8	2	2
min-max	17,0-21,1	21,0	18,7	18,8	18,9-23,1	21,0-27,0	19,0-24,0	18,9-20,3	18,5-26,0
moy	19,07	-	-	-	21,46	23,17	23,73	-	-
3									
n	9	-	1	1	19	31	10	2	1
min-max	10,1-12,8	-	11,6	9,2	10,3-14,2	10,5-15,3	7,8-13,3	11,4-12,5	12,2
moy	11,21	-	-	-	12,44	12,72	12,21	-	-
4									
n	9	1	1	1	20	31	9	2	4
min-max	8,7-12,3	10,0	10,6	8,8	9,1-14,2	8,4-13,7	11,0-12,8	10,0-11,5	10,4-14,6
moy	10,39	-	-	-	11,40	11,56	12,02	-	-
5									
n	9	1	1	1	17	28	9	2	2
min-max	11,0-13,3	13,0	12,2	10,5	12,7-15,0	13,3-16,5	13,0-14,9	13,0-14,2	12,8-14,0
moy	12,45	-	-	-	13,71	14,88	13,84	-	-
6									
n	9	-	1	1	17	31	10	2	1
min-max	8,5-11,0	-	10,6	9,1	8,6-12,7	8,6-12,6	10,3-12,4	10,3-11,0	11,7
moy	9,91	-	-	-	10,95	10,69	11,55	-	-
7									
n	9	1	1	1	18	31	9	2	3
min-max	8,2-10,8	9,0	9,3	8,3	7,2-11,5	8,4-11,9	9,6-11,3	8,7-10,4	9,3-11,7
moy	9,21	-	-	-	9,81	9,79	10,24	-	-
8									
n	8	1	1	1	15	28	8	2	2
min-max	10,1-12,0	11,4	11,2	11,6	11,5-13,2	10,8-14,0	11,4-12,9	12,0-12,4	11,6-12,3
moy	11,01	-	-	-	12,24	12,64	12,23	-	-
9									
n	7	1	1	1	19	28	10	2	4
min-max	6,0-7,4	6,4	5,4	7,1	5,7-7,5	7,0-9,2	6,8-8,6	6,0-6,4	6,5-8,4
moy	6,61	-	-	-	6,68	7,93	7,36	-	-
10									
n	7	1	1	2	18	28	9	2	3
min-max	6,8-8,0	7,8	6,2	7,3-7,6	7,3-9,2	7,3-10,2	7,2-10,3	7,1-8,7	7,5-9,4
moy	7,1	-	-	-	8,27	8,78	8,50	-	-
11									
n	7	1	1	1	21	30	8	2	3
min-max	15,0-17,6	16,0	15,0	15,0	15,7-19,2	16,5-21,5	15,7-19,0	17,0-16,3	15,9-20,8
moy	16,04	-	-	-	17,71	18,08	17,60	-	-
12									
n	7	1	1	1	19	29	8	2	3
min-max	15,7-17,0	17,0	15,6	17,0	16,3-20,1	17,4-22,7	16,0-20,4	16,7-18,9	15,2-20,3
moy	16,37	-	-	-	18,22	19,22	18,78	-	-
	Crégut-Bonnoure,1995a					Crégut-Bonnoure, 1995a			

*Tabl. 25 – Dimensions comparées des M3 supérieures d'*H. cedrensis *et* H. bonali *(en mm).*

Troisième prémolaire inférieure

La P3 inférieure est représentée par deux exemplaires, AR I21 IMD4 689 (peu usée) et AR I18 IJD5 3152. Les nombreuses différences par rapport à *H. bonali*, décrites par Crégut-Bonnoure (1995*a*), se situent sur la face linguale. La vallée linguale est bien individualisée (Fig. 62). Le métaconide, fortement dilaté, est rectiligne et oblique, il ne forme pas un coude comme chez *H. bonali*. La partie distale, en arrière de la vallée linguale, est sub-verticale. Au niveau de la surface vestibulaire, le sillon inter-lobaire est profond et l'hypoconide est bien développé.

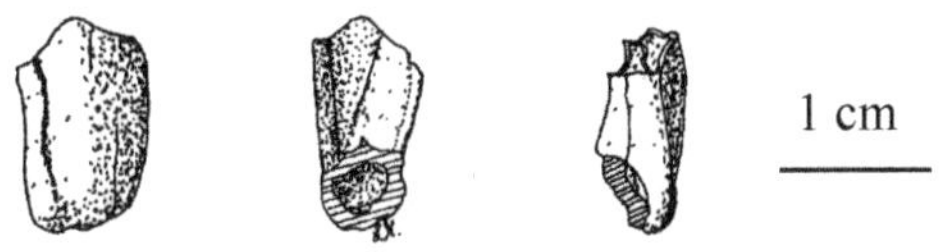

*Fig. 62 – Troisième prémolaire inférieure d'*H. cedrensis *(AR I21 IMD4 689), vues labiale, linguale et distale (dessin : Laurence Macary, CERP Tautavel).*

Le diagramme de la figure 63 (réalisé à partir des mesures du tableau 26) montre la forte ressemblance avec le tahr de la grotte des Cèdres.

Collection	HC	1	2	3	4	5	6	6/1
Arago I18 IJD5 3152	8,7	8,7	8,2	5,3	5,8	5,8	4,5	0,52
Arago I21 IMD4 689	14,0	8,9	8,0	5,0	5,3	6,0	4,8	0,54

Tabl. 26 – Dimensions de la P3 inférieure de tahr des Cèdres (en mm).

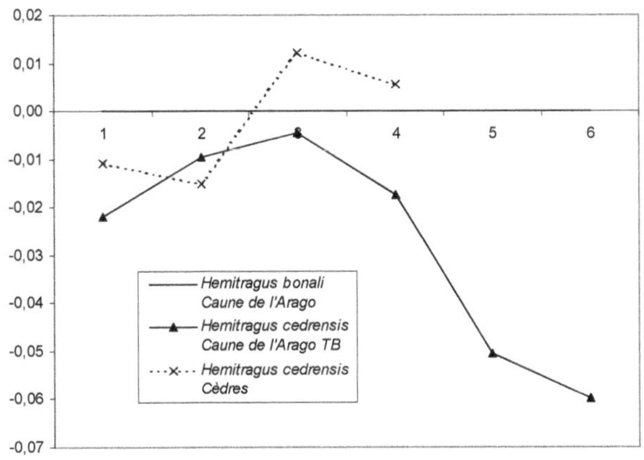

Fig. 63 – Diagramme des rapports des dimensions moyennes des P3 inférieures de tahr des Cèdres (Base de référence : H. bonali *de la Caune de l'Arago).*

Quatrième prémolaire inférieure

Sur les deux spécimens identifiés, AR K19 KKE2B 2910 et AR F24 FPD5 526, le métaconide est peu dilaté, comme l'a en effet décrit Crégut-Bonnoure (1995a), la dilatation est limitée au tiers supérieur de la couronne (Fig. 64). Le métaconide est bordé par un sillon distal très peu marqué et très large. Les dents étant usées il n'est pas possible d'apprécier la dilatation de l'entoconide. Les stylides sont peu saillants. L'hypoconide est bien développé et plus large que chez *H. bonali*.

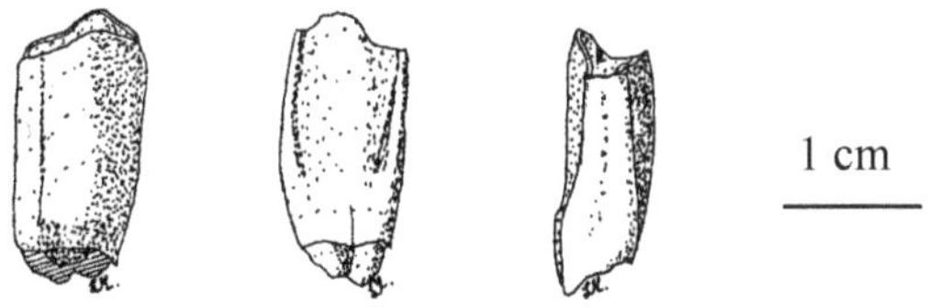

*Fig. 64 – Quatrième prémolaire inférieure d'*H. cedrensis *(AR F24 FPD5 526), vues labiale, linguale et distale (dessin : Laurence Macary, CERP Tautavel).*

Par rapport au tahr de la grotte des Cèdres, le diamètre vestibulo-lingual occlusal mesuré au niveau de la surface interstylaire est nettement plus faible (Tabl. 27 et Fig. 65). Ceci montre donc que les styles sont un peu plus saillants que ceux des Cèdres. De plus, le DVL au collet (mesure 5) est plus large dans la population de la Caune de l'Arago.

Collection	HC	1	2	3	4	5
Arago F24 FPD5 526	16,4	9,3	9,0	6,3	4,5	6,7
Arago K19 KKE2B 2910	16,6	10,6	9,1	6,5	5,4	6,8

Tabl. 27 – Dimensions de la P4 inférieure de tahr des Cèdres (en mm).

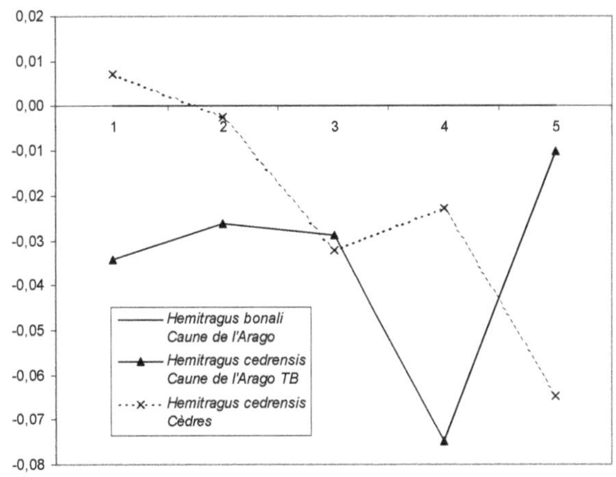

Fig. 65 – Diagramme des rapports des dimensions moyennes des P4 inférieures de tahr des Cèdres (Base de référence : H. bonali *de la Caune de l'Arago).*

Première molaire inférieure

La M1 inférieure est représentée par un exemplaire incomplet AR K18 KJD7 R10768 et un fragment correspondant au second lobe AR K19 KKD22 1030.

La face linguale de ce spécimen, comme celle des Cèdres et de Rigabe, est sub-verticale (Fig. 66). Elle ne présente pas le creusement vers la base "en coup de pouce" caractéristique d'*H. bonali* (Crégut-Bonnoure 1995*a*). De plus, la limite cément-émail de la face mésiale remonte moins haut que chez *H. bonali*.

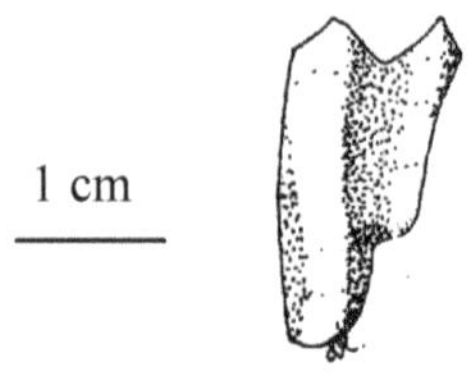

*Fig. 66 – Première molaire inférieure d'*H. cedrensis *(AR K18 KJD7 R10768), vue linguale (dessin : Laurence Macary, CERP Tautavel).*

L'état de fragmentation n'a permis de réaliser que 3 mesures sur ces deux dents (Tabl. 28). Par conséquent il est difficile de tirer des conclusions du diagramme obtenu (Fig. 67).

Collection	HC	1	2	3	4	5
Arago K18 KJD7 R10768	15,1			8,2	8,6	
Arago K19 KKD22 1030					9,2	

Tabl. 28 – Dimensions de la M1 inférieure de tahr des Cèdres (en mm).

Troisième molaire inférieure

Deux M3 inférieures, AR E17 EJM3A 31 et AR R19 JCT-JCTB R15245, avaient été rapprochées du tahr des Cèdres (Monchot 1996). Malgré la similarité de taille, ces deux exemplaires présentent un repli sur la face antéro-vestibulaire du premier lobe. Ce caractère est absent des dents d'*Hemitragus cedrensis* de la Grotte des Cèdres. De plus, le troisième lobe, de largeur constante, forme une légère bosse vers la base de la dent. Ces deux exemplaires sont attribuables au mouton, *Ovis aries*, présent à la surface du remplissage par suite de l'occupation de la grotte comme bergerie.

Par contre les spécimens AR J20 JLE2 1757 et AR I20 ILD12 360 (1er lobe absent) sont de morphologie différente. Sur la face vestibulaire, le pli caprin est peu marqué, comme chez *H. cedrensis* (Fig. 68). Notre spécimen se rapproche plus de celui de Rigabe que de celui des Cèdres car, chez ce dernier, le pli est beaucoup moins marqué. La carène formée par ce pli n'est bien marquée que du côté lingual. La base de la couronne est moins évasée que ce qui peut être observé chez *H. bonali*. En vue linguale, les cuspides sont pointus alors qu'ils sont plutôt arrondis chez le bouquetin. En vue linguale, chez *Capra*, le troisième lobe est séparé de son voisin par une profonde échancrure. Sur nos spécimens, cette dernière est beaucoup moins marquée. Enfin, le bord distal du dernier lobe de la dent est très légèrement renflé, presque sub-rectiligne. Ces caractères sont spécifiques du tahr des Cèdres.

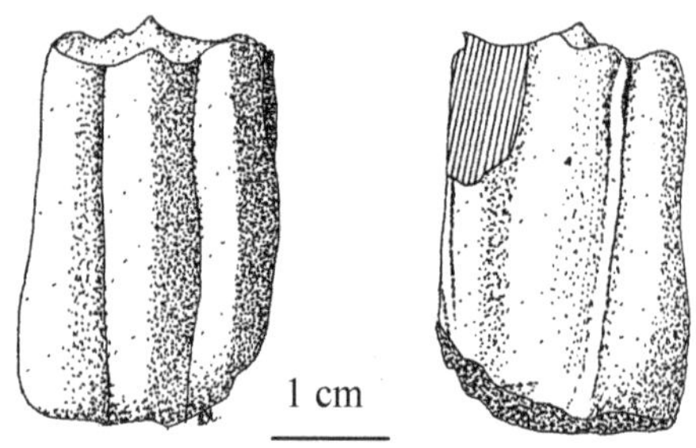

*Fig. 68 – Troisième molaire inférieure d'*H. cedrensis *(AR J20 JLE2 1757), vues labiale et linguale (dessin : Laurence Macary, CERP Tautavel).*

Bien que de dimensions plus réduites, les mesures réalisées sur la M3 du tahr de la Caune de l'Arago ont un comportement identique au tahr des Cèdres et à celui de Rigabe (Tabl. 29 et Fig. 69). Mais la M3 inférieure de la Caune de l'Arago se rapproche plus de la population de Rigabe comme cela a été démontré par la morphologie.

Collection	HC	1	2	3	4	5	6
Arago I20 ILD12 360					7,8	3,9	
Arago J20 JLE2 1757	29,7		22,6		6,9	3,5	8,4

Tabl. 29 – Dimensions de la M3 inférieure de tahr des Cèdres (en mm).

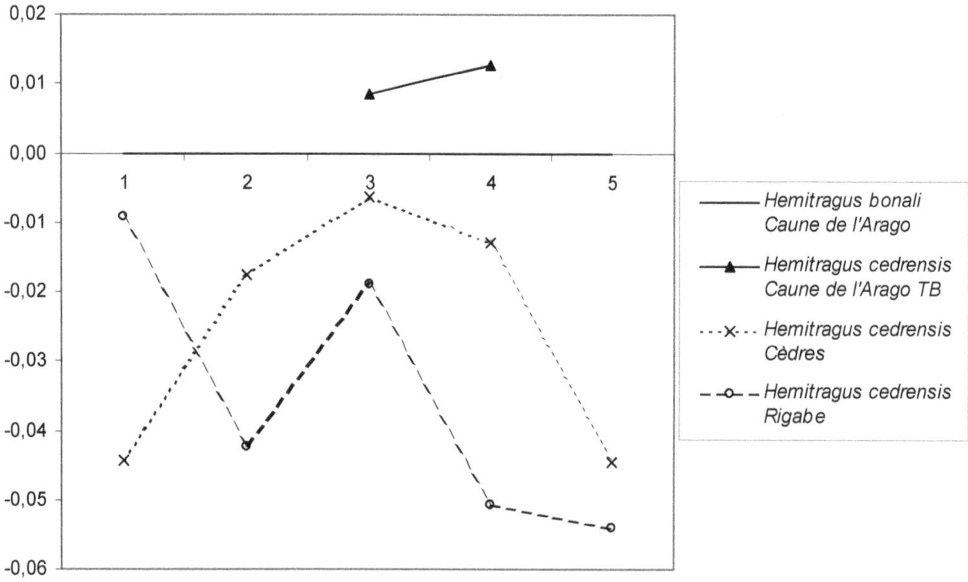

Fig. 67 – Diagramme des rapports des dimensions moyennes des M1 inférieures de tahr des Cèdres (Base de référence : H. bonali *de la Caune de l'Arago).*

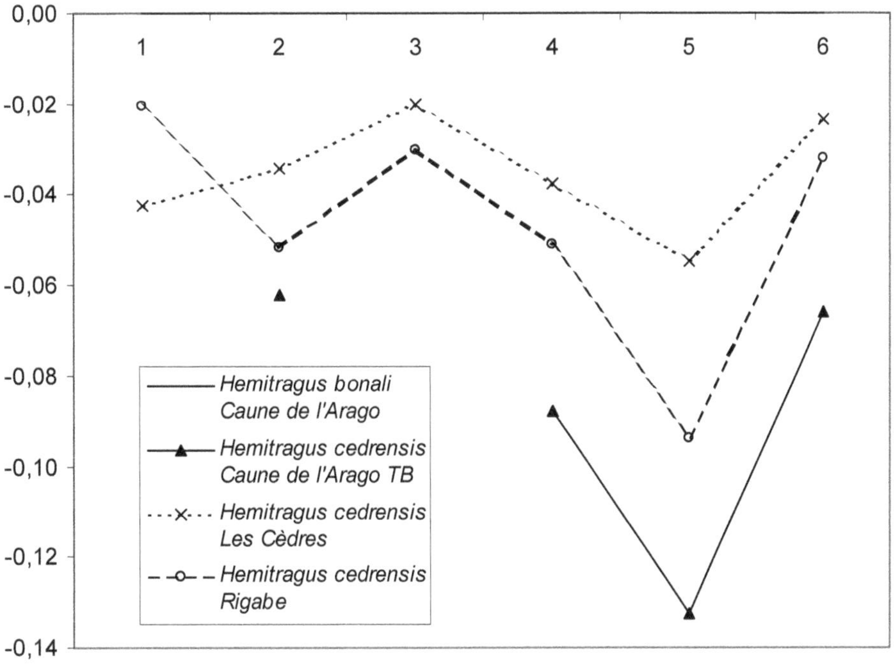

Fig. 69 – Diagramme des rapports des dimensions moyennes des M3 inférieures de tahr des Cèdres (Base de référence : H. bonali *de la Caune de l'Arago).*

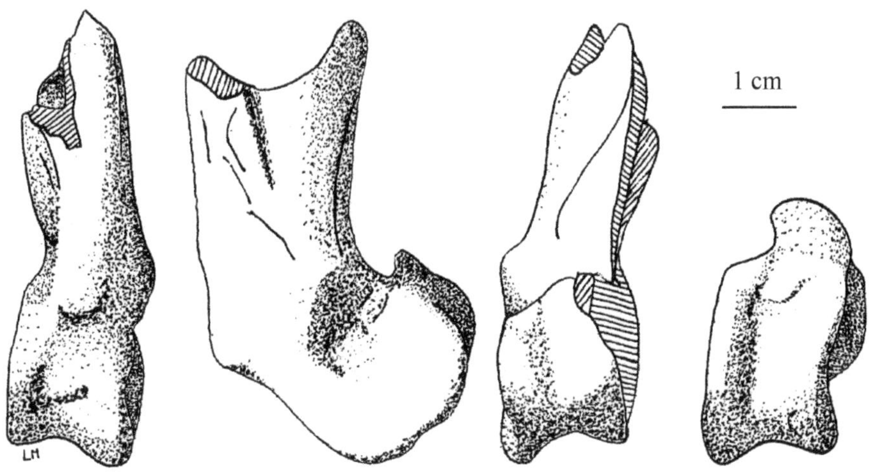

Fig. 70 – Humérus de tahr des Cèdres (AR E22 END4 92), vues caudale, latérale, crâniale et proximale (dessins : Laurence Macary, CERP Tautavel).

Humérus

Le fragment AR E22 END4 92 correspond aux condyle et épicondyle latéraux de l'épiphyse distale d'un humérus droit (Fig. 70). En vue latérale, le bord distal de l'épicondyle fait un angle obtus très net avec le bord du condyle alors que chez le bouquetin, soit cet angle est plus ouvert, soit le bord distal de l'épicondyle se raccorde au bord du condyle suivant une ligne légèrement concave. Ce spécimen appartient donc au genre *Hemitragus*. Toutefois compte tenu de sa taille il semblerait s'agir de l'espèce *cedrensis*.

La variation des mesures 7 et 8 (Tabl. 30 et Fig. 71) est similaire à celle du tahr de la grotte des Cèdres et inverse à celle du tahr actuel (*H. jemlahicus*). Le DAP de la trochlée à l'épicondyle latéral est plus faible chez le tahr actuel par rapport au tahr des Cèdres (Cèdres et Caune de l'Arago). Ces deux dernières populations, au titre de cette mesure, sont plus proches du tahr de Bonal.

Collection	7	8
Arago E22 END4 92	29,7	20,8

Tabl. 30 – Dimensions de l'humérus de tahr des Cèdres (en mm).

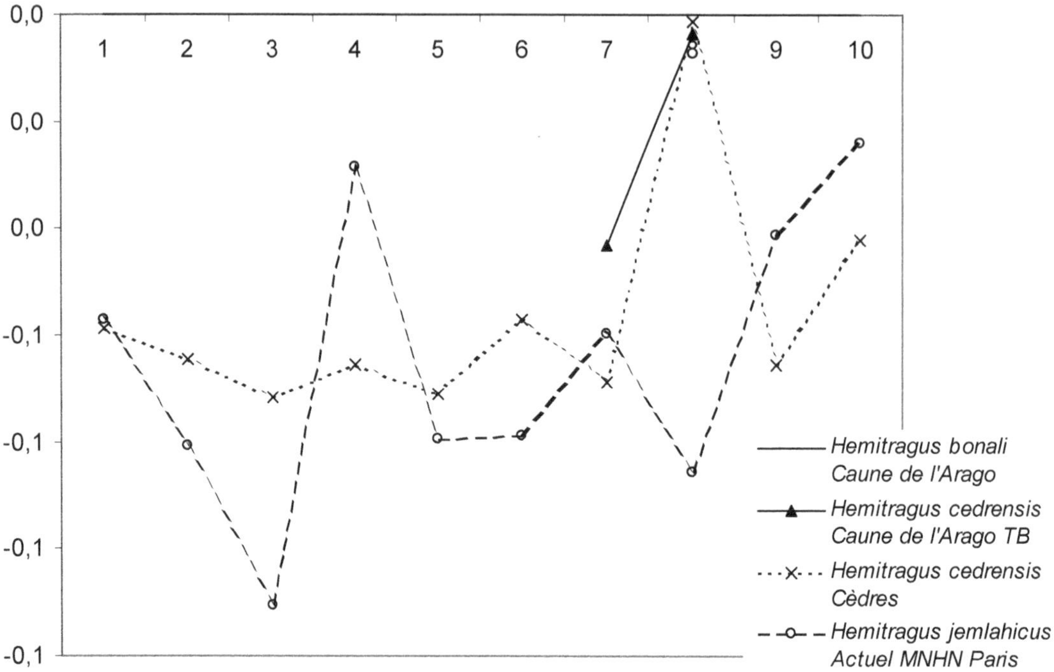

Fig. 71 – Diagramme des rapports des dimensions moyennes de l'humérus de tahr des Cèdres (Base de référence : H. bonali *de la Caune de l'Arago).*

Radio-ulna

La pièce AR I19 IKD7 86 est un fragment latéral de l'épiphyse proximale de radius droit. Le processus coronoïde médian caudal est très saillant vers le haut chez *Hemitragus* (Laville et al. 1972). La tubérosité externe du ligament latéral du tahr est en position plus basse que chez le bouquetin. En l'absence de caractères spécifiques, seule la taille de cet os permet de l'attribuer à *Hemitragus cedrensis*.

La pièce AR I19 IKD7 61 est un bec d'ulna droite. Ce spécimen a une morphologie semblable à celle du tahr et ses dimensions sont nettement inférieures à *Hemitragus bonali*. Il est associé au fragment de radius n°86 précédemment décrit.

Pyramidal

Les deux pyramidaux gauches AR K19 KKD3 R14369 et AR R14370 ont une surface articulaire supérieure bien creusée, une surface articulaire répondant au pisiforme assez courte et un tubercule inféro-postérieur de contour arrondi (Fig. 72). Ces trois caractères sont typiques du genre *Hemitragus* (Crégut-Bonnoure 1987). La taille des restes permet de les attribuer à *Hemitragus cedrensis* (Tabl. 31).

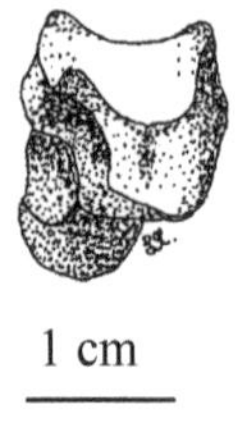

Fig. 72 – Pyramidal de tahr des Cèdres (AR K19 KKD3 R14369) en vue médiale, (dessin : Laurence Macary, CERP Tautavel).

Collection	1	2	3	4	5	6	7	8	9	10
Arago K19 KKD3 R14369	13,6	11,4	12,5		7,0	12,5	7,8	8,8	11,2	5,6
Arago K19 KKD3 R14370	13,0	10,8		12,8	5,7	13,0	6,6	6,7		

Tabl. 31 – Dimensions du pyramidal de tahr des Cèdres (en mm).

Métapode antérieur

La pièce AR I24 IPB4 717 est un fragment d'extrémité proximale de métapode antérieur gauche. La facette correspondant au capitato-trapézoïde (seule partie conservée) à un bord antérieur moins curviligne que celui observé chez le bouquetin.

Cubonaviculaire

Le spécimen AR K18 KJBE7 2817 est un cubonaviculaire droit (Fig. 73).

Sur la face articulaire supérieure, deux fossettes synoviales postérieures sont présentes et bien développées (1a, 1b et 2). La facette postéro-médiane qui se place sous le décrochement de l'astragale est absente, elle est très peu marquée chez *Hemitragus bonali* et toujours nette chez *Capra* (3). Sur la face inférieure, la facette articulaire antéro-latérale (correspondant au métapode postérieur) est plus longue que large.

Au niveau de la face plantaire, la tubérosité postérieure forme un bourrelet discontinu (4), le sillon présent chez *Capra* est visible sur ce spécimen. La facette calcanéenne de la face supérieure (5) s'infléchit sur la face postérieure mais ne déborde pas comme chez le bouquetin. La gorge séparant le bourrelet médial et la facette calcanéenne est profonde et en forme de "U". Tous ces caractères permettent d'attribuer cet os au genre *Hemitragus* (Crégut-Bonnoure 1987).

La seule différence observée avec *H. bonali* est la facette postéro-médiane qui se place sous le décrochement de l'astragale. Cette facette est très peu marquée chez *Hemitragus bonali* et toujours très nette chez *Capra*. Sur le spécimen d'*H. cedrensis* de la Caune de l'Arago, elle est absente (3). Par contre un caractère se révèle différent de ce qui est généralement observé pour *Hemitragus*, c'est la présence du sillon sur la face plantaire. Ce spécimen est de taille nettement inférieure à *H. bonali*, il pourrait donc être attribué à *H. cedrensis*. Toutefois aucun cubonaviculaire n'est présent dans la collection de la grotte des Cèdres pour effectuer une comparaison.

Talus

Cinq talus ont été attribués à *Hemitragus cedrensis* : AR I18 IJD6 3190, AR J19 JKD13 1219, AR J20 JLD18 1221, AR J20 JLE2 R13898 et AR K20 KLD14 967. Malgré le mauvais état de conservation de ces ossements, plusieurs caractères ont été observés conformément à la description de Crégut-Bonnoure (1987). Sur la face articulaire supérieure, chez *Hemitragus*, la lèvre latérale (1) est plus haute que la lèvre médiale (Fig. 74). Sur la face articulaire postérieure, le décrochement correspondant à la facette articulaire postéro-latérale du cubonaviculaire (2) est peu marquée. La zone synoviale latérale (3), située dans l'axe du décrochement, est très développée chez *Hemitragus*. Sur la face latérale, la partie postéro-inférieure, correspondant à la zone synoviale est déprimée vers l'arrière et forme une arrête. Sur la face médiale, la zone postérieure est plane chez *Hemitragus*.

Le talus du tahr de la Caune de l'Arago est plus petit que celui des Cèdres et de taille proche de celui du tahr de l'Himalaya actuel (Tabl. 32 et Fig. 75).

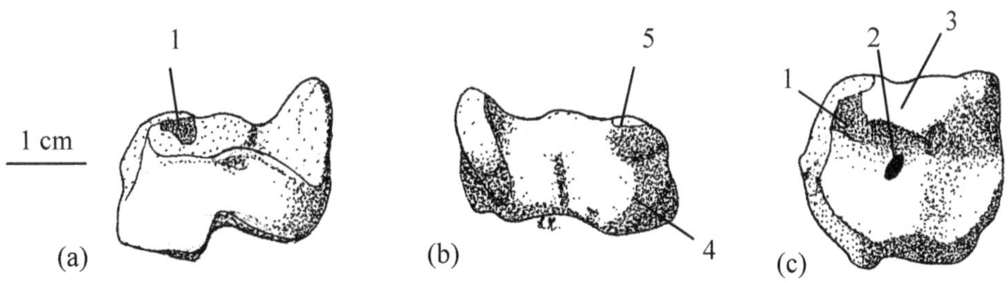

Fig. 73 – Cubonaviculaire de tahr des Cèdres (AR K18 KJBE7 2817), vues dorsale (a), plantaire (b) et supérieure (c). (Dessins : Laurence Macary, CERP Tautavel).

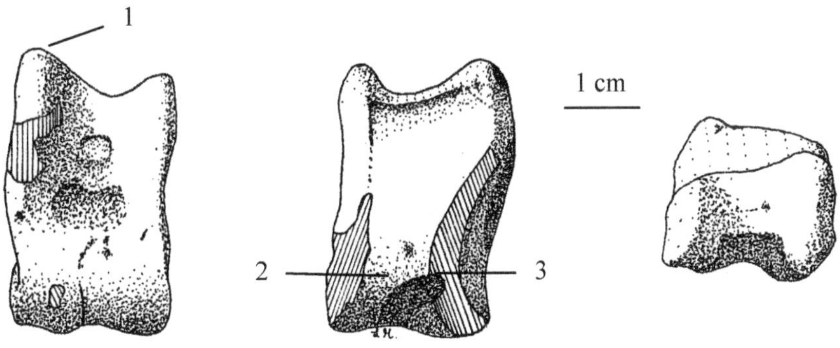

Fig. 74 – Talus droit de tahr des Cèdres (AR I18 IJD6 3190), vues dorsale, plantaire et supérieure (dessins : Laurence Macary, CERP Tautavel).

Collection	1	2	3	4	5	6	7	8	9	10	13
Arago I18 IJD6 3190	22,5	21,3	8,8				18,9	34,4	19,8	36,4	29,9
Arago J19 JKD13 1219	22,3		7,3	22,9	11,5	10,9			20,2	35,9	30,1

Tabl. 32 – Dimensions du talus de tahr des Cèdres (en mm).

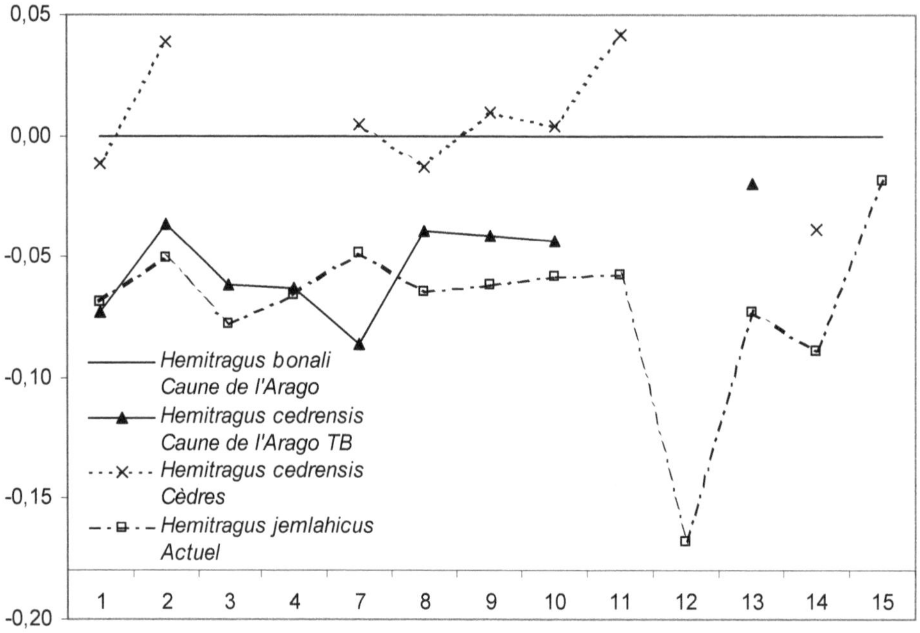

Fig. 75 – Diagramme des rapports des dimensions moyennes des talus de tahr des Cèdres (Base de référence : H. bonali *de la Caune de l'Arago).*

Métapodes postérieurs

AR I24 IPC10 1673 = Métapode postérieur gauche entier
AR H19 HKC1 3 = Extrémité proximale de métapode postérieur gauche
AR J19 JKD1 29 = Extrémité proximale de métapode postérieur droit
AR I24 IPB4 801 = Fragment d'extrémité proximale de métapode postérieur gauche

Les trois premiers métapodes postérieurs cités ci-dessus avaient été attribués au bouquetin (*Capra ibex*) par Monchot (1996). Le métapode postérieur complet (I24 IPC10 1673) est plus gracile que celui du bouquetin (Fig. 76). Chez *Capra ibex* le bord dorsal de l'articulation proximale (a) est étroit et anguleux, alors que sur nos spécimens il est plus large comme l'a décrit Crégut-Bonnoure (1995a) chez *Hemitragus cedrensis* (Fig. 77). De plus, la facette postéro-interne correspondant au petit cunéiforme est déjetée vers le côté médial, alors qu'elle est déjetée vers le milieu de l'os chez le bouquetin (b). Chez *Capra*, la facette correspondant à la petite facette du cubonaviculaire est plus saillante que chez *Hemitragus*.

Le point d'intersection de la droite passant par les points dorsaux et mitoyens des facettes du grand cunéiforme et du cubonaviculaire et de celle qui passe par les points les plus distaux des facettes du petit cunéiforme et du cubonaviculaire est plus éloigné dans l'espace que chez le bouquetin (Fig. 77). Donc l'angle ainsi formé par ces deux droites est inférieur à celui mesuré chez le bouquetin (c). Pour les deux premiers ossements, Monchot (1996) avait trouvé des valeurs respectivement de 33 et 30°. Les mesures effectuées sur les trois extrémités proximales (Fig. 78) sont nettement différentes de ces dernières :
AR I24 IPC10 1673 = 16°
AR H19 HKC1 3 = 20°
AR J19 JKD1 29 = 18°

Ainsi avec un angle moyen de 18°, ces métapodes postérieurs appartiennent au genre *Hemitragus*. Comme le souligne Crégut-Bonnoure (1995a), cette différence d'inclinaison des droites est due à la combinaison des caractéristiques morphologiques suivantes : la facette du petit cunéiforme est en moyenne plus courte chez le bouquetin tandis que celle du cunéiforme est plus allongée. Les facettes répondant au cubonaviculaire et au petit cunéiforme sont plus allongées chez le tahr.

Au niveau des différences métriques, les mesures 12, 15 et 16 s'individualisent clairement (Tabl. 33 et Fig. 79). La facette d'articulation postérieure pour le cubonaviculaire est plus longue (mesure 15) et plus large (mesure 16) qu'aux Cèdres. De même la facette antérieur pour le cubonaviculaire est plus large (mesure 12).

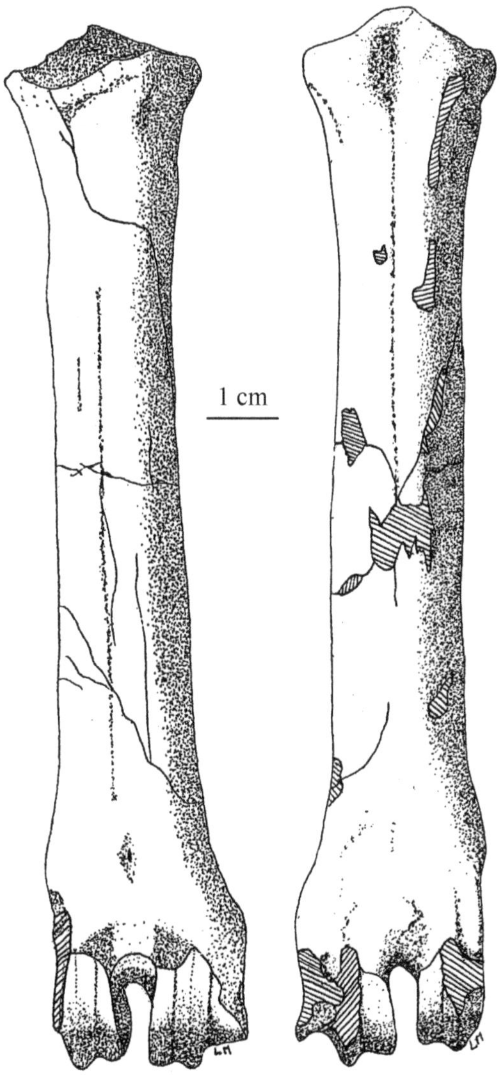

*Fig. 76 – Métapode postérieur d'*Hemitragus cedrensis *en vues dorsale et plantaire (AR I24 IPC10 1673 ; dessin Laurence Macary, CERP Tautavel).*

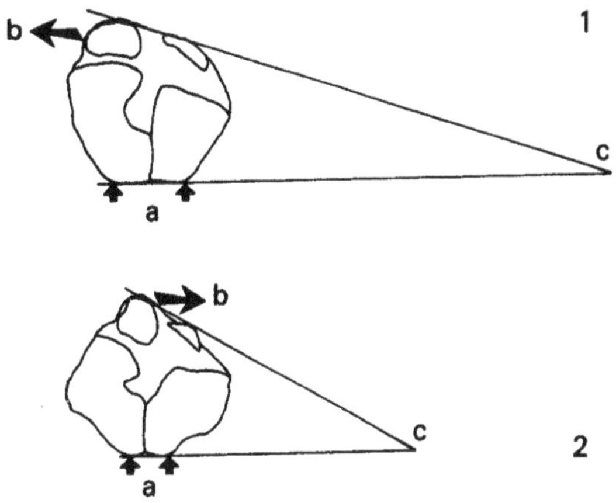

Fig. 77 – Morphologie comparée de l'extrémité proximale du métapode postérieur. 1. Hemitragus, *2.* Capra *(d'après Crégut-Bonnoure, 1995a).*

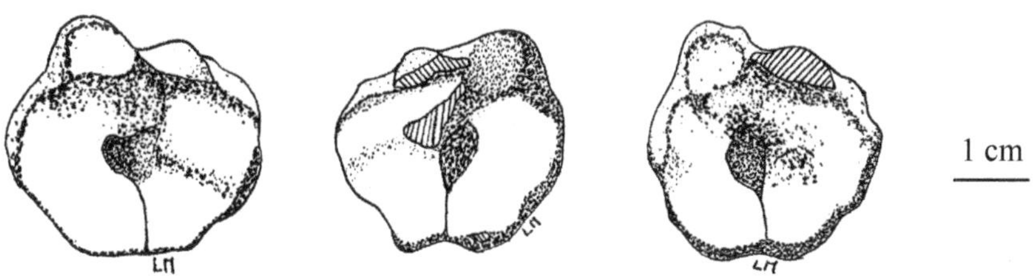

*Fig. 78 – Extrémité proximale des métapodes postérieurs d'*H. cedrensis *(de gauche à droite : AR I24 IPC10 1673 ; AR J19 JKD1 29 et AR H19 HKC1 3), (dessins Laurence Macary, CERP Tautavel).*

Mesure (mm)	AR H19 HKC1 3	AR J19 JKD1 29	AR I24 IPB4 801	AR I24 IPC10 1673
1				142,8
2				124,8
5	23,5	23,5		26,0
7	24,3	22,9		24,4
8	6,6	6,4		6,5
9	8,8	7,8		8,3
10	7,3	8,1		9,7
11	19,2	17,0		19,7
12	10,6	11,4	11,1	11,0
13	16,2	15,1	17,3	18,6
14	6,5	5,9	6,5	6,7
15				9,4
16		4,2		4,6
17				18,8
18				17,4
22				13,8
24	24,6	23,9		25,2
25	21,8	21,7		23,1

Tabl. 33 – Dimensions des métapodes postérieurs de tahr des Cèdres (en mm).

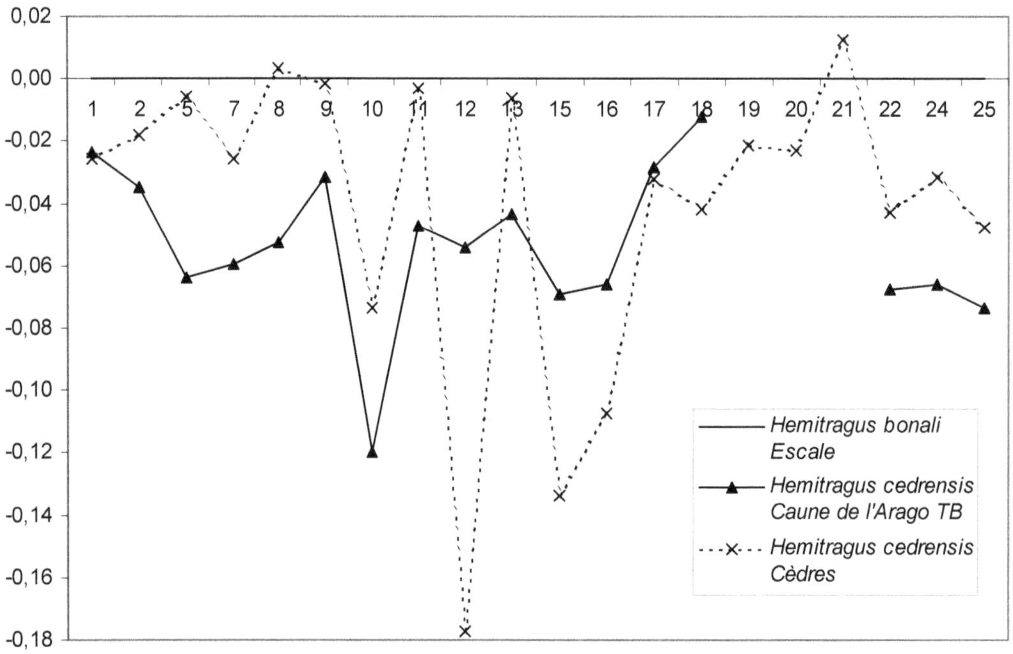

Fig. 79 – Diagramme des rapports des dimensions moyennes des métapodes postérieurs de tahr des Cèdres (Base de référence : H. bonali *de l'Escale, données Crégut-Bonnoure 1995a).*

Parmi les indices calculés par Crégut-Bonnoure (1995a) seuls ceux qui mettent en évidence les différences les plus significatives ont été calculés à partir des mesures réalisées (Tabl. 34) :
Indice 1 = Mesure 8 / Mesure 7
Indice 2 = Mesure 8 / Mesure 11
Indice 3 = Mesure 16 / Mesure 13

Deux autres mesures (Mesure 24 et Mesure 25) ont été ajoutées afin de quantifier les différences d'allongement des parties médiale et latérale de l'os. Mesure 24 = Diamètre entre les points dorsaux et mitoyens des facettes du grand cunéiforme et du cubonaviculaire et le point le plus distal de la facette du petit cunéiforme. Mesure 25 = Diamètre entre les points dorsaux et mitoyens des facettes du grand cunéiforme et du cubonaviculaire et le point le plus distal de la facette du cubonaviculaire. Un indice est calculé : *Indice 4 = M24 – M25.*

Les résultats montrent que pour le *Capra* cet indice est supérieur ou égal à 4,0 alors que pour le genre *Hemitragus* il est inférieur ou égal à 3,2 (Tabl. 35).

A niveau de l'extrémité distale, chez *Capra* les reliefs sont saillants autour du foramen nourricier alors qu'ici comme chez *Hemitragus*, ces reliefs sont moins marqués, et sont totalement absents au-dessus du foramen.

Les caractères morphologiques, les mesures et les valeurs des indices permettent d'attribuer ces quatre métapodes postérieurs à *Hemitragus cedrensis*. En résumé, le bord dorsal de l'articulation proximale est large, la facette postéro-interne correspondant au petit cunéiforme est déjetée vers le côté médial et la facette correspondant à la petite facette du cubonaviculaire est peu saillante.

Premières phalanges

AR J18 JJD3 2764 : Extrémité distale de 1ère phalange ; AR K18 KJBE2 2508 : Extrémité distale de 1ère phalange ; AR K19 KKD3 R14247 : Extrémité distale de 1ère phalange ; AR K18 KJBE8 2916 : Extrémité distale de 1ère phalange antérieure ; AR I19 IKD7 85 : Extrémité distale de 1ère phalange antérieure ; AR K19 KKE2 2906 : Extrémité proximale non soudée de 1ère phalange antérieure ; AR K18 KJBE7 2797 : Extrémité proximale de 1ère phalange postérieure ; AR J19 JKD2 153 : Extrémité distale de 1ère phalange postérieure ; AR I23 IOC6 R11925 : Extrémité distale de 1ère phalange postérieure.

Espèce	Site	*Indice 1*	*Indice 2*	*Indice 3*	Référence
H. cedrensis	Caune de l'Arago I24 IPC10 1673	0,27	0,33	0,25	
H. cedrensis	Caune de l'Arago H19 HKC1 3	0,27	0,34	-	
H. cedrensis	Caune de l'Arago J19 JKD1 29	0,28	0,38	0,28	
H. cedrensis	Les Cèdres CIV 357	0,31	0,36	0,22	Crégut-Bonnoure, 1995a
H. cedrensis	Les Cèdres C6 S2		0,34		Crégut-Bonnoure, 1995a
H. bonali	Escale M N = 57 EXT	0,26 0,18-0,33	0,35 0,24-0,45	0,27 0,20-0,34	Crégut-Bonnoure, 1995a
H. bonali	Hundsheim M N = 10 EXT	0,26 0,22-0,29	0,36 0,30-0,44	0,24 0,21-0,28	Crégut-Bonnoure, 1995a
H. bonali	Cimay N = 1	0,25	0,34	0,26	Crégut-Bonnoure, 1995a
H. jemlahicus	actuel M N = 10 EXT	0,29 0,22-0,42	0,36 0,26-0,52	0,26 0,20-0,30	Crégut-Bonnoure, 1995a
Capra ibex	Observatoire M N = 116 EXT	0,25 0,19-0,32	0,3 0,22-0,41	0,29 0,17-0,41	Crégut-Bonnoure, 1995a
Capra ibex	Les Pêcheurs M N = 12 EXT	0,25 0,16-0,32	0,32 0,19-0,48	0,41 0,22-0,41	Crégut-Bonnoure, 1995a

*Tabl. 34 – Indices comparés des mesures de l'extrémité proximale du métapode postérieur d'*Hemitragus *et de* Capra *(M = Moyenne, EXT = Extrêmes).*

Espèce	**Site et numéro d'inventaire**	***M24***	***M25***	***Indice 4***
Hemitragus cedrensis	Arago I24 IPC10 1673	25,2	23,1	2,1
Hemitragus cedrensis	Arago H19 HKC1 3	24,6	21,8	2,8
Hemitragus cedrensis	Arago J19 JKD1 29	23,9	21,7	2,2
Hemitragus cedrensis	Cèdres CIV.357	27,6	24,7	2,9
Hemitragus cedrensis	Cèdres sII C6	25,6	22,4	3,2
Hemitragus bonali	Igue des Rameaux Rx90.F5M.C62.58	29,2	26,2	3,0
Hemitragus bonali	Escale CD66.B161	28,6	26,3	2,3
Hemitragus bonali	Hundsheim 1889/1/17C/M.677	31,4	28,6	2,8
Capra ibex	Valescure MR4.02.053	28,7	22,8	5,9
Capra ibex	Baume Latrone MR4.02.788	29,5	24,7	4,8
Capra ibex	Valescure MR4.02.429	25,5	21,5	4,0
Capra aff. *caucasica*	Bouxès ZA tA4	24,6	20,6	4,0
Capra aff. *caucasica*	Hortus I9.c22.960	28,4	24,4	4,0
Capra caucasica	Azych III-1 5/15	31,64	27,4	4,2

Tabl. 35 – Comparaison de l'indice 4 établi sur les mesures de l'extrémité proximale du métapode postérieur.

➢ *1ère phalange antérieure*

Les facettes articulaires postérieures de l'articulation proximale sont plus développées que chez le bouquetin. Les condyles distaux sont bien écrasés antéro-postérieurement. En vue palmaire, le bord proximal du condyle abaxial est sub-perpendiculaire à l'axe d'allongement de la diaphyse comme chez *Hemitragus*, alors que, chez *Capra*, ce bord est oblique vers le haut et l'extérieur, rejoignant le tubercule d'insertion abaxial (Crégut-Bonnoure 1995a).

Le comportement de la population de la Caune de l'Arago (Tabl. 36 et Fig. 80) est similaire à celle des Cèdres, excepté pour les mesures 13 et 20. Le DT de l'articulation distale (mesure 20) est inférieur à celui des Cèdres.

Collection	6	7	8	9	12	13	20	22	23	24	25
Arago K18 KJBE8 2916							13,2	10,3	11,1	12,6	9,7
Arago K19 KKE2B 2906	14,8	14,3	4,1	5,5	12,2	9,6					

Tabl. 36 – Dimensions des premières phalanges antérieures de tahr des Cèdres (en mm).

➢ *1ère phalange postérieure*

Au niveau de l'extrémité proximale, la facette postéro-abaxiale est présente. Le bord supérieur des condyles est très dégagé du bord de la diaphyse comme chez *Hemitragus cedrensis* (Crégut-Bonnoure 1995a). La facette articulaire antéro-axiale est plus large que chez le tahr de la grotte des Cèdres (Tabl. 37 et Fig. 81).

Collection	7	8	12	13	20	21	22	23	24
Arago I23 IOC6 R11925					13,8	13,3	10,9	11,8	13,3
Arago J19 JKD2 153					14,5	13,5	10,9	13,1	12,3
Arago K18 KJBE7 2797	15,1	4,2	14,4	10,5					

Tabl. 37 – Dimensions des premières phalanges postérieures de tahr des Cèdres (en mm).

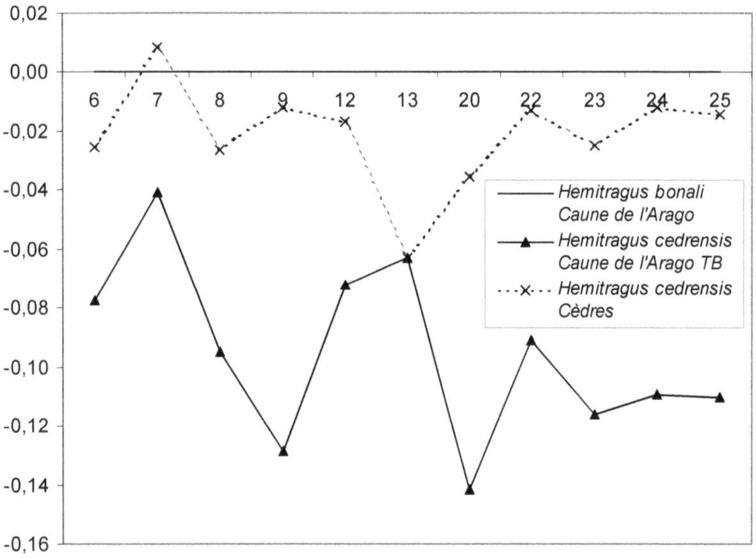

Fig. 80 – Diagramme des rapports des dimensions moyennes des premières phalanges antérieures de tahr des Cèdres (Base de référence : H. bonali *de la Caune de l'Arago).*

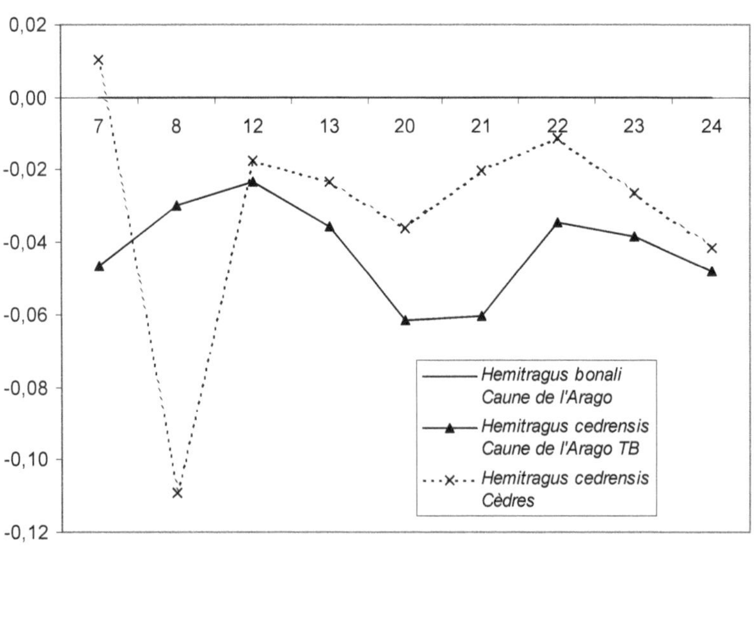

Fig. 81 – Diagramme des rapports des dimensions moyennes des premières phalanges postérieures de tahr des Cèdres (Base de référence : H. bonali *de la Caune de l'Arago).*

Deuxièmes phalanges

AR I19 IKD9 352 : 2ème phalange antérieure sub-entière
AR J19 JKD2 190 : 2ème phalange antérieure entière
AR E24 EPD15 1351 : 2ème phalange antérieure entière
AR H23 HOD2 794 : 2ème phalange postérieure entière
AR E24 EPD12 1107 : 2ème phalange postérieure entière
AR K18 KJD4 2175 : Extrémité distale de 2ème phalange

Le dos de la face axiale est plus pincé que chez *Capra* (Fig. 82). Ce caractère est lié au développement du tubercule d'insertion proximo-axial. Au niveau de l'extrémité distale, le condyle axial est plus aigu que chez le bouquetin (Crégut-Bonnoure 1995a).

Le pincement observé sur les deuxièmes phalanges antérieures est visible sur celles-ci, mais il est précédé par une dépression ovalaire absente chez le bouquetin. Sur la face palmaire, le bord supérieur des condyles et les tubercules proximo-axiaux ne sont pas reliés par une digitation. Le tubercule proximo-abaxial est étroit.

Les mesures réalisées sont très similaires à celles données pour les Cèdres, exceptés pour les mesures 7, 11, 12, 13, 14, 16, 17 et 18 (Tabl. 38 et Fig. 83). La facette d'articulation proximale abaxiale est plus courte dans l'axe dorso-palmaire que chez le tahr de la grotte des Cèdres (mesures 7 et 11) par rapport à la facette axiale. La diaphyse de la Caune de l'Arago est plus aplatie qu'aux Cèdres en effet le DAP de la diaphyse est inférieur pour un DT identique (mesures 12 et 13). Les mesures 14, 16 et 17 indiquent que, à la Caune de l'Arago, le condyle abaxial est plus large dans l'axe transversal mais moins épais dans l'axe dorso-palmaire. Enfin la mesure 18 montre que la diaphyse est relativement plus longue que chez le tahr de la grotte des Cèdres.

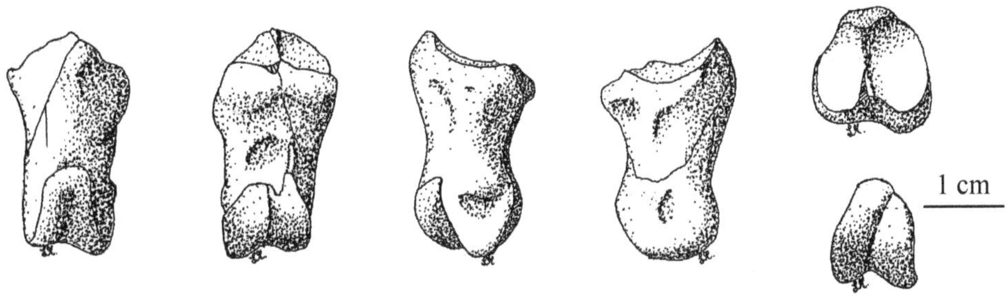

*Fig. 82 – Deuxième phalange antérieure d'*H. cedrensis *(AR J19 JKD2 190), (dessins Laurence Macary, CERP Tautavel).*

Collection	1	2	3	4	5	6	7	8	9	10	11	12	13	14	15	16	17	18
Arago E24 EDP15 1351	25,7		22,9	13,9	14,2	13,9	9,9	6,8	7,5	10,7	11,4	11,0	10,6			14,0	10,0	16,8
Arago I19 IKD9 352		26,4	23,9	16,8		15,6		7,4	8,4			12,4		12,8	11,1		11,0	
Arago J19 JKD2 190	26,5	24,2	22,4	15,3	16,2	14,3	10,1	7,0	7,5	11,5	13,0	11,4	10,8	12,2	10,3	13,6	10,1	17,5

Tabl. 38 – Dimensions des deuxièmes phalanges antérieures de tahr des Cèdres (en mm).

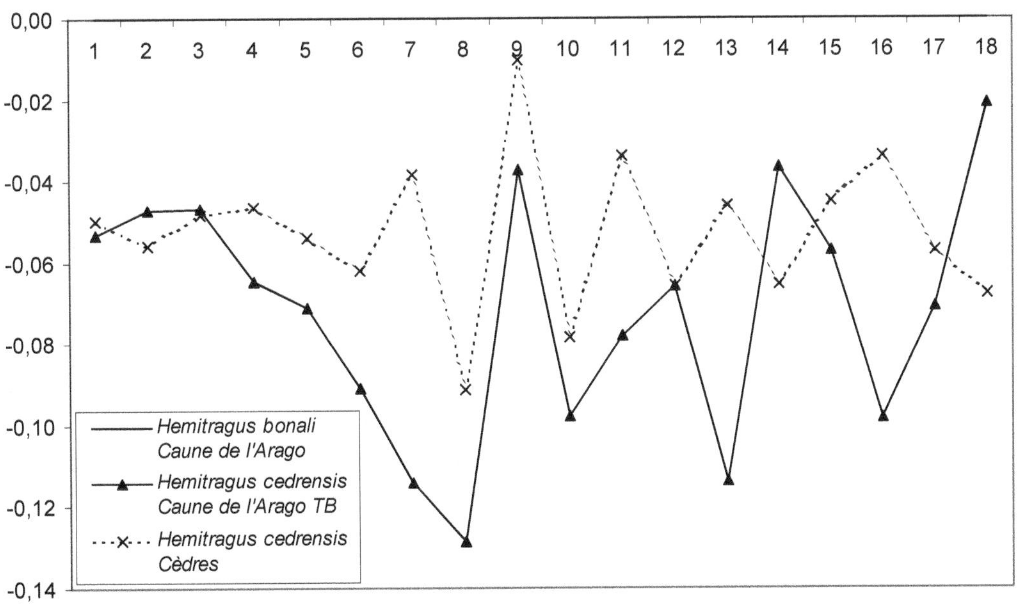

Fig. 83 – Diagramme des rapports des dimensions moyennes des deuxièmes phalanges antérieures de tahr des Cèdres (Base de référence : H. bonali *de la Caune de l'Arago).*

Sur les deuxièmes phalanges postérieures, les facettes articulaires axiales et abaxiales (mesures 8 et 9) ont un DT de même dimension chez le tahr de la grotte des Cèdres alors que chez le tahr de la Caune de l'Arago la facette abaxiale est plus étroite que l'axiale (Tabl. 39 et Fig. 84).

Collection	3	4	8	9	12	13	14	16	17
Arago E24 EDP12 1107	23,4	13,7	7,2	6,0	11,2	10,2		13,0	10,2
Arago H23 HOD2 794						10,3	11,2		

Tabl. 39 – Dimensions des deuxièmes phalanges postérieures de tahr des Cèdres (en mm).

Troisièmes phalanges

AR J19 JKD13 1261 : partie proximale de 3ème phalange ; AR J19 JKD13 1263 : 3ème phalange sub-entière ; AR J19 JKD14 1330 : 3ème phalange sub-entière ; AR K19 KKD3 R14249 : partie proximale de 3ème phalange ; AR K19 KKD4 R14244 : partie proximale de 3ème phalange.

La partie externe de la facette abaxiale n'est pas rectiligne comme chez le bouquetin, chez *Hemitragus* elle présente un enfoncement très net (Fig. 85). La partie proximo-axiale est beaucoup plus inclinée que chez le bouquetin. Compte tenu de la taille de ces phalanges (Tabl. 40) il s'agit d'*H. cedrensis*.

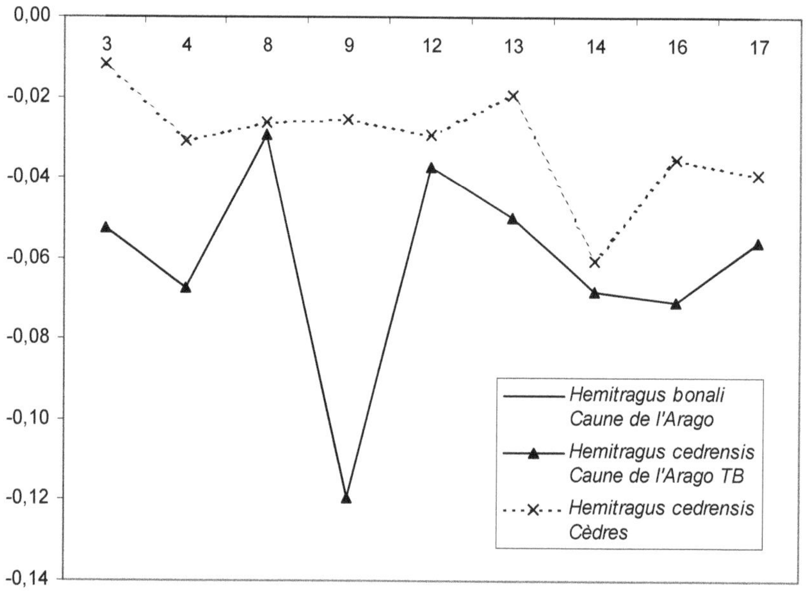

Fig. 84 – Diagramme des rapports des dimensions moyennes des deuxièmes phalanges postérieures de tahr des Cèdres (Base de référence : H. bonali *de la Caune de l'Arago).*

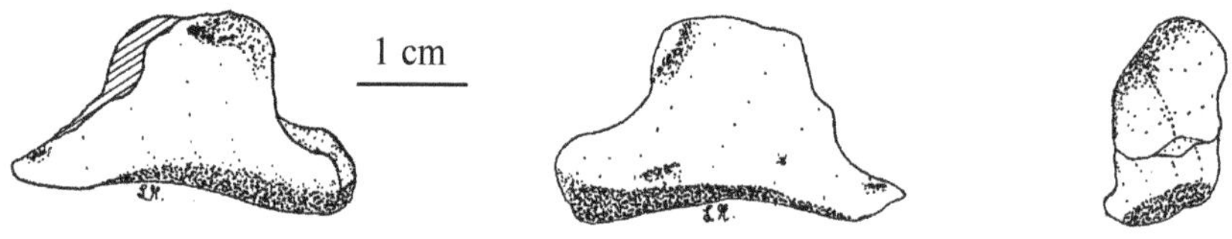

*Fig. 85 – Fragment de troisième phalange d'*H. cedrensis*, vues axiale, abaxiale et proximale, (AR K19 KKD3 R14249; dessin Laurence Macary, CERP Tautavel).*

Collection	1	2	3	4	5	6	7	8	9	10	11	12
Arago J19 JKD13 1261		19,4	7,0			9,5	6,6	3,5	12,4	16,3		
Arago J19 JKD13 1263		17,8	7,1	11,0	5,6	8,5	6,5	4,3	11,3	14,0	11,4	
Arago J19 JKD14 1330		19,4	8,4	12,0	5,7	8,6	6,9	4,1	11,7	15,2	12,6	
Arago K19 KKD3 R14249		18,9	7,3	10,9	5,0	8,4	6,1	4,4	10,6	14,0	11,3	
Arago K19 KKD4 R14244		20,4		11,6	5,8	8,9			12,2		11,7	
Moyenne	**-**	**19,25**	**7,50**	**11,53**	**5,70**	**8,88**	**6,67**	**3,97**	**11,90**	**15,17**	**11,90**	**-**
Ecart-type	**-**	**0,94**	**0,65**	**0,52**	**0,36**	**0,44**	**0,33**	**0,40**	**0,72**	**1,11**	**0,59**	**-**

Tabl. 40 – Dimensions des troisièmes phalanges de tahr des Cèdres (en mm).

4.3 – Conclusion

Le tahr de Bonal est bien représenté à la Caune de l'Arago, le nombre de restes se révèle supérieur à celui de l'Escale mais les ossements sont très fragmentés. Les données métriques confirment la ressemblance des populations européennes du Pléistocène moyen (L'Escale, Aldène, l'Abri Vaufrey et Cueva Victoria) avec le tahr de la Caune de l'Arago.

Notre travail permet de conclure, avec Crégut-Bonnoure (1995a et 1999), que les tahrs du Pléistocène inférieur et moyen ne forment pas un groupe homogène. Au Pliocène terminal, le tahr présent en Hongrie à Csarnóta 2 et à Villány-Kalkberg est de grande taille (Schaub 1932). Les spécimens de Csarnóta 2, de Villány-Kalkberg et de Slivnitsa (Bulgarie) présentant une morphologie identique ont été attribués à une nouvelle espèce : *Hemitragus orientalis* (Crégut-Bonnoure & Spassov 2002). Les éléments du Vallonnet, différents d'*H. bonali*, pourraient correspondre à un stade évolué de ce même taxon (Spassov & Crégut-Bonnoure 1999).

Hemitragus bonali semble avoir atteint le sud de la France au Pléistocène moyen. Ces populations sont plus petites que celles des Carpates (Hongrie et Bulgarie). Comparée à ces premières, la population de l'Abri Vaufrey (stade isotopique 6) est encore plus petite.

Le tahr des Cèdres, *Hemitragus cedrensis*, est bien représenté à la Caune de l'Arago, puisque 56 restes ont pu lui être attribué. Il est morphologiquement semblable aux individus de Provence découverts dans les grottes de Rigabe et des Cèdres. Bien que peu nombreuses, les dimensions entrent bien dans les limites de variation des populations provençales. Toutefois, au niveau métrique quelques différences générales apparaissent. Les dents supérieures du tahr des Cèdres de la Caune de l'Arago ont une longueur plus faible que celles du site éponyme. Les dents inférieures, moins nombreuses dans l'échantillon, ont un diamètre mésio-distal occlusal inférieur (comme pour les dents supérieures) alors que le diamètre mésio-distal au collet est similaire à celui de la population des Cèdres. Les os du squelette post-crânien sont globalement plus petit qu'aux Cèdres.

Chez le tahr de Bonal, la taille des populations diminue du Pléistocène inférieur à la fin du Pléistocène moyen. Il se pourrait que ce phénomène ait affecté le tahr des Cèdres ce qui montre qu'il existerait une réduction générale de tout le squelette observée à la Caune de l'Arago. Selon Crégut-Bonnoure (1989), la population de Cimay pourrait être à l'origine de la différenciation d'*H. cedrensis*. En effet certains caractères évoquent ceux présents chez *H. cedrensis*. Le passage d'*H. bonali* à d'*H. cedrensis* serait caractérisé par un rétrécissement de la base de la couronne, un redressement de la coudure du métaconide et l'acquisition d'un fort hypoconide sur la P3 inférieure, un arrondissement du dernier lobe de la M3 supérieure. Dans la population de la Caune de l'Arago, la base de la couronne des dents est plus étroite, le métaconide de la P3 inférieure n'est pas coudé. Ces légères différences, ajoutées à la réduction de taille permet de suggérer que la population de la Caune de l'Arago est plus évoluée que celle de la grotte des Cèdres et elle pourrait être contemporaine de celle de Saint-Marcel-d'Ardèche. Ceci permettrait d'expliquer la dispersion de cette espèce hors de la Provence.

V – Le genre *Capra*

Les bouquetins actuels d'Europe du Sud sont séparés en deux espèces : *Capra ibex* dans les Alpes et *C. pyrenaica* dans les Pyrénées espagnoles et dans la péninsule ibérique.

Crégut-Bonnoure (1992 a, b, c et d) propose un schéma de mise en place et d'évolution des bouquetins au Pléistocène. Le genre *Capra* semble arriver dans l'ouest de l'Europe en suivant l'arc alpin. Il y a 300 000 ans environ, le bouquetin alpin (*Capra ibex*) s'installe en bordure des Alpes. Lors de la détérioration climatique du début du Pléistocène supérieur (fin du stade 5), un bouquetin de type *caucasica* apparaît sur la bordure est du Massif Central (Saint-Marcel d'Ardèche) et atteint la bordure ouest des Pyrénées, puisqu'il se retrouve au Portel-Ouest par exemple. Cette espèce persiste dans ces régions jusqu'au stade 3 (Crégut-Bonnoure 1992b). Le crâne évolue : les chevilles osseuses se redressent, la section basale devient plus arrondie, donnant des populations intermédiaires entre *C. caucasica* et *C. pyrenaica* qui évolueront vers *C. pyrenaica* à la fin du stade isotopique 2 (Crégut-Bonnoure 1992d). En effet, le crâne du site ariégeois de Malarnaud (à Montséron, attribué au début du Pléistocène supérieur) possède des chevilles osseuses de section et d'implantation de type *pyrenaica* mais à divergence de type *caucasica*. Selon Crampe & Crégut-Bonnoure (1994) ce crâne suggère une évolution de ces populations de bouquetins proches de *caucasica* ayant abouti à *C. pyrenaica.*

Pendant les périodes les plus froides de la dernière glaciation, les aires de répartition des bouquetins alpins et pyrénéens s'étendaient à des zones non montagneuses et occupaient des territoires distincts (Fig. 86).

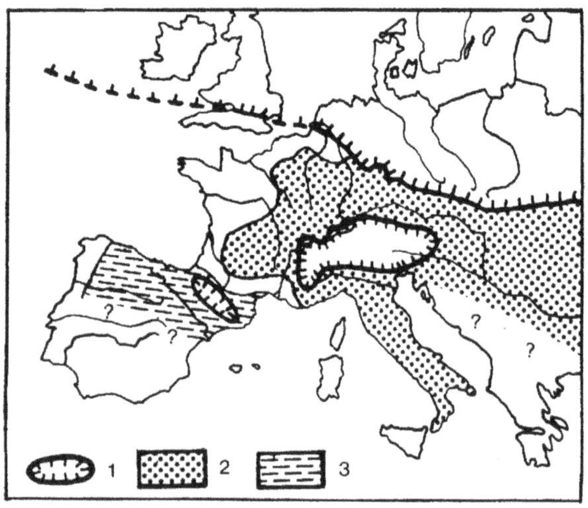

Fig. 86 – Carte de répartition du bouquetin pendant la dernière glaciation. 1 : Calottes glaciaires, 2 : Capra ibex, *3 :* Capra pyrenaica *(d'après Griggo 1991).*

A l'Holocène, les données sur la répartition de *C. pyrenaica* sont éparses. Le bouquetin était présent dans les Pyrénées jusqu'à une époque récente. Son déclin et sa disparition des montagnes pyrénéennes sont probablement dus à la pression anthropique, surtout à la chasse et à la recherche du trophée.

5.1 – Le bouquetin du Caucase, *Capra* aff. *caucasica* Pällas, 1783

Cette espèce a été reconnue à l'Hortus (NR = 2538) par Bergès (1997) et au Portel-Ouest (NR = 130) par Crégut-Bonnoure (1992d). Elle est ici identifiée pour la première fois à la Caune de l'Arago dans les terres brunes (NR = 28) et dans le site audois Arche 98. De plus, elle est présente dans tous les sites du Pléistocène supérieur du Caucase, dont Sakazia (NR = 27) et la grotte du Bronze (NR = 20).

5.1.1 – La Caune de l'Arago

Inventaire des restes : 2 P4 supérieures, 1 M1 supérieure, 1 M2 supérieure, 1 M3 supérieure, 1 P4 inférieure, 1 M1 inférieure, 1 M3 inférieure, 1 humérus fragmenté, 1 pyramidal, 1 extrémité distale de tibia, 1 os malléolaire, 1 talus, 6 premières phalanges, 5 deuxièmes phalanges, 4 troisièmes phalanges.

Ces restes ont été découverts dans les terres brunes du complexe supérieur de la Caune de l'Arago. Ils sont associés aux restes de tahr des Cèdres précédemment décrits.

Quatrième prémolaire supérieure

Les deux exemplaires, AR I20 ILD12 363 et AR K19 KKE31B 4380, ont des styles rectilignes et régulièrement divergents, alors qu'ils sont obliques chez *Hemitragus* (Fig. 87). Ces caractères sont spécifiques du genre *Capra.*

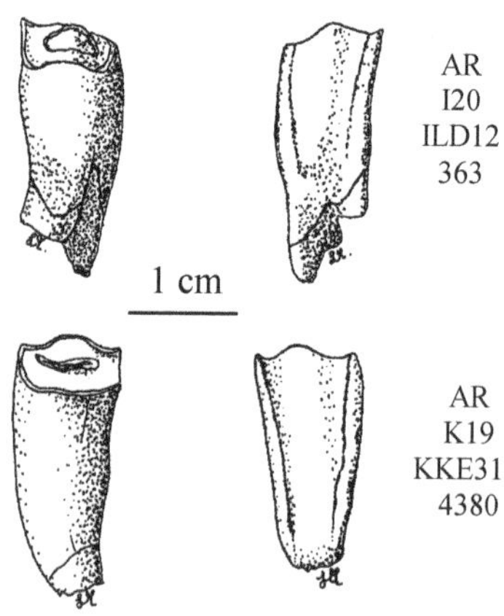

Fig. 87 – P4 supérieures de Capra *aff.* caucasica *de la Caune de l'Arago (dessin : Laurence Macary, CERP Tautavel).*

Les mesures (Tabl. 41 et Fig. 88) montrent de très fortes similitudes entre les populations de *Capra caucasica* européennes et celles du Caucase. Métriquement, le *Capra cylindricornis* actuel présente de légères différences. Au niveau occlusal, la dent est moins large que pour *Capra caucasica*. Les mesures de comparaisons sont données dans le tableau B7 (Annexe B).

Collection	HC	1	2	3	4	5
Arago I20 ILD12 363	14,3	10,0	8,2	10,2		11,3
Arago K19 KKE31B 4380	15,4	10,5	7,9	10,5	9,7	10,6

Tabl. 41 – Dimensions des P4 supérieures de Capra *aff.* caucasica *(en mm).*

Première molaire supérieure

Malgré les fortes similarités entre *Capra* et *Hemitragus*, il est possible d'attribuer cette dent (AR J20 JLD10 1071) au genre *Capra*. En effet, les styles et surtout le parastyle sont plus épais. Cette dent n'est pas mesurable.

Deuxième molaire supérieure

Comme chez *Capra ibex* et *Capra* aff. *caucasica*, la dent AR I22 IND8 2062 a un parastyle très épais, surtout vers la base, qui converge vers le mésostyle (Fig. 89). Chez *Hemitragus*, les styles sont plus étroits.

Par ses dimensions (Tabl. 42 et Fig. 90), la M2 de la Caune de l'Arago présente de fortes ressemblances avec celles de la population de Bouxès et celle du Portel-Ouest. Cette dernière est toutefois légèrement plus robuste.

Collection	HC	1	2	3	4	5	6	7
Arago I22 IND8 2062	21,9	19,0	15,8	13,1	12,0	10,8	9,9	14,3

Tabl. 42 – Dimensions de la M2 supérieure de *Capra* aff. *caucasica* (en mm).

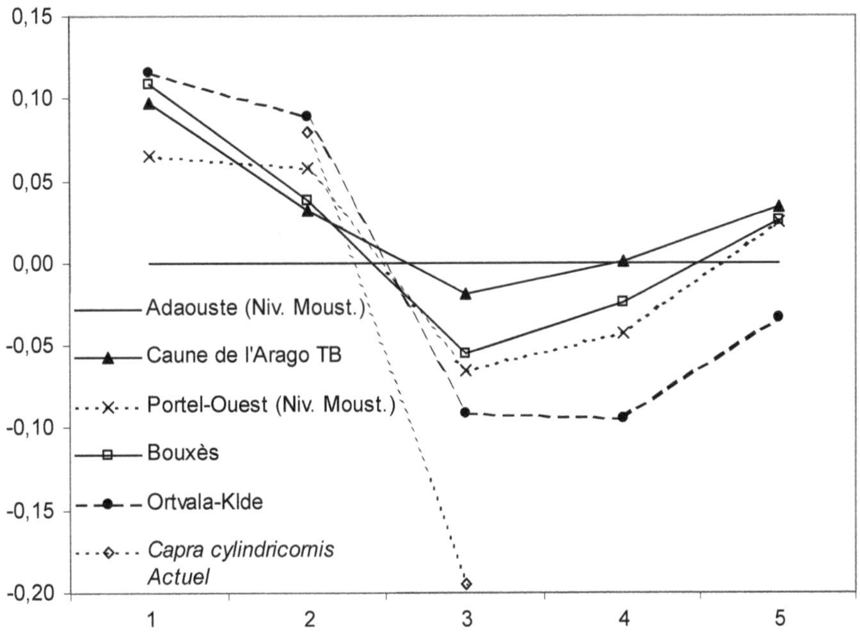

Fig. 88 – Diagramme des rapports des dimensions moyennes des P4 supérieures de Capra *aff.* caucasica *(Base de référence : Adaouste).*

Fig. 89 – M2 supérieure de Capra *aff.* caucasica *de la Caune de l'Arago (I22 IND8 2062), vues linguale, labiale, (dessin : Laurence Macary, CERP Tautavel).*

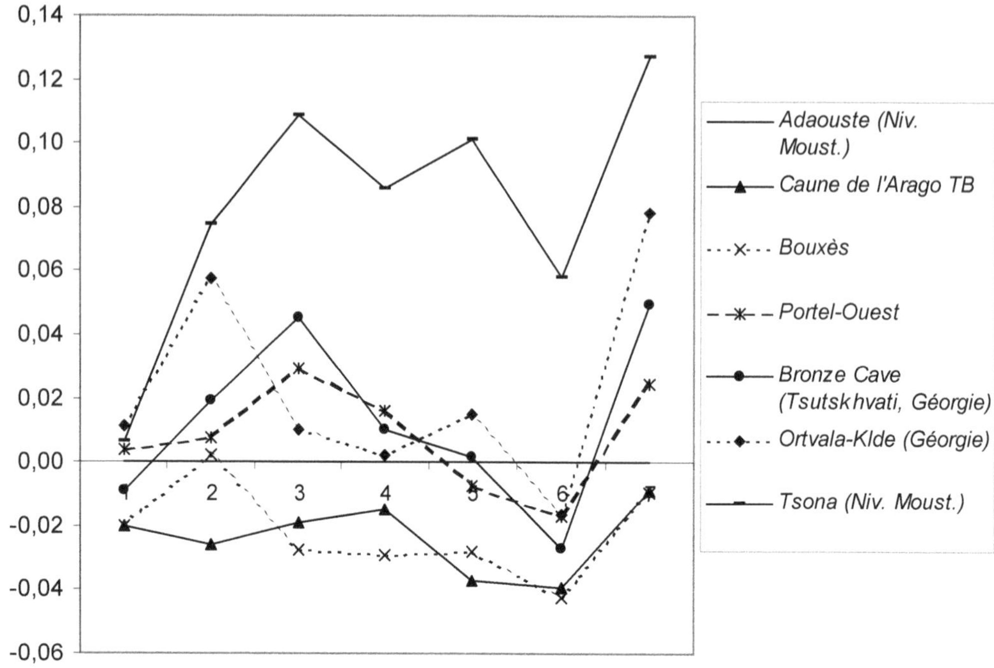

Fig. 90 – Diagramme des rapports des dimensions moyennes des M2 supérieures de Capra *aff.* caucasica *(Base de référence : Adaouste).*

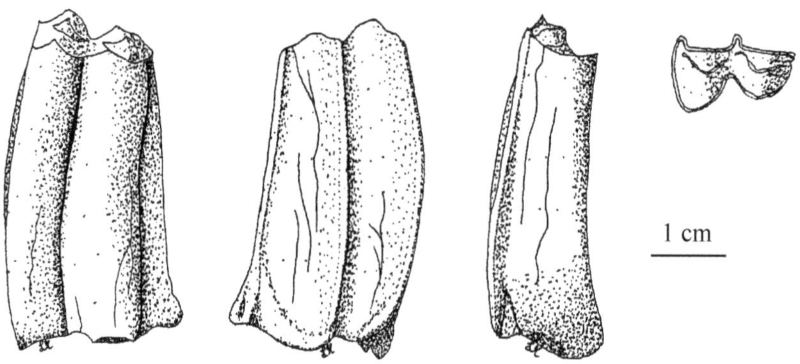

Fig. 91 – Troisième molaire supérieure de Capra *aff.* caucasica *de la Caune de l'Arago (AR J19 JKD14 1401), (dessin : Laurence Macary, CERP Tautavel).*

Troisième molaire supérieure

La dent AR J19 JKD14 1401 présente une aile métastylaire peu développée, la face linguale du premier lobe est oblique et courbe, et la face linguale du deuxième lobe est arrondie (Fig. 91). Elle ne présente pas le pincement visible chez *Hemitragus*.

Le métastyle est sub-vertical dans les deux tiers supérieurs et s'élargit vers la base pour former une aile métastylaire peu saillante. De plus, les surfaces interstylaires sont de largeur égale. Ces deux caractères sont spécifiques de la lignée *caucasica*. Par contre, à la différence du *Capra* aff. *caucasica* de Bouxès, les styles sont peu marqués (peu saillants et étroits) surtout le parastyle et, dans une moindre importance, le métastyle. Cette dent se rapproche du morphotype du Portel ; en effet selon Crégut-Bonnoure (comm. pers.) certains exemplaires auraient des styles peu marqués.

Les données métriques (Tabl. 43 et Fig. 92) montrent de fortes divergences par rapport à *Capra ibex*. Par contre il existe une affinité très importante entre les spécimens de la Caune de l'Arago et du Portel-Ouest (Fig. 93), comme le montre l'étude morphologique. La population de l'Hortus se rapproche plus de celle de l'Adaouste ou de Saint-Marcel-d'Ardèche.

Collection	HC	1	2	3	4	5	6	7	8	9	10	11	12
Arago J19 JKD14 1401	37,0	17,6	23,9	10,8	10,1	15,1	8,7	7,7	12,3	8,5	9,0	16,7	18,3

Tabl. 43 – Dimensions de la M3 supérieure de Capra *aff.* caucasica *(en mm).*

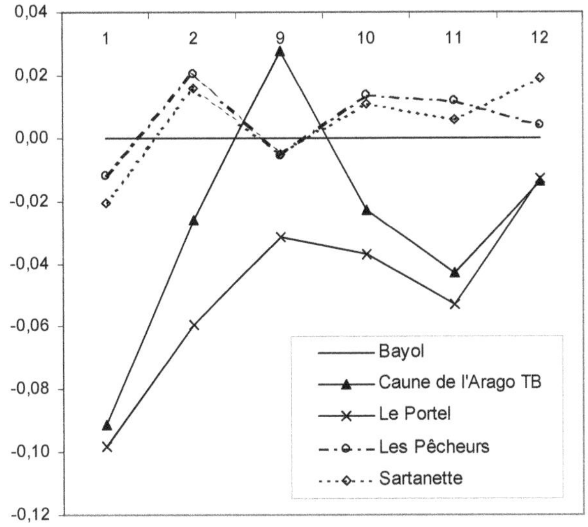

Fig. 92 – Diagramme des rapports des dimensions moyennes des M3 supérieures de Capra *aff.* caucasica *de la Caune de l'Arago et du Portel-Ouest et de* Capra ibex *: Bayol (Base de référence), Les Pêcheurs et Sartanette (Crégut-Bonnoure 1992d).*

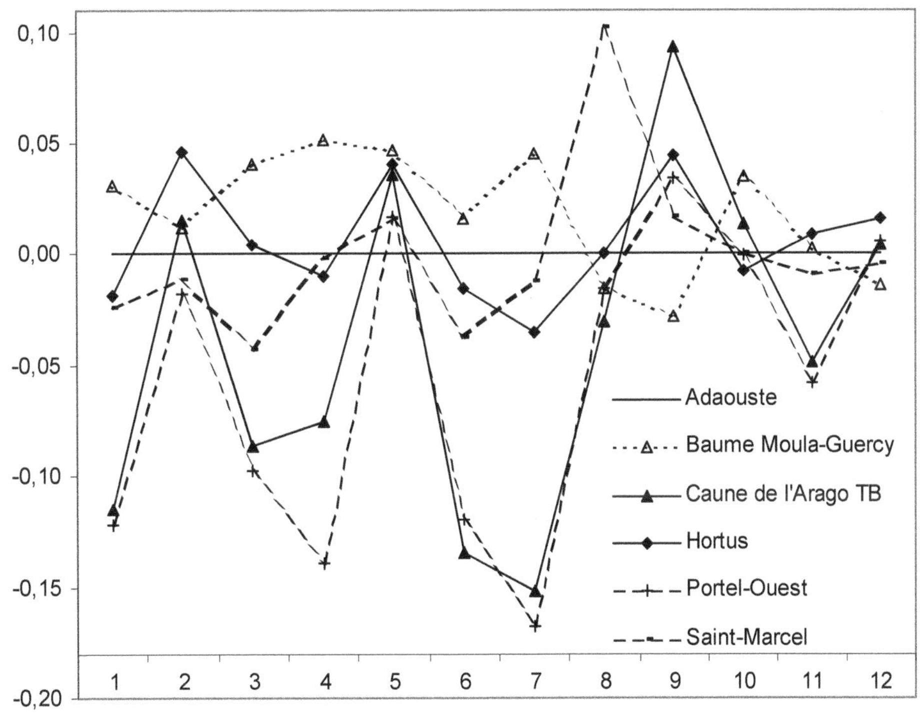

Fig. 93 – Diagramme des rapports des dimensions moyennes des M3 supérieures de Capra *aff.* caucasica *européens (Base de référence : Adaouste).*

Bien que métriquement un peu différente de celle de la Caune de l'Arago, la population de l'Hortus est morphologiquement identique à cette dernière (Fig. 94). L'aile métastylaire est peu saillante. Les surfaces interstylaires sont de largeur égale.

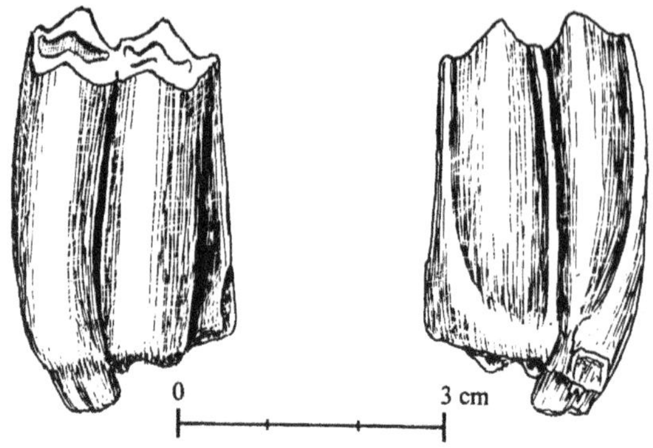

Fig. 94 – M3 supérieure de Capra *aff.* caucasica *de l'Hortus (H10 c.29 1828), vues linguale et labiale (dessin : Eva Richard, Laboratoire Départemental du Lazaret).*

Les M3 de *Capra caucasica* des sites moustériens du Caucase ont une morphologie identique à celles des populations européennes (Fig. 95).

En comparant les dimensions de la M3 de la Caune de l'Arago avec celles des populations du Caucase (Fig. 96), des similitudes apparaissent avec les populations des sites moustériens de Dzudzuana, de la grotte de l'Ours et de Sakazia.

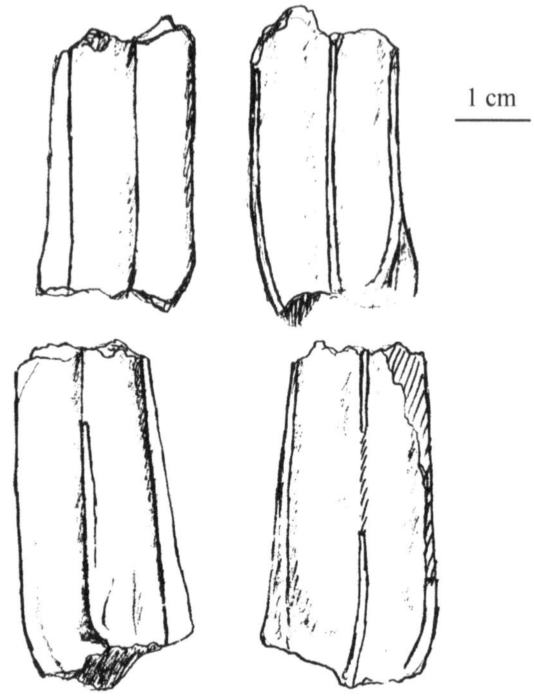

Fig. 95 – M3 supérieure de Capra caucasica *de Ortvala Cave (Ort.181 et Ort.220), (dessin de l'auteur).*

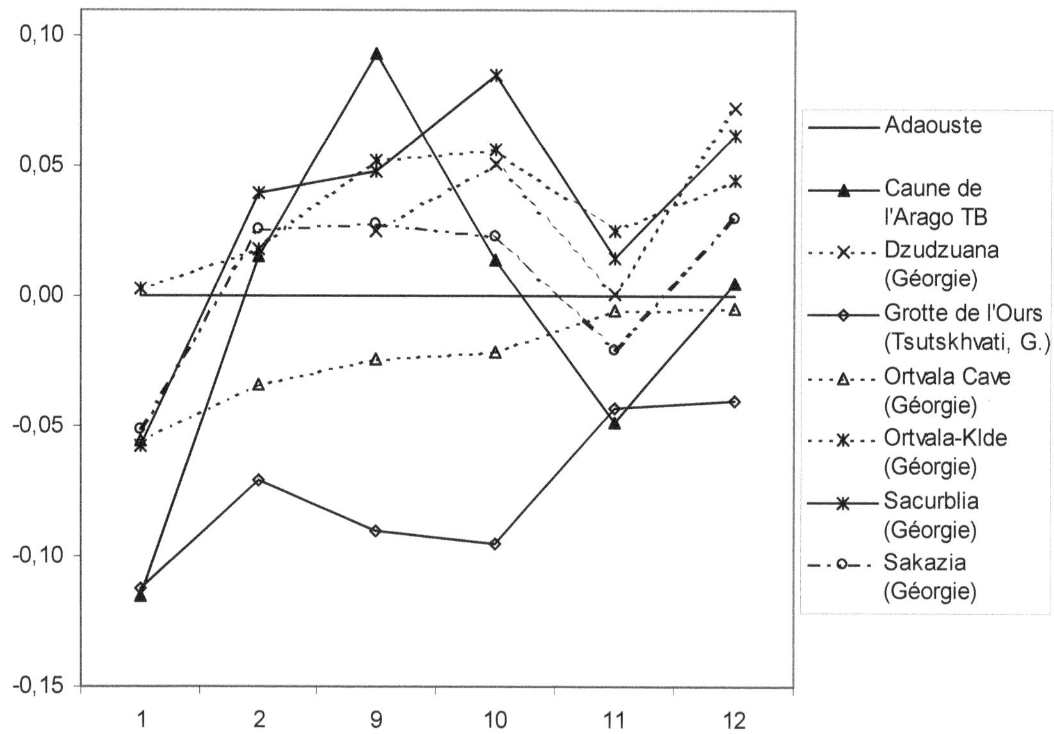

Fig. 96 – Diagramme des rapports des dimensions moyennes des M3 supérieures de Capra caucasica *du Caucase et de la Caune de l'Arago (Base de référence : Adaouste).*

Quatrième prémolaire inférieure

Sur l'unique exemplaire de P4, AR K19 KKE16B 3191, l'hypoconide est bien dilaté alors que l'entoconide l'est peu (Fig. 97). Le sillon qui sépare ces deux cuspides est large. La présence d'un renflement basal est également caractéristique du genre *Capra*.

Bien que de plus petites dimensions (Tabl. 44), la P4 inférieure de la Caune de l'Arago a des affinités avec les populations de l'Hortus et de Saint-Marcel-d'Ardèche (Fig. 98).

Fig. 97 – P4 inférieure de Capra *aff.* caucasica *de la Caune de l'Arago (AR K19 KKE16B 3191), (dessin : Laurence Macary, CERP Tautavel).*

Collection	HC	1	2	3	4	5
Arago K19 KKE16B 3191	15,2	9,6	8,6	6,5	6,0	6,6

Tabl. 44 – Dimensions de la P4 inférieure de Capra *aff.* caucasica *(en mm).*

Première molaire inférieure

Un fragment de M1 inférieure (AR J18 JJD4 2855) correspond au premier lobe de la dent. Les conides sont peu dilatés et la vallée médiane est assez large. Une seule mesure a pu être prise sur cette dent (Tabl. 45).

Collection	HC	1	2	3	4	5
Arago J18 JJD4 2855				8,6		

Tabl. 45 – Dimensions de la M1 inférieure de Capra *aff.* caucasica *(en mm).*

Troisième molaire inférieure

La M3 inférieure AR H19 HKD11 106 est assez usée mais bien conservée (Fig. 99). Cette dent a été déterminée comme *Hemitragus* cf. *cedrensis* par Monchot (1996). La taille de cette dent est supérieure à celle du tahr des Cèdres, il pourrait s'agir soit de *Hemitragus bonali*, soit de *Capra* aff. *caucasica*. Le repli vestibulaire est très faiblement marqué à la base comme chez *Capra* aff. *caucasica*.

La M3 inférieure de toutes les populations étudiées, malgré la variabilité de taille, est celle qui présente la plus grande homogénéité métrique entre les populations. En effet, elle s'inscrit parfaitement dans les populations européennes et dans celles du Caucase (Tabl. 46 et Fig. 100).

Collection	HC	1	2	3	4	5	6
Arago H19 HKD11 106	15,1	27,4	27,4	9,6	9,4	6,5	9,6

Tabl. 46 – Dimensions de la M3 inférieure de Capra *aff.* caucasica *(en mm).*

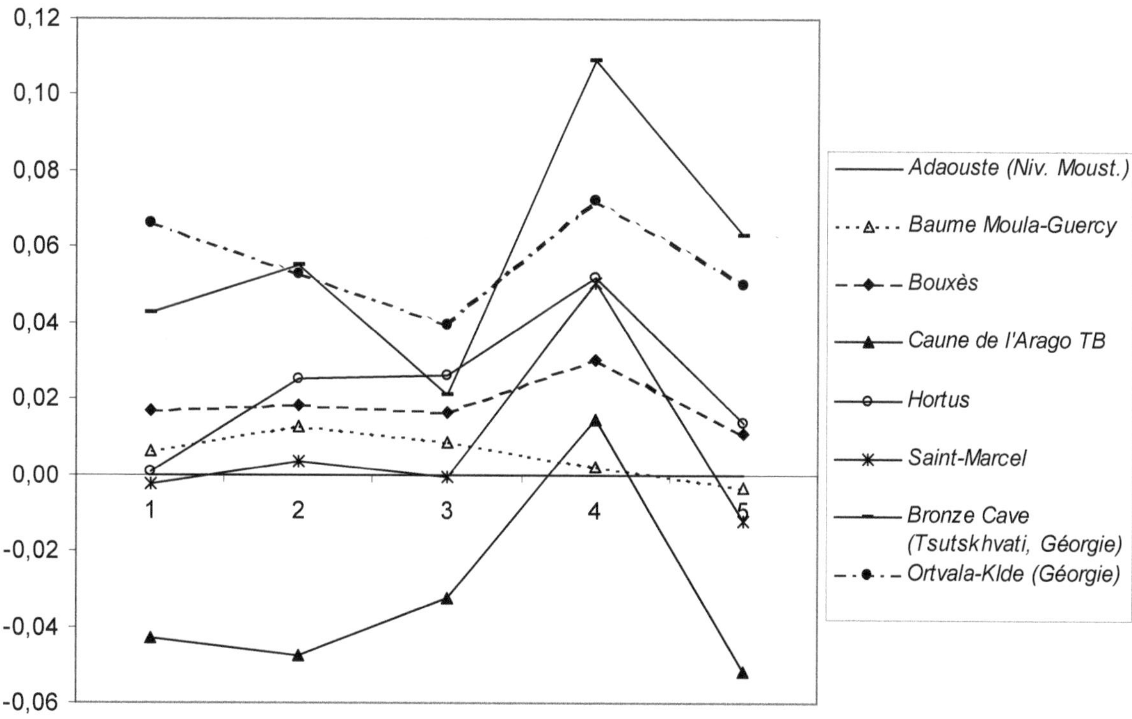

Fig. 98 – Diagramme des rapports des dimensions moyennes des P4 inférieures de Capra caucasica *(Base de référence : Adaouste).*

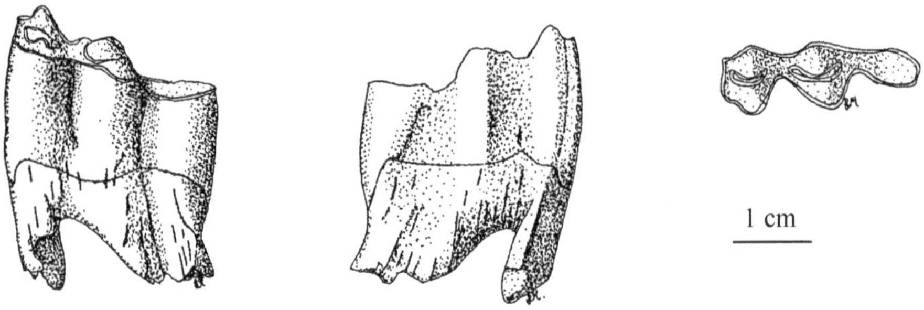

Fig. 99 – M3 inférieure de Capra *aff.* caucasica *de la Caune de l'Arago (AR H19 HKD11 106), (dessin : Laurence Macary, CERP Tautavel).*

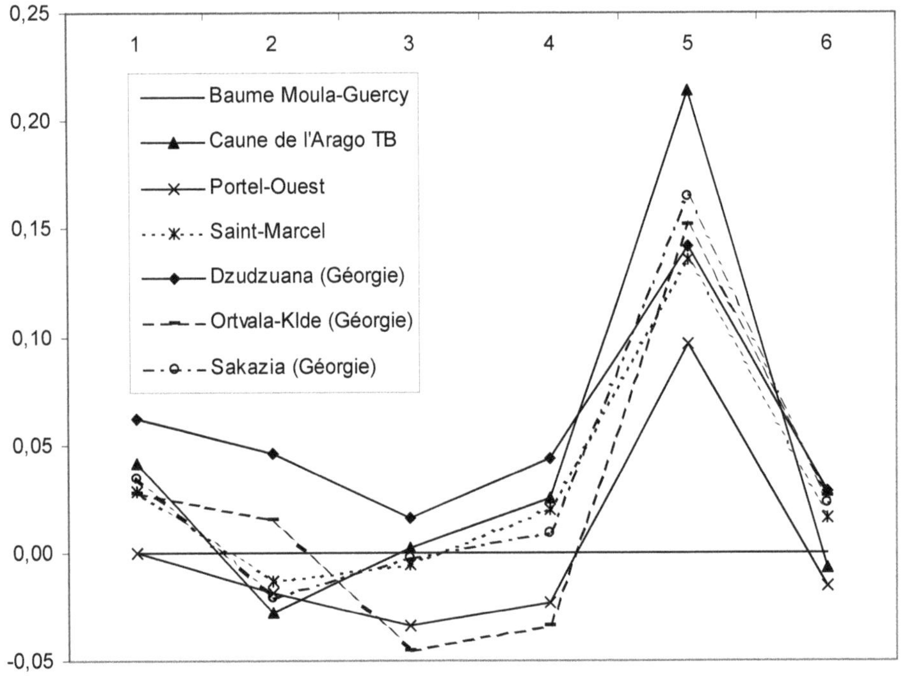

Fig. 100 – Diagramme des rapports des dimensions moyennes des M3 inférieures de Capra caucasica *(Base de référence : Baume Moula-Guercy).*

Humérus

La pièce AR I23 IOC0 375 bis correspond à l'épiphyse distale et à un fragment de diaphyse d'un humérus gauche. Sur ce spécimen, l'épicondyle latéral et l'épicondyle médial ont un développement presque égal dans l'axe antéro-postérieur. Selon Bonifay (1974-75), ce caractère permet de reconnaître le genre *Capra* car chez *Hemitragus* l'épicondyle latéral est moins développé.

Pyramidal

Le pyramidal (AR K18 KJD7 2415) présente une surface articulaire supérieure très peu creusée, la surface articulaire pour le pisiforme est très allongée et le tubercule inféro-postérieur est tronqué postérieure-ment. Selon Crégut-Bonnoure (1987), ces différences caractérisent le genre *Capra*.

Le pyramidal (Tabl. 47 et Fig. 101) est semblable a celui du Portel-Ouest. Par contre, une variabilité marquée apparaît avec les populations du Caucase. A Ortvala-Klde, la facette articulaire inférieure est moins longue mais plus large que celles des autres populations étudiées.

Collection	1	2	3	4	5	6	7	8	9	10
Arago K18 KJD7 2415		11,5			5,5		6,4	8,2	10,6	4,2

Tabl. 47 – Dimensions du pyramidal de Capra *aff.* caucasica *(en mm).*

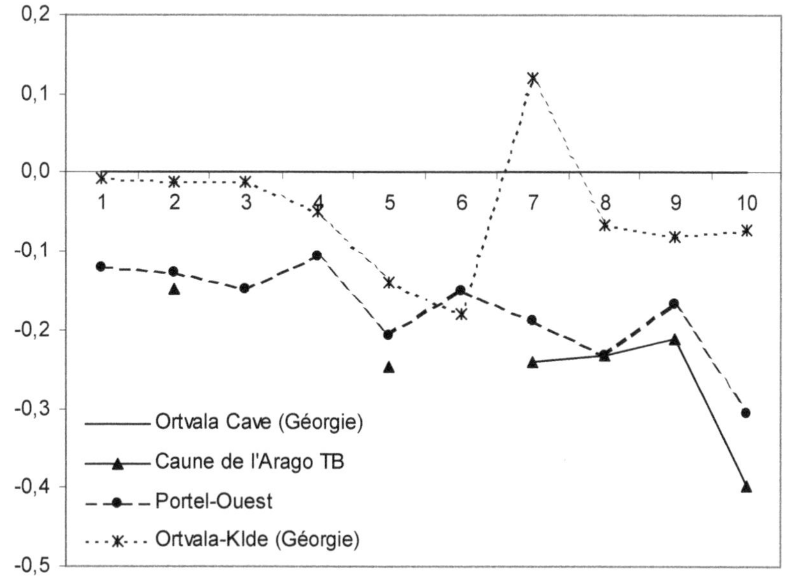

Fig. 101 – Diagramme des rapports des dimensions moyennes du pyramidal de Capra caucasica *(Base de référence : Ortvala Cave).*

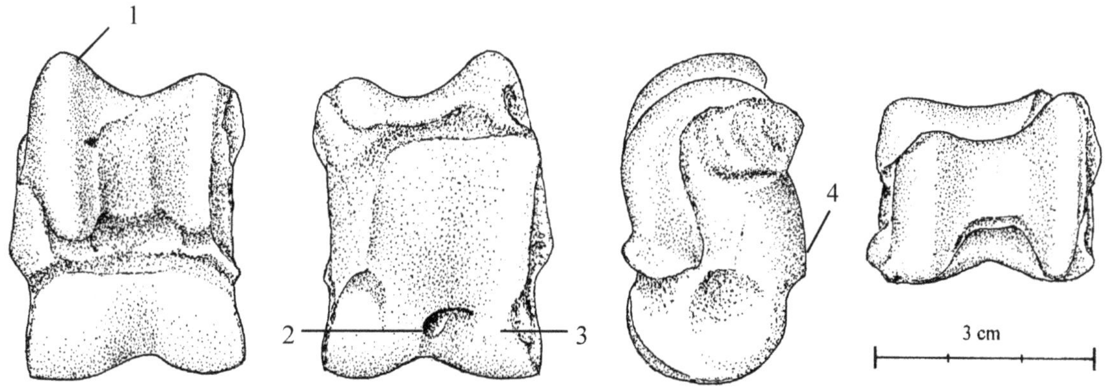

Fig. 102 – Talus droit de Capra *aff.* caucasica *de l'Hortus (I10 c.28 2009), vues dorsale, plantaire, médiale et supérieure (dessin : Eva Richard, Laboratoire du Lazaret).*

Tibia

Le spécimen AR J20 JLE3 1497 correspond à une extrémité distale gauche de tibia non soudée.

La malléole interne est très haute chez *Hemitragus* alors qu'ici, et comme chez *Capra*, la malléole est moins haute par rapport à la gorge qui, de ce fait, est plus profonde chez le tahr. La gorge articulaire latérale est très allongée antéro-postérieurement alors qu'elle est plus courte chez le tahr. Seules deux mesures ont été effectuées à cause de l'état de fragmentation (Tabl. 48).

Collection	1	2	3	4
Arago J20 JLE3 1497		23,6		21,3

Tabl. 48 – Dimensions de l'extrémité distale du tibia de Capra *aff.* caucasica *(en mm).*

Os malléolaire

L'os malléolaire gauche AR I22 IND4 R11276 est bien conservé, mais la pointe qui vient s'insérer dans l'incisure fibulaire du tibia est absente. La partie crâniale montre une dépression sur la face latérale, dépression absente chez *Hemitragus*. La facette d'articulation pour le calcanéum ne déborde pas sur le côté médial comme chez *Hemitragus*. Cet os malléolaire est donc assez similaire à celui du bouquetin.

Talus

Un seul talus est attribuable à *Capra* aff. *caucasica* (AR K19 KKD3 R14368). Sur la face articulaire supérieure, la lèvre latérale (1) est plus haute que la lèvre médiale mais le décalage est moins important chez *Capra* que chez *Hemitragus*. Sur la face articulaire postérieure, le décrochement correspondant à la facette articulaire postéro-latérale du cubonaviculaire (2) est très important. La zone synoviale latérale (3), située dans l'axe du décrochement, est absente. Sur la face latérale, la partie postéro-inférieure, correspondant à la zone synoviale (F et I), est plane. Sur la face médiale, la zone postérieure (4) est oblique vers l'arrière chez *Capra*. A l'Hortus, le talus présente les mêmes caractéristiques que celui de la Caune de l'Arago (Fig. 102).

Premières phalanges

- 3 extrémités distales de phalange indéterminées : AR J18 JKD4 2811, AR H19 HKD11 R14243 et AR J19 JKD13 1208.
- 1 extrémité distale de 1ère phalange antérieure : AR I20 ILD11 178.
- 2 extrémités distales de 1ère phalange postérieure : AR K18 KJG1 159 et AR F24 FPD1 99.

Chez *Capra*, les condyles distaux des premières phalanges (antérieures et postérieures) sont moins écrasés que chez le tahr. Les dimensions de ces phalanges sont données dans le tableau 49.

Collection		20	21	22	23	24	25
Arago I20 ILD11 178	ant.	17,2	15,9	11,7	13,5	14,3	
Arago K18 KJG1 159	post.	13,9	12,2	10,4	12,0	12,3	9,3
Arago F24 FPD1 99	post.	14,0		10,7	11,9	12,5	

Tabl. 49 – Dimensions des 1ères phalanges de Capra *aff.* caucasica *(en mm).*

➢ *Phalanges antérieures* : En vue abaxiale, le bord proximal du condyle abaxial est oblique vers le haut et l'extérieur, rejoignant le tubercule d'insertion abaxial. Chez le bouquetin, la dissymétrie de largeur des deux condyles est plus accentuée que chez le tahr car, chez *Capra*, le condyle abaxial est élargi.

Malgré le faible nombre de mesures prises sur cet os, des ressemblances notables ressortent avec le bouquetin du Portel-Ouest. Ce groupe "européen" est lui-même très semblable aux bouquetins des sites moustériens du Caucase : Tsutskhvati et Ortvala-Klde (Fig. 103).

➢ *Phalanges postérieures* : Le bord proximal du condyle abaxial est moins dégagé de la diaphyse que chez *Hemitragus*. Ce critère est le seul qui permette l'attribution à *Capra* aff. *caucasica*. En ce qui concerne les données métriques, les mêmes groupes que ceux observés pour la première phalange antérieure sont observés ici (Fig. 104).

Deuxièmes phalanges

AR K19 KKD33 1555 : 2ème phalange postérieure entière dont l'extrémité proximale est non soudée + AR J19 JKD4 956 : Extrémité proximale non soudée = Association n°1391.

AR K19 KKD3 R14248 : Diaphyse et extrémité distale de 2ème phalange postérieure.

AR J20 JLE3 1514 : 2ème phalange postérieure entière.

AR J20 JLE3 1572 : Extrémité proximale de 2ème phalange antérieure.

AR F24 FPD13 1325 : 2ème phalange antérieure entière.

Sur la face palmaire, le bord supérieur des condyles émet une digitation qui rejoint les tubercules proximo-axiaux. Le tubercule proximo-abaxial forme une masse compacte (Fig. 105). Les mesures de ces 4 phalanges sont données dans le tableau 50.

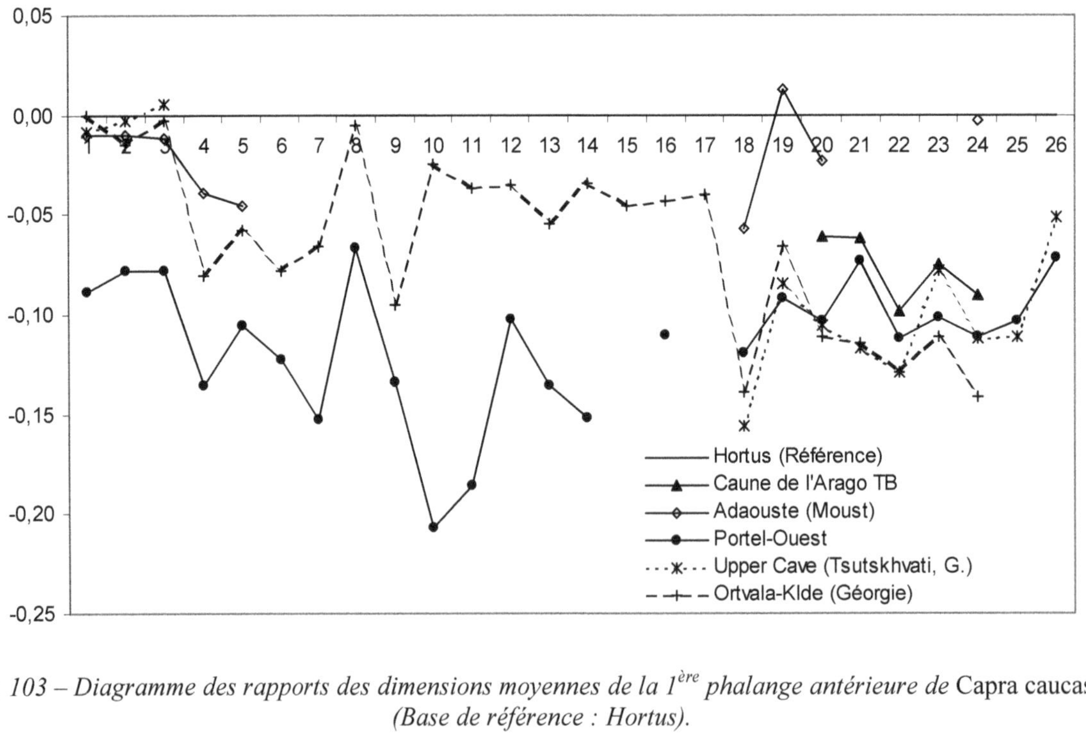

Fig. 103 – Diagramme des rapports des dimensions moyennes de la 1ère phalange antérieure de Capra caucasica *(Base de référence : Hortus).*

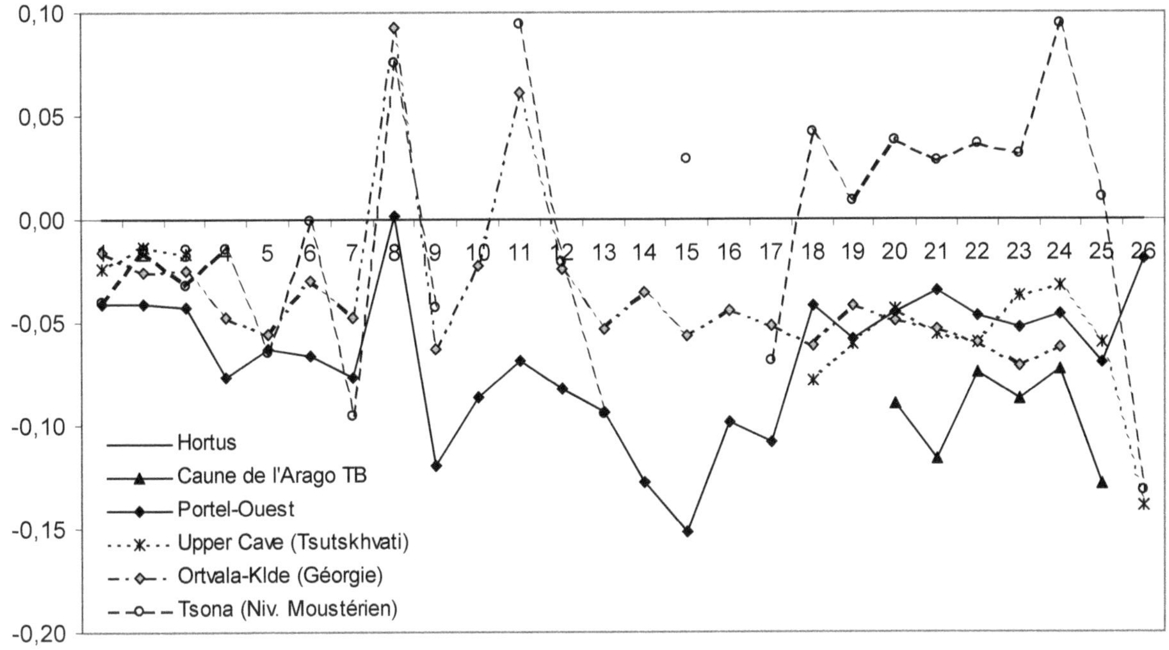

Fig. 104 – Diagramme des rapports des dimensions moyennes de la 1ère phalange postérieure de Capra caucasica *(Base de référence : Hortus).*

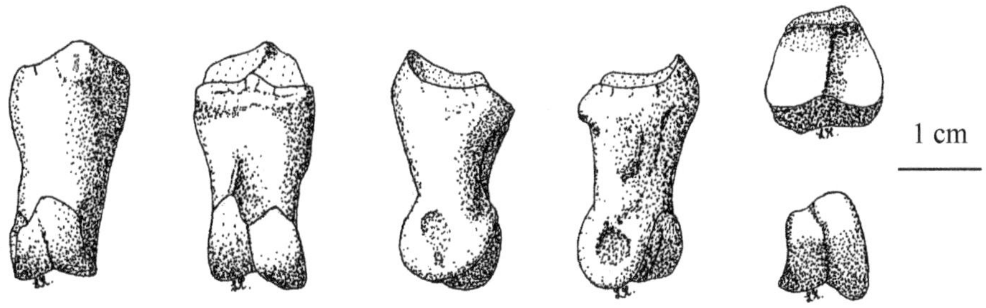

Fig. 105 – Deuxième phalange postérieure de Capra *aff.* caucasica *(AR J20 JLE3 1514), vues dorsale, palmaire, abaxiale, axiale, proximale et distale, (dessins : Laurence Macary, CERP Tautavel).*

Collection		1	2	3	4	5	6	7	8	9	10	11	12	13	14	15	16	17	18	13/2
Arago F24 FPD5 1325	ant.	26,8	25,6	22,9				11,4	8,2	8,8		12,5	12,5	12,7	12,9	11,5	16,4	11,3	15,6	0,49
Arago J20 JLE3 1572	ant.				16,8	18,0		11,0		8,3	11,7	13,4								
Arago J20 JLE3 1514	post.	27,4	25,1	23,8	14,7	14,9	14,7	9,9	7,0	8,0	10,7	11,1	11,1	9,5	11,5	9,8	12,7	9,7	18,2	0,38
Arago K19 KKD3 R14248	post.												11,6	11,2	11,8	11,2	12,4	10,0		

Tabl. 50 – Dimensions des 2èmes phalanges de Capra *aff.* caucasica *(en mm).*

➢ *Phalange antérieure*

Le dos de la face axiale n'est pas pincé comme chez le tahr, car le tubercule d'insertion proximo-axial est moins développé. Le condyle axial n'est pas aussi aigu que chez le tahr des Cèdres. Parmi toutes les populations considérées, celle d'Ortvala Cave est celle qui présente le plus de similitudes avec la population de la Caune de l'Arago (Fig. 106).

➢ *Phalange postérieure*

Cette phalange ne possède pas de dépression ovalaire (Crégut-Bonnoure 1995a) tout comme sur le *Capra* aff. *caucasica* de l'Hortus. Contrairement à la phalange antérieure, les données métriques obtenues sur la phalange postérieure montrent une très forte affinité entre les populations de la Caune de l'Arago et de l'Hortus (Fig. 107). Bien que morphologiquement identiques à ces deux dernières, les populations des sites de Géorgie sont plus robustes.

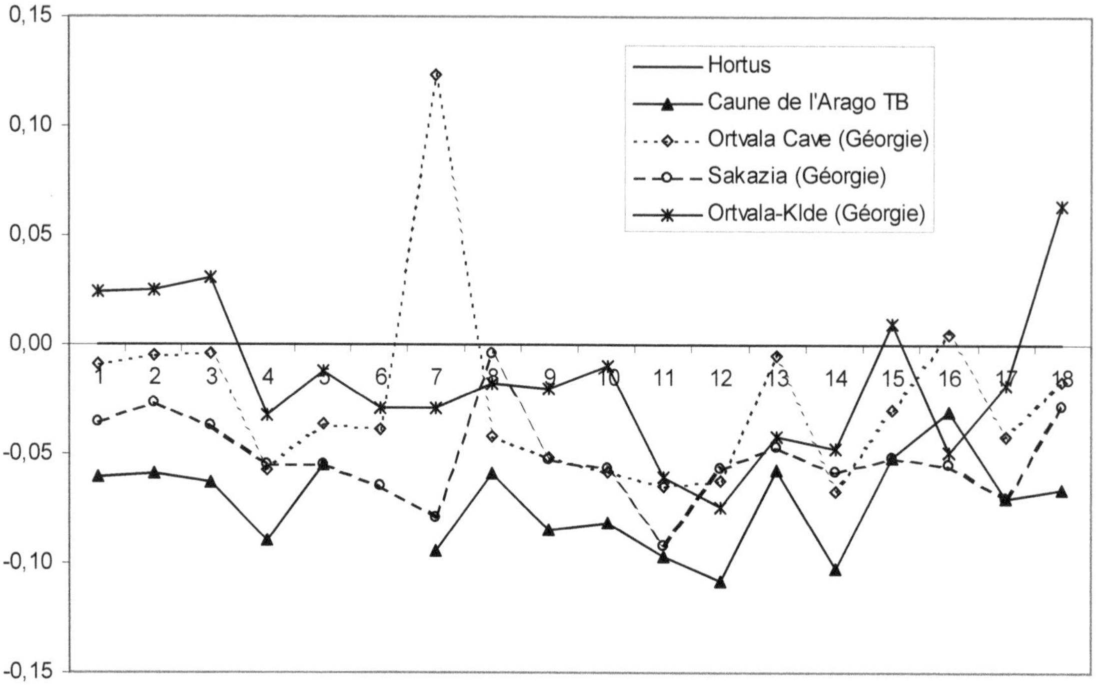

Fig. 106 – Diagramme des rapports des dimensions moyennes de la 2ème phalange antérieure de Capra caucasica *(Base de référence : Hortus).*

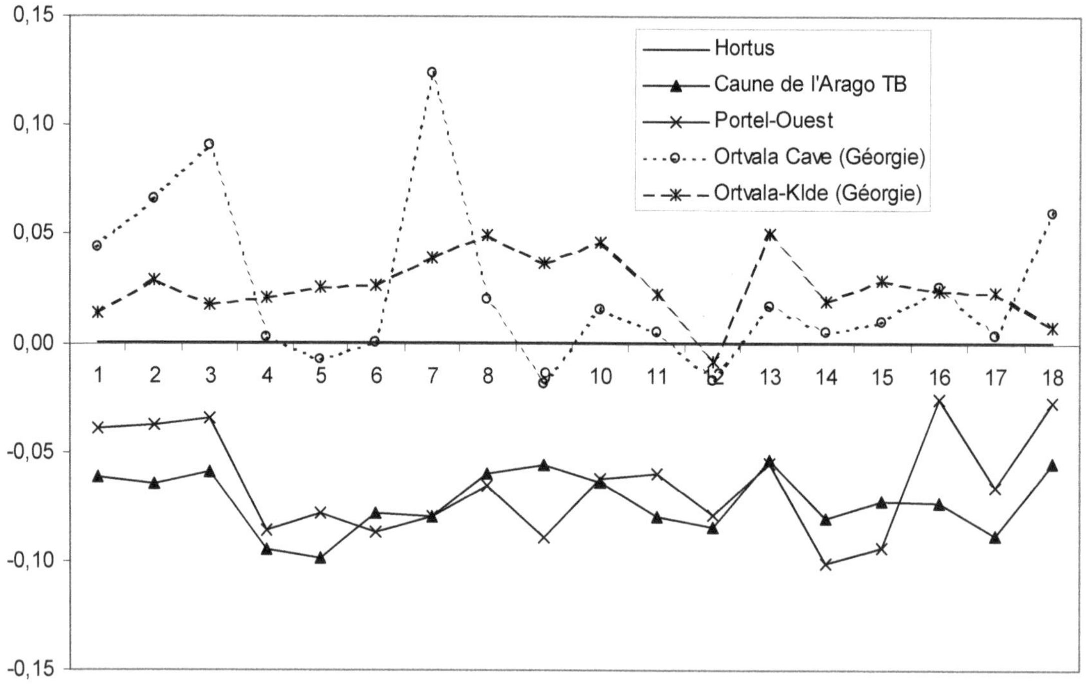

Fig. 107 – Diagramme des rapports des dimensions moyennes de la 2ème phalange postérieure de Capra caucasica *(Base de référence : Hortus).*

Troisièmes phalanges

AR I18 IJD5 3166 : 3ème phalange entière ; AR K18 KJD6 2336 : Partie proximale de 3ème phalange ; AR I19 IKD8 248 : 3ème phalange sub-entière ; AR J20 JLE2 1694 : 3ème phalange entière.

Deux caractères sont importants pour différencier les troisièmes phalanges de tahr de celles du bouquetin (Fig. 108). Tout d'abord, chez *Capra*, la partie externe de la facette abaxiale est rectiligne alors que chez *Hemitragus*, il y a un enfoncement (1). Ensuite, la partie proximo-axiale est moins déjetée, moins inclinée que chez le tahr (2).

Malgré le faible nombre de mesures de comparaison, le bouquetin des terres brunes de la Caune de l'Arago semble assez similaire de celui de l'Adaouste, bien que ce dernier soit plus grand (Tabl. 51 et Fig. 109).

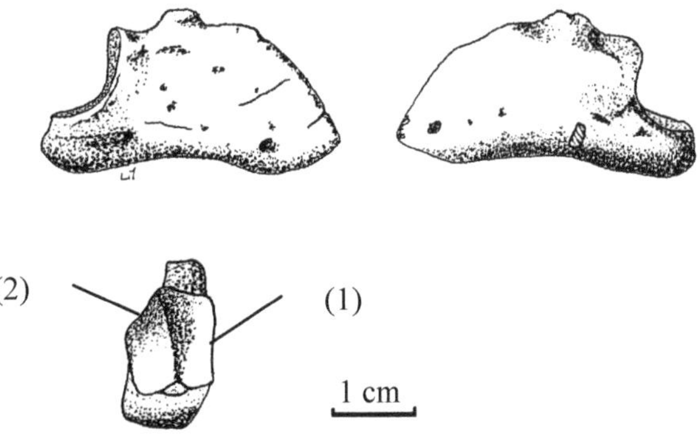

Fig. 108 – Troisième phalange de Capra *aff.* caucasica *(AR J20 JLE2 1694). Vues abaxiale, axiale et proximale (dessins : Laurence Macary, CERP Tautavel).*

Collection	1	2	3	4	5	6	7	8	9	10	11	12
Arago I18 IJD5 3166	20,1	18,8	6,9	12,0	5,5	9,4	6,4	4,5	13,4	15,8	11,6	38,7
Arago I19 IKD8 248		15,2	6,8	10,6	4,7	8,3	5,4	4,0	10,3	13,3	11,6	
Arago J20 JLE2 1694	19,5	17,6	6,8	11,3	5,7	8,2	5,2	4,0	11,4	14,1	10,5	36,6
Arago K18 KJD6 2336	23,0	20,2	8,5	11,8	3,8	8,7	6,8	4,6	10,7	14,8	13,0	

Tabl. 51 – Dimensions des 3èmes phalanges de Capra *aff.* caucasica *(en mm).*

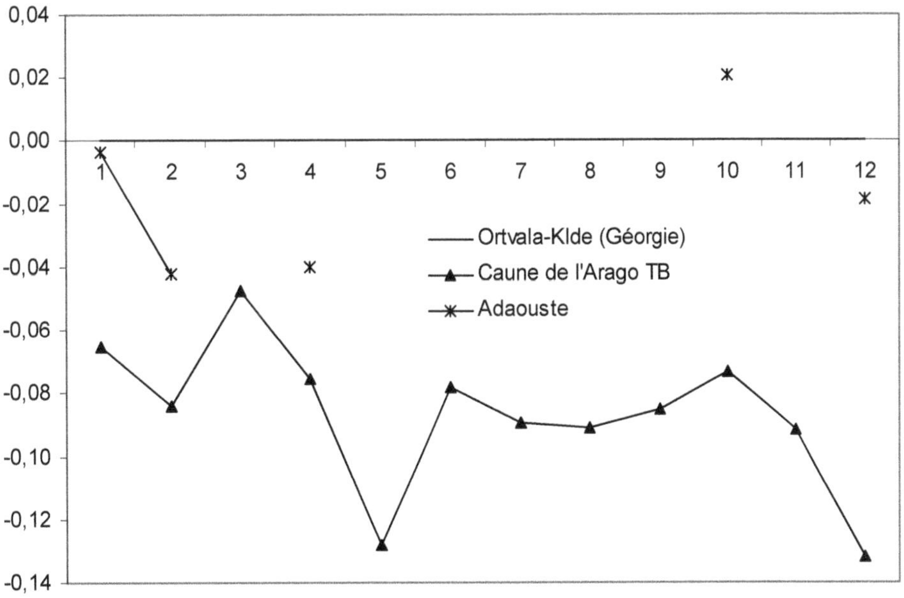

Fig. 109 – Diagramme des rapports des dimensions moyennes de la 3ème phalange de Capra caucasica *(Base de référence : Ortvala-Klde).*

5.1.2 – Le Portel-Ouest

Outre les restes crâniens et post-crâniens utilisés (avec ceux de la grotte de l'Hortus) pour faire des comparaisons avec le bouquetin de la Caune de l'Arago, le *Capra* du Portel doit être signalé pour le massacre qu'il a livré (Fig. 110). Le bouquetin a été attribué à *Capra* aff. *caucasica* par Crégut-Bonnoure (1992d).

Les chevilles osseuses sont extrêmement divergentes dès leur base, l'angle fait 75°. Dans les autres populations cet angle de divergence peut varier de 66° à 76° (Crampe & Crégut-Bonnoure 1994) et présentent une forte courbure latérale mais la divergence est régulière. La face antérieure est insérée obliquement par rapport au plan frontal. L'écartement basal est important. La section transversale est sub-triangulaire (Fig. 111). La face antéro-interne des chevilles est concave et les faces postéro-interne et externe sont convexes. Tous ces caractères sont présents chez *Capra caucasica.*

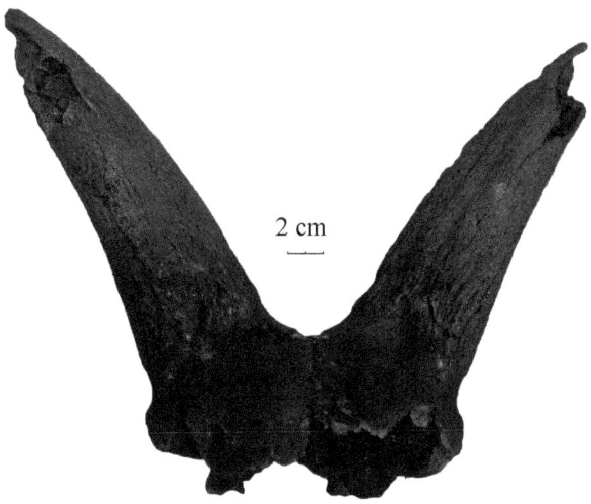

Fig. 110 – Crâne du bouquetin de la grotte du Portel-Ouest.

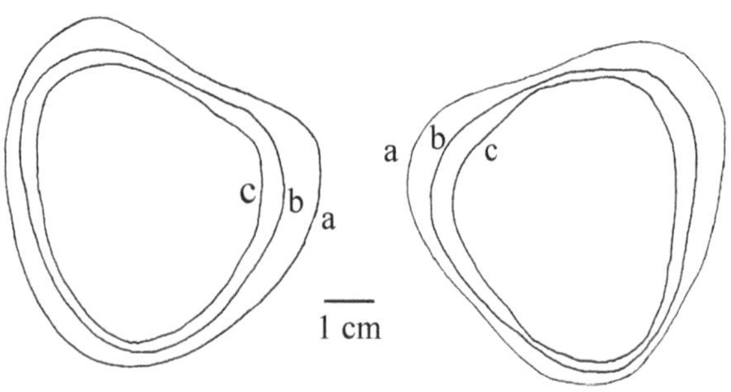

Fig. 111 – Sections des chevilles osseuses gauches et droites du massacre de Capra *aff.* caucasica. *Le Portel-Ouest (sections à la base (a), à 5 cm (b) et à 10 cm (c)).*

Les mesures de la cheville osseuse du crâne du Portel-Ouest sont données dans l'annexe B. Ce spécimen se place parmi les plus forts bouquetins pyrénéens et au centre du groupe des bouquetins alpins (Fig. 112). Il présente des dimensions plus faibles que les *Capra cylindricornis* actuels dont il n'a pas la morphologie. De plus il se trouve entre les droites de régression de *Capra ibex* et *Capra pyrenaica.*

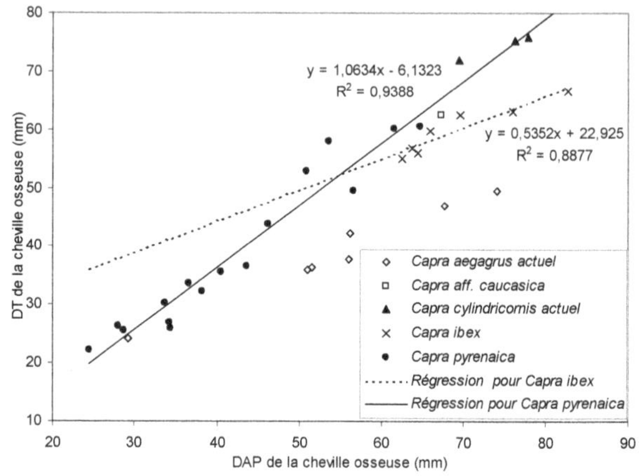

Fig. 112 – Dispersion des diamètres basaux des chevilles osseuses de Capra.

Si l'on s'en tient à la morphologie, et comme l'a déjà décrit Crégut-Bonnoure (1992d), ce bouquetin est une forme affine des bouquetins du Caucase à l'origine de la lignée menant à *Capra pyrenaica.*

5.1.3 – Comparaison avec le gisement Arche 98

Il existe dans le gisement Arche 98 un crâne incomplet de bouquetin, il s'agit du neurocrâne (Fig. 115). La cheville osseuse droite est bien conservée sur 12 cm alors que seule la base de la cheville gauche est présente. Il est fracturé en avant des foramens supra-orbitaires. La suture fronto-pariétale est rectiligne alors que la suture pariéto-occipitale forme un angle. Cette conformation des sutures est caractéristique du genre *Capra* (Boessneck 1969).

L'angle de divergence des chevilles osseuses est de 56°. Elles ont une section sub-triangulaire (Fig. 115). En ce qui concerne les dents, selon les exemplaires, le métaconide des P3 inférieures est soit présent, soit absent.

Ces caractéristiques morphologiques sont conformes à *Capra* aff. *caucasica.* La population de Arche 98 semble donc se situer parmi celles du groupe Portel-Hortus.

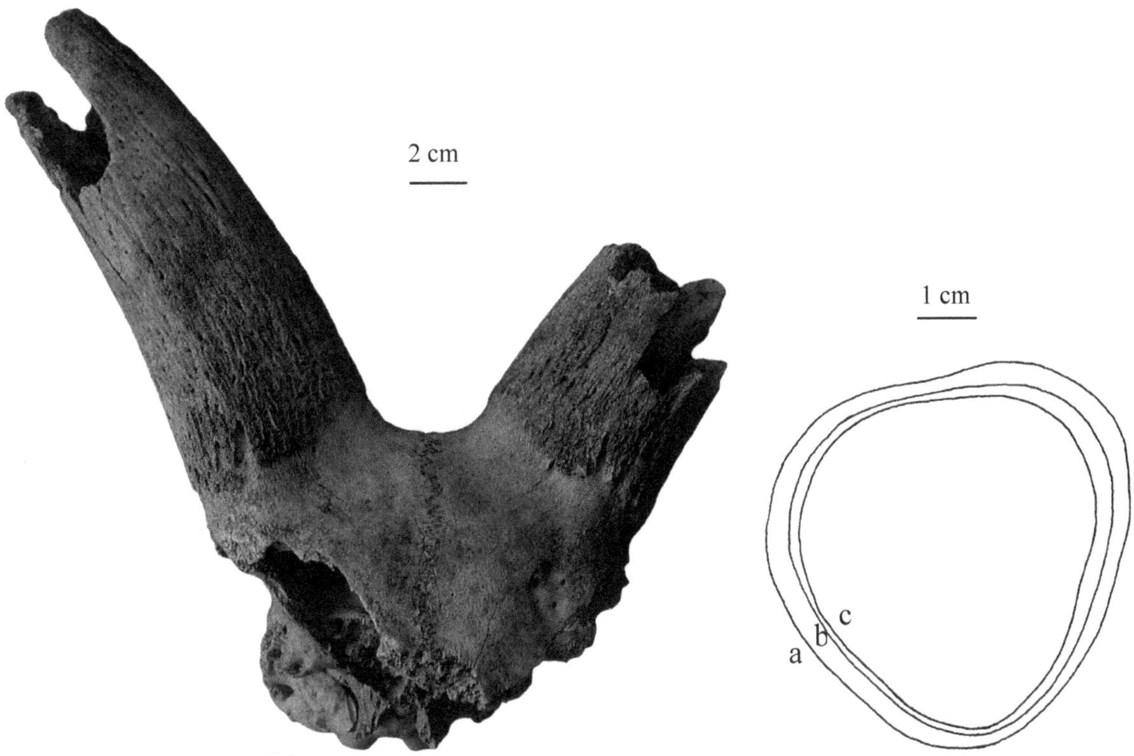

Fig. 113 – Crâne du bouquetin de la grotte Arche 98 et sections basale (a), à 5 cm (b) et 10 cm (c) de la cheville osseuse droite.

5.2 – Le bouquetin des Pyrénées, *Capra pyrenaica* Schinz, 1838

Le bouquetin des Pyrénées est très rare dans les sites étudiés. La Caune de l'Arago n'a livré qu'un seul reste qui pourrait être attribuable à l'espèce pyrénéenne. A l'Arbreda le nombre de restes s'élève à 18.

5.2.1 – La Caune de l'Arago

Une M3 supérieure du sol A2 (Ensemble stratigraphique V).

L'exemplaire AR H29 A2 1 est fragmenté, le premier lobe est complet, le deuxième est très abîmé. Toutefois, il est possible d'observer sur le côté postérieur du deuxième lobe un méplat qui annonce le départ de l'aile métastylaire. Donc cette dent est une M3 supérieure et, malgré l'absence de l'aile métastylaire, la forme arrondie du deuxième lobe permet d'attribuer cette dent au genre *Capra*. Sur ce spécimen, le parastyle est plus marqué que sur la M3 supérieure de *Capra* aff. *caucasica*. L'évolution de la morphologie du parastyle indique qu'il pourrait s'agir d'un spécimen plus récent que les *Capra* aff. *caucasica* des terres brunes, appartenant à une espèce plus évoluée, plus proche de *Capra pyrenaica*. Toutefois, compte tenu de l'état de fragmentation de cette dent, il est préférable de rester prudent sur cette détermination (Fig. 113).

5.2.2 – La Cova de l'Arbreda

Le bouquetin est présent dans tous les niveaux de la stratigraphie et a laissé un nombre total de 18 restes.

Le radius gauche (ARB, c.21-24, 71276) présente l'extrémité proximale entière ainsi qu'une partie de la diaphyse. La surface d'insertion du ligament interosseux proximal est bien visible, en relief, s'évasant largement vers l'extrémité proximale de l'os. L'ulna (ARB, B3, c.40, 54334) présente la surface articulaire répondant à l'humérus et une partie du processus anconé. Le bord médial est fortement en saillie.

Aucun des restes étudiés ne permet de déterminer de manière morphologique le bouquetin de l'Arbreda. Les dimensions des fossiles situent ce bouquetin dans les limites de variation des mesures de l'espèce pyrénéenne, *Capra pyrenaica* (Tabl. 52 et Fig. 114). Il faut toutefois tenir compte du fort dimorphisme sexuel existant chez les bouquetins, l'ostéométrie n'étant pas une méthode permettant de distinguer les espèces.

5.2.3 – Comparaison avec le site de Castel 2

Le crâne découvert en surface dans la grande salle correspond au neurocrâne. Les deux chevilles osseuses de cornes sont entières, l'extrémité distale n'est pas altérée. En avant des cornes, il est fracturé au niveau des

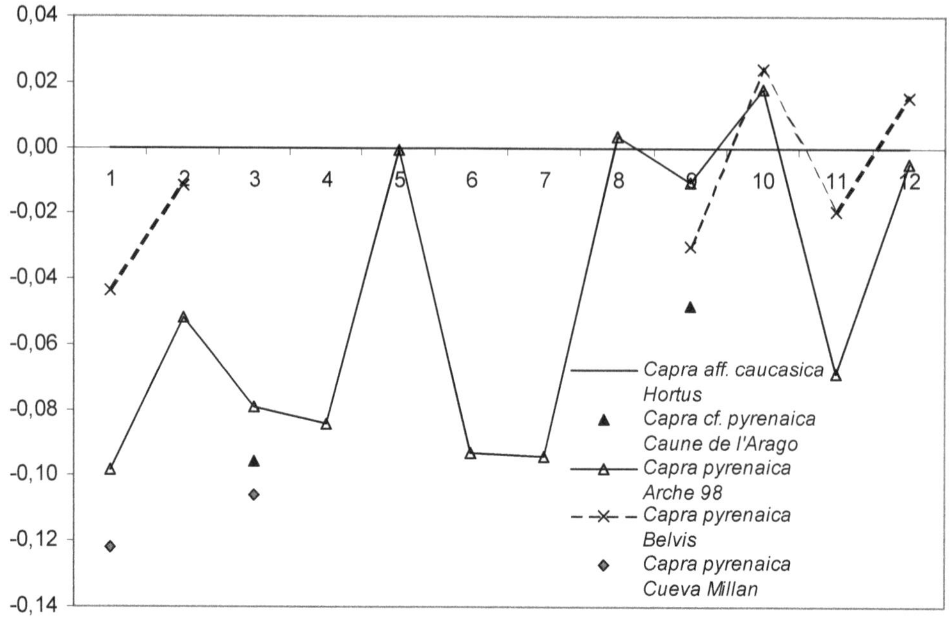

Fig. 114 – Diagramme des rapports des dimensions moyennes de la M3 supérieure de Capra pyrenaica *(Base de référence :* C. *aff.* caucasica *de l'Hortus).*

Capra	Site	NR	Min.	Max.	Moy.	Référence
ibex	**Lazaret**	5	41,8	49,8	46,1	Serre, 1993
	Observatoire	67	37,5	54,2	46,2	Desse et Chaix, 1991
	Gr. de l'Eglise	1			45,0	Griggo, 1992
pyrenaica	**Arbreda**	**1**			**41,2**	
	Gr. des Eglises	1			42,0	Delpech et Le Gall, 1983
	Cova Negra	2	37,5	44,4	40,3	Perez Ripoll, 1977
	La Vache	8	36,0	43,5	40,3	Koby, 1958
	Urtiaga	1			41,5	Altuna, 1972
	Malarnaud	4	39,5	46,5	42,7	Laville *et al.*, 1972

Tabl. 52 – Dimensions comparées du diamètre transversal de l'extrémité proximale du radius de quelques populations de Capra.

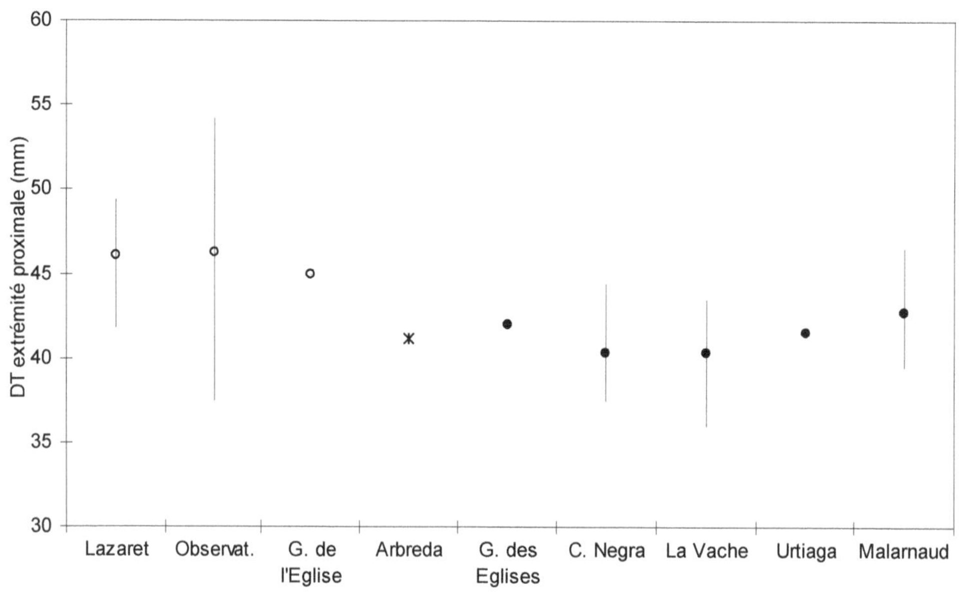

Fig. 115 – Comparaison du diamètre transversal de l'extrémité proximale du radius de Capra *(Légende :* O C. ibex, ** Arbreda, et* ● C. pyrenaica*).*

foramens supra-orbitaires, des arcades sourcilières et des arcades zygomatiques. La suture fronto-pariétale est quasiment rectiligne, la suture pariéto-occipitale décrit un angle. Cette disposition caractérise le genre *Capra* par rapport à l'*Ovis* chez lequel la disposition est inversée (Boessneck 1969). Les os frontaux sont fortement pneumatisés. Le pariétal est bien développé comme chez tous les membres de la famille des Caprinae. Au niveau des deux os temporaux, la crête temporale est brisée dès la base, la bulle tympanique et le méat acoustique externe sont absents. Les rochers sont en place et bien conservés. Le condyle occipital est bien conservé, pas les processus jugulaires qui sont cassés à la base.

Les chevilles osseuses sont relativement écartées l'une de l'autre à la base et présentent une courbure qui se combine à une torsion régulière, de type hélicoïdal, vers l'extérieur. La section est ovalaire (Fig. 116). Toutes ces caractéristiques morphologiques des chevilles osseuses démontrent l'appartenance du bouquetin du Castel 2 à l'espèce *Capra pyrenaica* (Fig. 117).

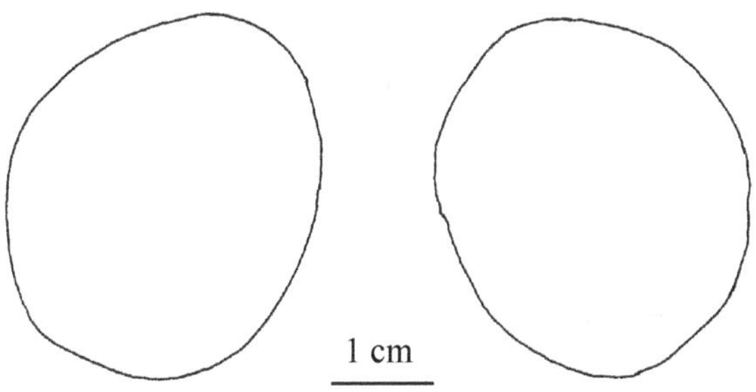

Fig. 116 – Sections basales des chevilles osseuses du bouquetin de Castel 2.

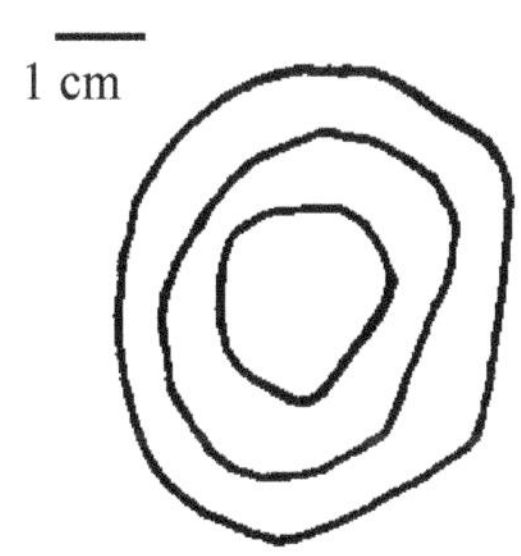

Fig. 117 – Sections de cheville osseuse de Capra pyrenaica *(d'après Boule 1906).*

La troisième molaire supérieure présente des surfaces interstylaires de largeur sub-égale. Le métastyle est sub-vertical et assez épais à la base ; il forme une aile métastylaire peu développée. Cette dent présente toutes les caractéristiques qui permettent de justifier la détermination du bouquetin des Pyrénées, *Capra pyrenaica*, par rapport au bouquetin des Alpes (Crégut-Bonnoure 1992*c*).

5.3 – Conclusion

Les analyses montrent que le bouquetin de l'Arago correspond à *C. caucasica*. Il est très proche des populations pyrénéennes du Portel-Ouest et de l'Arche 98, ce qui suggère une différence entre le groupe pyrénéen et les populations du Massif Central (Bouxès, Hortus, Baume Moula-Guercy, Saint-Marcel-d'Ardèche) auxquelles s'adjoignent celles de Provence (Adaouste). Le *Capra* aff. *caucasica* du site Arche 98, par l'angle de divergence des chevilles osseuses et leur section sub-triangulaire, se situe dans la même lignée que le bouquetin du Portel-Ouest.

Cependant en ce qui concerne nos sites, l'échantillonnage est faible et une certaine prudence est de rigueur. Les caractères morphologiques, en particulier ceux observés sur la M^3 de la Caune de l'Arago, du Portel-Ouest et d'Arche98, indiquent des affinités nettes avec le bouquetin des Pyrénées, *Capra pyrenaica*, chez qui l'aile métastylaire est peu saillante et les styles sont peu saillants et étroits. En revanche ces caractères éloignent le *Capra* de la Caune de l'Arago des restes trouvés plus à l'Est (Massif Central et Provence).

La présence à la Caune de l'Arago, à l'Hortus, au Portel-Ouest et à Arche 98 d'un *Capra* présentant des affinités aux bouquetins des populations du Caucase, puis de *Capra pyrenaica*, dans les niveaux supérieurs du Portel-Ouest, dans le site de Castel 2 et peut-être à la Caune de l'Arago confirme l'hypothèse de Crégut-Bonnoure (1992 a, b et d) selon laquelle *Capra pyrenaica* serait issu de l'évolution des populations de *Capra* aff. *caucasica* en Europe.

VI – Le genre *Rupicapra*

Actuellement les chamois *sensu lato* sont séparés en deux espèces : *Rupicapra rupicapra*, le chamois des Alpes et *Rupicapra pyrenaica*, le chamois des Pyrénées ou isard.

Le genre est présent en France au cours du Pléistocène moyen (Delpech et al. 1978 ; Crégut 1979). La répartition des gisements (Fig. 118) suggère que la présence de *R. pyrenaica* serait antérieure au stade isotopique 6, c'est à dire avant l'arrivée de *R. rupicapra* (Clot & Marsan 1986 ; Masini & Lovari 1988).

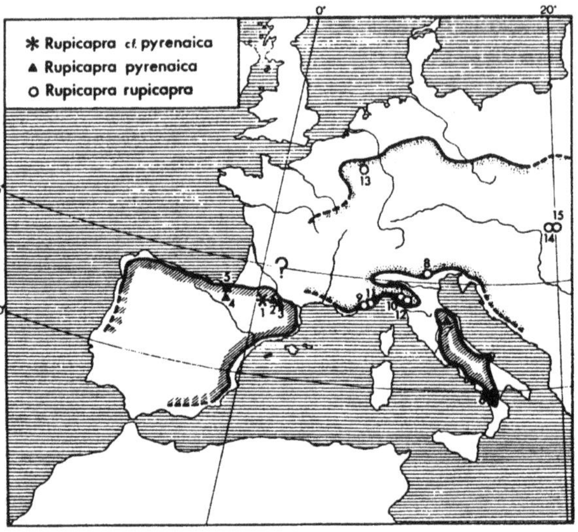

Fig. 118 – Distribution du chamois fossile en Europe de l'Ouest (d'après Massini & Lovari 1988).

Des restes de chamois ont été découverts dans la grotte de la Niche à Montmaurin (Tavoso et al. 1990), dans l'aven I des Abîmes de la Fage (Guérin 1999), tous deux attribués au stade 6 et dans des niveaux corrélés au stade 5 dans la grotte des Cèdres (Defleur et al. 1989). Le chamois de la Grotte des Cèdres appartient à l'espèce alpine. Le chamois est donc arrivé en Europe de l'Ouest avant le Pléistocène supérieur et probablement au stade isotopique 6, au même moment que *Capra ibex*. Les restes de la Niche appartiennent à la lignée *R. pyrenaica*, de même que le chamois du Nestier daté du stade isotopique 6 et tout d'abord attribué à *Rupicapra pyrenaica occitania* (Clot & Marsan 1986) puis à *Rupicapra* cf. *pyrenaica* (Masini & Lovari 1988). Ceci suggère que ces spécimens de la lignée *R. pyrenaica* du Pléistocène moyen ne sont pas les mêmes que les isards actuels. Crégut-Bonnoure (1992b) pense qu'une évolution morphologique des chevilles osseuses s'est produite au début du Pléistocène supérieur pour donner *R. pyrenaica*. L'immigration de ce dernier s'est déroulée pendant le Pléistocène moyen car le genre est présent au nord des Pyrénées à cette époque.

6.1 – Le chamois de la Caune de l'Arago, *Rupicapra* cf. *pyrenaica*

Caune de l'Arago NR = 15

Inventaire des restes : 1 fragment de cheville osseuse, 1 M1 supérieure, 1 M2 supérieure, 1 M2 inférieure, 3 M3 inférieures, 1 scapula, 1 diaphyse de radius, 1 semi-lunaire, 1 extrémité proximale de métapode postérieur, 3 deuxièmes phalanges, 1 troisième phalange.

Cheville osseuse

Le fragment de cheville osseuse (AR Sol F R12544) correspond à un petit tronçon située au milieu de l'os. La section correspondante (Fig. 119) est donc à interpréter avec précaution car elle n'est pas précisément localisée. Néanmoins, elle est de section ovalaire comme chez tous les chamois et isards.

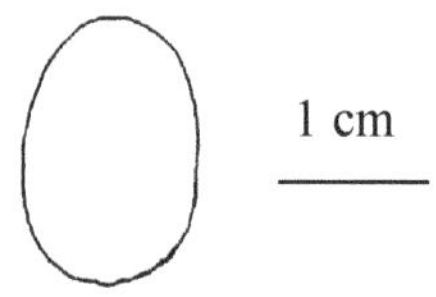

Fig. 119 – Section de la cheville osseuse (AR R12544).

Première molaire supérieure

La pièce AR H16 HDZ2 1456 est une M1 supérieure gauche dont l'émail est assez épais (Fig. 120). Malgré l'important degré d'usure (degré 7, *cf.* Chapitre 4), il est possible de constater que cette dent est assez similaire à celle du *Rupicapra*. Cette dent est très étirée dans l'axe vestibulo-lingual, surtout le lobe mésial qui est très saillant par rapport à *R. pyrenaica*.

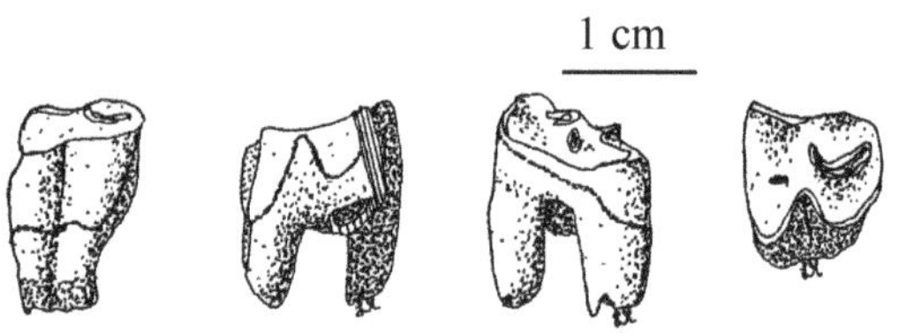

Fig. 120 – M1 supérieure gauche de Rupicapra *(AR H16 HDZ2 1456 ; dessin : Laurence Macary, CERP Tautavel).*

Les dimensions de cette dent sont données dans le tableau 53. La M1 de la Caune de l'Arago est plus robuste que celle de l'isard actuel (Fig. 121). Par contre, par rapport aux populations d'isards fossiles, elle présente un DMD moins important.

Collection	HC	1	2	3	4	5	6	7
H16 HDZ2 1456	6,3	10,9	9,4		11,5			

Tabl. 53 – Dimensions de la M1 supérieure de Rupicapra *(en mm).*

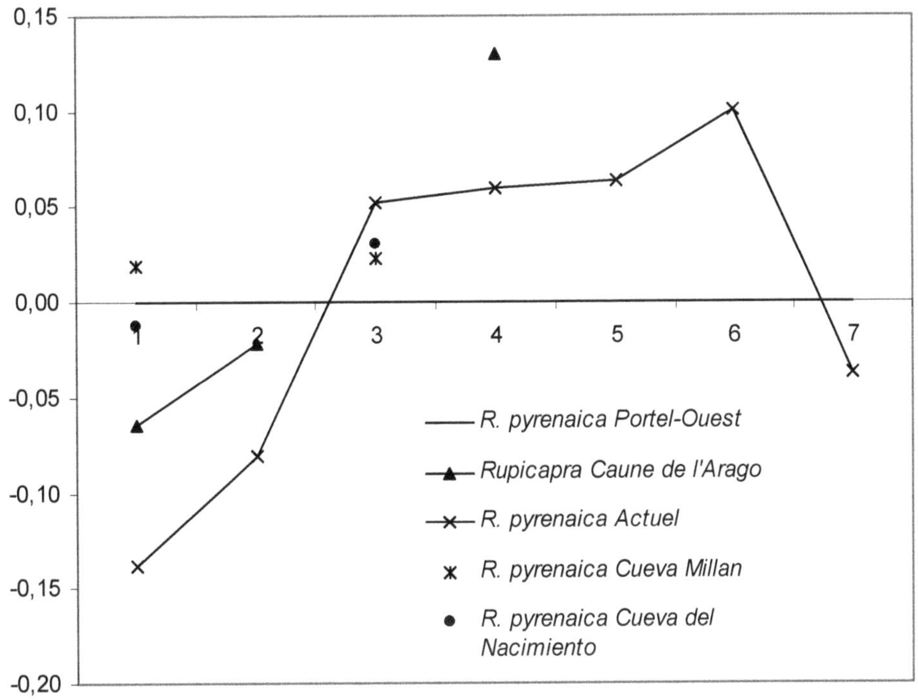

Fig. 121 – Diagramme des rapports des dimensions moyennes de la M1 supérieure de Rupicapra *(Base de référence : Portel-Ouest).*

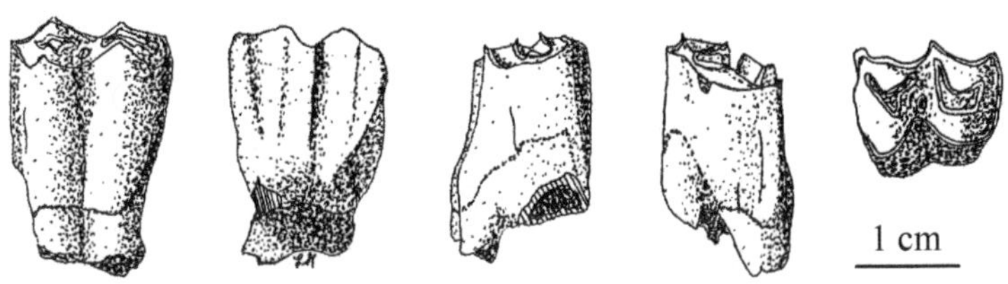

Fig. 122 – M2 supérieure gauche de Rupicapra *(AR H16 HDZ2 1456 ; dessin : Laurence Macary, CERP Tautavel).*

Deuxième molaire supérieure

La M2 supérieure gauche (AR H16 HDZ4 2010) a un émail très épais. Sur la face vestibulaire, le parastyle (style mésial) est très épais mais se rétrécit vers la base de la couronne, alors que chez les autres populations de chamois pléistocènes et actuels, il s'épaissit vers la base ; chez *Hemitragus*, son épaisseur est constante (Fig. 122). Les cônes sont moins dilatés que chez le tahr, ils sont similaires à ceux observables chez le chamois. Le mésostyle est moins épais que chez *Rupicapra pyrenaica*. Sur la face occlusale, cette dent montre un îlot d'émail placé entre les deux lobes comme chez les chamois. Cet îlot est absent chez le tahr.

Toutes les mesures prises sur cette dent (Tabl. 54), surtout les épaisseurs (mesures 3 à 6), sont supérieures à celles obtenues sur les populations d'isards actuelles et fossiles, excepté le diamètre vestibulo-lingual basal qui est plus faible (Fig. 123).

Collection	HC	1	2	3	4	5	6	7
H16 HDZ4 2010	14,4	15,1	14,1	12,6	11,1	11,0	9,6	13,1

Tabl. 54 – Dimensions de la M2 supérieure de Rupicapra *(en mm).*

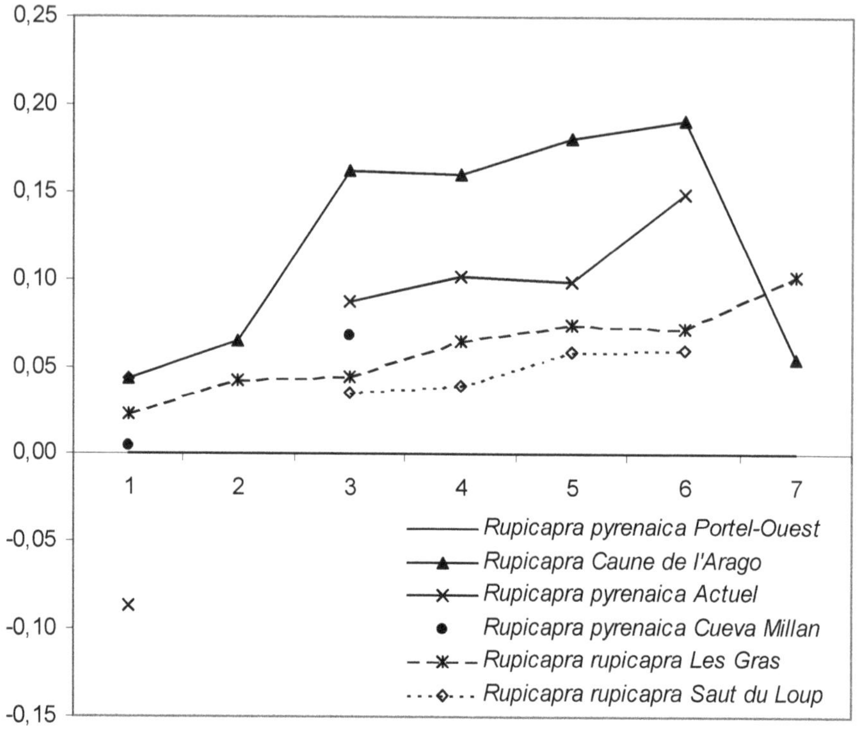

Fig. 123 – Diagramme des rapports des dimensions moyennes de la M2 supérieure de Rupicapra *(Base de référence : Portel-Ouest).*

Deuxième molaire inférieure

La M2 droite est comprise sur un fragment de mandibule avec le lobe mésial de la M3 (AR R12067). Cette dent est assez usée et certains caractères distinctifs ont disparu (Fig. 124). Cependant, le métastylide disparaît avant la limite cément-émail, comme chez le chamois, alors que, chez le tahr, il descend jusqu'à cette limite. Cette dent, pour un DMD égal, a un DVL plus grand que chez le chamois, elle est moins aplatie. A l'inverse de *R. occitanica*, le stylide du premier lobe est bien marqué, comme l'a décrit Prat (1966) chez le genre *Rupicapra*.

Les dimensions de la M2 inférieure sont, dans l'ensemble, similaires à celles des autres populations (Tabl. 55 et Fig. 125). Cependant, à la Caune de l'Arago le DVL mésial est supérieur au DVL distal alors que dans les autres cas, c'est l'inverse.

Collection	HC	1	2	3	4	5
Ind R12067	11,4	13,5	11,6	7,5	7,2	8,5

Tabl. 55 – Dimensions de la M2 inférieure de Rupicapra *(en mm).*

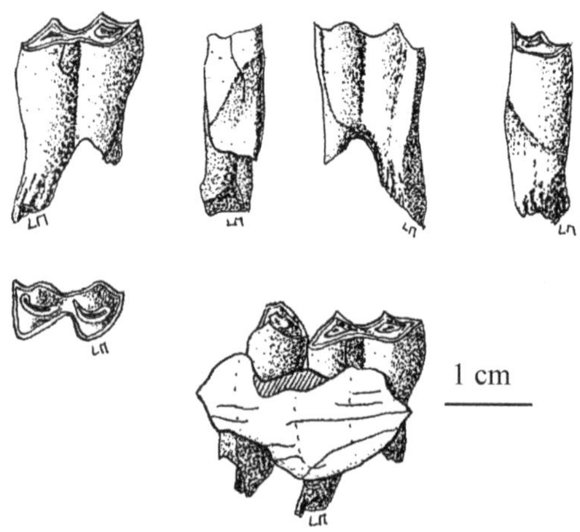

Fig. 124 – M2 inférieure de chamois (AR R12067), vues vestibulaire, mésiale, linguale, distale, occlusale et vue de la M2 inférieure sur le fragment de mandibule (dessin Laurence Macary, CERP Tautavel).

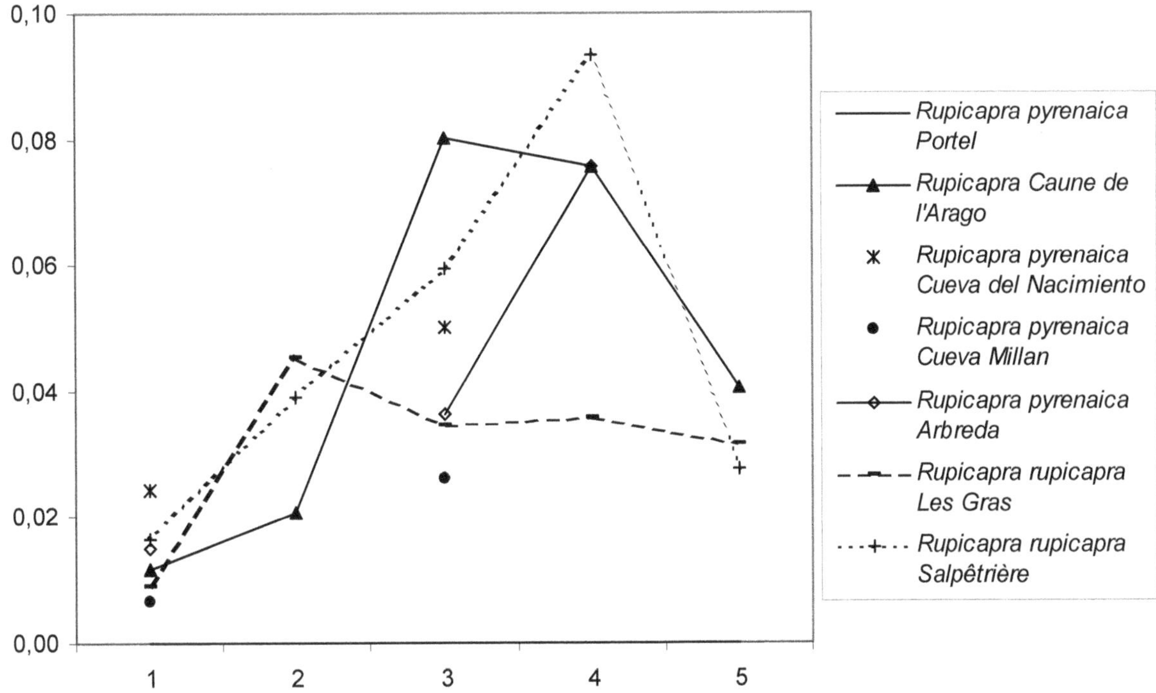

Fig. 125 – Diagramme des rapports des dimensions moyennes de la M2 inférieure de Rupicapra *(Base de référence: Portel-Ouest).*

Troisième molaire inférieure

AR H20 HLF6 482 = M3 droite à lobes médial et distal à base tronquée ; AR J18 JJG1 5217 = lobe mésial de M3 gauche ; AR R12067 = lobe mésial de M3 droite (sur fragment de mandibule avec M2).

Sur ces trois exemplaires, le repli vestibulaire est visible tout le long de la couronne sur la face mésiale. Il est plus marqué que chez le chamois *s.l.* mais pas autant que chez le tahr. La limite cément-émail de la face mésiale remonte assez haut comme chez *Rupicapra rupicapra.* Sur la face linguale, les conides sont moins dilatés que chez le chamois (Fig. 126). Le stylide mésial du premier lobe est très saillant. Chez le chamois, les deux premiers stylides sont sub-parallèles alors qu'ici ils divergent nettement vers le haut de la couronne. C'est l'inverse pour le deuxième lobe qui, encadré par des stylides qui convergent vers le sommet, se réduit vers le haut. Chez le chamois, les deux premiers lobes sont séparés par une profonde vallée, alors qu'ici la vallée est très peu marquée. De plus le stylide proximal et le denticule du lobe mésial sont séparés par une large et profonde vallée. Cette dernière est beaucoup moins marquée chez le chamois.

Les stylides, et surtout ceux du premier lobe, sont très marqués, notamment le premier qui de plus est bien séparé du cuspide formant ainsi une large vallée. Le premier lobe est comprimé vers l'arrière de la dent.

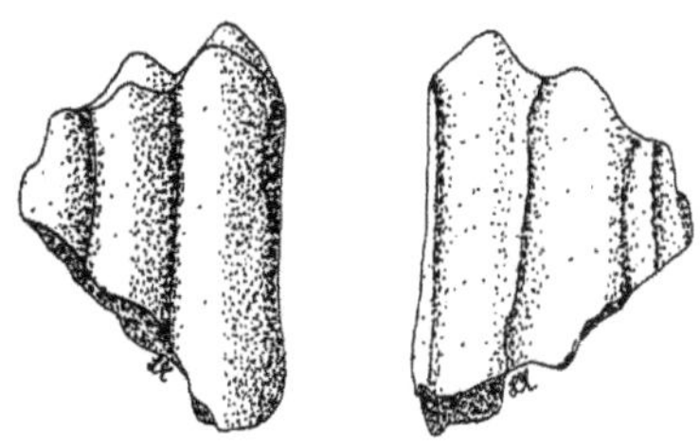

Fig. 126 – M3 inférieure droite de Rupicapra *, vues linguale et vestibulaire (AR H20 HLF6 482 ; dessin : Laurence Macary, CERP Tautavel).*

Ces spécimens présentent des caractères communs avec les espèces du genre *Rupicapra* notamment avec *R. pyrenaica*, mais de nombreux détails permettent de les exclure de ces taxons connus.

La M3 du Cap de la Bielle à Nestier (*Rupicapra occitanica*) porte un talonide formé par deux arêtes très nettes (Clot & Marsan 1986). Toutefois la forme du dernier lobe présente des variations morphologiques très importantes (comme chez *Ovis*) et la présence de ce caractère n'est pas constante (sur le matériel de la grotte des Gras, par exemple, il y a une seule arête sur certains exemplaires et aucune sur d'autres). Sur notre spécimen, une arête est visible, mais ce critère étant fortement variable à l'intérieur d'une même population, il ne peut être considéré comme caractéristique. Clot & Marsan (1986) pensent qu'il s'agit d'un caractère en régression chez la forme pyrénéenne entre la fin du Pléistocène moyen et l'époque actuelle.

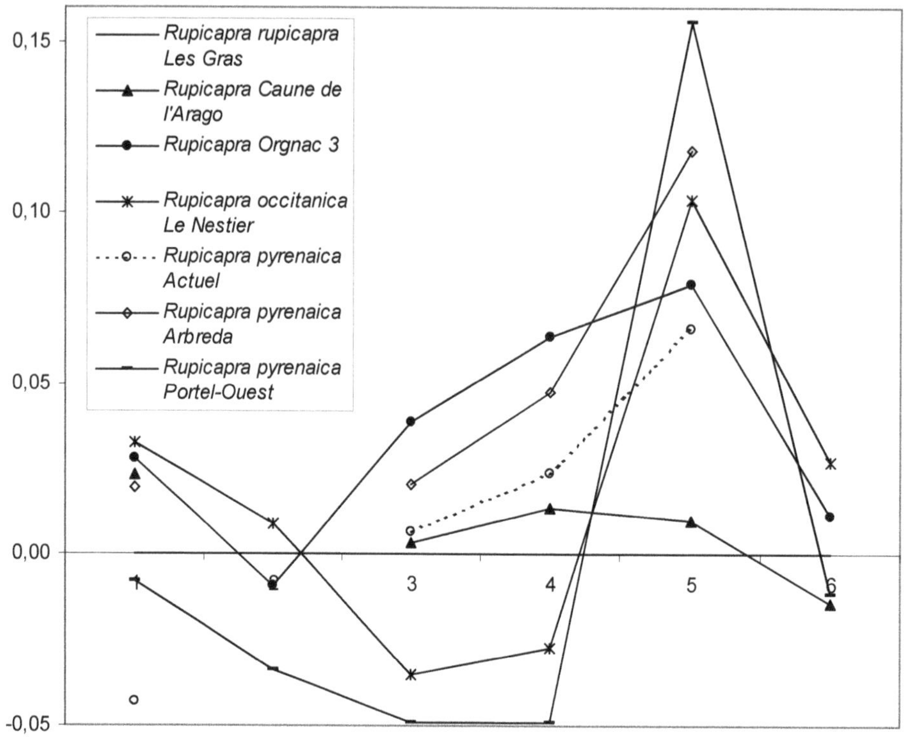

Fig. 127 – Diagramme des rapports des dimensions moyennes de la M3 inférieure de Rupicapra *(Base de référence : Les Gras).*

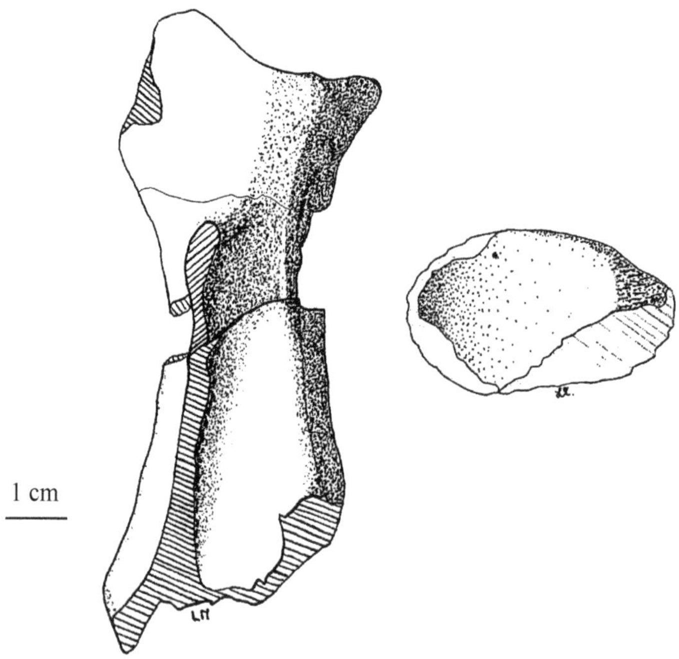

Fig. 128 – Scapula droite de chamois (AR G20 GLF9 1263) (dessin : Laurence Macary, CERP Tautavel).

Bien que de taille inférieure à celle d'Orgnac 3, la M3 de la Caune de l'Arago a des variations métriques identiques (Tabl. 56 et Fig. 127). Cette même observation peut être faite pour les sites de Nestier et du Portel-Ouest. Les fortes ressemblances entre ces populations ne sont pas liées à l'usure des dents.

Collection	HC	1	2	3	4	5	6
H20 HLF6 482		18,3		5,7	5,5	2,9	7,3
Ind R12067				7,2			7,6
J18 JJG1 5217					6,8		

Tabl. 56 – Dimensions de la M3 inférieure de Rupicapra *(en mm).*

Scapula

La pièce AR G20 GLF9 1263 correspond à la cavité glénoïde et au col d'une scapula droite. Malgré l'état de fragmentation de cette pièce, il est possible de noter que le col est étroit et allongé, mais moins étranglé que chez *Rupicapra pyrenaica.* L'épine acromienne est oblique alors qu'elle est verticale chez *Rupicapra rupicapra* (Fig. 128). Le bord caudal (ou axillaire) est pincé alors que chez le chamois des Alpes il est assez épais. Sur le bord caudal du corps, une dépression, qui n'existe pas chez l'isard actuel, est visible. L'apophyse coracoïde a une base épaisse et est très proéminente vers le bas. La bordure caudale de la cavité glénoïde n'est pas aussi aiguë que chez *Capra* (Helmer & Rocheteau 1994). La tubérosité de l'incisure distale est bien délimitée comme chez *Rupicapra pyrenaica.*

Radio-ulna

Le fragment de diaphyse de radius droit (AR I16 IPZ6 903) est de la taille du chamois ou de l'isard. Le bord médial est moins pincé que chez ce dernier et la face dorsale de la diaphyse est plus bombée. Chez *Rupicapra*, la diaphyse du radius est nettement aplatie, notamment dans sa moitié supérieure.

Semi-lunaire (lunatum)

Le semi-lunaire AR I17 IRZ2 304 a été attribué à *Rupicapra* par Crégut (1979). Les reliefs de la face supérieure sont bien marqués. Sur la face articulaire supérieure, la crête antérieure et la crête postérieure sont respectivement sub-perpendiculaire et oblique par rapport à l'axe antéro-postérieur de l'os. Comme chez *Rupicapra*, entre la pointe antérieure et la pointe postérieure, le bord latéral forme deux concavités d'égale importance dégageant un angle aigu vers l'extérieur. Chez *Capra* cet angle existe, mais les deux concavités sont inégales. L'échancrure synoviale médiale est bien développée, comme chez *Rupicapra rupicapra.* Sur la face inférieure, la facette articulaire, antéro-médiale est plus étroite et plus oblique que chez *Rupicapra pyrenaica.*

Métapode postérieur

Un fragment dorsal d'extrémité proximale de métapode postérieur gauche (AR H19 HKF5M 899) est de la taille de celui du chamois. Il en est morphologiquement proche. Le bord dorsal est assez anguleux et, au niveau du point de contact des deux facettes, il est élargi comme chez le tahr. De plus la limite entre les deux facettes est plus saillante que chez le tahr.

Deuxièmes phalanges

AR I16 IPZ 385 : Extrémité distale de 2ème phalange.
AR K18 KJG1 200 : 2ème phalange antérieure entière.
AR Sol G R12495 : Extrémité proximale et diaphyse de 2ème phalange antérieure.

L'extrémité proximale est allongé dans l'axe dorso-palmaire comme chez *Rupicapra.* Les facettes articulaires sont, par conséquent, plus étroites que chez les Caprini. La facette axiale possède une dépression absente des genres *Capra* et *Hemitragus.*

Au niveau de l'extrémité distale, comme chez le chamois, les condyles sont moins dissemblables que ceux du bouquetin (Prat 1966). Le condyle abaxial est très étroit, le condyle axial ne présente pas la dépression visible chez *Capra.* L'échancrure séparant les deux condyles est très profonde par rapport à ce que l'on observe chez *R. pyrenaica.* Les mesures du tableau 57 ont pu être comparées avec seulement quelques données de référence (Fig. 129).

Collection	1	2	3	4	5	6	7	8	9	10	11	12	13	14	15	16	17	18
I16 IPZ 385	27,2	24,5	23,7	12,6	13,7	12,2	9,3	6,0	6,5	10,4	11,8	10,0	9,1	8,5				16,7
Ind R12495				15,0	16,3	14,2	11,9	6,7	7,4	11,7	14,4							
K18 KJG1 200														10,6	9,8	11,8	9,5	

Tabl. 57 – Dimensions de la deuxième phalange de Rupicapra *(en mm).*

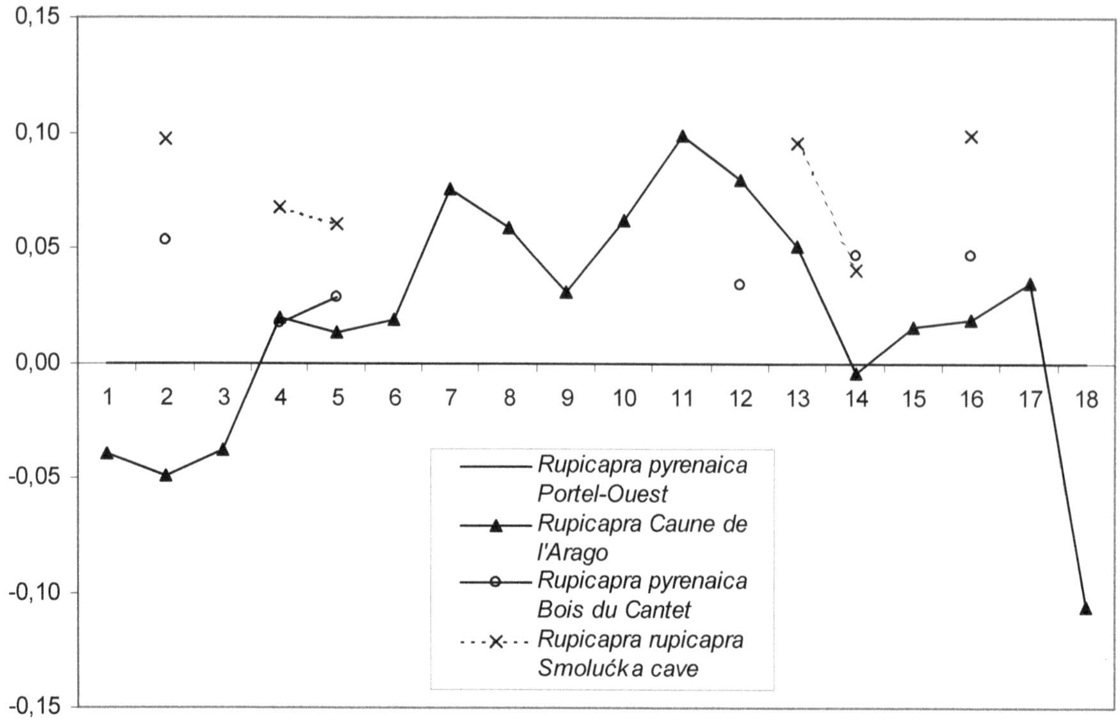

Fig. 129 – Diagramme des rapports des dimensions moyennes de la deuxième phalange de Rupicapra *(Base de référence : Portel-Ouest).*

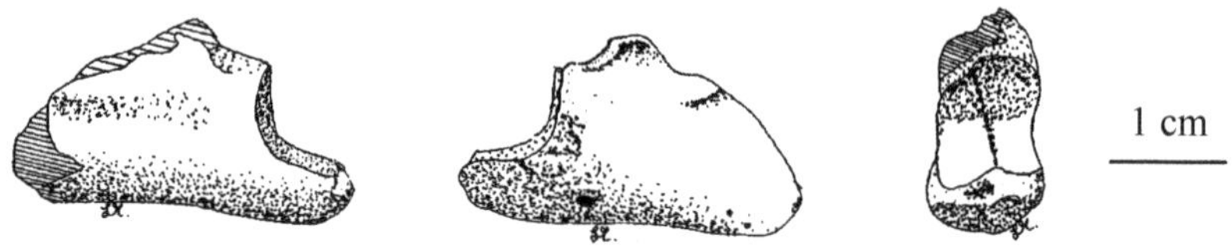

Fig. 130 – Troisième phalange de Rupicapra, *vues axiale, abaxiale et proximale (AR I20 ILE8 688; dessin : Laurence Macary, CERP Tautavel).*

Collection	1	2	3	4	5	6	7	8	9	10	11	12
I20 ILE8 688		15,9	5,9	10,3	5,0	6,8	5,8	3,7	10,8	12,4	10,9	

Tabl. 58 – Dimensions de la troisième phalange de Rupicapra *(en mm).*

Troisièmes phalanges

AR I20 ILE8 688 : 3ème phalange sub-entière (apex phalangien cassé). Cette phalange de petite taille est similaire à celle des chamois fossiles et actuels. En effet, elle est très comprimée latéralement (Fig. 130). De plus, contrairement à ce qui peut être observé chez le tahr ou chez le bouquetin, la facette abaxiale ne s'élargit pas beaucoup vers la partie dorsale, et surtout elle n'est pas trop envahissante sur la facette axiale. A la différence du *Rupicapra pyrenaica*, l'enfoncement visible sur la partie externe de la facette abaxiale est plus large.

Par rapport à l'isard du Portel-Ouest, le *Rupicapra* de la Caune de l'Arago à un diamètre transversal articulaire postérieur de la surface abaxiale plus faible (mesure 8). La surface abaxiale s'élargit plus vers le haut à la Caune de l'Arago que dans les populations plus récentes (Tabl. 58 et Fig. 131).

Conclusion

Le chamois de la Caune de l'Arago est de taille similaire aux chamois et isards du Pléistocène supérieur. Compte tenu du faible nombre de restes et surtout de l'absence de cheville osseuse complète, il est difficile de proposer une attribution spécifique. Toutefois le nombre de caractères communs avec *Rupicapra pyrenaica* par rapport à ceux de *Rupicapra rupicapra* le rapproche de l'espèce pyrénéenne : col étroit et allongé, épine acromienne

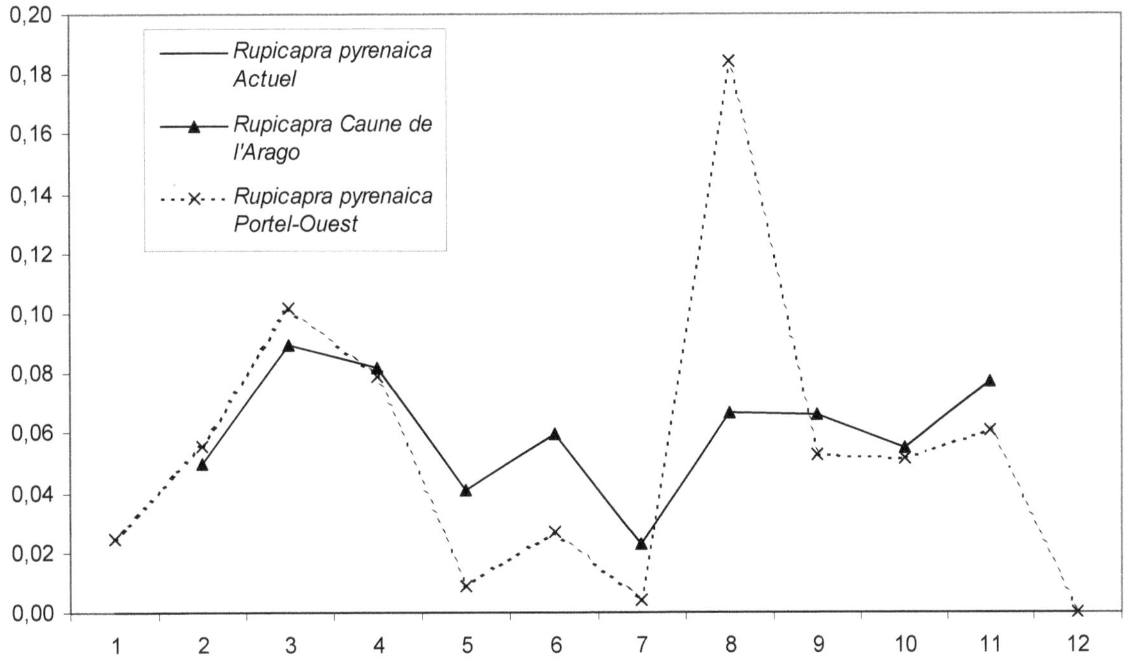

Fig. 131 – Diagramme des rapports des dimensions moyennes de la troisième phalange de Rupicapra *(Base de référence :* R. pyrenaica *actuel).*

oblique, bord caudal pincé, apophyse coracoïde à base épaisse et très proéminente vers le bas, tubérosité de l'incisure distale bien délimitée. Compte tenu de ces observations, il est possible de le dénommer *Rupicapra* cf. *pyrenaica.*

Ce chamois de la Caune de l'Arago se caractérise par une cheville osseuse de section ovalaire au milieu de l'os. Les dents ont un émail assez épais. Les dents supérieures ont des styles très saillants et épais. La M2 supérieure a un parastyle se rétrécissant vers la base de la couronne. Sur la M3 inférieure les deux premiers stylides divergent nettement vers le haut de la couronne et les stylides encadrant le deuxième lobe y convergent. La vallée séparant les deux premiers lobes est très peu marquée. La scapula possède un col peu étroit et allongé, une épine acromienne légèrement oblique. Le semi-lunaire a une facette articulaire antéro-médiale de la face inférieure étroite et oblique. Enfin, l'extrémité distale de la deuxième phalange présente une échancrure séparant les deux condyles très profonde.
Considérant l'évolution de ces caractères chez les formes actuelles, la plupart d'entre eux apparaissent comme des caractères plésiomorphes de la lignée *R. pyrenaica.* Ce *Rupicapra* de la Caune de l'Arago pourrait donc être une forme archaïque de cette lignée.

6.2 – Le chamois d'Orgnac 3, *Rupicapra* cf. *pyrenaica*

Dans les couches 3 et 5a, le gisement d'Orgnac 3 a livré quatre restes attribuables, d'après leur morphologie, au genre *Rupicapra.* Deux d'entre eux avaient déjà été identifiés par Aouraghe (1992).

Troisième molaire inférieure (OR3 C8 c.3 69)

Le repli vestibulaire de la face mésiale est faiblement marqué (Fig. 132). La limite cément-émail de la face mésiale est assez haute. Les conides de la face linguale sont bien dilatés. La vallée séparant les deux premiers lobes est très profonde et large. Le lobe distal est peu évasé vers la base. Donc, du point de vue morphologique, cette dent est très similaire à celle des *Rupicapra* actuels et fossiles. Par contre, elle présente deux différences par rapport à celles de la Caune de l'Arago (AR H20 HLF6 482) : le stylide proximal est moins proéminent et il forme une vallée entre le stylide et le denticule moins large que sur les exemplaires de la Caune de l'Arago. Ces différences peuvent être dues à la variabilité individuelle.

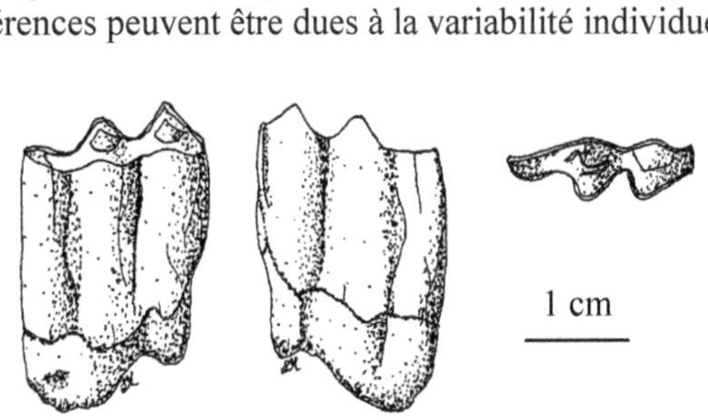

Fig. 132 – M3 inférieure droite de Rupicapra *, vues linguale et vestibulaire (OR3 C8 c.3 69 ; dessin : Laurence Macary, CERP Tautavel).*

La M3 d'Orgnac 3 (Tabl. 59) est comparable au niveau métrique avec celle de la Caune de l'Arago (Fig. 126).

Collection	HC	1	2	3	4	5	6
Orgnac 3 C8.3.69	15,7	18,5	18,4	7,0	6,9	3,4	7,9

Tabl. 59 – Dimensions de la M3 inférieure de chamois d'Orgnac 3 (en mm).

Extrémité distale de tibia (OR3 D13 c.3 244)

Cette pièce correspond à l'épiphyse distale, seule la malléole interne est cassée. Le tenon séparant les gorges articulaires est très large, plus que chez *R. pyrenaica* actuel. Les facettes articulaires en relation avec l'os malléolaire sont moins proéminentes du côté externe que chez *R. pyrenaica*. La scissure séparant ces deux facettes est profonde et atteint presque le bord externe de l'articulation avec l'astragale (caractère de *Rupicapra*). La petite facette péronéale antérieure n'est pas aussi plane que chez *R. pyrenaica*, elle est légèrement convexe.

Les dimensions de ce fragment de tibia (Tabl. 60 et Fig. 133) permettent d'observer la forte ressemblance de celui-ci avec les populations d'isard actuel, excepté pour la surface articulaire de la malléole qui est de taille nettement inférieure à celle des autres *Rupicapra*.

Collection	1	2	3	4	5	6
Orgnac3 D13 c.3 244	26,9	20,1	19,4	17,6	3,9	10,1

Tabl. 60 – Dimensions de l'extrémité distale du tibia de chamois d'Orgnac 3 (en mm).

Extrémité distale de métapode postérieur (OR3 C9 c.3 R10524)

Il s'agit d'un condyle du métapode postérieur qui, d'après sa morphologie et sa taille, peut être rapporté au genre *Rupicapra*.

Première phalange antérieure (OR3 C15 c.5a 241)

Cette phalange est gracile par rapport à celle des Caprinae mais pas autant que celle des isards du Paléolithique supérieur et actuels. Le sillon médian de l'articulation proximale est peu profond. Les facettes articulaires postérieures de l'articulation proximale sont plus développées que chez l'isard. En vue palmaire, le bord proximal du condyle abaxial est oblique vers le haut et l'extérieur. Les deux condyles sont de mêmes dimensions, ils sont symétriques. L'échancrure séparant les deux condyles est moins marquée que chez l'isard.

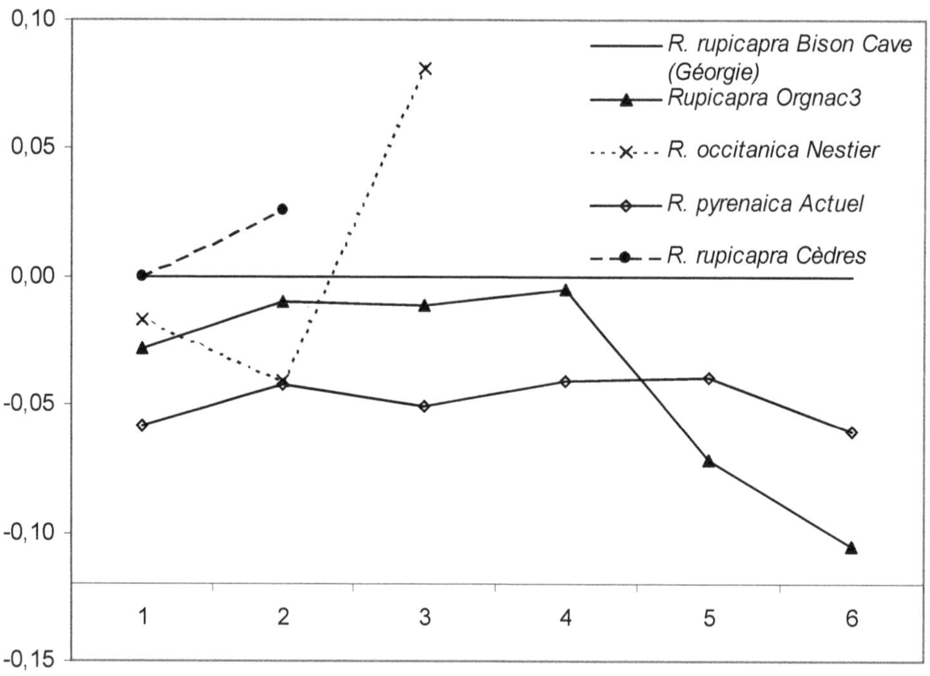

Fig. 133 – Diagramme des rapports des dimensions moyennes de l'extrémité distale du tibia de Rupicapra *(Base de référence : Chamois de la grotte du Bison à Tsutskhvati).*

Collection	1	2	3	4	5	6	7	8	9	10	11	12	
C15 c.5a 241	35,7	35,6	36,6	11,6	13,9	10,9	11,4	3,5	4,6	3,5	4,0	10,1	
	13	**14**	**15**	**16**	**17**	**18**	**19**	**20**	**21**	**22**	**23**	**24**	**25**
	9,8	3,3	3,1	13,3	13,4	8,1	10,0	10,2	10,1	7,8	9,2	9,7	8,1

Tabl. 61 – Dimensions de la première phalange de Rupicapra *d'Orgnac 3 (en mm).*

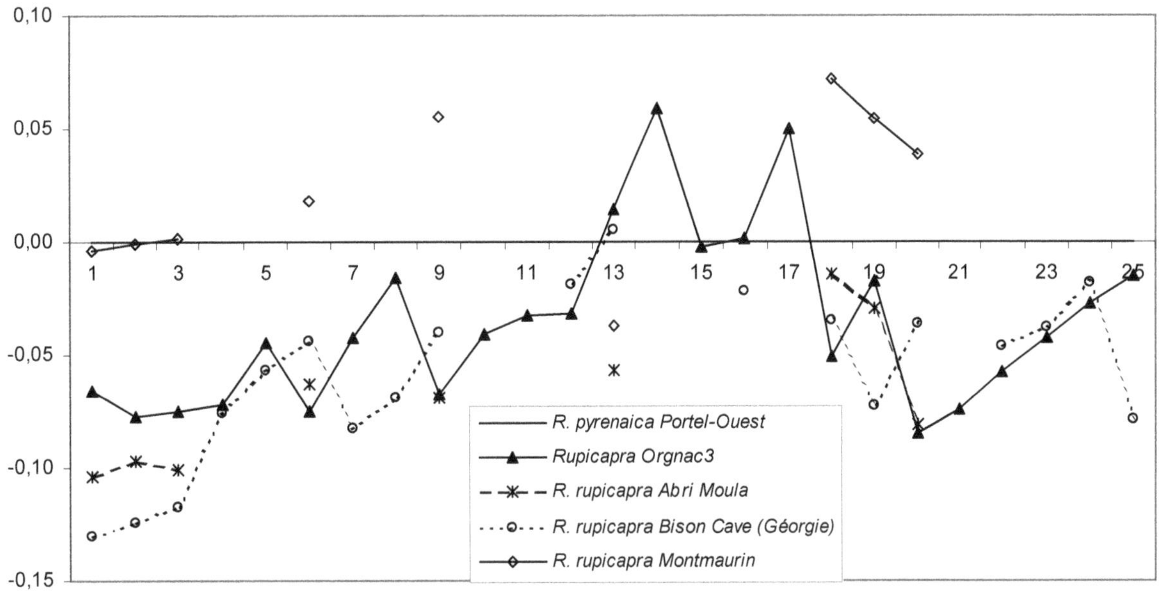

Fig. 134 – Diagramme des rapports des dimensions moyennes de la première phalange de Rupicapra *(Base de référence : Isard du Portel-Ouest).*

Les données métriques (Tabl. 61 et Fig. 134) mettent en avant des différences au niveau de l'articulation proximale qui est plus développée dans l'axe dorso-palmaire que chez l'isard.

Conclusion

Les caractères morphologiques observés sur le chamois d'Orgnac 3 rappèlent fortement ceux décrits précédemment pour *Rupicapra* cf. *pyrenaica* de la Caune de l'Arago. Ce chamois appartient donc à cette même lignée.

6.3 – L'isard, *Rupicapra pyrenaica* (Bonaparte, 1845)

6.3.1 – Le Portel-Ouest

Dans la grotte du Portel-Ouest, le chamois est représenté par 56 restes localisés dans les niveaux du Paléolithique moyen et du Paléolithique supérieur.

Chevilles osseuses

LPO B 5,8-0,3x0,95: base de cheville gauche avec fragment d'os frontal.
LPO B 0,8x1,8x1,15 : apex de la cheville.

Le fragment de cheville osseuse est de section sub-circulaire comme chez les isards actuels (Fig. 135). Par ses dimensions (Fig. 136), ce spécimen se situe parmi les plus grands isards et parmi les plus petits chamois.

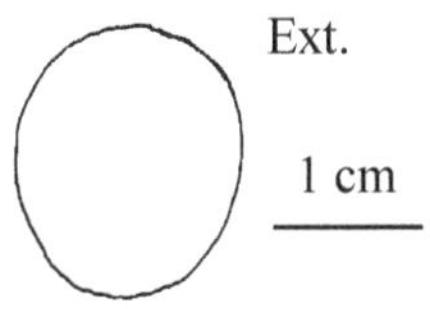

Fig. 135 – Section basale de la cheville (LPO B 5,8-0,3x0,95).

6.3.2 – La Cova de l'Arbreda

Le chamois est représenté dans les couches supérieures de la stratigraphie, c'est à dire dans les niveaux attribués au Paléolithique supérieur, par un total de 12 restes.

Inventaire des restes = 1 P4 supérieure, 2 M3 supérieures, 1 M2 inférieure, 1 fragment de mandibule portant M2 et M3, 1 fragment de dent inférieure, 1 radius, 1 fragment d'ulna, 1 extrémité distale de métapode antérieur et 1 fragment proximal de fémur.

Les dents jugales supérieures présentent des plis du métacône et du paracône bien dilatés. La M3 supérieure possède un métastyle sub-rectiligne et convexe du côté distal. L'aile métastylaire est très réduite. Elle ne s'évase que peu de la surface occlusale au collet. Le style vestibulo-distal est à peine plus développé que les styles antérieur et mésial.

Le métapode antérieur gauche, (ARB, c.21-24, 70133), ne présente que l'extrémité distale (Fig. 137). Ce

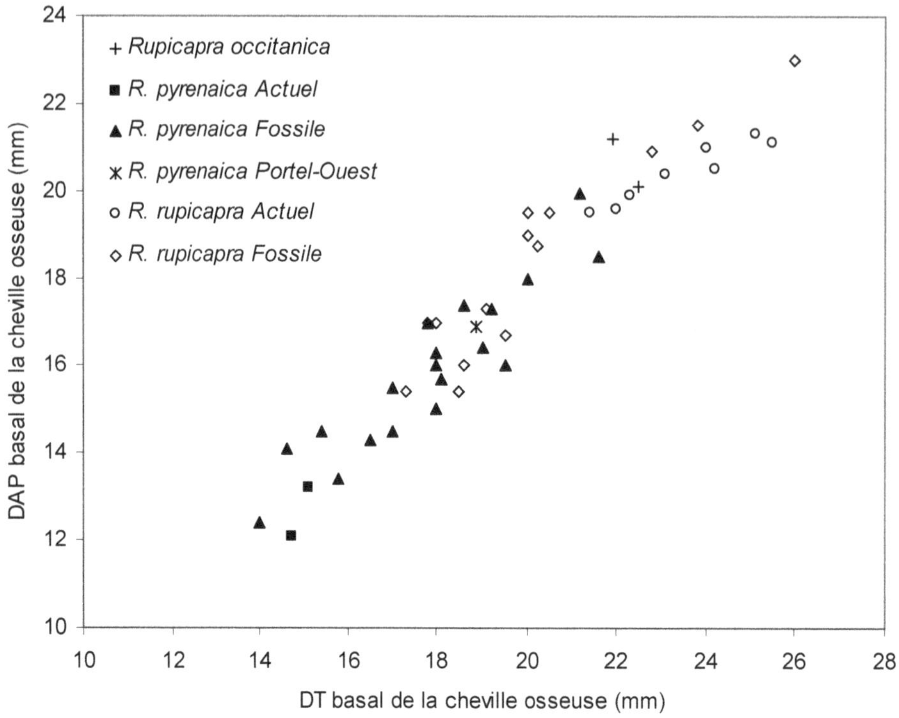

Fig. 136 – Diagramme de dispersion des dimensions de la cheville osseuse du chamois (d'après les mesures de Altuna 1972 ; Clot & Marsan 1986 et mesures personnelles).

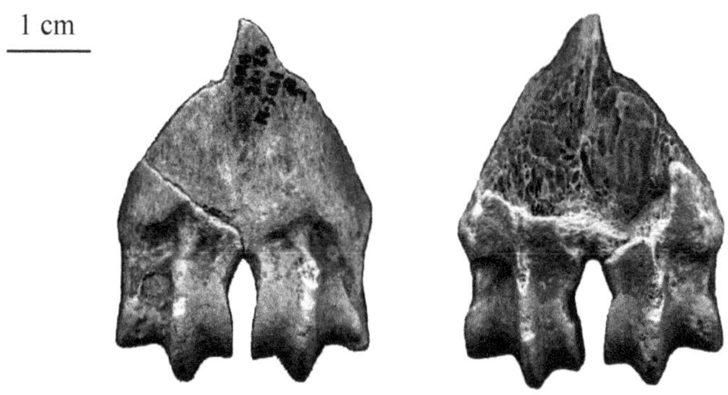

Fig. 137 – Extrémité distale du métapode antérieur d'isard de l'Arbreda (ARB c.21-24, 70133), vues dorsale et palmaire.

métapode antérieur a permis la détermination de l'espèce *R. pyrenaica.*

Les deux espèces actuelles ont des métapodes de morphologie différente alors que la longueur de l'os et le diamètre de la diaphyse sont identiques (Crégut-Bonnoure, 1992b). Chez *R. rupicapra*, la surface d'articulation avec les os du carpe est plus large, notamment la surface pour le magnum. Les tubercules de la partie distale de la diaphyse sont plus développés que la trochlée. Chez *R. pyrenaica*, les tubercules sont moins développés. Par conséquent, la largeur de la partie distale est plus importante chez *R. rupicapra* que chez *R. pyrenaica.* Ces mêmes différences ont été observées par Crégut-Bonnoure (1992*b*) chez les espèces fossiles.

6.3.3 – La grotte de Castel 2

Le genre *Rupicapra* est représenté dans cette cavité par seulement deux restes :
- une mandibule gauche portant la troisième et la quatrième prémolaire lactéale, et la deuxième molaire en train de sortir.
- un tibia droit dont seule l'extrémité proximale est absente. L'extrémité distale est déjà bien soudée.

L'absence de chevilles osseuses rend très difficile la détermination spécifique de ce chamois. Toutefois les

	Espèce	Minimum	Maximum	Moyenne	Référence
Les Cèdres	*R. rupicapra*			28,7	Crégut-Bonnoure, 1995c
Nestier	*R. pyrenaica*			27,6	Clot et Marsan, 1986
La Vache	*R. pyrenaica*	27,5	30,0	29,1	Koby, 1964
Labastide	*R. pyrenaica*	25,5	27,7	26,6	Clot, 1988
Castel 2	*R. pyrenaica*			26,2	

Tabl. 62 – Diamètre transversal distal maximum du tibia de Chamois (en mm).

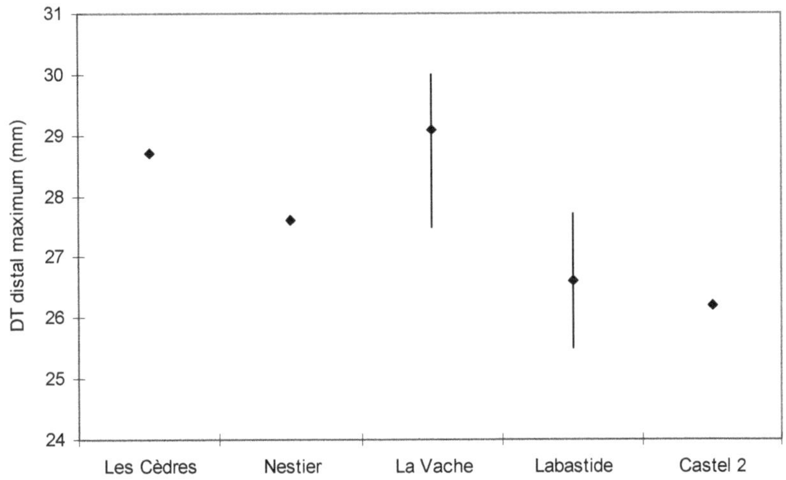

Fig. 138 – Comparaison du diamètre transversal distal maximum du tibia de Rupicapra.

données biométriques réalisées sur le tibia montrent qu'il s'agit d'un animal de petite taille qui s'inscrit dans la gamme de variation des isards fossiles (Tabl. 62 et Fig. 138).

Mesures du tibia de chamois du Castel 2 :
DT distal articulaire = 23,5 mm
DT distal maximum = 26,2 mm
DAP distal maximum = 20,8 mm

6.4 – Evolution du genre *Rupicapra*

Les fortes ressemblances entre les formes actuelles des Pyrénées (*R. pyrenaica* spp.) et des Abruzzes (*R. pyrenaica ornata*) ont conduit Lovari & Scala (1980) à admettre l'existence d'un ancêtre commun antérieur au stade 6. Le rapprochement taxonomique de *pyrenaica* et *ornata* est confirmé du point de vue morphométrique par Scala & Lovari (1984). Selon Clot & Marsan (1986), le chamois de la grotte du Cap de la Bielle à Nestier (fin du Pléistocène moyen), *R. occitanica*, est trop différent des formes actuelles pour supporter l'hypothèse d'une lignée commune. Cependant Clot & Marsan (1986) acceptent que la forme wurmienne pyrénéenne est dérivée des ancêtres de la fin du Pléistocène moyen. *R. pyrenaica* paraît comme la forme la plus ancienne avec des caractères plésiomorphes comme la faible divergence des chevilles osseuses (Lovari 1987). Après l'étude des faunes de la grotte de la Vache (Ariège), Koby (1964) constate déjà que l'isard fossile est plus fort que l'actuel (chevilles osseuses, denture,...).

Clot & Marsan (1986) ont attribué la forme découverte au Nestier à *R. rupicapra occitanica* parce que les caractères d'une cheville osseuse et de la dentition n'étaient pas en accord avec ceux de *R. pyrenaica*. Masini & Lovari (1988) affirment que les caractères décrits par Clot & Marsan (1986) sont souvent observés chez les isards actuels (*pyrenaica* ou *ornata*). Selon Masini & Lovari (1988) le spécimen du Nestier est attribuable à *Rupicapra* cf. *pyrenaica*.

6.5 – Conclusion

Le chamois le plus ancien actuellement connu en Europe de l'Ouest, *Rupicapra* cf. *pyrenaica*, fait son apparition à la Caune de l'Arago dans un niveau archéologique daté de 440 000 ans (stade isotopique 12). Cette même espèce est présente à Orgnac 3, dans des niveaux du stade isotopique 9. Cette espèce, par ses caractères morphologiques plésiomorphes, appartient à une forme archaïque de la lignée pyrénéenne.

VII – Conclusion

L'étude réalisée pour *Ovis ammon antiqua* et pour *Hemitragus bonali* a permis d'apporter quelques éléments nouveaux par rapport aux précédentes études, grâce aux comparaison avec d'autres sites.

La Caune de l'Arago a livré une riche collection de fossiles attribués à l'argali. Du point de vue morphologique, l'*Ovis* de la Caune de l'Arago appartient à l'espèce *Ovis ammon*. Au niveau métrique, il est parmi les plus grands argalis fossiles d'Europe et du Caucase. De plus il présente de fortes similarités métriques avec l'*Ovis ammon ammon* actuel.

Le tahr de Bonal, du point de vue morphologique et métrique, entre dans la gamme de variation des populations européennes du Pléistocène moyen (L'Escale, Aldène, Orgnac 3).

Cette étude a également permis de définir clairement d'autres populations de petits bovidés représentées à la Caune de l'Arago par quelques restes seulement.

Le tahr des Cèdres est connu dans quatre gisements dont la séquence stratigraphique est corrélée aux stades isotopiques 6 et 5e. Il est assez bien représenté à la Caune de l'Arago, puisque 56 restes ont pu lui être attribués. Il montre de nombreuses analogies de morphologie et de proportions avec les deux populations provençales des Cèdres et de Rigabe. Toutefois, il est de dimensions relativement plus faible. On sait que chez *H. bonali* comme chez *H. cedrensis*, la taille des individus diminue tout au long du Pléistocène selon la loi de Bergmann (Crégut-Bonnoure 1989). Ceci expliquerait la réduction générale de la taille observée à la Caune de l'Arago. Les différences de morphologie observées sur les dents, ajoutées à la réduction de taille, suggèrent que la population de la Caune de l'Arago est plus évoluée que celle de la grotte des Cèdres ; elle pourrait être contemporaine de celle de Saint-Marcel-d'Ardèche datée du stade isotopique 5. La présence d'*H. cedrensis* à la Caune de l'Arago confirme l'hypothèse de dispersion de cette espèce hors de la Provence au stade isotopique 5.

Pour la première fois un bouquetin du Caucase a été reconnu à la Caune de l'Arago. Ce *Capra* aff. *caucasica*, est comparable aux populations du Portel-Ouest, de Bouxès et de Saint-Marcel-d'Ardèche, tant du point de vue morphologique que métrique. Un bouquetin appartenant à cette même espèce a été identifié dans le site Arche 98. Ces populations d'Europe de l'Ouest sont morphologiquement identiques et métriquement comparables à celles des gisements du Caucase. La présence à la Caune de l'Arago, au Castel 2 et à l'Arbreda d'un bouquetin pyrénéen, *Capra pyrenaica*, renforce l'hypothèse selon laquelle ce dernier est issu de l'évolution en place des populations de bouquetin du Caucase. En ce qui concerne l'âge des découvertes, *C. caucasica* est en France un bouquetin des stades isotopiques 5 et 4. A la Caune de l'Arago, il présente une nette affinité avec les populations pyrénéennes du Portel-Ouest et de l'Arche 98 qui sont contemporaines du Würm ancien (stade isotopique 4). Il y a donc une grande probabilité pour que le bouquetin de la Caune de l'Arago soit contemporain de cette période. Les bouquetins de ces trois sites pyrénéens présentent des différences par rapport à ceux de la bordure du Massif Central (comme l'Hortus) et de Provence. Les populations de bouquetin de la Caune de l'Arago, du Portel-Ouest et d'Arche 98 montrent des caractères morphologiques et métriques qui les rapprochent plus encore de *C. pyrenaica*. La réduction de la taille des individus, observée ici dans les sites pyrénéens, est bien connue pour d'autres espèces de Caprinae (Crégut-Bonnoure 1989). Ce phénomène n'ayant pas affecté les populations plus à l'Est, on peut supposer que les populations pyrénéennes se sont retrouvées dans un relatif isolement. Le bouquetin du Caucase a probablement subi une évolution locale plus poussée qui pourrait être liée à l'existence de conditions paléoenvironnementales plus favorables qui restent à préciser.

A la Caune de l'Arago, *C. caucasica* et *H. cedrensis* proviennent tous deux d'un niveau de la séquence supérieure mal daté car résultant d'un phénomène de mise en place complexe. D'après Perrenoud (1993), deux couches pourraient avoir été injectées dans les niveaux sous-jacents, et qui seraient plus récentes que 92 000 ans. Nous savons qu'à Saint-Marcel-d'Ardèche (stade isotopique 5), *H. cedrensis* a été retrouvé associé à *C. caucasica* (Crégut-Bonnoure 1989; Defleur *et al.* 2001). Dans le cas de la Caune de l'Arago, il est impossible de connaître la provenance stratigraphique exacte et d'en conclure sur la contemporanéité de ces deux taxons.

Le Chamois de la Caune de l'Arago, *Rupicapra* cf. *pyrenaica*, présent dans le sol F possède des caractères plésiomorphes. Il représente une forme primitive de la lignée des chamois pyrénéens.

Chapitre 3

Phylogénie et biostratigraphie

I – Essai d'analyse phylogénétique

L'analyse phylogénique d'une lignée permet de reconstruire son histoire évolutive. Cette approche est utilisée ici afin de proposer tentative de reconstruction de la phylogénie de quelques taxons de Caprinae. Cette tentative pourra par la suite être étendue par l'inclusion d'autres espèces. Le but est de tenter d'éclaircir les relations de parenté entre les espèces fossiles et quelques espèces actuelles. Deux démarches différentes seront utilisées : la méthode cladistique et la méthode phénétique.

1.1 – Description des méthodes

1.1.1 – Analyse cladistique (systématique phylogénétique)

C'est Hennig (1950 et 1966) qui a défini les principes de la systématique phylogénétique ou analyse cladistique. Le concept de l'analyse cladistique consiste à mettre en évidence la série de transformations des caractères des taxons étudiés, de l'état ancestral (plésiomorphe), à l'état dérivé (apomorphe). Les parentés entre taxons sont définies par les états apomorphes partagés entre les taxons (synapomorphies) et aboutissent à définir des "groupes-frères", héritiers d'un ancêtre commun. Seules les synapomorphies indiquent une parenté phylogénétique. En effet, le partage d'un caractère plésiomorphe par plusieurs taxons (symplésiomorphie) ne signifie pas que ceux-ci sont tous les descendants d'un taxon "ancestral".

Un groupe monophylétique comprend un ancêtre et tous ses descendants. Un groupe est donc monophylétique lorsqu'il existe au moins une apomorphie. Un groupe paraphylétique est un groupe qui ne renferme pas tous les descendants d'un ancêtre commun, c'est un groupe fondé sur de simples symplésiomorphies.

Le cladogramme est la représentation graphique des relations entre taxons. Le traitement informatique de la matrice de données repose sur l'analyse de parcimonie : le nombre de solutions (arbres) étant très grand, la parcimonie choisit la solution la plus courte (minimisation du nombre de "pas"). Si plusieurs arbres également parcimonieux ressortent du traitement, un arbre de consensus, solution moyenne entre toutes les solutions également parcimonieuses, est construit. C'est l'homoplasie, apparition indépendante de caractères similaires chez des taxons proches, qui est responsable de la formation de plusieurs arbres également parcimonieux. L'homoplasie est divisée en convergence, apparition indépendante chez deux taxons ou plus d'un même caractère, et réversion, apparition d'un caractère ayant l'apparence d'un caractère plésiomorphe.

Le degré d'homoplasie est estimé à l'aide de l'indice de cohérence *ci* (*consistency index*). C'est le rapport entre le nombre minimum de transformations nécessaires à expliquer les états de tous les caractères, et le nombre effectif de transformations dans l'arbre considéré. L'indice de rétention *ri* (*retention index*) représente le rapport entre le nombre d'homoplasies observables, et le nombre d'homoplasies observées. La longueur de l'arbre *L* est le total du nombre de changements (de pas) pour chacun des caractères le long des branches.

L'analyse nécessite un extra-groupe, groupe-sœur ou outgroup, c'est à dire un taxon qui n'appartient pas au groupe étudié. L'extra-groupe définit la polarité des transformations dans le cladogramme. Il permet d'enraciner l'arbre.

La matrice de données est traitée par le logiciel HENNIG86 1.5 (Farris 1988 et 1989). Les options choisies pour le traitement concernent l'enracinement de l'outgroup et le principe de parcimonie (minimisation du nombre d'arbres).

1.1.2 – Analyse phénétique (systématique phénétique ou numérique)

Les méthodes phénétiques, dont les bases ont été posées par Cain (1954) puis développées par Sneath & Sokal (1973), permettent de construire des arbres de similitude entre unités évolutives (UE). L'UE est divisée en Unité Taxonomique Opérationnelle (UTO) et Unité Taxonomique Hypothétique (UTH) ancêtre de plusieurs UTO. Pour les phénéticiens, plus la similitude entre UE est grande, plus les liens de parenté sont étroits. La similitude est mesurée en termes de distance: plus la similitude entre deux UE est grande, plus la distance qui les sépare est petite.

La similitude entre les taxons est calculée par l'indice de correspondance simple de Sokal et Michener. Il s'agit du pourcentage d'états de caractères communs entre deux taxons (Nombre de caractères communs * 100 / Nombre total de caractères). La construction de l'arbre est réalisée par la méthode UPGMA (Unweighted Pair Group Method using Averages). Cette technique aboutit à un phénogramme par agglomération successive des taxons, des plus proches aux plus éloignés.

Les nœuds des phénogrammes ne représentent pas les états ancestraux des caractères, contrairement aux cladogrammes, mais de simples degrés de similitude entre les UE. Le phénogramme n'est pas enraciné car il est dépourvu de dimension temporelle.

La matrice est construite en utilisant le logiciel MYSTAT 2.1. et le traitement informatique de cette matrice est réalisé par le logiciel SYSTAT 4.0.

1.2 – Choix des taxons

Les taxons choisis pour l'analyse sont ceux rencontrés dans les gisements pléistocènes étudiés ou des animaux actuels examinés. Il s'agit donc des espèces suivantes :

Ovis ammon antiqua	Caune de l'Arago.
Ovis gmelini	Karaïn E.
Hemitragus bonali	Caune de l'Arago, Orgnac 3.
Hemitragus cedrensis	Caune de l'Arago.
Capra pyrenaica	Arbreda, Arche 98, Castel 2.
Capra aff. *Caucasica*	Caune de l'Arago, Portel-Ouest, Hortus.
Capra ibex	Spécimens actuels.
Capra aegagrus	Karaïn E et spécimens actuels.
Rupicapra pyrenaica (outgroup)	Portel-Ouest, Arbreda et spécimens actuels.

L'isard a été retenu comme outgroup car il s'agit d'un taxon appartenant à la tribu des Rupicaprini.

Statistiquement, à partir de 9 taxons il est possible d'obtenir 2 027 025 cladogrammes différents. Pour proposer un cladogramme sans contradictions de 9 taxons il faut disposer d'un minimum de 17 caractères synapomorphes.

1.3 – Choix des caractères

La matrice est construite en prenant en compte tous les caractères disponibles afin de préserver l'intégralité de l'information. Les caractères ont été recherchés sur les parties les plus caractéristiques des taxons analysés : chevilles osseuses, M3 supérieure, P3 inférieure, P4 inférieure, talus et calcanéum. La plupart d'entre eux ont déjà été décrits dans le chapitre 2. Au total, 34 caractères ont été utilisés, ils sont présentés dans le paragraphe suivant.

1.4 – Analyse des caractères et réalisation des dendrogrammes

Chaque caractère se présente sous différents états qui permettent de discriminer les taxons. Chaque état d'un caractère est codé par un chiffre : 0, 1, 2, etc. ; on code souvent par 0 l'état primitif et par 1, 2, … les états dérivés lorsqu'on connaît le sens des transformations du caractère au cours de l'évolution (la "polarité" des transformations). Pour certaines parties anatomiques absentes dans les sites étudiés (c'est le cas pour *H. cedrensis*), les données de la bibliographie ont été exploitées (Crégut-Bonnoure 1989 et 1995a).

La notion de caractère manquant permet de conserver dans l'analyse un taxon pour lequel un caractère soit n'a pas pu être observé (codé par ?), soit est inapplicable (codé par -).

Une fois définis les états retenus pour chaque caractère, il suffit de dresser le tableau complet espèces x caractères (Tabl. 63 et 64). La matrice obtenue doit être nettoyée de toute information inutile (redondances, autapomorphies). Les deux matrices présentées n'ont pas été nettoyées car ce sont les mêmes données qui sont utilisées pour l'analyse phénétique, il faut donc préserver le maximum d'information.

Dans le cas où plusieurs cladogrammes sont obtenus, un arbre de consensus est construit. L'arbre de consensus est un cladogramme qui résume plusieurs arbres (au moins deux), tel que les parties concordantes apparaissent clairement par rapport aux parties discordantes. L'arbre de consensus strict est l'arbre ayant le plus de résolution possible en retenant les groupes qui sont monophylétiques dans tous les arbres.

Cheville osseuse

0. Forme générale : 0 – droite, 1 – recourbée, 2 – en spirale.
1. Enroulement : 0 – homonyme, 1 – hétéronyme.
2. Forme de la section à la base : 0 – arrondie, 1 – ovale, 2 – sub-triangulaire, 3 – triangulaire.
3. Nombre de carènes : 0 – aucune, 1 – 1 carène, 2 – 3 carènes.
4. Ecartement à la base : 0 – chevilles rapprochées, 1 – éloignées.

M3 supérieure

5. Métastyle : 0 – rectiligne, 1 – oblique.
6. Aile métaslylaire : 0 – absente, 1 – réduite, 2 – bien développée.
7. Flexion de la base du métastyle vers le mésostyle : 0 – faible, 1 – forte.
8. Face labiale du lobe distal : 0 – à contour arrondi, 1 – carénée.
9. Surfaces interstylaires de largeur : 0 – égale, 1 – inégale (distale plus large que la mésiale).

P3 inférieure

10. Métaconide : 0 – peu dilaté, 1 – très dilaté.
11. Paraconide : 0 – courbé, 1 – peu courbé.
12. Sillon vestibulaire : 0 – étroit, 1 – large.
13. Bord du métaconide (vallée linguale) : 0 – rectiligne et oblique, 1 – oblique à la base puis vertical vers le haut de la couronne (présence d'un coude).

P4 inférieure

14. Entoconide : 0 – peu dilaté, 1 – bien dilaté.
15. Renflement basal (lingual et labial) : 0 – absent, 1 – présent.

Talus

16. Tubercule médial : 0 – peu marqué, 1 – très marqué.
17. Facette articulaire latérale inférieure : 0 – absente, 1 –

présente.
18. Contour de la facette articulaire latérale : 0 – diffus, 1 – net.
19. Surface de la facette articulaire latérale : 0 – plane, 1 – convexe.
20. Importance de la protubérance médiale : 0 – peu marquée, 1 – assez marquée, 2 – très marquée.
21. Orientation de la protubérance médiale : 0 – horizontale, 1 – oblique vers le bas, 2 – oblique vers le haut.
22. Importance du sillon vasculaire plantaire : 0 – diffus, 1 – profond, 2 – très profond.
23. Position de la gorge de la trochlée distale : 0 – centrée, 1 – excentrée.
24. Forme de la gorge de la trochlée proximale : 0 – en U, 1 – en L.
25. Sillon sur la facette latérale (vue médiale) : 0 – absent, 1 – présent.
26. Largeur du bord dorsal de la trochlée proximale : 0 – étroit, 1 – large.
27. Renflement sur la gorge de la trochlée proximale : 0 – absent, 1 – présent.

Calcaneus
28. Angle entre le processus coracoïde et la surface articulaire pour l'os malléolaire : 0 – 30°, 1 – 45°, 2 – 70°.
29. Bord du sustentaculum tali : 0 – légèrement relevé, 1 – très relevé.
30. Extrémité distale de la surface articulaire pour l'os malléolaire : 0 – arrondie, 1 – pointue.
31. Facette interne à la surface articulaire pour l'os malléolaire : 0 – absente, 1 – présente.
32. Angle de l'extrémité distale : 0 – 75°, 1 – 85°.
33. Sinus du tarse : 0 – absent, 1 – développé, 2 – très développé.
34. Nombre de sillons sur le processus coracoïde : 0 – 1 sillon, 1 – 2 sillons.

Taxons	Caractères															
	Cheville osseuse					M3 supérieure					P3 inf.				P4 inf.	
	0	1	2	3	4	5	6	7	8	9	10	11	12	13	14	15
Ovis ammon antiqua	2	0	0	2	0	0	0	1	1	1	1	0	0	0	1	0
Ovis gmelini	2	0	0	2	1	0	0	1	1	1	1	0	0	0	1	0
Hemitragus bonali	1	1	1	1	0	0	0	0	1	1	0	0	0	1	0	0
Hemitragus cedrensis	?	?	?	?	?	0	0	0	0	1	1	0	0	0	0	0
Capra pyrenaica	1	0	2	2	1	1	1	1	0	0	0	0	0	0	0	1
Capra caucasica	1	0	2	2	2	1	1	1	0	0	1	0	0	1	0	1
Capra ibex	1	1	3	2	1	1	2	0	0	1	1	1	1	1	1	1
Capra aegagrus	1	0	2	2	1	1	2	0	0	1	1	1	0	0	1	1
Rupicapra pyrenaica	0	-	0	0	2	0	0	0	0	0	0	1	0	0	0	0

Tabl. 63 – Matrice des caractères crâniens et dentaires retenus pour l'analyse phylogénétique.

Taxons	Caractères																		
	Talus												Calcanéus						
	16	17	18	19	20	21	22	23	24	25	26	27	28	29	30	31	32	33	34
Ovis ammon antiqua	1	1	0	1	2	0	0	1	0	0	0	1	1	0	0	1	1	0	0
Ovis gmelini	1	1	1	1	1	0	1	1	0	0	0	1	1	0	0	1	1	0	0
Hemitragus bonali	0	0	-	-	1	0	1	0	1	0	0	0	1	1	0	0	0	1	1
Hemitragus cedrensis	0	0	-	-	1	0	1	0	1	0	0	0	1	1	0	0	0	1	1
Capra pyrenaica	0	1	1	1	2	1	2	0	1	1	1	0	2	1	1	1	0	2	0
Capra caucasica	1	1	1	0	2	1	1	0	0	0	0	1	0	0	0	0	0	1	0
Capra ibex	0	1	0	1	1	1	1	1	1	0	0	0	2	0	0	1	0	1	0
Capra aegagrus	0	1	1	1	1	1	1	1	1	0	0	0	2	0	0	1	0	1	0
Rupicapra pyrenaica	1	0	-	-	0	2	0	1	0	0	0	0	2	1	1	0	1	1	0

Tabl. 64 – Matrice des caractères retenus pour l'analyse phylogénétique sur les os du tarse.

1.5 – Résultats

1.5.1 – Analyse cladistique

Le traitement de la matrice sans polarisation et sans pondération des caractères abouti à 5 cladogrammes également parcimonieux (*L* = 72 ; *ci* = 65 ; *ri* = 57) dont l'arbre de consensus strict est présenté dans la figure 139.

La pondération des caractères a été effectuée selon une méthode à posteriori. Dans ce cas, la pondération est effectuée après l'analyse de parcimonie. Le processus de pondération successive donne un poids plus faible aux caractères homoplasiques. Ceci permet de minimiser le nombre de cladogrammes également parcimonieux.

Lors du traitement de la matrice sans polarisation, mais avec pondération des caractères, le logiciel propose 3 cladogrammes également parcimonieux (*L* = 76 ; *ri* = 56 et *ci* = 61) (Fig. 140). L'arbre de consensus strict (Fig. 141) a été construit à partir de ces trois premiers cladogrammes.

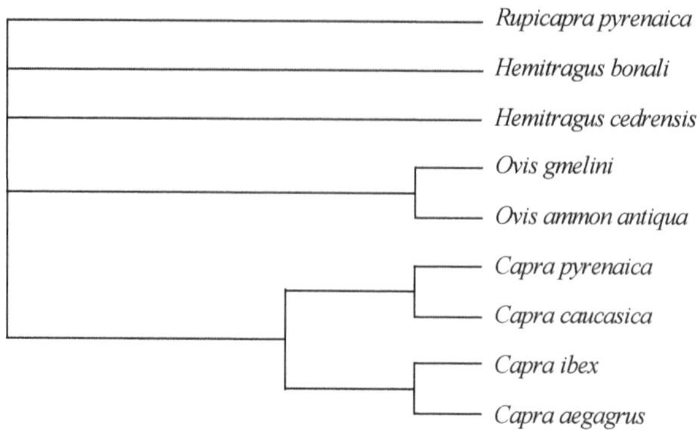

Fig. 139 – Cladogramme consensus issu du traitement sans pondération des caractères.

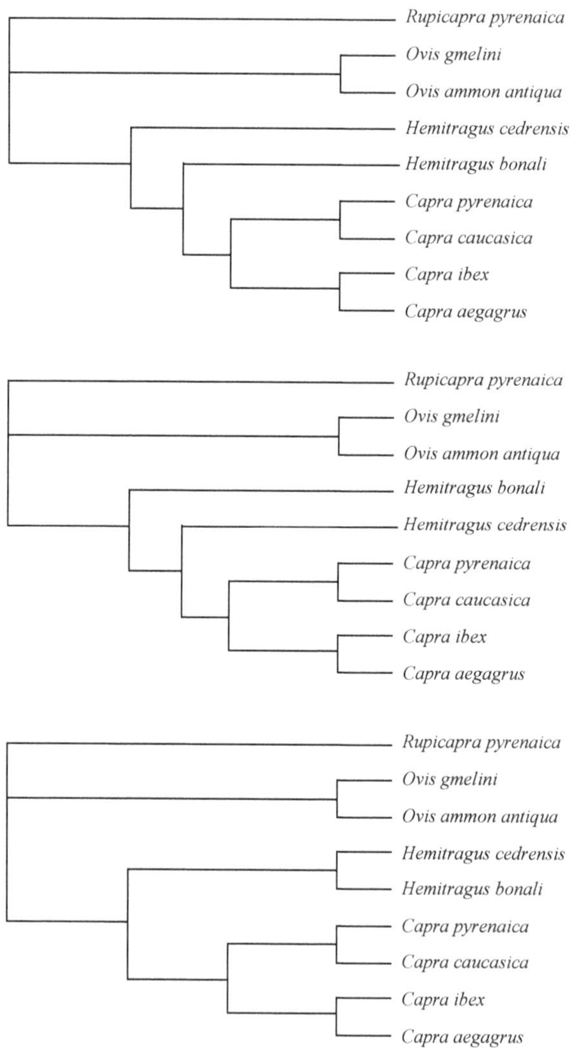

Fig. 140 – Cladogrammes issus du traitement avec pondération des caractères.

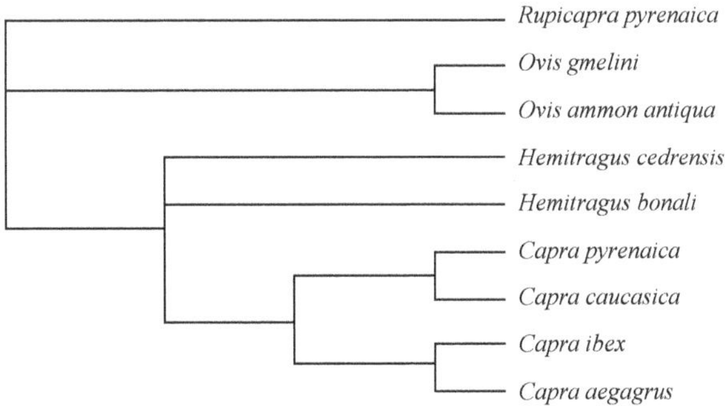

Fig. 141 – Cladogramme consensus issu du traitement avec pondération des caractères.

1.5.2 – Analyse phénétique

Les pourcentages de similitude obtenus par l'indice de correspondance simple sont présentés dans une matrice à double entrée (Tabl. 65).

	O.a.a	***O.g***	***H.b***	***H.c***	***C.p***	***C.c***	***C.i***	***C.a***
O.g	88,6							
H.b	39,4	42,4						
H.c	46,4	53,6	89,3					
C.p	31,4	34,3	33,3	39,3				
C.c	45,7	48,6	39,4	46,4	57,1			
C.i	40,0	45,7	45,5	50,0	45,7	48,6		
C.a	45,7	57,1	42,4	57,1	60,0	54,3	85,7	
R.p	43,8	40,6	40,6	53,6	34,4	37,5	31,3	37,5

Tabl. 65 – Matrice de similitude (Indice de correspondance simple en %).

Le phénogramme a été réalisé par la méthode UPGMA (Fig. 142). Dans ce cas, le logiciel calcule la moyenne des similitudes entre les taxons d'un groupe avant de "brancher" un nouveau taxon. Les autres méthodes, lien simple et lien médian, donnent un arbre de même topologie, seules les distances entre les groupes varient.

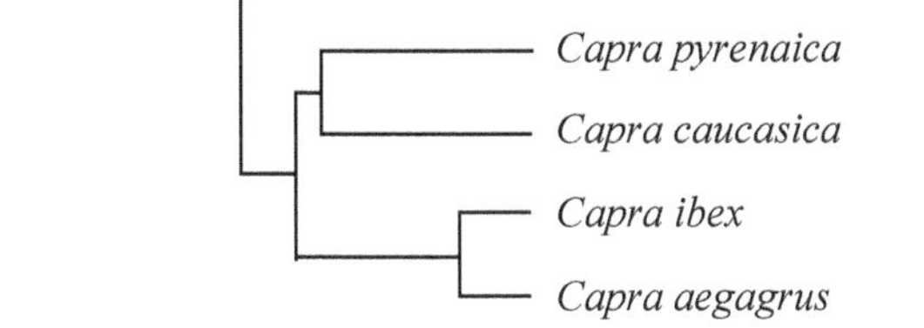

Fig. 142 – Phénogramme obtenu par la méthode UPGMA.

1.5.3 – Conclusions

Dans tous les cas, les lignées des genres *Ovis* et *Capra* sont toutes les deux monophylétiques. Le genre *Hemitragus* pose quelques problèmes. En effet, l'analyse ne permet pas de dire si ce genre est monophylétique, car il a été nécessaire de réaliser un consensus des trois cladogrammes obtenus. Pour tenter de trancher entre ces deux hypothèses il faudrait intégrer de nouveaux caractères, c'est à dire prendre en considérations d'autres parties anatomiques.

De plus il apparaît que *Capra pyrenaica* et *Capra caucasica* sont monophylétiques ainsi que *Capra aegagrus* et *Capra ibex*. Ces résultats sont en accord avec l'hypothèse de l'origine du *C. pyrenaica* proposée par Crégut-Bonnoure (1992a et 1992c).

La position du genre *Hemitragus* par rapport aux autres taxons doit être élucidée. Comme il apparaît généralement souvent enraciné très bas dans le cladogramme, il est relativement lié à *Rupicapra* au niveau phylogénétique. Ces deux genres sont proches de l'origine du groupe des Caprini.

L'analyse phénétique met simplement en évidence les fortes similitudes entre les taxons du genre *Ovis* et ceux du genre *Hemitragus*. Dans le genre *Capra*, les similitudes sont très fortes entre *C. ibex* et *C. aegagrus*, ensuite se rattachent *C. caucasica* et *C. pyrenaica* dont la distance est plus éloignée que entre les deux précédents. Il est important se signaler que ce phénogramme ne met en évidence que les ressemblances entre les taxons, il n'a aucune signification évolutive. La similitude entre la lignée *Hemitragus* et le genre *Rupicapra* est assez forte par rapport aux autres taxons de la tribu des Caprini. Cette similitude nous conduit à privilégier l'hypothèse de Bunch & Nadler (1980) qui considèrent le tahr comme le Caprini le plus primitif et comme un lien possible avec la tribu des *Rupicaprini*.

1.6 – Comparaisons avec les résultats obtenus sur les taxons actuels

1.6.1 – Comparaisons avec les résultats des analyses morphologiques

L'étude de Veinberg (1993), basée sur la forme des cornes et sur la coloration du pelage, montre que *C. caucasica* et *C. pyrenaica* appartiendraient à deux lignées différentes (Fig. 143). Ainsi, *C. caucasica* serait plus proche de *C. ibex* et *C. pyrenaica* serait plus proche de *C. aegagrus*.

1.6.2 – Comparaisons avec les résultats des analyses moléculaires

Dans le cladogramme proposé par Hassanin & Douzery (1999) obtenu d'après l'analyse du cytochrome *b* (Fig. 144), la lignée *Ovis* est monophylétique. Les auteurs ont rencontré le même problème concernant les genres *Capra* et *Hemitragus*. Leur étude ne permet pas de déterminer si ces deux taxons sont monophylétiques ou non. L'enracinement des trois genres étudiés précédemment est identique à celui-ci. En effet, les genres *Rupicapra*, *Ovis* et le clade *Capra-Hemitragus* se rattachent à un même niveau sur le cladogramme.

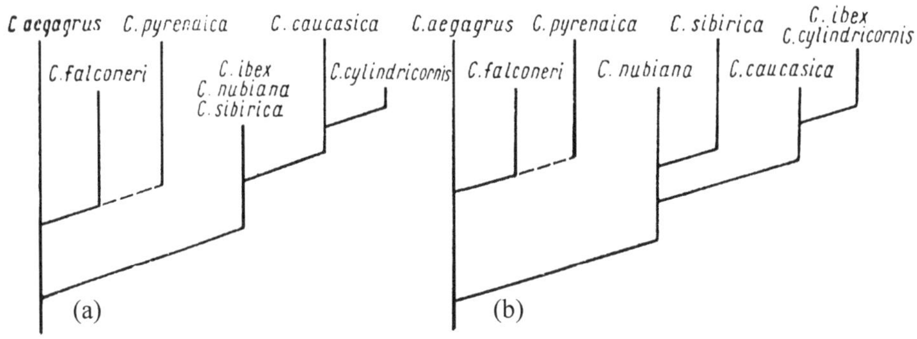

Fig. 143 – Evolution de Capra *(a) d'après la morphologie des cornes et (b) d'après la coloration du pelage (d'après Veinberg 1993).*

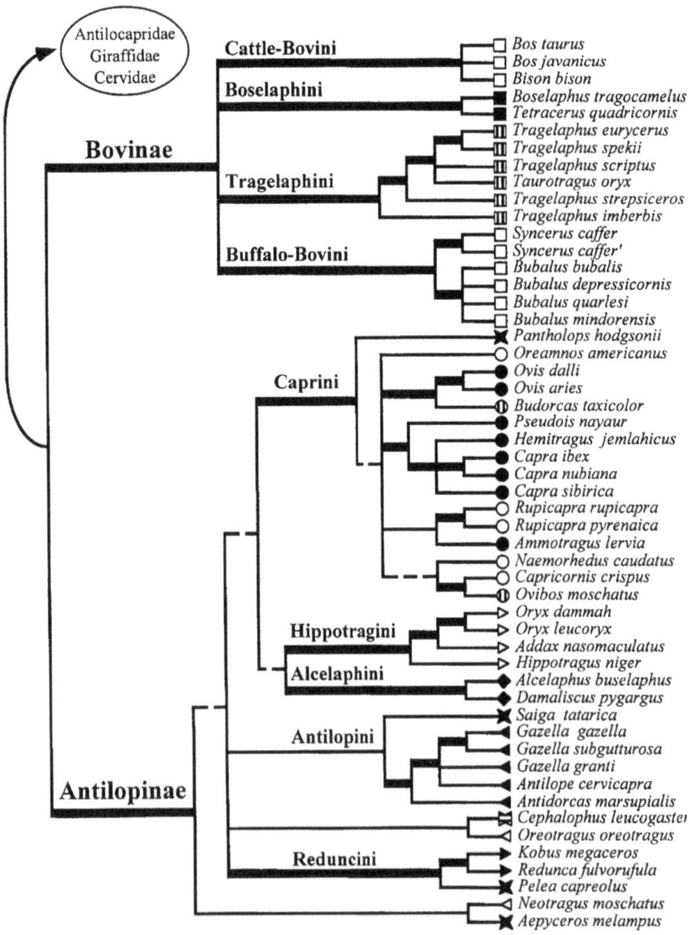

Fig. 144 – Arbre consensus obtenu après l'étude du cytochrome b (ADN mitochondrial) pour la famille des Bovidae (d'après Hassanin & Douzery 1999).

Hassanin et al. (1998) proposent un cladogramme plus détaillé qui concerne la sous-famille des Caprinae (Fig. 145). La lignée *Ovis* est toujours monophylétique. L'origine d'*Hemitragus* est ici aussi source d'un consensus. A la différence du cladogramme précédent, le genre *Rupicapra* est enraciné à la base de la tribu des *Caprini*.

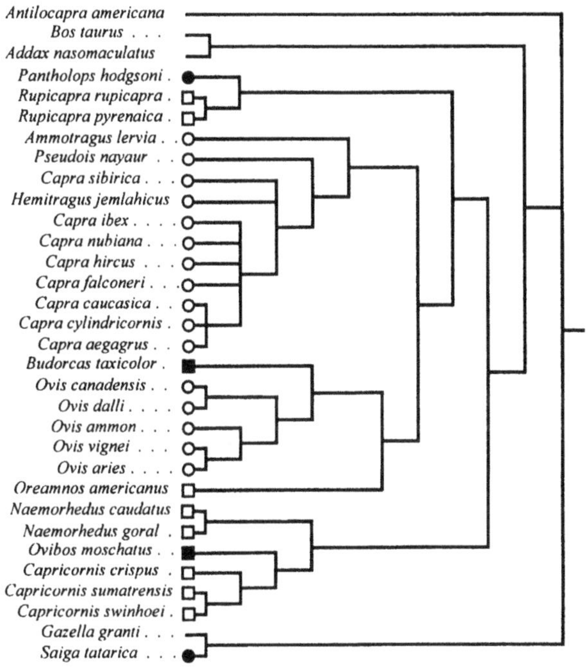

Fig. 145 – Arbre consensus issu de l'étude du cytochrome b (ADN mitochondrial) pour la sous-famille des Caprinae (d'après Hassanin et al. 1998).

Evolution des Caprinae

D'après les analyses moléculaires, la date de divergence entre les lignées *Capra*, *Ovis* et *Rupicapra* est estimée entre 5,28 et 7,08 millions d'années (Randi *et al.* 1991). Bunch & Nadler (1980) considèrent le tahr (avec ses $2n$ = 48 chromosomes) comme le Caprinae le plus primitif et comme un lien possible avec la tribu des *Rupicaprini.* Ces deux taxons sont toujours assez proches dans les analyses phylogénétiques. L'évolution des Caprinae aurait ainsi débuté à partir d'un stock ancestral $2n$ = 60 qui a donné une lignée indépendante, *Pseudois*, puis successivement *Hemitragus* et *Ammotragus*. *Capra*, lui, aurait conservé le caryotype ancestral. Le genre *Ovis* a une origine monophylétique, comme nous le montre aussi les résultats obtenus sur les deux seuls taxons pris en compte dans cette étude.

Evolution du genre Capra

Selon Luikart et al. (2001) la divergence entre les différentes lignées de *Capra* est estimée à plus de 200 000 ans, ce qui est largement en accord avec les données de la paléontologie.

D'après Manceau et al. (1999) les deux espèces européennes (*C. pyrenaica* et *C. ibex*) sont monophylétiques. D'autres résultats préliminaires avaient déjà indiqué une plus faible distance génétique entre les deux espèces européennes qu'entre les autres espèces de *Capra*. Cependant, d'après les études paléontologiques de Crégut-Bonnoure (1992a et 1992c), deux vagues de migration indépendantes ont eu lieu en Europe, le bouquetin alpin immigrant il y a 300 000 ans, suivi du bouquetin des Pyrénées en provenance du Caucase il y a 80 000 ans. Selon ce scénario, aucune proche relation n'existerait entre ces deux espèces européennes. Les résultats obtenus par Hartl et al. (1992) et par Manceau et al. (1999) permettent de rejeter cette hypothèse. Ils proposent un nouveau scénario : une seule vague de migration de *Capra* en Europe suivie par une spéciation des deux espèces européennes. Les résultats de l'analyse phylogénétique menée dans cette étude sur les populations fossiles sont plutôt en accord avec la théorie de Crégut-Bonnoure (1992a et 1992c) et laissent envisager l'existence de deux phases de migrations.

II – Position biostratigraphique des gisements étudiés

Quatre grandes zones biochronologiques ont été récemment proposés en fonction de la présence dans les gisements de formes caractéristiques de lignées évolutives et d'associations caractéristiques. Ces zones concernent les faunes étudiées dans ce travail. Les données de l'étude paléontologique et phylogénétique sont synthétisées dans la figure 146.

La première est la zone de la Caune de l'Arago, il correspond aux faunes du complexe stratigraphique moyen (Moigne et al., à paraître). L'argali, *Ovis ammon antiqua* est présent à la Caune de l'Arago jusqu'au niveau D, c'est à dire jusqu'à 400 000 ans. L'argali est présent dans le site italien de Visogliano dans des niveaux corrélés aux stades isotopiques 13-12 ou 12-11 (Abbazzi et al. 2000). Dans ce gisement il est accompagné par *Ursus deningeri*, *Felis silvestris*, *Dama clactoniana*, *Cervus elaphus*, comme à la Caune de l'Arago. Le tahr de Bonal (*Hemitragus bonali*) persiste plus longtemps que l'argali puisqu'il est présent jusqu'au niveau C (200 000 ans environ). La forme ancestrale de *Rupicapra pyrenaica* (*Rupicapra* cf. *pyrenaica*) fait son apparition dans le sol F, niveau daté de 440 000 ans, corrélé au stade isotopique 12. Il s'agit à ce jour de la plus ancienne mention du genre en Europe occidentale. En France, il est présent au Nestier au stade 6 (Clot & Marsan 1986). En Italie, il n'apparaît pas avant le stade 7 dans la grotte Paglicci sur la côte Adriatique (M. R. Palombo, comm. pers.).

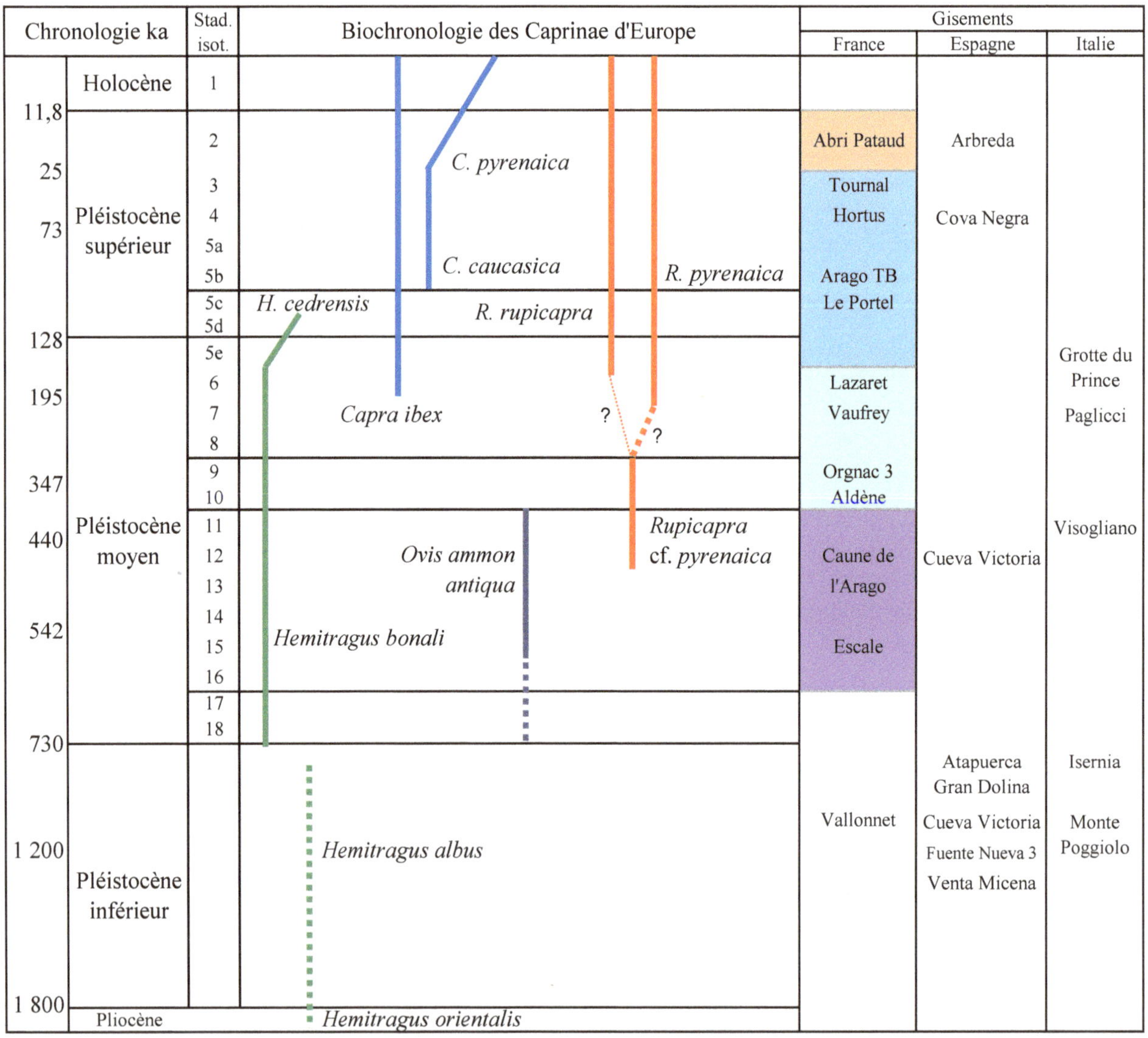

Fig. 146 – Biochronologie et évolution des Caprinae en Europe occidentale (d'après Crégut-Bonnoure 1992a et 1999 ; Alberdi et al., 1998a et 1998b ; Crégut-Bonnoure & Spassov 2002).

La deuxième zone est celle d'Orgnac 3 avec Terra-Amata, la Baume-Bonne et le Lazaret, gisements des stades isotopiques 10 à 6 (Moigne & Valensi, à paraître). L'argali a disparu, seul persiste le tahr de Bonal qui ne présente aucun changement morphologique par rapport à celui de la Caune de l'Arago. Le chamois présente quelques différences avec celui de la Caune de l'Arago et celui des sites de la zone suivante. Il semble toutefois que ces trois formes de *Rupicapra* soient sur la même lignée évolutive menant à *Rupicapra pyrenaica.*

Le troisième groupe rassemble les sites moustériens des stades isotopiques 5 à 3. Le tahr des Cèdres, *Hemitragus cedrensis*, connu jusqu'alors uniquement en Provence (dans la Grotte des Cèdres et à Rigabe dans le Var et à Saint-Marcel-d'Ardèche) est présent dans les terres brunes de la Caune de l'Arago. Il est associé au bouquetin *Capra* aff. *caucasica* alors que dans la grotte des Cèdres on le rencontre avec du Chamois (Crégut-Bonnoure 1989).

Capra aff. *caucasica* est présent dans de nombreux sites du Pléistocène supérieur : Hortus (stade isotopique 4), Portel-Ouest (Stades 5 à 3). A partir de l'étude stratigraphique, les terres brunes de la Caune de l'Arago sont supposées plus récentes que 92 000 ans et antérieures à 18 000 ans (Perrenoud 1993). Le tahr des Cèdres est connu en Provence dans quelques sites corrélés au stade 6. L'association dans les terres brunes de la Caune de l'Arago de *Hemitragus cedrensis* et de *Capra* aff. *caucasica* permet de les situer entre 92 000 et 30 000 ans (stade isotopique 5 à 3). La Caune de l'Arago est, à ce jour, le seul site à présenter deux espèces d'*Hemitragus*. *Ovis ammon antiqua* disparaît d'Europe occidentale vers 400 000 ans. Cette même espèce est présente dans de nombreux sites du Caucase. Dans le même temps, *Ovis gmelini* est présent dans les niveaux moustériens d'Anatolie.

Enfin, la quatrième regroupe les sites du stade isotopique 2. Elle contient des Caprinae morpho-logiquement semblables aux espèces actuelles. Il s'agit de *Capra pyrenaica* et de *Rupicapra pyrenaica.* A la Cova de l'Arbreda, le bouquetin est présent dans toute la stratigraphie, de la base du Moustérien jusqu'au niveaux attribués au Solutréen. Le bouquetin est généralement rare dans les gisements, que ce soit dans le sud-ouest de la France (Delpech 1983) ou dans les Pyrénées (Altuna 1972, 1976 et 1992). L'émergence de cette espèce se situe à la fin du pléistocène supérieur, au stade isotopique 2 (Crégut-Bonnoure 1992c).

Chapitre 4

Archéozoologie

Le principal objectif de cette approche archéo-zoologique est d'établir l'origine de l'accumulation osseuse et de déterminer le rôle des hommes à la Caune de l'Arago, ainsi que tous les agents qui ont pu intervenir dans cette accumulation. Il s'agit de distinguer et de caractériser les assemblages osseux résultant d'une activité humaine et ceux résultant d'une éventuelle accumulation par des carnivores. Dans le cas d'une accumulation due à l'homme, un des objectifs est de déterminer le mode de vie[1] des hommes préhistoriques et plus précisément quelles stratégies de chasse ils ont pratiqués.

L'étude archéozoologique nécessite un échantillon de taille importante. Pour les petits bovidés seuls deux sites sont susceptibles de supporter une telle approche, la Caune de l'Arago et l'Hortus. Les bouquetins de la grotte de l'Hortus ont déjà fait l'objet d'une telle étude (Bergès 1997). Ce site n'ayant pas été fouillé depuis, aucun nouveau matériel n'est venu s'ajouter à l'importante collection déjà existante, il n'est donc pas nécessaire de reprendre cette étude. A la Caune de l'Arago, seuls les niveaux les plus riches et les taxons les plus abondants seront pris en compte. L'argali, *Ovis ammon antiqua*, et le tahr de Bonal, *Hemitragus bonali*, ont été retenus en raison de l'important échantillon présent dans les niveaux archéologiques de l'ensemble III et de l'intérêt archéozoologique et taphonomique des ossements découverts dans l'ensemble I.

I – Méthodes

1.1 – Quantification des restes osseux

Les méthodes de dénombrement du matériel osseux varient souvent en fonction des auteurs. Il faut donc préciser les unités de quantification adoptées dans cette étude.

1.1.1 – Nombre de restes (NR)

Le nombre de restes (NR) correspond ici au nombre de restes déterminés totalement c'est à dire anatomiquement et spécifiquement. Il correspond au NISP des anglo-saxons (*Number of Identified Specimen*).

1.1.2 – Nombre minimum d'individus (NMI)

Le NMI correspond au nombre minimal d'individus précisément identifiables dans un échantillon fossile. Les hommes préhistoriques ayant fracturé la plupart des os pour consommer la moelle osseuse, il faut tenir compte de la fragmentation pour déterminer le nombre d'animaux présents dans le site.

Une première méthode consiste à calculer le nombre minimum de chaque partie squelettique en tenant compte de la latéralité, nombre d'os droit et de gauche, et le chiffre obtenu le plus élevé correspond au NMI de fréquence (Poplin 1976). Une autre méthode est le calcul du NMI de combinaison (NMIc), il est obtenu à partir du NMI de fréquence par combinaison des remontages, des associations, des appariements, et surtout des critères d'âge et de sexe (Moigne 1983). C'est cette dernière méthode qui a été choisie pour cette étude. Elle est utilisée par tous les archéozoologues qui étudient les faunes de grands mammifères de la Caune de l'Arago et elle permettra les comparaisons entre les différentes espèces.

1.1.3 – Indices de conservation

L'indice de l'intensité de fragmentation des ossements (IFO) donne des informations sur l'impor-tance de la destruction du matériel. Il est défini pour chaque espèce par le rapport du nombre d'ossements entiers sur le nombre d'ossements fragmentés.

L'indice général de conservation squelettique (IGCS) quantifie la conservation des éléments squelettiques d'une espèce. Il s'agit du rapport entre le NR du squelette crânien et le NR du squelette post-crânien (Brugal & Patou-Mathis 1993). Chez les Bovidae, l'IGCS théorique est de 0,27.

L'indice de conservation dentaire (ICD) permet d'évaluer la conservation des restes dentaires d'une espèce par rapport à l'ensemble du squelette (NR dents isolées / NR post-crânien). L'ICD théorique pour les Bovidae est de 0,20 (Brugal & Patou-Mathis 1993).

1.1.4 – Représentation squelettique

Les portions squelettiques (Fig. 147) utilisées dans ce travail sont basées sur les régions anatomiques définies par Wilson (1989):
- la catégorie *Head* (squelette crânien) comprend les fragments crâniens, les mandibules et les dents ;
- les vertèbres et les côtes forment la catégorie *Axial* (squelette axial) ;
- le *Forequarter* (quartiers avants) inclut la scapula, l'humérus, l'ulna et le radius ;
- le *Hindquarter* (arrière-train) inclut le coxal, le sacrum, le fémur, la patella et le tibia ;
- le *Forefoot* (pied avant) comprend les éléments de carpe et de métapode antérieur ;
- le *Hindfoot* (pied arrière) comprend les éléments de tarse et de métapode postérieur ;

[1] Le terme "mode de vie" est ici préféré au terme de "subsistance". Bien que très souvent employé dans les études sur le Paléolithique, ce dernier n'est pas utilisé car il implique la notion de difficulté alimentaire, d'existence précaire et de contrainte (Otte 1998).

- le *Foot* (élément du pied non déterminé) contient les éléments identifiés comme métapodes et phalanges.

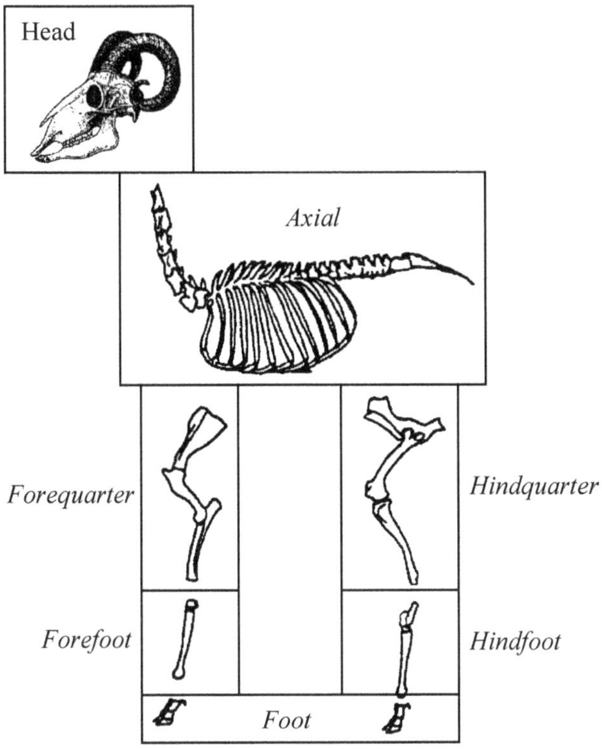

Fig. 147 – Régions anatomiques de Wilson (1989).

1.2 – Estimation de l'âge

De nombreuses méthodes existent afin de déterminer l'âge des mammifères à partir des éléments osseux (Morris 1972) : l'usure et le remplacement des dents, la fusion des épiphyses des os longs, les lignes d'incrément de dentine ou de cément sur les dents. Parmi ces méthodes, celle basée sur l'usure de dents est la plus facile à mettre en œuvre et la plus fiable dans le cas de grands assemblages fossiles. En effet une étude a été menée sur des pronghorns morts de manière catastrophique en 1991 dans le Wyoming (Lubinsky & O'Brien 2001). Les auteurs ont déterminé l'âge des animaux à partir de l'usure dentaire (7 stades d'usure) et à partir des incréments de cément. Ils ont obtenu 21 % d'erreur avec la dernière méthode contre seulement 6 % à partir de celle basée sur l'usure des dents.

L'estimation de l'âge est basée sur deux phénomènes, l'usure et le remplacement des dents. (1) la mastication de la nourriture provoque l'attrition continue de la dent, donc le degré d'usure d'une dent est proportionnel à l'âge de l'animal. (2) les mammifères possèdent une dentition dite diphyodonte. Les dents déciduales, ou dents lactéales, se développent et sont ensuite remplacées par les dents définitives. La perte séquentielle des dents déciduales et le développement des dents permanentes se fait à des moments bien précis de la croissance de l'animal.

De nombreuses études archéozoologiques sur les Caprinae font référence aux travaux de Payne (1973 et 1987), Deniz & Payne (1982) et Grant (1982) qui ont introduit une méthode d'estimation de l'âge sur les mandibules de caprinés. Ces méthodes se basent sur des animaux domestiques dont la séquence d'éruption dentaire et la vitesse d'abrasion ne sont pas les mêmes que chez les argalis et les tahrs du Pléistocène. Ces méthodes ne peuvent donc pas être utilisées dans le cas de taxons du Pléistocène.

1.2.1 – Problèmes liés à la méthode

Ces méthodes d'estimation de l'âge sont basées sur la comparaison avec des données actuelles, donc utilisent le principe d'actualisme. Leur application à des restes d'animaux fossiles est délicate. Après l'examen de nombreux travaux et l'étude de matériel fossile, Moran & O'Connor (1994) concluent que l'éruption dentaire, de même que la soudure des épiphyses, varient en fonction d'une série de facteurs intrinsèques (génétiques et hormonaux) et extrinsèques (environ-nementaux). Ces deux auteurs suggèrent que les données actuelles ne permettent qu'une attribution très générale des spécimens archéologiques à des classes d'âges.

De nombreuses observations sur l'usure différentielle ont été effectuées chez des animaux domestiques comme le mouton ou la chèvre (Grant 1978), chez les animaux fossiles comme le bouquetin (Perez Ripoll 1988). Certaines des variations observées sont exclusivement liées à la captivité et à la nourriture qui leur est fournie, très différente de celle de leur biotope d'origine. Ceci a pu être vérifié sur les squelettes du Laboratoire d'Anatomie comparée du M.N.H.N., sur le tahr et le bouquetin, par exemple dont la plupart des spécimens proviennent de la Ménagerie du Jardin des Plantes. Sur les crânes actuels, l'usure des dents n'est pas régulière. Par exemple, chez le tahr actuel, les prémolaires sont parfois beaucoup plus usées que les molaires. De plus la P2 inférieure est fréquemment absente, alors que dans notre échantillon aucune P2 ne manque sur les mandibules d'argali ou de tahr.

L'attribution de l'âge de l'animal est donc réalisée par référence à des études effectuées sur des animaux d'âge connu et le plus souvent issus de zoos (Silver 1969). Compte tenu de la variabilité qui vient d'être décrite, il est préférable de ne pas tenter de corrélation entre les classes d'âges définies sur le matériel fossile et un âge physique établi sur les animaux actuels.

Les classes d'âges (ou stades de croissance) sont définies en étudiant l'éruption, le remplacement des dents lactéales par les dents définitives et l'usure des dents portées par les mandibules et maxillaires, mais aussi l'usure des dents isolées (Moigne 1983 ; Moigne et al. 1998).

1.2.2 – Les degrés d'usure dentaire

La description détaillée de l'usure des dents inférieures a été présenté au cours d'une précédente étude (Rivals 1999). Il a donc été jugé préférable de ne donner ici que les critères communs a toutes les dents, labiales puis jugales, afin de permettre une utilisation optimale de cette méthode.

Définition des stades d'usure des dents labiales :

- Stade 1 : La dent est à l'état de bourgeon, elle ne possède pas de racine. La face occlusale, qui n'est pas usée, présente une échancrure à son sommet.
- Stade 2 : La racine commence à se développer. La face occlusale n'est pas usée.
- Stade 3 : La racine est formée et la face occlusale commence à s'user.
- Stade 4 : L'usure est présente sur la moitié de la face occlusale.
- Stade 5 : L'usure s'étend sur plus de la moitié de la face occlusale. La forme de cette dernière tend à devenir ronde.
- Stade 6 : La face occlusale est totalement usée. L'émail de la dent est toujours visible en vue linguale.
- Stade 7 : Sur la face linguale l'émail est très réduit voire absent, c'est à dire que la dent est usée jusqu'à la racine.

Définition des stades d'usure des dents jugales inférieures et supérieures (Fig. 148 et 149) :

- Stade 1 : La dent est un bourgeon, elle ne possède pas de racine. La face occlusale n'est pas usée. La dent, très fine et fragile, est très souvent retrouvée fragmentée.
- Stade 2 : La dent n'est pas usée, la racine n'est pas encore totalement formée. La dent est très souvent retrouvée fragmentée.
- Stade 3 : La partie mésiale de la dent est usée. La partie distale n'est pas usée ou simplement usée sur la face mésiale. Les racines ne sont pas fermées.
- Stade 4 : La surface occlusale de la dent est usée, les croissants d'émail typiques des dents sélénodontes sont visibles. En vue distale, la surface d'usure est inclinée. A partir de ce stade, les racines sont bien formées.
- Stade 5 : L'usure de la dent augmente. La surface d'usure apparaît moins inclinée qu'au stade 4.
- Stade 6 : La face occlusale est plane. La dent se couvre de cément. Les racines deviennent plus épaisses.
- Stade 7 : Les croissants d'émail ne sont plus visibles sur la face occlusale. La surface de cette dernière devient plane, horizontale et lisse. La dent est entièrement couverte de cément. Les racines sont très épaisses.

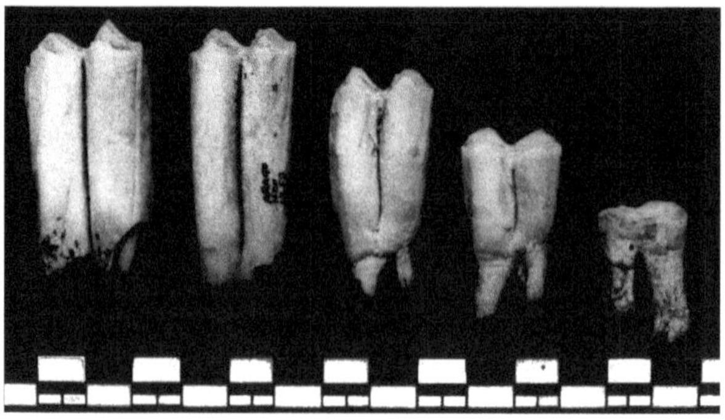

Fig. 148 – Stades d'usure 3 à 7 des M2 inférieures d'argali en vue vestibulaire (photo : Denis Dainat, CERP Tautavel).

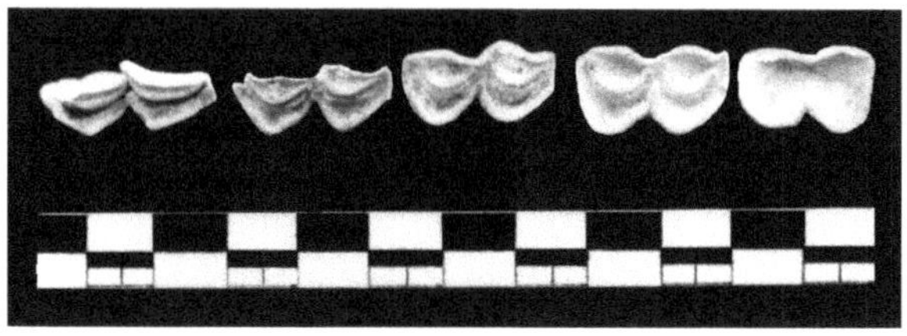

Fig. 149 – Stades d'usure 3 à 7 des M2 inférieures d'argali en vue occlusale (photo : Denis Dainat, CERP Tautavel).

Intégration des dents incluses dans les mandibules

Les dents qui se trouvent au stade de bourgeon (stades 1 et 2) sont incluses dans les mandibules. Elles ne sont donc pas visibles sauf sur quelques mandibules sur lesquelles la branche horizontale est fracturée sur la face linguale ou vestibulaire. Les mandibules entières ont été radiographiées par Jean Zammit (radiologue à Carcassonne), afin de pouvoir observer l'état des dents incluses. Ceci a permis l'intégration des dents isolées (stades 1 et 2) et les attribuer à une classe d'âge.
Par exemple, sur la mandibule AR E12 EDN1 1469 (Fig. 150), il est possible d'observer la première incisive définitive qui est incluse dans la mandibule et la deuxième molaire définitive qui commence à sortir.

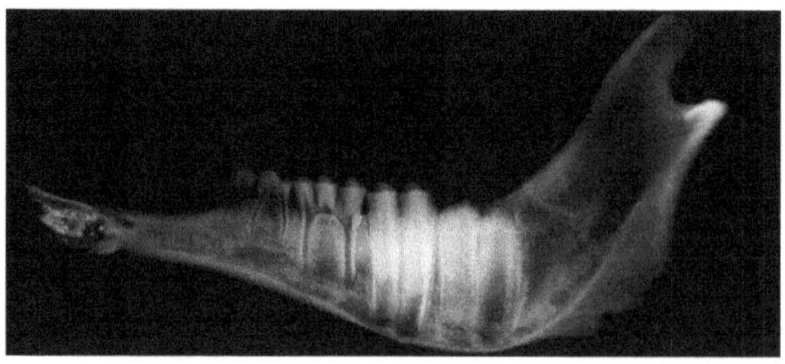

Fig. 150 – Radiographie de la mandibule AR E12 EDN1 1469 (photo : J. Zammit).

Sur les mandibules AR H17 HQT8 1589 (Fig. 151) et AR F17 FMY1 1722 (Fig. 152), la P3 et la P4 sont au stade d'usure 2 et sont encore sous les D3 et D4 qui vont tomber. La M1 et la M2 sont efficaces alors que la M3 est au stade 1 sur la première mandibule et au stade 2 sur la seconde.

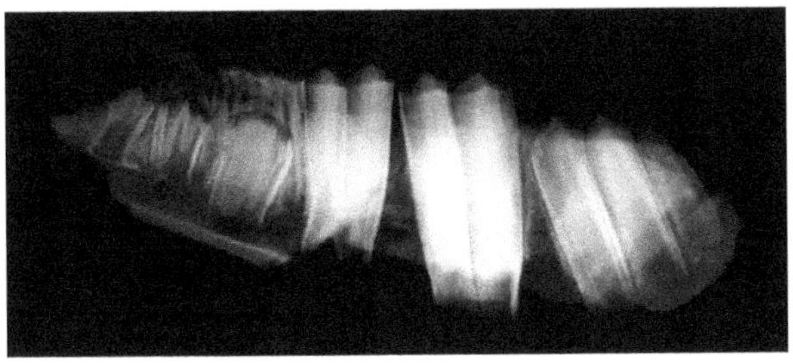

Fig. 151 – Radiographie de la mandibule AR H17 HQT8 1589 (photo : J. Zammit).

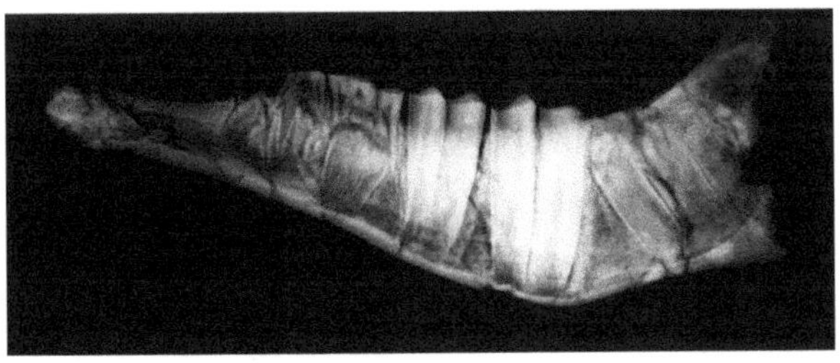

Fig. 152 – Radiographie de la mandibule AR F17 FMY1 1722 (photo : J. Zammit).

1.2.3 – Les classes d'âge

Les classes d'âge sont déterminées en étudiant la séquence d'éruption et l'usure des dents sur les mandibules et les maxillaires. Ainsi chaque classe d'âge est caractérisée par une séquence unique. La liste des mandibules et maxillaires par classe d'âge pour l'argali et pour le tahr est présentée dans l'annexe II.

A notre connaissance aucune étude concernant la séquence d'éruption et l'usure des dents de l'argali n'a été réalisée. Nous avons donc utilisé des données établies sur d'autres espèces du genre *Ovis* : *Ovis gmelinii musimon*, le mouflon de Corse (Pfeffer 1967), *Ovis dalli*, le mouflon de Dall (Hemming 1969) et *Ovis canadensis nelsoni*, le bighorn de Nelson (Deming 1952). De la comparaison de ces travaux, il ressort l'existence d'une grande variabilité quant à la séquence et à la date d'éruption des dents chez ces différentes espèces. Cette variabilité a été démontré par Taber (1963) en comparant les séquences d'éruption dentaire chez le mouflon de Dall et chez le bighorn. Par exemple, chez ce dernier, la P4 inférieure est la dernière des prémolaires à sortir, alors que la P2 inférieure est la dernière chez *Ovis dalli.* Malgré l'absence de différence dans la séquence d'éruption des dents entre les mâles et les femelles chez les mouflons sauvages, Hemming (1969) souligne que l'étude de l'usure des dents, dans chaque classe d'une année, révèle une grande variabilité individuelle. Deniz et Payne (1982) ont mis en évidence une variation de la date d'éruption des dents basée sur le sexe chez les chèvres de Turquie, les dents des mâles sortant plus tôt que chez les femelles, et ayant une usure plus rapide.

Dans le matériel étudié, les seules classes d'âge qui ne présentent pas de variation sont les individus infantiles (I) et juvéniles (J) qui ont pu être attribuées, respectivement, à des individus de 1 an et 2 ans. Pour les autres classes, aucune corrélation n'a pu être réalisée, les classes sub-adultes, adultes (A1 à A4), et adultes âgés (AA1 et AA2) sont conservées (Tabl. 66 et 67).

De même que pour l'argali, à notre connaissance il n'existe aucune étude sur la séquence d'éruption et sur l'usure des dents du genre *Hemitragus*. Compte tenu de l'importante variabilité intra-générique observée chez les mouflons *s.l.*, nous ne nous essaierons à aucune comparaison avec d'autres espèces.

Pour les 7 classes définies, aucune corrélation n'ayant pu être réalisée, les classes de jeunes individus (infantiles, juvéniles et sub-adultes), d'adultes (A1 à A3), et d'adultes âgés (AA) sont conservées (Tabl. 68 et 69).

	i/1	i/2	i/3	c	I/1	I/2	I/3	C	D/2	D/3	D/4	P/2	P/3	P/4	M/1	M/2	M/3	
I	4 - 5	4 - 5	4 - 5	4					5	5	4	-			3 - 4	2		Jeunes
J	6 - 7	6	6	6	2				5 - 6	6	5	1	2		4	3	2	
SA		7	7	7	3	2 - 3	2		6	6 - 7	6 - 7	2	2	2	4	4	2	
A1					4	4	2		-	-	-	2	3	3 - 4	5	4	3	Adultes
A2					4 - 5	4	3	2	-	-	-	3	4	4	5	4	3 - 4	
A3					5	5	4	3	-	-	-	4	5	5	6	5	4	
A4					6	5	4	4	-	-	-	4 - 5	6	6	6 - 7	6	4 - 5	
AA1					6	6	5 - 6	5	-	-	-	6	6	7	7	6 - 7	6	A. âgés
AA2					7	7	7	6 - 7	-	-	-	7	7	7	7	7	7	

Tabl. 66 – Classes d'âge de l'argali établies sur les dents inférieures.

	I/1	I/2	I/3	C	D/2	D/3	D/4	P/2	P/3	P/4	M/1	M/2	M/3	
I					3	4	4							
J	2 - 3				4 - 5	5 - 6	5 - 6				3	2		Jeunes
SA	4	2 - 3	2		6	7	7			2	4	3	2	
A1	4	4	3	2				2	3	4	4	4	3	
A2	4	4	3	3				3	3 - 4	4	5	4	4	Adultes
A3	5 - 6	5	4	4				4	4 - 5	5 - 6	6	5	5	
AA	6	6	5	5				5 - 6	6 - 7	6 - 7	7	6 - 7	6	A. âgés

Tabl. 68 – Classes d'âge du tahr établies sur les dents inférieures.

	D2/	D3/	D4/	P2/	P3/	P4/	M1/	M2/	M3/	
I						2	4	3		
J				2	3	3	4	3 - 4		Jeunes
SA				3	4	4	4	4	3	
A1				4	4	4	5	4	4	
A2				5	5	4 - 5	5	4 - 5	4	Adultes
A3				6	5 - 6	5	6	5	4	
AA				7	6	6	7	6	5	A. âgés

Tabl. 69 – Classes d'âge du tahr établies sur les dents supérieures.

1.3 – Estimation de la saison de mortalité

1.3.1 – Détection de la saisonnalité

L'estimation de la saison d'abattage des animaux dans un gisement préhistorique permet de déterminer la période d'occupation de ce site.

L'acquisition saisonnière des ongulés hypsodontes peut être déterminée par la hauteur de la couronne des dents (Kurtén 1953). Les caprinés naissent chaque année à la même saison. L'usure dentaire est plus ou moins continue pendant la vie de l'animal. Toutes les hauteurs de couronne sont représentées si le taux de mortalité est constant au cours de l'année. Mais une chasse saisonnière produit des discontinuités dans les mesures. Ces discontinuités sont utilisées pour détecter la saisonnalité sur les dents isolées puisque les mandibules sont généralement fragmentées et les dents dispersées.

Après avoir démontré l'existence d'une saisonnalité dans l'acquisition des animaux, il est possible de déterminer la saison à laquelle ces animaux ont été chassés.

1.3.2 – Détermination de la saison

La période d'occupation du site est estimée à partir de l'examen des dents inférieures en tout début d'usure (stade 3), ce qui correspond au moment où la dent sort de la gencive et entre en contact avec la dent supérieure. Le mois d'éruption de chaque dent après la naissance est connu chez les animaux actuels.

Pour le mouflon *s.l.*, les dates d'éruption des P3, M2 et M3 inférieures sont assez homogènes dans les différentes espèces. En l'absence de données sur l'argali, les travaux sur le mouflon de Corse (Pfeffer 1967), sur le mouflon de Dall (Hemming 1969) et sur le bighorn de Nelson (Deming 1952) seront utilisés.

La détermination de la saisonnalité dépend fortement de la résolution de la méthode d'attribution de l'âge et de la durée de la période des naissances des agneaux dans la population (O'Connor, 1998). Le premier point est résolu en utilisant un degré d'usure bien précis et clairement défini, le deuxième reste toujours basé sur des suppositions par rapport aux animaux actuels.
La détermination de la saison de mortalité implique la nécessité de connaître la période des naissance pour les animaux actuels. Pour l'argali, la mise bas a lieu de fin mai à début juin mais nombreuses variations régionales existent dans le cycle annuel (Schaller 1998). Chez le bighorn, *Ovis canadensis* les naissances se produisent au mois de mai (Shackleton *et al.*, 1984). Chez le mouflon de Corse, *Ovis gmelinii musimon*, cette période s'étend de fin avril à fin mai (Bon *et al.* 1986). En moyenne, chez les mouflons *s.l.*, le pic des naissances se produit au mois de mai, période retenue pour *Ovis ammon antiqua.*

Pour le tahr de l'Himalaya les naissances ont lieu de mi-avril à mi-juillet. En Nouvelle-Zélande, dans l'hémisphère sud où les saisons et donc le cycle sont inversés, le tahr met bas de novembre à janvier (Schaller 1973). En ce qui nous concerne, les naissances ont donc lieu de la fin du printemps au début de l'été.

1.4 – Détermination du sexe

Pour déterminer le sexe, plusieurs méthodes ont été mises au point. Il existe des méthodes basées sur la morphologie et d'autres sur la taille des os ou des dents. L'application de ces dernières aux Caprinae semble délicate en raison de l'assez faible dimorphisme sexuel existant chez ces certains taxons, notamment chez l'argali. Les premières méthodes sont beaucoup moins sujettes à discussion car elles s'appuient sur des différences morphologiques visibles sur les os. Chez les bovidés, le crâne, l'atlas, l'axis et le pelvis présentent de telles différences entre les mâles et les femelles. Dans cette étude, le sexe est déterminé sur le pelvis selon les critères morphologiques définis par Edwards et al. (1982) et Prummel & Frisch (1986). Cette détermination est effectuée exclusivement chez les adultes, c'est à dire sur des pelvis dont les os sont soudés car les jeunes n'ont pas encore acquis les caractères distinctifs.

Chez les femelles, sur le pelvis en vue dorsale, le col de l'ilium (1) est plus long que chez les mâles (Fig. 153). De plus chez les mâles, la zone où les deux bords de l'ilium sont parallèles est courte alors que chez les femelles cette zone est allongée sur plusieurs centimètres.

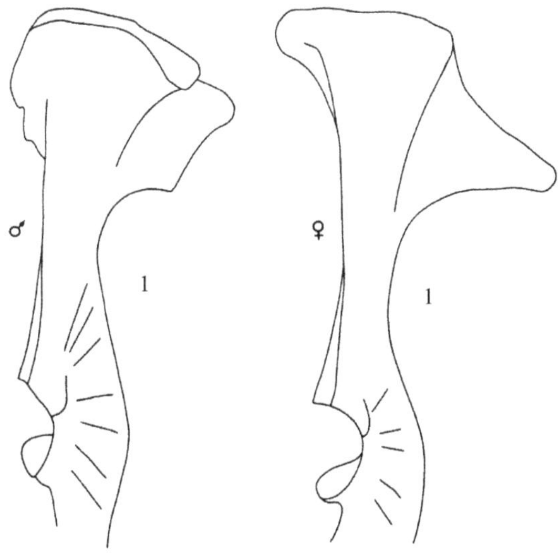

Fig. 153 – Pelvis de mouton (mâle et femelle), ilium et acétabulum, en vue dorsale (d'après Prummel & Frisch 1986).

En vue ventrale, le bord de l'ilium et du pubis au niveau de l'acétabulum (2) est fin et avec un bord net chez les femelles (Fig. 154). Chez les mâles, il est très épais et incurvé. L'éminence ilio-pubienne (3) est très développée et épaisse chez les mâles alors que chez les femelles elle est très fine et forme une protubérance pointue vers l'extérieur de l'os. Enfin, la surface d'insertion du muscle droit de la cuisse (4) est plus creusée chez les femelles que chez les mâles.

Les méthodes ostéométriques appliquées sur le pelvis confirment les différences mises en évidence au niveau anatomique. La mesure qui semble la plus appropriée pour différencier les mâles des femelles est l'épaisseur de l'acétabulum (EA). Cette mesure ne figurait pas parmi celle utilisées par von den Driesch (1976). Elle est fort utile car l'écart-type à la moyenne est assez faible par rapport aux autres mesures et il n'y a aucun chevauchement entre les mesures des deux populations (Tabl. 70 et 71). Pour les femelles, l'épaisseur varie de 8,0 à 9,9 mm et de 12,2 à 15,8 mm pour les mâles.

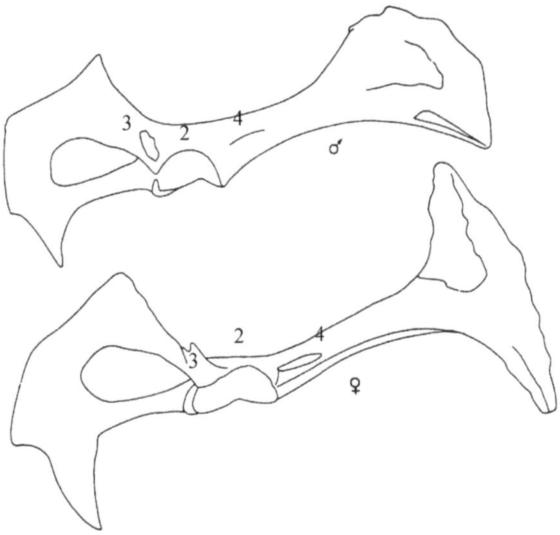

Fig. 154 – Pelvis de mouton (femelle et mâle), en vue ventrale (d'après Prummel & Frisch 1986).

Collection	lat.	LA	LAR	LS	SH	SB	SC	LFo	EA
Arago D14 DFM4 1172	d	45,3	36,8						15,0
Arago F13 FEO3 1326	g	49,9	40,6		31,5	17,2	79,0		15,8
Arago F13 FEO2 1325	d	49,6	41,0		30,0	16,2	76,0		13,6
Arago E13 EEN4 2446	g	45,9	37,6						15,3
Arago B20 BLG7 223	g	45,3	36,5		28,0	14,5	73,0		15,4
Arago F18 FST3 1313	g	45,7	37,9					54,4	13,1
Arago F16 FHL5 4055	d	45,8	37,1		24,8	13,9	70,0		13,8
Arago H17 HGT2a 1471	g	47,1							12,2
Arago J18 JJBE12 3371	d	46,3	38,2		31,9	15,2	80,0		13,6
Arago D18 DJG1M 3468	g	53,5	42,1	113,6					14,8
Arago I20 ILD10 54	d	47,2	37,4		29,8	13,8	73,0		13,6
	Moyenne	**47,42**	**38,52**	**113,60**	**29,33**	**15,13**	**75,17**	**54,40**	**14,20**
	Ecart-type	2,57	1,97		2,62	1,35	3,87		1,13
	N	11	10	1	6	6	6	1	11

Tabl. 70 – Dimensions du pelvis des individus mâles (en mm).

Collection	lat.	LA	LAR	LS	SH	SB	SC	LFo	EA
Arago H17 HQZ2 A1306	d	43,6	36,4		26,4	12,2	66,0		8,5
Arago C15 CGJ13 3939	d	44,3	36,0						9,9
Arago C15 CGJ13 3954	d	41,4	33,7						8,0
	Moyenne	**43,10**	**35,37**		**26,40**	**12,20**	**66,00**		**8,80**
	Ecart-type	1,51	1,46						0,98
	N	3	3		1	1	1		3

Tabl. 71 – Dimensions du pelvis des individus femelles (en mm).

La détermination du sexe permet de calculer le sex-ratio, c'est à dire le rapport du nombre de mâles au nombre de femelles.

II – Etude de la répartition spatiale des ossements

Les études de la répartition spatiale des vestiges sont rares pour les gisements du Paléolithique inférieur. L'emploi de ce type d'étude remet souvent en cause les résultats déjà établis. Par exemple, lors de l'étude de la Grotte Vaufrey (Dordogne), Binford (1988) montre que le cerf et le cheval ont été charognés et que le tahr a été introduit par les carnivores. Une étude de la répartition spatiale de ce matériel par rapport aux restes de carnivores a été réalisée par Grayson & Delpech (1994), qui démontrent à l'inverse que les herbivores ont pu être chassés par l'homme.
L'étude de la répartition spatiale des ossements sur des profils verticaux va permettre de proposer une hypothèse d'individualisation des niveaux archéo-stratigraphiques. Le travail a surtout été concentré sur le sol G, niveau d'une grande épaisseur et dont le matériel, d'après les données de la fouille, ne semble pas avoir une répartition homogène entre la base et le sommet.

Selon Villa (1976-77) un sol d'occupation est un niveau mince, stratigraphiquement isolé, contenant une densité moyenne de matériel réparti sur une surface étendue. Cette notion implique aussi un recouvrement rapide du matériel. Comme le souligne cet auteur, en préhistoire cette notion n'est qu'un modèle théorique. Pour Leroi-Gourhan (1988), un sol archéologique est une "surface sur laquelle, à une époque où elle était en contact avec l'atmosphère, les hommes ont vécu, ont marché, et se sont livrés à leurs activités". Cette notion de sol d'habitat implique l'utilisation de l'ensemble du matériel présent dans le gisement : les industries, les pierres et toutes les faunes. A partir des seuls petits bovidés, nous ne pouvons donc pas proposer une description complète des sols d'habitat. Nous allons ici tenter de contribuer à l'individualisation de niveaux archéo-stratigraphiques qui seront caractérisés par leur contenu paléontologique (Foucault & Raoult 1984).

2.1 – Répartition verticale

L'étude menée à la Caune de l'Arago par V. Pois (1998) en utilisant une méthode informatique appliquée à la totalité du matériel archéologique et paléontologique de l'ensemble stratigraphique II a permis de proposer une individualisation des niveaux d'habitat. L'individualisation des niveaux archéostratigraphiques est réalisée à partir de projections d'objets, ou profils verticaux, grâce à l'utilisation de la base de données Matériel Paléontologique et Préhistorique de la Caune de l'Arago stockée et gérée au Centre Européen de Recherches Préhistoriques de Tautavel. La méthode utilisée est celle de Pois (1999 et 2002). L'utilisation des coordonnées spatiales (x, y et z) des restes permet de visualiser la projection des objets sur des profils transversaux et longitudinaux. A la Caune de l'Arago, compte tenu du fort pendage des couches, ces profils sont réalisés tous les 10 cm dans l'axe transversal mais aussi dans l'axe longitudinal de la cavité.

L'individualisation des niveaux archéostrati-graphiques est basée sur l'analyse de la répartition de l'abondance des restes et sur l'âge des animaux. Les restes de petits bovidés ne permettent pas, à eux seuls, d'individualiser tous les niveaux, mais uniquement les sols E, F et G en raison de la densité des vestiges. Parmi tous les profils réalisés, seuls quelques uns sont présentés, deux profils transversaux (Fig. 155 et 156) et deux longitudinaux (Fig. 157 et 158).

2.1.1 – Essai d'individualisation du niveau archéologique E

Le sol E est assez délicat à individualiser à cause du faible nombre de restes présents dans ce niveau par rapport aux autres couches (NR *Ovis* = 433 ; NR *Hemitragus* = 77). Toutefois, la superposition des profils avec les coupes stratigraphiques permet de proposer une hypothèse d'individualisation basée sur le critère de présence/absence de petits bovidés.

2.1.2 – Essai d'individualisation du niveau archéologique F

La richesse du sol F en restes d'argali facilite son individualisation. En effet, le NR s'élève à 6577 ossements alors qu'il n'y a que 383 restes de tahr. Le sol F peut être distingué des autres niveaux par les quelques restes de chamois qui ne sont localisés que dans ce niveau. La répartition spatiale des restes y est homogène. L'introduction de l'âge des animaux sur les profils montre que toutes les classes d'âge sont réparties dans toute l'épaisseur du sol F de façon aléatoire. Aucune subdivision de ce sol n'a été possible. La même étude réalisée à partir des grands bovidés par Kacimi (2003) a permis de subdiviser ce sol en deux sous unités. Les petits bovidés ne permettent pas cette subdivision, le sol F sera considéré ici en tant qu'un seul niveau archéostratigraphique, même s'il peut résulter de la succession de plusieurs occupations.

2.1.3 – Essai d'individualisation du niveau archéologique G

Le sol G est séparé du sol F par une couche nommée sol inter F-G, pour laquelle la visualisation des objets sur les profils ne permet pas la définition d'un niveau d'occupation précis. Ce niveau correspond vraisemblablement à une ou plusieurs occupations fugaces de la grotte. Le sol G est la couche archéologique la plus épaisse du remplissage et peut atteindre 80 cm par endroits. La répartition spatiale des restes de petits bovidés y est assez intéressante pour tenter une individualisation de sous-unités dans le sol G.

Le sol G s'individualise aussi bien que le sol F. Il contient 3182 restes d'argali et 878 de tahr. Le NR d'argali est inférieur à celui du sol F. A l'inverse, le NR de tahr est supérieur. Dans ce niveau, la répartition des vestiges n'a pas l'homogénéité de celle du sol F. En effet, le NR d'argali augmente de la base vers le sommet du niveau alors que le NR de tahr diminue dans le même temps. A cause du faible nombre de restes par profil de 10 cm, ceci peut s'observer plus facilement par la visualisation successive de plusieurs profils contigus. La forte abondance de tahr à la base du sol G permet d'individualiser un niveau appelé G inférieur (Gi). C'est l'âge des animaux qui permet d'identifier un niveau situé dans le tiers supérieur du sol G composé de quelques restes d'argali mais surtout de tahrs qui sont exclusivement des adultes et des adultes âgés. Cette absence de jeunes individus, qui accompagne une diminution du nombre de restes, permet d'individualiser le niveau G supérieur (Gs). En revanche, les restes compris entre le niveau Gi et le niveau Gs ne présentent pas de caractéristiques particulières du point de vue de l'âge et sont donc attribués à un niveau G moyen (Gm).

2.2 – Conclusion

Le tahr et l'argali permettent donc de différencier le sous-niveau inférieur du sol G. Le tahr contribue également à individualiser le niveau intermédiaire du sol G (Gm) qui ne peut être séparé du sol Gs que par l'abondance des restes de cet animal. Aucune autre caractéristique déterminée sur les petits bovidés ne permet son individualisation, et on peut penser que ce niveau pourrait représenter une succession d'occupations. Le niveau Gs se différencie du niveau Gm par un nombre de restes de tahr inférieur et par l'absence de jeunes individus.

Ainsi, le sol G a été divisé en trois sous-niveaux : G supérieur (Gs), G moyen (Gm) et G inférieur (Gi) grâce aux résultats obtenus à partir du tahr. Cette espèce peut donc être qualifiée d'espèce traceur. L'argali se trouve dans la totalité de l'épaisseur du sol G, et même si le nombre de restes augmente de la base vers le sommet, cette espèce n'apparaît pas comme une espèce traceur car elle ne permet pas d'individualiser des sous-niveaux.

Il aurait été intéressant de parvenir à proposer une étude de la répartition horizontale. Malheureusement, les résultats de l'individualisation des niveaux ne sont pas incorporés dans la base de donnée et donc il n'est pas possible d'obtenir une visualisation de la répartition horizontale des objets. Même en transposant un test statistique d'association spatiale des objets développé sur les industries lithiques par Dacey (1973), les résultats obtenus sont suffisamment contradictoires pour délaisser dans ce travail cette approche statistique de la répartition spatiale en attendant une intégration des résultats dans la base de données.

La seule vue en plan présentée dans cette étude est celle des niveaux M, N et O de l'ensemble stratigraphique I, car les objets de ces niveaux sont extractibles de la base de données en interrogeant par le nom de couche ; ce qui n'est pas aussi évident pour le sol F.

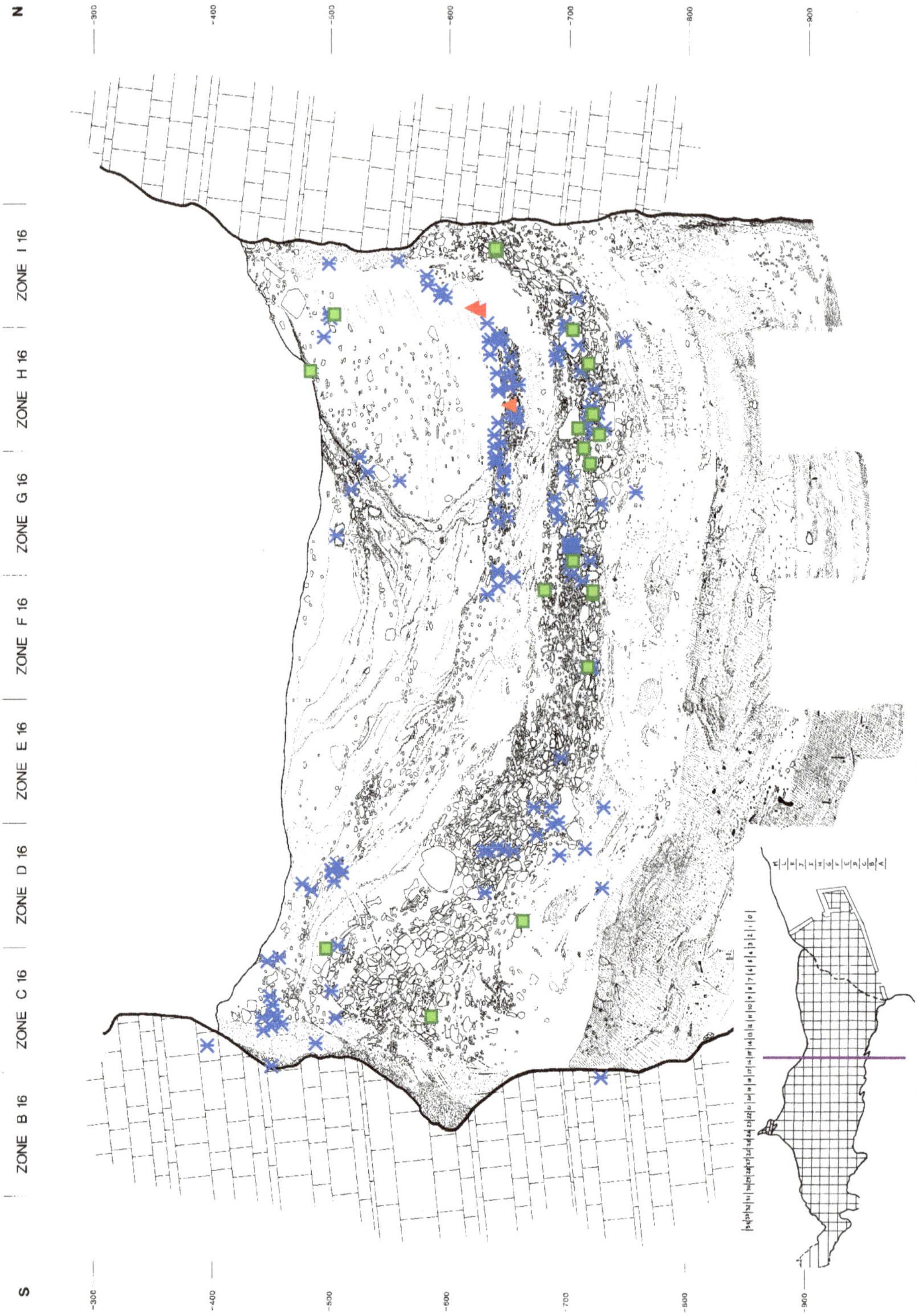

Fig. 155 – Coupe transversale 15/16 et projection des objets de la bande 16 (x de 10 à 20), ✱ = *Ovis ammon antiqua*, ■ = *Hemitragus bonali* et ▲ = *Rupicapra* cf. *pyrenaica.*

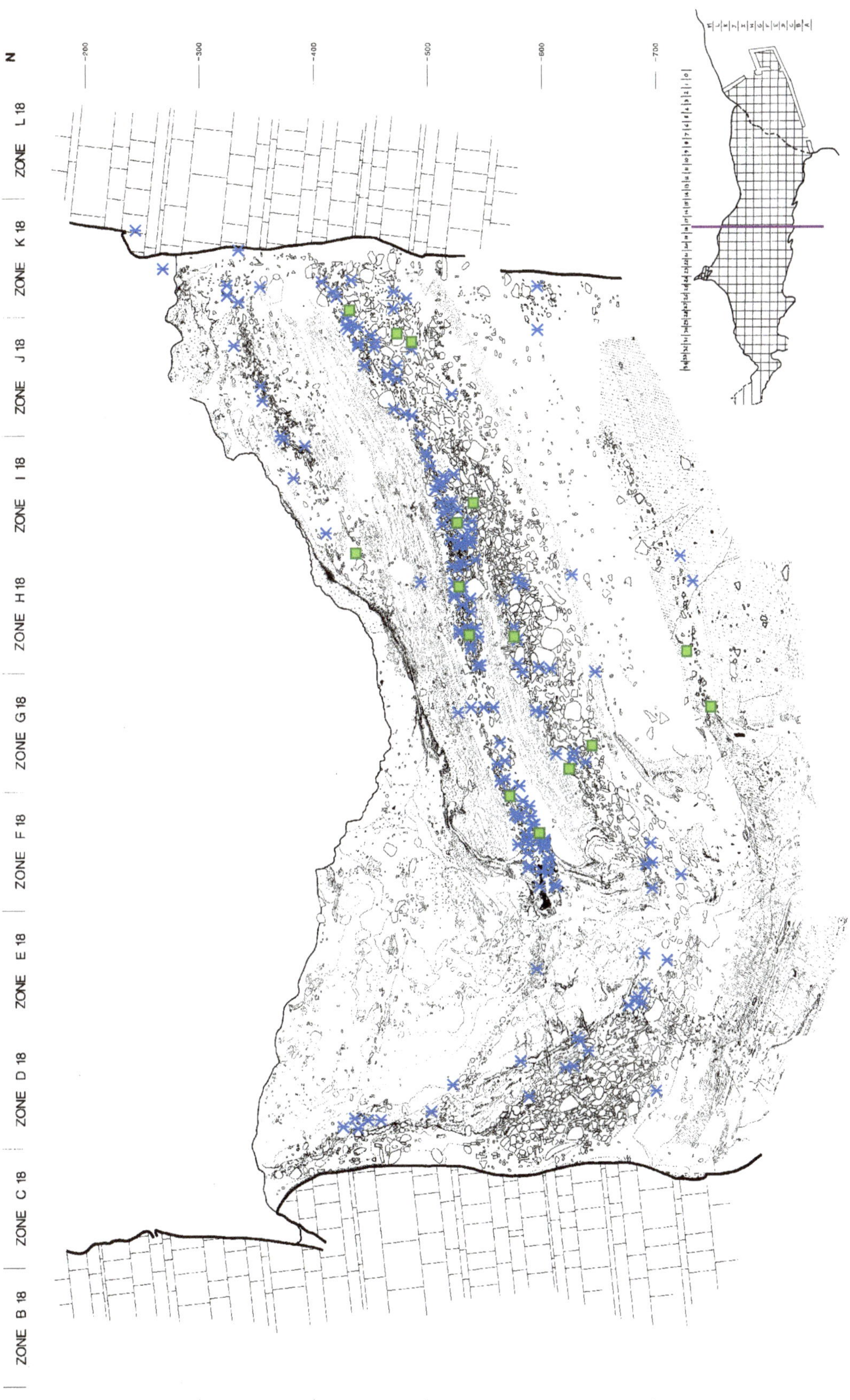

Fig. 156 – Coupe transversale 18 (y=50) et projection des objets de la bande 18 (x de 0 à 10), ✳ = *Ovis ammon antiqua*, ■ = *Hemitragus bonali* et ▲ = *Rupicapra* cf. *pyrenaica.*

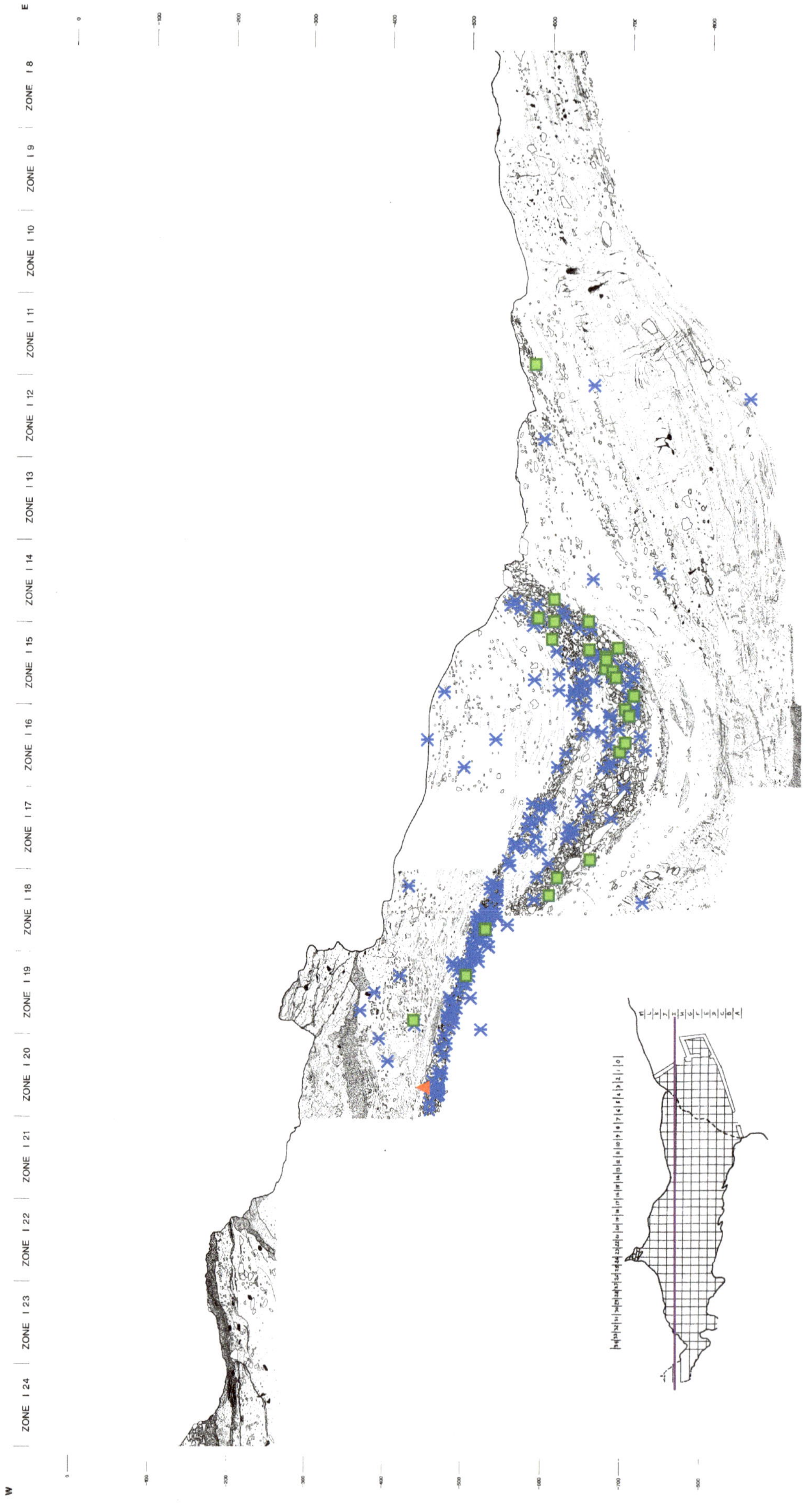

Fig. 157 – Coupe longitudinale H/I et projection des objets de la bande H (x de 90 à 100),
✳ = *Ovis ammon antiqua,* ■ = *Hemitragus bonali* et ▲ = *Rupicapra* cf. *pyrenaica.*

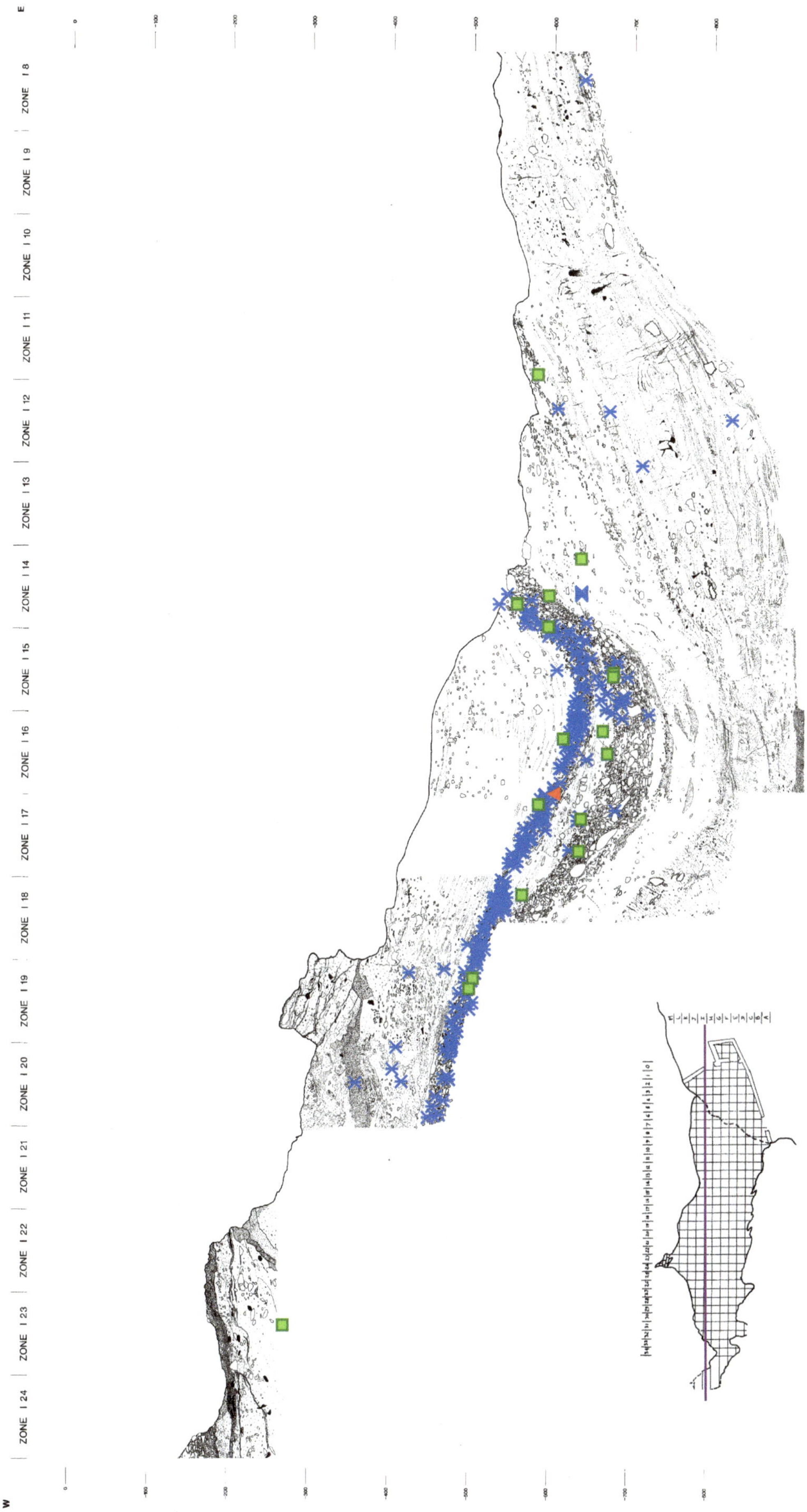

Fig. 158 – Coupe longitudinale H /I et projection des objets de la bande I (x de 0 à 10),
✳ = *Ovis ammon antiqua,* ■ = *Hemitragus bonali* et ▲ = *Rupicapra* cf. *pyrenaica.*

III – Quantification des petits bovidés à la Caune de l'Arago

A partir de l'individualisation des vestiges, il est maintenant possible de quantifier les restes présents dans chaque niveau de la Caune de l'Arago (Tabl. 72).

	Ovis ammon antiqua		*Hemitragus bonali*		Total	
Niveaux archéostratigraphiques	NR	NMIc	NR	NMIc	NR	NMIc
A						
B			10	4	10	**4**
C			12	3	12	**3**
D	234	15	190	12	424	**27**
E	433	31	77	8	510	**39**
F	6577	214	383	20	6960	**234**
F-G	412	20	31	9	443	**29**
Gs	1635	45	250	12	1885	**57**
Gm	1037	34	272	20	1309	**54**
Gi	510	16	356	23	866	**39**
H	108	10	40	7	148	**17**
I	5	3			5	**3**
J	228	17	52	5	280	**22**
K	81	13	11	2	92	**15**
L	139	12	13	3	152	**15**
MNO	253	28	17	4	270	**32**
P	86	7	28	6	114	**13**
Total	11738	**465**	1742	**138**	13480	**603**

Tabl. 72 – Nombre de restes (NR) et nombre minimum d'individus de combinaison (NMIc) par niveau archéostratigraphique.

L'étude archéostratigraphique nécessitant un échan-tillon de taille importante pour des raisons statistiques (Sokal & Rohlf 1998), seuls les niveaux ayant livré un NMI total (*Ovis* + *Hemitragus*) supérieur à 30 seront pris en compte. Il s'agit donc des niveaux E, F, Gs, Gm et Gi de l'ensemble stratigraphique III et les niveaux M, N et O de l'ensemble stratigraphique I.

IV – Une occupation anthropique : les niveaux E, F, Gs, Gm et Gi

4.1 – Introduction

Pour les gisements du Paléolithique inférieur, les études du mode de vie ont tout d'abord concerné le problème "chasse et/ou charognage". En effet, dans de nombreux gisements de cette période (Atapuerca (Espagne), Isernia (Italie), la Caune de l'Arago), les hommes ont pratiqué la chasse aussi bien que le charognage (Monchot 1999a). Si l'activité de chasse est clairement définie à la Caune de l'Arago (Moigne 1983), à Atapuerca (couches TG10B et TG10C) le mode d'acquisition n'est pas toujours évident (Monchot & Carbonell 1999).

L'autre principale controverse concerne le type de chasse, chasse généraliste (ou opportuniste), chasse spécialisée ou chasse sélective (Patou 1989). La définition de la chasse spécialisée varie selon les auteurs et la distinction entre opportunisme et sélection n'est pas forcément stricte (Gardeisen 1999). En effet, une chasse spécialisée peut se concentrer sur une espèce (celle qui domine l'assemblage) sans qu'il y ait de sélection des individus chassés. Mellars (1973) considère qu'une chasse spécialisée concerne une seule espèce ; Orquera (1984) élargit cette définition pour y introduire la chasse de deux ou trois espèces.

Dans cette étude nous considèrerons que la chasse spécialisée est une activité dans laquelle une, voire deux espèces, ont été principalement chassées et donc dominent l'assemblage fossile. La chasse sélective implique alors la notion de choix au sein d'une même population, c'est à dire des préférences liées à l'âge ou au sexe des animaux.

A l'échelle d'une région, Altuna (1989) a montré que dans les sites moustériens de la région Cantabrique (Lezetxiki, El Pendo, Morín) la chasse n'était ni spécialisée, ni sélective, mais que toutes les espèces étaient exploitées. Par contre, au Paléolithique supérieur, et spécialement au Magdalénien, les hommes ont pratiqué une chasse spécialisée très sélective basée soit sur le cerf, soit sur le bouquetin selon la topographie de l'environnement immédiat de la grotte.

De même, selon Chase (1987) la chasse sélective apparaîtrait au moment de la transition du Paléolithique moyen au Paléolithique supérieur. Par contre, d'autres auteurs affirment qu'au cours du Paléolithique, les modes de subsistance (charognage, chasse spécialisée ou sélective) ont varié selon les périodes, les régions et les groupes (Gardeisen 1999 ; Grayson & Delpech 1998 ; Patou 1989). Au Paléolithique moyen par exemple, dans la grotte du Portel Ouest, la chasse est de type opportuniste (Gardeisen 1999) alors que dans d'autres sites contemporains la chasse est spécialisée, par exemple, sur les grands bovidés à La Borde dans le Lot (Jaubert et al. 1990) ou à Mauran en Haute-Garonne (Farizy et al. 1994) ou bien sur le bouquetin à l'Hortus (Pillard 1972), au Lazaret dans les Alpes-Maritimes (Patou 1984), à Zafarraya en Andalousie (Barroso Ruiz et al. 1984) et dans plusieurs gisements du Caucase (Lioubin & Baryshnikov 1984).

Tout dépend aussi du biotope qui entoure le site. Dans le cas d'un site environné de rochers abrupts, Altuna (1979) par exemple, observe une spécialisation dans la chasse au bouquetin. En outre, il faut se souvenir que les hommes du Paléolithique n'étant pas sédentaires, l'assemblage d'ossements fossiles reflète un aspect de leur mode de vie (Gardeisen 1999). Les choix qui apparaissent sont donc liés à la facilité de capture des animaux, au rapport qualité/quantité, aux déplacements saisonniers de troupeaux, mais aussi au groupe de chasseurs et à la durée de l'occupation.

Une activité de chasse sélective de l'argali menée par l'homme préhistorique : sélection des adultes dans le sol F ou des jeunes dans le sol G a été mise en évidence par Moigne (1983) à partir d'une étude des profils de mortalité. Dans les précédentes études de l'argali de la

Caune de l'Arago (Monchot 1996 et 1997), les résultats obtenus ne permettaient pas de savoir si la chasse était sélective et s'il y avait eu un choix du sexe. En effet, l'auteur reste prudent devant une démarche de sélection (dans le sol F, par exemple) car les choix peuvent être dus à des critères de facilité de chasse, de rapport qualité/quantité et de critères saisonniers. C'est à partir de l'étude archéozoologique que nous avons cherché à apporter des éléments de réponse à ces questions.

L'individualisation poussée que nous avons réalisée pour les vestiges contenus dans les niveaux archéologiques a permis d'affiner la limite des niveaux d'occupation. Cela nous permet maintenant de discuter des caractéristiques des populations d'argali et de tahr (âge, sexe, saison de chasse) afin de confirmer ou d'infirmer l'hypothèse d'une chasse sélective pour chaque niveau archéostratigraphique précédemment défini.

4.2 – Profils de mortalité des populations de petits bovidés

Le profil de mortalité (ou courbe de mortalité) permet d'estimer la structure d'âge d'une population abattue et d'en déduire d'éventuelles préférences de chasse. Il est donc possible de déterminer si la population a été chassée ou charognée, puis de préciser s'il s'agit d'une population naturelle, c'est à dire s'il y a eu sélection ou non des proies. Dans le cas d'une population de petits herbivores chassée par l'homme, la mortalité d'individus adultes devient prépondérante alors que, dans le cas d'une population naturelle, celle-ci est réduite (Lyman 1987 ; Fosse 1994).

Deux types de profils caractérisent les assemblages fossiles (Klein 1982a et 1982b ; Lyman 1987) :

- Le profil de type catastrophique, dans lequel les classes d'âges successives contiennent de moins en moins d'individus, caractérise la structure d'une population vivante (*living-structure mortality profile*). Ce type de profil est unimodal et se présente en forme de "L" ("*L-shaped*"). Il concerne les sites naturels mais aussi reflète la prédation par un grand carnivore. Cette mortalité de masse produit un instantané de la structure de la population.

- Le profil de type attritionnel, dans lequel les jeunes et les adultes âgés sont sur-représentés par rapport à leur abondance naturelle, est caractéristique d'une mortalité par accident, prédation, maladie endémique ou due à d'autres facteurs qui ont privilégié la survie de certains individus. Ce type de profil est bimodal, en forme en "U" ("*U-shaped*"), avec un mode situé à l'extrême gauche et un autre à la droite du centre. Ce profil peut s'observer pour les sites archéologiques ou naturels.

4.2.1 – L'argali

Dans les 5 niveaux étudiés, bien que toutes les classes d'âge soient présentes, les profils de mortalité sont tous nettement dominés par les adultes (Fig. 159 à 163). La proportion de jeunes individus est la même, elle est comprise entre 22,9 et 31,1 % (Tabl. 73). Il y a peu d'individus âgés, surtout dans le niveau F. Le test de Kruskal-Wallis montre qu'il n'existe pas de différence significative entre les profils des trois subdivisions du sol G (K = 0,358 ; p = 0,836). Il en est de même pour les 5 niveaux (K = 0,147 ; p = 0,997). Le niveau Gi présente un NR assez faible, ce qui oblige à rester prudent sur les conclusions concernant l'argali de ce niveau. Il est cependant possible de supposer que le même type de chasse ait été pratiqué sur ces cinq populations.

Dans les 5 niveaux étudiés, les profils de mortalité présentent une majorité d'individus adultes mais les classes utilisées ne sont pas d'égale amplitude. La méthode de Klein (Klein & Cruz-Uribe 1984), basée sur des mesures de la hauteur de la couronne des dents isolées, présente l'avantage de produire des diagrammes dont chaque classe correspond à un intervalle de temps constant. Elle montre que dans le sol F, les jeunes argalis dominent l'assemblage (Fig. 164). C'est un profil de type catastrophique en forme de "L". Une espèce caractérisée par un profil catastrophique peut avoir été soit chassée, soit charognée. Par rapport aux profils précédents, les adultes sont sous-estimés, certainement à cause de l'un des paramètres utilisés dans la formule de Klein. En effet, la hauteur de la couronne d'une dent non usée est sous estimée dans le cas des herbivores hypsodontes car le collet n'est pas encore formé. Il n'a pas été possible d'appliquer cette méthode aux autres niveaux car le nombre de restes mesurables était trop faible pour que la courbe puisse être réalisée. De plus, les données sur le mouflon de Corse utilisées pour cette méthode (durée de vie et dates de remplacement des dents) ne sont pas transposables à un argali du Pléistocène.

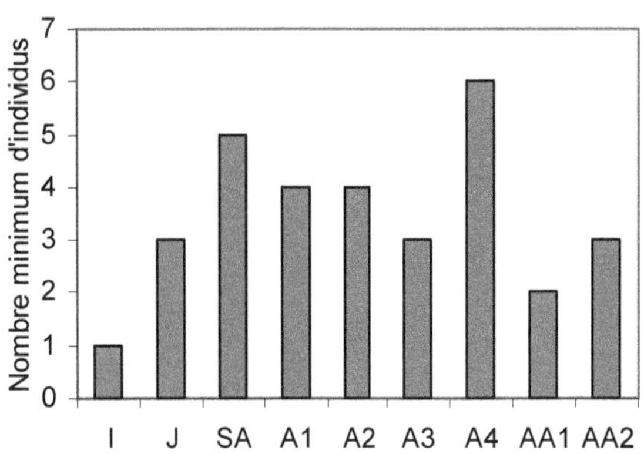

Fig. 159 - Profil de mortalité de l'argali dans le sol E.

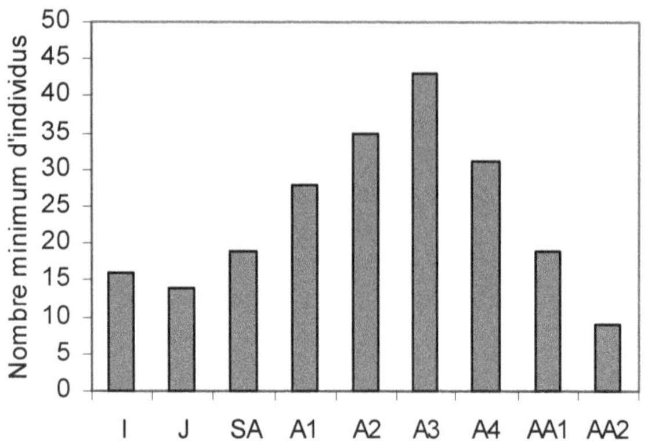

Fig. 160 - Profil de mortalité de l'argali dans le sol F.

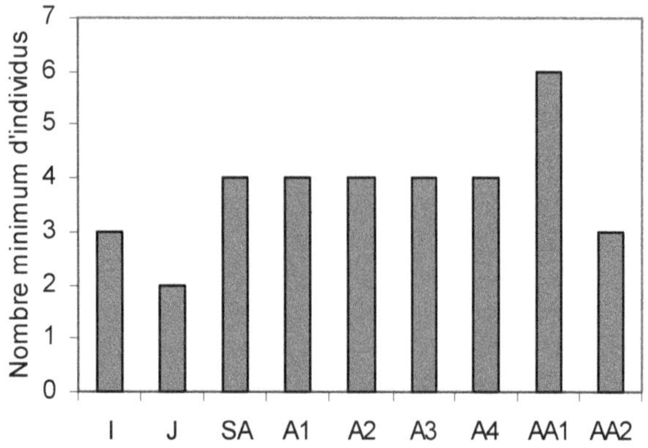

Fig. 161 - Profil de mortalité de l'argali dans le sol Gs.

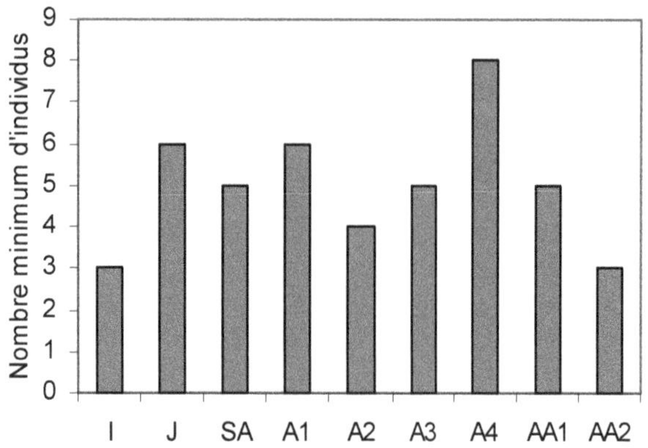

Fig. 162 - Profil de mortalité de l'argali dans le sol Gm.

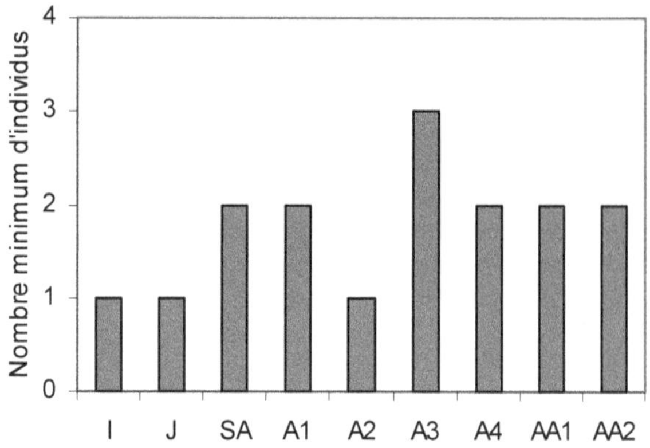

Fig. 163 – Profil de mortalité de l'argali dans le sol Gi.

		Jeunes	Adultes	Adultes âgés
Niveaux	E	29,0	54,8	16,1
	F	22,9	64,0	13,1
	Gs	31,1	51,1	17,8
	Gm	26,5	47,1	26,5
	Gi	25,0	50,0	25,0

Tabl. 73 – Proportion des classes d'âge d'argali par niveau (% du NMIc).

4.2.2 – Le tahr

En ce qui concerne le tahr, l'allure générale des profils de mortalité, comme pour l'argali, montre l'abondance des adultes (Fig. 165 à 169). Dans le sol F, les stades adultes sont nettement dominants par rapport aux jeunes et aux adultes âgés. Dans le niveaux Gs, il n'y a pas de jeunes et les adultes sont nombreux. Toutefois, dans ce niveau, l'effectif est assez réduit et il faut donc rester prudent quant aux conclusions que l'on peut en tirer.

Dans le niveau Gm, il y a quelques jeunes, les adultes sont dominants et les individus âgés sont cependant abondants. Enfin dans le niveau Gi, les jeunes sont aussi nombreux mais la proportion d'individus âgés diminue par rapport au niveau précédant (Tabl. 74). Le test de Kruskal-Wallis indique l'existence d'une différence significative entre les trois niveaux du sol G (K = 46,07 ; p < 0,05). Par contre si l'on considère l'ensemble des niveaux, ce test ne décèle aucune différence significative (K = 0,217 ; p = 0,995).

Fig. 164 – Profil de mortalité obtenu par la méthode Klein (Klein & Cruz-Uribe 1984).

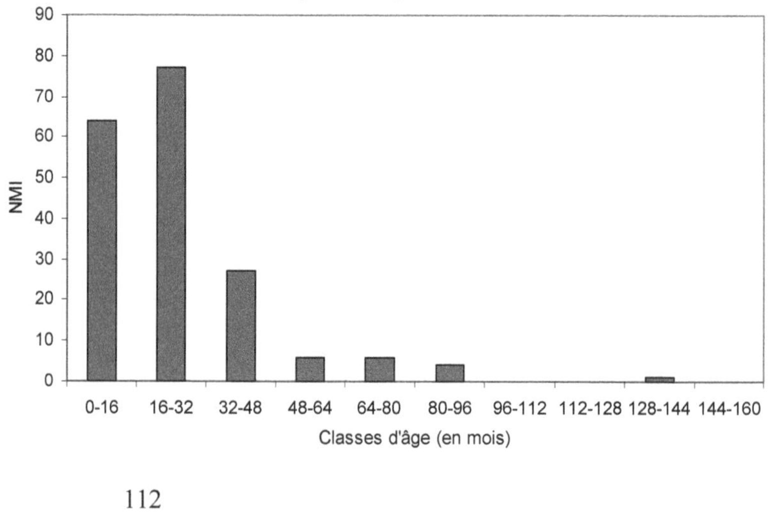

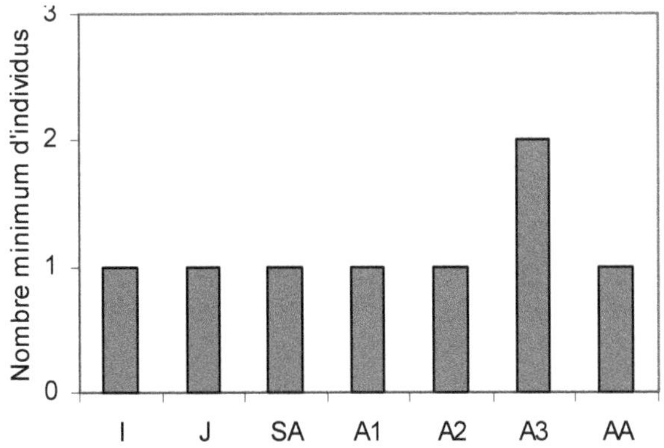

Fig. 165 – Profil de mortalité du tahr dans le sol E.

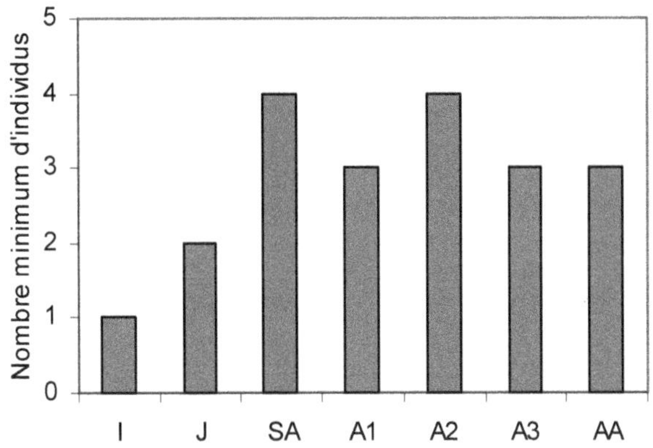

Fig. 166 – Profil de mortalité du tahr dans le sol F.

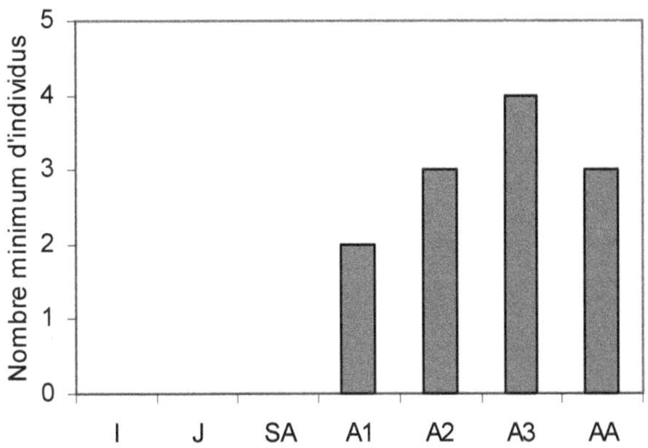

Fig. 167 – Profil de mortalité du tahr dans le sol Gs.

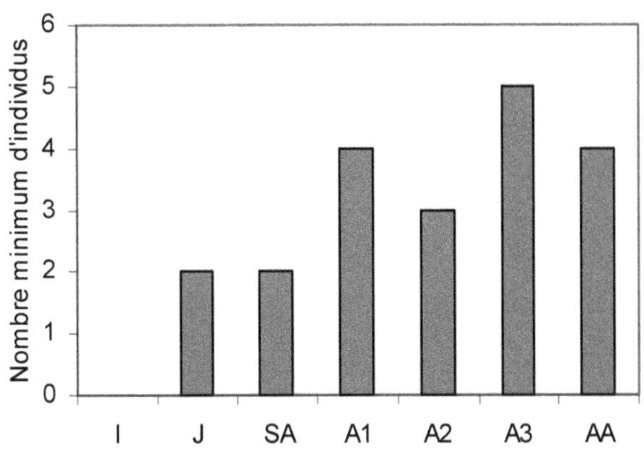

Fig. 168 – Profil de mortalité du tahr dans le sol Gm.

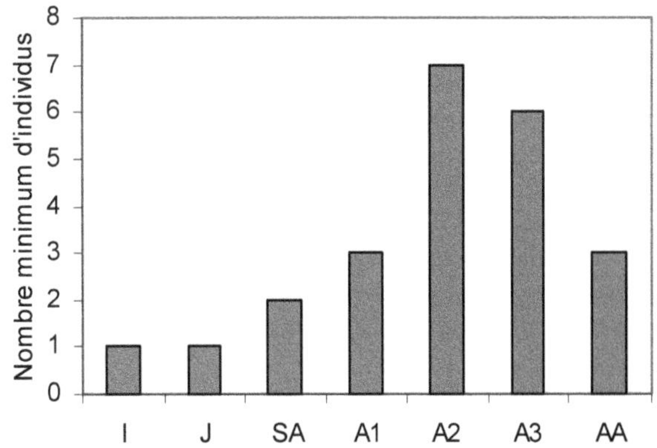

Fig. 169 – Profil de mortalité du tahr dans le sol Gi.

		Jeunes	Adultes	Adultes âgés
Niveaux	E	37,5	50,0	12,5
	F	35,0	50,0	15,0
	Gs	0,0	75,0	25,0
	Gm	20,0	60,0	20,0
	Gi	17,4	69,6	13,0

Tabl. 74 – Proportion des classes d'âge du tahr par niveau (% du NMIc).

4.2.3 – Discussion sur les profils de mortalité

Les profils de mortalité obtenus pour l'argali et pour le tahr diffèrent du profil catastrophique par la proportion de jeunes. Ils ne traduisent pas à eux seuls une activité cynégétique. Ils peuvent être dus à une activité de charognage (Klein 1982a ; Lyman 1987). Seuls les résultats de l'étude taphonomique ont par exemple, permis d'affirmer qu'il ne pouvait s'agir que d'une activité de chasse (Moigne 1983).

Dans les sols étudiés, la population d'argali est représentée par toutes les classes d'âge. L'argali a été soumis à une chasse importante dans le sol F (60,6 % des grands mammifères) mais qui n'est pas sélective sur une classe d'âge particulière car la composition observée reflète parfaitement celle des population sauvages actuelles (Gonzalez 1984).

A l'inverse, les tahrs adultes semblent avoir fait l'objet d'une chasse sélective, notamment dans le niveau Gs qui ne compte aucun jeune individu. Toutefois étant donné le faible nombre d'individus dans ce niveau, il faut étudier les données de la saison de chasse et du sex-ratio pour confirmer éventuellement cette observation.

4.2.4 – Comparaison des profils avec d'autres populations fossiles et actuelles.

Afin de comparer les profils obtenus avec d'autres populations fossiles ou actuelles il est nécessaire d'homogénéiser les classes d'âge. Ces dernières sont rassemblées en trois groupes (jeunes, adultes et adultes âgés) selon les critères de subdivision définis par Stiner (1990).

1- Le groupe des jeunes individus est caractérisé par la présence de la dentition lactéale. Ces individus sont plus vulnérables que les adultes face aux conditions de l'environnement, aux maladies et aux prédateurs. Il rassemble les classes d'âge suivantes : infantiles, juvéniles et sub-adultes.
2- Le groupe des adultes contient les individus qui possèdent leur dentition permanente complète. Ils sont au maximum de leur potentiel de reproduction. Cette classe comprend les classes A1 à A4 pour l'argali et A1 à A3 pour le tahr.
3- Séparer les adultes des adultes âgés est moins aisé que des jeunes. Selon Stiner (1990) la classe des adultes âgés débute à environ 61 à 65 % de la durée de vie potentielle maximale, mais comme la durée de vie des espèces en question n'étant pas facile à obtenir, l'auteur propose un autre critère. Cette classe d'âge débute lorsque plus de la moitié de la couronne des dents est usée. Ce groupe rassemble les deux dernières classes pour l'argali (AA1 et AA2) et seulement la dernière pour le tahr.

Les fréquences d'individus dans chacun des trois groupes sont converties en pourcentages et positionnées sur un diagramme triangulaire. Dans ce type de graphique, les axes ne correspondent pas aux côtés du triangle, mais sont situés sur les médiatrices (Fig. 170a). Ces dernières définissent donc les trois axes attribués aux trois groupes : jeunes (*juv.*), adultes (*prime*) et adultes âgés (*old*).

La surface du triangle est divisée en 5 zones qui, en fonction de la proportion de chaque groupe ont été attribuées par Stiner (1990) a différentes causes de mortalité (Fig. 170b).

Les résultats obtenus selon ces critères, pour les populations de la Caune de l'Arago sont alors comparées avec des données d'autres populations fossiles et actuelles (Tabl. 75).

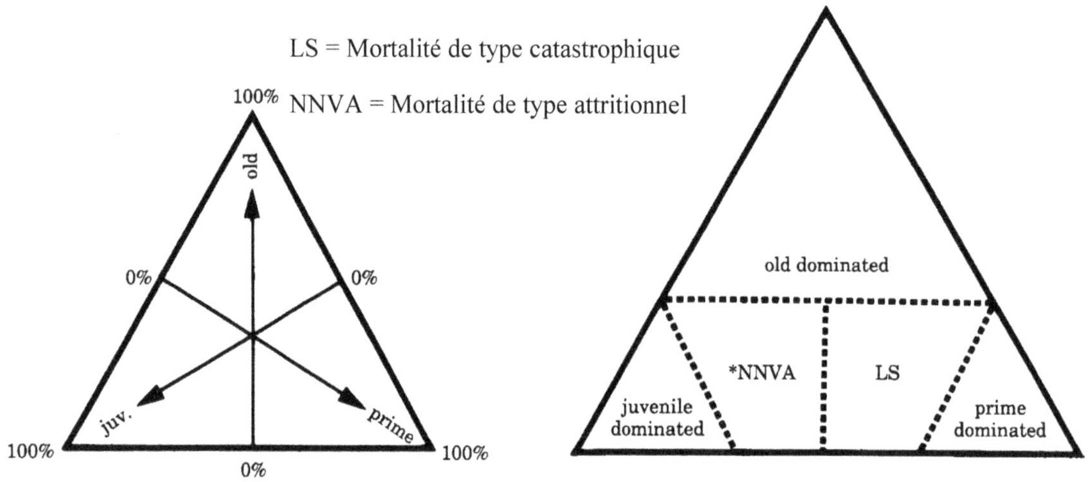

Fig. 170 – Diagramme triangulaire (d'après Stiner, 1998): (a) méthode de construction et (b) définition des zones en fonction de l'âge.

N°	Taxon	Localité	N	Jeunes	Adultes	A. âgés	Référence
A1	*Antilocapra americana*	Wioming	113	46	63	4	Lubinski et O'Brien, 2001
C1	*Capra aegagrus*	Pakistan	828	115	645	68	Schaller et Laurie, 1974
C2	*Capra* aff. *caucasica*	Hortus	37	10	16	11	Bergès, 1997
H1	*Hemitragus bonali*	Caune de l'Arago E	8	3	4	1	
H2	*Hemitragus bonali*	Caune de l'Arago F	20	7	10	3	
H3	*Hemitragus bonali*	Caune de l'Arago Gi	23	4	16	3	
H4	*Hemitragus bonali*	Caune de l'Arago Gm	20	4	12	4	
H5	*Hemitragus bonali*	Caune de l'Arago Gs	12	0	9	3	
H6	*Hemitragus hylocrius*	High Range	164	49	97	18	Schaller, 1971
H7	*Hemitragus hylocrius*	Nilgiri	176	45	115	16	Schaller, 1971
O1	*Ovis ammon*	Gobi sud (Mongolie)	100	20	67	13	Reading *et al.*, 1997
O2	*Ovis ammon antiqua*	Caune de l'Arago E	31	9	17	5	
O3	*Ovis ammon antiqua*	Caune de l'Arago F	214	49	137	28	
O4	*Ovis ammon antiqua*	Caune de l'Arago Gi	16	4	8	4	
O5	*Ovis ammon antiqua*	Caune de l'Arago Gm	34	9	16	9	
O6	*Ovis ammon antiqua*	Caune de l'Arago Gs	45	14	23	8	
O7	*Ovis canadensis*	Natural Trap Cave, Wyoming	28	6	21	1	Wang et Martin, 1993
O8	*Ovis canadensis*	River Mountains Nevada	654	340	288	26	Leslie et Douglas, 1979
O9	*Ovis dalli*	Mount McKinley National Park	608	140	316	152	Murie, 1944

Tabl. 75 – Comparaison des proportions des classes d'âges de diverses populations actuelles et fossiles.

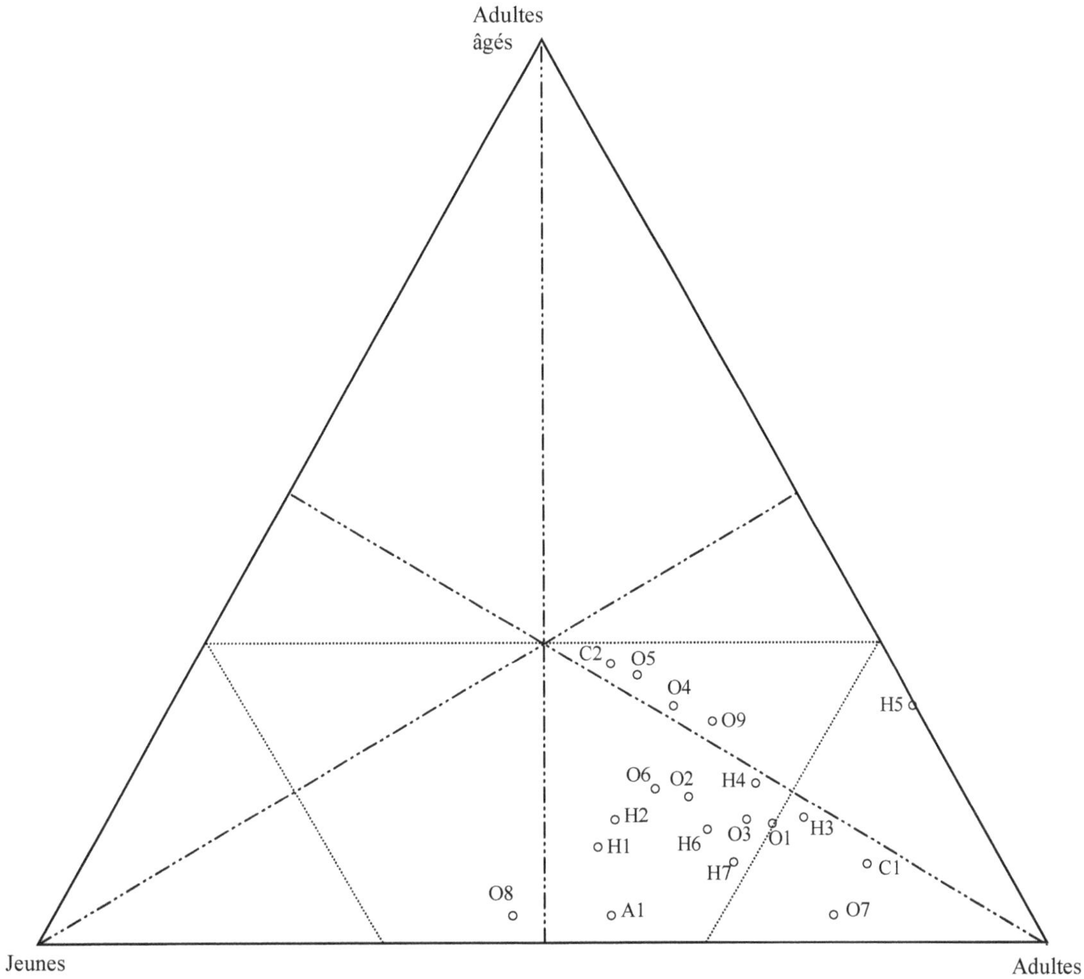

Fig. 171 – Diagramme triangulaire.

Dans le diagramme triangulaire (Fig. 171), les populations étudiées sont localisées dans l'aire caractéristique d'une mortalité de type catastrophique, excepté le tahr des niveaux Gi et Gs qui se situe dans la zone où les adultes dominent largement l'échantillon. Cette méthode, bien que critiquée (Steele et Weaver, 2002), donne ici des résultats comparables à ceux obtenus à partir des profils de mortalité classiques.

Le profil de type catastrophique peut résulter d'une grande variété de causes : prédation, catastrophes naturelles (inondations, incendies, éruptions volcaniques) et épidémies très virulentes. Dans notre cas, l'effet cumulatif de la prédation peut avoir créé ce type de profil si le prédateur attrape ses proies sur la base du hasard. Ainsi les individus sont tués à peu près dans les proportions de leur abondance naturelle. La chasse à l'affût ou en embuscade qui tend à créer un profil de mortalité de type catastrophique (Schaller 1977) pourrait expliquer cette sélection des proies basée sur le hasard.

4.3 – Sex-ratio

Le sex-ratio a été déterminé uniquement sur les coxaux d'argali car ceux de tahr sont trop fragmentés pour permettre une détermination du sexe. De plus, l'effectif est plus important que celui du tahr afin de calculer le sex-ratio. Globalement, les femelles d'argali constituent toujours plus de la moitié des individus abattus mais leur proportion peut atteindre 88,2 % dans le sol F par exemple, soit un sex-ratio de 0,13 (Tabl. 76).

Niveau	NR	Sex ratio	% mâles	% femelles
E	6	0,50	33,0	67,0
F	52	0,13	11,8	88,2
Gs	10	1,00	50,0	50,0
Gm	9	0,50	33,0	67,0
Gi	0	-	-	-

Tabl. 76 – Sex-ratio de l'argali dans les niveaux de l'ensemble III.

Les données éco-éthologiques sur les populations actuelles de petits bovidés montrent une variation de la composition de la harde au cours de l'année (Gonzalez 1984). De plus, il existe une sélection et une utilisation de l'habitat différente entre les groupes femelles, mixtes ou mâles (Cransac & Hewison 1997). Pour l'argali, les mâles sont solitaires la plus longue partie de l'année ou en

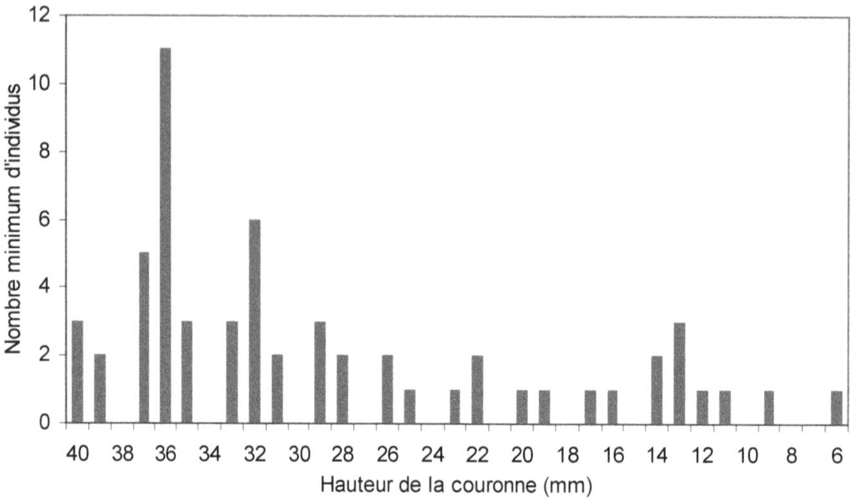

*Fig. 172 – Distribution de la hauteur de la couronne des M1 inférieures d'*Ovis *du sol F.*

petites hardes de 2 à 9 individus et occupent les espaces forestiers. A l'automne, ils rejoignent les hardes de femelles pour le rut. C'est donc pendant cette période que les hardes sont mixtes. En hiver, les mâles quittent le groupe et laissent les femelles avec les jeunes de moins de 3 ans. La mise-bas a lieu au mois de mai et, durant tout l'été, les femelles suitées constituent de grandes hardes qui peuvent compter de 35 à 40 individus (Schaller 1998).

Un sex-ratio a été estimé par Monchot (1999b et 2000) sur les populations d'argali en utilisant l'analyse des mélanges sur les mesures des diamètres transversaux et antéro-postérieurs de différentes parties anatomiques. En fonction de l'os choisi, les estimations sont très variables (de 12,6 à 95,7 % de femelles pour le même échantillon). Malgré cette variabilité, l'auteur choisi les résultats obtenus sur l'extrémité distale du métapode antérieur et propose pour le sol F et le sol G des ratios respectivement de 0,07 et 0,54.

Le sex-ratio observé à la Caune de l'Arago varie de 0,13 à 1 selon les niveaux (Tabl. 76). Cette différence pourrait s'expliquer par une chasse sélective des femelles dans le sol F alors qu'elle serait non sélective dans le sol E. Si l'on admet cette hypothèse, l'homme aurait régulièrement changé de stratégie de chasse, ce qui semble peu probable. De plus l'épaisseur de certains niveaux archéologique est trop importante (jusqu'à 40 cm) pour résulter d'une occupation humaine de courte durée. Ces niveaux correspondent soit à une occupation de longue durée, soit à la succession de plusieurs occupations durant plusieurs années. L'étude de la saisonnalité de l'occupation du site peut aider à résoudre ce problème. De plus, si l'on admet que la composition de la harde se modifie au gré des saisons, il serait alors possible d'expliquer le phénomène de variation du sex-ratio par la saison de chasse.

4.4 – Saisonnalité de la chasse

La recherche d'une éventuelle saisonnalité par la méthode de Kurtén (1953) nécessite un grand échantillon. Elle n'a pu être réalisée que sur la M1 inférieure d'argali du sol F car il s'agit de la dent la mieux représentée dans la collection. La représentation graphique des hauteurs de couronne met en évidence des lacunes qui apparaissent à intervalles réguliers (Fig. 172). Cette absence de M1 d'une certaine classe de hauteur de couronne montre l'absence de "capture" à une certaine période de l'année.

La saison de chasse a été étudiée sur l'argali car des données actuelles sont disponibles pour déterminer le mois d'abattage des jeunes. La saison a été estimée pour chaque couche archéologique et est présentée dans la figure 173. Il apparaît très nettement une différence entre les niveaux étudiés.

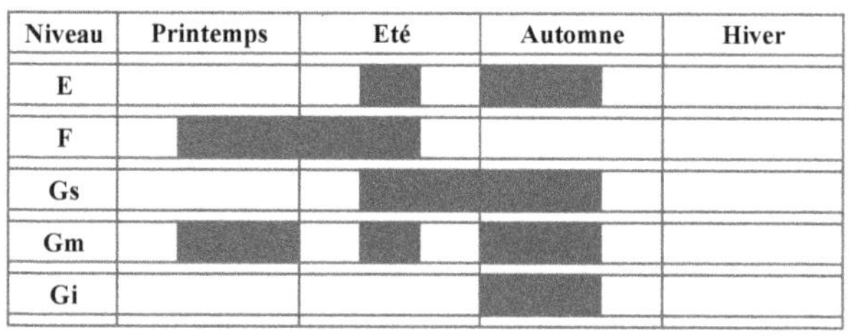

Fig. 173 – Saison de chasse des argalis à la Caune de l'Arago.

Dans le sol F, par exemple, la population est composée de 88,2 % de femelles. Sachant que 22,9 % sont des jeunes individus dont les coxaux n'ont pas été étudiés, la population est composée de 68,2 % de femelles adultes et de 8,9 % de mâles adultes. Nous avons comparé nos résultats avec ceux obtenus sur une population d'argalis de l'Altaï. Fedosenko (2000) y a observé 20,1 % de jeunes, 71,9 % de femelles adultes et 8 % de mâles adultes au printemps et 22,1 % de jeunes, 52,5 % de femelles adultes et 25,4 % de mâles adultes à l'automne. Nous pouvons nous inspirer des conclusions de Fedosenko (2000) car le test de Mann-Whitney ne décèle pas de différence significative entre la composition de la harde d'argalis actuels au printemps et celle de la population fossile du sol F ($p < 0,82$). Il en est de même entre la population actuelle en automne et la population fossile du niveau Gm ($p < 0,82$). De plus dans les deux cas les sex-ratios sont identiques entre les populations fossiles et actuelles. Les argalis du sol F ont donc bien été chassés au printemps et ceux du niveau Gm semblent avoir fait l'objet d'une chasse à l'automne.

Dans les niveaux E et Gs, les mâles sont plus abondants que ce qui a été observé dans le sol F. L'étude de l'éruption des dents a montré que ces animaux, de même que ceux du niveau Gi, ont été abattus en été et en automne, ce qui correspond à la période à laquelle les mâles rejoignent les hardes de femelles pour former des groupes mixtes. A cette période le sex-ratio est proche de l'équilibre (Bon et al. 1991). Pour ces niveaux, la saison de chasse permet donc d'expliquer l'importance relative de certaines classes de la population (jeunes/adultes ou mâles/femelles).

De notre étude il ressort donc que la grotte a été occupée de manière saisonnière. Globalement, elle a été occupée par l'homme du printemps à l'automne pour ce qui est des niveaux de l'ensemble III.

Des observations de même type ont déjà été réalisées pour d'autres gisements. Des occupations saisonnières ont été mises en évidence avec une chasse spécialisée et/ou sélective. Patou-Mathis (1992) a montré que les Néandertaliens de la grotte Tournal ont chassé de manière préférentielle les femelles et les jeunes ongulés à la fin de l'été, au début de l'hiver et au printemps. Gardeisen (1994 et 1999) a montré que dans la grotte du Portel-Ouest, le bouquetin a été chassé de manière saisonnière en automne et en hiver et que la chasse est liée aux déplacements des populations animales durant les périodes froides qui les ont obligé à descendre à basse altitude. De même, pour la grotte du Lazaret, les profils de mortalité du cerf et du bouquetin suggèrent une chasse sélective en automne et en hiver (Valensi 2000). Pour la grotte de La Riera (région Cantabrique) la chasse a été concentrée sur des hardes de femelles suitées ; à Erralla, ce sont ces mêmes hardes qui ont été chassées principalement pendant la saison chaude (Altuna & Mariezkurrena 1987). Dans la grotte du Bau de l'Aubesier, Fernandez et al. (1998) ont déterminé que le tahr, principalement des femelles et des jeunes, a été chassé à l'affût de juin à octobre.

Des phénomènes de déplacement de populations pourraient également avoir affecté les argalis de la Caune de l'Arago. Pendant la période à laquelle ils ont été chassés, ils auraient dû se trouver en haute montagne, alors qu'à la Caune de l'Arago, dans les Corbières, l'altitude est faible. Une hypothèse permet d'expliquer leur présence à la Caune de l'Arago au printemps. Le dépôt du sol F a été corrélé au stade isotopique 12 qui correspond à une période froide. Les études de la microfaune (Desclaux 1992) et des pollens (Renault-Miskovsky 1980) confirment l'existence d'un climat rigoureux. Les Pyrénées devaient alors être enneigées jusqu'à basse altitude et, en cette période de régression marine, le rivage de la Méditerranée était plus éloigné qu'aujourd'hui (Ambert 1994). Les ongulés de montagne se sont retrouvés cantonnés dans la plaine ou descendaient à faible altitude pendant l'hiver. Cette hypothèse est étayée par le fait que des vestiges d'argalis ont déjà été découverts dans des espaces steppiques de Sibérie centrale proches du lac Baïkal et datés de 55 000 à 24 000 ans (Chlachula 2001). De plus, Geist (1971) a montré que si la nourriture était suffisamment abondante quelle que soit la saison, les hardes d'argali en Asie pouvaient rester toute l'année dans une même zone.

Le même phénomène a été observé par Moigne et al. (1998) dans le site magdalénien de la grotte des Conques, situé à quelques kilomètres seulement de la Caune de l'Arago. Le site a été occupé en été par des chasseurs qui ont abattu au moins 7 bouquetins. Le climat était donc suffisamment froid et humide pour que ces bouquetins restent dans des zones de basse altitude et occupent les milieux escarpés.

4.5 – Caractérisation taphonomique des niveaux

Les indices de conservation calculés pour les niveaux E, F, Gs, Gm et Gi sont présentés dans les tableaux 77 et 78.

Même si tous les os sont fragmentées (IFO égal ou proche de 0), le rapport NR/NMI montre que le tahr a subi une fracturation moins intense dans le sol E que dans les autres niveaux. Il en va de même pour l'argali, pour lequel la fracturation des restes est moins intense que dans les niveaux au-dessous, même si tous les os longs sont systématiquement fracturés.

Les indices de conservation des ossements (IGSC et ICD) sont très élevés, surtout pour l'argali, indiquant une mauvaise conservation des os par rapport aux dents. Concernant l'argali les deux indices calculés pour les niveaux étudiés augmentent de la base vers le sommet de l'ensemble III (Fig. 174). C'est dans le sol Gi que la conservation est la meilleure puisque l'indice de conservation dentaire est de 0,20, ce qui correspond à l'indice obtenu pour un animal complet. Quant au tahr, les indices donnent des proportions inverses de ce qui a été observé pour l'argali. L'IGSC et l'ICD diminuent vers le sommet de la séquence mais ils n'atteignent pas les valeurs observées pour l'argali dans le niveau Gi.
D'une manière générale, on peut dire que les restes d'argali sont mieux conservés que ceux de tahr et que leurs indices de conservation évoluent de manière opposée. Cette différence entre les deux animaux peut provenir d'un traitement différentiel par l'homme auquel peut s'ajouter l'altération dans le sédiment.

	NR	NMI	NR/NMI	IFO	IGSC	ICD
E	433	31	14,0	0	0,88	0,82
F	6577	214	30,7	0	0,90	0,85
Gs	1635	45	36,3	0	0,49	0,44
Gm	1037	34	30,5	0	0,38	0,36
Gi	510	16	31,9	0	0,21	0,20

Tabl. 77 – Indices comparés pour l'argali des niveaux de l'ensemble III.

	NR	NMI	NR/NMI	IFO	IGSC	ICD
E	77	8	9,6	0,09	0,48	0,48
F	383	20	19,2	0	0,52	0,47
Gs	250	12	20,8	0,02	0,52	0,48
Gm	272	20	13,6	0	0,90	0,87
Gi	356	23	15,5	0	1,02	0,97

Tabl. 78 – Indices comparés pour le tahr des niveaux de l'ensemble III.

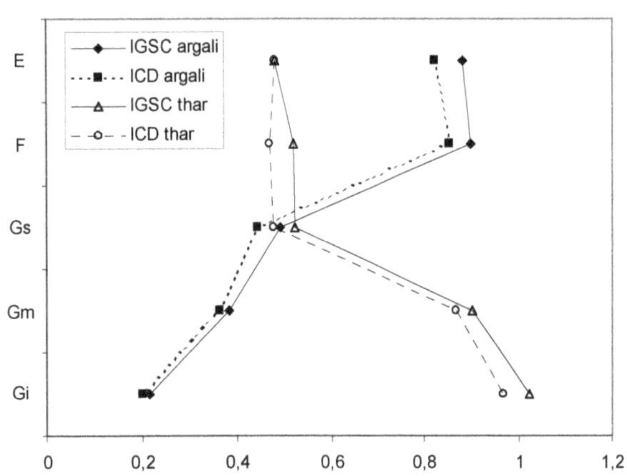

Fig. 174 – Evolution des indices de conservation pour l'argali et le tahr des niveaux de l'ensemble III.

4.6 – Conclusion sur l'assemblage d'argali des niveaux E, F, Gs, Gm et Gi

Les profils de mortalité obtenus confirment les résultats des études précédentes concernant la pratique d'une activité de chasse par les hommes préhistoriques. En complément des profils de mortalité, la détermination du sex-ratio et de la saison de chasse permet d'expliquer la dominance et la composition de certaines classes (âge ou sexe) dans notre population fossile. Pour les niveaux étudiés, et surtout pour les niveaux F, Gs et Gm, l'hypothèse d'un comportement opportuniste de l'homme préhistorique peut être retenue.

On ne peut cependant pas considérer qu'elle s'applique à tous les sites, car au Paléolithique inférieur les modalités d'acquisition de la nourriture semblent très variables. Dans des gisements du Pléistocène inférieur ou moyen, l'homme a pu pratiquer le charognage, comme dans les unités II et III du gisement de Galería à Atapuerca (Huguet et al. 1999 ; Díez et al. 1999), ou bien une chasse de type opportuniste comme le montre notre étude des niveaux de l'ensemble III de la Caune de l'Arago.

V – Une occupation par les carnivores : les niveaux M, N et O

5.1 – Introduction

Les grottes ont fréquemment été occupées par les carnivores, comme c'est le cas pour la Caune de l'Arago. Elles ont servi soit de repaire (hyène, léopard), soit simplement de lieu de passage. Les carnivores ont donc accumulé les restes des animaux qu'ils ont eux même chassé ou bien charogné. La forte représentation de restes de carnivores dans les assemblages non anthropiques reflète d'une part l'utilisation de la grotte comme tanière (mort durant l'hibernation) et, d'autre part, la compétition (intra et inter-spécifique) pour l'utilisation de la tanière (Miracle 1991). Si pour certains auteurs les différences entre les assemblages archéologiques et paléontologiques sont nombreuses (Stiner 1994 ; Binford 1981 ; Brain 1981 ; Haynes 1985), pour d'autres, comme Miracle (1991), elles sont moins évidentes.

Des données éco-éthologiques établies pour des populations actuelles ont été utilisées pour déterminer l'agent responsable de l'accumulation des restes osseux (Palmqvist et al. 1996 ; Arribas & Palmqvist 1998 ; Patou-Mathis 1998). Dans ce même objectif, les caractéristiques des os rongés par les carnivores ont été décrites par de nombreux auteurs dont Binford (1981), Brain (1981) et Haynes (1985). L'étude morphologique et métrique des traces de dents peut permettre l'identification du carnivore impliqué (Selvaggio & Wilder 2001). Le problème devient plus complexe lorsque plusieurs carnivores sont intervenus successivement dans un même site, ce qui est vraisemblablement le cas à la Caune de l'Arago (Moigne *et al.*, sous presse).

Dans le cas d'une accumulation due aux carnivores, il est intéressant de connaître si le carnivore est un agent de transport primaire, transporteur de la proie qu'il a lui-même tué, ou un agent de transport secondaire, c'est à dire un carnivore qui charogne ou collecte les carcasses sur le lieu de dépôt initial.

Nous nous intéressons à la prédation sur l'argali dont des données de comparaison sont rares. Au Kazakhstan, le lynx attaque fréquemment les argalis (Baidavletov 1995). Dans le Ladakh en Inde, l'argali (*Ovis ammon hodgsonii*) est la proie du léopard des neiges, du loup et du cuon (Fox et al. 1991a). Le couguar (*Puma concolor*) exerce une forte prédation sur les bighorns au Canada et sélectionne les jeunes individus (Wehausen 1996 ; Ross et al. 1997).

A la Caune de l'Arago, les niveaux M, N et O n'ont pas encore été étudiés du point de vue archéo-zoologique et taphonomique. Les niveaux M, N et O, qui se situent dans l'ensemble stratigraphique I du complexe moyen, sont datés de 550 000 ans (Tabl. 2) et ont une épaisseur d'environ 1,50 m. L'objectif de ce travail est donc d'évaluer le rôle qu'ont pu jouer les carnivores dans la constitution de l'assemblage d'argali de ces niveaux. Pour ce faire, plusieurs paramètres ont été étudiés et comparés à ceux obtenus pour un niveau archéologique de référence, le sol F. Des artéfacts lithiques ont été découverts dans les niveaux M, N et O mais ils ne sont pas associés de manière stratigraphique aux restes d'argali, ils seront donc exclus de cette étude.

En raison de la rareté des gisements de référence contemporains, les résultats seront comparés en particulier avec les sites italiens étudiés par Stiner (1994) à partir desquels cet auteur a défini des critères permettant de caractériser le type d'occupation.

Dans le but d'intégrer les données obtenues sur les carnivores, cette étude a été menée en collaboration avec A. Testu et V. Belda (Rivals *et al.*, *sous presse*). Les grands carnivores présents dans les niveaux M, N et O sont le loup (*Canis lupus mosbachensis*), le renard (*Vulpes vulpes*), l'ours de Deninger (*Ursus deningeri*), l'ours brun (*Ursus arctos*), la panthère (*Panthera pardus*), le lion des cavernes (*Panthera* (*Leo*) *spelaea*) et le lynx (*Lynx spelaea*).

5.2 – Structure de la population d'argali

Le nombre de restes d'argali des niveaux M, N et O s'élève à 253 et correspond à un NMI de 28. La différence quantitative par rapport au sol F (NR = 6577 et NMIc = 214) peut s'expliquer par la durée et le type d'occupation du site. Les niveaux M, N et O résultent donc d'une occupation plus brève que celles du sol F. Le NR et le NMIc sont suffisamment importants pour que l'échantillon puisse être considéré comme représentatif de la paléopopulation à laquelle il correspond.

Rappelons que la courbe de mortalité du sol F est caractéristique d'une chasse menée par l'homme avec une abondance des adultes par rapport aux jeunes et aux adultes âgés (Fig. 175). Dans les niveaux M, N et O les jeunes et les adultes âgés sont relativement mieux représentés que dans le sol F.

Etant donné le faible nombre d'individus dans les niveaux M, N et O (NMIc = 28), les classes d'âges ont été regroupées entre les jeunes et les adultes, et le sex-ratio y a été inclus afin de déterminer la composition de la population des deux niveaux : jeunes, femelles adultes et mâles adultes (Fig. 176). Rappelons que, dans le sol F, 88,2 % des individus adultes sont des femelles. Dans les niveaux M, N et O tous les coxaux d'adultes correspondent à des mâles. Les jeunes y sont plus abondants et représentent 28,6 % des individus. Dans le sol F les animaux ont été chassés par l'homme de la fin du printemps à la fin de l'été, après la mise bas des femelles.

Par contre, dans les niveaux M, N et O, les jeunes sont sur-représentés par rapport à une population naturelle. Une forte proportion de jeunes a également été observée par Palmqvist *et al.* (1996) dans les couches non anthropiques de Venta Micena. Dans ces niveaux, les mâles ont été préférentiellement abattus et sachant qu'ils vivent solitaires pendant toute l'année excepté au début de l'hiver, il est possible de suggérer qu'ils ont été chassés du printemps à l'automne.

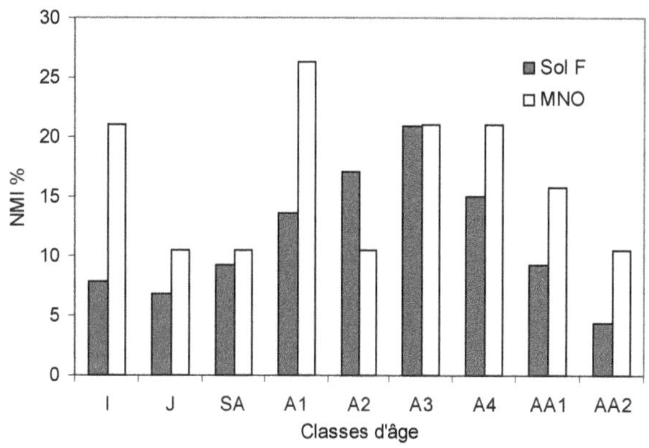

Fig. 175 – Courbes de mortalité pour l'argali des niveaux M, N et O et du sol F.

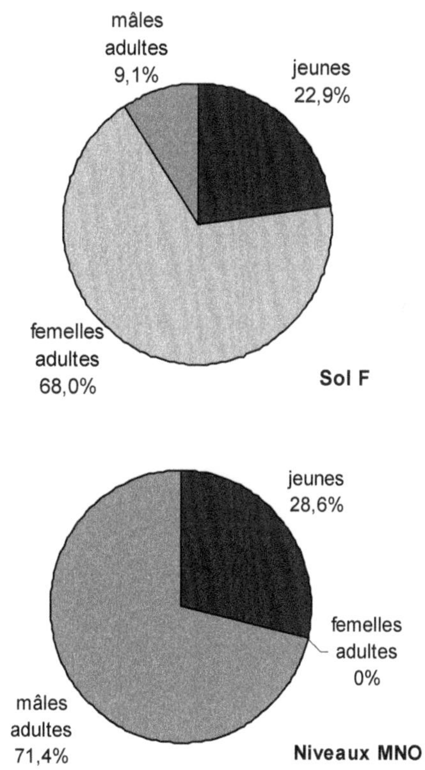

Fig. 176 – Structure de la population d'argali dans le sol F et les niveaux M, N et O.

La sous-représentation des adultes dans les niveaux M, N et O impliquerait, dans cette hypothèse, une chasse par les carnivores au printemps et en été. Ceci est conforté par des observations telles que celle de Haynes (1980) qui met en évidence une corrélation entre les dommages réalisés par les carnivores et la saison en constatant qu'en hiver les os sont beaucoup moins abîmés qu'en été. De même, le nombre de proies est plus important en hiver. Selon cet auteur, les carnivores chassent moins de proies en été qu'en hiver et les dommages sur les os sont plus importants en été (les os sont plus abîmés c'est à dire que la carcasse est exploitée d'une manière plus intense). Malgré l'intervention possible de nombreux facteurs sur la conservation, dans les niveaux M, N et O, le faible nombre d'individus et l'état des os pourraient alors être expliqués par une chasse pratiquée au printemps et en été.

5.3 – Répartition spatiale

La répartition spatiale des restes d'argalis et de tahr des niveaux M, N et O de la Caune de l'Arago est visualisée sur le plan de la figure 177. Chaque zone de fouille, délimitée par le carroyage mesure 1m². Le Nord correspond au Nord conventionnel défini à la fouille, c'est à dire qu'il est orienté vers le fond de la cavité. Vers l'entrée de la grotte, c'est à dire vers le sud, les niveaux M, N et O sont tronqués à cause de l'érosion liée à l'ouverture du plafond de la grotte et au recul du porche et dans les bandes F à J, ils ne sont pas encore fouillés.

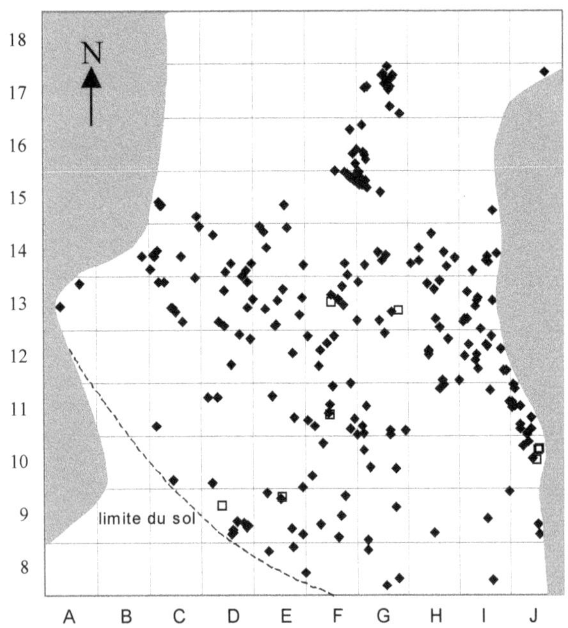

Fig. 177 – Répartition spatiale des restes d'argali ◆ et de tahr □ dans les niveaux M, N et O.

On observe des agrégats d'objets le long de la paroi Est entre les bandes 10 et 14 pour les niveaux M, N et O. Une accumulation traverse la cavité d'Est en Ouest dans les bandes 12, 13 et 14. Enfin, deux groupes apparaissent dans les zones F15, F16, G15, G16 et G17, correspondant à deux parties d'une même colonne vertébrale d'argali dont de nombreux éléments ont été découverts en connexion anatomique. Le test statistique de M.F. Dacey (1973) appliqué au matériel osseux suggère que la répartition des restes d'argali dans le niveau M, N et O n'est pas aléatoire (χ^2 = 372,41 ; p = 89,39). Cette répartition en agrégats correspondants à des ossements en connexion anatomique est typique d'une accumulation par les carnivores.

5.4 – Caractérisation des niveaux M, N et O

Les niveaux M, N et O ont été caractérisé en utilisant plusieurs critères : la proportion relative des carnivores, les modifications de surface des ossements, les pathologies osseuses, la représentation squelettique, la conservation différentielle et les processus de désarticulation.

5.4.1 – Proportion relative carnivores / ongulés

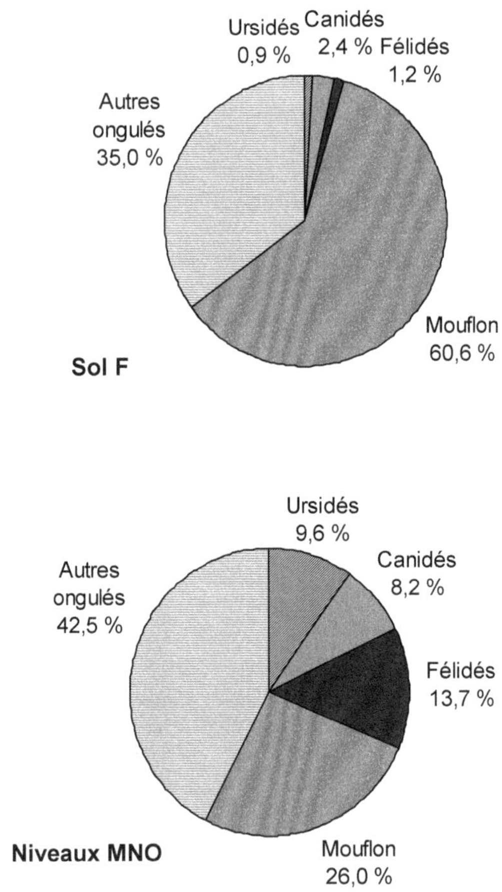

Fig. 178 – Proportions relatives des carnivores et des ongulés dans les niveaux M, N et O et dans le sol F (d'après Rivals et al. 2003).

Le rapport habituel carnivores / ongulés excède 20 % dans les repaires de carnivores et reste inférieur à 10 % en site archéologique (Klein & Cruz-Uribe 1984). Dans les niveaux M, N et O, les carnivores représentent 31,5 % des individus, alors qu'ils en représentent moins de 5 % dans le sol F (Fig. 178 ; Rivals et al. 2003). Cette abondance relative conduit à penser qu'ils ont dû jouer un rôle déterminant dans la constitution de l'assemblage osseux d'argali des niveaux M, N et O. Cette hypothèse peut être retenue car il a été fréquemment observé que la proportion des carnivores dans les niveaux non-anthropiques peut être très variable. Par exemple, dans le niveau TG11 du site de Galería (Sierra de Atapuerca, Espagne), les carnivores représentent 25 % du total de la faune (Díez et al. 1999) mais leur proportion peut atteindre jusqu'à 70 % comme à Gerde dans les Hautes-Pyrénées (Clot 1987).

5.4.2 – Etude des modifications de surface

Les modifications de surface concernent les traces de carnivores laissées sur les os par les dents et les traces anthropiques provoquées par les outils lithiques utilisés lors du dépeçage et de la décarnisation.

Afin de différencier les deux types de traces, la proportion d'os présentant des stries de dépeçage ou de décarnisation a été calculée. Elle est de 1 % pour les niveaux M, N et O (une seule strie dont la nature reste incertaine) et de 5,4 % pour le sol F (181 stries). Il est important de noter qu'aucune trace de fracturation intentionnelle d'origine anthropique n'a été identifiée sur les restes osseux d'argali des niveaux M, N et O.

La proportion d'os présentant des traces de carnivores (morsures, rongement, digestion) a été évaluée. Les résultats obtenus sont significatifs puisqu'il y a 1 % de traces de carnivores dans le sol F et 17,6 % dans les niveaux M, N et O. Dans ces derniers, les quelques os courts qui ont été mis au jour sont souvent digérés.

Cette variabilité est cohérente avec les résultats de Brain (1981) qui montre que l'abondance des traces de carnivores sur les os est très variable. Dans des repaires actuels, il dénombre entre 2,1 et 40,8 % de traces. Haynes (1985) a observé que les hyènes et les canidés laissent plus de traces sur les os compacts que les grands félins. Les lions et les tigres détachent simplement les épiphyses des os alors que les loup et les hyènes rongent progressivement les épiphyses en laissant de nombreuses traces. Mais le manque d'éléments de comparaison rend difficile l'identification du carnivore responsable des dommages observés sur les os (Brain 1981 ; Haynes 1985 ; Selvaggio & Wilder 2001).

Nous avons cependant tenté de déterminer le carnivore responsable de cette accumulation, les critères proposés par Haynes (1983) ont été utilisés afin de trancher entre l'ours, les canidés, les félidés et la hyène. Bien que les restes de hyène soient absents, cela ne signifie pas qu'elle n'a pas utilisé la cavité. Les os des niveaux M, N et O sont mordillés et rongés alors que les ursidés et les hyénidés ont tendance à broyer les os. La faible abondance de traces de dents sur les tissus compacts permet d'exclure les hyénidés. Il ne reste donc que les canidés et les félidés qui sont susceptibles d'être les agents responsables de cette accumulation.

Les traces de carnivores observées dans l'assemblage se répartissent en deux catégories (Haynes 1980 ; Binford 1981). D'une part les petites cupules ou piquetages (*pitting*) et les perforations et cupules très profondes (*punctures*) causées lorsque l'animal mord dans un os et des sillons ou rayures plus ou moins marqués (*scores* et *furrows*) causés lorsque l'animal bouge ses dents à la surface de l'os (Fig. 179). D'autre part les traces irrégulières sur les bords déchiquetés des os (Fig. 180).

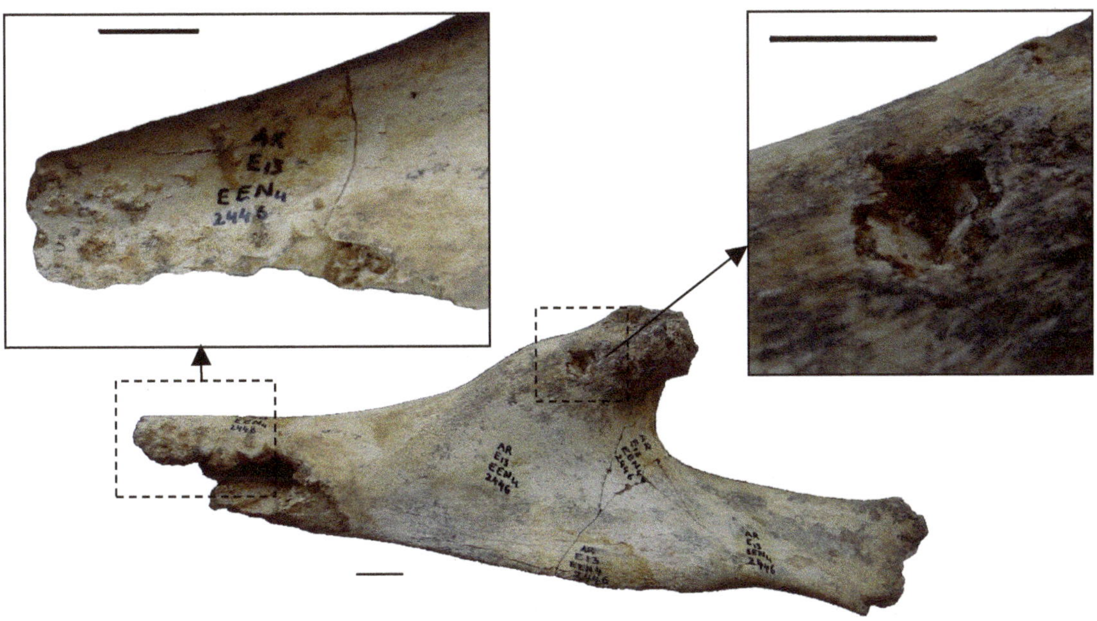

Fig. 179 – Cupule et piquetages sur un pelvis gauche d'argali (AR E13 EEN4 2446) (barres d'échelle = 1 cm).

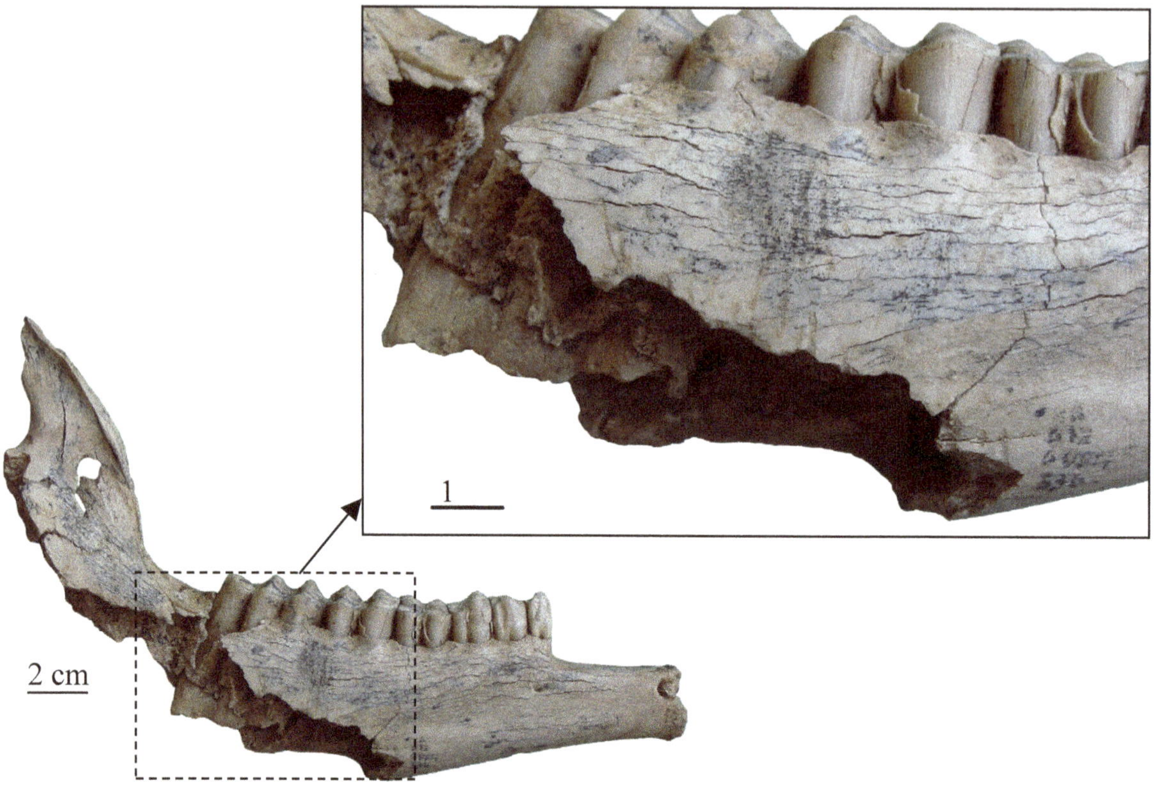

Fig. 180 – Traces de rongement (scores) sur une mandibule d'argali (AR G12 GDP17 536).

L'homme ouvre systématiquement la cavité médullaire en la fracturant transversalement en plusieurs segments et en séparant la base de la branche horizontale de la rangée dentaire. Ce schéma de fracturation est très fréquemment observé dans le sol F. Dans les niveaux M, N et O, en revanche, la fracturation ne suit pas ce schéma. Les mandibules, excepté une qui est complète, ont été rognées au niveau du processus coronoïde et dans la région antérieure de la mandibule, entre la symphyse et le foramen mentonnier. Ce schéma est typiquement observé sur les mandibules provenant d'assemblages accumulés par les carnivores.

Des traces de digestion ont été observées sur de nombreux ossements, surtout sur les os courts (carpe, tarse, phalanges). Ces traces, d'origine chimique dues à l'action des sucs gastriques, se présentent sous forme d'écaillages de la surface de l'os et de cupules circulaires. Les reliefs des os sont adoucis et les foramens souvent agrandis (Fosse et al. 1998).

5.4.3 – Pathologies osseuses

Dans les assemblages non-anthropiques, Palmqvist et al. (1996) ont remarqué une forte proportion d'individus ayant des pathologies osseuses, comme l'arthrose, qui limitent leur aptitude à échapper aux prédateurs. A la Caune de l'Arago, aucune pathologie osseuse n'a été recensée dans les niveaux M, N et O (dans le reste de l'assemblage, elle sont très peu nombreuses, environ 0,1 % du matériel). Une pathologie qui affaiblit un animal ne laisse pas nécessairement de stigmate visible sur le squelette. C'est la raison pour laquelle cette absence de pathologie n'est pas le critère le plus significatif, en particulier lorsque la taille de l'échantillon, comme dans les niveaux M, N et O, est relativement faible.

5.4.4 – Représentation squelettique par région anatomique

La représentation squelettique détaillée (Fig. 181) montre que dans les niveaux M, N et O, les dents sont moins bien représentées, il y a plus de vertèbres, de pelvis et d'os du tarse. On peut comparer les résultats avec ceux des couches II, IIIA et IV de Cova Negra (Valence, Espagne), Villaverde et al. (1996) y ont retrouvé les mêmes caractéristiques que celles de l'assemblage des niveaux M, N et O. Ils en concluent que les restes de Caprinae (tahr et bouquetin) ont été accumulés par les carnivores.

Il est aussi possible de réaliser le même type de représentation en regroupant les os par partie anatomique (Wilson 1989). Les deux profils sont classiques et assez similaires : les éléments du squelette crânien sont très bien représentés (38,5 % dans M, N et O et 47,8 % dans le sol F), la partie avant est relativement moins abondante que la partie arrière (Fig. 182).

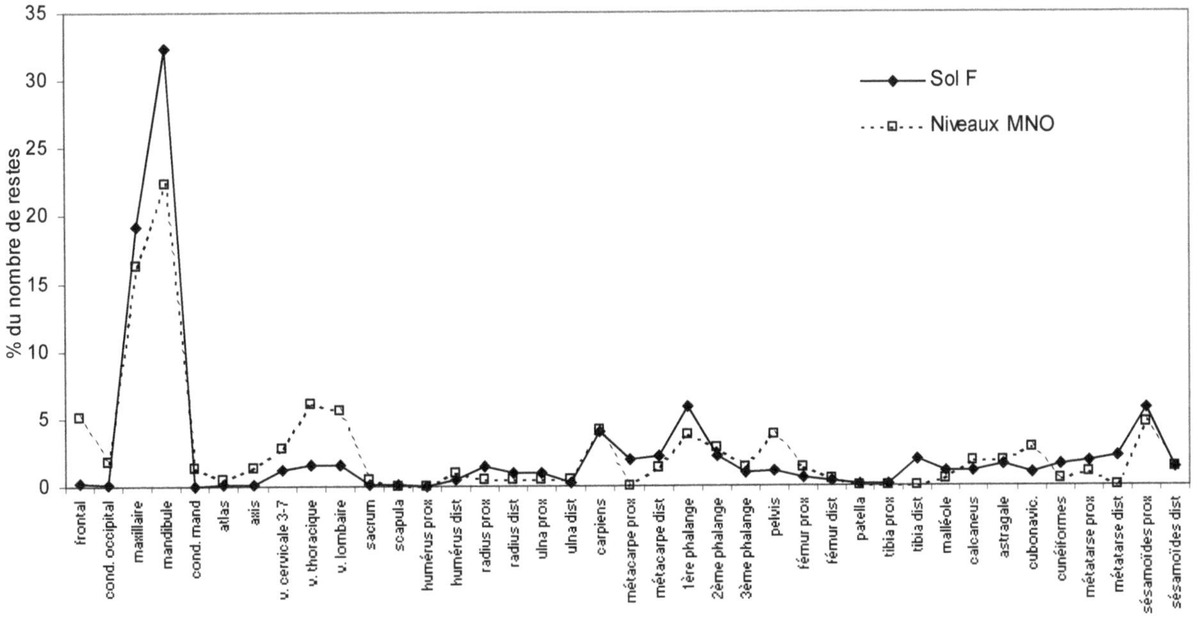

Fig. 181 – Représentation anatomique pour l'argali des niveaux M, N et O et du sol F.

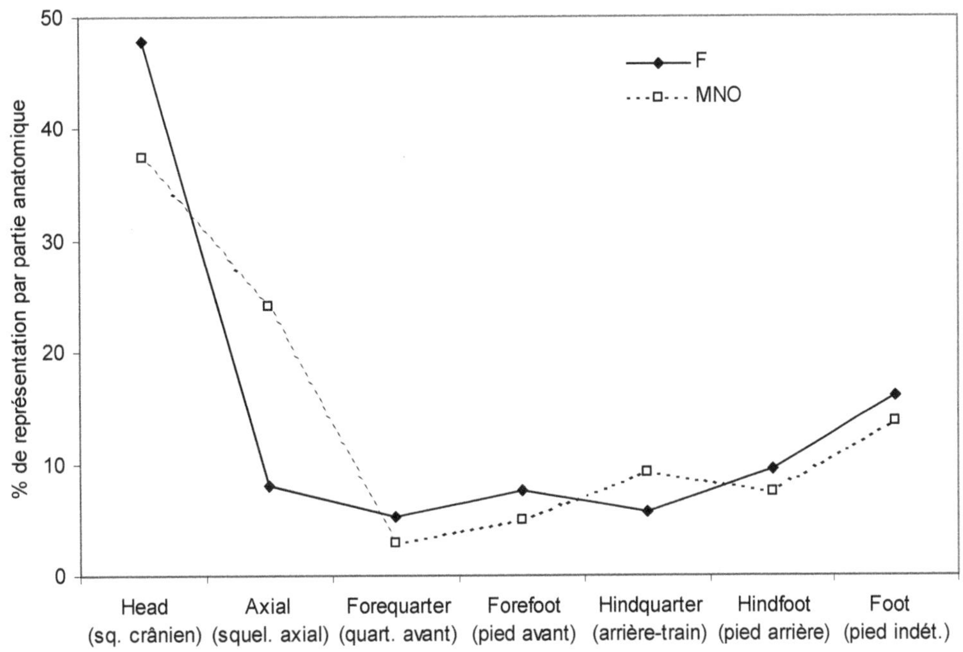

Fig. 182 – Représentation squelettique pour l'argali des niveaux M, N et O et du sol F par région anatomique.

Toutefois, certaines différences apparaissent :

Le squelette axial est trois fois mieux représenté dans les niveaux M, N et O que dans le sol F. En outre le squelette axial est généralement trouvé en connexion anatomique dans les niveaux M, N et O alors que les vertèbres sont le plus souvent dispersées et fragmentées dans le sol F.

L'arrière-train est mieux représenté dans les niveaux M, N et O. Cette région, et notamment celle associée au fémur, est une partie très nutritive. La présence de ces deux parties semble indiquer que l'acteur de l'accumulation a sectionné les parties anatomiques les plus nutritives de l'animal.

Une troisième manière d'étudier la représentation squelettique est de comparer le nombre de restes observé dans l'assemblage archéologique au nombre attendu si le squelette était complet. La différence est exprimée en logarithmes népériens pour chaque région anatomique (Tabl. 79).

	Sol F (a)		Niveaux MNO (a)		*Ovis* complet (b)		d = (ln a) - (ln b)	
	NR	NR %	NR	NR %	NR	NR %	d F	d MNO
Head (sq. crânien)	2377	47,83	90	37,50	63	23,86	0,694	0,450
Axial (squel. axial)	398	8,01	58	24,17	73	27,65	-1,241	-0,136
Forequarter (quart. avant)	259	5,21	7	2,92	8	3,03	0,552	-0,028
Forefoot (pied avant)	286	5,75	22	9,17	16	6,06	-0,058	0,407
Hindquarter (arrière-train)	375	7,55	12	5,00	14	5,30	0,353	-0,058
Hindfoot (pied arrière)	473	9,52	18	7,50	14	5,30	0,585	0,347
Foot (pied indét.)	802	16,14	33	13,75	76	28,79	-0,579	-0,739
Total	4970		240		264			

Tabl. 79 – Rapports du nombre de reste (NR) des parties anatomiques de l'argali pour le sol F et les niveaux M, N et O.

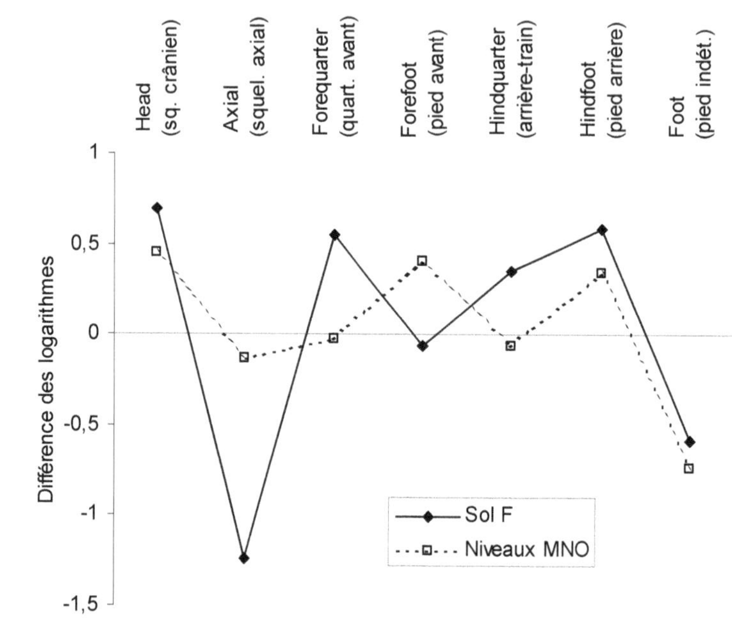

Fig. 183 – Diagramme des rapports du nombre de restes des parties anatomiques de l'argali pour le sol F et les niveaux M, N et O.

Dans le diagramme des rapports du nombre de restes (Fig. 183), les valeurs positives indiquent que la portion squelettique considérée est plus abondante comparée au squelette complet et les valeurs négatives indiquent qu'une partie est sous-représentée. D'une manière générale, les parties anatomiques sont soit dans les proportions normales (proportions attendues), soit sur-représentées, excepté les extrémités des pattes (foot) aussi bien dans le sol F que dans les niveaux M, N et O et le squelette axial dans le sol F.

En outre il ne faut pas négliger l'impact des problèmes de conservation et de détermination différentielle. En effet, l'altération a été plus active dans le sol F et de nombreux os ont été brisés au cours du dépôt des couches supérieures. De plus, les ossements du sol F étant très fragmentés, ils sont moins aisés à identifier que dans les niveaux M, N et O où ils sont mieux conservés et beaucoup moins fracturés, surtout pour les vertèbres et les côtes. Ces deux phénomènes peuvent donc biaiser les différentes représentations lors de la comparaison des deux sols.

5.4.5 – Conservation différentielle

La représentation squelettique montre que le mode d'acquisition des carcasses, chasse ou charognage, induit des différences dans la proportion des parties anatomiques, c'est à dire que certaines parties seront mieux représentées que d'autres. Dans le cas de la chasse, la totalité de la carcasse est disponible et le prédateur a le choix de transporter la totalité ou seulement une partie de la carcasse jusqu'au lieu de traitement (lieu de dépeçage). Ceci est lié aux difficultés de transport, longue distance ou accès difficile à la grotte. Dans ce cas certaines parties, les moins nutritives, peuvent être abandonnées sur le site d'abattage. Dans le cas d'un charognage, les individus ont un accès secondaire à la carcasse, il ne reste donc que les parties les moins nutritives. Des indices ont été définis pour prendre en compte ces variations.

① Indices d'utilité générale

Binford (1978) propose un indice destiné à donner une valeur quantitative de l'apport nutritif de chaque partie anatomique. L'indice utilisé est l'indice général d'utilité nutritive modifié ou MGUI. Le degré d'utilité prend en compte la valeur nutritive de tous les éléments associés à l'os : viande, graisse et moelle.

Le diagramme obtenu pour le sol F (Fig. 184) montre une r*everse utility strategy*, c'est à dire, selon Binford (1978) que les éléments de faible utilité sont écartés de la zone de traitement. Dans le cas des niveaux M, N et O, la courbe est moins claire mais elle ressemble plus à une forme de même type que celle observée pour le sol F. Les parties de faible valeur nutritive auraient été abandonnées sur le site d'abattage alors que les autres auraient été transportées jusqu'à l'aire de traitement. Ce type de courbe est souvent observé dans le cas de charognage (Marean 1998).

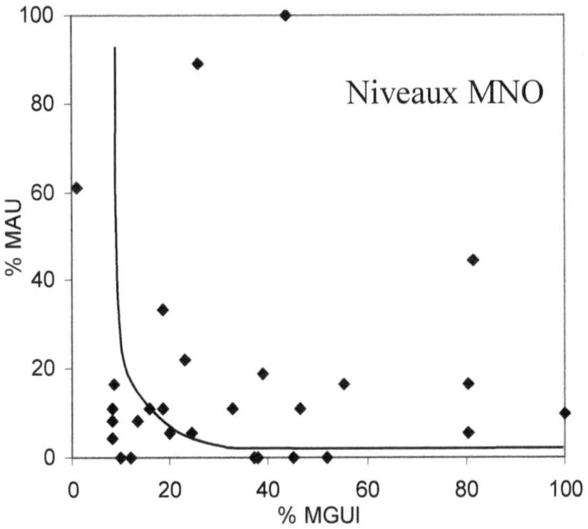

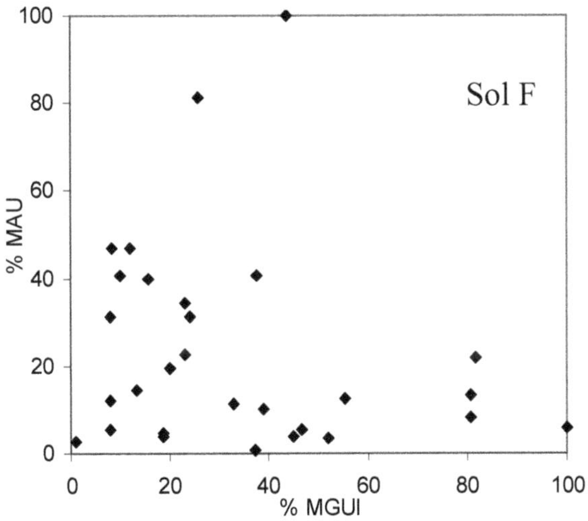

Fig. 184 – Représentation des éléments anatomiques de l'argali des niveaux M, N et O et du sol F.

Les éléments de faible utilité étant absents, l'homme a eu accès aux parties de plus fort intérêt nutritif, donc il n'a pas charogné les carcasses. Il a vraisemblablement rapporté la carcasse entière à la grotte et les différences observées sont dues à la conservation différentielle et surtout à la l'intensité de la fracturation qui varie fortement entre les parties d'un même os. C'est pour ces raisons que Lyman (1984) propose d'utiliser la densité osseuse afin de mettre en évidence une corrélation inverse entre la densité et le MGUI. Les parties ayant un fort MGUI (haute utilité nutritive) sont détruites plus rapidement que celles qui sont d'une moindre utilité.

② Densité osseuse (g/cm^3)

Des mesures de densité osseuse pour chaque ossement et pour chaque partie des os, épiphyses et diaphyses, ont été proposées par Brain (1969) et Behrensmeyer (1975), puis affinées par photodensitométrie par Lyman (1984). Ce dernier a mesuré la densité chez le mouton, *Ovis aries*.

Dans les deux niveaux comparés ici, il existe une corrélation positive, entre le MAU et la densité. Pour les niveaux M, N et O le coefficient de corrélation $r = 0{,}48$ et pour le sol F, $r = 0{,}53$ (Fig. 185). Ces valeurs de r sont significatives au seuil de risque 5 %. Dans les deux cas les éléments les plus denses sont les plus abondants. Ceci indique que la conservation différentielle joue un rôle très important dans la représentation des différentes parties anatomiques de l'argali.

La conservation différentielle jouant un rôle majeur dans la représentation squelettique, celle-ci et les indices d'utilités sont donc faussés par ce phénomène. Qu'ils aient été tués par l'homme ou par les carnivores, les argalis ont été transporté entiers à la grotte depuis le lieu de chasse. Il n'y a pas eu de transport différentiel.

③ FUI (Food Utility Index)

Le FUI, *Food Utility Index* (Metcalfe & Jones 1988), correspond à la valeur nutritive calculée pour chaque partie anatomique. Dans les deux niveaux concernés, la corrélation entre le MAU et le FUI est négative, les coefficients de corrélations étant de -0,26 pour les niveaux M, N et O et de -0,18 pour le sol F (Fig. 186). Les valeurs de r ne sont pas significatives au seuil de risque 5 % (pour un degré de liberté de 25). Il n'existe donc pas de relation entre MAU et FUI, les éléments les plus nutritifs, à FUI élevé, ne sont pas les plus abondants.

De ces résultats il ressort clairement que la conservation différentielle est fortement intervenue dans la formation de ces assemblages. La fracturation intense des os pour l'extraction de la moelle osseuse réduit fortement le taux de détermination en augmentant la catégorie des esquilles.

Les phénomènes de conservation différentielle perturbent fortement les données et rendent délicate l'interprétation des résultats, notamment les diagrammes de représentation anatomique de Binford. Ces problèmes liés à la conservation différentielle sont présents dans la plupart des gisements. Ils ont été soulevés notamment par Valensi (1996) dans la grotte du Lazaret, par Delpech et Villa (1993) dans la grotte des Eglises et dans plusieurs sites italiens par Stiner (2002).

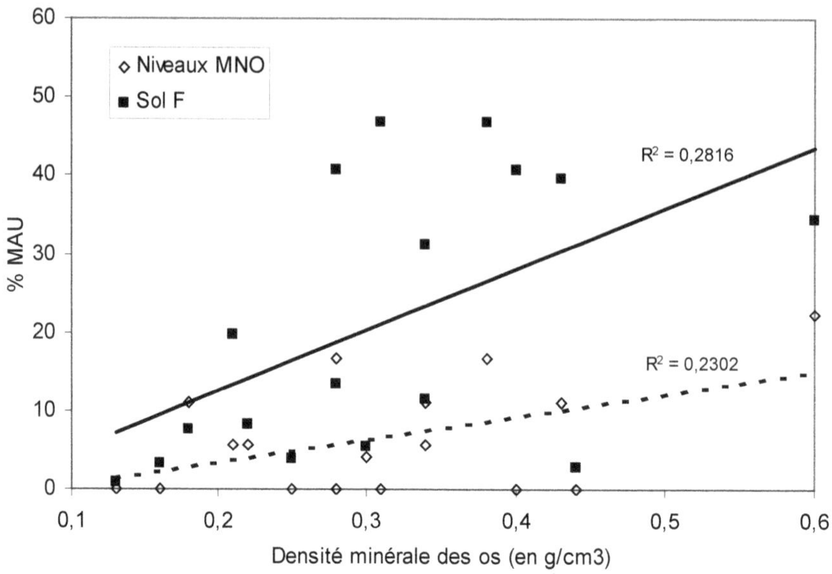

Fig. 185 – Abondance des éléments anatomiques (MAU) en fonction de leur densité.

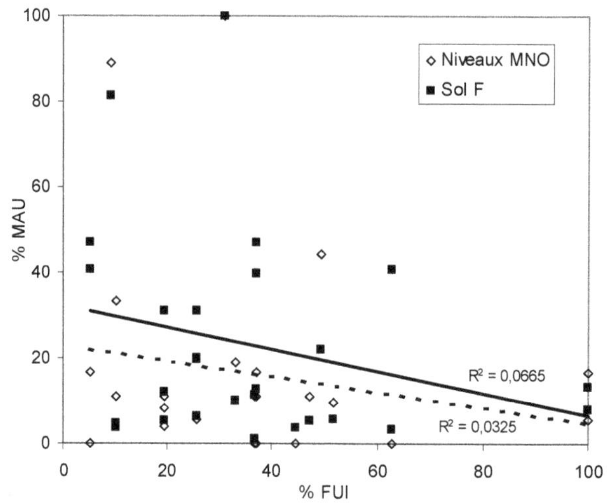

Fig. 186 – Abondance des éléments anatomiques (MAU) en fonction du FUI.

L'assemblage du sol F se caractérise par des éléments crâniens abondants, des éléments du squelette axial très peu représentés et par l'absence d'ossements entiers. Dans les niveaux M, N et O, l'assemblage se distingue par une meilleure représentation des vertèbres et des côtes, la présence d'ossements complets et bien conservés. Malgré ces quelques différences, principalement liées à la conservation différentielle, on peut conclure que les animaux ont donc été rapporté entiers à la grotte dans le cas du sol F comme cela a déjà été montré par Moigne (1983), mais aussi dans le cas des niveaux M, N et O.

5.4.6 – Indices de conservation

Pour les niveaux M, N et O le rapport N.R. crânien / N.R. post-crânien est de 0,51 et de 0,90 pour le sol F (Tabl. 80). Ceci indique que le squelette post-crânien est mieux préservé dans les niveaux M, N et O que dans le sol F. Klein et Cruz-Uribe (1984) font observer que dans les repaires de carnivores, les restes issus du squelette crânien ne sont abondants que pour les herbivores de petite taille de type cervidés ou petits bovidés. Cette fréquence décroît lorsque l'on est confronté à des herbivores de plus grand gabarit. Dans les sites archéologiques en revanche, les éléments du squelette crânien des herbivores sont abondants quelle que soit leur taille. Patou-Mathis (1998) a étudié la conservation du squelette post-crânien par rapport au squelette crânien pour la grotte de Sclayn. Le squelette post-crânien est moins bien conservé dans une couche anthropique avec fréquentation par les carnivores (IGSC = 0,56) que dans une couche non anthropique *sensu stricto* (IGSC = 0,39).

L'argali, par sa taille, entre dans le cas où les animaux entiers sont susceptibles d'être rapportés dans la grotte par l'homme et par certains grands carnivores. Il est donc normal de trouver toutes les parties du squelette. Les différences entre les parties squelettiques dépendent alors du traitement différentiel éventuel effectué sur ces animaux et de la conservation différentielle.

	NR	NMI	NR/NMI	IFO	IGSC	ICD
Sol F	6577	214	30,7	0	0,90	0,85
Niv. MNO	253	28	9,0	0,26	0,51	0,43

Tabl. 80 – Comparaison des indices de conservation pour l'argali de la Caune de l'Arago.

Pour quantifier le rôle des carnivores sur la constitution d'un assemblage osseux, Bunn (1983) proposait de calculer le degré de fracturation des épiphyses et des circonférences des diaphyses en particulier. Dans les niveaux M, N et O, il y a 46,1 % de diaphyses entières ou sub-entières, alors que dans le sol F, il atteint seulement 8,6 %. Ceci témoigne donc de l'intervention des carnivores dans les niveaux M, N et O. Par ailleurs, la proportion d'épiphyses d'os longs conservées est de 50 % dans les niveaux M, N et O et de 72,9 % dans le sol F, ce qui traduit également une consommation par les carnivores.

La proportion d'os courts sur l'ensemble de l'assemblage est de 0,15 dans les niveaux M, N et O et de 3,51 dans le sol F. Ces observations rejoignent celles de Klein & Cruz-Uribe (1984), c'est à dire que les os courts sont rares dans les repaires de carnivores et très abondants dans un assemblage d'origine anthropique, surtout s'il est très fragmenté.

5.4.7 – Processus de désarticulation

Afin de préciser plus encore notre propos, nous avons eu recours à l'étude des connexions anatomiques qui permet d'appréhender les processus de désarticulation qui ont affecté l'assemblage osseux. L'étude du processus de désarticulation des carcasses d'argali dans les niveaux M, N et O aboutit à l'identification de cinq types d'unités anatomiques récurrents :

1- La tête et les deux premières vertèbres cervicales sont entières, parfois trouvées en connexion.
2- Les côtes sont en connexion avec quelques vertèbres cervicales et thoraciques. L'extrémité distale des côtes est rognée, laissant supposer que le sternum a été consommé par le prédateur.
3- La scapula est isolée du squelette, donc vraisemblablement prélevée très tôt dans le processus de consommation.
4- Le pelvis est articulé au sacrum et à plusieurs vertèbres lombaires dont l'apophyse épineuse est rognée (Fig. 187 et 188). Sur le pelvis, les crêtes iliaques et les tubérosités ischiatiques sont souvent fortement rongées. A proximité des bords rongés, il est possible d'observer des traces de dents en cupules ou rayures (Fig. 179 et 180).

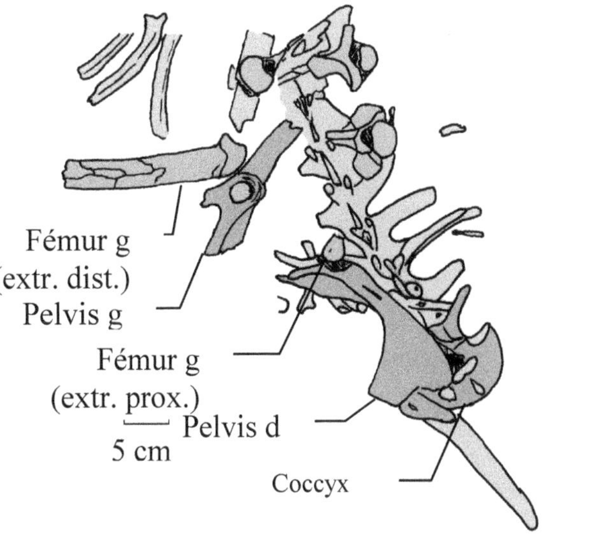

Fig. 187 – Dessin de la connexion anatomique in situ dans le sol N de la Caune de l'Arago (F15 FGN7 et G15 GGN9).

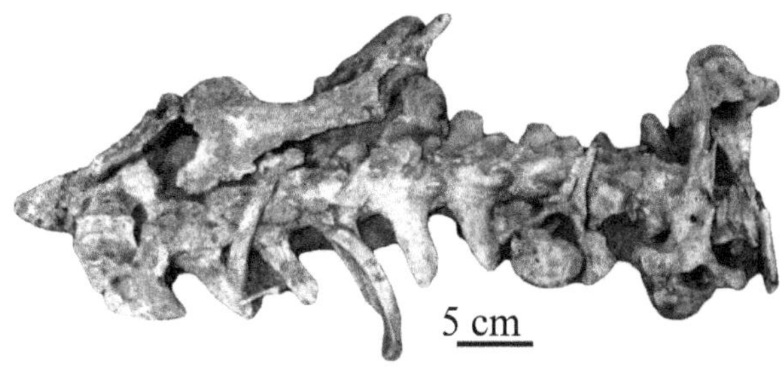

Fig. 188 – Vertèbres lombaires, coccyx, pelvis droit, et fémur d'argali en connexion anatomique dans le sol N de la Caune de l'Arago (zones F15 et G15).

5- Les pattes sont désarticulées du corps. Aucune connexion anatomique n'a pu être observée entre le métapode et les phalanges. L'humérus et le radio-ulna restent en connexion et sont rongés, respectivement à extrémité proximale et à l'extrémité distale.

Ces unités anatomiques sont comparables à celles observées d'après l'étude des dommages infligés par les loups sur des carcasses de cerfs de Virginie (Haynes 1980) ou par le renard sur les moutons (Hewson 1984). Ceci autorise à penser que les carcasses d'argali ont été assez peu exploitées.

D'après Blumenschine (1986) il est possible de suivre l'ordre dans lequel les carnivores s'attaquent aux parties anatomiques. Dans les niveaux M, N et O de la Caune de l'Arago, la séquence de consommation est assez courte puisqu'elle concerne, dans l'ordre : le pelvis, le fémur, les vertèbres lombaires, la cage thoracique, l'humérus, la scapula, le tibia, les vertèbres cervicales, le radio-ulna, la langue (hyoïde), la mandibule et le maxillaire. Cette séquence combinée aux critères de Haynes (1980) correspond à une utilisation faible à modérée de la carcasse.

Palmqvist & Arribas (2001) ont synthétisé les différences entre les assemblages osseux primaires collectés par des prédateurs comme le léopard, et les assemblages secondaires charognés par des carnivores comme la hyène. Ces critères, présentés dans le tableau 81 sont comparés avec l'assemblage de Venta Micena (Palmqvist & Arribas 2001) et confrontés à l'assemblage des niveaux M, N et O de la Caune de l'Arago.

Des six critères utilisés, cinq indiquent que l'accumulation des vestiges dans les niveaux M, N et O correspond à un assemblage primaire. Le seul critère qui n'est pas en accord avec notre conclusion est la proportion d'épiphyses d'os longs par rapport aux diaphyses. Mis à part ce dernier, certains critères sont largement en faveur de l'hypothèse d'un assemblage primaire : le squelette axial est bien représenté par rapport aux membres, les ossements en connexion anatomique sont fréquents et les carnivores sont très abondant. Dans le cas des niveaux M, N et O de la Caune de l'Arago, les carnivores sont donc des collecteurs primaires, c'est à dire qu'ils ont eux même tué et transporté leur proie dans la grotte.

5.5 – Synthèse

Afin de préciser encore le rôle tenu par les hominidés ou/et les carnivores dans nos accumulations osseuses, certains résultats discutés précédemment sont repris et complétés par les critères établis par Stiner (1994) à partir de l'étude de plusieurs sites italiens (Tabl. 82) et par Fosse (1995) sur les repaires d'hyène. Le critère (1) correspond à la présence ou à l'absence d'os brûlés mais à la Caune de l'Arago, aucune trace de feu (foyer, charbon ou os brûlé) n'a été mise en évidence dans les niveaux étudiés (antérieurs à 400 000 ans). Les repaires de carnivores sont caractérisés par :

(2) l'absence de strie d'outil en pierre sur les os,
(3) l'absence d'artéfact lithique,
(4) la faible représentation de fractures avec enlèvements en écaille (7,5 % dans F et 1 % dans M, N et O),
(5) la présence d'esquilles de grande taille,
(6) des extrémités des membres qui ne sont pas fracturées,
(7) un espace intérieur de la grotte sombre et étroit,
(8) l'abondance des carnivores qui est supérieure à 10 % (NMI carnivores / NMI ongulés = 0,46 dans les niveaux M, N et O et 0,049 dans le sol F),
(9) le rongement des os qui est supérieur à 10 %,
(10) la présence de coprolithes, et
(11) une population fossile de carnivores dominée par de nombreux jeunes individus.

Caractéristiques de l'assemblage osseux	Assemblage primaire, collecté par des prédateurs	Assemblage secondaire, collecté par des charogneurs	Assemblage de Venta Micena	Assemblage des niveaux MNO de la Caune de l'Arago
Proportion du squelette axial par rapport aux membres	Forte, > 25%	Faible, < 25%	16,9%	63,0%
Proportion d'os en connexion anatomique	Connexions anatomiques fréquentes	Connexions anatomiques rares	20,0%	21,7%
Abondance d'os longs complets	Forte et non liée à leur contenu en moelle osseuse	Faible et inversement liée au contenu en moelle	27,6%	26,0%
Abondance d'épiphyses d'os longs par rapport aux diaphyses	Forte (2:1)	Faible (1,5 à 1:1)	139,4%	100,0%
Proportion Carnivores/Ongulés (en NMI)	Forte, 25 à 50%	Faible, 5 à 15%	13,6%	46,0%
Abondance relative des jeunes ongulés	Forte, > 25%	Faible, < 25%	40,4%	28,6%
Interprétation			**Assemblage secondaire**	**Assemblage primaire**

Tabl. 81 – Synthèse des différences entre les assemblages primaires et secondaires dans les assemblages actuels et de l'assemblage de Venta Micena (d'après Palmqvist & Arribas 2001). Etude comparative de l'assemblage des niveaux M, N et O de la Caune de l'Arago.

	Hominidés exclusifs			Hominidés ou carnivores (fréquence-dépendant)					Carnivores (exclusifs)			Agent responsable de l'accumulation
	1	2	3	4	5	6	7	8	9	10	11	
Buca della Iena I6	⅄	⅄	⅄	○	○	○	○	○	○	○	○	carnivores
Guattari G0	⅄	⅄	⅄	○	○	○	○	○	○	○	○	carnivores
Guattari G2	●	⅄	●	○	●	○●	○●	●	○	○	○	mixte *
Guattari G5	●	⅄	●	●	●	●	●	●	⅄	⅄	⅄	hominidés
Grotta Breuil	●	●	●	●	●	●	●	●	⅄	⅄	⅄	hominidés
Caune de l'Arago Sol F	-	●	●	●	●	●	○●	●	●	⅄	○	hominidés
Caune de l'Arago Niveaux MNO	-	⅄	-	○	○	○	○●	○	○	○	○	carnivores

Tabl. 82 – Comparaison du sol F et des niveaux M, N et O de la Caune de l'Arago avec plusieurs sites italiens (Stiner 1994).

● *Témoin caractéristique d'une activité humaine.*
○ *Témoin caractéristique d'une activité de carnivore.*
⅄ *Présence non significative.*
\- *Absence.*
* *Agent dominant = hominidés avec quelques occupations de hyène.*

Les points importants pour caractériser l'assemblage des niveaux M, N et O de la Caune de l'Arago sont l'absence d'artéfact lithique associé à l'assemblage osseux, la présence d'esquilles de grande taille, l'abondance des carnivores, la fréquence des traces de rongement sur les os et la présence de coprolithes. Tous ces critères nous permettent de conclure à l'intervention des carnivores dans la constitution de l'assemblage des niveaux M, N et O.

5.6 – Conclusion l'assemblage d'argali des niveaux M, N et O

Les résultats obtenus pour les niveaux M, N et O montrent de claires différences avec ce qui a été observé pour un niveau archéologique comme le sol F. Il faut noter que l'occupation humaine dans ces niveaux est attestée par la présence de quelques artéfacts lithiques, qui se situent dans des niveaux intercalés avec les niveaux où se trouvent les restes d'argali. Plusieurs indices permettent d'affirmer que les carnivores sont effectivement intervenus dans la constitution de l'assemblage osseux d'argali des niveaux M, N et O.

Tout d'abord, ces niveaux se distinguent par l'abondance relativement élevée des carnivores. La structure de population d'argali se caractérise par une forte proportion de jeunes individus et d'individus âgés par rapport à la population du sol F. De nombreux os sont entiers, bien conservés et souvent retrouvés en connexion anatomique suivant le processus de désarticulation caractéristique des carnivores défini par Haynes (1980). Aucune strie ou fracturation intentionnelle d'origine anthropique n'a pu être mise en évidence avec certitude sur les ossements d'argali des niveaux M, N et O. Les os présentent souvent des traces de rongement et de digestion, surtout les os courts qui bien que peu abondants ont subi plus fréquemment ce phénomène. Enfin, les critères utilisés par Stiner (1994) confirment l'implication des carnivores dans l'apport de l'argali. Il est aussi possible de préciser que dans ce cas, les carnivores sont des agents de transport primaire puisqu'ils ont eux même chassé et transporté les proies à la grotte.

VI – Conclusion

L'examen des assemblages osseux de mouflon et de tahr a permis de caractériser deux principaux types d'occupation à la Caune de l'Arago.

Pour les sols E, F et G de l'ensemble III du complexe moyen, l'accumulation est d'origine anthropique. Les hommes ont pratiqué une chasse spécialisée sur l'argali dans le sol F, puisque 214 individus ont été dénombré, soit 60,6 % des grands mammifères. Cette chasse peut être qualifiée d'opportuniste quant à la sélection des individus de la population. Le tahr est largement moins abondant que l'argali, excepté dans le niveau de base du sol G (Gi). Pour ces deux espèces, l'intégralité de la carcasse a été rapportée à la grotte et a été fortement exploitée compte tenu de l'état de fragmentation des os. L'occupation est saisonnière, et selon les niveaux elle concerne le printemps, l'été et/ou l'automne. Les traces de carnivores sur quelques rares ossements indique que la grotte a servi de repaire pour ces animaux et qu'ils ont profité des restes abandonnés par l'homme. Dans ces niveaux, les types d'occupation sont toutefois différents en termes de durée d'occupation. Le sol F par exemple semble correspondre à une succession de campements temporaires alors que le sol G serait associé à plusieurs habitat de longue durée.

Quant aux niveaux M, N et O de l'ensemble I du complexe moyen, la grotte a été, à cette période, principalement occupée par les carnivores (félidés, ursidés et canidés). Ils ont rapporté un nombre minimum de 28 argalis entiers dans la cavité, mais ces derniers n'ont été que moyennement exploités car de nombreux os ont été retrouvés entiers et souvent en connexion anatomique. L'homme ne semble pas être intervenu dans la constitution de cet assemblage, ni même avoir charogné ces animaux après le départ des carnivores.

Chapitre 5

Paléoécologie

Dans ce chapitre, deux aspects de la paléoécologie seront abordés afin de déterminer les adaptations locomotrices et alimentaires des petits bovidés au Pléistocène. Il s'agit d'une part des adaptations écologiques liées au poids corporel et à la locomotion, et d'autre part de la reconstitution du régime alimentaire des animaux fossiles et de ses variations spécifiques, temporelles (saisonnières ou à l'échelle géologique) et spatiales.

I – Adaptations écologiques

1.1 – Estimation du poids corporel des animaux

La taille corporelle joue un rôle majeur en paléoécologie. Elle permet d'étudier les relations concernant l'adaptation des espèces, le rôle trophique et les préférences d'habitat. L'estimation de la masse corporelle et les interprétations fonctionnelles et morphologiques sont inséparables. Lorsque l'on utilisera des données issues d'espèces actuelles pour établir des équations d'estimation de poids, il sera nécessaire de choisir une série d'espèces qui présentent une relation similaire entre les proportions des ossements et la masse corporelle. Ceci nécessite l'identification de grands groupes fonctionnels et morphologiques indépendamment du groupe taxonomique traditionnel (Damuth & MacFadden 1990).

Le poids corporel d'un animal est généralement estimé en utilisant une mesure de longueur ou de surface d'une structure. Les valeurs obtenues pour les deux variables sont transformées en logarithmes quand la relation peut être décrite par l'équation $Y = a \cdot X^b$. L'équation de régression devient $\log Y = \log a + b \log X$ et est connue sous le nom de courbe allométrique. Elle s'applique à de nombreux organismes lorsque le rapport entre la croissance des différentes structures demeure constant, admettant une augmentation relativement importante d'une variable par rapport à l'autre sur une échelle linéaire (Sokal & Rohlf 1998). Ces relations d'allométrie ont fréquemment été développées et employées en archéozoologie pour de nombreux organismes fossiles (Creighton, 1980 ; Scott, 1985 ; Reitz et al. 1987). En particulier, la longueur des os longs a été utilisée (Scott 1983 et 1985) pour définir des relations d'allométrie pour estimer le poids pour les Artiodactyles. En raison de l'importante fracturation des os longs dans les sites préhistoriques, ces équations ne sont que rarement utilisables.

Cependant, deux relations entre les dimensions des os et le poids de l'animal ont pu être utilisées dans ce travail. La première est une relation allométrique entre la surface de la première molaire inférieure et le poids et l'autre entre la surface du talus et le poids corporel.

1.1.1 – Estimation à partir de la première molaire inférieure

Pour les animaux fossiles, la surface de la M1 inférieure est le paramètre le plus couramment utilisé. La première molaire présente certains avantages car c'est la dent la moins variable. En effet, c'est la première dent définitive à sortir, elle est donc moins affectée par le dimorphisme sexuel (Martinez et Sudre, 1995).

Pour les Artiodactyles, deux relations ont été proposées:

(1) $\ln P = 1{,}564 \ln S_{M1} + 3{,}267$ (Cohen 1988).
(2) $\ln P = 1{,}5416 \ln S_{M1} + 3{,}546$ (Legendre 1988).
avec P = poids corporel en kg et S_{M1} = Surface de la M1 inférieure en mm².

Le principal inconvénient de l'utilisation des mesures des dents provient du fait que les dimensions de la surface occlusale sont corrélées au stade d'usure (Monchot 1996). La surface de la dent diminue au fur et à mesure que la dent s'use donc les animaux les plus âgés apparaissent les moins lourds. Le pourcentage d'erreur lié à cette méthode est généralement supérieur à 30 (Damuth & MacFadden 1990).

Pour l'argali, les deux relations ci-dessus aboutissent à des résultats assez différents (Tabl. 83). La relation (1) donne des estimations de poids inférieures à celles obtenues à partir de la relation (2).

	Relation (1)	Relation (2)
N	85	85
Moyenne	**74,41**	**96,89**
Minimum	42,36	55,61
Maximum	96,24	124,87
Ecart-type	10,53	13,53

Tabl. 83 – Comparaison des estimations du poids corporel de l'argali (en kg) obtenues à partir de la M1 inférieure.

Pour la M1 inférieure d'argali, la corrélation r entre le poids et la hauteur de la couronne, c'est à dire l'âge de l'animal, est de 0,7322 ($R^2 = 0{,}53$) pour l'équation (1). La valeur de r est donc significative d'une corrélation, entre l'âge et de poids, au seuil de risque 1 ‰ (Fig. 189).

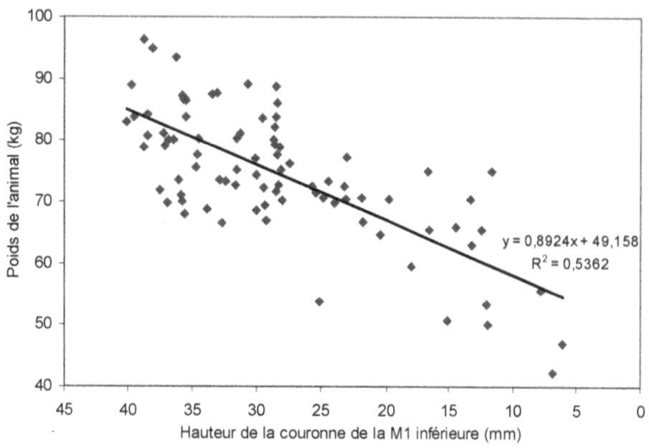

Fig. 189 – Corrélation entre la hauteur de la couronne de la M1 inférieure et le poids de l'argali estimé sur cette même dent à partir de l'équation (1).

1.1.2 – Estimation à partir du talus

Une autre relation d'allométrie a été mise en évidence entre la surface du talus et le poids corporel des animaux pour les Artiodactyles. Cette méthode sera préférée à la précédente car les estimations basées sur certains éléments des membres semblent plus fiables que celles réalisées à partir des mesures des dents (Damuth & MacFadden 1990).

Les taxons actuels de l'ordre des Artiodactyles montrent une diversité de taille et de morphologie importante. Toutefois, le talus présente une morphologie uniforme, avec une double trochlée qui est une synapomorphie pour cet ordre. De plus, parmi tous les os du squelette post-crânien, le talus est souvent mieux conservé dans les assemblages fossiles. Le talus ayant une fonction importante dans le transfert de la masse aux éléments de l'extrémité des pattes postérieures, Martinez et Sudre (1995) ont supposé qu'il devait exister une relation entre la masse corporelle et la taille du talus.

La relation d'allométrie est : $P = 3.16\ S^{1.482}$, où P est le poids, et S est la surface du talus en cm² (Martinez & Sudre 1995). La surface du talus (S) est calculée en multipliant le diamètre transversal total (mesure 1) par la hauteur de la face latérale (mesure 10). Cette relation a été établie pour les Artiodactyles sur la base de 31 espèces actuelles (couvrant une large gamme de taille, des tragulidés aux hippopotamidés), dont *Ovis*, *Hemitragus* et *Rupicapra*. Les deux mesures utilisées pour le calcul de la surface du talus sont bien corrélées chez les Caprinae (Fig. 190). La valeur de r est de 0,9451 pour 399 talus ($R^2 = 0,89$) ; cette valeur est significative d'une corrélation au seuil de risque 1 ‰.

Les résultats obtenus pour les espèces étudiées sont présentés dans le tableau 84.

Pour l'argali, l'estimation a été réalisée sur 84 talus de la collection de la Caune de l'Arago. Le poids varie entre 99,5 et 173,1 kg. Le poids moyen de la population est de 132,1 ± 31,4 kg. Le diagramme des poids présente deux modes qui peuvent être attribués à la croissance de l'animal et au dimorphisme sexuel (Fig. 191). Dans les populations actuelles, *Ovis ammon polii* du Pamir pèse entre 100 et 140 kg, *Ovis ammon hodgsonii* du Tibet pèse

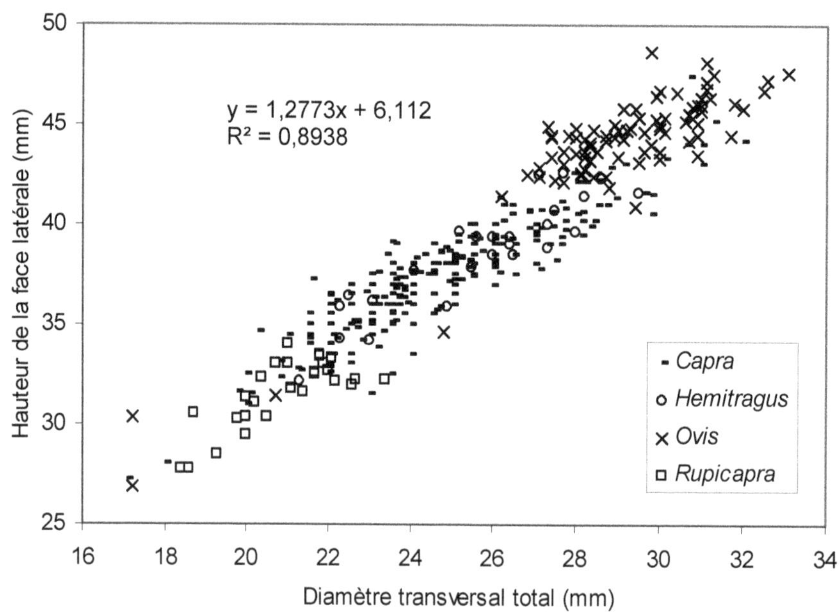

Fig. 190 – Corrélation entre les deux mesures utilisées pour le calcul de la surface du talus de Caprinae actuels et fossiles.

jusqu'à 180 kg. Pour *Ovis ammon ammon*, le poids des mâles s'étend de 101 à 160 kg (moyenne de 134 kg), celui des femelles varie entre 80 et 100 kg (moyenne de 90 kg) (Fedosenko 2000). Les plus grands mâles des montagnes de l'Altaï peuvent dépasser 200 kg (Clark 1964). Les résultats trouvés pour *Ovis ammon antiqua* le rendent comparable aux populations actuelles d'*Ovis ammon* présentes en Asie (Rivals 2001).

	N	Moy.	Min.	Max.	s
Ovis ammon antiqua					
Caune de l'Arago	84	**132,1**	99,5	173,1	15,7
Ortvala Klde	1		94,3		
Hemitragus bonali					
Caune de l'Arago	18	**98,2**	76,6	119,5	12,1
Hemitragus cedrensis					
Caune de l'Arago	2	-	63,5	65,6	-
Capra* aff. *caucasica					
Hortus	20	**106,7**	80,0	147,5	22,3
Arche 98	2	-	82,3	100,0	-
Ortvala Cave	7	**126,1**	74,9	167,0	35,0
Ortvala-Klde	7	**112,9**	96,7	140,1	15,5
Capra pyrenaica					
Castel 2	3	**77,6**	67,9	87,1	9,6

Tabl. 84 – Estimation du poids corporel des espèces étudiées (en kg).

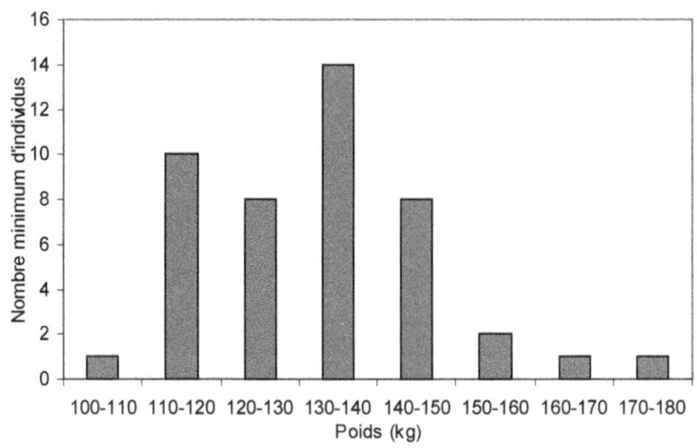

Fig. 191 – Distribution du poids corporel pour l'argali de la Caune de l'Arago.

Pour le tahr de Bonal, le poids est estimé à 98,2 ± 24,2 kg pour les fossiles de la Caune de l'Arago. Chez les animaux actuels, le poids peut atteindre 125 kg pour les *H. jemlahicus* mâles (Forsyth & Fraser 1999) mais en moyenne le poids oscille entre 50 et 100 kg (Nowak 1999). Le tahr de Bonal se situe donc dans la gamme haute de robustesse.

Pour le bouquetin de la grotte de l'Hortus, a avons estimé le poids à 106,7 ± 44,6 kg. L'écart-type est plus élevé pour le bouquetin que pour le tahr ou l'argali en raison du plus fort dimorphisme sexuel existant pour ce taxon. En effet, le diagramme de distribution des poids est bimodal et la séparation entre les mâles et les femelles apparaît claire (Fig. 192). Il ne faut cependant pas oublier que la taille de l'échantillon est réduite car seulement 20 talus ont pu être mesuré. Dans les populations fossiles du Caucase, les résultats sont de 112,9 et 126,1 kg pour Ortvala-Klde et Ortvala Cave respectivement. La population fossile de l'Hortus est moins robuste que les populations fossiles du Caucase, mais ceci a déjà été montré par l'étude paléontologique (chapitre 2). Le poids est de 91,1 kg pour Arche 98. Pour les populations actuelles, le poids varie de 65 à 100 kg pour les mâles et de 50 à 60 kg pour les femelles (Nowak 1999). Les populations fossiles sont plus robustes que les populations actuelles.

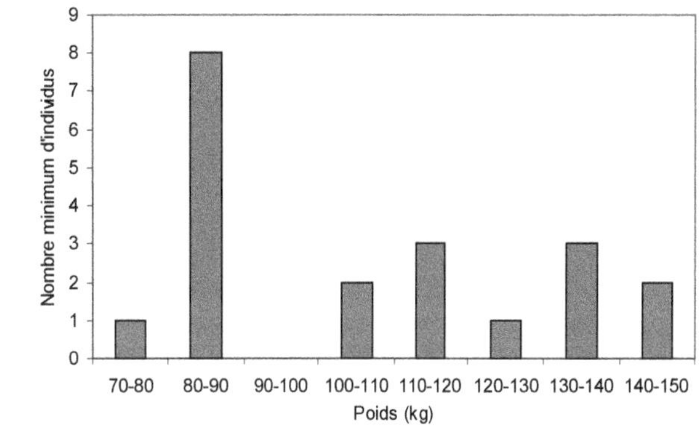

Fig. 192 – Distribution du poids corporel pour le bouquetin de l'Hortus.

Quant à *Capra pyrenaica*, son poids moyen est de 77,6 kg pour Castel 2, ce qui correspond aux plus fortes mesures des populations actuelles dont le poids s'étend de 35 à de 80 kg selon Nowak (1999) et de 40 à 90 kg selon Couturier (1958).

1.1.3 – Conséquences éco-éthologiques du poids corporel

Plusieurs relations d'allométrie ont été établies par divers auteurs entre l'estimation de la masse corporelle et les variables éco-éthologiques corrélées pour les mammifères. Les équations sont données ci-dessous et les résultats sont présentés dans le tableau 85.

- Densité de la population (D en N/km², P en kg):
  $\mathbf{D = 55 . P^{-0,90}}$; r = 0,81 (Peters 1983).
- Territoire (H en hectares, P en g):
  $\mathbf{H = 0,002 . P^{1,02}}$; r = 0,87 (Harestad & Bunnell 1979).
- Durée de vie (D en jours, P en kg):
  $\mathbf{D = 2,14.10^{3} . P^{0,22}}$; r = 0,93 (Western 1979).
- Age de la première parturition (A en jours, P en kg) :
  $\mathbf{A = 257 . P^{0,24}}$; r = 0,69 (McDonald 1984).

La densité des populations est assez variable selon les auteurs et la région considérée. La densité de l'argali est de 0,0187 individus par km² dans le sud Gobi en Mongolie (Reading et al. 1997), de 0,4 argali par km² dans le Ladakh au Tibet (Fox et al. 1991b) et, selon la saison, de 0,8 à 1,2 argali par km² dans l'Altaï en Mongolie (Dzięciołowski et al. 1980). Les densités de la paléopopulation estimée pour l'argali de la Caune de l'Arago et pour celle de Ortvala-Klde sont comprises dans

Espèce	Site	NR		Densité population N / km²	Territoire hectares	Age 1ère parturition années	Durée de vie années
Capra pyrenaica	Castel 2	3	x	1,10	18,57	2,00	15,26
			s	*0,12*	*2,34*	*0,06*	*0,42*
Capra aff. *caucasica*	Arche 98	2		0,96	21,87	2,08	15,81
Capra aff. *caucasica*	Hortus	20	x	0,85	25,70	2,15	16,32
			s	*0,15*	*5,48*	*0,11*	*0,74*
Capra caucasica	Ortvala Cave	7	x	0,76	30,48	2,23	16,88
			s	*0,22*	*8,61*	*0,16*	*1,12*
Capra caucasica	Ortvala Klde	6	x	0,79	27,22	2,19	16,56
			s	*0,09*	*3,82*	*0,07*	*0,49*
Hemitragus bonali	Caune de l'Arago	18	x	0,90	23,60	2,11	16,06
			s	*0,10*	*2,96*	*0,06*	*0,43*
Hemitragus cedrensis	Caune de l'Arago	2		1,29	15,39	1,91	14,67
Ovis ammon	Ortvala-Klde	1		0,92	22,64	2,10	15,94
Ovis ammon antiqua	Caune de l'Arago	84	x	0,69	31,94	2,27	17,15
			s	*0,07*	*3,88*	*0,06*	*0,44*
Rupicapra pyrenaica	Portel-Ouest	2		1,75	10,91	1,77	13,62

Tabl. 85 – Estimation de diverses variables écologiques pour les populations fossiles.

la gamme de variation des densités des populations actuelles.

L'âge de la première parturition estimé est en moyenne de 2 ans pour tous les taxons fossiles étudiés. C'est également vers 2 à 2 ans ½ que les femelles des espèces correspondantes actuelles ont leur première mise bas (Schaller 1977).

La durée de vie pour *Ovis ammon polii*, comme celle des autres argalis est relativement courte, ils atteignent généralement 10 ans (Schaller 1998). Elle est d'environ 15 ans pour le tahr et le bouquetin (Schaller 1977). Pour le chamois, la longévité potentielle est très longue, environ 22 ans (Nowak 1999). La durée de vie estimée pour les populations fossiles est différente et même inverse. Les ongulés de montagnes actuels les plus petits semblent avoir eu une durée de vie plus longue que les autres et donc l'équation d'allométrie proposée (Western 1979) ne serait pas applicable à ces ongulés de montagne.

Malgré leur intérêt, mais compte tenu de ces résultats, parfois en contradiction avec les observations sur les populations actuelles, les données obtenues à partir de ces équations liées aux paramètres éco-éthologiques doivent être utilisées et interprétées avec la plus grande prudence.

1.2 – Reconstitution des adaptations écologico-fonctionnelles des taxons fossiles

Le but de cette approche est de déterminer le(s) biotope(s) pour le(s)quel(s) les animaux fossiles étaient le mieux adapté et de comparer ces résultats avec les données connues pour les animaux actuels. La reconstitution des adaptations écologicofonctionnelles sera appliquée à la comparaison de l'*Ovis ammon antiqua* de la Caune de l'Arago et du *Capra* aff. *caucasica* de l'Hortus. Cette étude nécessitant des ossements complets et bien conservés, ces taxons ont été choisi en raison de l'état de conservation des fossiles dans ces deux sites. Cette reconstitution est abordée selon les critères proposés par Köhler (1993). Cet auteur a défini trois types de morphologies selon plusieurs caractères anatomiques en rapport avec la locomotion. Le type A rassemble les espèces d'habitat forestier, il est subdivisé en A1 pour les taxons de milieux modérément humides et A2 pour les taxons d'habitats très humides à semi-aquatiques. Le type B correspond aux espèces de milieu ouvert, non escarpé et sec. Enfin, le type C correspond aux taxons d'habitat de montagne.

1.2.1 – La tête du fémur

Chez les ruminants, la tête du fémur est généralement allongée transversalement. Cette configuration est une adaptation à la course et au saut (Köhler 1993). Chez l'argali et le bouquetin, la morphologie de cette partie est très similaire. Elle appartient au type C. Chez l'argali, elle est toutefois un peu plus allongée que chez le bouquetin, se rapprochant des types A ou B (Fig. 193). Pour le bouquetin, la morphologie de la tête du fémur indique clairement l'appartenance de ce taxon au groupe des taxons de montagne. Par contre, pour l'argali il est impossible de conclure sans avoir examiné les autres critères sur le métapode postérieur et les phalanges.

*Fig. 193 – Tête de fémur d'*Ovis ammon antiqua *(AR H15 HAY12 6633) et de* Capra *aff.* caucasica. *(Hortus I9 c.26 1394).*

1.2.2 – Le métapode postérieur

Le métapode postérieur d'argali (AR G16 GHL3 7500) est complet et parfaitement conservé. A l'Hortus, cet os est moins bien conservé mais les caractères sont bien visibles (Hortus I9 c.29 2042). Le métapode postérieur d'argali est long, il apparaît plus gracile que celui du bouquetin (Fig. 194). Au niveau de l'extrémité distale, pour *Ovis*, le sulcus dorsal est plus large, les protubérances latérales sont moins marquées et l'articulation est bien arrondie par rapport au bouquetin. Pour l'argali, sur l'extrémité proximale, la surface d'insertion du tendon du muscle extenseur latéral est moins développée que chez le bouquetin, de même, le sillon correspondant à ce tendon est plus court et plus étroit sur le métapode d'argali (Fig. 195). Le tableau 86 synthétise les caractères observés sur le métapode postérieur.

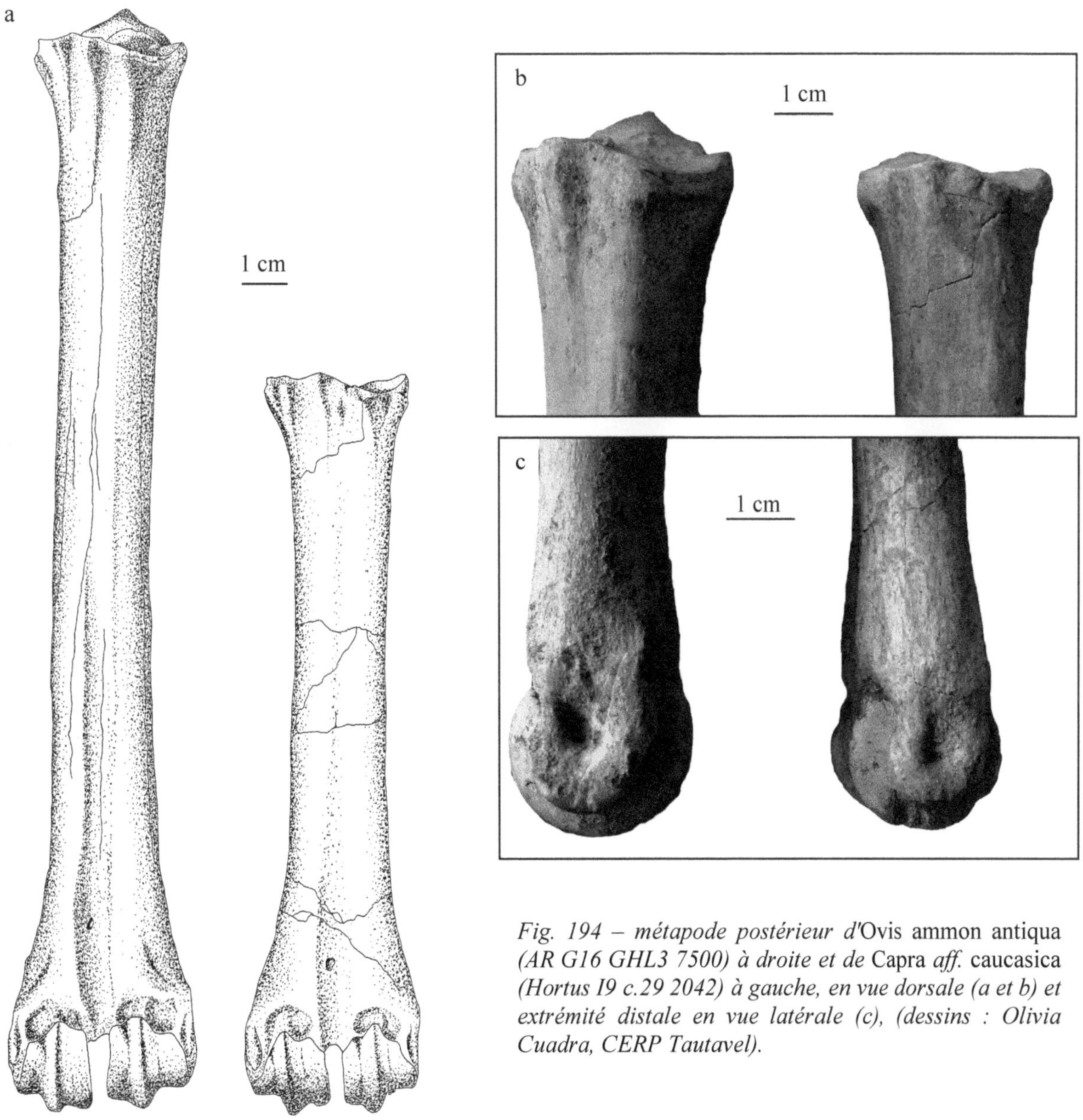

*Fig. 194 – métapode postérieur d'*Ovis ammon antiqua *(AR G16 GHL3 7500) à droite et de* Capra *aff.* caucasica *(Hortus I9 c.29 2042) à gauche, en vue dorsale (a et b) et extrémité distale en vue latérale (c), (dessins : Olivia Cuadra, CERP Tautavel).*

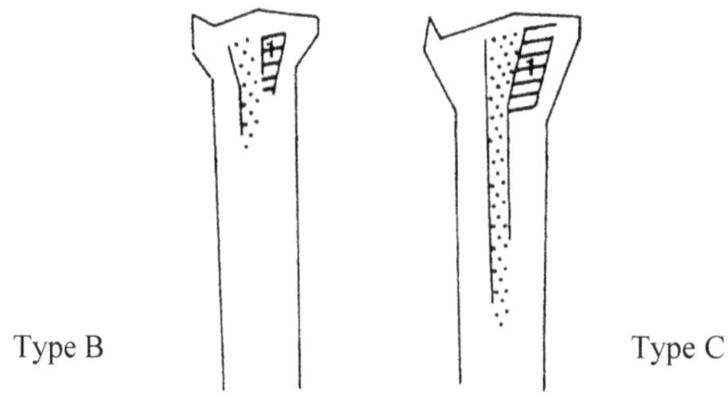

Fig. 195 – Extrémité proximale de métapode postérieur de type B et C en vue dorsale, la zone hachurée (1) correspond au sillon du tendon du muscle extenseur latéral (d'après Köhler 1993).

	Ovis ammon antiqua		***Capra* aff. *caucasica***	
	description	type	description	type
Morphologie générale				
Longueur	long et d'épaisseur presque constante vers l'extrémité distale	B/C	très court	C
Extrémité distale				
Sulcus dorsal	large	B	plus étroit	C
Protubérances latérales au sulcus	peu marquées	B	bien marquées	C
Articulation en vue latérale	arrondie	B	légèrement applatie sur la face plantaire	C
Extrémité proximale				
Surface d'insertion du tendon du muscle extenseur latéral	réduite	B	importante	C
Sillon pour le tendon du muscle extenseur latéral	court et étroit	B	léger et plus long que pour le type B	C

Tabl. 86 – Critères de distinction observés sur le métapode postérieur.

Le métapode postérieur de bouquetin appartient donc sans aucun doute au type C, alors que celui de l'argali présente presque tous les caractères du type B.

1.2.3 – La première phalange

La première phalange de *Capra* est transversalement plus large que celle d'argali (Fig. 196). De plus, l'articulation distale est bien plus arrondie en vue axiale, que sur celle d'*Ovis*. Donc, d'après les critères de Köhler (1993), la première phalange d'argali appartient au type B et celle de bouquetin du Caucase, au type C.

1.2.4 – La deuxième phalange

Les deuxièmes phalanges sont assez semblables du point de vue des caractères écologico-fonctionnels entre les deux espèces considérées. Toutefois, celle de l'argali est plus gracile que celle du bouquetin, ce qui la rapproche plutôt du type B que du type C auquel appartient le bouquetin (Fig. 197).

1.2.5 – La troisième phalange

La troisième phalange d'argali présente un angle très marqué sur le bord dorsal alors que chez le bouquetin ce bord est rectiligne et plus étroit (Fig. 198). La protubérance pour l'insertion du tendon extenseur des doigts (*processus extensorius*) est plus développée chez *Capra*. Le bord axial de la face solaire est anguleux chez *Ovis* alors qu'il est plus arrondi sur les phalanges de *Capra*.

Ces critères confirment les précédents, la troisième phalange d'argali appartient au type B et celle de bouquetin, au type C.

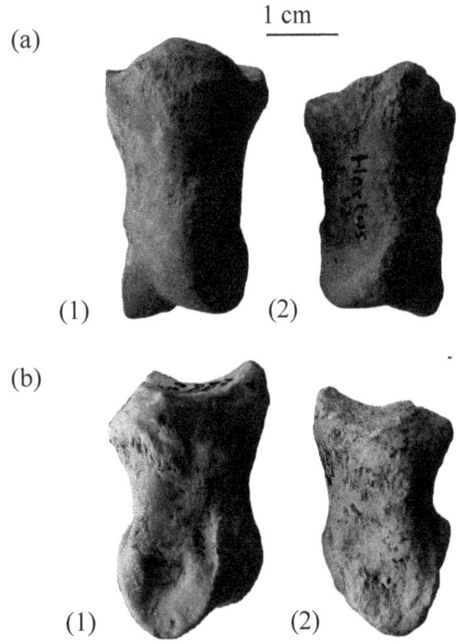

*Fig. 197 – Deuxième phalange d'*Ovis ammon antiqua *AR D20 DLE4 849 (1) et de* Capra *aff.* caucasica *Hortus H8 c.12 63 (2), en vues dorsale (a) et axiale (b).*

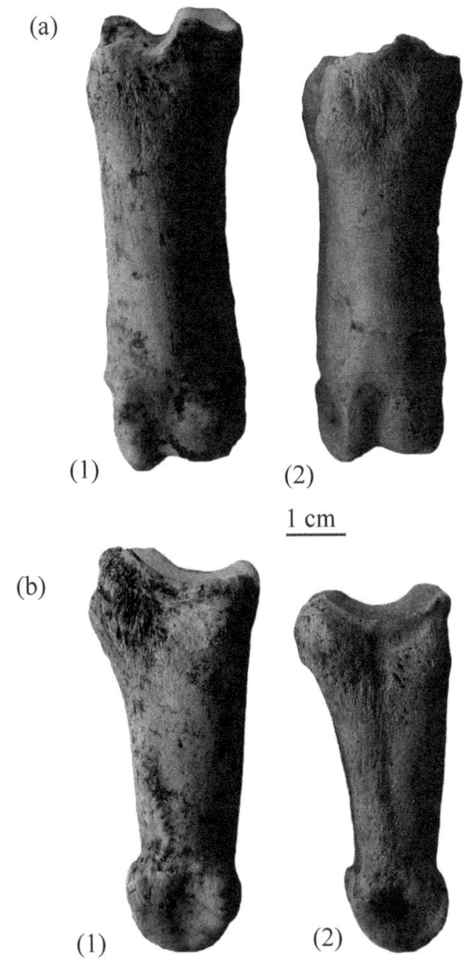

*Fig. 196 – Première phalange postérieure d'*Ovis ammon antiqua *AR B13 BFP1 747 (1) et de* Capra *aff.* caucasica *Hortus J9 c.29 1838 (2), en vues dorsale (a) et axiale (b).*

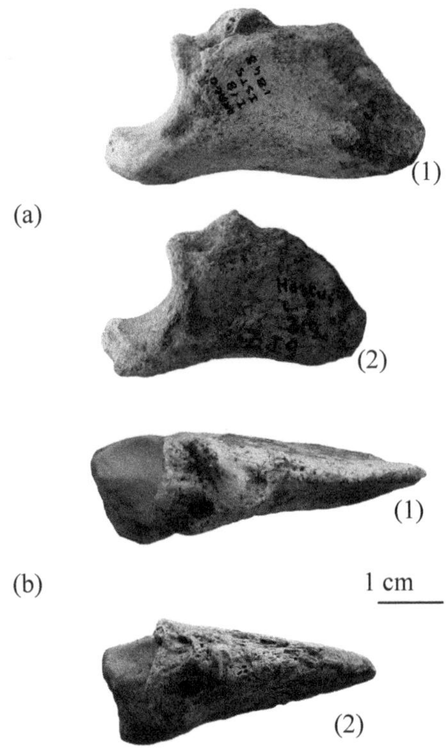

*Fig. 198 – Troisième phalange d'*Ovis ammon antiqua *AR I18 IST5 1848 (1) et de* Capra *aff.* caucasica *Hortus I9 c.9 219 (2), en vues axiale (a) et dorsale (b).*

1.2.6 – Comparaison avec les données sur les argalis et les bouquetin actuels

Il a été reconnu que la distribution des ongulés de montagne est contrôlée par plusieurs facteurs limitant comme l'intolérance à la neige haute, la nécessité de prairies xériques et d'une topographie de montagne ou de collines (Shackleton & Shank 1984).

L'argali se trouve habituellement dans les hautes zones de collines et de plateaux et sur des pentes montagneuses relativement douces (Shackleton & Shank 1984 ; Schaller 1998). Le terrain des argalis est formé de zones herbeuses sur le versant sud des montagnes, sur les hautes pentes dégagées avec de proches affleurements rocheux qui fournissent un rapide moyen d'échapper à une attaque surprise (Geist 1971). Les mouflons ne migrent pas, ils font simplement des aller-retours entre leur habitats d'été et d'hiver (Clark 1964 ; Dzięciołowski et al. 1980).

D'après les critères écologico-fonctionnels de Köhler (1993), l'argali, *Ovis ammon antiqua*, présente une morphologie qui lui confère plus de facilité aux déplacements sur terrain peu accidenté, tout comme l'argali actuel ; le bouquetin du Caucase, *Capra* aff. *caucasica*, est quant à lui, un animal bien adapté au relief escarpé.

Le terrain des bouquetins est situé sur des pentes plus accidentées, rocheuses et abruptes, comme les zones de falaises escarpées, où ils trouvent une végétation plus fruste (Dzięciołowski et al. 1980 ; Shackleton & Shank 1984).

Compte tenu des résultats de l'étude des caractères fonctionnels, les deux espèces du Pléistocène, l'argali et le bouquetin du Caucase, vivaient donc dans des biotopes très similaires aux espèces actuelles.

II – Etude du régime alimentaire

La reconstitution du régime alimentaire des animaux fossiles, en particulier grâce à la comparaison avec les animaux actuels permet d'obtenir des éléments sur les adaptations alimentaires et les climats au cours du Pléistocène.

Parmi les ongulés actuels il est possible de distinguer trois grandes catégories en fonction de l'alimentation (Janis 1988) :

- Les paisseurs (*grazers*), qui consomment principalement des graminées, ont des dents jugales de type hypsodonte.
- Les brouteurs (*browsers*), qui se nourrissent essentiellement de plantes dicotylédones ligneuses comme les arbustes ou les feuilles d'arbres, ont des dents jugales de type brachyodonte.
- Les "mangeurs mixtes" (*mixed feeders*), constituent une catégorie intermédiaire entre les deux précédentes. Leur alimentation est qualifiée de mixte car elle inclue un mélange de plantes ligneuses et de graminées et varie en fonction des saisons (variation temporelle), ou en fonction des déplacements des populations (variation spatiale).

Les ongulés paisseurs peuvent être distingués des brouteurs par plusieurs indices dont le degré d'hypsodontie (Janis 1984), la morphologie mastica-toire : forme de l'incisif (Solounias et al. 1988) et zones d'insertion des muscles liés à la mastication (Solounias et al. 1995), et les micro-traces d'usure dentaire (Walker et al. 1978). Ces trois approches sont succes-sivement développées dans cette étude.

2.1 – Indice d'hypsodontie

Le degré d'hypsodontie a largement été utilisé comme indice de l'adaptation alimentaire chez les mammifères. L'augmentation relative de la hauteur de la couronne, ou hypsodontie, est le phénomène évolutif le plus fréquemment observé chez les mammifères herbivores (Solounias et al. 1994). Ce phénomène se vérifie pour les formes fossiles mais ce n'est pas le cas pour les formes actuelles (Janis 1997).

L'indice d'hypsodontie de Janis (1984) est obtenu en divisant la hauteur de la couronne de la M3 inférieure non usée (mesurée du protoconide à la jonction de la couronne avec la racine) par le diamètre mésio-distal occlusal de la M2 inférieure (mesure 1). Pour des Artiodactyles actuels, cet auteur observe des indices inférieurs à 2. Les indices sont de 1,7 pour la chèvre et 1,9 pour le mouton. Les ongulés ayant un fort degré d'hypsodontie sont des paisseurs.

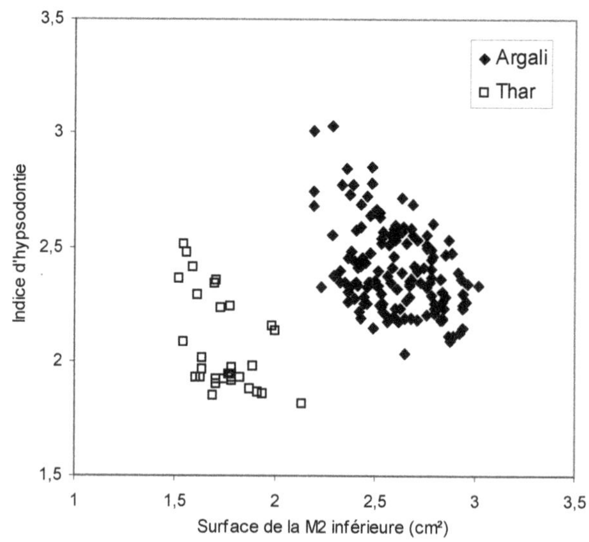

Fig. 199 – Diagramme de dispersion de l'indice d'hypsodontie en fonction de la surface de la M2 inférieure (cm²) pour l'argali et le tahr.

Pour l'argali de la Caune de l'Arago, l'indice varie entre 2,04 et 3,03 (moyenne = 2,40 ± 0,37 ; N = 145). Pour le tahr de Bonal, il est compris entre 1,81 et 2,51 (moyenne = 2,06 ± 0,41 ; N= 32). Ces indices élevés sont indicateurs d'une alimentation de type paisseur et sont comparables à ceux observés pour des formes fossiles d'Equidae et de Camelidae. L'argali fossile de la Caune de l'Arago montre des valeurs plus élevées que pour le tahr. Les valeurs sont présentées dans la figure 199 en fonction de la surface de la M2 inférieure. L'argali a donc une alimentation très spécialisée par rapport au tahr de Bonal (Fig. 199).

2.2 – Morphologie de l'appareil masticatoire

La morphologie de l'appareil masticatoire apporte des informations sur le type de régime alimentaire. Les critères utilisés concernent le corps du maxillaire et le corps de l'os incisif. Ces critères permettent de définir parmi les trois types d'alimentation (paisseur, brouteur ou "mangeur mixte", lequel correspond à l'espèce concernée.

2.2.1 – Morphologie du corps du maxillaire

La relation entre le régime alimentaire et la morphologie de l'appareil masticatoire a été mise en évidence par Solounias & Dawson-Saunders (1988). Ils définissent et quantifient 13 caractéristiques morphologiques en relation avec la mastication par les nombres de 1 à 3 pour les différents types de régime alimentaire : 1 = brouteur, 2 = forme intermédiaire, 3 = paisseur.

1. Importance du museau.
2. Largeur des prémolaires supérieures.
3. Hauteur de la couronne des M2 et M3 supérieures
4. Hauteur de la M3 supérieure par rapport à la M2 supérieure.
5. Présence de la colonnette interlobaire des molaires.
6. Forme des infundibulums des molaires.
7. Importance de la zone d'insertion du masséter.
8. Présence du tubercule facial (protubérance massétérique) au-dessus de la M1 supérieure.
9. Position de l'orbite par rapport au maxillaire.
10. Largeur et position de la crête au-dessous de l'orbite.
11. Forme du bord postérieur de l'angle de la mandibule.
12. Forme du bord inférieur de l'angle de la mandibule.
13. Hauteur de la mandibule au niveau de la M3 inférieure.

Sur les spécimens d'*Ovis ammon antiqua* de la Caune de l'Arago, (1) le museau est élancé. Sur le maxillaire, (2) la série de prémolaires est réduite, (3) les M2 et M3 supérieures sont très hypsondontes, (4) la M3 supérieure a une couronne plus haute que la M2 supérieure. (5) Les molaires ne possèdent pas de colonnette interlobaire. (6) Les infundibulums des molaires ne sont pas de simples croissants, notamment pour les M2 et M3 supérieures la structure est un peu plus complexe. (7) La zone d'insertion du masséter est relativement longue mais la hauteur est assez réduite et (8) la protubérance faciale est peu marquée. (9) Par rapport au maxillaire, l'orbite est placée très postérieurement, bien en arrière de la M3. (10) La zone d'insertion du masséter située au-dessous de l'orbite, sur l'arcade zygomatique est large. L'importante insertion du masséter engendre un bord postérieur de l'angle de la mandibule de forme convexe (11) et un bord inférieur lui aussi convexe (12). La M3 inférieure très hypsodonte et la dimension de l'insertion du masséter font que la mandibule est haute au niveau de la M3 inférieure (13).

Pour l'*Ovis ammon antiqua* les caractères sont les suivants : 3 3 3 3 1 2 2 2 3 3 3 3 3 et le "score" total, c'est à dire l'addition des états pour chaque caractère donne 34. Solounias & Dawson-Saunders (1988), donnent les résultats pour quelques bovidés actuels : *Ovis aries* = 33, *Ovis ammon* = 33, *Pseudois nayaur* = 33, *Capricornis sumatrensis* = 23, *Nemorhedus goral* = 23. Les brouteurs ont un "score" total inférieur à 17, pour les formes intermédiaires il est compris entre 19 et 29, enfin pour les paisseurs il est supérieur à 26. L'argali fossile obtient un "score" total légèrement plus élevé que les Caprinae actuels, mais comparable à *Ovis aries* (le mouton domestique) et à *Ovis ammon*.

Solounias et al. (1995) proposent de quantifier 7 paramètres afin de distinguer les trois types alimentaires. Parmi ces 7 variables les auteurs ont montré que les mesures de l'angle T (mesuré à partir du bord postérieur de la base de la couronne de la M3 à la face antérieure de l'orbite et de ce premier à base de la couronne de la P2) et de l'angle M (mesuré du méat acoustique externe au bord inférieur de l'arcade zygomatique au dessous de l'orbite, et du méat acoustique externe au foramen infra-orbitaire) ne sont pas significatives. Par conséquent, seuls les cinq premiers paramètres seront utilisés :

- Longueur de la série dentaire supérieure P2-M3 (= Mesure 20)
- Longueur modifiée du crâne (= Mesure 53)
- Protrusion du masséter (= Mesure 54)
- Hauteur de la surface d'insertion du muscle masséter (= Mesure 55)
- Superficie de la zone d'insertion du muscle masséter (=Mesure 56).

Le contour de la surface est décalqué sur une feuille transparente directement placée sur le crâne puis digitalisé. La superficie de la surface d'insertion du muscle masséter est calculée à l'aide du logiciel UTHSCSA Image Tool 2.02 (Fig. 200 et 201).

Les mesures du crâne d'argali de la Caune de l'Arago sont présentées dans le tableau 7 (Chapitre 2).

La meilleure discrimination entre les trois types alimentaires est réalisée en utilisant la dimension de la protrusion du masséter en fonction de la longueur modifiée du crâne. Les autres mesures produisent des chevauchement entre les trois catégories (Fig. 202, 203 et 204).

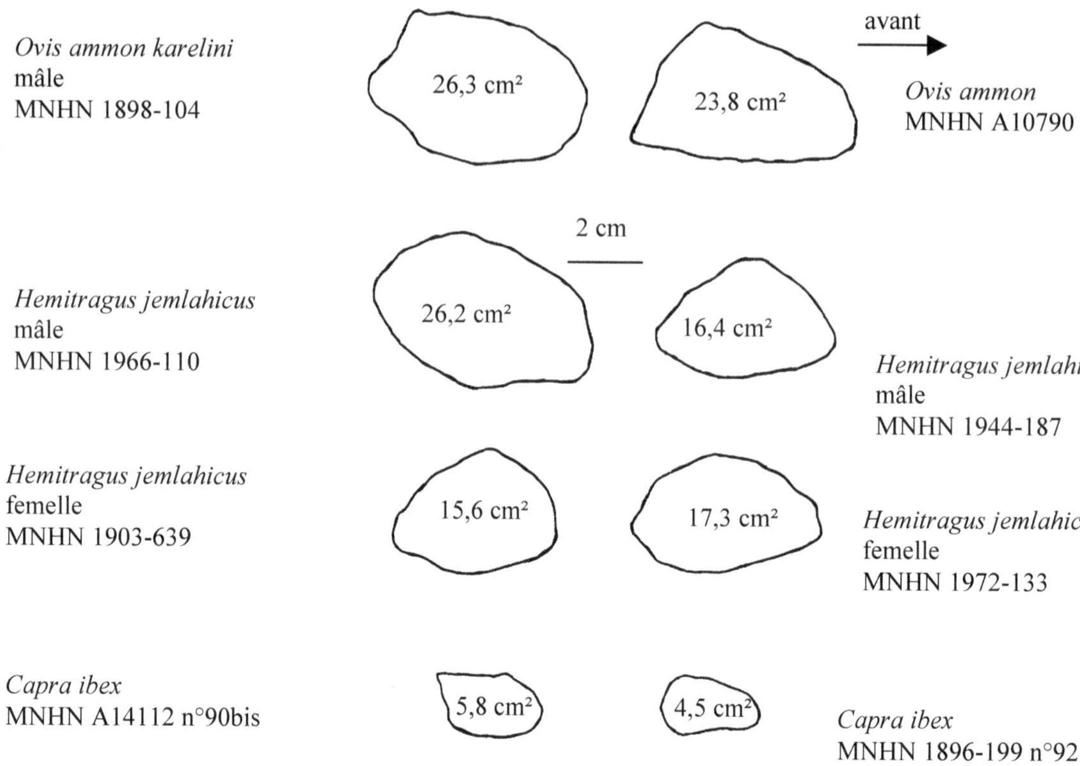

Fig. 200 – Surface d'insertion du muscle masséter sur le crâne de Caprinae actuels.

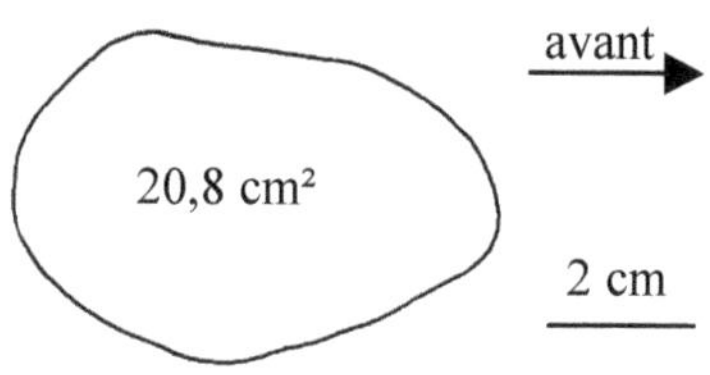

Fig. 201 – Surface d'insertion du muscle masséter de l'argali de la Caune de l'Arago.

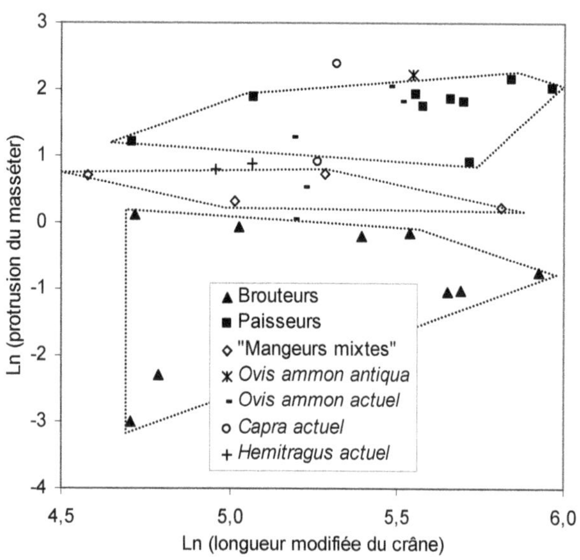

Fig. 202 – Dimension de la protrusion du masséter en fonction de la longueur modifiée du crâne (transformés en ln). Données des 3 premières catégories d'après Solounias et al. (1995).

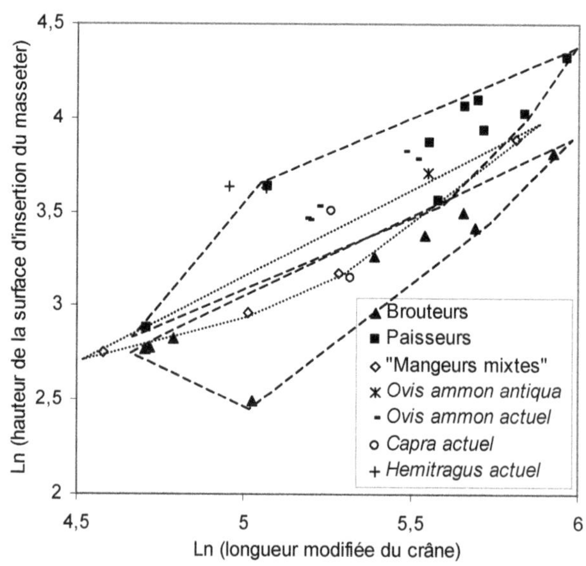

Fig. 203 – Hauteur de la surface d'insertion du masséter en fonction de la longueur modifiée du crâne (transformés en Ln). Données des catégories brouteurs, paisseurs et "mangeurs mixtes" d'après Solounias et al. (1995).

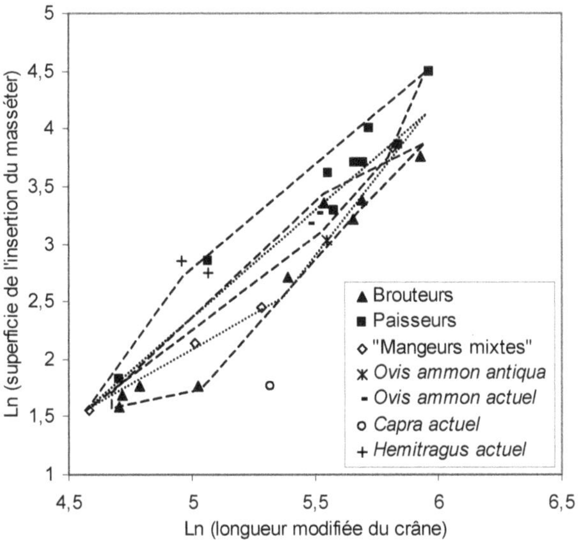

Fig. 204 – Superficie de l'insertion du masséter en fonction de la longueur modifiée du crâne (transformés en Ln). Données des catégories brouteurs, paisseurs et "mangeurs mixtes" d'après Solounias et al. (1995).

L'argali de la Caune de l'Arago entre dans la catégorie des paisseurs. Dans le graphique de la figure 202, ce spécimen est situé au-dessus du nuage de point des paisseurs.

A partir de l'étude de la morphologie et des dimensions de l'appareil masticatoire, l'argali fossile de la Caune de l'Arago est un paisseur. Son appareil masticatoire semble plus spécialisé pour une alimentation de type paisseur que les paisseurs actuels. Le type d'alimentation sera précisé par l'étude des micro-traces d'usure dentaire.

2.2.2 – Morphologie du corps de l'os incisif

Les ruminants paissent ou broutent avec une surface située à l'avant de l'incisif qui entre en occlusion avec les dents labiales sur la mandibule. A partir de l'étude de crânes de ruminants actuels, Solounias et al. (1988) ont constaté que les brouteurs possèdent un os incisif de forme pointue alors que pour les paisseurs il est de forme carrée (Fig. 205). La morphologie intermédiaire correspond aux "mangeurs mixtes".

Sur l'incisif, la morphologie semble le seul moyen de distinguer les brouteurs des paisseurs. Pérez-Barbería & Gordon (2001) ont tenté de quantifier cette morphologie en mesurant la largueur totale de l'incisif. La largeur ne varie pas de manière significative entre les deux catégories alimentaires.

L'incisif de l'argali de la Caune de l'Arago (Fig. 206) a des bords latéraux qui convergent vers l'avant comme chez les brouteurs (a). La surface plane située vers l'avant (b) est élargie comme chez les paisseurs.

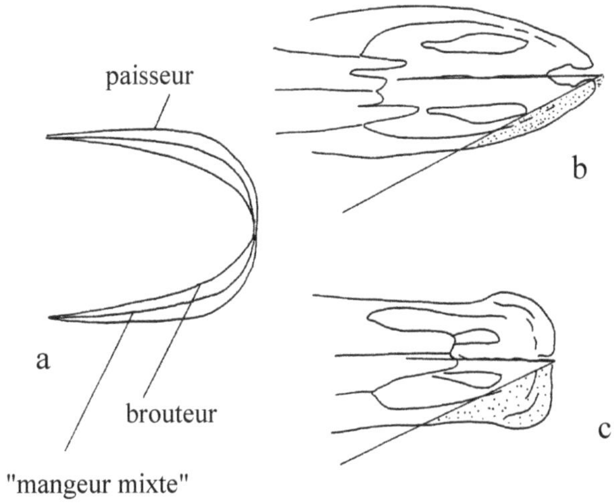

Fig. 205 – Morphologie de l'os incisif (a), incisif de brouteur (b) et de paisseur (c), (d'après Solounias et al. 1993b).

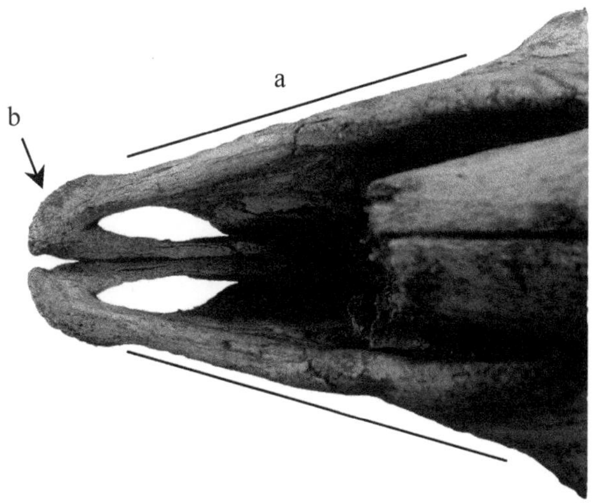

Fig. 206 – Incisif du crâne d'argali AR E14 EFN1 961 en vue dorsale.

L'argali de la Caune de l'Arago a donc une morphologie intermédiaire, il peut être qualifié, d'après l'examen de la morphologie de l'os incisif, de "mangeur mixte".

2.3 – Etude des micro-traces d'usure dentaire

2.3.1 – Introduction

Les méthodes d'analyse des micro-traces d'usure dentaire ont été développées à la fin des années 1970 et depuis, elles ont été largement appliquées à la reconstitution du régime alimentaire dans des sites paléontologiques et préhistoriques (artiodactyles, caprinés domestiques, primates et hominidés). Jusqu'à présent les études sur les bovidés fossiles ont concerné soit le Tertiaire (Solounias & Moelleken 1992) soit le Néolithique (Mainland 1997 et 1998).

Le terme de micro-trace d'usure dentaire est donné à l'usure observée à l'échelle microscopique. Ces micro-traces sont visibles sur la surface de toutes les dents, mais elles sont plus abondantes dans les zones où le contact avec la nourriture et l'occlusion sont les plus importantes. En effet, elles ont été étudiées surtout sur la face occlusale et labiale des incisives et sur la face occlusale des molaires (Mainland 1998).

Pendant la mastication, l'interaction de la surface de la dent avec la nourriture forme des micro-traces sur cette surface. La densité, la taille et la forme des micro-usures reflète divers aspects du régime alimentaire de l'animal. Le degré d'abrasion des particules contenues dans l'aliment, l'acidité, la dureté de la nourriture, la puissance et la direction des mouvements de la mâchoire influent sur la formation de ces traces (Walker et al. 1978 ; Gordon 1982 ; Teaford 1994). Chez les herbivores, l'abrasion est causée par les phytolithes, particules de silice plus dures que l'émail, qui se trouvent dans tous les végétaux et qui sont très abondantes dans les graminées (Baker et al. 1959 ; Piperno 1988).

Gordon (1982) a classé les micro-usures en trois catégories (Fig. 207) : les rayures (*striations*), les trous (*pits*) et les cannelures (*gouges*). Une rayure est définie comme une dépression linéaire dont la longueur est toujours plus grande que la largueur. Un trou est défini comme une dépression dont largeur et longueur sont à peu près égales. Souvent assimilée à une rayure, une cannelure est habituellement plus large, fortement courbée et souvent en forme de S.

Ces micro-traces varient fortement en fonction de la position de la dent sur la mandibule (Gordon 1982) : la fréquence des rayures augmente vers la M3 supérieure alors que la fréquence des trous diminue ; la longueur des rayures diminue de la M1 supérieure à la M3 supérieure ; les trous sont plus petits sur la M3 supérieure.

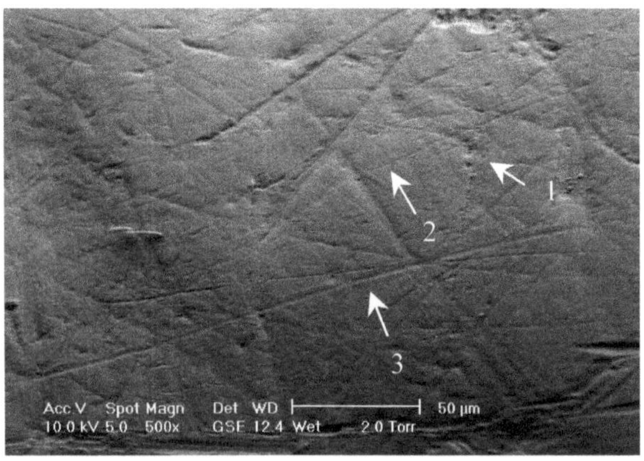

Fig. 207 – Micro-traces d'usure sur une dent d'argali présentant des trous (1), des rayures (2) et des cannelures (3), (haut, côté labial ; gauche, côté distal ; spécimen AR I20 ILF8 1767 ; grandissement x 500).

Le type de micro-usure fournit de nombreuses informations sur la fonction des dents et l'alimentation des mammifères actuels et fossiles. Les caractéristiques des micro-usures sont utilisées pour reconstruire les adaptations alimentaires des espèces. Cette notion est basée sur deux hypothèses (Fig. 208). La première suppose que les variations des micro-usures sont contrôlées par deux facteurs liés à la nourriture : ses propriétés physiques et l'importance et la direction des forces de mâchage (*chewing forces*). Le seconde suppose que les variations sur des surfaces fonction-nellement équivalentes sont inférieures à celles qui existent entre des surfaces qui ont des fonctions différentes ou entre des individus ayant des régimes alimentaires différents (Maas 1991).

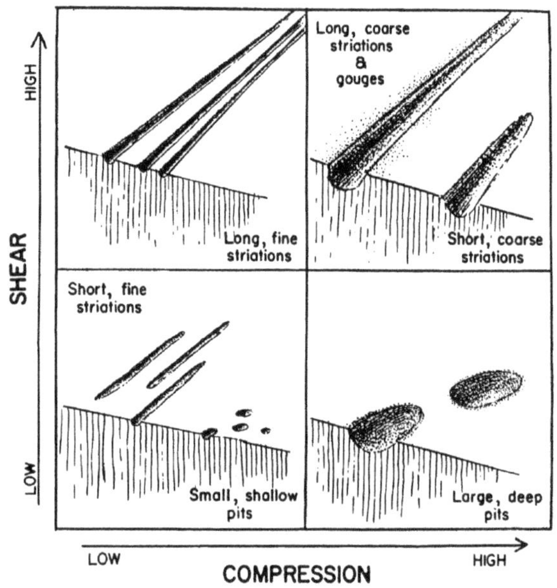

*Fig. 208 – Impact de l'intensité des forces de compression (*compression*) et de cisaillement (*shear*) sur la morphologie des micro-traces (d'après Gordon 1982).*

Les études de l'émail de la face occlusale ont montré que les dents de brouteurs présentent de nombreux trous et peu de rayures, alors que celles des paisseurs montrent quelques trous et de nombreuses rayures (Solounias & Moelleken 1992). Le mouvement normal de la mandibule d'un ruminant pendant la mastication inclut une action verticale et une action transversale. Les végétaux ligneux sont mastiqués préférentiellement selon une direction verticale alors que pour la mastication des graminées, les mouvements transversaux prédominent (Grant 1978). Chez les damans Walker et al. (1978) ont montré que les caractéristiques des micro-traces d'usure de l'émail des molaires sont non seulement corrélées avec l'alimentation mais aussi avec les changements saisonniers.

Le premier objectif de cette étude est de reconstituer les adaptations alimentaires d'un argali du Pléistocène (*Ovis ammon antiqua*), de comparer son alimentation avec les ruminants actuels et de rechercher si l'alimentation de l'argali peut être corrélée avec les fréquentes variations climatiques du Quaternaire. Les données éco-éthologiques sur les mouflons *s.l.* actuels indiquent qu'il sont de type paisseur mais que la proportion entre herbe et feuilles d'arbres ou d'arbustes peut varier selon les saisons. Par exemple au printemps, l'alimentation de l'argali de l'Altaï se compose à plus de 90 % d'herbe alors que durant l'hiver cette dernière est de 70 % (Fedosenko 2000).

Le deuxième objectif est de comparer les régimes alimentaires des taxons fossiles présentés dans ce travail, lorsque l'état de conservation du matériel le permettait.

2.3.2 – Méthodologie

La méthodologie appliquée pour cette étude a été adaptée à partir de celle décrite par Solounias et Moelleken (1992) et largement utilisée par d'autres auteurs (Teaford 1994 ; Ungar & Teaford 1996 ; Mainland 1998) dans le but de permettre le plus grand nombre de comparaisons.

En raison de la variabilité des micro-traces il est nécessaire de réaliser les observations et les mesures sur la même dent. La seconde molaire supérieure est choisie en raison (1) de sa position centrale dans la rangée de molaires, (2) de son abondance dans les assemblages fossiles, et (3) de son utilisation conventionnelle pour les analyses des micro-traces d'usure (Ungar & Teaford 1996).

Les dents dont l'émail était altéré ainsi que celles qui étaient fissurées ont été éliminées. La variabilité des micro-traces liée à l'âge des animaux a été démontrée par plusieurs études (King et al. 1999a ; Mainland 2000) ; en conséquence, seules les dents correspondant à des jeunes adultes ont été retenues, c'est à dire celles au degré d'usure 4 (Chapitre 4).

Quelques différences ont été décelées dans l'alimentation des *Ovis* actuels entre les mâles et les femelles (Fulbright et al. 2001). Dans le sol F, l'étude du sexe (Chapitre 4) a montré que la population fossile était composée de 88,2 % de femelles et de 11,8 % de mâles. Par conséquent, le sex-ratio n'est pas considéré comme un paramètre à prendre en compte.

Les observations sont réalisées en utilisant le microscope électronique à balayage environnemental Philips XL 30 ESEM du laboratoire de Tautavel. Grâce au mode environnemental, les objets à examiner peuvent être placés directement dans la chambre de l'ESEM (Deniaux 2002). Les dents sont étudiées en mode vide dégradé, c'est à dire que la vapeur d'eau est utilisée pour faire les images sans les métalliser à l'or au carbone. Il n'est donc pas nécessaire de réaliser des répliques. Cet ESEM fonctionne avec un cristal d'hexaborure de lanthane, une tension d'accélération de 10 kV et une pression de 200 Pa (2,0 Torr). La taille du faisceau était comprise entre 3,0 et 5,0 en fonction de la réaction du matériel dans un vide dégradé. Pour les spécimens étudiés lors des missions (Karaïn E et les sites du Caucase) il a été nécessaire de réaliser des répliques. Le moulage est effectué en utilisant un matériau d'empreintes élastomère à base de silicone réticulant (Vinyl Polysiloxane ; Provil ® novo Light C.D. fast set) qui polymérise en moins de 4 minutes. Le positif est réalisé au Centre Européen de Recherches Préhistoriques de Tautavel avec une résine Uréol FC50 polyol.

La deuxième crête d'émail (depuis la face labiale) du paracône est observée (Fig. 209).

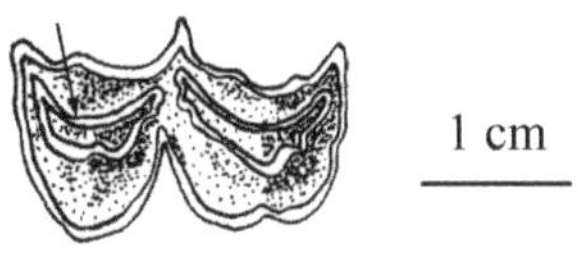

Fig. 209 – Surface occlusale d'une M2 supérieure gauche d'argali, la flèche indique la zone d'émail examinée (dessin : Olivia Cuadra, CERP Tautavel).

Tout d'abord un grandissement de x 250 est utilisé pour localiser la zone d'étude (Fig. 210a). Ensuite, trois images ou plus sont systématiquement prises à un grandissement de x 500 (Fig. 210b). La zone ainsi observée mesure 0,0404 mm² (soit une surface de 245 sur 165 µm). Parfois des images sont prises à un grandissement de x 1000 voire de x 1500, pour observer les détails des micro-traces.

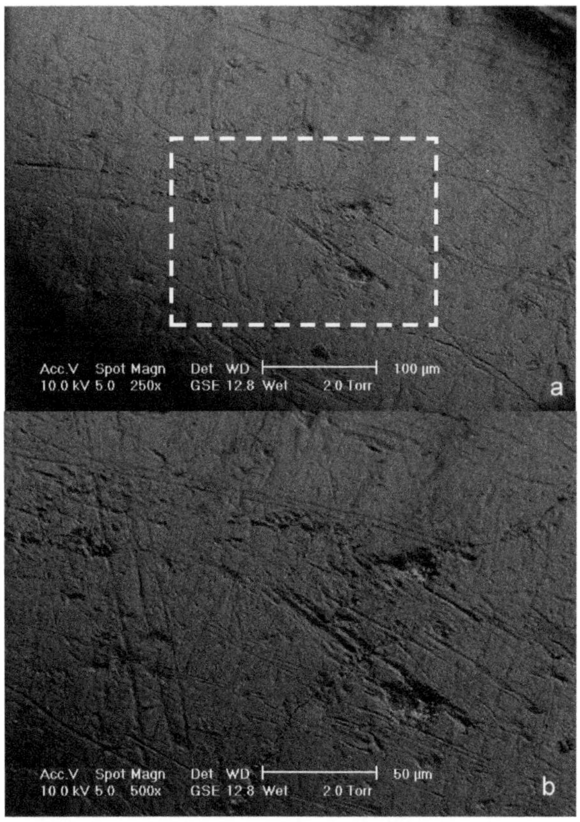

Fig. 210 – Email d'une M2 d'argali (haut, labial ; gauche, distal ; spécimen AR D20 DLF5M 1097). (a) Localisation de la zone d'étude (ligne pointillée); grandissement x 250. (b) surface d'émail étudiée (grandissement x 500).

Les images sont traitées avec MICROWARE 3.0β, un logiciel d'analyse d'image semi-automatique développé par Ungar (1995). Ce logiciel est spécialement conçu pour l'étude quantitative des micro-traces d'usure dentaire. Trois images au grandissement x 500 sont analysées avec une résolution fixée à 148 dpi (soit 0,343 µm par pixel). Quatre points sont manuellement définis sur chaque trace, deux pour les extrémités du grand axe et deux autres pour celles du petit axe. Ces traces sont identifiées par une ligne de couleur reliant ces points, cette identification évite de mesurer plusieurs fois une même trace. Les résultats (par exemple le nombre de trous et de rayures, leurs dimensions et leur orientation) sont enregistrés par l'ordinateur. Chaque catégorie de trace est déterminée et comptée en se basant sur le rapport longueur/largeur: trous (rapport = 4), rayures (4 < rapport < 100), cannelures (rapport > 100). Ces critères sont communément adoptés pour les études quantitatives (Walker & Teaford 1989 ; Solounias & Hayek 1993 ; Teaford 1994).

L'accent a été mis sur l'argali de la Caune de l'Arago car pour cette espèce l'échantillon disponible était très important (Tabl. 87). De plus, nombre d'entre eux se trouvaient dans le sol F.

Taxons	Sites	Nombre de M2 sup.	Nombre d'images
Capra aff. *caucasica*	Caune de l'Arago	1	1
Capra aff. *caucasica*	Hortus	3	6
Capra aff. *caucasica*	Portel-Ouest	1	3
Hemitragus bonali	Caune de l'Arago	6	19
Hemitragus cedrensis	Caune de l'Arago	1	3
Ovis ammon antiqua	Caune de l'Arago	44	144
Rupicapra pyrenaica	Caune de l'Arago	1	6
Rupicapra pyrenaica	Portel-Ouest	3	7
	Total	**60**	**189**

Tabl. 87 – Nombre de dents examinées et nombre d'images au grandissement x 500 pour les espèces fossiles étudiées.

2.3.3 – L'argali du sol F de la Caune de l'Arago

L'échantillon est constitué de 23 M2 supérieures provenant du sol F. Ce niveau archéologique, de 40 cm d'épaisseur, correspond probablement à de multiples occupations humaines. Plusieurs niveaux archéo-stratigraphiques peuvent être identifiés dans ce sol. Rappelons que la distribution des restes d'argali est verticalement uniforme (Rivals et al. 2002). Kacimi (2003) a proposé une individualisation du sol F en deux sous unités, nommées Fb (base du sol F) et Fs (sommet du sol F) à partir de l'étude de la distribution des restes de bison et de bœuf musqué. Ces deux subdivisions sont utilisées afin de rechercher d'éventuelles différences qui peuvent affecter les caractéristiques des micro-traces entre ces deux niveaux. Les données statistiques des mesures des micro-traces des M2 supérieures d'argali sont résumées dans le tableau 88.

2.3.3.1 – *Densité des micro-traces*

Un premier examen des microphotographies révèle une forte densité de micro-traces sur l'émail, reflétant l'excellent état de conservation des restes sélectionnés dans le sol F. D'une manière générale, les rayures sont plus nombreuses que les trous (Fig. 211 et 212).

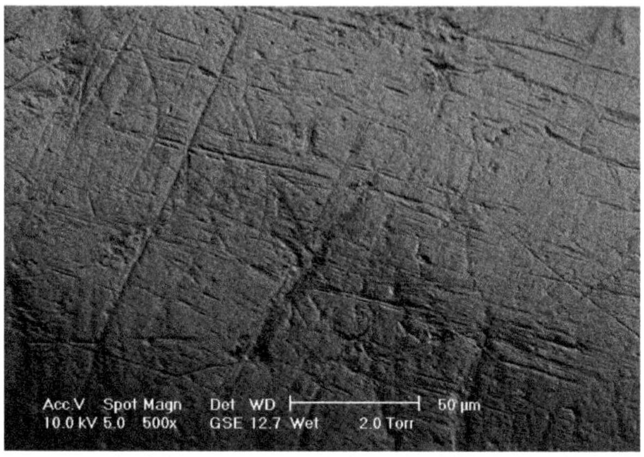

Fig. 211 – Rayures et quelques trous sur la surface d'émail (haut, labial ; gauche, distal ; spécimen AR D20 DLF5M 1097 ; grandissement x 500).

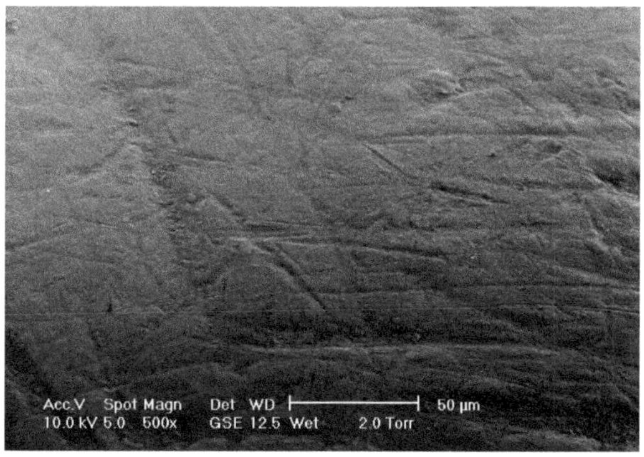

Fig. 212 – Rayures courtes et cannelures sur la surface d'émail (haut, labial ; gauche, distal ; spécimen AR C16 CH10 275 ; grandissement x 500).

La densité moyenne de rayures est comparable dans les deux niveaux : 1420 rayures/mm² sur l'émail des dents du niveau Fb et 1426 rayures/mm² pour celles du niveau Fs. La densité moyenne de trou est supérieure sur les dents du niveau Fb (46 trous/mm²) par rapport à celles de Fs (28 trous/mm²).

En ce qui concerne les densités des micro-traces, le test de Kolmogorov-Smirnov a révélé que les densités de rayures ($p < 0,05$), de cannelures ($p < 0,05$) et de trous ($p < 0,05$) étaient significativement différentes entre les niveaux Fs et Fb, alors que les densités des rayures courtes ne l'était pas ($p > 0,05$).

TROUS										
Niveau	Nombre d'individus	Moyenne	s	Densité (N/mm²)	Longueur (µm)	s	Largeur (µm)	SEM	Perimètre (µm)	s
Fs	17	1,1	0,2	28	3,12	0,39	1,41	0,18	14,8	0,5
Fb	6	1,8	0,2	46	4,26	1,08	2,40	0,78	21,5	1,7

RAYURES								
Niveau	Nombre d'individus	Moyenne	s	Densité (N/mm²)	Longueur (µm)	s	Largeur (µm)	s
Fs	17	39,0	0,9	1426	21,54	1,33	0,37	0,01
Fb	6	41,7	1,2	1420	21,05	2,24	0,36	0,04

Tabl. 88 – Données résumées des mesures des micro-traces d'usure pour l'argali du sol F (s = écart-type de la moyenne).

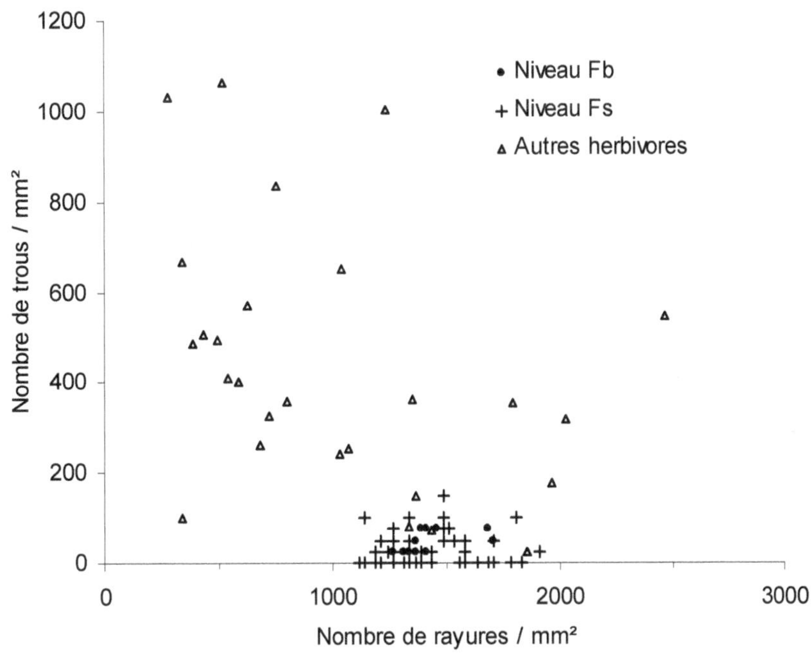

Fig. 213 – Diagramme bivarié de la densité des trous et des rayures pour l'argali du sol F et les herbivores actuels (données "autres herbivores" d'après Solounias et al. 2000).

L'intervalle observé pour l'argali est plus réduit que celui qui a été observé sur l'ensemble des herbivores actuels examinés par Solounias et al. (2000), dont l'intervalle de variation est assez large (Fig. 213).

2.3.3.2 – *Dimensions des micro-traces*

La comparaison des dimensions des rayures ne montre pas de différence significative pour la longueur des rayures ($p > 0,05$) ni pour leur largeur ($p > 0,05$) entre les niveaux Fb et Fs. Ces caractéristiques ont la même distribution (Fig. 214). Ce graphique montre que 98 % des rayures ont une longueur comprise entre 5 et 35 µm. Les rayures sont plus courtes et plus étroites que celles mesurées par Solounias et Hayek (1993) pour les ruminants actuels (la longueur des rayures est comprise entre 41 et 65 µm et la largeur entre 1,2 et 2,8 µm). Par comparaison avec les moutons actuels (Mainland 1998), les rayures des dents d'argali sont plus étroites mais ont approximativement la même longueur (Fig. 215).

Les trous sont plus petits dans le niveau Fs que dans le niveau Fb (Tabl. 88). Mais ils sont toutefois plus petits que les périmètres des trous mesurés par Solounias et Hayek (1993): le périmètre des trous des dents de brouteurs varient de 27,6 à 39,5 µm et ceux des paisseurs varient entre 21,6 et 60,5 µm.

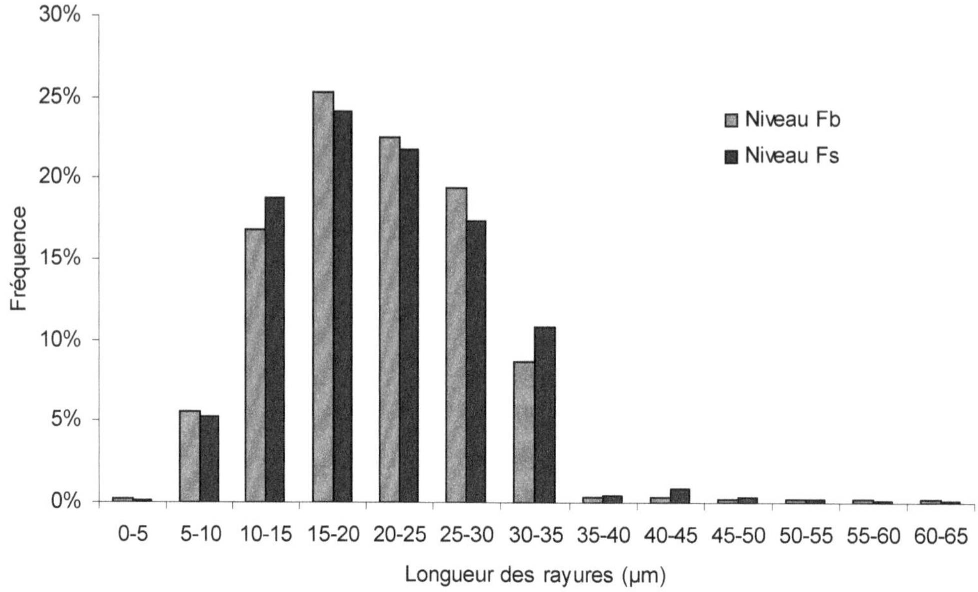

Fig. 214 – Distribution de la longueur des rayures (µm) pour les niveaux Fb et Fs.

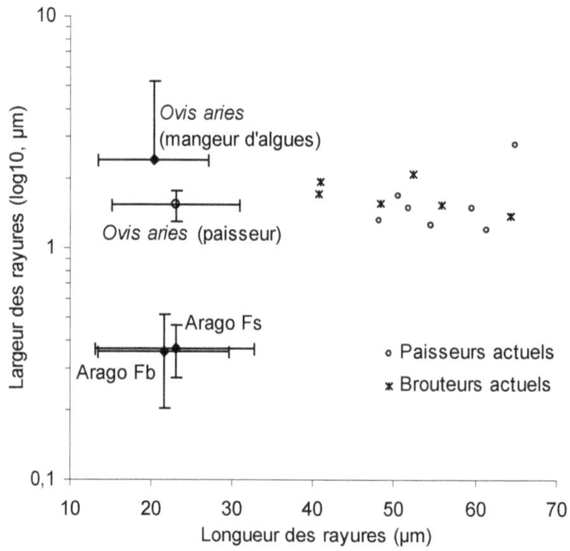

Fig. 215 – Diagramme bivarié des dimensions des rayures pour l'argali fossile, le mouton domestique (données d'après Mainland 2000) et les paisseurs et brouteurs actuels (données d'après Solounias & Hayek 1993).

2.3.3.3 – *Différences avec les espèces actuelles*

L'alimentation de l'argali de la Caune de l'Arago peut être comparée avec les données obtenues par Solounias et al. (2000) et par Mainland (1998) pour les animaux actuels (Fig. 216). Les dents d'argali se caractérisent par une densité de trous plus faible alors que la densité des rayures est comparable à celle observée chez les paisseurs actuels (Tabl. 89). Bien que l'argali ait une situation proche du groupe des paisseurs, il s'en éloigne par un nombre de trous 7 fois plus faible que la moyenne observée chez les paisseurs actuels.

D'après la morphologie masticatoire et l'analyse des micro-traces d'usure, plusieurs études ont classé les mouflons *s.l.* parmi les paisseurs (Mainland 1998 ; Pérez-Barbería & Gordon 1999 ; Solounias et al. 2000). Toutefois, le genre *Ovis* est composé d'espèces qui vivent dans des biotopes très différents et qui ont accès à divers types d'alimentation. Cette variabilité doit être prise en compte pour comprendre les adaptations alimentaires de ces Caprinae. Solounias et al (2000) distinguent la catégorie des paisseurs de montagne (seulement représentée par le bighorn, *Ovis canadensis*) pour laquelle la densité de trous est très élevée. L'argali de la Caune de l'Arago ne serait pas un paisseur de montagne du même type que le bighorn, puisque la densité de trous observée est très faible. Ceci peut s'expliquer par le biotope dans lequel vivent ces animaux. Le bighorn occupe des terrains rocheux et escarpés sur lesquels se

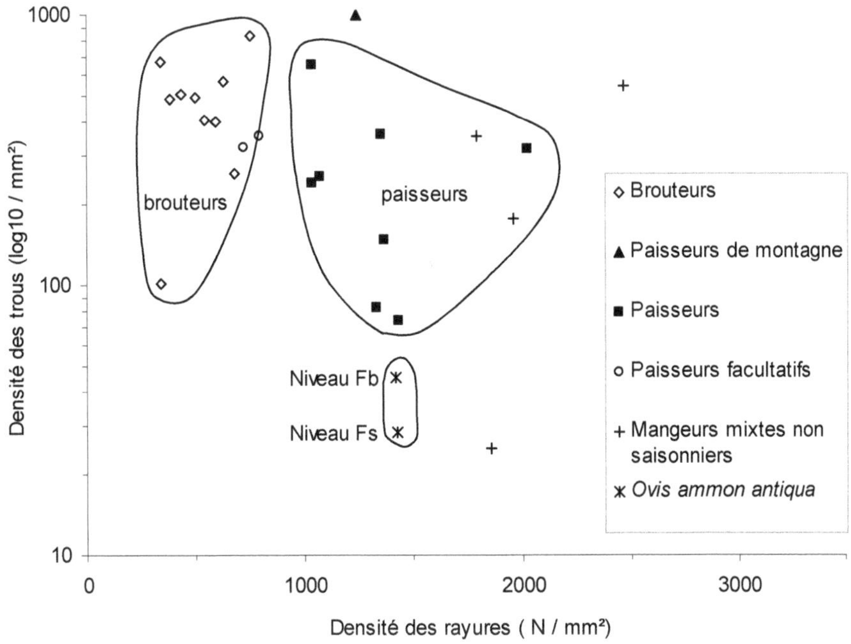

Fig. 216 – Relation des densités de rayures et de trous pour plusieurs espèces actuelles (données d'après Solounias et al. 2000) pour l'argali du sol F.

Espèce	**Régime alimentaire**	**Densité (trace / mm²)**		**Référence**
		rayures	**trous**	
Alces alces	Brouteur	520	1064	Solounias *et al.*, 2000
Litocranius walleri	Brouteur	342	668	Solounias *et al.*, 2000
Cephalophus dorsalis	Brouteur	626	569	Solounias *et al.*, 2000
Boocercus euryceros	Brouteur	384	485	Solounias *et al.*, 2000
Tragelaphus imberbis	Brouteur	436	507	Solounias *et al.*, 2000
Cephalophus niger	Brouteur	497	495	Solounias *et al.*, 2000
Tragelaphus strepsiceros	Brouteur	542	408	Solounias *et al.*, 2000
Okapia johnstoni	Brouteur	592	401	Solounias *et al.*, 2000
Cephalophus sylvicultor	Brouteur	683	260	Solounias *et al.*, 2000
Giraffa camelopardalis	Brouteur	342	101	Solounias *et al.*, 2000
Ruminants brouteurs	Brouteur	754	833	Mainland, 1998
Kobus ellipsiprymnus	Paisseur	1037	651	Solounias *et al.*, 2000
Connochaetes taurinus	Paisseur	1069	252	Solounias *et al.*, 2000
Tetracerus quadricornis	Paisseur	1032	240	Solounias *et al.*, 2000
Bison bison	Paisseur	1351	361	Solounias *et al.*, 2000
Hippotragus niger	Paisseur	1366	148	Solounias *et al.*, 2000
Axis axis	Paisseur	1332	82	Solounias *et al.*, 2000
Cervus duvauceli	Paisseur	1431	74	Solounias *et al.*, 2000
Ovis aries	Paisseur	278	1032	Mainland, 1998
Ruminants paisseurs	Paisseur	2024	317	Mainland, 1998
Ovis canadensis	Paisseur de montagne	1235	1005	Solounias *et al.*, 2000
Ourebia ourebi	Passeur facultatif	723	324	Solounias *et al.*, 2000
Syncerus caffer	Passeur facultatif	795	356	Solounias *et al.*, 2000
Boselaphus tragocamelus	"Mangeur mixte"	2463	545	Solounias *et al.*, 2000
Capra ibex	"Mangeur mixte"	1790	354	Solounias *et al.*, 2000
Cervus canadensis	"Mangeur mixte"	1960	176	Solounias *et al.*, 2000
Cervus unicolor	"Mangeur mixte"	1856	25	Solounias *et al.*, 2000
Ovis ammon antiqua Fs		1426	28	
Ovis ammon antiqua Fb		1420	46	

Tabl. 89 – Densité des micro-traces pour des herbivores actuel et pour l'argali du sol F.

développent des plantes ligneuses (Krausman et al. 1979) alors que l'argali actuel, qui préfère les pelouses d'altitude, a accès à une végétation plus tendre, principalement composée de graminées (Shackleton & Shank 1984). L'argali (*Ovis ammon ammon*) a une alimentation composée à 62,5 % de graminées, 11,4 % de *Kobresia* (Cyperaceae de rochers et de pelouses rocailleuses) et de 19,3 % d'herbes diverses, les ligneux ne comptant que pour 6,8 % du total (Fedosenko 2000). Par conséquent, les paisseurs de montagne constituent un groupe très diversifié.

Pour les espèces actuelles, l'occupation de l'habitat et alimentation sont fortement associées : les paisseurs vivent généralement dans des biotopes plus ouverts que les brouteurs (Pérez-Barbería et al. 2001). Le mouflon de Corse est un bon exemple d'une espèce plus sujette à brouter. En effet 35 % de son alimentation se compose de feuilles d'arbustes et d'arbres, 36 % d'angiospermes non graminées (*forbs*) et 29 % de graminées, mousses et lichens (Pfeffer 1967). Le bighorn est plutôt un paisseur : 59 % de graminées, 19 % d'angiospermes non graminées (*forbs*) et 17,5 % de plantes ligneuses (Hoefs 1974). La proportion de plantes ligneuses est certainement plus élevée dans ces exemples que ce qu'elle était pour l'argali fossile.

Cette étude nous amène à conclure que l'argali de la Caune de l'Arago était un paisseur, comme la plupart des mouflons *s.l.* actuels. Il semble cependant que son alimentation contenait moins de plantes ligneuses que celle des autres paisseurs actuels, c'est à dire qu'ils appartient à une catégorie différente de paisseurs de montagne, caractérisée par une faible densité de trous sur l'émail des molaires. Son biotope, dans des conditions plus froides qu'aujourd'hui dans la plaine de Tautavel, apparaissait similaire aux pelouses de graminées des hautes montagnes.

L'argali de la Caune de l'Arago était un mouflon de grande taille, identique aux *Ovis ammon* actuels asiatiques. Le poids corporel, estimé d'après les mesures du talus, varie entre 100 et 173 kg. Ces résultats sont corrélés avec les observations faites par Pérez-Barbería & Gordon (2001) qui montrent que les paisseurs sont généralement des espèces de grande taille.

2.3.3.4 – *Variations saisonnières de l'alimentation*

Dans l'ensemble du sol F, la saison de chasse de l'argali a été estimée d'après la séquence d'éruption et d'usure des dents (Chapitre 4). La période de chasse s'étend sur une période allant de la fin du printemps au début de l'été, et plus précisément de mai à août. A cette saison, l'alimentation des argalis actuels est composée de 88 % de graminées (Schaller 1998). En hiver, la nourriture est constituée de feuilles et de bourgeons de végétaux ligneux, buissons et arbres, mais aussi de lichens et de mousses. Les graminées ne représentent alors que 24 % de son alimentation. Puisqu'il a été constaté que les argalis de la Caune de l'Arago ont été chassés de mai à août, leur nourriture se composait principalement de graminées, ce qui explique la faible densité des trous sur les molaires. Le contexte climatique était proche de celui dans lequel vit aujourd'hui l'argali dans les montagnes de l'Himalaya. L'alimentation de l'argali de la Caune de l'Arago peut donc être considérée comme similaire à celle de l'espèce actuelle.

2.3.3.5 – *Caractéristiques des micro-traces dans les niveaux archéologiques Fb et Fs*

Les rayures des dents d'argali sont plus courtes et plus étroites et les trous sont plus petits que ceux observés chez les ruminants actuels par Solounias et Hayek (1993). La plus petite dimension des traces peut résulter de forces de cisaillement et de compression plus faibles (Gordon 1982) sur nos spécimens fossiles, mais les différences avec les espèces actuelles peuvent aussi résulter d'une spécialisation alimentaire. Pérez-Barbería et Gordon (1999) ont montré que les espèces qui ont une alimentation plus dure, plus coriace ont besoin de forces de compression plus élevées. L'argali fossile de la Caune de l'Arago doit avoir eu une alimentation composée de végétaux plus tendres que ceux auxquels ont eu accès les espèces actuelles étudiés (Rivals & Deniaux, 2003).

A l'exception des rayures courtes, la densité des différentes catégories de micro-traces indique que les différences sont significatives entre les niveaux Fb et Fs, alors qu'aucune différence significative n'est apparue pour les caractéristiques métriques des rayures. Teaford (1994) signale qu'une relation entre la morphologie des rayures et le type de nourriture est difficile à établir. La largeur des rayures peut varier en fonction de la taille des particules abrasives ingérées, mais elle peut aussi être affectée par des différences de microstructure de l'émail. Pour le mouton par exemple, la largeur des stries n'est pas corrélée avec la taille des particules, comme chez toutes les espèces possédant un émail prismatique (Maas 1991). Par conséquent, chez l'argali de la Caune de l'Arago, la largeur des rayures ne peut pas être retenue comme critère indicateur de la taille des particules.

Toutefois, la variabilité des densités observées sur les dents d'argali implique l'existence de deux unités archéostratigraphiques distinctes dans le sol F, l'argali ayant eu accès à des ressources alimentaires différentes dans les deux niveaux.

Kacimi (2003) a observé que les NMI du bœuf musqué et du bison sont plus élevés dans le niveau Fs que dans Fb. L'augmentation de l'abondance de ces taxons semble indiquer que le niveau Fs s'est déposé pendant un climat plus froid que Fb. En considérant la variation de la densité des trous, la consommation de plantes ligneuses par l'argali a diminué vers le sommet du sol F. Ceci peut être expliqué par un refroidissement climatique qui induit la raréfaction les végétaux ligneux en faveur du développement des graminées. Un climat plus froid a aussi été détecté par l'analyse des pollens (Renault-Miskovsky 1980) alors que ce changement n'était pas évident dans l'enregistrement sédimentaire (Lumley et al. 1984). L'étude palynologique a révélé que les taxons frais ou froids sont plus abondants au sommet du sol F. Le paysage était dominé par les graminées et parsemé de pins sylvestres (*Pinus sylvestris*) et de genévriers (*Juniperus*).

2.3.3.6 – *Conclusions*

Les micro-traces d'usure dentaire des dents d'argali de la Caune de l'Arago confirment les deux subdivisions réalisées dans le sol F. Les caractéristiques des micro-traces de ces deux niveaux archéo-stratigraphiques diffèrent par leur densité, leurs dimensions ne varient pas de manière significative. Cette différence doit être corrélée avec l'existence d'une phase plus froide vers le sommet du sol F. L'argali de la Caune de l'Arago peut être qualifié de paisseur, comme la plupart des mouflons *s.l.* actuels. Cependant, son alimentation semblait contenir moins de plantes ligneuses que celle des autres paisseurs. Ceci est sans doute lié à son biotope car il a vécu dans des conditions similaires à celles des pelouses herbeuses de haute montagne. Nos observations sont en accord avec la saison de chasse, c'est à dire avec une période allant de la fin du printemps au début de l'été.

L'analyse des micro-traces d'usure dentaire du niveau archéologique F reflète la saisonnalité des occupations humaines, mais elle peut aussi, de manière indirecte, mettre en évidence les variations climatiques.

2.3.4 – Comparaison avec l'argali des autres niveaux de la Caune de l'Arago

Les M2 supérieures d'argali provenant d'autres niveaux de la Caune de l'Arago ont été examinées au microscope électronique. Il s'agit des niveaux D, E, inter-FG, Gs, Gm, Gi, H, J, L et M,N,O. Les résultats du comptage des micro-traces et de leurs dimensions sont donnés dans le tableau 90.

Le nombre de micro-traces des différents niveaux examinés montre des variations importantes en fonction des ensembles stratigraphiques (Fig. 217). Dans l'ensemble I du complexe moyen (CM I) l'émail des dents présente peu de trous et peu de rayures par rapport aux autres ensembles. L'ensemble III (CM III) se caractérise par un plus grand nombre de rayures que dans le CM I. Enfin l'ensemble II (CM II) se distingue des autres par un nombre plus élevé de trous. Dans le CM I et le CM III, l'alimentation des argalis était certainement composée de graminées alors que dans le CM II les végétaux ligneux étaient plus consommés que dans les deux autres ensembles, sans pour autant l'être plus que les graminées qui restent dominantes.

Ces mêmes groupes ont été mis en évidence par la méthode des cénogrammes. Dans les niveaux du CM I, le paysage était plutôt ouvert, avec un climat sec et froid. Dans le CM II, le paysage devient légèrement plus fermé et le climat moins sec. Enfin, le niveau G du CM III reflète un milieu légèrement plus humide et un climat moins froid donc un environnement plutôt fermé (Montuire et Desclaux, 1997).

Niveau	Nb	Trous						Rayures				Cannelures			
	imag.	x	s	Long.	Larg.	Périm.	s	x	s	Long.	Larg.	x	s	Long.	Larg.
D	3	1,0	*1,7*	3,89	2,20	19,5	*3,6*	85,0	*53,7*	30,78	0,62	35,3	*10,1*	79,83	0,45
E	18	1,4	*2,6*	5,43	2,82	26,8	*10,2*	30,7	*7,9*	34,00	0,67	17,1	*12,5*	76,14	0,45
Fs	55	1,1	*1,3*	3,12	1,41	14,8	*3,5*	39,0	*6,9*	21,54	0,37	18,6	*8,6*	58,21	0,35
Fb	13	1,8	*0,9*	4,26	2,40	21,5	*40,2*	41,7	*4,5*	21,05	0,36	15,7	*6,4*	55,59	0,35
FG	6	1,0	*1,6*	3,11	1,59	15,2	*4,7*	31,8	*14,3*	22,99	0,38	22,5	*6,1*	60,83	0,35
Gs	13	4,2	*2,2*	4,37	2,17	21,2	*6,3*	31,5	*11,3*	30,99	0,59	18,9	*5,8*	69,97	0,42
Gm	9	3,9	*5,2*	4,02	2,55	21,0	*5,9*	49,1	*14,0*	26,17	0,52	21,1	*8,9*	72,09	0,42
Gi	5							38,8	*10,8*	34,91	0,60	21,0	*7,8*	71,44	0,41
H	4	4,3	*1,3*	4,14	1,95	19,8	*4,5*	20,3	*4,2*	22,12	0,40	2,5	*1,9*	39,72	0,34
J	7	5,8	*3,4*	3,89	1,89	18,8	*6,1*	57,8	*7,8*	22,74	0,42	27,3	*2,4*	57,76	0,36
L	4							22,3	*3,9*	23,31	0,43	12,3	*5,0*	62,24	0,36
MNO	7	1,9	*2*	3,97	1,61	18,4	*3,5*	20,3	*6,5*	23,80	0,42	14,3	*6,3*	63,81	0,37

*Tabl. 90 – Statistiques résumées des micro-traces pour les M2 supérieures d'*Ovis ammon antiqua. *(x = nombre moyen, s = écart-type, dimensions en µm, périmètre des trous en µm²).*

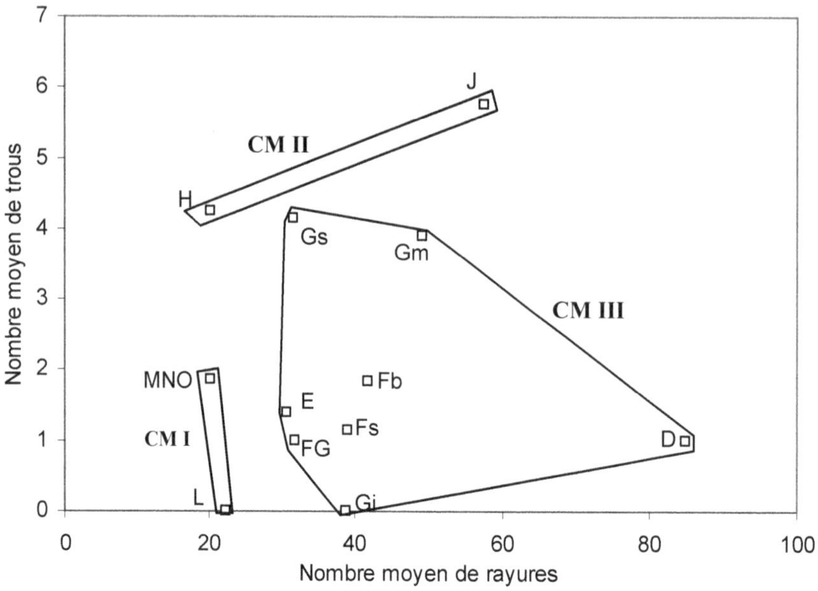

Fig. 217 – Nombre moyen de rayures et de trous pour l'argali de différents niveaux de la Caune de l'Arago.

Niveau	NR	N images	% pits	% stries
Caune de l'Arago D	1	3	0,8	99,2
Caune de l'Arago E	4	18	2,8	97,2
Caune de l'Arago Fs	17	55	1,9	98,1
Caune de l'Arago Fb	5	13	3,1	96,9
Caune de l'Arago F-G	2	6	1,8	98,2
Caune de l'Arago Gs	4	13	7,6	92,4
Caune de l'Arago Gm	3	9	5,2	94,8
Caune de l'Arago Gi	1	5	0,0	100,0
Caune de l'Arago H	1	4	15,7	84,3
Caune de l'Arago J	1	3	6,7	93,3
Caune de l'Arago K	1	4	5,8	94,2
Caune de l'Arago L	1	4	0,0	100,0
Caune de l'Arago MNO	3	7	5,1	94,9

*Tabl. 91 – Quantification des micro-traces pour les M2 supérieures d'*Ovis ammon antiqua.

L'étude de cet ensemble confirme que l'argali de la Caune de l'Arago est un paisseur, puisque quels que soient les niveaux considérés, le nombre de rayures est généralement supérieur à 90 % et surtout, qu'il n'est jamais inférieur à de 80 % (Tabl. 91).

Les dimensions des micro-traces (longueur et largeur) varient assez peu, excepté pour les niveaux D, E et les trois niveaux du sol G. Dans ces 5 niveaux, les micro-traces sont plus longues et plus larges (Tabl. 90 et Fig. 218). Pour les Caprinae, la largeur des stries n'est pas corrélée avec la taille des particules (Maas 1991), c'est à dire que la largeur des rayures ne varie pas en fonction de la taille des particules abrasives contenues dans les végétaux consommés. A ce jour aucune explication satisfaisante n'a pu être proposée pour expliquer ces différences de dimension des micro-traces.

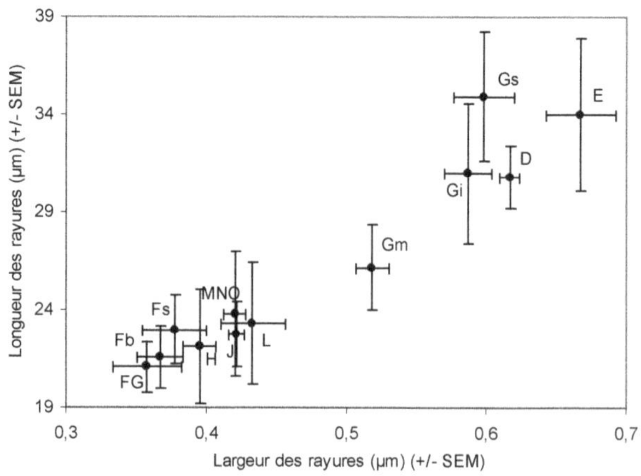

Fig. 218 – Diagramme des dimensions des rayures pour l'argali de différents niveaux de la Caune de l'Arago (dimensions en µm, SEM = erreur standard de la moyenne).

Taxons	Sites	NR	N images	% pits	% stries	Long. stries	Ecart-type
Hemitragus bonali	Caune de l'Arago Gs	3	10	31,6	68,4	36,77	6,96
Hemitragus bonali	Caune de l'Arago Gm	3	9	23,8	76,2	35,77	6,24
Hemitragus cedrensis	Caune de l'Arago TB	1	3	14,4	85,6	21,86	2,54
Capra aff. *caucasica*	Portel-Ouest G	1	3	59,1	40,9	32,64	3,41
Capra aff. *caucasica*	Hortus c.8	1	3	18,1	81,9	33,29	6,54
Capra aff. *caucasica*	Hortus c.13	1	2	13,0	87,0	43,46	-
Capra aff. *caucasica*	Hortus c.28	1	1	11,9	88,1	33,90	-
Capra aff. *caucasica*	Caune de l'Arago TB	1	1	26,4	73,6	40,54	-
Rupicapra pyrenaica	Portel-Ouest F2	1	4	42,3	57,7	26,43	4,10
Rupicapra pyrenaica	Portel-Ouest B	2	3	45,0	55,0	21,65	0,75
Rupicapra cf. *pyrenaica*	Caune de l'Arago F	1	6	20,1	79,9	38,92	3,55

Tabl. 92 – Quantification des micro-traces pour les M2 supérieures de Caprinae.

2.3.5 – Comparaison avec les autres Caprinae fossiles

Les M2 supérieures de tahr de Bonal, de tahr des Cèdres, de bouquetin du Caucase et d'isard ont été examinées à l'ESEM afin de les comparer avec celles de l'argali de la Caune de l'Arago. Les résultats des comptages et des mesures des micro-traces sont donnés dans le tableau 92.

2.3.5.1 – Le tahr de Bonal

Dans les deux sites où *Hemitragus bonali* est présent, seuls les fossiles de la Caune de l'Arago ont révélé la présence de micro-traces. Les images obtenues ressemblent beaucoup à celles présentées pour l'argali. La densité de trous est toutefois plus élevée que pour l'argali (Fig. 219 et 220). La proportion de micro-traces indique une alimentation composée de graminées et de végétaux ligneux.

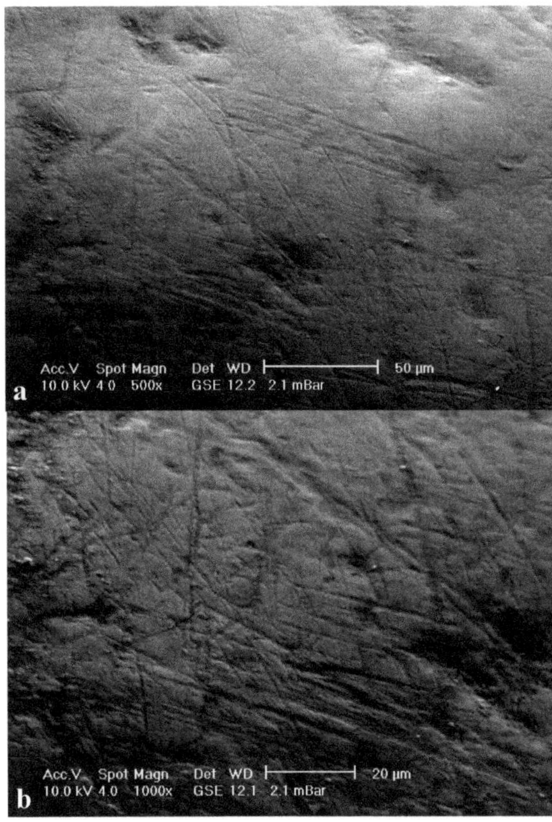

Fig. 219 – Micro-traces d'usure sur l'émail d'une dent de tahr de Bonal AR I16 IPY3 4450, grandissement x 500 (a) et x 1000 (b).

Le tahr des Nilgiri, tahr actuel endémique de l'Inde, est un paisseur qui occupe les prairies d'altitude généralement situées au-dessus de 1000 m et situées proches de zones escarpées leur servant de refuge (Rice 1988 ; Madhusudan & Johnsingh 1998). L'alimentation du tahr varie de manière saisonnière. Du printemps à l'automne, le tahr consomme de l'herbe et quelques feuilles d'arbre. En hiver, il broute les feuilles d'arbres (Schaller 1971). Donc, actuellement, le tahr serait un "mangeur mixte". Au Pléistocène l'alimentation semble peu différente, le tahr de Bonal ayant consommé des graminées et quelques parties ligneuses de végétaux. Ceci est en accord avec les variations saisonnières observées puisque dans le sol G les animaux ont été chassés du printemps à l'automne (Chapitre 4). Les variations climatiques n'interviennent pas ici car les spécimens examinés proviennent du même niveau archéostratigraphique. Le tahr a donc eu accès à une végétation composée de plus de plantes ligneuses que l'argali pour la même saison. Ceci dépend donc du biotope dans lequel vivaient ces animaux. L'argali occupait les zones non escarpées alors que le tahr devait se nourrir à proximité ou sur les zones où le relief était plus abrupt.

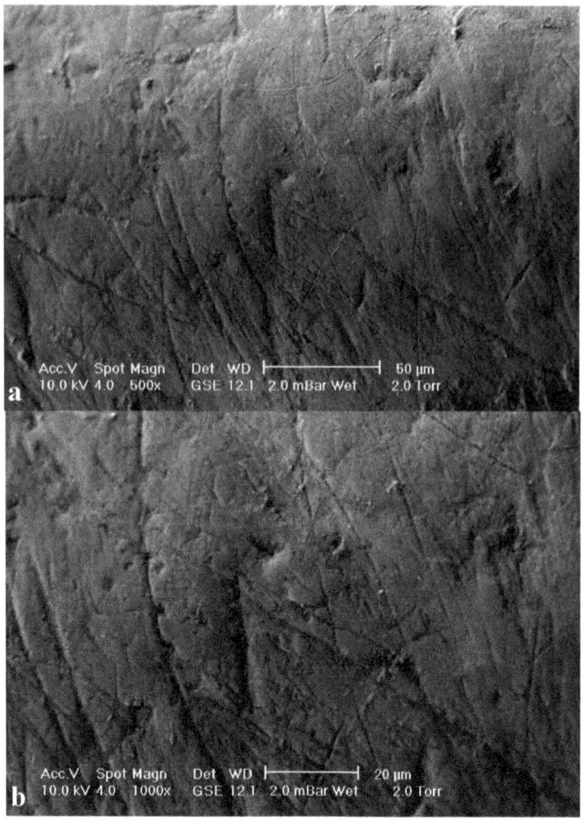

Fig. 220 – Micro-traces d'usure sur l'émail d'une dent de tahr de Bonal AR H17 HQY3 3680, grandissement x *500 (a) et* x *1000 (b).*

Fig. 221 – Micro-traces d'usure sur l'émail d'une dent de tahr des Cèdres AR J19 JKD11 649, grandissement x *1000.*

2.3.5.2 – Comparaison avec le tahr des Cèdres

Sur la M2 supérieure de tahr des Cèdres, les rayures plus nombreuses et surtout plus courtes que chez le tahr de Bonal (Fig. 221). Leur longueur avoisine celle mesurée pour les dents de *Rupicapra* (Tabl. 92). Les trous sont assez rares par rapport au tahr de Bonal. L'alimentation de ce tahr des Cèdres devait se composer, au moment de sa capture, essentiellement de graminées. Par rapport au tahr de Bonal, cette différence s'explique vraisemblablement par une différence climatique car les deux espèces ne sont pas présentes dans les mêmes niveaux de la Caune de l'Arago.

2.3.5.3 – Comparaison avec le bouquetin du Caucase

La Caune de l'Arago et l'Hortus

Les images obtenues pour les M2 supérieures de *Capra* aff. *caucasica* de la Caune de l'Arago (Fig. 222) et de l'Hortus (Fig. 223) sont assez similaires. Ces populations se caractérisent par une forte densité de rayures (environ 80 %) qui est du même ordre de grandeur que pour le tahr des Cèdres. Dans ce cas les rayures sont plus longues que pour le tahr des Cèdres.

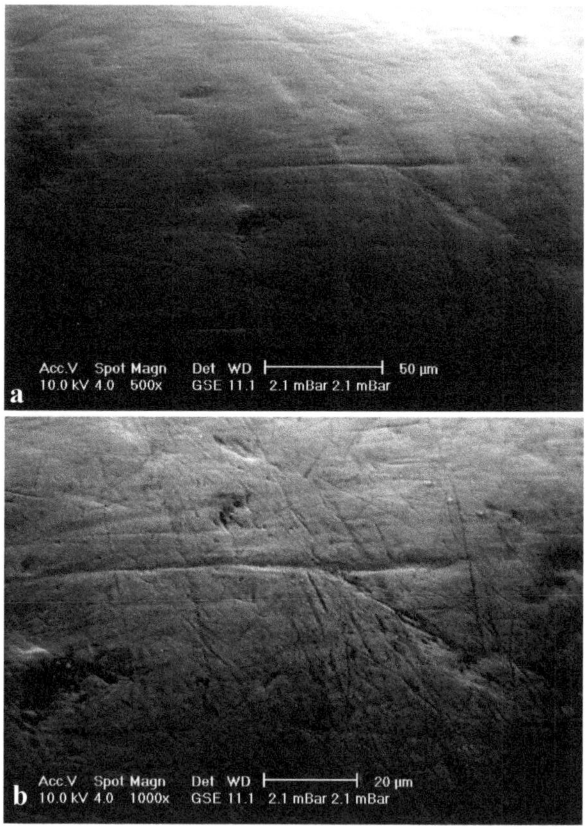

Fig. 222 – Micro-traces d'usure sur l'émail d'une dent de Capra *de la Caune de l'Arago spécimen AR I22 IND8 2062, grandissement* x *500 (a) et* x *1000 (b).*

Mais pour la Caune de l'Arago, aucune étude de reconstitution climatique par les faunes ou les pollens n'ayant été réalisée pour les terres brunes, niveaux d'où proviennent les restes de *Capra*, aucune conclusion d'ordre saisonnier ou paléoclimatique ne peut en être déduite. Pour l'Hortus, la méthode des cénogrammes a mis en évidence un environnement plutôt ouvert, avec une végétation clairsemée et un climat plutôt froid (Montuire & Desclaux, 1997). Ce type d'environ-nement permet expliquer l'alimentation en graminées et donc probablement la faible proportion de trous observée sur les dents de bouquetin à l'Hortus.

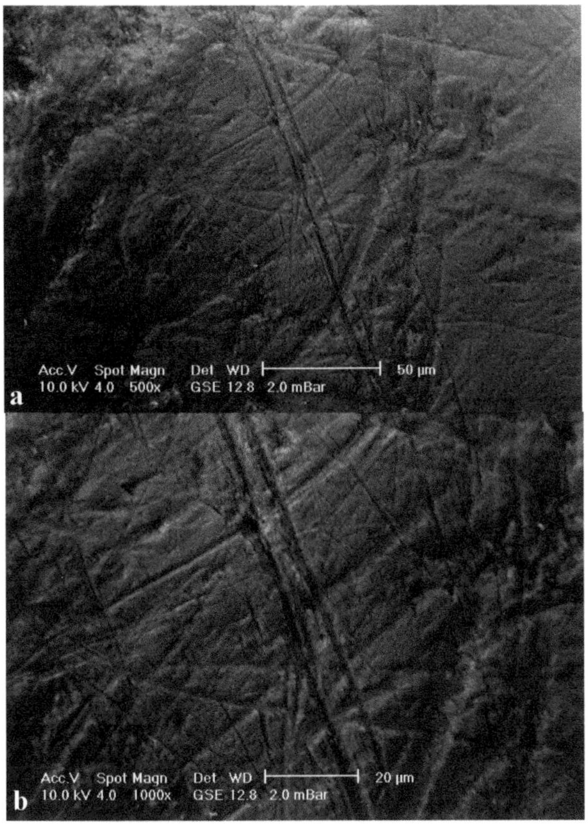

Fig. 223 – Micro-traces d'usure sur l'émail d'une dent de Capra *de l'Hortus. Spécimen Hortus J9 c.8 53, grandissement* x *500 (a) et* x *1000 (b).*

Le Portel-Ouest
L'émail des dents de bouquetin du Portel-Ouest (Fig. 224) présente des micro-traces nettement différentes de celles observées pour cette même espèce à la Caune de l'Arago ou à l'Hortus. En effet les trous atteignent 59,8 % du total des micro-traces dénombrées. L'alimentation de ces bouquetins est donc constituée majoritairement de végétaux ligneux. Bien que le contexte paléoclimatique puisse être impliqué, ces résultats sont en accord avec ceux de l'étude archéozoologique de Gardeisen (1994 et 1999) qui a montré que le bouquetin avait été chassé en automne et en hiver.

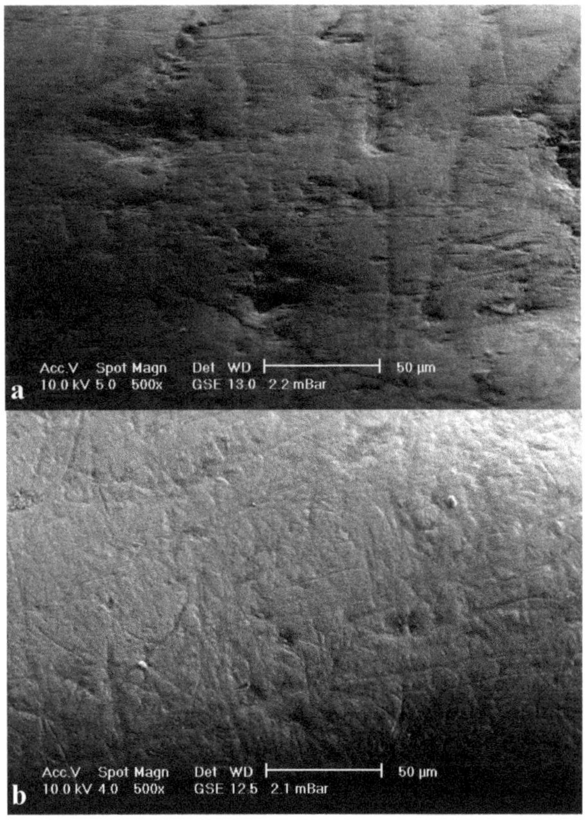

Fig. 224 – Micro-traces d'usure sur l'émail d'une dent de Capra *du Portel-Ouest spécimen LPO Moustérien couche G, grandissement* x *500 (a et b).*

Les sites du Caucase
Les dents de bouquetin du Caucase des sites de Sakazia (Fig. 225) et de la grotte du Bronze (Fig. 226) montrent une densité de trous très forte par rapport à ce qui a été décrit pour les *Capra* aff. *caucasica* de la Caune de l'Arago et de l'Hortus. Par rapport au Portel-Ouest, la proportion de trous semble plus forte. Seule une observation qualitative des micro-traces a pu être réalisée qui permet toutefois d'avancer l'hypothèse d'une alimentation presque exclusivement composée de végétaux ligneux.

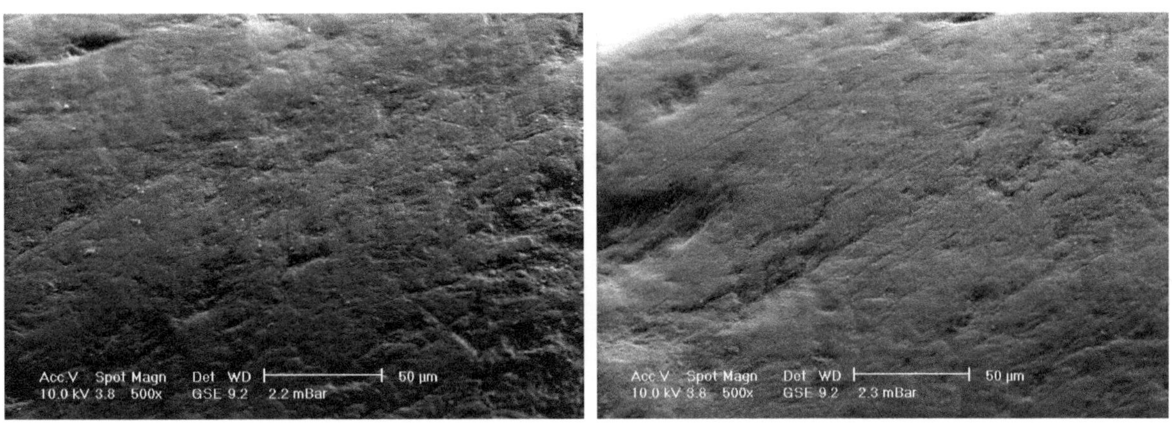

Fig. 225 – Micro-traces d'usure sur l'émail d'une dent de Capra caucasica *de Sakazia spécimen 19 ls 74:2137 142, grandissement* x *500 (a) et* x *1000 (b).*

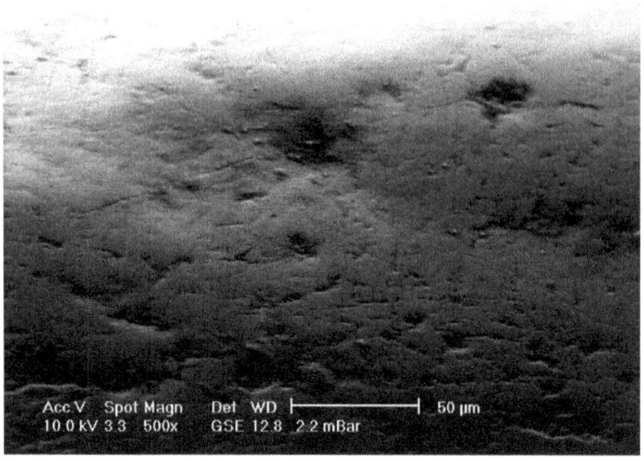

Fig. 226 – Micro-traces d'usure sur l'émail d'une dent de C. caucasica *de la grotte du Bronze (spécimen sans numéro), grandissement x 500.*

Pour le bouquetin, l'hiver, la nourriture se compose d'arbustes, arbrisseaux et arbres, de lichens et de mousses. Au printemps, celui-ci consomme essentiellement des graminées qui peuvent atteindre plus de 80 % de la composition de son alimentation (Martínez & Martínez 1988). En été et en automne, ils se nourrissent de graminées et de plantes herbacées (Couturier 1962).

A la Caune de l'Arago et à l'Hortus les micro-traces reflètent une alimentation de printemps ou d'été sous des conditions climatiques plutôt froides, alors qu'au Portel-Ouest et dans les sites du Caucase, elles sont plutôt caractéristiques une alimentation de type hivernal. Il existe donc certainement une différence de période de chasse entre ces deux groupes de sites.

2.3.5.4 – Comparaison avec le chamois s.l.

Pour le *Rupicapra*, les mêmes observations que pour le bouquetin peuvent être faites. En effet, le chamois de la Caune de l'Arago (Fig. 227) compte proportion-nellement moins de trous que celui du Portel-Ouest, que ce soit pour un niveau Moustérien (Fig. 228) ou un niveau du paléolithique supérieur (Fig. 229).

L'isard des monts cantabriques (*Rupicapra pyrenaica parva*) se nourrit principalement de végétaux tendres (graminées et dicotylédones) par rapport aux arbustes (Pérez-Barbería et al. 1997). D'après l'étude de Pérez-Barbería & Gordon (1999b) l'isard entre dans la catégorie des "mangeurs mixtes". En effet, son alimentation varie en fonction des saisons, l'hiver, il consomme des feuilles de ligneux, des lichens et des mousses alors que au printemps ils se nourrissent de graminées (Couturier, 1938).

Dans le cas de la Caune de l'Arago, les micro-traces reflètent bien la période à laquelle l'animal a été chassé, c'est à dire le printemps et l'été. Au Portel-Ouest, l'étude archéozoologique n'a pas été réalisée pour l'isard. Toutefois, la proportion de trous semble indiquer une alimentation de type hivernal ou de climat froid.

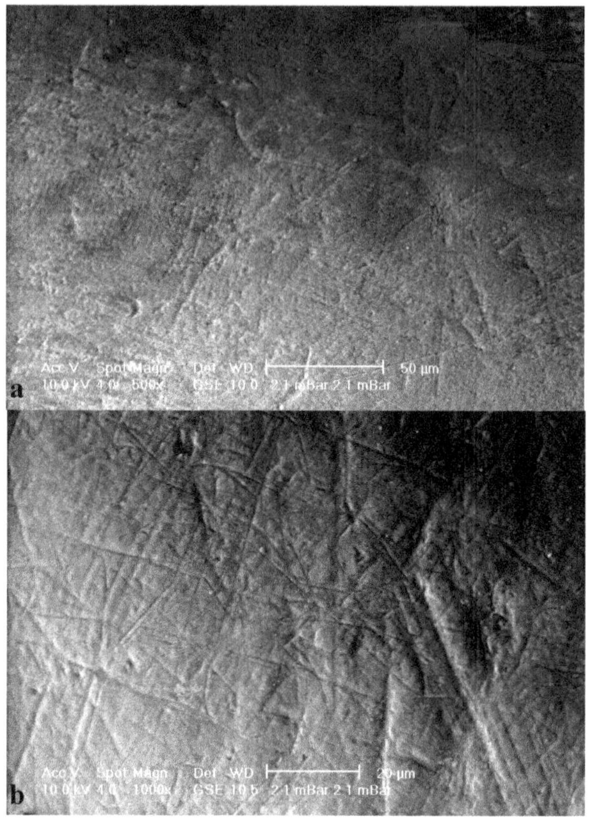

Fig. 227 – Micro-traces d'usure sur une dent de R. *cf.* pyrenaica *de la Caune de l'Arago spécimen AR H16 HDZ4 2010, grandissement x 500 (a) et x 1000 (b).*

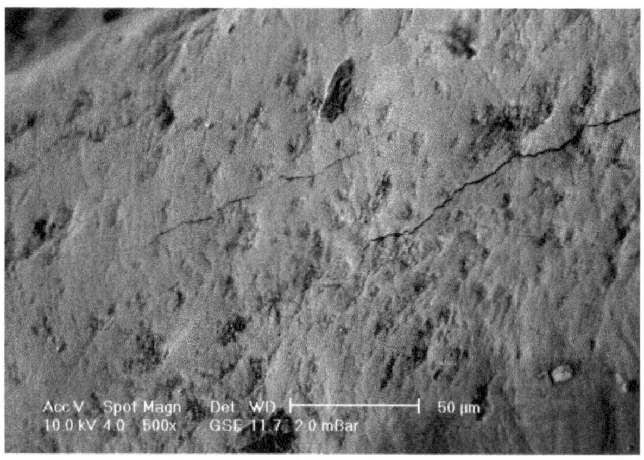

Fig. 228 – Micro-traces d'usure sur une dent de Rupicapra pyrenaica *du Portel-Ouest spécimen Moustérien F2 (LPO 3,1x2,2x3,45), grandissement x 500.*

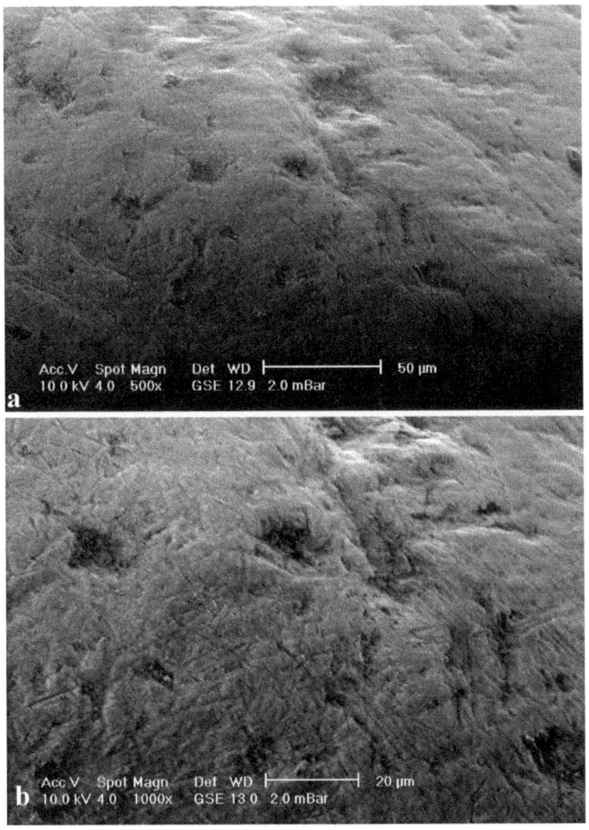

Fig. 229 – Micro-traces d'usure sur une dent de Rupicapra pyrenaica *du Portel-Ouest spécimen LPO R10189 (Paléolithique supérieur), grandissement x 500 (a) et x 1000 (b).*

2.3.6 – Synthèse

La représentation graphique des densités de micro-traces pour toutes les espèces montre des regrou-pements par sites (Fig. 230). La Caune de l'Arago et l'Hortus forment un même ensemble car les animaux ont dû être abattus à la même saison c'est à dire, au printemps et en été pour la Caune de l'Arago et de la fin de l'été au début de l'automne pour l'Hortus (Bergès 1996). Le Portel-Ouest, isolé des deux sites précédents, se distingue par des animaux qui ont eu une alimentation composée de nombreux ligneux. Cette observation est à corréler avec la saison de chasse, car comme l'a montré Gardeisen (1994) les bouquetins ont été abattus à l'automne et en hiver, saison à laquelle les bouquetins et les isards se nourrissent de végétaux ligneux.

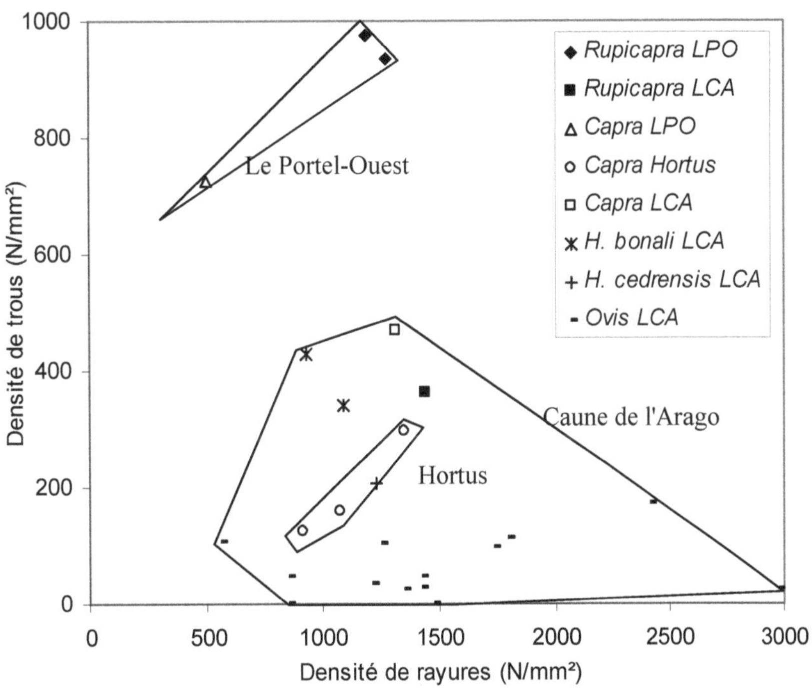

Fig. 230 – Diagramme bivarié de la densité des trous et des rayures et regroupement des sites étudiés (LCA = La Caune de l'Arago ; LPO = Le Portel-Ouest).

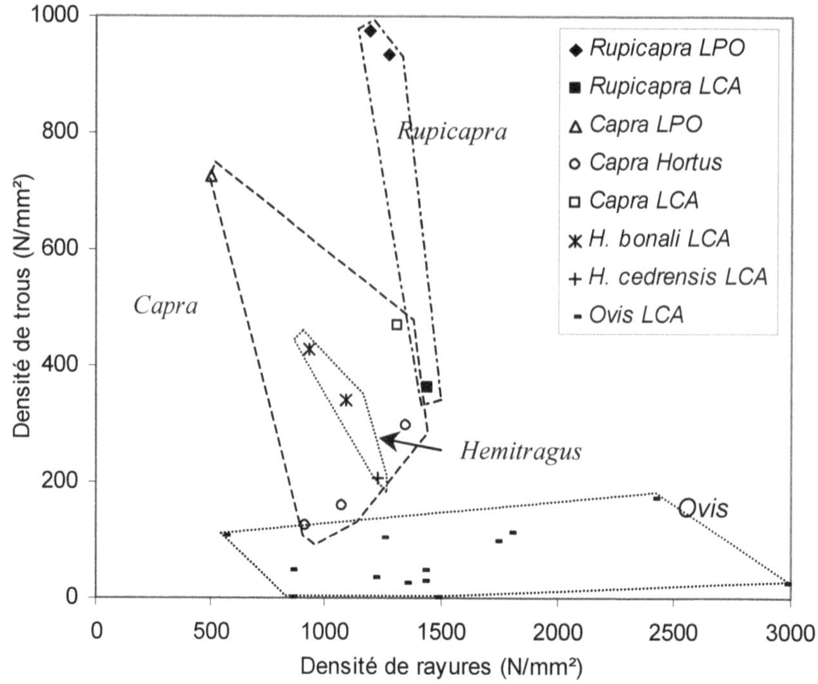

Fig. 231 – Diagramme bivarié de la densité des trous et des rayures et regroupement des espèces étudiées (LCA= La Caune de l'Arago ; LPO = Le Portel-Ouest).

A partir des mêmes données, des regroupements apparaissent pour les quatre taxons considérés (Fig. 231).

L'argali se caractérise par une forte densité de rayures par rapport aux trous. Son alimentation est presque exclusivement constituée de graminées dans la plupart des niveaux étudiés.

Le deuxième groupe rassemble le bouquetin et le tahr, qui se distinguent par une forte densité de trous par rapport à l'argali pour une densité de rayures presque comparable.

A la différence de l'isard de la Caune de l'Arago, celui du Portel-Ouest présente des micro-traces très abondantes avec une forte proportion de trous. Le chamois a donc une alimentation essentiellement ligneuse mais qui varie en fonction de la saison.

2.4 – Intérêt des altérations de l'émail

L'émail présente parfois des traces d'altération, la surface n'est pas aussi lisse et les micro-traces ont disparu. La structure de l'émail devient alors visible. Des prismes d'émail intacts ont été observés à la limite entre la dentine et l'émail (Fig. 232).

Deux phénomènes peuvent causer l'altération de l'émail. Tout d'abord, une altération anté-mortem liée à l'ingestion d'aliments. Ensuite, les processus tapho-nomiques qui interviennent post-mortem lors de la fossilisation et de l'enfouissement. Il s'agit de l'abrasion par les sédiments, le *weathering* (fissurations et altérations superficielles) et l'exposition à un environnement acide (King et al., 1999b).

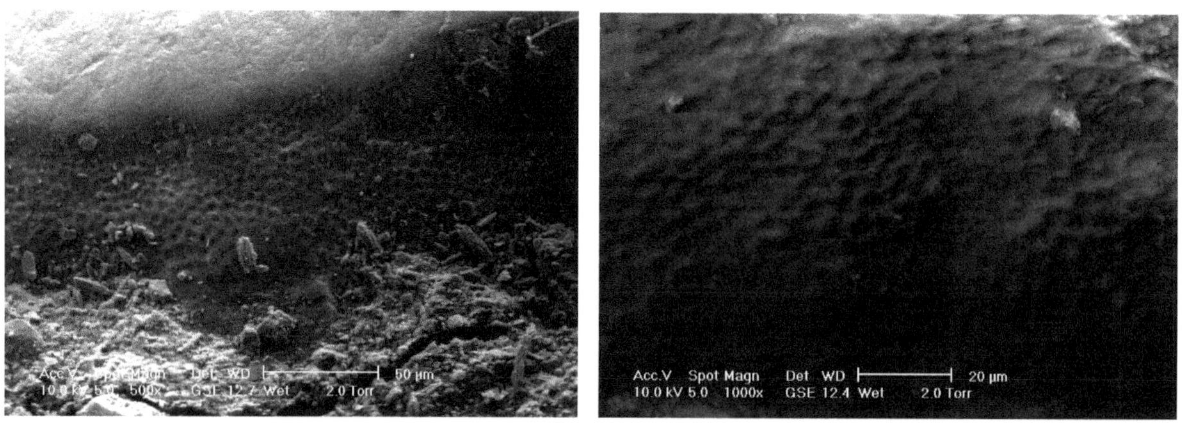

Fig. 232 – Structure de l'émail non usé visible à la limite dentine-émail d'une dent d'argali. AR D11 B4 212, grandissement x 500 (a) et AR G14 GA4 1225, grandissement x 1000 (b).

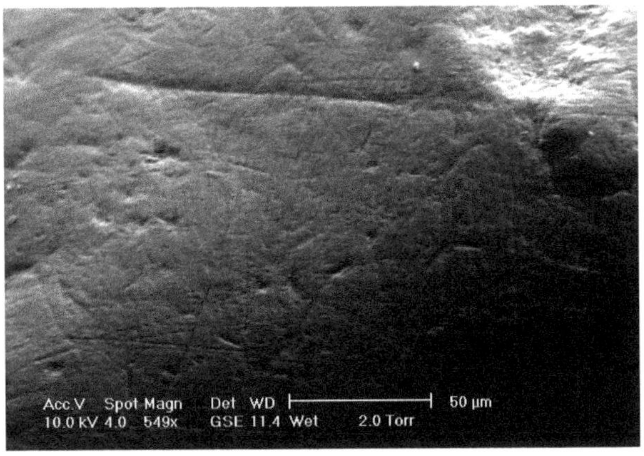

Fig. 233 – Email d'une dent d'argali ayant subit une altération chimique anté-mortem spécimen AR G14 GA4 1225, grandissement x 549.

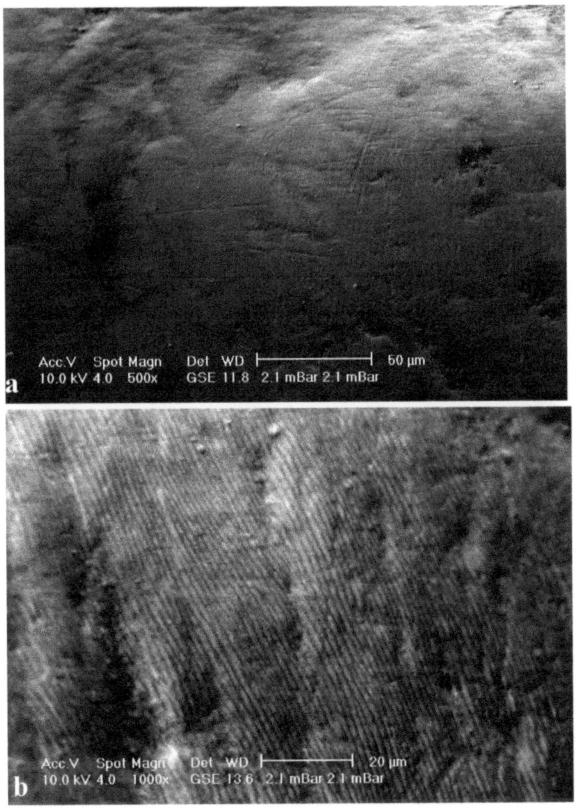

Fig. 234 – Email d'une dent de bouquetin ayant subit une altération chimique anté-mortem spécimen AR I22 IND8 2062, grandissement x 500 (a) et x 1000 (b).

2.4.1 – Altérations observées sur le matériel de la Caune de l'Arago

Les altérations liées à l'alimentation sont assez légères et les micro-traces sont encore visibles (Fig. 233). Les prismes d'émail ne sont pas visibles, on observe simplement de longues lignes semblables à des empreintes digitales. Ces structures sont semblables à celles observées expérimentalement par Rytömaa et al. (1988), par Meurman et Frank (1991) et par King et al. (1999b) sous l'action de l'acide citrique, de l'acide phosphorique ou des acides organiques sur l'émail dentaire.

Ce type d'altération est directement lié à l'alimentation de l'animal, soit à cause de l'acidité naturelle des végétaux consommé, soit à cause de l'acidité liée à la rumination.

Les M2 de bouquetin des terres brunes montrent une altération chimique anté-mortem (Fig. 234) très semblable à celle observée expérimentalement par T. King et al. (1999b) lors de l'action d'acide citrique sur l'émail. L'acidité fait progressivement disparaître les micro-traces et met en évidence la structure de l'émail.

Des altérations chimiques post-mortem ont été observées pour les dents qui se trouvaient dans la poche de décarbonatation. L'émail a fortement été altéré lors de l'évolution géochimique du remplissage (Fig. 235). Du guano de chauve-souris, qui s'était déposé au sommet du remplissage, a été dissout par l'infiltration de l'eau. L'eau ainsi acidifiée s'est infiltrée dans le remplissage et a formé une poche décarbonatée riche en phosphates (Perrenoud, 1993).

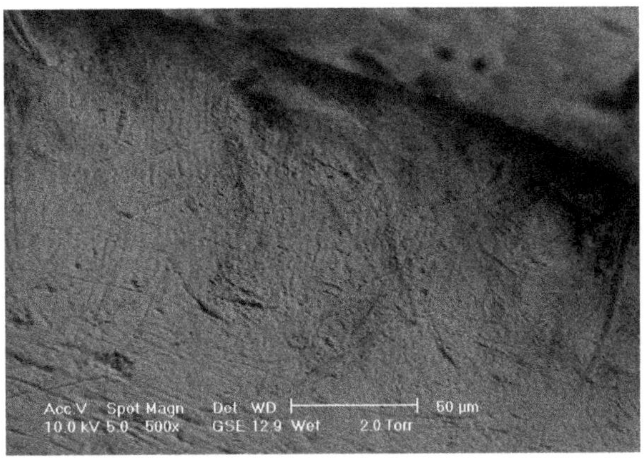

Fig. 235 – Altération chimique post-mortem sur l'émail d'une dent d'argali spécimen AR D20 DLF5M 1097, grandissement x 500.

2.4.2 – Altérations observées sur le matériel d'Orgnac 3

Dans le cas d'Orgnac 3, aucune micro-trace n'est visible. Par contre les prismes d'émail sont bien visibles (Fig. 236). Cette structure est similaire à celle observée par King et al. (1999b) après action d'un acide fort (HCl, pH = 0,6) pendant plus de 2 h pour simuler l'ingestion par un prédateur. Cette explication ne peut être retenue pour Orgnac 3 car les carnivores sont surtout présents à la base du remplissage, dans les couches 7 et 8 (Aouraghe 1992) et aucun ossement de tahr ne présente de trace de digestion. L'altération peut également avoir été causée par des phénomènes post-dépositionnels. Par exemple, la couche 5b, d'où provient cette dent, a été affectée par des phénomènes de cryoturbation, de corrosion et formation de concrétions autour des objets (Debard 1988), qui peuvent expliquer l'altération de l'émail.

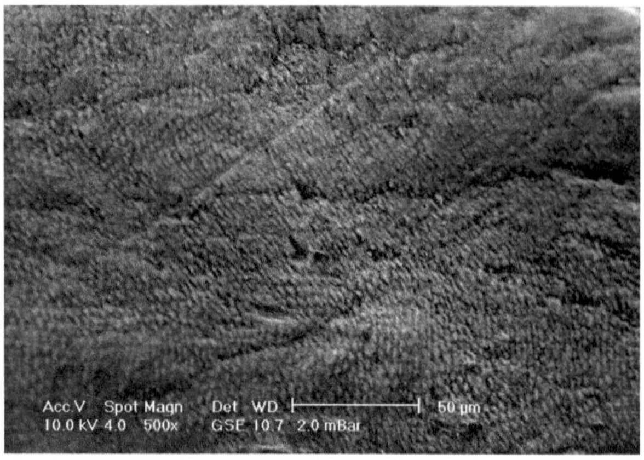

Fig. 236 – Email d'une dent de tahr d'Orgnac 3, spécimen OR3 C16 5b 503, grandissement x 500.

2.5 – Conclusions

Les différentes méthodes d'études de l'alimentation des animaux fossiles apportent toutes, à des degrés divers, des informations utiles à la reconstitution de leur mode de vie ou des paléoenvironnements.

Le degré d'hypsodontie des dents d'argali et de tahr est très élevé par rapport aux espèces actuelles. Ceci reflète une alimentation relativement spécialisée surtout pour l'argali.

La morphologie du maxillaire n'a pu être examinée que pour l'argali de la Caune de l'Arago car c'est le seul taxon pour lequel nous possédons un crâne complet. La morphologie et les dimensions de l'appareil masticatoire de cet animal indiquent qu'il avait une alimentation de type paisseur. Comme pour le degré d'hypsodontie, les résultats le classent parmi les paisseurs les plus spécialisés. L'étude de la morphologie de l'incisif apporte peu de précisions puisque sur les deux caractères distinctifs, un est de type paisseur et l'autre est de type brouteur.

L'analyse des micro-traces d'usure dentaire est la technique qui a apporté le plus d'informations. Du point de vue de l'alimentation, l'argali entre dans la catégorie des paisseurs. Le tahr, le bouquetin et le chamois sont des "mangeurs mixtes" dont alimentation varie en fonction des saisons. L'analyse des micro-traces d'usures est aussi un bon moyen de confirmer la saisonnalité déterminée à partir de l'étude de l'éruption dentaire, en particulier lorsqu'il est possible de comparer plusieurs espèces provenant d'un même niveau archéostratigraphique pour écarter toute influence du climat. En effet, il apparaît une bonne corrélation entre le type de micro-trace et la saison de chasse, surtout pour les "mangeurs mixtes". Les micro-traces donnent de nombreuses informations d'ordre paléoclimatique lorsque différents niveaux d'un même gisement sont comparés.

III – Conclusion

En conclusion, il nous faut rappeler l'apport des différentes méthodes d'investigation utilisées et leur résultats. L'étude paléoécologique a tout d'abord permis d'estimer le poids corporel des animaux et d'en déduire les conséquences sur les paramètres éco-éthologiques liés au poids. Ensuite, nous nous sommes attachés à déterminer le biotope dans lequel vivaient les petits bovidés au Pléistocène. D'après l'examen de la morphologie des os fortement impliqués dans la locomotion il a été possible de démontrer que ces derniers occupaient les mêmes niches écologiques que les espèces actuelles. Le calcul de l'indice d'hypso-dontie ainsi que l'observation de la morphologie des structures du crâne liées à l'alimentation ont permis de déterminer les adaptations alimentaires des animaux fossiles. Enfin, l'analyse des micro-traces d'usure dentaire, en plus d'une indication de l'adaptation alimentaire, reflète les variations climatiques du Quaternaire et les variations saisonnières liées à la chasse.

Il est alors possible de proposer une nouvelle vision des petits bovidés fossiles des sites étudiés :

L'argali, *Ovis ammon antiqua*, était un animal de fort gabarit, 132 kg de moyenne, qui occupait les plateaux et les zones de faibles pentes qui entouraient la Caune de l'Arago (Fig. 237). De type paisseur exclusif, son alimentation se composait de essentiellement graminées avec quelques plantes ligneuses pendant l'hiver. L'argali possède des dents dont l'émail reflète une alimentation de graminées, en effet il a été chassé au printemps et en été.

Fig. 237 – Vue de la vallée de Tautavel à la fin du printemps.

Le bouquetin du Caucase, *Capra* aff. *caucasica*, et le tahr de Bonal, *Hemitragus bonali*, sont des taxons dont des adaptations écologiques sont proches. Tous deux ont un poids corporel qui devait avoisiner les 100 kg. Le bouquetin vivait sur les terrains rocheux et escarpés qui sont présents à proximité des grottes étudiées. Ces deux animaux ont une alimentation de type "mangeur mixte" qui varie entre l'hiver, saison à laquelle ils ont consommé principalement des végétaux ligneux, et l'été, où il se nourrissent de graminées. Ces observations sont corrélées avec la saison de chasse, chasse hivernale au Portel-Ouest, chasse en été et en automne à l'Hortus.

L'isard, *Rupicapra pyrenaica*, est lui aussi un "mangeur mixte" mais la composante ligneuse de son alimentation est plus importante que pour le bouquetin et le tahr. Les résultats semblent être corrélés avec la saison à laquelle ils ont été chassés, il s'agit du printemps et de l'été à la Caune de l'Arago et vraisemblablement de l'hivers au Portel-Ouest.

Conclusion

Dans le Caucase et dans les trois zones du bassin méditerranéen que nous avons étudiées, pour des périodes allant du stade isotopique 14 au stade isotopique 2, la quantité de restes attribués aux petits bovidés (genres *Ovis*, *Hemitragus*, *Capra* et *Rupicapra*) est très variable, même dans une même sous-région géographique comme la partie orientale des Pyrénées : de 30 restes à l'Arbreda à 14771 à la Caune de l'Arago. Cette différence provient d'une part de l'abondance très variable des petits bovidés dans les sites liée au mode d'accumulation, et d'autre part des paramètres liés à la fouille (durée de la fouille et surface et profondeur explorée). En effet, la Caune de l'Arago, fouillée sur une surface de près de 100 m² depuis 35 ans, a livré plus de restes que l'Arbreda, fouillée sur 6 m² pendant quelques années seulement.

Avant d'aborder les études archéozoologique et paléoécologique, il était indispensable de reprendre en détail l'étude paléontologique afin de définir de manière claire les populations présentes dans chaque site. Ainsi, pour l'ensemble des gisements traités, quatre genres et sept espèces sont présentées (*Ovis ammon antiqua*, *Ovis gmelini*, *Hemitragus bonali*, *Hemitragus cedrensis*, *Capra* aff. *caucasica*, *Capra pyrenaica* et *Rupicapra pyrenaica*). Parmi ces dernières, cinq ont été identifiées à la Caune de l'Arago, et avec une abondance qui permet la focalisation de notre étude sur les taxons de ce gisement. Les autres sites permettent de réaliser des comparaisons et d'élargir notre réflexion à l'ensemble du bassin méditerranéen.

L'argali fossile, *Ovis ammon antiqua*, est représenté à la Caune de l'Arago, dans les niveaux corrélés aux stades isotopiques 14 à 11, par 12771 restes. Il s'agit d'un Caprinae de forte taille, comparable aux *Ovis ammon* actuels. L'étude morphologique et métrique, essentiellement basée sur les éléments crâniens a mis en évidence des similitudes avec *Ovis ammon ammon* actuel que l'on trouve dans les montagnes de l'Altaï en Asie, en particulier pour la morphologie des chevilles osseuses et leur dimensions. La comparaison de l'argali de la Caune de l'Arago avec celui des populations du Caucase a donné des résultats intéressants sur l'extension de ce taxon. En effet, l'argali de la Caune de l'Arago présente de fortes ressemblances morpho-logiques et métriques avec celui des populations du Caucase de Sakazia, d'Ortvala Cave, d'Azych et de Taglar. L'argali fossile, originaire d'Asie, est présent dans l'ouest de l'Europe jusqu'au stade isotopique 11. Cette espèce est présente dans le Caucase, où elle se maintient jusqu'au Pléistocène supérieur. L'aire de répartition de l'argali est donc aujourd'hui bien plus réduite qu'au Pléistocène. Dans les niveaux moustériens de la grotte de Karaïn E en Anatolie, le genre *Ovis* est représenté par une espèce de petite taille, *Ovis gmelini*, qui a été introduite à l'Holocène en Europe.

Le genre *Hemitragus* représenté par deux espèces, dont le tahr de Bonal, *Hemitragus bonali*, a été identifié à la Caune de l'Arago et à Orgnac 3. L'étude métrique montre de fortes similitudes avec les populations européennes fossiles de l'Escale, d'Aldène et de Vaufrey. Dans les terres brunes de la Caune de l'Arago, un tahr de petite taille a été identifié. Il s'agit d'*Hemitragus cedrensis*, connu jusqu'alors uniquement en Provence et en Ardèche. Il est morphologiquement comparable au tahr des Cèdres et de Rigabe, mais sa petite taille est de l'ordre de grandeur de la population de Saint-Marcel-d'Ardèche. D'après nos résultats, cette réduction de taille semble indiquer que les populations de Saint-Marcel-d'Ardèche et de la Caune de l'Arago sont plus récentes que celles des Cèdres et de Rigabe. Ainsi, après une évolution locale en Provence, le tahr des Cèdres a étendu son aire de distribution hors de la Provence, vers l'Ardèche et les Pyrénées. La présence d'*H. cedrensis* dans l'extrémité nord-occidentale du Bassin Méditerranéen traduit sa migration tardive vers cette région où l'espèce persiste jusqu'à la fin du stade isotopique 4.

Le bouquetin du Caucase, *Capra* aff. *caucasica*, est présent à l'Hortus et au Portel-Ouest. Il a été identifié pour la première fois à Arche 98 et dans les terres brunes de la Caune de l'Arago, où, dans ce dernier site, il est associé à *Hemitragus cedrensis*. Ces populations montrent de nombreuses affinités morphologiques et métriques avec celles de Bouxès et de Saint-Marcel-d'Ardèche. Les comparaisons effectuées avec les bouquetins des sites du Caucase montrent que les populations européennes, bien que de taille plus petite, sont morphologiquement identiques. *C. caucasica* s'est répandu dans tout le Sud-Est de la France. La découverte de *C. caucasica* dans les contreforts orientaux des Pyrénées françaises permet d'individualiser les populations de la partie orientale des Pyrénées de celles des bordures du Massif Central et de la Provence. A partir du stade isotopique 2, le bouquetin des Pyrénées, *Capra pyrenaica*, est présent au Portel-Ouest, au Castel 2, et peut-être à la Caune de l'Arago. Ce bouquetin est vraisemblablement un descendant des populations locales de *Capra* aff. *caucasica* comme le montre, en particulier, l'évolution de la morphologie des chevilles osseuses et de la troisième molaire supérieure. Aujourd'hui restreinte à la partie occidentale du Caucase, l'aire de distribution de *Capra caucasica*, au Pléistocène, était étendue jusqu'aux Pyrénées. De futures études paléoenvironnementales permettrons de savoir si cette région a constitué une zone de refuge pour certains Caprinae tel *Hemitragus*, comme c'est le cas pour certains petits mammifères.

La première occurrence du genre *Rupicapra* en Europe est à ce jour le chamois de la Caune de l'Arago, site dans lequel il est présent dans un niveau corrélé au stade isotopique 12, le sol F daté de 440 000 ans. Les restes sont peu nombreux, 15 seulement, mais quelques caractères importants ont pu être étudiés afin de préciser la détermination de ce taxon. La divergence des styles des molaires, l'allongement du col de la scapula, la forte séparation des deux condyles de l'extrémité distale de la deuxième phalange sont autant de caractères qui rapprochent ce spécimen de l'espèce pyrénéenne par rapport à l'espèce alpine. Certains des caractères étant plésiomorphes de la lignée pyrénéenne, le chamois de la Caune de l'Arago pourrait être considéré comme une forme archaïque de la lignée *Rupicapra pyrenaica*. Ce chamois, *Rupicapra* cf. *pyrenaica*, est également présent au stade isotopique 9 à Orgnac 3. Le faible nombre de restes ne permet pas d'évaluer s'il est plus évolué que celui de la Caune de l'Arago. L'isard, *Rupicapra pyrenaica*, est présent en Europe occidentale dès le stade isotopique 6. Il a été reconnu à l'Arbreda, au Portel-Ouest et au Castel 2. Il occupe aujourd'hui des zones d'altitude dans les Pyrénées.

L'analyse phylogénétique, en suivant une démarche cladistique ou phénétique, a permis d'étudier les relations de parenté ou de similitude entre les taxons. Au niveau générique, les clades *Ovis* et *Capra* sont monophylétiques. Au sein du genre *Capra*, deux groupes monophylétiques apparaissent, il s'agit de *Capra caucasica* - *Capra pyrenaica* et de *Capra ibex* - *Capra aegagrus*. Ces résultats confirment les données de l'étude paléontologique et le scénario évolutif proposé par Evelyne Crégut-Bonnoure, selon lesquels *C. caucasica* et *C. pyrenaica* sont deux taxons phylogénétiquement liés. Les populations de *Capra* aff. *caucasica* présentes en Europe ont donc vraisemblablement abouti à *Capra pyrenaica*. Ces résultats seraient en contradiction avec ceux obtenus à partir des analyses moléculaires. Celles-ci montrent que la distance génétique entre ces deux taxons est trop importante pour que l'espèce pyrénéenne puisse avoir évolué à partir de *Capra* aff. *caucasica*. Bien que les résultats concernant le genre *Hemitragus* apparaissent moins clairs, ce genre semble assez proche du taxon à l'origine de la tribu des Caprini.

La distribution chronologique et les association des taxons de Caprinae étudiés permettent de définir quatre grandes zones biochronologiques. Les taxons présents aux stades isotopiques 16 à 11, *Hemitragus bonali*, *Ovis ammon antiqua* s'insèrent dans la zone biochronologique de la Caune de l'Arago. La présence dans un niveau de ce site de quelques restes attribués à *Rupicapra* cf. *pyrenaica* ne suffit pas pour proposer une nouvelle zone. La disparition d'*Ovis ammon antiqua* caractérise la zone biochronologique d'Orgnac 3, correspondant aux stades 9 à 6. Dans cette zone, *Hemitragus bonali* et *Rupicapra* cf. *pyrenaica* sont toujours présents. Les stades isotopiques 5e à 3, se caractérisent par l'apparition de deux nouvelles espèces en Europe occidentale : *Hemitragus cedrensis* et *Capra* aff. *caucasica*. L'isard, *Rupicapra pyrenaica*, est présent sous sa forme actuelle. Certains de ces taxons sont présents à la Caune de l'Arago, au Portel-Ouest, à l'Hortus et à Arche 98. Enfin, au stade isotopique 2, les seuls petits bovidés présents à la Cova de l'Arbreda et au Castel 2 sont *Capra pyrenaica* et *Rupicapra pyrenaica*.

La présence de ces taxons à différentes périodes chronologiques et dans des zones géographiques d'extension variée doit avoir eu des conséquences sur la période de chasse des hommes préhistoriques et doit apporter des informations sur le contexte paléoclimatologique. Les bases paléontologiques étant établies, une étude archéozoologique et paléoécologique a pu être entreprise sur certaines des populations définies.

A la Caune de l'Arago, deux types d'occupation ont été mis en évidence par l'étude archéozoologique. Cette approche n'a pu être appliquée qu'à ce gisement en raison de la taille de l'échantillon qu'elle nécessite. Les niveaux archéologiques sont parfois intercalés de niveaux témoins d'occupations de carnivores. Dans les niveaux M, N et O de l'ensemble stratigraphique I, l'assemblage d'argali est fortement différent de celui du sol F. La proportion de carnivores dans les niveaux M, N et O est assez élevée puisqu'ils représentent 31,5 % des grands mammifères. L'argali y est représenté par une proportion plus importante d'individus jeunes et âgés par rapport à ce qui a été observé pour le sol F. Le profil de mortalité est de type attritionel, dans lequel les jeunes et les adultes âgés sont sur-représentés par rapport à leur abondance naturelle. De nombreux os sont entiers et parfois en connexion anatomique. L'examen de la surface des ossements n'a révélé la présence d'aucune strie due à une activité de découpe, ni aucune trace de fracturation anthropique. Par contre, ils portent des traces de dents (*pits*, *scores*) et parfois un poli lié à l'ingestion et à la digestion. L'analyse des processus de désarticulation et des traces à la surface des os permet de mettre clairement en évidence l'implication des carnivores dans la constitution de l'assemblage osseux d'argali des niveaux M, N et O, même si ce sont des carcasses entières qui ont été apportées et malgré la présence de quelques industries lithiques.

Bien que les carnivores aient pu occuper la grotte comme repaire ou tanière de manière sporadique dans tous les niveaux, les sols E, F et les niveaux G correspondent à des occupations humaines. L'étude de la représentation squelettique, assez semblable à celle des niveaux M, N et O, montre que la carcasse d'argali complète a été rapportée à la grotte pour y être consommée. Par contre, l'exploitation de la carcasse est nettement différente pour le sol F, où tous les os ont été intensément fracturés par l'homme pour en extraire la moelle. Les os, souvent entiers, parfois en connexion anatomique, en particulier les vertèbres et quelques os longs, caractérisent les niveaux à carnivores. Les modifications qui apparaissent par rapport à un squelette complet sont uniquement liées au traitement de la carcasse par l'homme et à la conservation différentielle.

L'étude du mode de vie de l'homme préhistorique est abordée sous l'aspect de l'approvisionnement en nourriture carnée. Les modalités de l'activité de chasse des occupants de la Caune de l'Arago, largement étudiée dans des travaux précédents (Moigne 1983) sont précisées par ce travail. L'étude combinée de la structure des populations abattues (âge et sex-ratio) et de la saisonnalité de la capture nous fait proposer une chasse de type opportuniste pour l'argali et le tahr. L'abondance de certaines catégories de la population ne résulte pas d'un choix de l'homme mais est liée à la saison à laquelle ces animaux ont été tués. Nous avons retenu l'exemple du sol F, dans lequel des hardes de femelles et de jeunes ont été abattues au printemps et en été, au moment où les mâles vivent isolés et séparés de la harde.

Pour les gisements du Pléistocène moyen, les données archéozoologiques sur le type d'acquisition du gibier (charognage, chasse opportuniste, chasse sélective) sont peu nombreuses. Il semble qu'à cette période les trois types d'activités aient été pratiqués. Peu de gisements ont pu être étudiés selon cette approche, essentiellement pour deux raisons. Tout d'abord parce que l'étude du mode d'acquisition des herbivores par l'homme nécessite d'avoir un échantillon de taille importante. Ensuite, car il est primordial que la provenance stratigraphique des vestiges soit parfaitement définie et bénéficie d'unités archéostratigraphiques bien repérées ce qui nécessite l'exploitation informatique d'un nombre d'objets suffisamment important.

L'approche paléoécologique a été axée sur les adaptations des petits bovidés à leur environnement : locomotion et alimentation.

Afin de définir le type de biotope propre à chaque taxon, le poids individuel et les adaptations liées à la locomotion ont été déterminées. L'utilisation des relations allométriques appliquées à la surface du talus ont permis d'estimer le poids des individus. Il apparaît que les formes fossiles avaient un poids comparable à celui connu pour les espèces actuelles. L'étude des adaptations locomotrices, nécessitant des ossements complets, n'a pu être appliquée qu'à l'argali de la Caune de l'Arago et au bouquetin du Caucase de la grotte de l'Hortus. De même que les espèces actuelles, ces deux taxons occupaient des biotopes très différents. L'argali est configuré pour des zones peu escarpées alors que le bouquetin est plus à son aise sur des terrains rocheux accidentés.

L'alimentation de ces animaux est bien entendu fortement corrélée à l'environnement dans lequel ils vivaient. D'après l'examen de la morphologie du maxillaire et de l'incisif, l'argali est un paisseur (*grazer*), c'est à dire un consommateur de graminées. L'analyse des dimensions de l'appareil masticatoire et du degré d'hypsodontie des dents indique qu'il était un paisseur très spécialisé. L'analyse des micro-traces d'usure sur l'émail des deuxièmes molaires supérieures a été réalisée au microscope électronique à balayage. Cette méthode, rarement utilisée sur les faunes du Pléistocène, donne ici des informations plus précises sur les adaptations alimentaires. En plus de l'argali, cette étude a été appliquée avec succès au tahr, au bouquetin et au chamois. L'alimentation de l'argali est confirmée, il s'agit d'un paisseur très spécialisé qui se nourrit presque exclusivement de graminées. Le bouquetin du Caucase et le tahr de Bonal sont des "mangeurs mixtes" (*mixed feeders*) dont l'alimentation varie de manière saisonnière (*seasonal mixed feeders*). L'été ils se nourrissent principalement de graminées alors que l'hiver les végétaux ligneux deviennent majoritaires. Les observations faites au microscope électronique reflètent aussi la saison à laquelle ces animaux ont été chassés. L'isard est lui aussi un "mangeur mixte" mais l'apport en végétaux ligneux est plus important que pour les deux espèces précédentes.

Les facteurs climatiques déterminent largement la répartition des ongulés qui sont fortement dépendant du climat. Les populations de Caprini, par exemple, déploient des stratégies adaptatives qui se manifestent généralement par des déplacements. Les variations observées au niveau des micro-traces peuvent donc être mises en parallèle avec des phénomènes climatiques de plus ou moins grande ampleur. Cette méthode est d'un grand intérêt lorsque l'on considère de fines subdivisions d'ensembles chronologiques, lorsque les autres méthodes ne détectent pas de variation ou lorsque les pollens ne sont pas conservés. La reconstitution de l'alimentation au travers de l'analyse des micro-traces d'usure dentaire reflète les données obtenues à partir des études classiques sur la faune et avec les données sédimentologiques et palynologiques. Toutefois cette méthode d'analyse permet de détecter des variations climatiques dans les niveaux archéologiques qui ne sont parfois pas visibles à partir des méthodes classiques utilisées en paléoécologie ou bien par la palynologie. Il s'agit donc d'une méthode complémentaire qui permet d'apporter des précisions sur l'évolution des paléoenvironnements et des paléoclimats, aussi bien pour des petites que des grandes échelles de temps.

Parmi les sites étudiés, seule la Caune de l'Arago a livré des taxons ayant des adaptations écologiques très différentes. Dans les autres gisements, comme à l'Hortus, au Portel-Ouest et dans les sites du Caucase comme Sakazia ou Ortvala, les petits bovidés sont plus caractéristiques d'un milieu de rochers et de zones escarpées, biotopes fréquents à proximité de tous ces gisements.

Il paraît nécessaire de poursuivre la réalisation conjointe des analyses archéozoologiques et paléoécologiques sur les petits bovidés du Pléistocène pour permettre de mieux comprendre le mode de vie des hommes préhistoriques et de reconstituer le plus fidèlement possible l'environnement dans lequel ils vivaient et chassaient ces animaux. Pour l'étude du régime alimentaire il serait intéressant de réaliser des analyses isotopiques (^{13}C et ^{15}N) afin de comparer les résultats obtenus par cette méthode avec les variations que nous observons au niveau spécifique, temporel ou régional, à partir des micro-traces d'usure dentaire. Quant à ces dernières, il faudra les compléter par l'intégration des autres dents (premières molaires et incisives) et par l'exploitation d'autres paramètres pour l'analyse quantitative des micro-traces. Enfin il serait intéressant de comparer les données des micro-traces avec un analyse du *mesowear* (analyse du gradient abrasion-attrition).

Dans une perspective plus large, il nous faudra comparer les stratégies d'acquisition de l'alimentation carnée par les hommes préhistoriques et les adaptations écologiques des petits bovidés qui ont pu être mises en évidence pour quelques sites du Pléistocène méditerranéen avec celles d'autres gisements d'abord de cette zone puis de l'ensemble de l'Europe, jusqu'aux confins de l'Asie.

Bibliographie

ABBAZZI, L., FANFANI, F., FERRETTI, M. P., ROOK, L., CATTANI, L., MASINI, F., MALLEGNI, F., NEGRINO, F., et TOZZI, C., 2000. New human remains of archaic *Homo sapiens* and Lower Palaeolithic industries from Visogliano (Duino Aurisina, Trieste, Italy). *Journal of Archaeological Science*, 27, 1173-1186.

ALBERDI, M. T., CALOI, L., et PALOMBO, M. R., 1998a. Large mammal associations from the Early Pleistocene: Italy and Spain. *Mededelingen Nederlands Instituut voor Toegepaste Geowetenschappen TNO*, 60, 521-532.

ALBERDI, M. T., CALOI, L., DUBROVO, I., PALOMBO, M. R., et TSOUKALA, E., 1998b. Large mammal faunal complexes and palaeoenvironmental changes in the late Middle and Late Pleistocene: a preliminary comparison between the Eastern European and the Mediterranean areas. *Geologija*, 25, 8-19.

ALFÉREZ DELGADO, F., MOLERO GUTIÉRREZ, G., et BUSTOS PRETEL, V., 1981. Los restos fósiles más meridionales de *Rupicapra rupicapra* hallados en Europa. *Col-Pa*, 36, 53-59.

ALIYEV, S. D., 1969. *La faune du site paléolithique d'Azich*. Académie d'Azerbaidjan SSSR, Section Paléobiologie.

ALTUNA, J., 1972. Fauna de mamiferos de los yacimientos préhistoricos de Guipuzcoa. *Munibe*, 24 (1-4), 464 p.

ALTUNA, J., 1976. *Fauna de Mamiferos del yacimiento prehistorico de Los Casares (Guadalajara)*. Excavaciones arqueológiquas de España, 76, la cueva de los Casares (en la Riba de Selicas, Guadalajara), 97-116.

ALTUNA, J., 1979. La faune des Ongulés du Tardiglaciaire en Pays Basque et dans le reste de la Région Cantabrique. *In*: Colloque International du CNRS 271. *La fin des temps glaciaires en Europe*, 85-96.

ALTUNA, J., 1989. Subsistance d'origine animale pendant le Moustérien dans la région cantabrique (Espagne). *In*: L.G. FREEMAN et M. PATOU-MATHIS, eds. *L'Homme de Néandertal 6, La subsistance*, Liège, ERAUL 33, 31-43.

ALTUNA, J., 1992. Asociaciones de macromamíferos del Pleistoceno superior en el Pirineo occidental y el Cantábrico. *In*: A. CEARRETA et F. UGARTE, eds. *The late Quaternary in the Western Pyrenean Region*, Bilbao, Universidad del Pais Vasco, 15-28.

ALTUNA, J., et MARIEZKURRENA, K., 1987. Les macromammifères du Paléolithique moyen et supérieur ancien dans la région cantabrique. *Archaeozoologia*, 1 (2), 179-196.

AMBERT, P., 1994. L'évolution géomorphologique du Languedoc Central depuis le Néogène (Grands Causses méridionaux – Piémont Languedocien). Eds BRGM, Documents du BRGM 231.

AOURAGHE, H., 1992. *Les faunes de grands Mammifères du site Pléistocène moyen d'Orgnac 3 (Ardèche, France). Etude paléontologique et palethnographique. Implications paléoécologiques et biostratigraphiques*. Thèse de Doctorat, Muséum National d'Histoire Naturelle.

AOURAGHE, H., 1999. Reconstitution du paléoenvironnement par les grands Mammifères : Les faunes Pléistocène moyen d'Orgnac 3 (Ardèche, France). *L'Anthropologie*, 103 (1), 177-184.

ARRIBAS, A., et PALMQVIST, P., 1998. Taphonomy and palaeoecology of an assemblage of large mammal : hyenid activity in the Lower Pleistocene site at Venta Micena (Orce, Guadix-Baza Basin, Granada, Spain). *Geobios*, 31 (3) supplément, 3-47.

AUGUSTE, P., 1995. *Cadres biostratigraphiques et paléoécologiques du peuplement humain dans la France septentrionale durant le Pléistocène. Apports de l'étude paléontologique des grands mammifères du gisement de Biache-Saint-Vaast (Pas-de-Calais)*. Thèse de Doctorat, Muséum National d'Histoire Naturelle.

AZZAROLI, A., GIULI, C. de, FICCARELLI, G., et TORRE, D., 1988. Late Pliocene to early Mid--Pleistocene mammals in Eurasia : faunal succession and dispersal events. *Palaeogeography, Palaeoclimatology, Palaeoecology*, 66, 77-100.

BAIDAVLETOV, R. Z., 1995. [Observations of the lynx (*Felis lynx*) hunting the argali (*Ovis ammon*) in Central Kazakhstan.]. *Selevinia*, 3 (2), 90. (en russe).

BAKER, G., JONES, L. W. P., et WARDROP, I. D., 1959. Cause of wear in sheep's teeth. *Nature*, 184, 1583-1584.

BARONE, R., 1986. *Anatomie comparée des mammifères domestiques. Tome 1 Ostéologie*. Vigot Frères éditeurs, 3ème ed.

BARROSO RUIZ, C., MEDINA LARA, P., SANCHIDRIAN TORTI, J. L., RUIZ BUSTOS, A., et GARCIA SANCHEZ, M., 1984. Le gisement moustérien de la grotte du Boquete de Zafarraya (Alcaucin - Andalousie). *L'Anthropologie*, 88 (1), 133-134.

BARSKY, D., 2001. *Le débitage des industries lithiques de la Caune de l'Arago (Pyrénées-Orientales, France): leur place dans l'évolution des industries du Paléolithique inférieur en Europe méditerranéenne.* Thèse de Doctorat, Université de Perpignan.

BARYSHNIKOV, G., 1989. Les mammifères du Paléolithique inférieur du Caucase. *L'Anthropologie*, 93 (4), 813-830.

BARYSHNIKOV, G., 1999. Bone assemblages from Acheulean and Mousterian levels in the Kudaro caves in the Caucasus mountains. *In*: S. GAUDZINSKI et E. TURNER, eds. *The role of early humans in the accumulation of European Lower and Middle Palaeolithic bone assemblages.* Ergebnisse Eines Kolloquims. Mainz 1999. Verlag des Römisch-Germanischen Zentralmumeums, Bonn, 237-253.

BEHRENSMEYER, A. K., 1975. The taphonomy and paleoecology of Plio-Pleistocene vertebrate assemblage east of lake Rudolf, Kenya. *Bulletin of the Museum of Comparative Zoology*, 146, 473-578.

BERGES, C., 1997. *L'étude des restes post-céphaliques des populations de Capra provenant des niveaux moustériens de la Grotte de l'Hortus (Valflaunès, Hérault), selon une approche paléontologique et taphonomique.* Mémoire de D.E.A., Muséum National d'Histoire Naturelle et Université de Perpignan.

BINFORD, L. R., 1978. *Nunamiut ethnoarchaeology.* New York: Academic Press.

BINFORD, L. R., 1981. *Bones: ancient men and modern myths.* New-York: Academic Press.

BINFORD, L. R., 1988. Etude taphonomique des restes fauniques de la grotte Vaufrey. *In*: J.-P. RIGAUD, ed. *La Grotte Vaufrey à Cénac et Saint Julien (Dordogne) : paléoenvironnements, chronologie et activités humaines. Mémoires de la Société Préhistorique Française*, 19, 535-564.

BISCHOFF, J. L., et ROSENBAUER, R. J., 1981. Uranium-series dating of bones and carbonate deposits of the Caune de l'Arago at Tautavel. *Colloque international du CNRS. Datations absolues et analyses isotopiques en Préhistoire. Méthodes et limites. Datation du remplissage de la Caune de l'Arago à Tautavel* (prétirage): 327-347.

BLUMENSCHINE, R. J., 1986. Carcass consumption sequences and the archaeological distinction of scavenging and hunting. *Journal of Human Evolution*, 15, 639-659.

BOESSNECK, J., 1969. Osteological differences between sheep (*Ovis aries* Linné) and goat (*Capra hircus* Linné). *In*: D. BROTHWELL et E. HIGGS, eds. *Science in archaeology - A survey in progress and research.* Thames and Hudson, London, 331-358.

BOESSNECK, J., MÜLLER, H. H., et TEICHERT, M., 1964. Osteologische Unterscheidungsmerkmale zwischen Shaf (*Ovis aries* Linné) und Ziege (*Capra hircus* Linné). *Kühn-Archiv*, 78.

BON, R., CAMPAN, R., DARDAILLON, M., DEMEAUTIS, G., GONZALEZ, G., et TEILLAUD, P., 1986. Comparative study of the seasonal variations of the social structures in three french wild ungulates. *Wiss. Zeitschrift der Humboldt-Universitat zu Berlin. Math.-Nat.*, 35(3), 254-258.

BON, R., CUGNASSE, J. M., DUBRAY, D., GIBERT, P., HOUARD, T., et RIGAUD, P., 1991.- Le Mouflon de Corse. *Revue d'Ecologie (Terre Vie)*, Suppl. 6: 67-110.

BONIFAY, M. F., 1974-75. "*Hemitragus bonali*" Harlé et Stehlin, "Caprinae" de la grotte de l'Escale (Saint-Estève-Janson, Bouches du Rhône). *Quaternaria*, 18, 215-302.

BOULE, M., 1906. *Les grottes de Grimaldi (Baoussé Roussé). Géologie et paléontologie.* 1 (3), 73-361.

BRAIN, C. K., 1969. The contribution of Namib Desert Hottentots to an understanding of Autralopithecine bone accumulations. *Scientific Papers of the Namib Desert Research Station*, 39, 13-22.

BRAIN, C. K., 1981. *The hunters or the hunted? An introduction to African cave taphonomy.* University of Chicago Press.

BRUGAL, J.-P., et PATOU-MATHIS, M., 1993. L'assemblage osseux de l'abri des Canalettes: présentation générale. *In*: L. MEIGNEN, ed. *L'abri des Canalettes.* Paris: CNRS éditions, 77-87.

BUNCH, T. D., et NADLER, C. F., 1980. Giemsa-band patterns of the tahr and chromosomal evolution of the tribe Caprini. *Journal of Heredity*, 71, 110-116.

BUNN, H. T., 1983. Comparative analysis of modern bones assemblages from a San hunter-gatherer camp in the Kalahari Desert, Botswana, and from a spotted hyena den near Nairobi, Kenya. *In*: J. CLUTTON-BROCK et C. GRIGSON, eds. *Animals in Archaeology. I. Hunters and their prey.* Cambridge: B.A.R. International Series, 163, 143-148.

BYRNE, L., 2001. *Caractéristiques technologiques et typologiques des outillages lithiques du Pléistocène moyen de la Caune de l'Arago (Tautavel, Pyrénées-Orientales).* Thèse de Doctorat, Muséum National d'Histoire Naturelle.

CAIN, A. J., 1954. *Animal species and their evolution.* London: Hutchinson's University Library.

CARDOSO, J. L., et ANTUNES, M. T., 1989. *Rupicapra rupicapra* (Mammalia) in the Late Pleistocene of Portugal. *Ciências da Terra*, 10, 81-96.

CATTANI, L., CREMASCHI, M., FERRARIS, M. R., MALLEGNI, F., MASINI, F., SCOLA, V., et TOZZI, C., 1991. Le gisement du Pléistocène moyen de Visogliano (Trieste) : restes humains, industries, environnement. *L'Anthropologie*, 95 (1), 9-36.

CHASE, P. G., 1987. Spécialisation de la chasse et transition vers le Paléolithique supérieur. *L'Anthropologie*, 91 (1), 175-188.

CHEN, G., 1988. The phylogenetic status of *Oioceros* from the early to middle Miocene of China. *Vertebrata PalAsiatica*, 26 (3), 157-172.

CHLACHULA, J., 2001. Pleistocene climate change, natural environments and palaeolithic occupation of the Angara-Baikal area, east Central Siberia. *Quaternary International*, 80-81, 69-92.

CLARK, J. L., 1964. *The Great Arc of the Wild Sheep.* Norman: University of Oklahoma Press.

CLOT, A., 1987. *La grotte de Gerde (Hautes-Pyrénées). Site préhistorique et paléontologique.* Bagnères-de-Bigorre: Soc. Ramond Ed.

CLOT, A., 1988. Faune magdalénienne de la grande grotte de Labastide. (Hautes-Pyrénées, France). *Munibe*, 40, 21-44.

CLOT, A., BROCHET, G., CHALINE, J., DESSE, G., EVIN, J., GRANIER, J., MEIN, P., MOURER-CHAUVIRE, C., OMNES, J., et RAGE, J.-C., 1984. Faune de la grotte préhistorique du bois du Cantet (Espèche, Hautes-Pyrénées, France). *Munibe*, 36, 33-50.

CLOT, A., et MARSAN, G., 1986. La grotte du Cap de la Bielle à Nestier (Hautes-Pyrénées), fouilles M. Debeaux, 1960. *Gallia Préhistoire*, 29 (1), 63-141.

COHEN, F., 1988. Etude de quatre faunes du Pléistocène d'Europe selon deux méthodes paléoécologiques : les cénogrammes et les spectres fauniques. Mémoire de D.E.A., Université Paris 6.

COMBIER, J., 1967. *Le Paléolithique de l'Ardèche dans son cadre climatique.* Publications de l'Institut de Préhistoire de Bordeaux, 4.

COUTURIER, M. A. J., 1938. *Le Chamois* (*Rupicapra rupicapra* L.). Grenoble: B. Arthaud-Editeur.

COUTURIER, M. A. J., 1958. Parallèle anatomique, physiologique et écologique entre le pied du Bouquetin des Alpes (*Capra aegagrus ibex ibex*) et celui du Chamois (*Rupicapra rupicapra*) en rapport avec l'adaptation à la montagne de ces deux espèces. *Mammalia*, 22 (1), 76-89.

COUTURIER, M. A. J., 1962. *Le Bouquetin des Alpes* (*Capra aegagrus ibex ibex* L.). Grenoble: Imprimerie Allier.

COWAN, I. M., 1940. Distribution and variation in the native sheep of North America. *The American Midland Naturalist*, 24, 505-580.

CRAMPE, J. P., et CRÉGUT-BONNOURE, E., 1994. Le Massif des Pyrénées, habitat naturel du bouquetin ibérique (*Capra pyrenaica*, Schinz, 1838). Evolution temporo-spatiale de l'espèce de la préhistoire à nos jours. *Ibex speciale*, Atti dell'Incontro del Gruppo Stambecco Europa, 1, 223-242.

CRANSAC, N., et HEWISON, A. J. M., 1997. Seasonal use and selection of habitat by mouflon *(Ovis gmelini)*: Comparison of the sexes. *Behavioural Processes*, 41, 57-67.

CRÉGUT-BONNOURE, E., 1979. *La faune de mammifères du Pléistocène moyen de la Caune de l'Arago à Tautavel (Pyrénées-Orientales).* Marseille: Travaux du laboratoire de Paléontologie humaine et de Préhistoire, 3.

CRÉGUT-BONNOURE, E., 1987. Caractères distinctifs du carpe et du tarse d'*Hemitragus* et de *Capra* (Mammalia, Bovidae, Caprinae). *Bulletin du Musée d'Anthropologie Préhistorique de Monaco*, 30, 43-94.

CRÉGUT-BONNOURE, E., 1989. Un nouveau Caprinae, *Hemitragus cedrensis* nov. sp. (Mammalia, Bovidae) des niveaux pléistocènes moyen de la grotte des Cèdres (Le plan d'Aups, Var). Intérêt biogéographique. *Geobios*, 22 (5), 653-663.

CRÉGUT-BONNOURE, E., 1992a. Les Caprinae (Mammalia, Bovidae) du Pléistocène d'Europe : intérêt biostratigraphique, paléoécologique et archéozoo-logique. *Mémoires de la Société Géologique de France*, 160, 85-93.

CRÉGUT-BONNOURE, E., 1992b. Pleistocene tahrs, ibexes and chamois of France. *In*: F. SPITZ, G. JANEAU, G. GONZALEZ, et S. AULAGNIER, eds. *Proceedings of the International Symposium "Ongulés / Ungulates 91".* Paris-Toulouse : SFEPM – IRGM: 49-56.

CRÉGUT-BONNOURE, E., 1992c. Dynamics of bovid migration in western Europe during the middle and late Pleistocene. *Courier Forschungsinsitut Senckenberg*, 153, 177-185.

CRÉGUT-BONNOURE, E., 1992d. Intérêt biostratigraphique de la morphologie dentaire de *Capra* (Mamma-lia, Bovidae). *Annales Zoologici Fennici*, 28, 273-290.

CRÉGUT-BONNOURE, E., 1993. La faune de grands Mammifères de l'abri Marcq (Sorgues, Vaucluse). *Bulletin de la Société d'Etude des Sciences Naturelles de Vaucluse*, 9, 39-52.

CRÉGUT-BONNOURE, E., 1995a. Les grands Mammifères. *In:* A. DEFLEUR et E. CRÉGUT-BONNOURE (Eds.). *Le gisement paléolithique moyen de la Grotte des Cèdres (Var)*. Documents d'Archéologie Française, 49, 54-143.

CRÉGUT-BONNOURE, E., 1995b. La faune de grands mammifères en Provence de la fin du Pléistocène supérieur à l'Holocène. *Forêt Méditerranéenne*, 16 (3), 233-237.

CRÉGUT-BONNOURE, E., 1999. Les petits Bovidae de Venta Micena (Andalousie) et de Cueva Victoria (Murcia). *In*: J. GIBERT, F. SÁNCHEZ, L. GIBERT, et F. RIBOT (Eds.). *The Hominids and their environment during the Lower end Middle Pleistocene of Eurasia*. Proceedings of the International Conference of Human Palaeontology: 191-228.

CRÉGUT-BONNOURE, E., et GUÉRIN, C., 1986. La faune de Mammifères de l'Abri Moula (Soyons, Ardèche). *Bulletin de la Société d'Etude des Sciences Naturelles de Vaucluse*, 2, 41-87.

CRÉGUT-BONNOURE, E., et GUÉRIN, C., 1996. Famille des Bovidae. *In*: C. Guérin et M. Patou-Mathis (Eds.). *Les grands Mammifères plio-pléistocènes d'Europe*. Masson, Collection Préhistoire: 62-106.

CRÉGUT-BONNOURE, E., et SPASSOV, N., 2002. *Hemitragus orientalis* nov. sp. (Mammalia, Bovidae, Caprinae), un nouveau taxon d'Europe orientale. *Revue de Paléobiologie*, 21 (2), 553-573.

CREIGHTON, G. K., 1980. Static allometry of mammalian teeth and the correlation of tooth size and body size in contemporary mammals. *Journal of Zoology*, 191 (4), 435-443.

DACEY, M. F., 1973. Statistical tests of spatial association in the location of tool types. *American Antiquity*, 38 (3), 320-328.

DAMUTH, J., 1990. Problems in estimating body masses of archaic ungulates using dental measurements. *In*: J. DAMUTH et B. J. MACFADDEN, eds. *Body size in mammalian paleobiology: estimation and paleobiological implications*. Cambridge University Press, 229-253.

DAMUTH, J., et MACFADDEN, B. J., 1990. Introduction: body size and its estimation. *In*: J. DAMUTH et B. J. MACFADDEN, eds. *Body size in mammalian paleobiology: Estimation and biological implications*. Cambridge University Press: 1-10.

DAVITAIA, T., 1978. [*Etude des cavernes de Colkhida: Georgie occidentale. Le système de multi-étage des cavernes de Tsutskhvati*]. Académie des Sciences de Georgie. (en russe).

DAXNER, G., 1968. Die wildziegen (Bovidae, Mammalia) aus der altpleistozänen Karstspalte von Hundsheim in Niederösterreich. *Ber. deutsch. Ges. geol. Wiss. A Geol. Paläont.*, 13 (3), 305-334.

DEBARD, E., 1988. *Le Quaternaire du Bas-Vivarais d'après l'étude des remplissages d'avens, de porches de grottes et d'abris sous roche. Dynamique sédimentaire, paléoclimatologie et chronologie*. Lyon: Documents des Laboratoires de Géologie, 103.

DEFLEUR, A., BEZ, J.-F., CRÉGUT-BONNOURE, E., DESCLAUX, E., ONORATINI, G., RADULESCU, C., THINON, M., et VILETTE, P., 1994. Le niveau Moustérien de la grotte de l'Adaouste (Jouques, Bouches-du-Rhône). Approche culturelle et paléo-environnements. *Bulletin du Musée d'Anthropologie Préhistorique de Monaco*, 37, 11-48.

DEFLEUR, A., CRÉGUT-BONNOURE, E., et RADULESCU, C., 1989. Nouvelles données stratigraphiques et fauniques sur la Grotte des Cèdres (Le Plan d'Aups, Var, France). Un nouveau gisement d'âge rissien à *Hemitragus*. *Comptes Rendus de l'Académie des Sciences de Paris*, 308, 259-264.

DEFLEUR, A., CRÉGUT-BONNOURE, E., DESCLAUX, E., et THINON, M., 2001. Présentation paléo-environnementale du remplissage de la Baume Moula-Guercy à Soyons (Ardèche) : implications paléoclimatiques et chronologiques. *L'Anthropologie*, 105 (3), 369-408.

DELIBRIAS, G., ROMAIN, O., et LE HASIF, G., 1987. Datation par la méthode du carbone 14 du remplissage de la grotte de l'Arbreda. *Cypsela*, 6, 133-135.

DELPECH, F., 1988. Les réponses des Ongulés du Pléistocène supérieur aux changements climatiques en Aquitaine (Sud-Ouest de la France) : Quelques exemples. *Mémoires de la Société Préhistorique Française*, 16, 25-28.

DELPECH, F., et LE GALL, O., 1983. La faune magdalénienne de la grotte des Eglises (Ussat, Ariège). *Bulletin de la Société Préhistorique de l'Ariège*, 38, 91-118.

DELPECH, F., LE TENSORIER, J.M., PINEDA, R., et PRAT, F., 1978. Un nouveau gisement du Pléistocène moyen : Camp-de-Peyre à Sauveterre-la-Lémance (Lot-et-Garonne). *Comptes Rendus de l'Académie des Sciences de Paris*, 286, 1101-1103.

DELPECH, F., PRAT, F., et RIGAUD, J.-Ph., 1983. Restes de thar (genre *Hemitragus*) à l'abri Vaufrey (Dordogne). *Mémoires de la Société Préhistorique Française*, 16, 25-28.

DELPECH, F., et VILLA, P., 1993. Activités de chasse et de boucherie dans la grotte des Eglises. *In :* J. DESSE et F. AUDOIN-ROUZEAU, eds. *Exploitation des animaux sauvages à travers le temps*, XIII° Rencontres Internationales d'Archéologie et d'Histoire d'Antibes, IV° Colloque international de l'Homme et de l'Animal, Société de Recherches Interdisciplinaires. Juan-les-Pins: APDCA éd., 79-102.

DEMING, O. V., 1952. Tooth development of the Nelson bighorn sheep. *California Fish and Game*, 38 (4), 523-529.

DENIAUX, B., 2002. La microscopie à balayage environnementale. *In*: J.-C. MISKOVSKY, ed. *Géologie de la préhistoire*. Paris : Géopré, Association pour l'étude de l'environnement géologique de la préhistoire, 589-599.

DENIZ, E., et PAYNE, S., 1982. Eruption and wear in the mandibular dentition as a guide to ageing Turkish Angora goats. *In*: B. WILSON, C. GRIGSON, et S. PAYNE, eds. *Ageing and sexing animal bones from archaeological sites*. BAR British Series, 109, 155-205.

DESCLAUX, E., 1992. *Les petits vertébrés de la Caune de l'Arago (Tautavel, Pyrénées-Orientales). Paléontologie, écologie, modalités d'apport du matériel.* Thèse de doctorat, Muséum National d'Histoire Naturelle.

DESSE, J., et CHAIX, L., 1991. Les bouquetins de l'Observatoire (Monaco) et des Baoussé Roussé (Grimaldi, Italie). Troisième partie : stylopode, zeugopode, calcanéus et talus). *Bulletin du Musée d'Anthropologie Préhistorique de Monaco*, 34, 51-73.

DÍEZ, J. C., MORENO, V., RODRÍGUEZ, J., ROSELL, J., CÁCERES, I., et HUGUET, R., 1999. Estudio arqueológico de los restos de macrovertebrados de la Unitad III de Galería (Sierra de Atapuerca). *In*: E. CARBONELL, A. ROSAS GONZALEZ, et J. C. DÍEZ FERNANDEZ-LOMANA, eds. *Atapuerca : ocupaciones humanas y paleoecologia del yacimiento de Galeria.* Zamora: Arquelogia en Castilla y Leon, Memorias, 7, 265-281.

DIMITRIJEVIĆ, V. M., 1991. Quaternary mammals of the Smolućka Cave in southwest Serbia. *Palaeontologia Jugoslavica*, 41, 1-88.

DRIESCH, A. von den, 1976. A guide to the measurement of animal bones from archaeological sites. *Peabody Museum Bulletin*, 1, 1-136.

DRIVER, J. C., 1982. Early prehistoric killing of bighorn sheep in the southeastern Canadian Rockies. *Plains Anthropologist*, 27 (98), 265-271.

DZIĘCIOŁOWSKI, R., KRUPKA, J., BAJANDELGER, D., et DZIEDZIC, R., 1980. Argali and Siberian ibex populations in the Khuhsyrh Reserve in Mongolian Altai. *Acta Theriologica*, 25 (16), 213-219.

EDWARDS, J. K., MARCHINTON, R. L., et SMITH, G. F., 1982. Pelvic girdle criteria for sex determination of white-tailed deer. *Journal of Wildlife Management*, 46, 544-547.

ESTÉVEZ, J., 1987. La fauna de l'Arbreda (sector Alfa) en el conjunt de faunes del Plistocè Superior. *Cypsela*, 6, 73-87.

FALGUÈRES, C., SHEN, G., et YOKOYAMA, Y., 1988. Datation de l'aven d'Orgnac 3 : Comparaison par les méthodes de la résonance de spin électronique (ESR) et du déséquilibre des familles de l'Uranium. *L'Anthropologie*, 92 (2), 727-730.

FARIZY, C., DAVID, F., et JAUBERT, J., 1994. Hommes et bisons du Paléolithique moyen à Mauran (Haute-Garonne). Paris: CNRS Eds, *Gallia Préhistoire*, 30e supplément.

FARRIS, J. S., 1988. *HENNIG86. Version 1.5.* J. S. Farris, New-York: Stony Brook.

FARRIS, J. S., 1989. Hennig86: a PC-DOS program for phylogenetic analysis. *Cladistics*, 5, 163.

FEDOSENKO, A. K., 2000. [*L'arkar en Russie et pays voisins. Etat des populations, écologie, comportement, protection, chasse et gestion*]. Centre de Contrôle de la Chasse (en russe).

FERNANDEZ, P., FAURE, M., GUÉRIN, C., et LEBEL, S., 1998. Stratégie de chasse des néandertaliens du Bau de l'Aubesier (Monieux, Vaucluse) : choix et opportunisme. *In*: J.-P. BRUGAL, L. MEIGNEN, et M. PATOU-MATHIS, eds. *Economie préhistorique : les comportements de subsistance au Paléolithique.* Actes des Rencontres, 23-24-25 octobre 1997, Sophia-Antipolis, Association pour la Promotion et la Diffusion des Connaissances archéologiques, 309-323.

FORSYTH, D. M., et FRASER, K. W., 1999. Seasonal changes in the rumen morphology of Himalayan tahr (*Hemitragus jemlahicus*) in the Two Thumb Range, South Island, New Zealand. *Journal of Zoology*, 249 (2), 241-248.

FOSSE, P., 1994. *Taphonomie paléolithique : les grands Mammifères de Soleilhac (Haute-Loire) et de Lunel-Viel 1 (Hérault)*. Thèse de Doctorat, Université de Provence, Aix-Marseille I.

FOSSE, P., 1995. Le rôle de l'hyène dans la formation des assemblages osseux : 150 ans de controverses. L'apport des anciens textes de préhistoire et de paléontologie du Quaternaire aux études taphonomiques actuelles. *Paleo*, 7, 49-84.

FOSSE, P., BRUGAL, J.-P., GUADELLI, J.-L., MICHEL, P., et TOURNEPICHE, J.-F., 1998. Les repaires d'hyène des cavernes en Europe occidentale : présentation et comparaisons de quelques assemblages osseux. *In*: J.-P. BRUGAL, L. MEIGNEN, et M. PATOU-MATHIS, eds. *Economie préhistorique : les comportements de subsistance au Paléolithique*. Actes des Rencontres, 23-24-25 octobre 1997, Sophia-Antipolis, Association pour la Promotion et la Diffusion des Connaissances archéologiques, 43-61.

FOUCAULT, A., et RAOULT, J. F., 1995. *Dictionnaire de géologie*. Masson, Paris, 4ème édition, collection Guides Géologiques: 324 p.

FOX, J. L., NURBU, C., et CHUNDAWAT, R. S., 1991a. Tibetan argali (*Ovis ammon hodgsoni*) establish a new population. *Mammalia*, 55 (3), 448-452.

FOX, J. L., NURBU, C., et CHUNDAWAT, R. S., 1991b. The mountain ungulates of Ladakh, India. *Biological Conservation*, 58: 167-190.

FULBRIGHT, T. E., ROBBINS, W. F., HELLGREN, E. C., DEYOUNG, R. W., et HUMPHREYS I. D., 2001. Lack of diet partitioning by sex in reintroduced desert bighorn sheep. *Journal of Arid Environments*, 48, 49-57.

GARDEISEN, A., 1994. *Restes fauniques et stratégies de chasse dans le Pléistocène supérieur de la grotte ouest du Portel (Ariège, France)*. Thèse de Doctorat, Université Paul Valéry, Montpellier III.

GARDEISEN, A., 1999. Middle Palaeolithic subsistence in the West Cave of "Le Portel" (Pyrénées, France). *Journal of Archaeological Science*, 26, 1145-1158.

GEIST, V., 1971. *Mountain Sheep. A study in behavior and Evolution*. Chicago: The University of Chicago Press.

GEIST, V., 1985. On evolutionary patterns in the Caprinae with comments on the punctuated mode of evolution, gradualism and a general model of mammalian evolution. *In*: S. LOVARI, ed. *The biology and management of mountain ungulates*, London: Croom Helm, 15-30.

GEIST, V., 1991. On the taxonomy of giant sheep (*Ovis ammon* Linnaeus, 1766). *Canadian Journal of Zoology*, 69, 706-723.

GENTRY, A. W., 1971. The earliest goats and the other antelopes from the Samos Hipparion fauna. *Bulletin of the British Museum (Natural History) (Geology)*, 20, 229-296.

GONZALEZ, G., 1984. *Ecoéthologie du mouflon et de l'isard dans le Massif du Carlit (Pyrénées-Orientales)*. Thèse de doctorat, Université Paul Sabatier, Toulouse.

GORDON, K. D., 1982. A study of microwear on chimpanzee molars: implications for dental microwear analysis. *American Journal of Physical Anthropology*, 59 (2), 195-215.

GRANT, A., 1978. Variation in dental attrition in mammals and its relevance to age estimation. *In*: D.-R. BROTHWELL, K.-D. THOMAS et J. CLUTTON-BROCK, eds. *Research problems in zooarchaeology*. London: Institute of Archaeology, Occasional publication, 3, 103-106.

GRANT, A., 1982. The use of tooth wear as a guide to the age of domestic ungulates. *In*: B. WILSON, C. GRIGSON et S. PAYNE, eds. *Ageing and sexing animal bones from archaeological sites*. Cambrige: BAR British Series, 109, 91-108.

GRAYSON, D. K., et DELPECH, F., 1994. The evidence for Middle Palaeolithic scavenging from Couche VIII, Grotte Vaufrey (Dordogne, France). *Journal of Archaeological Science*, 21, 359-375.

GRAYSON, D. K., et DELPECH, F., 1998. Changing diet breadth in the Upper Palaeolithic of Southwestern France. *Journal of Archaeological Science*, 25, 1119-1129.

GREGOIRE, S., 2000. *Origine des matières premières des industries lithiques du Paléolithique pyrénéen et méditerranéen. Contribution à la connaissance des aires de circulation humaines*. Thèse de Doctorat, Université de Perpignan.

GRIGGO, C., 1991. Le bouquetin de Malarnaud (Ariège) : implications paléobiogéographiques. *Quaternaire*, 2 (2), 76-82.

GRIGGO, C., 1992. Etude paléontologique du locus III de la grotte de l'Eglise (Dordogne). Gisement ante-würmien à Bouquetin. *Paléo*, 4, 35-48.

GRUBB, P., 2000. Morphoclinal evolution in Ungulates. *In:* E. S. VRBA et G. B. SCHALLER, eds. *Antelopes, deer, and relatives: fossil record, behavioural ecology, systematics, and conservation*. New Haven: Yale University Press, 156-170.

GUÉRIN, C., 1976. Les Périssodactyles : Rhinocérotidés. *In*: H. de LUMLEY, ed. *La Préhistoire française*, I, Paris: CNRS Eds., 405-408.

GUÉRIN, C., 1999. La Fage-Aven I (Commune de Noailles), Middle Pleistocene, and Jaurens (Commune de Nespouls), Upper Pleistocene. A comparison of two palaeontological sites in Corrèze, France. *In*: S. GAUDZINSKI et E. TURNER, eds. *The role of early humans in the accumulation of European Lower and Middle Palaeolithic bone assemblages*. Ergebnisse Eines Kolloquims. Mainz 1999. Bonn: Verlag des Römisch-Germanischen Zentralmumeums, 21-39.

HARESTAD, A. S., et BUNNELL, F. L., 1979. Home range and body weight – a reevaluation. *Ecology*, 60, 389-402.

HARLE, E., et STEHLIN, H. G., 1913. Un Capridé quaternaire de la Dordogne, voisin du thar actuel de l'Himalaya. *Bulletin de la Société Géologique de France*, 4e série, 13 (8), 422-431.

HARTL, G. B., MENEGUZ, P. G., APOLLONIO, M., MARCO-SANCHEZ, I., NADLINGER, K., et SUCHENTRUNK, F., 1992. Molecular systematics of ibex in Western Europe. *In*: *Congreso Internacional del Genero* Capra *en Europa*, 21-26.

HASSANIN, A., et DOUZERY, E. J. P., 1999. The tribal radiation of the family Bovidae (Artiodactyla) and the evolution of the mitochondrial cytochrome b gene. *Molecular Phylogenetics and Evolution*, 13, 227-243.

HASSANIN, A., PASQUET, E., et VIGNE, J.-D., 1998. Molecular systematics of the subfamily Caprinae (Artiodactyla, Bovidae) as determined from cytochrome b sequences. *Journal of Mammalian Evolution*, 5 (3), 217-236.

HAYNES, G., 1980. Evidence of carnivore gnawing on Pleistocene and recent mammalian bones. *Paleobiology*, 6 (3), 341-351.

HAYNES, G., 1983. A guide for differentiating mammalian carnivore taxa responsible for gnaw damage to herbivore limb bones. *Paleobiology*, 9 (2), 164-172.

HAYNES, G., 1985. On watering holes, mineral licks, death, and predation. *In*: J.I. MEAN et D. J. MELTZER, eds. *Environments and extinctions: Man in late glacial North America*. Maine: Center for the study of early man, Orono, 53-71.

HELMER, D., et ROCHETEAU, M., 1994. *Atlas du squelette appendiculaire des principaux genres holocènes de petits ruminants du nord de la Méditerranée et du Proche-Orient (Capra, Ovis, Rupicapra, Capreolus, Gazella)*. Fiches d'ostéologie animale pour l'archéologie, série B : Mammifères, 4, Juan-les-Pins : Editions APDCA, 21 p.

HEMMING, J. E., 1969. Cemental deposition, tooth succession, and horn development as criteria of age in Dall sheep. *Journal of Wildlife Management*, 33 (3), 552-558.

HENNIG, W., 1950. *Grundzüge einer Theorie der phylogenetischen Systematik*. Berlin: Deutscher Zentralverlag.

HENNIG, W., 1966. *Phylogenetic Systematics*. Urbana: University of Illinois Press.

HEWSON, R., 1984. Scavenging and predation upon sheep and lambs in West Scotland. *Journal of Applied Ecology*, 21, 843-868.

HOEFS, M. E. G., 1974. Food selection by Dall's sheep (*Ovis dalli dalli* Nelson). *In*: V. GEIST et F. WALTHER, eds. *The behaviour of ungulates and its relation to management*. Morges: IUCN Publications, 24, 759-786.

HUGUET, R., CÁCERES, I., DÍEZ, J. C., et ROSELL, J., 1999. Estudio tafonómico y zooarqueológico de los restos óseos de macromamíferos de la unitad G-II de Galería (Sierra de Atapuerca). *In*: E. CARBONELL, A. ROSAS GONZALEZ, et J.C. DÍEZ FERNANDEZ-LOMANA, eds. *Atapuerca : ocupaciones humanas y paleoecologia del yacimiento de Galeria*. Arquelogia en Castilla y Leon, Zamora, Junta de Castilla y Leon, Memorias, 7, 245-264.

JANIS, C., 1984. The use of fossil ungulate communities as indicators of climate and environment. *In*: P. J. BRENCHLEY, ed. *Fossils and Climate*. New-York: John Wiley, 85-104.

JANIS, C., 1997. Ungulate teeth, diets, and climatic changes at the Eocene/Oligocene boundary. *Zoology*, 100, 203-220.

JÁNOSSY, D., KROLOPP, E., et BRUNNACKER, K., 1968. Die Felsnische Uppony I (Nordungarn). *Eiszeitalter und Gegenwart*, 19, 31-47.

JAUBERT, J., LORBLANCHET, M., LAVILLE, H., SLOTT-MULLER, R., TURQ, A., et BRUGAL, J.-P., 1990. Les chasseurs d'Aurochs de la Borde: Un site du Paléolithique moyen (Livernon, Lot). *Documents d'Archéologie Française*, 27.

KACIMI, S., 2003. *Les grands bovidés au Pléistocène en Languedoc-Roussillon et en Catalogne. Etude paléontologique, biostratigraphique, archéozoologique et paléoécologique*. Thèse de Doctorat, Université de Perpignan.

KHATIB, S., 1994. Datation des cendres volcaniques et analyses géochimiques du remplissage d'Orgnac 3 (Ardèche, France). *Quaternaire*, 5 (1), 13-22.

KING, T., ANDREWS, P., et BOZ, B., 1999a.- Dental microwear of *Griphopithecus alpani. Journal of Human Evolution*, 36: 3-31.

KING, T., AIELLO, L. C., et ANDREWS, P., 1999b. Effect of taphonomic processes on dental microwear. *American Journal of Physical Anthropology*, 108, 359-373.

KLEIN, R. G., 1982a. Age (mortality) profiles as a means of distinguishing hunted species from scavenged ones in Stone Age archeological sites. *Paleobiology*, 8 (2), 151-158.

KLEIN, R. G., 1982b. Patterns of ungulate mortality and ungulate mortality profiles from Langebaanweg (Early Pliocene) and Elandsfontein (Middle Pleistocene), South-western Cape Province, South Africa. *Annals of the South African Museum*, 90 (2), 49-94.

KLEIN, R. G., et CRUZ-URIBE, K., 1984. *The Analysis of Animal Bones from Archeological Sites*. Chicago, University of Chicago Press, Prehistoric Archaeology and Ecology Series.

KOBY, F.-E., 1958. Ostéologie de la chèvre fossile des Pyrénées (*Capra pyrenaica* Schinz). *Eclogae Geologicae Helvetiae*, 51, 475-480.

KOBY, F.-E., 1964. Ostéologie de *Rupicapra pyrenaica* d'après les restes de la caverne de la Vache. *Bulletin de la Société Préhistorique de l'Ariège*, 19, 15-31.

KÖHLER, M., 1993. Skeleton and habitat of recent and fossil ruminants. *Münchner Geowissenschaftliche Abhandlungen*, A, 25, 1-88.

KORDOS, L., 2001. Fossil Ovinae in the Carpathian Basin. *In*: A. NÁHLIK et W. ULOTH, eds. *Proceedings of the third international symposium on mouflon*. October 27-29, 2000, Sopron, Hungary, 98-102.

KOSTOPOULOS, D. S., 2000. Functional morphology and palaeoecological adaptations of *Nisidorcas planicornis* (Bovidae, Mammalia) from the late Miocene. *Münchner Geowissenschaftliche Abhandlungen*, A, 39, 93-104.

KRAUSMAN, P. R., SHAW, W. W., et STAIR, J. L., 1979. Diet of desert bighorn sheep in the Virgin Mountains, Arizona. *Desert Bighorn Council Transactions*, 23, 40-46.

KURTÉN, B., 1953. On the variation and population dynamics of fossil and recent mammal populations. *Acta Zoologica Fennica*, 76, 1-122.

LAVILLE, H., PRAT, F., et THIBAULT, C., 1972. Un gisement à faune du Pléistocène moyen : la Grotte de l'Eglise, à Cénac-et-Saint-Julien (Dordogne). *Quaternaria*, 16, 71-119.

LEGENDRE, S., 1988. Les communautés de Mammifères du Paléogène (Eocène supérieur et Oligocène) d'Europe occidentale : structures, milieux et évolution. *Münchner Geowissenschaftliche Abhandlungen* , A, 16: 1-110.

LEROI-GOURHAN, A., 1988. *Dictionnaire de la Préhistoire*. Paris: Presses Universitaires de France, 2ème éd.

LESLIE, D. M., et DOUGLAS, C. L., 1979. Desert bighorn sheep of the River Mountains, Nevada. *Wildlife Monographs*, 66, 1-56.

LIOUBINE, V. P., 2002. *L'acheuléen du Caucase*. ERAUL, 93.

LIOUBIN, V. P., et BARYSHNIKOV, G. F., 1984. L'activité de chasse des plus anciens habitants du Caucase. *L'Anthropologie*, 88 (2), 221-229.

LOVARI, S., 1987. Evolutionary aspects of the biology of chamois, *Rupicapra* spp. (Bovidae, Caprinae). *In*: H. SOMA, ed. *The biology and management of Capricornis and related antelopes*, London: Croom Helm, 51-61.

LOVARI, S., et SCALA, C., 1980. Revision of *Rupicapra* genus. I. A statistical re-evaluation of Couturier's data on the morphometry of six chamois subspecies. *Bollettino di Zoologia*, 47, 113-124.

LUBINSKI, P. M., et O'BRIEN, C. J., 2001. Observations on seasonality and mortality from a recent catastrophic death assemblage. *Journal of Archaeological Science*, 28, 833-842.

LUIKART, G., GIELLY, L., EXCOFFIER, L., VIGNE, J.-D., BOUVET, J., et TABERLET, P., 2001. Multiple maternal origins and weak phylogeographic structure in domestic goats. *Proceedings of the National Academy of Sciences of the United States of America*, 98 (10), 5927-5932.

LUMLEY, H. de, 1971. Le Paléolithique inférieur et moyen du midi méditerranéen dans son cadre géologique. Tome II, Bas Languedoc, Roussillon, Catalogne. *Gallia Préhistoire*, Ve supplément.

LUMLEY, H. de, 1972a. La grotte de l'Hortus (Valflaunès, Hérault), situation, description et historique des fouilles. *In*: H. de LUMLEY, ed. *La grotte de l'Hortus*. Etudes Quaternaires, 1, 9-16.

LUMLEY, H. de, 1972b. La stratigraphie des dépôts quaternaires de la grotte de l'Hortus (Valflaunès,

Hérault), situation, description et historique des fouilles. *In*: H. de LUMLEY, ed. *La grotte de l'Hortus*. Etudes Quaternaires, 1, 57-99.

LUMLEY, H. de, FOURNIER, A., PARK, Y. C., YOKOYAMA, Y., et DEMOUY, A., 1984. Stratigraphie du remplissage Pléistocène moyen de la Caune de l'Arago à Tautavel. Etude de huit carottages effectués de 1981 à 1983. *L'Anthropologie*, 88 (1), 5-18.

LUMLEY, H. de, et LICHT, M.-H., 1972. Les industries moustériennes de la grotte de l'Hortus (Valflaunès, Hérault). H. de LUMLEY, ed. *La grotte de l'Hortus*. Etudes Quaternaires, 1, 387-487.

LUMLEY, M.-A. de, 1972c. Les Néandertaliens de la grotte de l'Hortus (Valflaunès, Hérault). *In*: H. de LUMLEY, ed. *La grotte de l'Hortus*. Etudes Quaternaires, 1, 375-385.

LUMLEY, M.-A. de, 1976. Les Anténéandertaliens dans le Sud. H. de LUMLEY, ed. *La Préhistoire française*, I, Paris: CNRS Eds., 547-560.

LUMLEY, M.-A. de, 1981. L'Homme de Tautavel. Critères morphologiques et stade évolutif. *Colloque international du CNRS. Datations absolues et analyses isotopiques en Préhistoire. Méthodes et limites. Datation du remplissage de la Caune de l'Arago à Tautavel* (prétirage), 259-264.

LYMAN, R. L., 1984. Bone density and differential survivorship of fossil classes. *Journal of Anthropological Archaeology*, 3, 259-299.

LYMAN, R. L., 1987. On the analysis of vertebrate mortality profiles: sample size, mortality type, and hunting pressure. *American Antiquity*, 52 (1), 125-142.

MAAS, M. C., 1991. Enamel structure and microwear: an experimental study of the response of enamel to shearing forces. *American Journal of Physical Anthropology*, 85 (1), 31-50.

McDONALD, J. N., 1984. The reordered North American selection regime and Late Quaternary megafaunal extinctions. *In*: P. S. MARTIN et R. G. KLEIN, eds. *Quaternary extinctions: a prehistoric revolution*. Tucson: University of Arizona Press, 404-439.

MADHUSUDAN, M. D., et JOHNSINGH, A. J. T., 1998. Analysis of habitat-use using ordination: the Nilgiri tahr in southern India. *Current Science*, 74 (11), 1000-1003.

MAINLAND, I. L., 1997. A qualitative approach to dental microwear analysis. *In*: A. SINCLAIR, E. SLATER, et J. GOWLETT, eds. *Archaeological Sciences 1995: Proceedings of a Conference on the Application of Scientific Methods to Archaeology*. Oxford: Oxford Books Monograph Series, 64, 213-221.

MAINLAND, I. L., 1998. Dental microwear and diet in domestic sheep (*Ovis aries*) and goats (*Capra hircus*): Distinguishing grazing and fodder-fed Ovicaprids using a quantitative analytical approach. *Journal of Archaeological Science*, 25, 1259-1271.

MAINLAND, I. L., 2000. A dental microwear study of seaweed-eating and grazing sheep from Orkney. *International Journal of Osteoarchaeology*, 10, 97-107.

MANCEAU, V., DESPRES, L., BOUVET, J., et TABERLET, P., 1999. Systematics of the genus *Capra* inferred from mitochondrial DNA sequence data. *Molecular Phylogenetics and Evolution*, 13 (3), 504-510.

MAREAN, C. W., 1998. A critique of the evidence for scavenging by Neandertals and early modern humans: new data from Kobeh Cave (Zagros Mountains, Iran) and Die Kelders Cave 1 Layer 10 (South Africa). *Journal of Human Evolution*, 35, 111–136.

MARQUET, J.-C., VÉZIAN, R., et GARDEISEN, A., 1998. Le Portel-Ouest. Associations fauniques et paléoenvironnements sur la France septentrionale des Pyrénées ariégeoises au Würm ancien. *Quaternaire*, 9 (4), 303-314.

MARTINEZ, J.-N., et SUDRE, J., 1995. The astragalus of Paleogene artiodactyls: comparative morphology, variability and prediction of body mass. *Lethaia*, 28, 197-209.

MARTÍNEZ, T., et MARTÍNEZ, E., 1988. Diet of Spanish wild goat, *Capra pyrenaica*, in spring and summer at the Sierra de Gredos, Spain. *Mammalia*, 51 (4), 547-557.

MASINI, F., et LOVARI, S., 1988. Systematics, phylogenetic relationships and dispersal of the Chamois (*Rupicapra* spp.). *Quaternary Research*, 30, 339-349.

MELLARS, P., 1973. The character of the Middle Upper Palaeolithic transition in Southwest France. *In*: C. RENFREW, ed. *The explanation of Culture Change*, London, 235-276.

METCALFE, D., et JONES, K. T., 1988. A reconsideration of animal body-part utility indices and efficiency. *American Antiquity*, 53 (3), 486-504.

MEURMAN, J. H., et FRANK, R. M., 1991. Progression and surface ultrastructure of in vitro caused erosive lesions in human and bovine enamel. *Caries Research*, 25, 81-87.

MIRACLE, P., 1991. Carnivore dens or carnivore hunts? A review of Upper Pleistocene mammalian assemblages in Croatia and Slovenia. *Rad Hrvatske Akademije Znanosti i Umjetnosti*, 458, 193-219.

MOIGNE, A.-M., 1983. *Taphonomie des faunes quaternaires de la Caune de l'Arago, Tautavel*. Thèse de Doctorat, Muséum National d'Histoire Naturelle et Université Pierre et Marie Curie, Paris 6.

MOIGNE, A.-M., BAILLS, H., et GRÉGOIRE, S., 1998. Les magdaléniens de la grotte des Conques (Pyrénées-Orientales), caractérisation du site d'après les restes osseux et l'outillage. *In*: J.-P. BRUGAL, L. MEIGNEN, et M. PATOU-MATHIS, eds. *Economie préhistorique : les comportements de subsistance au Paléolithique*. Actes des Rencontres, 23-24-25 octobre 1997, Sophia-Antipolis, Association pour la Promotion et la Diffusion des Connaissances archéologiques, 451-460.

MOIGNE, A.-M., PALOMBO, M. R., BELDA, V., HERIECH-BRIKI, D., KACIMI, S., LACOMBAT, F., LUMLEY, M.-A. de, MOUTOUSSAMY, J., RIVALS, F., QUILÈS, J., et TESTU, A., Les faunes de grands mammifères de la Caune de l'Arago (Tautavel) dans le cadre biochronologique des faunes du pléistocène moyen italien. *L'Anthropologie*, à paraître.

MOIGNE, A.-M., et VALENSI, P., Les faunes du Pléistocène moyen supérieur dans le Midi méditerranéen de la France : Terra-Amata, Orgnac 3, La Baume-Bonne, Le Lazaret. *Actes du Colloque "Les Premiers Habitants de l'Europe", Tautavel, Avril 2000*, à paraître.

MONCEL, M. H., et COMBIER, J., 1992. L'outillage sur éclat dans l'industrie lithique du site Pléistocène moyen d'Orgnac 3 (Ardèche, France). *L'Anthropologie*, 96 (1), 5-48.

MONCHOT, H., 1996. *Les petits Bovidés (genres* Ovis, Hemitragus, Capra *et* Rupicapra*) de la Caune de l'Arago (Tautavel, Pyrénées-Orientales)*. Thèse de Doctorat, Université Aix-Marseille II et Muséum National d'Histoire Naturelle.

MONCHOT, H., 1997. La chasse au mouflon au Pléistocène moyen : l'exemple de la Caune de l'Arago (Tautavel, France). *Préhistoire européenne*, 10, 11-22.

MONCHOT, H., 1999a. Techniques de subsistance des premiers européens, chasse ou charognage ? *Mésogée*, 57, 11-17.

MONCHOT, H., 1999b. Mixture analysis and mammalian sex ratio among Middle Pleistocene Mouflon of Arago Cave, France. *Quaternary Research*, 52, 259-268.

MONCHOT, H., 2000.- Sex-ratio et stratégies de chasse au Paléolithique : l'apport de l'analyse des mélanges. *Ibex Journal of Mountain Ecology*, 5: 49-55.

MONCHOT, H., et CARBONELL, E., 1999. Subsistence techniques in south-western Europe. *Arkeos, Perspectivas en diálogo*, 5, 163-173.

MONTUIRE, S., et DESCLAUX, E., 1997. Paleoecological analysis of mammalian faunas and environmental evolution in the South of France during the Pleistocene. *Boreas*, 26, 355-365.

MORAN, N. C., et O'CONNOR, T. P., 1994. Age attribution in domestic sheep by skeletal and dental maturation: a pilot study of available sources. *International Journal of Osteoarchaeology*, 4, 267-285.

MORRIS, P. A., 1972. A review of mammalian age determination methods. *Mammal Review*, 2, 69-104.

MOULLÉ, P.-E., 1992. *Les grands mammifères du Pléistocène inférieur de la Grotte du Vallonnet (Roquebrune-Cap-Martin, Alpes-Maritimes). Etude paléontologique des Carnivores, Equidé, Suidé et Bovidés*. Thèse de Doctorat, Muséum National d'Histoire Naturelle.

MURIE, A., 1944.- The wolves of Mount McKinley. *Fauna natn. Pks. U.S.*, 5, 1-238.

NIORADZE, G. K., 1953. *Paleoliticeskij chelovek v pescere Sakazia*. [*L'homme Paléolithique de la grotte Sakazia*]. Tbilisi. (en russe).

NIORADZE, M. G., et OTTE, M., 2000. Paléolithique supérieur de Géorgie. *L'Anthropologie*, 104 (2), 265-300.

NOWAK, R. M., 1999. *Walker's Mammals of the World*. Baltimore: The Johns Hopkins University Press, 6ème éd.

O'CONNOR, T. P., 1998. On the difficulty of detecting seasonal slaughtering of sheep. *Environmental Archaeology*, 3, 5-11.

ORQUERA, L. A., 1984. Specialization and the Middle/Upper Paleolithic transition. *Current Anthropology*, 25 (1), 73-98.

OTTE, M., 1998. Modes de vie contre "subsistance". *In*: J.-P. BRUGAL, L. MEIGNEN, et M. PATOU-MATHIS, eds. *Economie préhistorique : les comportements de subsistance au Paléolithique*. Actes des Rencontres, 23-24-25 octobre 1997, Sophia-Antipolis, Association pour la Promotion et la Diffusion des Connaissances archéologiques, 451-460.

OTTE, M., YALÇINKAYA, I., KOZLOWSKI, J., BAR-YOSEF, O., LOPEZ BAYON, I., et TAŞKIRAN, H., 1998. News and Views Long-term technical evolution and human remains in the Anatolian Palaeolithic. *Journal of Human Evolution*, 34, 413-431.

PALES, L., et GARCIA, M. A., 1981. *Atlas ostéologique pour servir à l'identification des mammifères du Quaternaire. Herbivores, II – tête, rachis, ceintures scapulaire et pelvienne, membres*. Paris: CNRS Eds.

PALMQVIST, P., et ARRIBAS, A., 2001. Taphonomic decoding of the paleobiological information locked in a lower Pleistocene assemblage of large mammals. *Paleobiology*, 27 (3), 512-530.

PALMQVIST, P., MARTINEZ-NAVARRO, B., et ARRIBAS, A., 1996. Prey selection by terrestrial carnivores in a lower Pleistocene paleocommunity. *Paleobiology*, 22 (4), 514-534.

PATOU, M., 1984. *Contribution à l'étude des Mammifères des couches supérieures de la grotte du Lazaret (Nice, A.-M.). Méthodes et résultats paléontologiques et palethnographiques*. Thèse de Doctorat, Université Paris 6 et Muséum National d'Histoire Naturelle.

PATOU, M., 1989. Subsistance et approvisionnement au Paléolithique moyen. *In*: L.G. FREEMAN et M. PATOU-MATHIS, eds. *L'Homme de Néandertal* 6, La subsistance, Liège: ERAUL, 33, 11-18.

PATOU-MATHIS, M., 1992. La subsistance chez les Néandertaliens de Bize (Aude). *L'Anthropologie*, 96 (1), 113-120.

PATOU-MATHIS, M., 1998. Origine et histoire de l'assemblage osseux de la couche 5. Comparaison avec la couche 4 sus-jascente, non anthropique. *In*: M. OTTE, M. PATOU-MATHIS, et D. BONJEAN, eds. *Recherches aux grottes de Sclayn*, vol. 2, L'Archéologie, Liège: ERAUL, 79: 281-295.

PAYNE, S., 1973. Kill-off patterns in sheep and goats: the mandibles from Asvan Kale. *Anatolian Studies*, 23, 281-303.

PAYNE, S., 1987. Reference codes for wear states in the mandibular cheek teeth of sheep and goats. *Journal of Archaeological Science*, 14 (6), 609-614.

PÉREZ-BARBERÍA, F. J., OLIVÁN, M., OSORO, K., et NORES, C., 1997. Sex, seasonal and spatial differences in the diet of Cantabrian chamois *Rupicapra pyrenaica parva*. *Acta Theriologica*, 42 (1), 37-46.

PÉREZ-BARBERÍA, F. J., et GORDON, I. J., 1999a. The functional relationship between feeding type and jaw and cranial morphology in ungulates. *Oecologia*, 118, 118-157.

PÉREZ-BARBERÍA, F. J., et GORDON, I. J., 1999b. The relative roles of phylogeny, body size and feeding style on the activity time of temperature ruminants: a reanalysis. *Oecologia*, 120, 193-197.

PÉREZ-BARBERÍA, F. J., GORDON, I. J., et NORES, C., 2001. Evolutionary transitions among feeding styles and habitats in ungulates. *Evolutionary Ecology Research*, 3, 221-230.

PÉREZ-LEGIDO, B., et CERDEÑO, E., 1992. Los macromamíferos del Pleistoceno superior de Cueva Millán (Burgos). *Estudios geologicos*, 48 (3-4), 187-192.

PEREZ RIPOLL, M., 1977. Los mamíferos del yacimiento musteriense de Cova Negra (Játiva, Valencia). *Servicio de investigación prehistorica*, 53.

PEREZ RIPOLL, M., 1988. Estudio de la secuencia del desgaste de los molares de la "*Capra pyrenaica*" de yacimientos prehistoricos. *Archivo de Prehistoria Levantina*, 18, 83-127.

PERNAUD, J., QUILÈS, J., et RIVALS, F., Les animaux de la fin du Pléistocène dans la vallée de l'Aude (France) : l'exemple de la grotte du Castel 2 à Bessède-de-Sault. *Acts of the XIVth UISPP Congress, University of Liège, Belgium*. British archaeological reports, sous presse.

PERRENOUD, C., 1993. *Origine et mise en place des paragenèses phosphatées de remplissages karstiques quaternaires. Etude micromorphologique des sédiments de la Caune de l'Arago (Tautavel, Pyrénées-Orientales) et de la Baume Bonne (Quinson, Alpes-de-Haute-Provence)*. Thèse de Doctorat, Muséum National d'Histoire Naturelle.

PETERS, R. H., 1983. *The ecological implication of body size*. Cambridge: Cambridge University Press.

PFEFFER, F., 1967. Le mouflon de Corse (*Ovis ammon musimon* Schreber, 1782): position systématique, écologie et éthologie comparées. *Mammalia*, 31 suppl., 1-262.

PILLARD, B., 1972. La faune des grands mammifères du Würmien II de la grotte de l'Hortus. *In*: H. de LUMLEY, ed. *La grotte de l'Hortus*. Etudes Quaternaires, 1, 163-205.

PIPERNO, D., 1988. *Phytolith Analysis. An Archaeological and Geological Perspective*. London: Academic Press.

POIS, V., 1998. *La Caune de l'Arago (Pyrénées-Orientales) : Visualisation spatiale en coupe et en plan, du matériel archéologique par interrogation de la "Base de données Matériel Paléontologique et Préhistorique". Conséquences sur l'interprétation du mode de vie de l'Homme de Tautavel*. Thèse de Doctorat, Muséum National d'Histoire Naturelle.

POIS, V., 1999. Traitement informatique en archéologie. Mise en évidence du niveau archéologique I/J de la Caune de l'Arago à Tautavel (Pyrénées-Orientales).

Comptes Rendus de l'Académie des Sciences de Paris, 329, 533-536.

POIS, V., 2002. Reconstitution de l'habitat préhistorique par informatique. Application aux grottes de la Caune de l'Arago (Tautavel, Pyrénées-orientales) et des Conques (Vingrau, Pyrénées-Orientales). *In*: J.-C. MISKOVSKY, ed. *Géologie de la préhistoire*. Paris: Géopré, Association pour l'étude de l'environnement géologique de la préhistoire, 1391-1398.

POMMEROL, F., 1880. Le mouflon quaternaire. *Association Française pour l'Avancement des Sciences.* Compte rendu de la 8ème session, Montpellier 1879, 600-609.

POMMEROL, F., 1882. Recherches sur le mouflon quaternaire (*Ovis antiqua*). *Association française pour l'avancement des sciences.* Compte rendu de la 10ème session, Alger 1881, 525-530.

POPLIN, F., 1976. A propos du nombre de restes et du nombre d'individus dans les échantillons d'ossements. *Cahiers du Centre de Recherches Préhistoriques*, 5, 61-74.

POPLIN, F., 1979. Origine du mouflon de Corse dans une nouvelle perspective paléontologique : par marronage. *Annales de Génétique et de Sélection animale*, 12, 395-400.

PORTIS, A., 1917. Il rinvenimento di *Ovis antiqua* Pommerol in territorio di Roma. *Bollettino della Società Geologica Italiana*, 36, 223-323.

PRAT, F., 1966. Les Capridés. *In*: R. LAVOCAT ed. *Faunes et flores préhistoriques de l'Europe occidentale.* Paris: Boubée et Cie Editions, 279-322.

PRAT, F., 1968. *Recherches sur les Equidés pléistocènes en France.* Thèse de Doctorat d'Etat ès Sciences Naturelles, Université de Bordeaux.

PRINCE, G., 2000. *Contribution à l'étude des industries de la grotte du Portel-Ouest (Commune de Loubens, France) : Etude techno-typologique des industries moustériennes.* Thèse de Doctorat, Université de Perpignan.

PRUMMEL, W., et FRISCH, H. J., 1986. A guide for the distinction of species, sex and body size in bones of sheep and goat. *Journal of Archaeological Science*, 13, 567-577.

RANDI, E., FUSCO, G., LORENZINI, R., TOSO, R., et TOSI, G., 1991. Allozyme divergence and phylogenetic relationship among *Capra*, *Ovis* and *Rupicapra* (Artiodactyla, Bovidae). *Heredity*, 67, 281-286.

READING, R. P., AMGALANBAATAR, S., MIX, H., et LHAGVASUREN, B., 1997. Argali *Ovis ammon* surveys in Mongolia's South Gobi. *Oryx*, 31 (4), 285-294.

REITZ, E. J., QUITMYER, I. R., HALE, H. S., SCUDDER, S. J., et WING, E. S., 1987. Application of allometry to zooarchaeology. *American Antiquity*, 52 (2), 304-317.

RENAULT-MISKOVSKY, J., 1980. Le Paléoenvironnement de l'Homme de Tautavel (Caune de l'Arago, Tautavel, Pyrénées-Orientales) : la faune et la flore en Roussillon au Pléistocène moyen. *Comptes Rendus de l'Académie des Sciences de Paris*, 290, 747-750.

RENAULT-MISKOVSKY, J., 1981. Etude palynologique du remplissage de la Caune de l'Arago à Tautavel. Signification chronologique, paléoclimatique et palethnographique des flores. *Colloque international du CNRS. Datations absolues et analyses isotopiques en Préhistoire. Méthodes et limites. Datation du remplissage de la Caune de l'Arago à Tautavel* (prétirage), 253-258.

RICE, C. G., 1988. Notes on the food habits of the Nilgiri tahr. *Journal of the Bombay Natural History Society*, 85 (1), 188-189.

RIVALS, F., 1999. *Les petits bovidés pléistocènes de la Caune de l'Arago (Tautavel, Pyrénées-Orientales). Etude paléontologique, taphonomique, archéozoo-logique et paléoécologique.* Mémoire de D.E.A., Muséum National d'Histoire Naturelle et Université de Perpignan.

RIVALS, F., 2001. The argali of the "Caune de l'Arago" (Southern France). Palaeoecology of a 440,000 years old population. *In*: A. NÁHLIK et W. ULOTH, eds. *Proceedings of the third international symposium on mouflon.* Sopron, Hungary, October 27-29, 2000, 103-113.

RIVALS, F., et DENIAUX, B., 2003. Dental microwear analysis for investigating the diet of an argali population (*Ovis ammon antiqua*) of mid-Pleistocene age, Caune de l'Arago cave, eastern Pyrenees, France. *Palaeogeography, Palaeoclimatology, Palaeoecology*, 193 (3-4), 443-455.

RIVALS, F., MOIGNE, A.-M., et LUMLEY, H. de., 2002. La chasse aux petits bovidés à la Caune de l'Arago (Tautavel, France) : opportunisme ou sélection des proies ? *Anthropozoologica*, 36, 3-12.

RIVALS, F., TESTU, A., et BELDA, V., 2003. Le rôle des grands carnivores dans l'accumulation de l'argali des niveaux inférieurs de la Caune de l'Arago (Pyrénées-Orientales, France). *In*: M. Patou-Mathis et H. Bocherens (eds.). *Acts of the XIVth UISPP Congress, University of Liège, Belgium.* British Archaeological Reports BAR S1105, 163-169.

ROSS, P. I., JALKOTZY, M. G., et FESTA-BIANCHET, M., 1997. Cougar predation on bighorn sheep in southwestern Alberta during winter. *Canadian Journal of zoology*, 75 (5), 771-775.

RYTÖMAA, I., MEURMAN, J. H., KOSKINEN, J., LAAKSO, T., GHARAZI, L., et TURUNEN, R., 1988. In vitro erosion of bovine enamel caused by acid drinks and other foodstuffs. *Scandinavian Journal of Dental Research*, 96, 324-333.

SACCHI, D., CRÉGUT-BONNOURE, E., HEINZ, C., LE GALL, O., MAUREL, M., VERNET, J.-L., et VILETTE, P., 1992. Un site paléolithique supérieur de moyenne altitude dans les Pyrénées: La *Cauna* de Belvis (France). *Preistoria Alpina*, 28, 59-90.

SCALA, C., et LOVARI, S., 1984. Revision of *Rupicapra* genus. II. A skull and horn statistical comparison of *Rupicapra rupicapra ornata* and *R. rupicapra pyrenaica* chamois. *Bollettino di Zoologia*, 51 (3-4), 285-294.

SCHAFFER, W. M., et REED, C. A., 1972. The co-evolution of social behavior and cranial morphology in sheep and goats (Bovidae, Caprini). *Fieldiana, Zoology*, 61 (1), 1-88.

SCHALLER, G. B., 1971. Observations on the Nilgiri tahr (*Hemitragus hylocrius* Ogilby, 1838). *Journal of the Bombay Natural History Society*, 67 (3), 365-389.

SCHALLER, G. B., 1973. Observations on Himalayan tahr (*Hemitragus jemlahicus*). *Journal of the Bombay Natural History Society*, 70 (1), 1-24.

SCHALLER, G. B., 1977. *Mountain monarchs. Wild sheep and goats of the Himalaya*. Chicago: University of Chicago Press.

SCHALLER, G. B., 1998. *Wildlife of the Tibetan Steppe*. Chicago: University of Chicago Press.

SCHALLER, G., et LAURIE, A., 1974. Courtship behaviour of the wild goat. *Zeitschrift für Säugetierkunde*, 39 (2), 115-127.

SCHAUB, S., 1932. Die Ruminianter des ungarischen Praeglacials. *Eclogae Geologicae Helvetiae*, 25, 319-330.

SCHAUB, S., 1944. Die Oberpliocaene Säugetierfauna von Senèze (Haute-Loire) und ihre verbreitungs geschichtliche Stellung. *Eclogae Geologicae Helvetiae*, 36 (2), 270-289.

SCOTT, K. M., 1983. Prediction of body weight of fossil Artiodactyla. *Zoological Journal of the Linnean Society*, 77 (3), 199-215.

SCOTT, K. M., 1985. Allometric trends and locomotor adaptations in the Bovidae. *Bulletin of the American Museum of Natural History*, 179, 197-288.

SELVAGGIO, M. M., et WILDER, J., 2001. Identifying the involvement of multiple carnivore taxa with archaeological bone assemblages. *Journal of Archaeological Science*, 28, 465-470.

SERRE, F., 1993. *Les grands herbivores de la grotte du Lazaret, Nice, Alpes-Maritimes. Fouilles Henry de Lumley 1962-1991*. Thèse de Doctorat, Muséum National d'Histoire Naturelle.

SHACKLETON, D. M., ed. et le Groupe de Spécialistes des Caprinae de l'IUCN/SSC, 1997. *Wild sheep and goats and their relatives*. Status survey and conservation action plan for Caprinae. IUCN, Gland, Switzerland and Cambridge, UK.

SHACKLETON, D. M., et LOVARI, S., 1997. Classification adopted for the Caprinae survey. *In*: D. M. SHACKLETON, ed. *Wild sheep and goats and their relatives*. Status survey and conservation action plan for Caprinae. IUCN, Gland, Switzerland and Cambridge, UK, 9-14.

SHACKLETON, D. M., PETERSON, R. G., HAYWOOD, J., et BOTTRELL, A., 1984. Gestation period in *Ovis canadensis*. *Journal of Mammalogy*, 65 (2), 337-338.

SHACKLETON, D. M., et SHANK, C. C., 1984. A review of the social behavior of feral and wild sheep and goats. *Journal of Animal Science*, 58 (2), 500-509.

SILVER, I. A., 1969. The ageing of domestic animals. *In:* D.R. Brothwell et E.S. Higgs (Eds.). *Science in archaeology*. Londres: Thames & Hudson, 283-302.

SNEATH, P. H. A., et SOKAL, R. R., 1973. *Numerical taxonomy. The principles and practice of numerical classification*. San Franscisco: Freeman.

SOKAL, R. R., et ROHLF, F. J., 1998. *Biometry: The principles and practice of statistics in biological research*. New York: W.H. Freeman and Company, 3ème ed.

SOLER i MASFERRER, N., et MAROTO i GENOVER, J., 1987. L'estratigrafia de la cova de l'Arbreda (Serinyà, Girona). *Cypsela*, 6, 53-66.

SOLER i MASFERRER N., et MAROTO i GENOVER J., 1990. El final del Paleolític Mitjà i l'inici del Paleolític Superior de la cova de l'Arbreda (Serinyà). *Cypsela*, 8, 7-13.

SOLOUNIAS, N., et DAWSON-SAUNDERS, B., 1988. Dietary adaptations and paleoecology of the late Miocene ruminants from Pikermi and Samos in Greece. *Palaeogeography, Palaeoclimatology, Palaeoecology*, 65 (3-4), 149-172.

SOLOUNIAS, N., FORTELIUS, M., et FREEMAN, P., 1994. Molar wear rates in ruminants: a new approach. *Annales Zoologici Fennici*, 31, 219-227.

SOLOUNIAS, N., et HAYEK, L. A. C., 1993. New methods of tooth microwear analysis and application to dietary determination of two extinct antelopes. *Journal of Zoology*, 229, 421-445.

SOLOUNIAS, N., McGRAW, W.S., HAYEK, L.-A., et WERDELIN L., 2000. The paleodiet of the Giraffidae. *In:* E. S. VRBA et G. B. SCHALLER, eds. *Antelopes, deer, and relatives: fossil record, behavioural ecology, systematics, and conservation.* New Haven and London: Yale University Press, 84-95.

SOLOUNIAS, N., et MOELLEKEN, S.M.C., 1992. Dietary adaptations of two goat ancestors and evolutionary considerations. *Geobios*, 25 (6), 797-809.

SOLOUNIAS, N., MOELLEKEN, S. M. C., et PLAVCAN, J. M., 1995. Predicting the diet of extinct bovids using masseteric morphology. *Journal of Vertebrate Palaeontology*, 15 (4), 795-805.

SOLOUNIAS, N., TEAFORD, M., et WALKER, A., 1988. Interpreting the diet of extinct ruminants: the case of a non-browsing giraffid. *Paleobiology*, 14 (3), 287-300.

SPASSOV, N., et CRÉGUT-BONNOURE, E., 1999. Premières données sur les Bovidae Villafranchiens de Bulgarie. *Comptes Rendus de l'Académie des Sciences de Paris*, 328, 493-498.

STEELE, T. E., et WEAVER, T. D., 2002. The modified triangular graph: A refined method for comparing mortality profiles in archaeological samples. *Journal of Archaeological Science*, 29, 317-322.

STINER, M. C., 1990. The use of mortality patterns in archaeological studies of hominid predatory adaptation. *Journal of Anthropological Archaeology*, 9, 305-351.

STINER, M. C., 1994. *Honor among thieves. A zooarchaeological study of Neandertal Ecology.* Princeton: Princeton University Press.

STINER, M. C., 1998. Mortality analysis of Pleistocene bears and its paleoanthropological relevance. *Journal of Human Evolution*, 34, 303-326.

STINER, M. C., 2002. On *in situ* attrition and vertebrate body part profiles. *Journal of Archaeological Science*, 29, 979-991.

TABER, R. D., 1963. Criteria for sex and age. *In*: H.S. MOSBY, ed. *Wildlife investigational techniques.* Washington D.C.: The Wildlife Society, 2ème éd.

TAVOSO, A., CRÉGUT-BONNOURE, E., GUÉRIN, C., PERNAUD-ORLIAC, J., et CAMMAS, R., 1990. La Grotte de La Niche à Montmaurin (Haute-Garonne, France). Nouvelles données biostratigraphiques et approche taphonomique. *Comptes Rendus de l'Académie des Sciences de Paris*, 310, 95-100.

TEAFORD, M. F., 1994. Dental microwear and dental function. *Evolutionary Anthropology*, 3, 17-30.

TEILHARD DE CHARDIN, P., et PIVETEAU, J., 1930. Les mammifères fossiles de Nihowan (Chine). *Annales de Paléontologie*, 19, 1-134.

TOUSHABRAMISHVILI, D. M., TOUSHABRAMISHVILI, N. D., BUATHIDZE, Z. J., LORDKIPANIDZE, D. O., et TVALTHRELIDZE, M. G., 1990. Paleolititheskaia stoianka Ortvala-Klde. *Khronostratigraphia paleolita severnoi, Zentralnoi i wostothnoi Azii i Ameriki*, Dokladi mejduna-rodnogo simposiuma, Novosibirsk, 284-292. (en russe).

TOUSHABRAMISHVILI, N., 2002. *Les Cavernes de Géorgie – Les Sites de l'Homme Préhistorique – Le Guide.* Tbilissi.

UNGAR, P. S., 1995. Microwear image analysis software, version 3.0β. A semi-automated image analysis system for the quantification of dental microwear. Unpublished: Fayetteville, AR USA.

UNGAR, P. S., et TEAFORD, M. F., 1996. Preliminary examination of non-occlusal dental microwear in anthropoids: implications for the study of fossil primates. *American Journal of Physical Anthropology*, 100 (1), 101-113.

VALDEZ, R., 1982. *The wild sheep of the world.* Wild Sheep and Goat International, Mesilla, New Mexico.

VALENSI, P., 1996. Taphonomie des grands Mammifères et palethnologie à la Grotte du Lazaret (Nice, France). *Anthropozoologica*, 23, 13-28.

VALENSI, P., 2000. The archaeozoology of Lazaret Cave (Nice, France). *International Journal of Osteoarchaeology*, 10, 357-367.

VEINBERG, P. I., 1993. [Analysis of horn shape and coat coloration in *Capra* (Artiodactyla)]. *Byulleten' Moskovskogo Obshchestva Ispytatelei Prirody, Otdel Biologicheskii*, 98 (5), 3-14. (en russe).

VEKUA, A., 1978. Iskopaemie Pozvonochnie Tsutskvatich Pescher. [Les Vertébrés des fouilles de la grotte de Tsutskhvati]. *In:* L. I. MARUASHVILI, ed.

Izuchenie Pescher Kolkhidi. Tbilisi, Metsniereba, 94-127. (en russe).

VEKUA, A., et LORDKIPANIDZE, D., 1998. The Pleistocene paleoenvironment of the Transcaucasus. *Quaternaire*, 9 (4), 261-266.

VERESHCHAGIN, N. K., 1967. *The mammals of the Caucasus. A history of the evolution of the fauna*. Jerusalem: Israel Program for Scientific Translations.

VÉZIAN, J., 1989. Les fouilles à l'entrée du Portel-Ouest (Loubens, Ariège): stratigraphie générale et passage du Paléolithique moyen et Paléolithique supérieur. *Bulletin de la Société Préhistorique de l'Ariège*, 44, 225-261.

VIGNE, J.-D., 1988. Les mammifères post-glaciaires de Corse. Étude archéozoologique. *Gallia Préhistoire*, 26, suppl., 1-337.

VILLA, P., 1976-77. Sols et niveaux d'habitat du Paléolithique inférieur en Europe et au Proche-Orient. *Quaternaria*, 19, 107-134.

VILLAVERDE, V., MARTÍNEZ-VALLE, R., GUILLEM, P. M., et FUMANAL, M. P., 1996. Mobility and the role of small game in the Middle Paleolithic of the central region of the spanish mediterranean: a comparison of Cova Negra with other paleolithic deposits. *In:* E. CARBONELL, et M. VAQUERO, eds. *The last Neandertals, the first anatomically modern Humans*, 267-288.

WALKER, A., HOEK, H. N., et PEREZ, L., 1978. Microwear of mammalian teeth as an indicator of diet. *Science*, 201 (4359), 908-910.

WALKER, A., et TEAFORD, M., 1989. Inferences from quantitative analysis of dental microwear. *Folia Primatologica*, 53, 177-189.

WANG, X., et MARTIN, L. D., 1993. Late Pleistocene, paleoecology and large mammal taphonomy, Natural Trap Cave, Wyoming. *National Geographic Research & Exploration*, 9 (4), 422-435.

WEHAUSEN, J. D., 1996. Effects of mountain lion predation on bighorn sheep in the Sierra Nevada and Granite Mountains of California. *Wildlife Society Bulletin*, 24 (3), 471-479.

WEHAUSEN, J. D., et RAMEY R. R., 2000.- Cranial morphometric and evolutionary relationships in the northern range of *Ovis canadensis*. *Journal of Mammalogy*, 81 (1), 145-161.

WESTERN, D., 1979. Size, life history and ecology in mammals. *African Journal of Ecology*, 17, 185-204.

WILSON, B., 1989. Fresh and old table refuse. The recognition and location of domestic activity at archaeological sites in the Upper Thames Valley, England. *Archaeozoologia*, 3, 237-260.

YOKOYAMA, Y., NGUYEN, H.-V., QUAEGEBEUR, J.-P., LE HASIF, G., et ROMAIN, O., 1987. Datation par la spectrométrie gamma non destructive et la résonance de spin électronique (ESR) du remplissage de la grotte de l'Arbreda. *Cypsela*, 6, 137-143.

Annexe A

Références des mesures

(d'après A. von den Driesch, 1976 et E. Crégut-Bonnoure, 1987 et 1995a)

Crâne 180
Mandibule 187
Dents isolées 188
Scapula 189
Humérus 190
Radius 191
Carpiens 192
Métacarpien 197
Pelvis 198
Tibia 199
Tarsiens 200
Métatarsien 203
Phalanges 204

Crâne (d'après A. von den Driesch, 1976 modifié)

1 - Longueur totale : Acrocranion - Prosthion
2 - Longueur condylobasale : bord aboral des condyles occipitaux – Prosthion
3 - Longueur basale : Basion – Prosthion
4 - Petite longueur du crâne : Basion – Premolare
5 - Longueur Premolare – Prosthion
6 - Longueur du neurocrâne : Basion – Nasion
7 - Longueur du splanchnocrâne (viscérocrâne) : Nasion – Prosthion
8 - Longueur frontale médiane : Acrocranion – Nasion
9 - Longueur frontale maximale : Acrocranion – point médian de l'intersection de la ligne joignant les points antérieurs des frontaux.
10 - Longueur supérieure réduite du crâne : Acrocranion – Rhinion
11 - Longueur maximale du neurocrâne : Acrocranion – ligne supraorbitale
12 - Longueur de la face : Supraorbitale – Prosthion
13 - Longueur du bord aboral du condyle occipital à l'Entorbitale du même côté
14 - Longueur faciale latérale : Ectorbitale – Prosthion
15 - Longueur du bord aboral du condyle occipital à l'Infraorbitale du même côté
16 - Infraorbitale – Prosthion
17 - Longueur Postdentale – Prosthion
18 - Longueur du palais : Palatinoorale – Prosthion
19 - Longueur latérale de l'incisif (Nasointermaxillare – Prosthion)
20 - Longueur des dents jugales (mesurée le long des alvéoles sur la face labiale)
21 - Longueur des molaires (mesurée le long des alvéoles sur la face labiale)
22 - Longueur des prémolaires (mesurée le long des alvéoles sur la face labiale)
23 - Longueur maximale de l'orbite : Ectorbitale – Entorbitale
24 - Hauteur maximale de l'orbite
25 - Largeur mastoïde maximale : Otion – Otion
26 - Largeur maximale des condyles occipitaux
27 - Largeur maximale à la base des processus jugulaires
28 - Largeur maximale du foramen magnum
29 - Hauteur du foramen magnum : Basion – Opisthion
30 - Largeur minimum de l'occipital : distance entre les points les plus médiaux de la bordure aborale des sillons du temporal.
31 - Largeur minimum entre la base des chevilles osseuses
32 - Longueur Acrocranion – Infraorbitale du même côté
33 - Largeur maximale entre les orbites : Ectorbitale – Ectorbitale
34 - Largeur minimum entre les orbites : Entorbitale – Entorbitale
35 - Largueur maximale au niveau du nasal
36 - Largeur de la face au niveau des tubercules faciaux
37 - Largueur maximale au niveau de l'incisif
38 - Largueur maximale du palais : mesurée au niveau du bord externe des alvéoles
39 - Hauteur minimale de la fosse temporale
40 - Hauteur maximale de la région occipitale : Basion – point le plus haut entre les deux cornes.
41 - Hauteur minimale de la région occipitale : Opisthion – point le plus haut entre les deux cornes

42 - Circonférence à la base de la cheville osseuse

43 - Circonférence de la cheville osseuse à 7,6 cm (3 inches) de la base à angle droit par rapport à l'axe de la cheville (Wehausen et Ramey, 2000)

44 - Circonférence de la cheville osseuse à 15,2 cm (6 inches) de la base à angle droit par rapport à l'axe de la cheville (Wehausen et Ramey, 2000)

45 - Diamètre antéro-postérieur maximum à la base de la cheville osseuse

46 - Diamètre transverse minimum à la base de la cheville osseuse

47 - Longueur de la cheville osseuse le long de la courbure externe.

48 - Largeur du palais : distance minimum au niveau des alvéoles des deuxièmes prémolaires (Cowan, 1940)

49 - Largueur zygomatique : distance maximale entre le bord externe des arcades zygomatiques au niveau de la suture jugo-squamosale (Cowan, 1940)

50 - Longueur latérale de la face : Entorbitale – Prosthion

51 - Longueur maximale du nasal : Nasion – Rhinion

52 - Largeur maximale entre les bords externes à la base de la cheville osseuse

53 - Longueur modifiée du crâne (Solounias *et al.*, 1995)

54 - Protrusion du masséter, *masseter superficialis protrusion* (Solounias *et al.*, 1995)

55 - Hauteur de la surface d'insertion du muscle masséter (Solounias *et al.*, 1995)

56 - Superficie de la zone d'insertion du muscle masséter (Solounias *et al.*, 1995)

57 - Angle T = du bord postérieur de la base de la couronne de la M3 au bord antérieur de l'orbite, et du bord postérieur de la base de la couronne de la M3 au bord antérieur de la base de la couronne de la P2 (Solounias *et al.*, 1995)

58 - Angle M = du méat acoustique externe au bord inférieur de l'arcade zygomatique au dessous de l'orbite, et du méat acoustique externe au foramen infra-orbitaire (Solounias *et al.*, 1995)

59 - Angle A : entre les lignes des mesures 3 et 40 (calcul graphique)

60 - Angle B : entre les lignes des mesures 3 et 1 (calcul graphique)

61 - Angle P : entre les lignes des mesures 1 et 40 (calcul graphique)

Crâne d'*Ovis*, vue dorsale

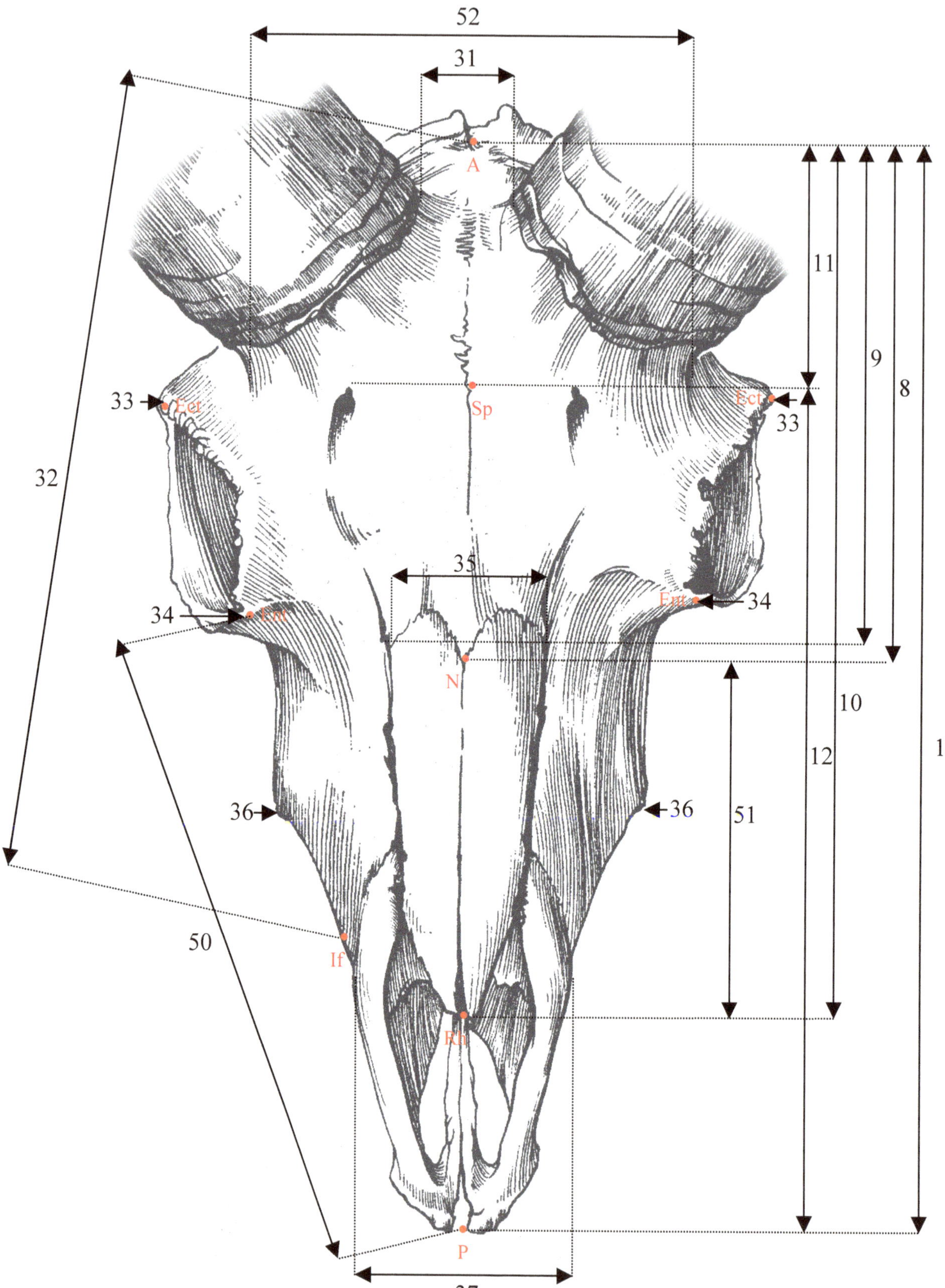

(dessin d'après Palès et Garcia, 1981)

Crâne d'*Ovis*, vue basale

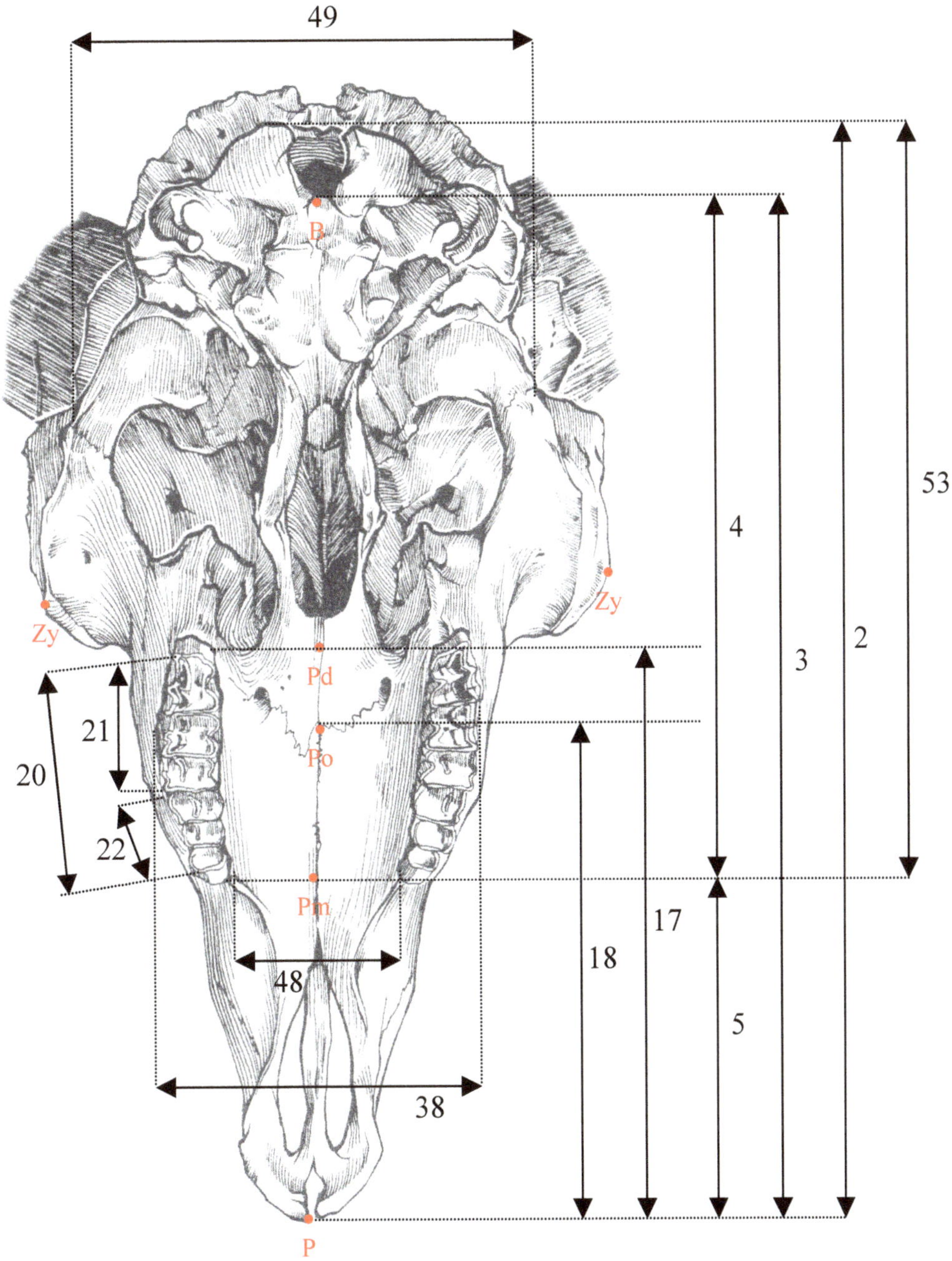

(dessin d'après Palès et Garcia, 1981)

Crâne d'*Ovis*, vue latérale

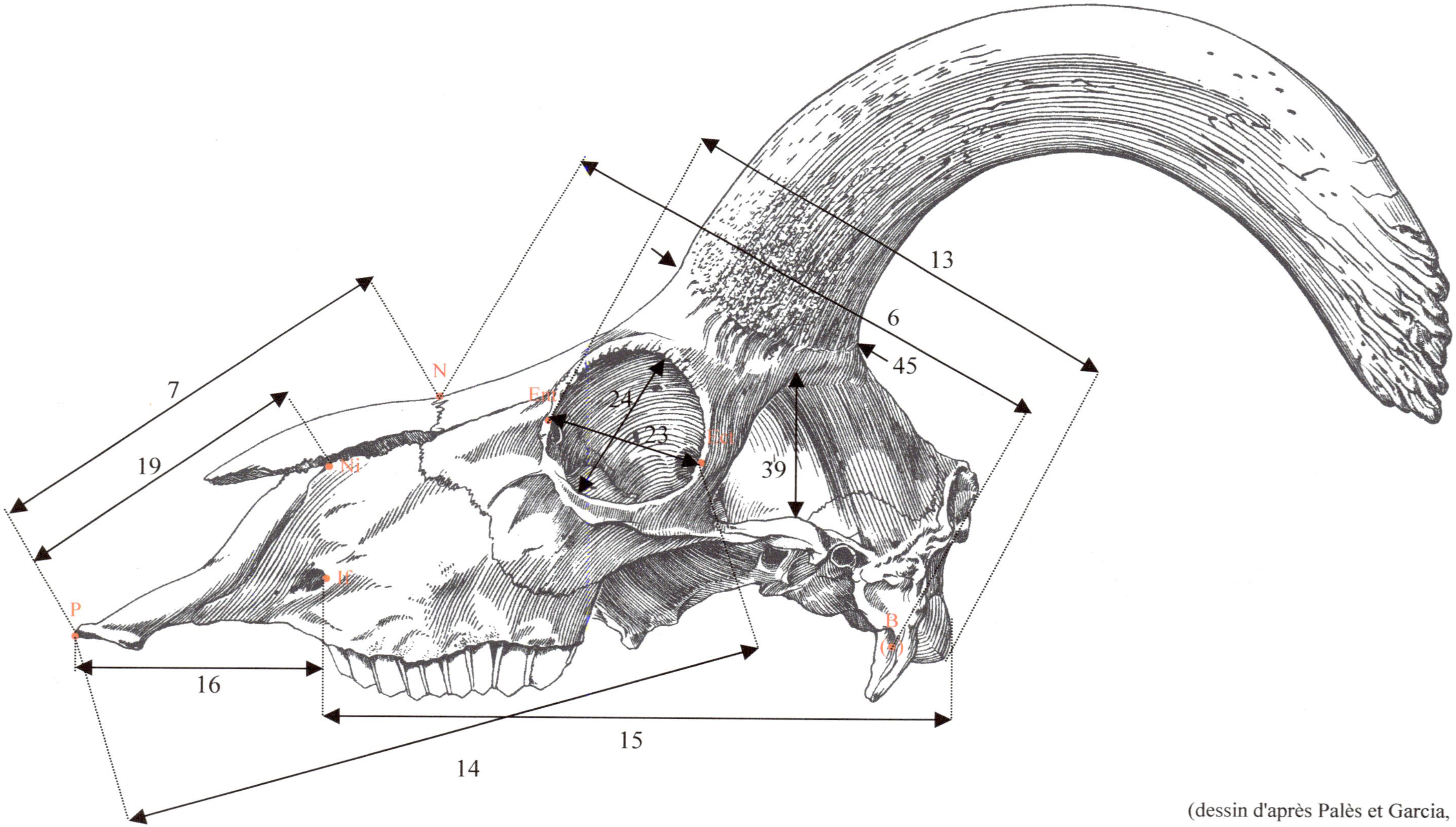

(dessin d'après Palès et Garcia, 1981)

Crâne d'*Ovis*, vue latérale

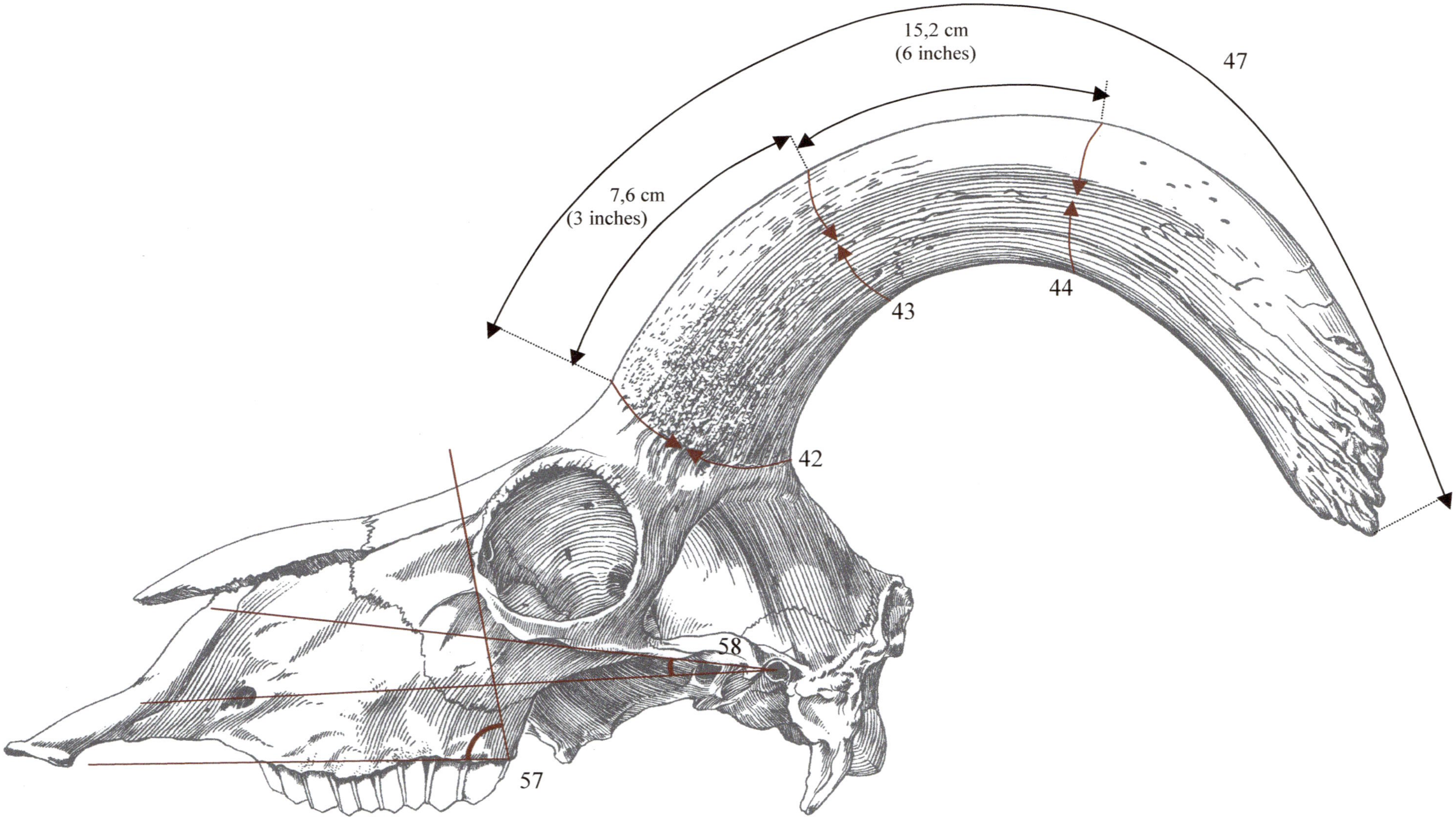

(dessin d'après Palès et Garcia, 1981)

Crâne d'*Ovis*, vue nucale

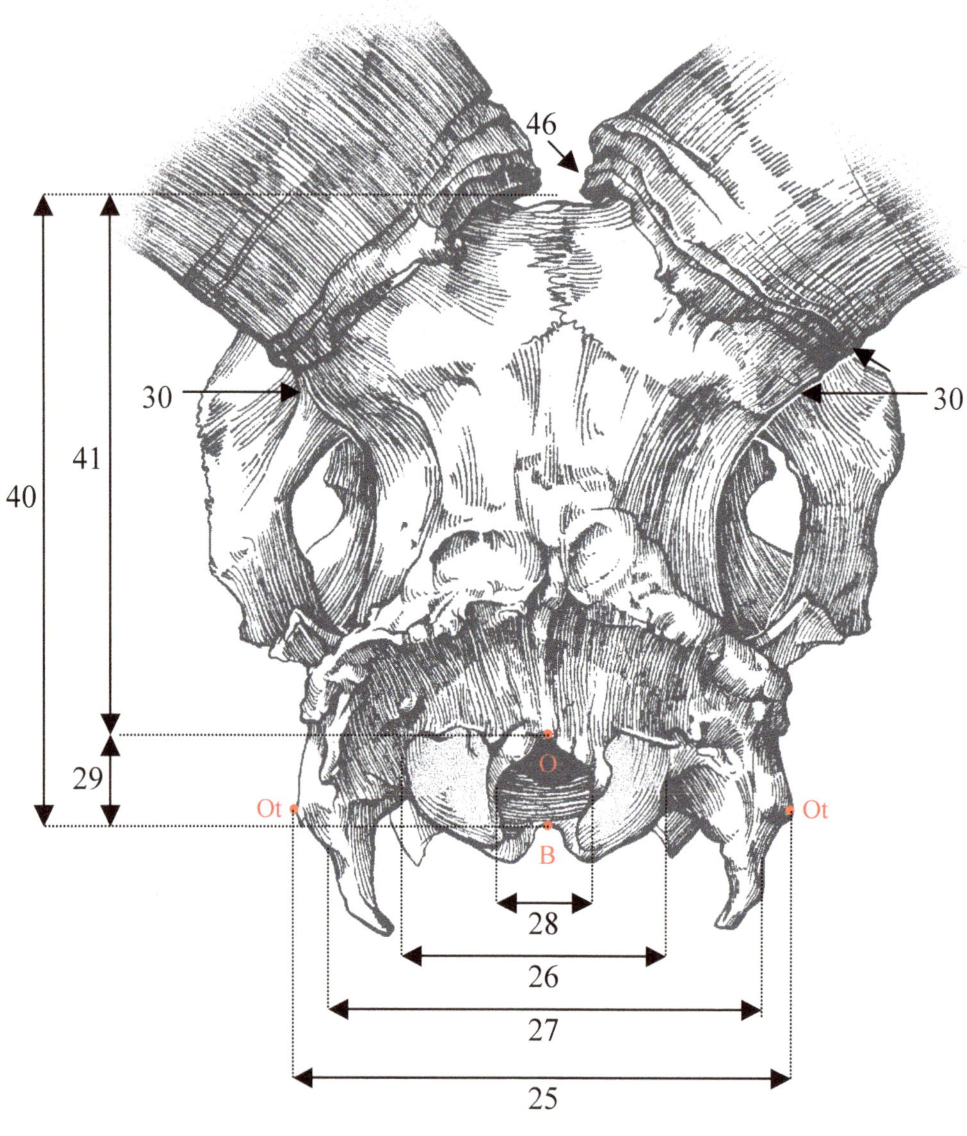

(dessin d'après Palès et Garcia, 1981)

Mandibule, vue labiale (d'après A. von den Driesch, 1976)

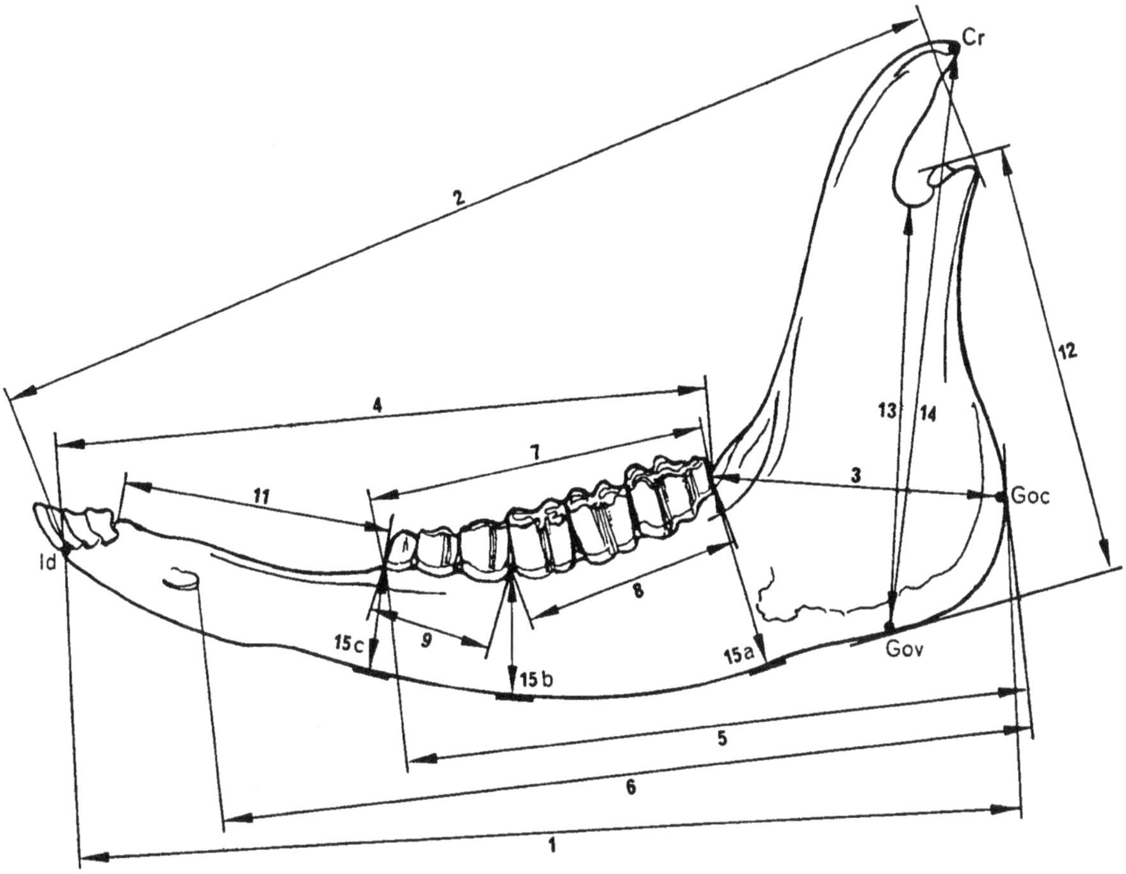

1 - Longueur depuis l'angle : gonion caudale - infradentale

2 - Longueur depuis le condyle : bord aboral du condyle - infradentale

3 - Longueur : gonion caudale – bord aboral de l'alvéole de la M3

4 - Longueur de la branche horizontale : bord aboral de l'alvéole de la M3 – infradentale

5 - Longueur : gonion caudale – bord aboral de l'alvéole de la P2

6 - Longueur : gonion caudale – point le plus aboral du foramen mentonnier

7 - Longueur de la série de dents jugales, mesurée le long des alvéoles de la face buccale

8 - Longueur de la série de molaires, mesurée le long des alvéoles de la face buccale

9 - Longueur de la série de prémolaires, mesurée le long des alvéoles de la face buccale

11 - Longueur du diasthème : bord oral de l'alvéole de la P2 – bord aboral de l'alvéole de la C

12 - Hauteur aborale de la branche montante : gonion ventrale – point le plus haut du condyle

13 - Hauteur médiane de la branche montante : gonion ventrale – point le plus profond de l'incisure mandibulaire.

14 - Hauteur orale de la branche montante : gonion ventrale – coronion

15a - Hauteur de la mandibule à l'arrière de la M3 depuis le point le plus aboral de l'alvéole

15b - Hauteur de la mandibule à l'avant de la M1

15c - Hauteur de la mandibule à l'avant de la P2

Biométrie des dents isolées (d'après Crégut-Bonnoure, 1995a)

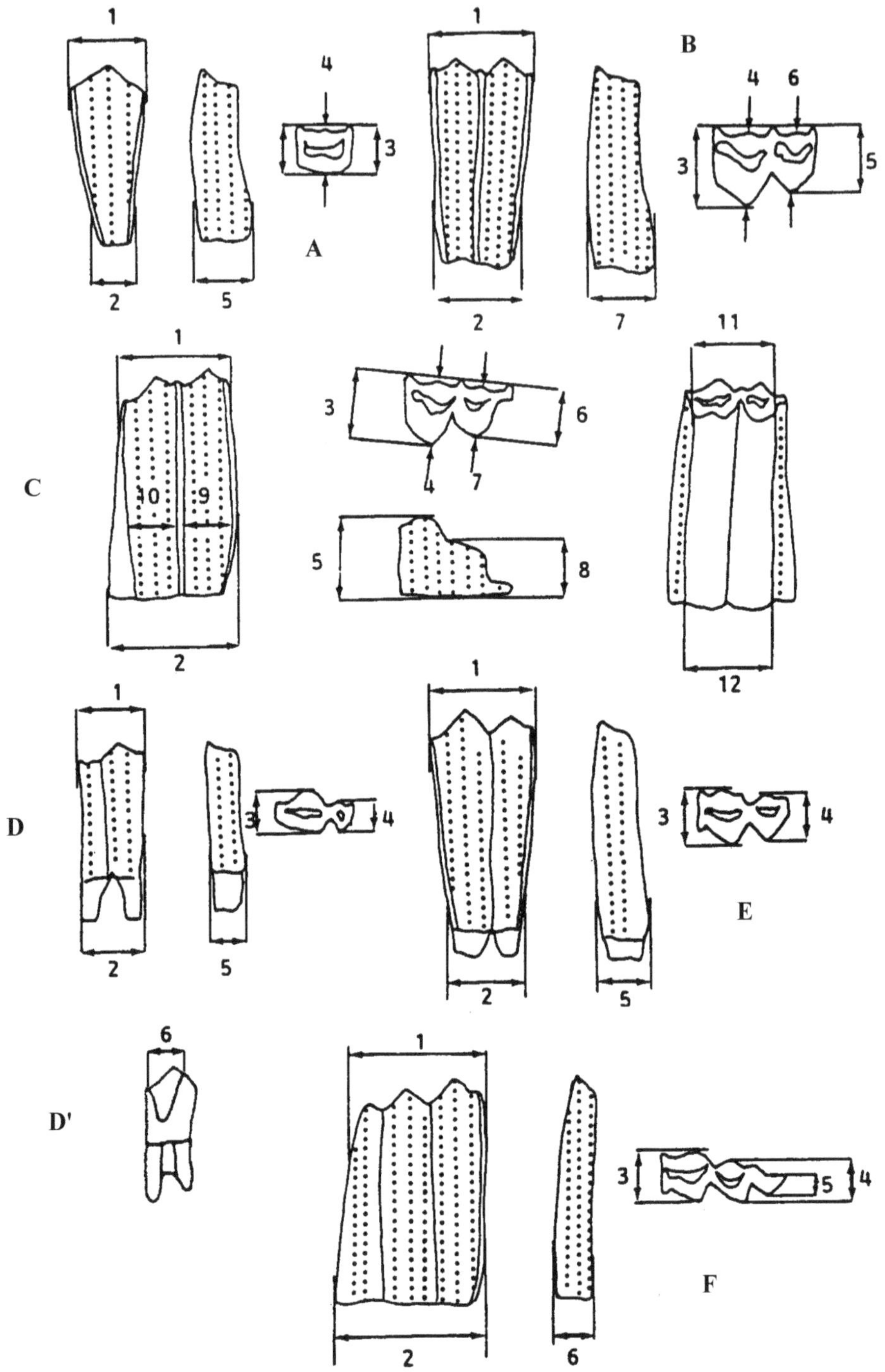

A, B, C : dents jugales supérieures. D, E, F : dents jugales inférieures.

A et D : prémolaires (D' : P3 inf.) ; B et E : 1ères et 2èmes molaires ; C et F : 3èmes molaires.

Scapula (d'après A. von den Driesch, 1976)

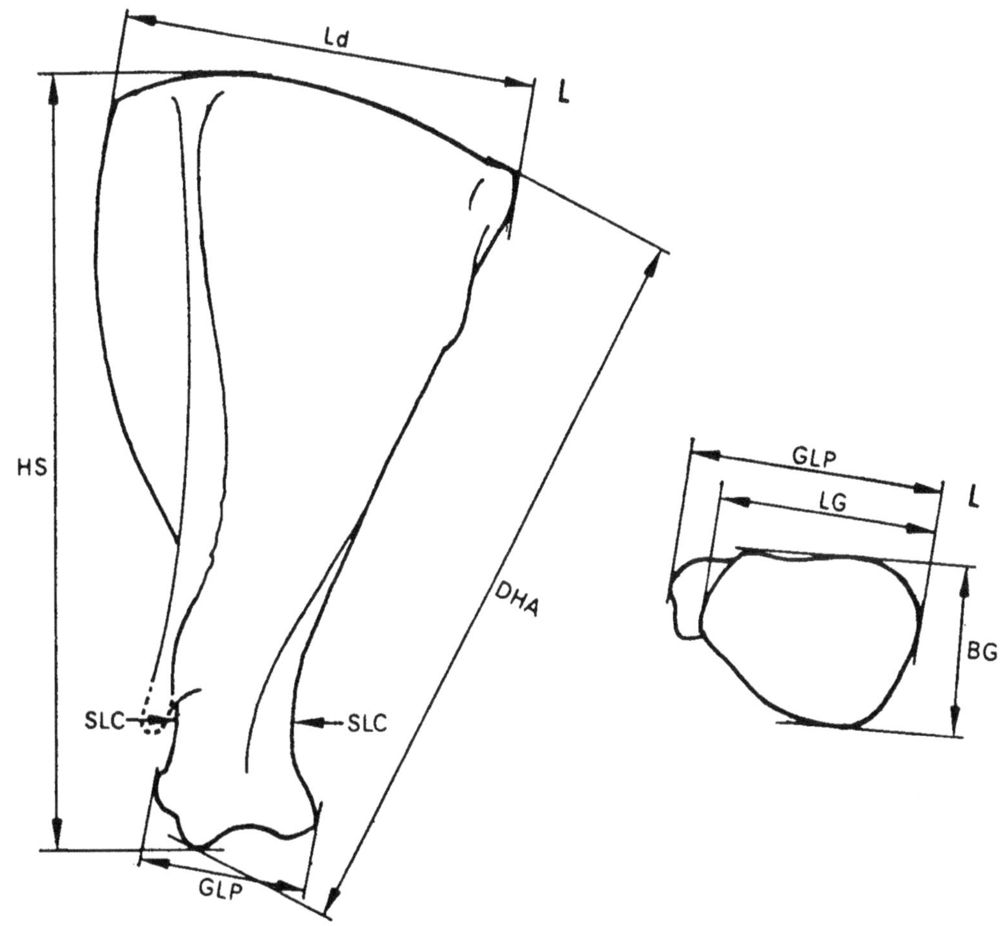

2 - LG = Longueur de la cavité glénoïde

3 - GLP = Longueur maximale du processus glénoïde (*processus articularis*)

4 - SLC = Largeur minimale du col de la scapula (*collum scapulae*)

Extrémité distale de l'humérus (d'après Crégut-Bonnoure, 1995a)

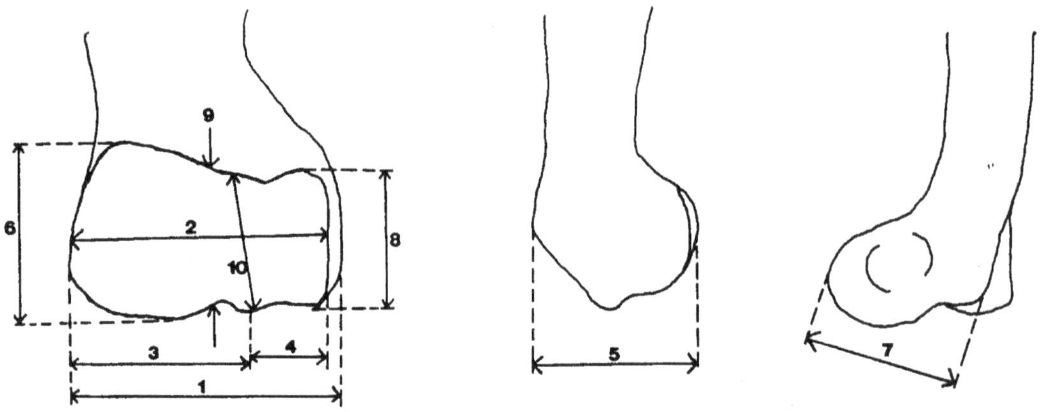

1 - Diamètre transverse de l'extrémité distale.

2 - Diamètre transverse de la surface articulaire.

3 - Diamètre transverse de la trochlée médiale.

4 - Diamètre transverse de la trochlée latérale.

5 - Diamètre antéro-postérieur de la trochlée à l'épicondyle médial.

6 - Hauteur de la trochlée médiale.

7 - Diamètre antéro-postérieur de la trochlée à l'épicondyle latéral.

8 - Hauteur de la trochlée latérale.

9 - Hauteur de la gorge trochléenne.

10 - Hauteur de la crête intratrochléenne.

11 - Largeur minimale de la diaphyse.

12 - Longueur maximale de l'humérus.

Radius (d'après Crégut-Bonnoure, 1995a)

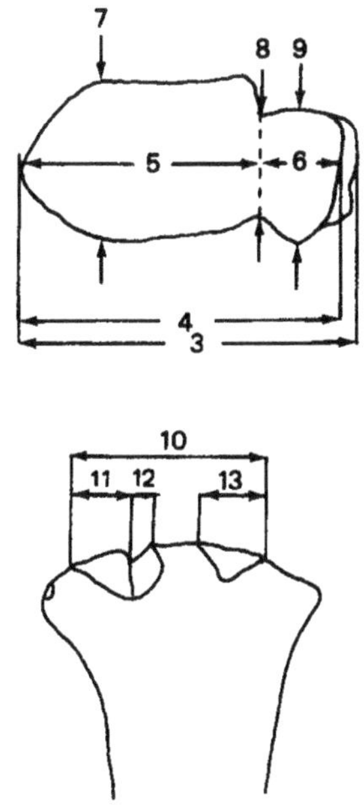

1 - Longueur totale du radius.

3 - Diamètre transverse de l'extrémité proximale.

4 - Diamètre transverse de la surface articulaire pour l'humérus.

5 - Diamètre transverse de la surface articulaire pour la trochlée.

6 - Diamètre transverse de la surface articulaire pour le capitulum.

7 - Diamètre antéro-post. maximal de la surface articulaire pour la trochlée.

8 - Diamètre antéro-postérieur à la limite entre les surfaces de la trochlée et du capitulum.

9 - Diamètre antéro-postérieur de la surface articulaire pour le capitulum.

10 - Longueur totale de la surface d'articulation synoviale pour l'ulna.

11 - Longueur de la facette articulaire latérale pour l'ulna.

12 - Longueur de la facette articulaire intermédiaire pour l'ulna.

13 - Longueur de la facette articulaire médiale pour l'ulna.

14 - Diamètre transverse de la diaphyse.

15 - Diamètre antéro-postérieur de la diaphyse.

16 - Diamètre transverse de l'extrémité distale.

17 - Diamètre antéro-postérieur de l'extrémité distale.

Scaphoïde (d'après Crégut-Bonnoure, 1987)

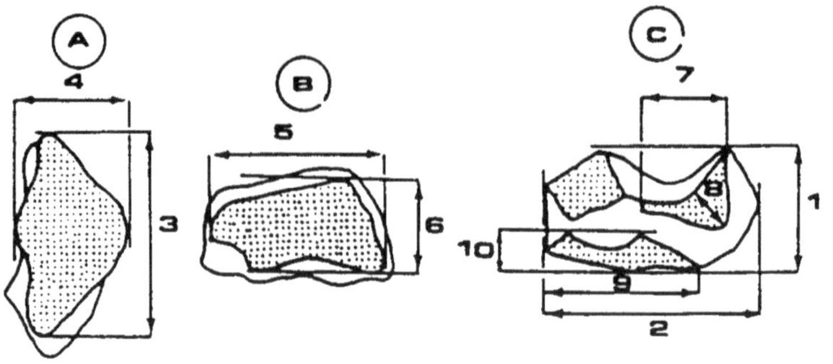

Scaphoïde gauche – vues : A, sup. ; B, inf. ; C, lat.

1 - Hauteur totale.
2 - Longueur totale.
3 - Longueur de la surface articulaire supérieure.
4 - Largeur de la surface articulaire supérieure.
5 - Longueur de la surface articulaire inférieure.
6 - Largeur de la surface articulaire inférieure.
7 - Longueur de la facette articulaire latérale postéro-supérieure.
8 - Hauteur de la facette articulaire latérale postéro-supérieure.
9 - Longueur de la facette articulaire latérale antéro-inférieure.
10 - Hauteur de la facette articulaire latérale antéro-inférieure.

Semi-lunaire (d'après Crégut-Bonnoure, 1987)

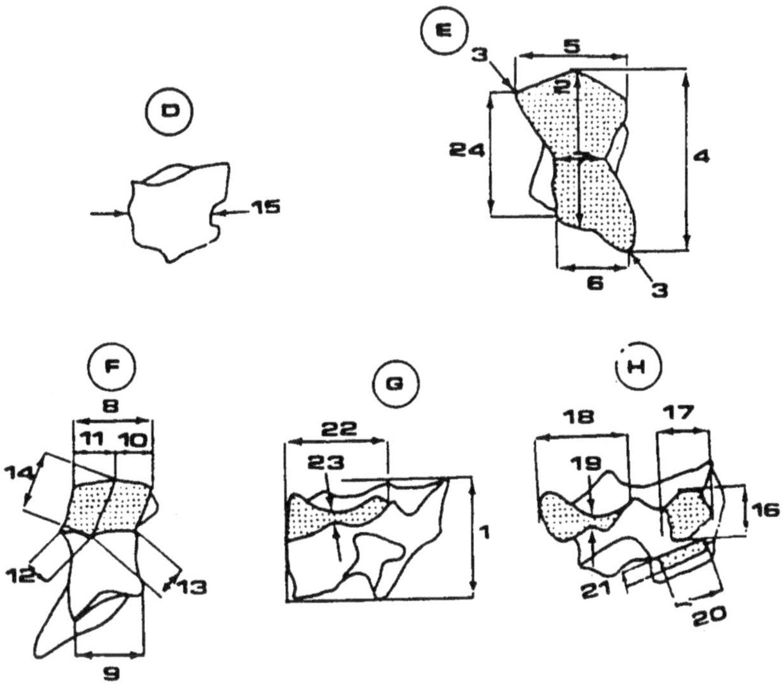

Semi-lunaire gauche – vues : D, ant. ; E, sup. ; F, inf. ; G, lat. ; H, méd.

1 - Hauteur totale.
2 - Longueur médiane de la surface articulaire supérieure.
3 - Longueur maximale de la surface articulaire supérieure.
4 - Longueur anatomique de la surface articulaire supérieure.
5 - Largeur antérieure de la surface articulaire supérieure.
6 - Largeur postérieure de la surface articulaire supérieure.
7 - Largeur minimale de la surface articulaire supérieure.
8 - Largeur antérieure de la surface articulaire inférieure.
9 - Largeur postérieure de la surface articulaire postérieure.
10 - Largeur antérieure de la facette articulaire inférieure antéro-latérale.
11 - Largeur antérieure de la facette articulaire inférieure antéro-médiale.
12 - Largeur postérieure de la facette articulaire inférieure antéro-médiale.
13 - Largeur postérieure de la facette articulaire antéro-latérale.
14 - Longueur de la crête médiane de la facette articulaire médiale antéro-supérieure.
15 - Largeur minimale de la face antérieure.
16 - Hauteur de la facette articulaire médiale antéro-supérieure.
17 - Longueur de la facette articulaire médiale antéro-supérieure.
18 - Longueur de la facette articulaire médiale postéro-supérieure.
19 - Hauteur de la facette articulaire médiale postéro-supérieure.
20 - Longueur de la facette articulaire médiale antéro-inférieure.
21 - Hauteur de la facette articulaire médiale antéro-inférieure.
22 - Longueur de la facette articulaire latérale antéro-supérieure.
23 - Hauteur de la facette articulaire latérale antéro-supérieure.
24 - Longueur médiale de la surface articulaire supérieure.

Biométrie du pyramidal (d'après Crégut-Bonnoure, 1987)

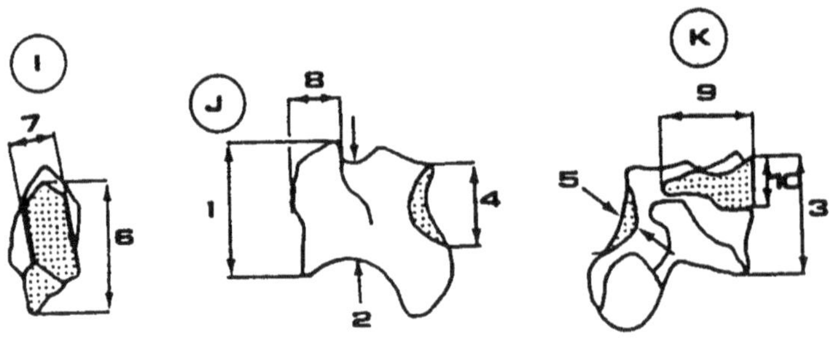

Pyramidal gauche – vues : I, inf. ; J, lat. ; K, méd.

1 - Hauteur totale de la face antérieure.
2 - Hauteur minimale de la face antérieure.
3 - Hauteur médiale de la face antérieure.
4 - Longueur de la facette articulaire répondant au pisiforme.
5 - Largeur de la facette articulaire répondant au pisiforme.
6 - Longueur de la face articulaire inférieure.
7 - Largeur de la face articulaire inférieure.
8 - Largeur supérieure de la face antérieure.
9 - Longueur de la facette articulaire médiale antéro-supérieure.
10 - Hauteur de la facette articulaire médiale antéro-supérieure.

Pisiforme (d'après Crégut-Bonnoure, 1987)

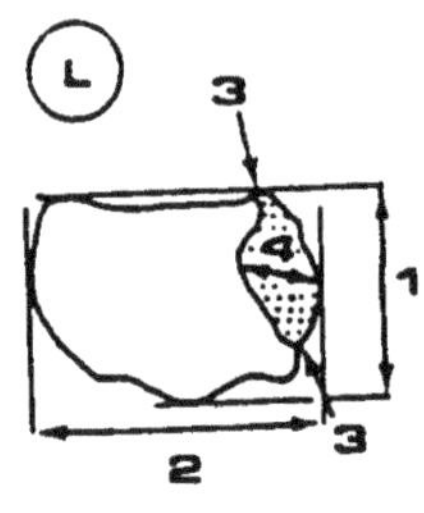

Pisiforme gauche – vues : L, méd.

1 - Hauteur totale.
2 - Longueur totale.
3 - Longueur de la facette articulaire répondant au pyramidal.
4 - Largeur de la facette articulaire répondant au pyramidal.

Os crochu, ou onciforme (d'après Crégut-Bonnoure, 1987)

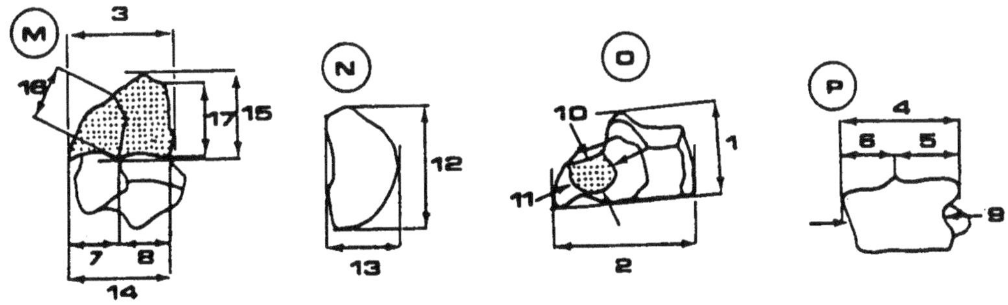

Onciforme gauche – vues : M, sup. ; N, inf. ; O, méd. ; P, ant.

1 - Hauteur totale.

2 - Longueur totale.

3 - Largeur totale.

4 - Largeur supérieure de la face antérieure.

5 - Largeur antérieure de la facette articulaire latéro-supérieure.

6 - Largeur antérieure de la facette articulaire supérieure médiale.

7 - Largeur postérieure de la facette articulaire latéro-supérieure.

8 - Largeur postérieure de la facette articulaire supérieure médiale.

9 - Largeur minimale de la face antérieure.

10 - Hauteur de la facette articulaire médiale inféro-postérieure.

11 - Longueur de la facette articulaire médiale inféro-postérieure.

12 - Longueur de la surface articulaire inférieure.

13 - Largeur de la surface articulaire inférieure.

14 - Largeur postérieure de la surface articulaire supérieure.

15 - Longueur totale de la surface articulaire supérieure.

16 - Longueur de la crête médiane de la surface articulaire supérieure.

17 - Longueur médiale de la surface articulaire supérieure.

Capitatotrapézoïde (d'après Crégut-Bonnoure, 1987)

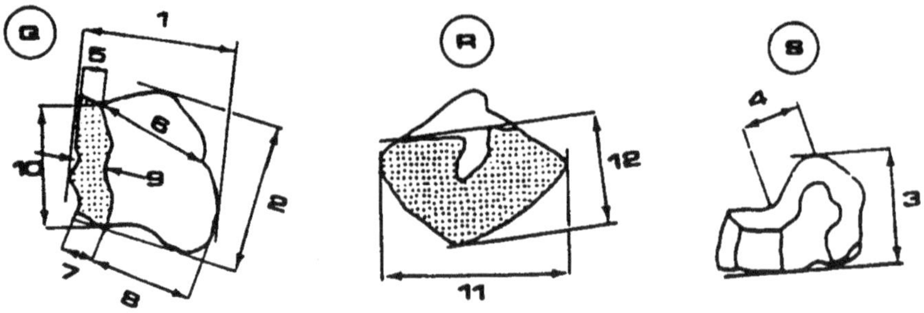

Capitatotrapézoïde gauche – vues : Q, sup. ; R, inf. ; S, lat.

1 - Largeur totale anatomique.
2 - Longueur anatomique.
3 - Hauteur totale.
4 - Hauteur du bourrelet postérieur.
5 - Largeur antérieure de la facette articulaire latéro-supérieure.
6 - Largeur antérieure de la facette articulaire supérieure médiale.
7 - Largeur postérieure de la facette articulaire latéro-supérieure.
8 - Largeur postérieure de la facette articulaire supérieure médiale.
9 - Largeur minimale de la face latéro-supérieure (à la base du bourrelet).
10 - Longueur de la crête médiane de la surface articulaire supérieure.
11 - Longueur maximale de la surface articulaire inférieure.
12 - Largeur maximale de la surface articulaire inférieure.

Métacarpien (d'après Crégut-Bonnoure, 1995a)

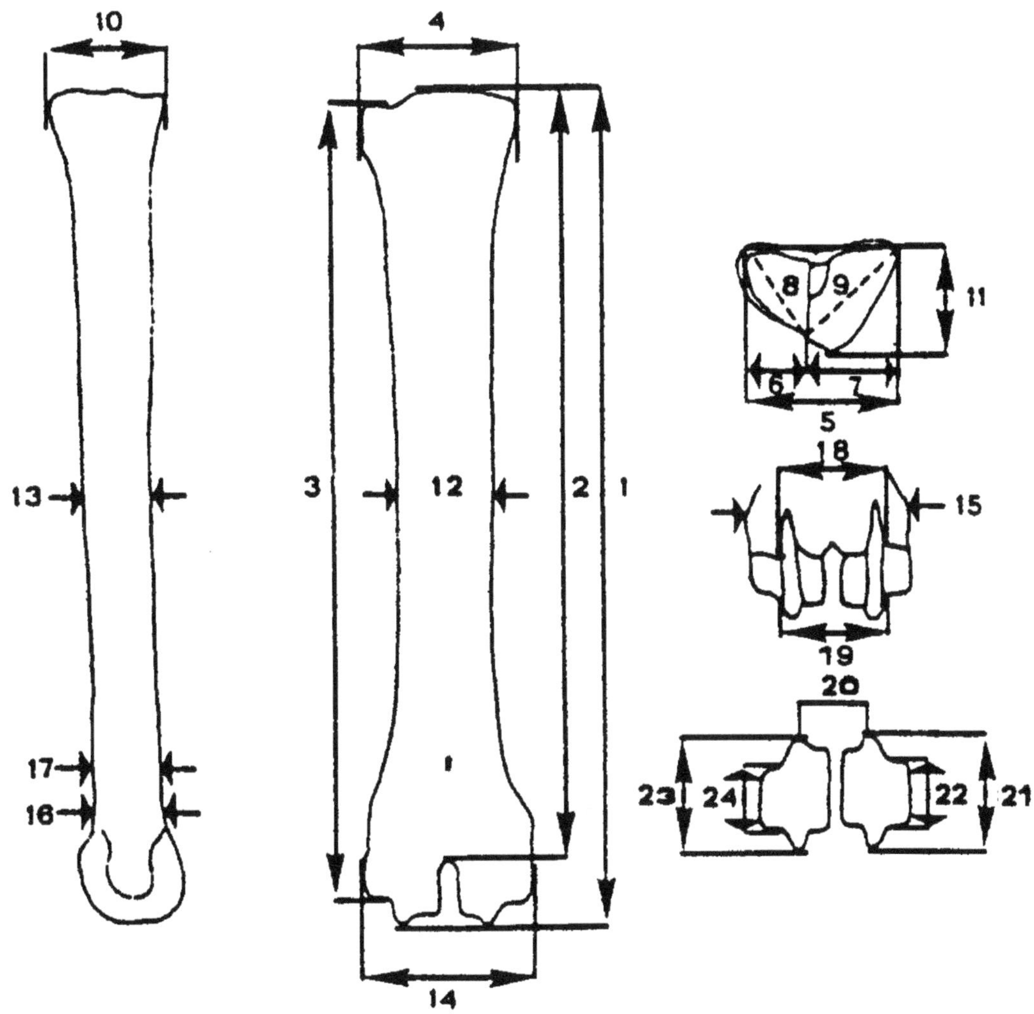

Pelvis (d'après von den Driesch, 1976)

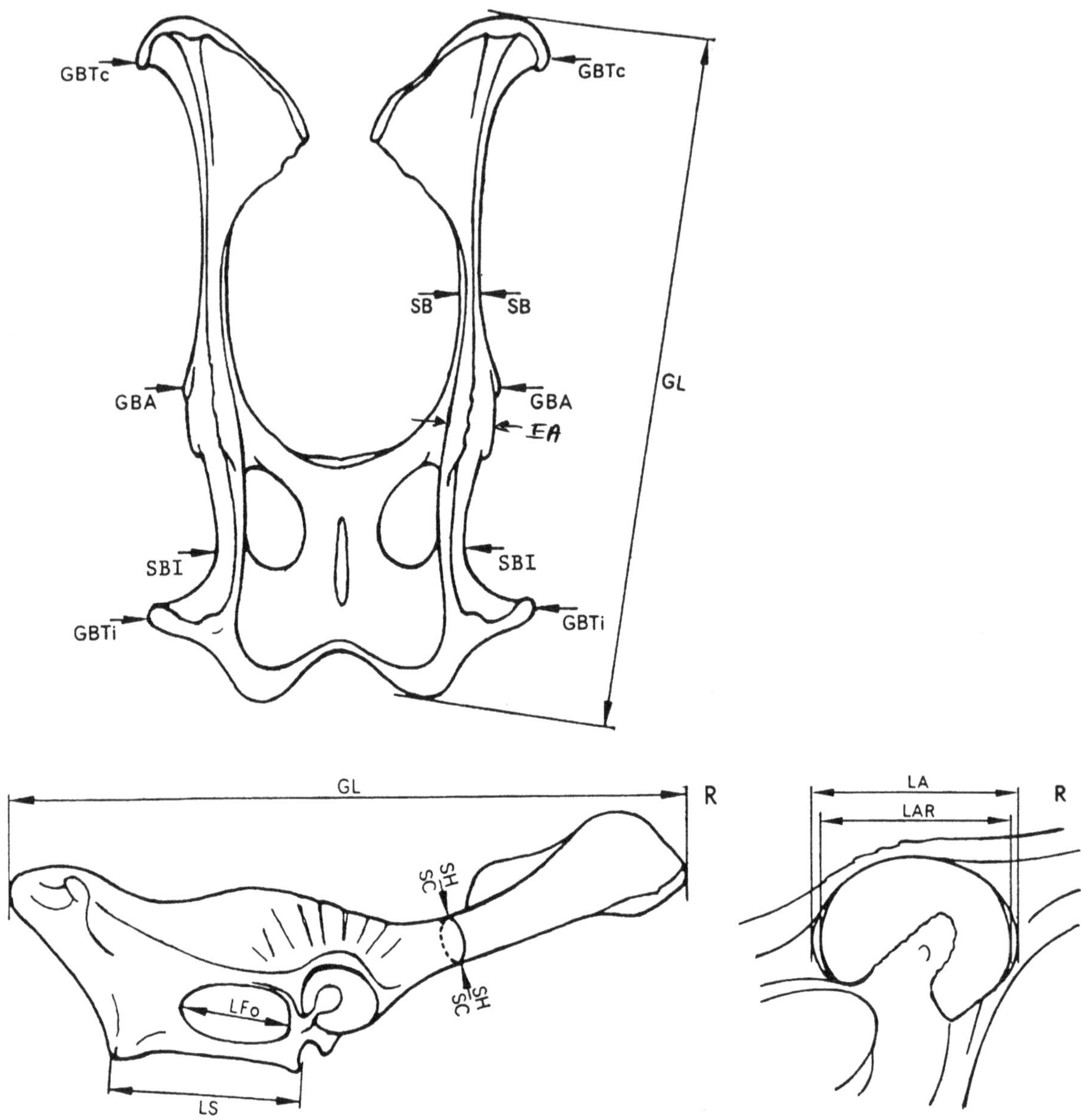

1 - GL = Longueur maximale.

2 - LA = Longueur de l'acétabulum, lèvres inclues.

3 - LAR = Longueur de l'acétabulum à partir du bord interne.

4 - LS = Longueur de la symphyse.

5 - SH = Hauteur minimale du col de l'ilium.

6 - SB = Largeur minimale du col de l'ilium.

7 - SC = Circonférence minimale du col de l'ilium.

8 - LFo = Longueur interne du foramen obturé.

9 - EA = Epaisseur du bord dorsal de l'acétabulum.

Extrémité distale du tibia (d'après Crégut-Bonnoure, 1995a)

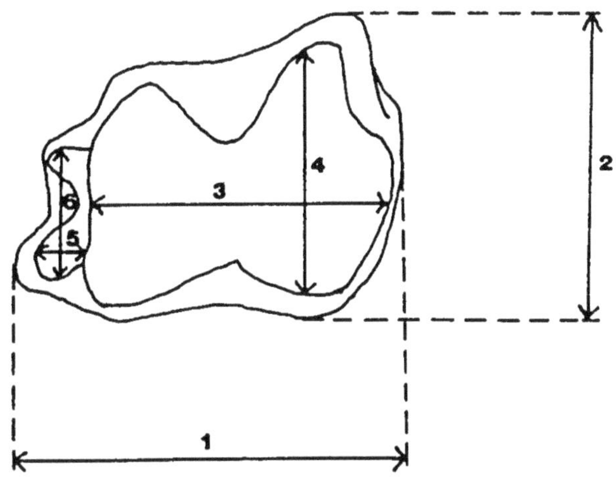

1 - Diamètre transverse de l'extrémité distale.

2 - Diamètre antéro-postérieur de l'extrémité distale.

3 - Diamètre transverse de la surface articulaire pour le talus.

4 - Diamètre antéro-postérieur de la surface articulaire pour le talus.

5 - Diamètre transverse de la surface articulaire pour la malléole.

6 - Diamètre antéro-postérieur de la surface articulaire pour la malléole.

7 - Diamètre minimum de la diaphyse.

8 - Diamètre antéro-postérieur de la diaphyse.

Talus (d'après Crégut-Bonnoure, 1987)

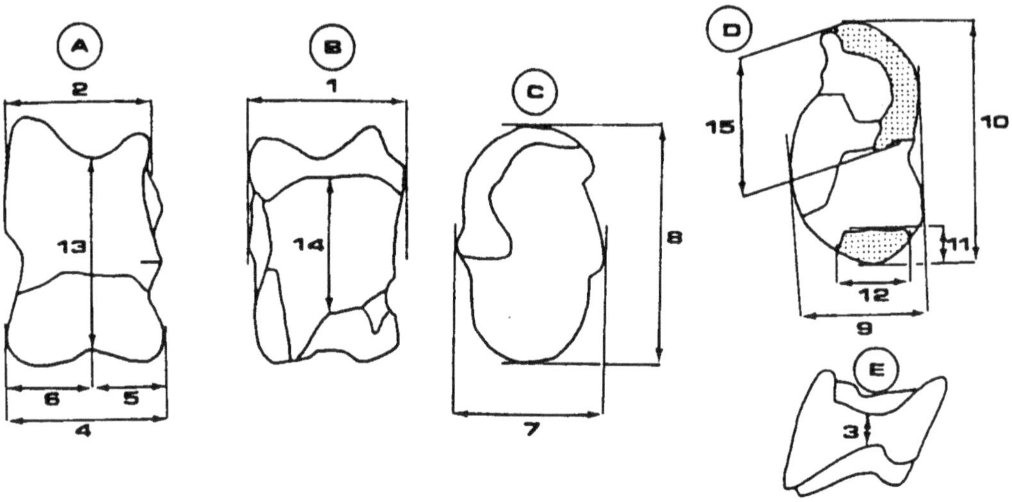

Talus (astragale) droit – vues : A, ant. ; B, post. ; C, méd. ; D, lat. ; E, sup.

1 - Diamètre transversal total.
2 - Diamètre transversal de la trochlée proximale.
3 - Epaisseur minimale de la trochlée proximale.
4 - Diamètre transversal de la trochlée distale.
5 - Diamètre transversal de la partie médiale de la trochlée distale.
6 - Diamètre transversal de la partie latérale de la trochlée distale.
7 - Diamètre dorso-plantaire médial.
8 - Hauteur médiale.
9 - Diamètre dorso-plantaire latéral.
10 - Hauteur latérale.
11 - Hauteur de la facette articulaire calcanéenne latéro-distale.
12 - Diamètre transversal de la facette articulaire calcanéenne latéro-distale.
13 - Hauteur médiane.
14 - Hauteur de la surface articulaire calcanéenne plantaire.
15 - Hauteur de la lèvre trochléenne proximo-latérale.

Calcanéum (d'après Crégut-Bonnoure, 1987)

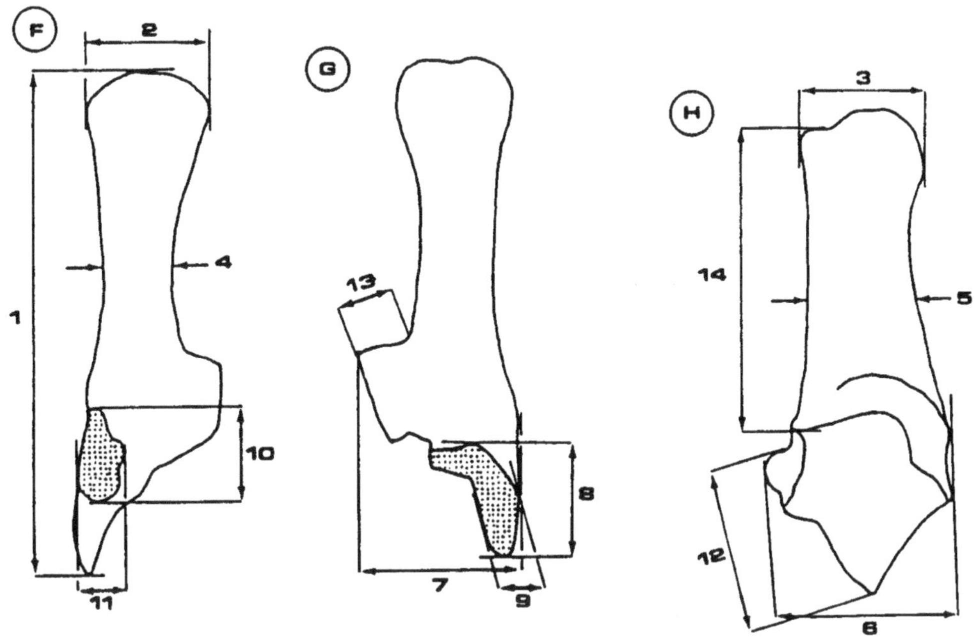

Calcanéum droit – vues : F, ant. ; G, post. ; H, méd.

1 - Longueur totale.
2 - Largeur du tuber calcanei.
3 - Epaisseur du tuber calcanei.
4 - Largeur minimale du corps supérieur.
5 - Epaisseur du corps supérieur.
6 - Epaisseur maximale du corps inférieur.
7 - Largeur du corps inférieur.
8 - Longueur de la facette articulaire inférieure.
9 - Largeur de la facette articulaire inférieure.
10 - Longueur de la trochlée fibulaire.
11 - Largeur de la trochlée fibulaire.
12 - Longueur du corps inférieur.
13 - Largeur de la coulisse tendineuse du sustentaculum tali.
14 - Longueur du corps supérieur.

Cubonaviculaire (d'après Crégut-Bonnoure, 1987)

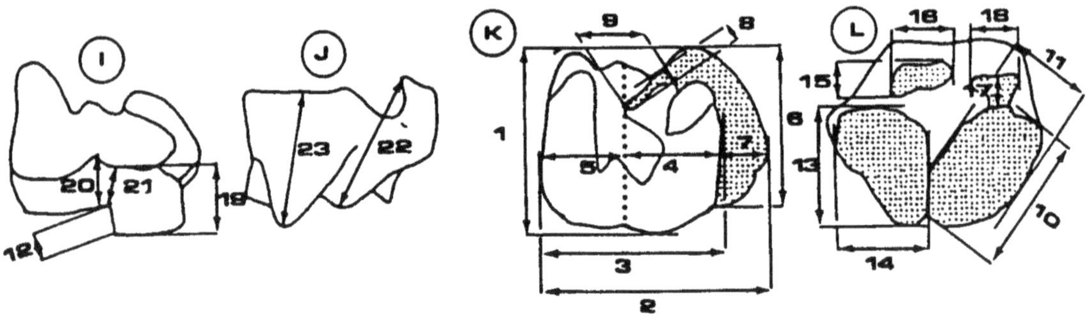

Cubonaviculaire gauche – vues : I, ant. ; J, post. ; K, sup. ; L, inf.

1 - Longueur totale.
2 - Largeur totale.
3 - Largeur de la surface astragalienne.
4 - Largeur de la partie latérale de la surface astragalienne.
5 - Largeur de la partie médiale de la surface astragalienne.
6 - Longueur de la facette articulaire calcanéenne.
7 - Largeur de la facette articulaire calcanéenne.
8 - Largeur de la facette articulaire postéro-médiane se logeant sous le décrochet de l'astragale.
9 - Longueur de la facette articulaire postéro-médiane se logeant sous le décrochet de l'astragale.
10 - Longueur de la facette articulaire inférieure répondant au grand cunéiforme.
11 - Largeur de la facette articulaire inférieure répondant au grand cunéiforme.
12 - Hauteur du ressaut antérieur.
13 - Longueur de la facette articulaire inférieure antéro-latérale.
14 - Largeur de la facette articulaire inférieure antéro-latérale.
15 - Largeur de la facette articulaire inférieure postéro-latérale.
16 - Longueur de la facette articulaire inférieure postéro-latérale.
17 - Longueur de la facette articulaire inférieure postéromédiale.
18 - Largeur de la facette articulaire inférieure postéro-médiale.
19 - Hauteur latérale maximale de la face antérieure.
20 - Hauteur médiale maximale de la face antérieure.
21 - Hauteur médiane minimale de la face antérieure.
22 - Hauteur médiale maximale de la face postérieure.
23 - Hauteur latérale maximale de la face postérieure.

Biométrie du métatarsien (d'après Crégut-Bonnoure, 1995a)

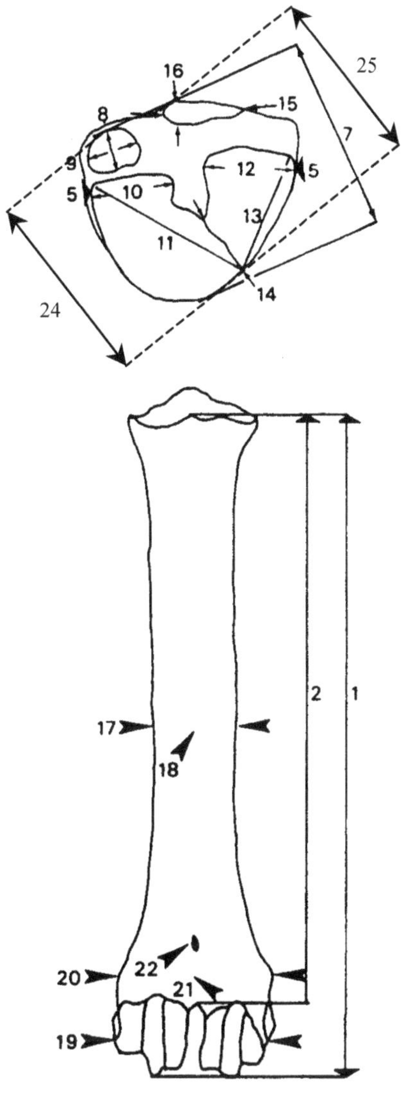

Première phalange (d'après Crégut-Bonnoure, 1995a)

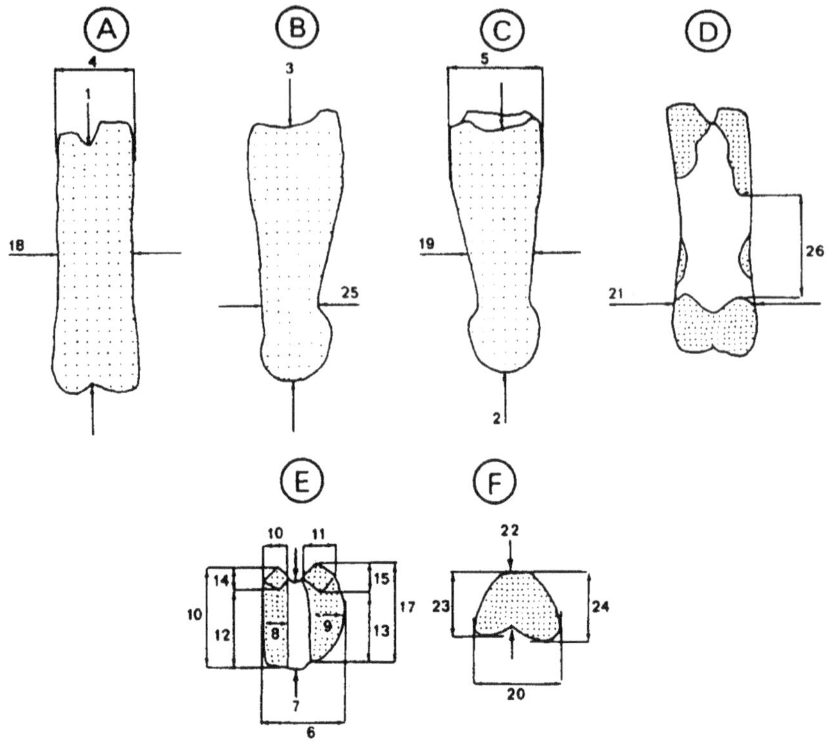

A : vue dorsale ; B : vue abaxiale ; C : vue axiale ;
D : vue palmaire et plantaire ; E : vue proximale ; F : vue distale

1 - Hauteur médiane.
2 - Hauteur latérale axiale.
3 - Hauteur latérale abaxiale.
4 - Diamètre transversal total de l'extrémité supérieure.
5 - Diamètre antéro-postérieur total de l'extrémité supérieure.
6 - Diamètre transversal articulaire de l'extrémité supérieure.
7 - Diamètre antéro-postérieur articulaire médian de l'extrémité supérieure.
8 - Diamètre transversal de la facette articulaire antéro-axiale.
9 - Diamètre transversal de la facette articulaire antéro-abaxiale.
10 - Diamètre transversal de la facette articulaire postéro-axiale.
11 - Diamètre transversal de la facette articulaire postéro-abaxiale.
12 - Diamètre antéro-postérieur de la facette articulaire antéro-axiale.
13 - Diamètre antéro-postérieur de la facette articulaire antéro-abaxiale.
14 - Diamètre antéro-postérieur de la facette articulaire postéro-axiale.
15 - Diamètre antéro-postérieur de la facette articulaire postéro-abaxiale.
16 - Diamètre antéro-postérieur articulaire axial total.
17 - Diamètre antéro-postérieur articulaire abaxial total.
18 - Diamètre transversal du milieu de la diaphyse.
19 - Diamètre antéro-postérieur du milieu de la diaphyse.
20 - Diamètre transversal articulaire distal.
21 - Diamètre transversal sus-articulaire distal.
22 - Diamètre antéro-postérieur inter-condylaire.
23 - Diamètre antéro-postérieur du condyle axial.
24 - Diamètre antéro-postérieur du condyle abaxial.
25 - Diamètre antéro-postérieur sus-articulaire.
26 - Hauteur entre la base du tubercule supéro-axial et le condyle axial.

Deuxième phalange (d'après Crégut-Bonnoure, 1995a)

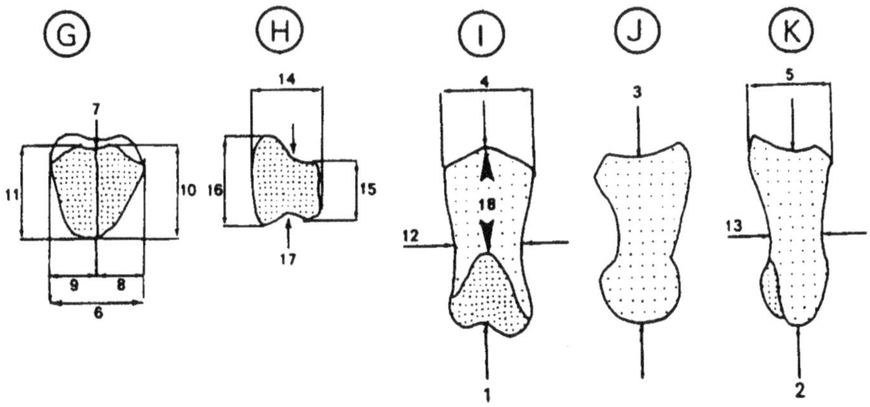

G : vue proximale ; H : vue distale ; I : vue dorsale ; J : vue abaxiale ;
K : vue axiale ; D : vue palmaire et plantaire

1 - Hauteur médiane.
2 - Hauteur latérale axiale.
3 - Hauteur latérale abaxiale.
4 - Diamètre transversal total de l'extrémité supérieure.
5 - Diamètre antéro-postérieur total de l'extrémité supérieure.
6 - Diamètre transversal articulaire de l'extrémité supérieure.
7 - Diamètre antéro-postérieur médian de l'extrémité supérieure.
8 - Diamètre transversal de la facette articulaire axiale.
9 - Diamètre transversal de la facette articulaire abaxiale.
10 - Diamètre antéro-postérieur de la facette articulaire axiale.
11 - Diamètre antéro-postérieur de la facette articulaire abaxiale.
12 - Diamètre transversal du milieu de la diaphyse.
13 - Diamètre antéro-postérieur du milieu de la diaphyse.
14 - Diamètre transversal articulaire distal.
15 - Diamètre antéro-postérieur du condyle axial.
16 - Diamètre antéro-postérieur du condyle abaxial.
17 - Diamètre antéro-postérieur inter-condylaire.
18 - Hauteur entre le sommet supéro-médian et le haut de l'articulation distale.

Troisième phalange (d'après Crégut-Bonnoure, 1995a)

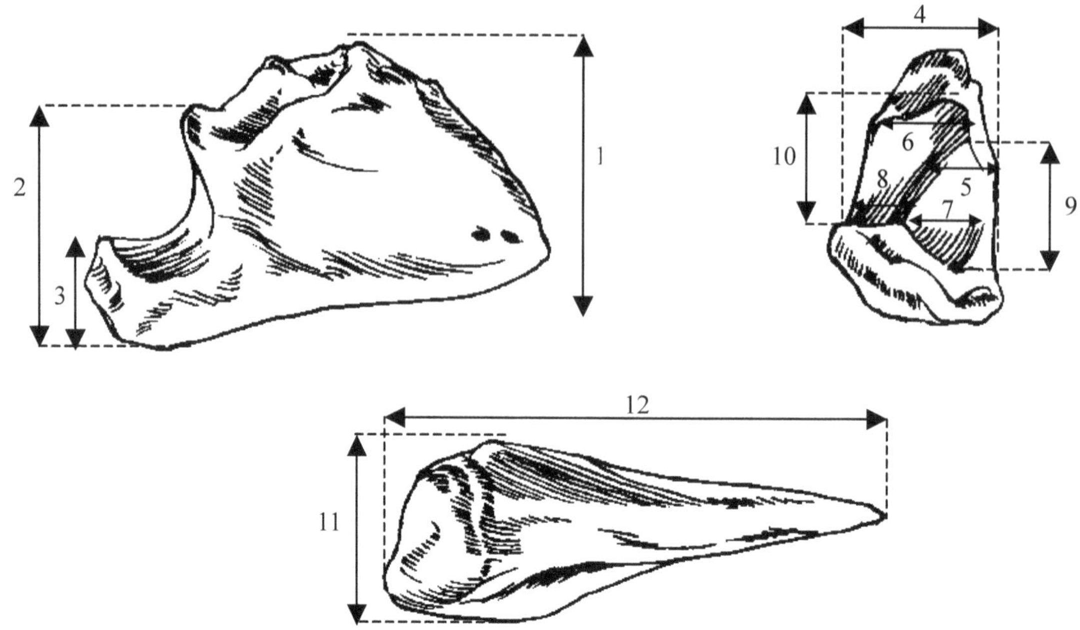

(dessin d'après Palès et Garcia, 1986)

1 - Hauteur totale.
2 - Hauteur au niveau de l'articulation.
3 - Hauteur au niveau inférieur de l'articulation.
4 - Diamètre transversal articulaire total.
5 - Diamètre transversal articulaire antérieur de la surface axiale.
6 - Diamètre transversal articulaire antérieur de la surface abaxiale.
7 - Diamètre transversal articulaire postérieur de la surface axiale.
8 - Diamètre transversal articulaire postérieur de la surface abaxiale.
9 - Diamètre antéro-postérieur de la surface articulaire axiale.
10 - Diamètre antéro-postérieur de la surface articulaire abaxiale.
11 - Diamètre transversal de la sole plantaire.
12 - Diamètre antéro-postérieur de la sole plantaire.

Annexe B

Mesures des restes dentaires et osseux

(Références des mesures données dans l'annexe A)

Crâne 208
Dents supérieures 210
Dents inférieures 218
Mandibule 224
Humérus 225
Radius 226
Carpiens 227
Métacarpiens 229
Tibia 229
Tarsiens 230
Métatarsiens 234
Phalanges 235

Liste des abréviations :

HC = Hauteur de la couronne (face linguale pour les dents supérieures, face labiale pour les dents supérieures).
a = spécimen actuel ; **f** = spécimen fossile.
lat. = latéralité.
sx. = sexe ; **f** = femelle ; **m** = mâle.
j = jeune.
ma = membre antérieur ; **mp** = membre postérieur.

Espèce	Collection		sx	20	21	45	46	48
O. a. ammon	MNHN	a	m	85,5	61,8	142,7	107,0	46,5
O. a. ammon	MNHN	a		89,1	62,1			37,3
O. a. ammon	MNHN A 10781	a	m	96,7	69,7			37,5
O. a. ammon	MNHN A 10790	a	m	93,0	64,1	134,0	93,5	38,0
O. a. antiqua	Arago E13 EEN4 2444	f		97,9	68,3			
O. a. antiqua	Arago E14 EFN1 961	f		102,8	73,0	98,6	96,9	38,8
O. a. antiqua	Arago E18 ESY0 807	f				105,8	103,8	
O. a. antiqua	Arago E18 EUT3 733	f						
O. a. antiqua	Arago F13 FEL2 908	f				65,0	45,0	
O. a. antiqua	Arago F19 FKF33 2608	f				117,2	105,6	
O. a. antiqua	Arago G13 GEO3 1045	f		91,4	64,7	121,5	96,0	52,0
O. a. antiqua	Arago H14 HFO4 4876	f				64,5	47,9	
O. a. antiqua	Arago J19 JKF8 3150	f				65,9	50,7	
O. a. hodgsonii	MNHN	a	m	84,7	59,8			40,5
O. a. hodgsonii	MNHN	a	m	85,5	60,7			41,2
O. a. hodgsonii	MNHN 1902 697	a	f	87,0	63,2	68,6		36,0
O. a. karelini	GSM Zool. Inst. 148 387	a	m	77,9	54,6	89,0	67,3	36,2
O. a. karelini	GSM Zool. Inst. 473 (As'chabad, Giaurs)	a		77,7	50,7	87,2	70,6	30,9
O. a. karelini	GSM Zool. Inst. 476 (Persia, Atrek)	a		74,9	50,5	74,1	66,8	31,0
O. a. karelini	MNHN 1898-104	a	m	98,0	65,7	121,3	89,4	35,0
O. a. nigrimontana	GSM Zool. Inst. 148a 386	a	m	77,8	53,2	83,8	71,3	30,2
O. g. gmelinii	GSM Zool. Inst. 147a 364	a	m			69,4	60,1	
O. g. gmelinii	GSM Zool. Inst. 40-14 361	a	m	68,3	46,0	63,6	59,3	
O. g. gmelinii	Turquie (Actuel)	a			47,3	69,1	52,2	

Tableau B1 – Dimensions du crâne d'*Ovis*.

Espèce	Collection		sx	20	21	22	42	43	45	46	47
Hemitragus bonali	Arago E12 J2 15	f								30,6	
Hemitragus bonali	Arago E17 EKY7 3627	f						116,0	48,6	41,8	80,0
Hemitragus bonali	Arago G17 GIH11 4749	f					112,0	81,0	39,1	28,3	127,0
Hemitragus jemlahicus	MNHN 1903-639	a	f	74,6	46,8	25,5	120,0		37,0	25,0	
Hemitragus jemlahicus	MNHN 1932-92	a							42,5	35,9	
Hemitragus jemlahicus	MNHN 1944-187	a	m	79,7	51,6	28,8	157,0		57,0	40,6	
Hemitragus jemlahicus	MNHN 1966-110	a		76,7	53,3	24,5	164,0	142,0	60,7	43,1	178,0
Hemitragus jemlahicus	MNHN 1972-133	a	f	74,7	52,0	22,5	108,0		39,4	26,8	95,0

Tableau B2 – Dimensions du crâne d'*Hemitragus*.

Espèce	Collection		sx	25	26	28	29	31	40	42	43	45	46	47	52
C. aegagrus	GSM Zool. Inst. 11-14 201 Wegransk	a	f							136,0	103,0	51,5	36,4		
C. aegagrus	GSM Zool. Inst. 141f 236	a	m							188,0	143,0	74,0	49,6		
C. aegagrus	GSM Zool. Inst. 141i 203 Araks	a	m							147,0	111,0	56,0	37,7	374,0	
C. aegagrus	GSM Zool. Inst. 153(4)-13 219 Araks	a	m							153,0	115,0	56,1	42,2	294,0	
C. aegagrus	GSM Zool. Inst. 33-10 212 Murov-dag	a	jf							84,0	56,5	29,3	24,1	136,0	
C. aegagrus	GSM Zool. Inst. 478 Firiisa, Aschabad	a	m							180,0	144,5	67,6	46,9		
C. aegagrus	Karaïn E (445)27	f								93,0	73,5	39,0	25,4		
C. aegagrus	Karaïn E (445)28	f								92,0	83,0	22,8	33,3		
C. aegagrus	Karaïn E (445)29	f								80,0	49,0	20,0	28,0		
C. aff. *caucasica*	Arche 98-1	f		88,6	56,9	25,7	20,7	37,4	64,4	111,7		36,6	33,7		99,7
C. aff. *caucasica*	Arche 98-2	f		103,5		25,8	24,2	42,6	80,5	196,9	174,0	64,6	60,6		136,4
C. aff. *caucasica*	Arche 98-3	f								163,7	131,9	50,9	52,8		
C. aff. *caucasica*	Arche 98-4	f								128,1	128,5	43,7	36,5		
C. aff. *caucasica*	Arche 98-5	f			63,6	24,0	21,4								
C. aff. *caucasica*	Arche 98-6	f								112,0		38,2	32,3		
C. aff. *caucasica*	Arche 98-7	f								163,8		56,6	49,6		
C. aff. *caucasica*	Le Portel-Ouest	f						46,4		206,0	166,0	67,6	61,8		147,7
C. cylindricornis	GSM Zool. Inst. 44-63 601	a	f							235,0		76,2	75,2		
C. cylindricornis	GSM Zool. Inst. 63-07 260	a	m									77,9	75,8		
C. cylindricornis	GSM Zool. Inst. 97-15 246 (Wuchinsk)	a	m	98,4	67,3	24,1	22,3	26,9	134,0	224,5	179,0	69,4	72,0	290,0	135,0
C. ibex	MNHN 1896-152	a						23,0				64,4	56,0		112,0
C. ibex	MNHN 1896-199	a		81,1				28,3				47,8	42,9		104,4
C. ibex	MNHN A 12040	a						32,8		187,0	142,0	62,5	55,1		123,9
C. ibex	MNHN A 12049	a	m					31,6		201,0	171,0	65,8	59,8		118,9
C. ibex	MNHN A 12060	a		86,6	66,7	25,7	21,8	33,7	147,0	193,0	156,0	63,6	56,8	315,0	116,3
C. ibex	MNHN A 14112	a	m	121,1	75,5	27,9	22,1	26,8	182,0	239,0	217,0	82,8	66,7	555,0	128,5
C. pyrenaica	MNHN 1832-8	a	jm							145,0		46,2	43,9		
C. pyrenaica	Osse-en-Aspe Grouffre PT10 (M. Requien)	f										61,5	60,2		

Tableau B3 – Dimensions du crâne de *Capra*.

Espèce	Collection		sx	20	21	22	42	45	46	47
R. occitanica	Nestier D.315 (moulage Musée Requien)	f						21,9	21,2	90,0
R. pyrenaica	Parc Nal. des Pyrénées PN76 (Mus. Requien)	a	f					15,1	13,2	72,0
R. rupicapra	Musée Requien	a						18,8	13,9	74,0
R. r. caucasica	GSM Zool. Inst. 111-11 169	a	f	55,8	36,8	20,4	57,0	20,4	15,7	
R. r. caucasica	GSM Zool. Inst. 11-60 591	a	m	62,3	39,7	20,7	67,0	22,0	19,6	
R. r. caucasica	GSM Zool. Inst. 23-09 183	a	f	58,1	39,5	19,2		25,1	21,3	
R. r. caucasica	GSM Zool. Inst. 25-11 200	a	m	58,6	38,1	20,8	74,0	25,5	21,1	
R. r. caucasica	GSM Zool. Inst. 35-09 172	a	f	55,7	38,6	20,5		22,3	19,9	
R. r. caucasica	GSM Zool. Inst. 45-63 597	a	f				64,0	21,4	19,5	
R. r. caucasica	GSM Zool. Inst. 55-11 171	a	m	62,4	39,6	21,7	70,5	24,2	20,5	
R. r. caucasica	GSM Zool. Inst. 55-11 173	a	m	61,2	40,2	21,7	71,0	23,1	20,4	
R. cf. *pyrenaica*	Arago R12544 (solF)	f					50,0	18,1	12,6	

Tableau B4 – Dimensions du crâne de *Rupicapra*.

Espèce	Collection	HC	1	2	3	4	5
Capra aff. *caucasica*	Portel-Ouest G	7,2	8,6	7,8	7,7	7,6	7,9
Capra cylindricornis	Actuel Caucase 2 (CERP)	8,4		6,8	5,7		
Hemitragus bonali	Arago A13 AEJ1 10	7,2	9,0	7,6	8,2	7,2	7,6
Hemitragus bonali	Arago B14 RP&RC14 R10567	5,0	8,3	7,7	7,7	7,0	7,3
Hemitragus bonali	Arago D16 DQY8 4926	7,0	9,0	8,0	8,0	7,0	8,0
Hemitragus bonali	Arago D16 DQY8 5332	10,0	8,4	7,5	8,0	7,0	7,7
Hemitragus bonali	Arago D16 DQY9 R10726	5,6	8,8	7,4	7,9	7,0	7,5
Hemitragus bonali	Arago D17 DLY2 R11125	9,9	7,4	7,6	7,8	7,4	8,0
Hemitragus bonali	Arago E20 ELD3 369	7,0	8,0	7,5	8,4	7,9	8,4
Hemitragus bonali	Arago F14 FA1 1672	6,1	7,8	7,7	8,4	7,5	7,6
Hemitragus bonali	Arago F16 FKY3 2320	6,0	8,9	7,2	7,8	7,0	7,4
Hemitragus bonali	Arago F17 FMZ2 894	5,1	7,4	7,3	8,6	8,3	8,4
Hemitragus bonali	Arago G14 GA4 2058	12,5	8,3	7,6	7,0	6,3	7,2
Hemitragus bonali	Arago G14 GAY5 R10569	10,1	8,1	7,1	7,3	6,1	7,6
Hemitragus bonali	Arago G18 GSY5 1582	10,9	8,5	7,9	7,9	7,0	7,1
Hemitragus bonali	Arago H14 HA3 1699	6,5	8,5	6,9	7,2	6,7	7,2
Hemitragus bonali	Arago H14 HA3 R10566	3,0	8,2	8,0	8,7	7,0	
Hemitragus bonali	Arago H14 HA3 R10568	9,5	8,7	7,2	7,2	6,8	7,3
Hemitragus bonali	Arago H14 HA3 R10570	12,0	8,0	7,0	6,6	5,5	6,9
Hemitragus bonali	Arago H16 HDY5 5415	8,0	8,6	8,2	8,2	7,0	8,0
Hemitragus bonali	Arago H18 HLY0 2222	8,5	7,5	7,5	7,7	7,1	8,0
Hemitragus bonali	Arago I15 INZ 1265	6,0	8,5	7,6	7,8	6,8	7,5
Hemitragus bonali	Arago I15 INZ R10819	6,0	8,0	7,3	7,7	7,2	7,4
Hemitragus bonali	Arago I17 IRY1 1781	10,6	9,3	7,5	7,4	6,7	6,7
Hemitragus bonali	Arago I20 ILF13 3626+27		8,3	7,5			7,2
Hemitragus bonali	Arago J17 JPY2 1888	12,6	8,9	7,0	7,0		7,5
Hemitragus bonali	Arago J19 JKD12 1124	7,0	8,7	6,8	7,2	6,7	6,8
Hemitragus bonali	Arago K18 KSY1 764	2,0	8,3		7,6	6,9	
Hemitragus bonali	Arago K19 KKD37 1626	9,8	8,8	7,9	9,0	8,3	9,2
Hemitragus bonali	Arago K19 KKF7b 4704	14,3	8,9		8,2	7,2	
Hemitragus bonali	Orgnac3 E13 12631 r 7	8,0	7,1	6,3	6,2	5,4	6,0
Hemitragus cedrensis	Arago I21 R10364 T.brunes	7,1	6,6	6,3	6,8	6,8	6,9
Rupicapra pyrenaica	Portel-Ouest B (10186)	5,0	5,7	5,3	5,5	5,2	5,5
Rupicapra pyrenaica	Portel-Ouest B (10187)	5,3	6,0	5,6	5,3	5,1	5,4

Tableau B5 – Dimensions des deuxièmes prémolaires définitives supérieures.

Espèce	Collection	HC	1	2	3	4	5
Capra aff. *caucasica*	Portel-Ouest B1		9,9		7,4	7,2	
Capra aff. *caucasica*	Portel-Ouest F2	11,3	8,1	8,0	7,9	7,7	8,5
Capra aff. *caucasica*	Portel-Ouest F2	15,4	9,9	8,8	8,0	7,9	9,7
Capra aff. *caucasica*	Portel-Ouest F2	7,4	8,9	8,9	10,2	10,0	10,2
Capra aff. *caucasica*	Portel-Ouest F2	16,7	9,8	8,4	8,1	7,7	9,1
Capra aff. *caucasica*	Portel-Ouest G	9,0	8,7	8,7	9,4	9,0	10,0
Capra caucasica	Sakazia Ls 76 972 697	8,8	7,9	6,8	8,7	8,1	8,4
Capra cylindricornis	Actuel Caucase 2 (CERP)	9,4		7,2	7,0		
Hemitragus bonali	Arago C10 CBL3 273	14,0	9,6	8,6	7,9	7,8	9,0
Hemitragus bonali	Arago C23 COD3 606	7,0	8,7	8,6	8,8	8,6	9,0
Hemitragus bonali	Arago D16 DQY8 4888	9,1	8,2	8,0	11,5	10,6	10,4
Hemitragus bonali	Arago D16 DQY9 R10594	10,0	9,7	9,0	9,3	8,5	10,2
Hemitragus bonali	Arago D17 DLY10 3094	12,5	9,4				
Hemitragus bonali	Arago E14 EFJ14 517	3,5	8,3	7,8	8,0	7,4	7,2
Hemitragus bonali	Arago F14 FA1 1690	9,5	8,4	6,9	7,8	6,7	7,2
Hemitragus bonali	Arago F15 FKY4 2692	8,8	8,9	8,5	8,7	7,5	8,8
Hemitragus bonali	Arago F16 FKY3 2318	7,6	9,0	8,4	9,3	8,2	9,8
Hemitragus bonali	Arago F17 FMZ2 R11126	4,0	8,6	8,6	10,2	10,0	10,2
Hemitragus bonali	Arago F17 JJP0 63	9,3	9,0	8,2	7,9	7,2	8,5
Hemitragus bonali	Arago G13 GEJ17 574	14,5	11,3	10,0	8,6	8,4	10,3
Hemitragus bonali	Arago G14 GA4 2056	14,5	9,9	8,7	8,3	7,9	8,8
Hemitragus bonali	Arago G16 GDY1 3500	13,4	10,5	9,0	9,9	7,7	10,2
Hemitragus bonali	Arago H14 HA3 1607	19,5	10,8	8,4	7,2	6,9	9,0
Hemitragus bonali	Arago H15 HAT8 3132	10,7	9,2	8,8	9,1	8,2	10,0
Hemitragus bonali	Arago H15 HAZ3 1472	13,2	9,7	8,7	8,8	7,9	10,0
Hemitragus bonali	Arago H17 HQY3 2212	10,5	10,6		8,6	7,8	
Hemitragus bonali	Arago I16 IPY3 4439	13,0	10,8	9,2	8,5	7,4	9,6
Hemitragus bonali	Arago I23 IOB3 165	9,7	9,0	7,5	8,3	8,0	8,8
Hemitragus bonali	Arago J18 JJD3 R52344	7,7	8,1	7,6	10,2	9,6	9,8
Hemitragus bonali	Arago K18 KSZ3 701	6,1	9,8	8,7	8,9	8,7	8,7
Hemitragus bonali	Orgnac3 C15 221 -- 5a	9,0	8,5	7,9	8,1	8,0	7,8
Hemitragus cedrensis	Arago K19 KKE16B 4082	7,7	8,0	7,2	7,7	7,6	8,1
Ovis ammon	Sakazia Ls 78 1071 166	10,7	8,7	7,9	9,4	8,6	9,1
Rupicapra pyrenaica	Portel-Ouest B (10186)	5,8	7,5	5,6	6,6	6,5	6,9
Rupicapra pyrenaica	Portel-Ouest B (10187)	6,4	7,5	5,6	6,2	6,3	6,9
Rupicapra pyrenaica	Portel-Ouest B1AO (10195)	7,8	7,6	6,9	6,4	6,2	7,2

Tableau B6 – Dimensions des troisièmes prémolaires définitives supérieures.

Espèce	Collection	HC	1	2	3	4	5
Capra aff. *caucasica*	Arago I20 ILD12 363	14,3	10,0	8,2	10,2		11,3
Capra aff. *caucasica*	Arago K19 KKE31B 4380	15,4	10,5	7,9	10,5	9,7	10,6
Capra aff. *caucasica*	Portel-Ouest B1		10,4		8,0	7,1	
Capra aff. *caucasica*	Portel-Ouest F2	10,3	8,6	8,6	10,6	10,5	10,7
Capra caucasica	Ortvala-Klde G6c 299-308 4d	18,6	10,4	9,6	7,7	7,7	8,3
Capra caucasica	Ortvala-Klde G7d 360-365 6(bottom)	25,9	11,0	8,8	9,8	7,9	10,4
Capra caucasica	Tsona GSM 16-54-347 (Moustérien)	10,8	10,4		12,8	11,4	13,1
Capra cylindricornis	Actuel Caucase 2 (CERP)	9,9		9,0	6,9		
Hemitragus bonali	Arago D17 DLY2 R11127	11,1	10,8	9,4	9,4	8,9	9,9
Hemitragus bonali	Arago E15 EA1 2875	18,8	10,0	7,0	9,7	8,3	10,6
Hemitragus bonali	Arago E17 EJM3D 128	15,4	9,8	7,6	9,0	8,5	9,5
Hemitragus bonali	Arago F14 FA1 1691	14,9	8,6	7,2	10,4	9,3	10,7
Hemitragus bonali	Arago F15 FKY12 4353	16,0	9,7	7,5	10,8	9,9	10,7
Hemitragus bonali	Arago F15 FKY5 R10578	4,0	8,7	8,2	10,4	10,2	9,9
Hemitragus bonali	Arago F17 FJ1 40	18,5	10,9	7,3	8,6	6,6	9,2
Hemitragus bonali	Arago F17 FKY3 2319	7,6	8,6	7,8	10,9	10,7	10,2
Hemitragus bonali	Arago F24 FPD5 562	15,8	9,3	7,1	9,0	8,2	9,6
Hemitragus bonali	Arago G15 GY11 5278	17,6	11,4	8,8	10,4	8,5	10,3
Hemitragus bonali	Arago G24 GPD5 R10018		8,7	7,7	10,4	10,2	9,6
Hemitragus bonali	Arago G8 GZP2 465	13,9	8,7	7,9		8,9	9,8
Hemitragus bonali	Arago H14 SO0 369	10,2	7,8	7,8	10,4	10,4	10,3
Hemitragus bonali	Arago H15 HAT8 3221	18,8	11,7	9,0	10,4	9,3	10,8
Hemitragus bonali	Arago H15 HAY2 1926	7,7	8,0	7,2	10,1	9,9	10,2
Hemitragus bonali	Arago H17 HQY5 2727	12,5	8,0	7,3	10,1	9,7	9,8
Hemitragus bonali	Arago H17 HQY6 3023	18,8	9,7	8,4	10,6	9,5	10,6
Hemitragus bonali	Arago I16 IPY3 3753	17,9	8,8	7,2	10,6	9,7	10,6
Hemitragus bonali	Arago I16 IPY3 4440	18,4	10,6	7,9	9,6	8,7	10,4
Hemitragus bonali	Arago I19 IKF9 1788	8,8	9,6	8,3	9,2	8,7	8,7
Hemitragus bonali	Arago I21 IMO3 423	15,8	9,4	7,6	9,6	9,0	10,0
Hemitragus bonali	Arago I22 IND7 1955	19,8	11,4	7,1	8,2	6,8	9,6
Hemitragus bonali	Arago I23 IOC0 228	14,4	9,2	7,3	9,8	8,8	10,4
Hemitragus bonali	Arago J19 JKE1 1516	16,0	9,5	7,0	10,3	9,7	10,9
Hemitragus bonali	Arago K17 KMY2 727	22,6	11,0	10,2	9,4	8,3	11,8
Hemitragus bonali	Arago R12528	14,6	9,8	7,4	8,1	7,3	9,0
Hemitragus bonali	Orgnac3 C10 360 -- 5	15,6	9,6	7,2	8,4	7,5	9,5
Hemitragus bonali	Orgnac3 C14 12632 r 4b	10,2	7,1	6,0	9,9	9,7	9,5
Hemitragus bonali	Orgnac3 E15 12633 r 6	17,2	10,0	6,5	10,0	8,8	11,3
Hemitragus cedrensis	Arago C22 CND3P 145		9,2	8,0	11,8	10,7	11,4
Hemitragus cedrensis	Arago I20 ILD12 355		9,3	7,6			
Ovis ammon	Sakazia Ls 76 152 793	12,9	9,2	8,8	12,1	10,9	11,9
Rupicapra pyrenaica	Arbreda c.21-24 72192	7,4	8,13	6,75	7,64	7,00	7,87
Rupicapra pyrenaica	Portel-Ouest B (10186)		7,3	6,0	7,6	6,8	8,3
Rupicapra pyrenaica	Portel-Ouest B (10187)		7,5		7,2	6,6	8,1

Tableau B7 – Dimensions des quatrièmes prémolaires définitives supérieures.

Espèce	Collection	HC	1	2	3	4	5	6	7
Capra aff. *caucasica*	Portel-Ouest B1	24,1	15,5	12,9	10,4	9,3	8,8	8,6	11,8
Capra aff. *caucasica*	Portel-Ouest B1	26,4	17,1	12,1	11,1	10,0	10,2	9,0	13,5
Capra aff. *caucasica*	Portel-Ouest F2	10,7	14,4	11,5	13,8	13,5	12,1	12,0	12,8
Capra aff. *caucasica*	Portel-Ouest G (15)	18,2	16,4	13,9	13,4	12,3	11,6	11,4	14,4
Capra aff. *caucasica*	Portel-Ouest G (16)	16,2	16,5	14,1	13,3	12,5	11,7	11,2	15,0
Capra caucasica	Ortvala-Klde 1981	35,2	18,4	14,0	11,0	9,1	10,1	7,8	12,7
Capra caucasica	Ortvala-Klde 89 F6 350-370 4		16,4	14,0	13,0	11,8	11,1	10,0	15,0
Capra caucasica	Ortvala-Klde 90 C11 405-460 4	27,0	17,7		12,0	9,9	10,1	8,7	15,4
Capra caucasica	Ortvala-Klde 90 C12 405-410 4	33,9	18,3	14,3	12,6	11,7	10,0	8,8	15,1
Capra caucasica	Ortvala-Klde 95 C11 370-420 4	29,1	19,3	15,1	10,6	9,5	9,6		14,0
Capra caucasica	Ortvala-Klde G7a 360-365 6	20,4	17,6	14,2	14,4	14,2	12,7	12,1	16,3
Capra caucasica	Ortvala-Klde G8a 336-341 6	14,5	14,9	11,8	12,7	11,6	10,9	10,6	12,9
Capra caucasica	Ortvala-Klde G8c 291-300 4c	30,3	18,4	15,3	13,8	12,9	11,8	10,4	16,6
Capra caucasica	Ortvala-Klde G8d 330-335 6	13,8	15,0	12,5	13,4	13,2	12,0	11,7	13,7
Capra caucasica	Sakazia 19.Zs.74:2137.142	33,7	18,7	16,7	12,0	9,7	10,3	8,1	15,4
Capra caucasica	Sakazia Ls 76 1098 548	24,8	17,5	12,8	12,2	11,6	10,7	10,1	15,7
Capra caucasica	Sakazia Ls 76 826 595	15,7	15,7	11,9	10,7	9,8	9,7	7,8	14,0
Capra cylindricornis	Actuel Caucase 2 (CERP)		14,1		10,8	10,0	9,5	7,9	
Hemitragus bonali	Arago C15 C12a 2542		17,0	14,0	11,7	10,7	10,2	9,5	
Hemitragus bonali	Arago D10 DBJ1 155	20,6	16,8	13,8	11,7	10,9	10,2	9,2	14,6
Hemitragus bonali	Arago D16 DQY3 10724	12,6	15,2	13,6	13,9	13,3	11,6	11,5	15,7
Hemitragus bonali	Arago D18 DSY2 1388	21,6	18,7	16,8	13,3		11,0	9,8	16,0
Hemitragus bonali	Arago E17 EJM3E 124	24,5	17,9	15,3	11,8	10,2	10,6	8,7	15,5
Hemitragus bonali	Arago F15 FKY2 2412	16,0	15,2	12,7	12,2	11,6	10,5	10,1	13,3
Hemitragus bonali	Arago G14 GA4 2053	17,6	17,0	13,1	12,7	12,0	11,5	11,1	13,8
Hemitragus bonali	Arago H15 HAT2 1918	11,0	13,5	11,9	12,4	12,0	10,8	10,7	12,5
Hemitragus bonali	Arago H15 HAT8 2708	11,1	14,5	12,6	12,6	12,5	11,5	11,3	14,5
Hemitragus bonali	Arago I16 IPZ7 1131	22,0	17,7	14,0		12,2		10,5	14,9
Hemitragus bonali	Arago I20 ILF6 1075	23,7	16,1	11,9	11,8	11,1	10,6	9,6	13,7
Hemitragus bonali	Arago J16 1056	24,9	16,7	12,5	11,6	10,9	10,3	9,4	12,9
Hemitragus bonali	Arago J17 JPZ3 1057	12,1	15,0	12,4	13,6	13,2	11,5	11,2	14,1
Hemitragus bonali	Orgnac3 C15 12634 r 6				8,8	7,3			
Hemitragus bonali	Orgnac3 C16 144 -- 3	24,8	16,8	12,5					13,1
Hemitragus bonali	Orgnac3 D8 95 -- 4b	9,2	14,9	13,2	13,1	12,4	11,4	10,7	13,5
Hemitragus cedrensis	Arago I19 IKD8 223	8,5	13,3	11,1	11,7	11,5	10,2	10,2	12,2
Hemitragus cedrensis	Arago K19 KKD2 197	14,9	14,6	11,6	12,0	10,9	10,5	9,9	12,7
Hemitragus cedrensis	Arago K19 KKD46 1937	7,1	11,8		11,8	11,6	10,8	10,7	13,3
Hemitragus cedrensis	Arago R 12527		14,0						
Rupicapra cf. *pyrenaica*	Arago H16 HDZ2 1456	6,3	10,9	9,4		11,5			
Rupicapra pyrenaica	Actuel CERPT	3,8	9,2	8,2	10,3	9,8	9,4	9,2	9,9
Rupicapra pyrenaica	Portel-Ouest B (10186)		11,8	9,2	9,5	8,8	8,7	7,8	
Rupicapra pyrenaica	Portel-Ouest B (10187)	9,0	12,1	9,2	9,6	9,0	8,8	7,9	11,2
Rupicapra pyrenaica	Portel-Ouest D (986)	18,9	14,1	11,2	8,2	7,3	7,2	6,0	10,7
Rupicapra pyrenaica	Portel-Ouest F2	18,7	14,7	10,0	8,5	8,2	7,4	6,2	11,0
Rupicapra pyrenaica	Portel-Ouest F2 (805)	11,7	12,2	10,0	8,7	7,7	7,4	6,8	10,3
Rupicapra pyrenaica	Portel-Ouest F2 (806)	5,8	11,0	9,7	10,4	10,2	9,2	9,1	10,7

Tableau B8 – Dimensions des premières molaires définitives supérieures.

Espèce	Collection	HC	1	2	3	4	5	6	7
Capra aff. *caucasica*	Arago I22 IND8 2062	21,9	19,0	15,8	13,1	12,0	10,8	9,9	14,3
Capra aff. *caucasica*	Portel-Ouest B	36,1	19,5	17,7	11,7	9,9	10,2	8,2	16,0
Capra aff. *caucasica*	Portel-Ouest B1	36,1	19,4	17,1	11,7	10,1	10,1	8,3	15,7
Capra aff. *caucasica*	Portel-Ouest F2	27,7	20,1	17,9	14,3	12,7	11,9	10,7	15,7
Capra aff. *caucasica*	Portel-Ouest F3			18,3					15,1
Capra aff. *caucasica*	Portel-Ouest F3	16,1	19,6	16,1	15,5	13,0			14,7
Capra aff. *caucasica*	Portel-Ouest G	28,2	20,5	16,0	14,2	12,8	11,3	10,2	16,1
Capra caucasica	Grotte du Bronze (Tsutskhvati, Géorgie)	27,9					11,3	9,8	15,5
Capra caucasica	Grotte du Bronze (Tsutskhvati, Géorgie)	30,9	19,5	17,5	15,2	12,7	12,4	10,6	17,1
Capra caucasica	Ortvala-Klde 87 D8 405-415 4		19,3		14,2	12,7	11,3	10,1	16,0
Capra caucasica	Ortvala-Klde 90 C11 395-400 4	41,1	20,4	20,1	14,9	12,1	11,9	9,0	
Capra caucasica	Ortvala-Klde 90 C12 370-375 3	26,5	20,1	18,1	16,0	14,5	13,8	11,7	17,6
Capra caucasica	Ortvala-Klde 95 C11 370-420 4	28,0	20,4		12,3	11,4	11,3	10,3	
Capra caucasica	Ortvala-Klde 95 E8 370-420 4	36,4	18,5	16,8	13,1	10,6	10,7	8,1	17,0
Capra caucasica	Ortvala-Klde G7a 365-370 6(bottom)	30,8	22,9	20,7	15,6	13,7	13,5	11,8	18,5
Capra caucasica	Ortvala-Klde G7d 365-370 7(top)	33,3	20,1		11,3	11,5	12,0		
Capra caucasica	Ortvala-Klde G8b 380-385 7	38,0	21,8	21,0					18,0
Capra caucasica	Ortvala-Klde G8d 370/375-380 7	26,2	20,2	18,0	14,8	13,2	13,2	12,1	17,4
Capra caucasica	Tsona GSM 16-54-347 (Moustérien)		20,2	19,9	17,6	15,1	14,9	12,4	19,5
Capra cylindricornis	Actuel Caucase 2 (CERP)		17,5		11,0	8,9	8,9	6,9	
Hemitragus bonali	Arago C15 C12b 2691	28,9	19,2	16,8	13,3	12,3	11,3	10,2	16,0
Hemitragus bonali	Arago C15 C5a 59	24,7	19,5	18,8	14,6	13,0	12,8	10,7	15,6
Hemitragus bonali	Arago D16 DQY8 5872	23,8	19,8	17,3	15,0	13,9	12,1	11,1	16,7
Hemitragus bonali	Arago E15 EAY3 3121	25,8	18,9	17,3	13,6	11,6	11,7	10,0	16,6
Hemitragus bonali	Arago E16 ESY9 2432	28,8	19,5	18,4	13,2	10,8	11,7	10,3	16,5
Hemitragus bonali	Arago F15 FKY12 4362	26,1	20,1	18,5					17,0
Hemitragus bonali	Arago F17 FKY3 2310	23,2	18,3	16,9	14,2		11,9	11,3	16,1
Hemitragus bonali	Arago F18 FSY6 1899	10,5	17,0	16,1	15,4	14,2	13,2	12,5	17,0
Hemitragus bonali	Arago G14 GA4 1121	14,2	17,8	17,3	15,1	14,2	12,8	11,7	16,5
Hemitragus bonali	Arago G14 GA4 1412	14,1	16,2	16,4	14,3	13,2	11,9	11,3	14,6
Hemitragus bonali	Arago G14 GA4 2030	28,3	18,2	17,4	13,0	11,3	11,1	9,8	15,2
Hemitragus bonali	Arago G15 GY10 3847	17,2	19,6	17,7	15,5	13,8		11,7	16,4
Hemitragus bonali	Arago H16 HDY4 4470	25,0	19,8	18,0	13,7	12,6	11,3	10,6	16,6
Hemitragus bonali	Arago H16 HDZ4 1639		20,5	18,7	11,1	9,6	10,9	9,8	15,9
Hemitragus bonali	Arago I14 ICAY 812	22,4	19,1	17,3	13,4	12,9	10,8	10,6	15,5
Hemitragus bonali	Arago I15 INYPC 3999	23,3	18,8	17,6	13,4	12,3	11,5	10,5	15,6
Hemitragus bonali	Arago I16 IPY2 2776	26,9	20,0	18,3	15,0	12,7	12,2	10,9	16,3
Hemitragus bonali	Arago J16 JMY1 399	38,3	19,2	19,0	13,2	11,4	11,4	10,0	16,9
Hemitragus bonali	Arago J17 JPZ5 1390	25,8	18,9	17,4	14,5	13,0	11,9	11,0	15,0
Hemitragus bonali	Arago K17 KMY 499	19,6	17,9	17,2	14,4	13,1	12,3	11,4	15,6
Hemitragus bonali	Arago K18 KJD3 2041	12,5	17,7	16,5	12,8	12,1	11,5	10,9	14,0
Hemitragus bonali	Orgnac3 C16 503 -- 5b	17,6	16,3	11,8			11,1	10,5	
Hemitragus bonali	Orgnac3 E14 317 -- 5a	25,7	18,6	15,8			11,3	9,9	
Hemitragus cedrensis	Arago J19 JKD11 649	16,8	15,4	12,6	11,6	10,8	9,8	9,3	13,2
Ovis ammon	Grotte du Bronze (Tsutskhvati, Géorgie) 70	35,9	20,2	20,2	15,7	13,6	12,5	11,2	17,3
Ovis ammon	Sakazia 19 Ls 74 2142 149	33,0	19,4	17,6	13,3	10,8	11,8	8,9	16,4
Ovis ammon	Sakazia 19 Ls 75 237 464				17,3	14,8			18,5
Ovis ammon	Sakazia Ls 77 205 743	22,5	19,3	17,3		15,1	13,3	11,7	17,1
Ovis ammon	Sakazia Ls 78 1155 888	30,7	19,3	18,1	13,2	10,8	11,5	9,6	20,5
Rupicapra cf. *pyrenaica*	Arago H16 HDZ4 2010	14,4	15,1	14,1	12,6	11,1	11,0	9,6	13,1
Rupicapra pyrenaica	Actuel CERPT		11,2		10,6	9,7	9,1	8,7	
Rupicapra pyrenaica	Portel-Ouest B (10186)		13,6		9,7	8,3	8,3	7,3	
Rupicapra pyrenaica	Portel-Ouest B (10189)	23,2	13,7	11,8	8,1	7,4	6,8	5,7	12,2
Rupicapra pyrenaica	Portel-Ouest B (10190)	21,9	13,7		8,2	7,3	6,8	5,8	
Rupicapra pyrenaica	Portel-Ouest D (803)	22,4		12,5			7,1	6,0	10,9
Rupicapra rupicapra	Les Gras MR4.02.350/7	17,4	14,4	13,4	9,6	8,9	8,6	7,3	14,6
Rupicapra rupicapra	Saut du Loup E7.C3.T.B		15,1		9,4	8,4	8,3	7,1	

Tableau B9 – Dimensions des deuxièmes molaires définitives supérieures.

Espèce	Collection	HC	1	2	3	4	5	6	7	8	9	10	11	12
Capra aff. *caucasica*	Arago J19 JKD14 1401	37,0	17,6	23,9	10,8	10,1	15,1	8,7	7,7	12,3	8,5	9,0	16,7	18,3
Capra aff. *caucasica*	Arche 98 Rampe 2 haut	43,6	18,5	26,1	11,0	9,3	16,6	9,2	8,0	14,2	7,9	9,2	17,3	21,5
Capra aff. *caucasica*	Arche 98 Rampe bas 1	36,6	15,7	19,6	10,2	9,0	13,9	8,6	7,4	12,0	6,4	7,8	15,4	16,4
Capra aff. *caucasica*	Arche 98 Rampe bas 2	38,1	19,1	24,6	12,0	10,7	15,1	10,0	9,0	13,7	8,1	10,2	16,9	18,8
Capra aff. *caucasica*	Arche 98 Virage cloche		16,8	20,9							7,4	8,5	15,5	17,7
Capra aff. *caucasica*	Hortus H10 1828- 29		21,4	24,6	12,7	11,5	15,8	10,7	9,8	13,3	8,1	8,6	19,8	19,3
Capra aff. *caucasica*	Hortus H10 1878- 29		20,0	24,4	12,1	11,0	15,4	10,7	9,1	13,5	7,5	7,7	18,3	18,3
Capra aff. *caucasica*	Hortus H9 1466- 28		22,8	26,9	14,3	12,3		12,0	10,7		6,7	7,8		
Capra aff. *caucasica*	Hortus H9 1527- 29		21,1	24,6	12,2	11,0	14,1	11,4	10,0	13,2	7,5	7,5	19,9	18,1
Capra aff. *caucasica*	Hortus H9 1792- 29		24,5	29,5	13,8	12,6	16,1	13,0	12,3	14,0	8,0	8,9	20,8	20,3
Capra aff. *caucasica*	Hortus I10 1448- 27		20,4	24,1	13,2	12,1	15,2	11,6	10,7	12,7	8,3	8,2	18,2	17,4
Capra aff. *caucasica*	Hortus I10 559- 15		20,1	26,7	12,9	11,5	14,6	12,6	11,3	13,1	7,8	8,9	19,4	21,6
Capra aff. *caucasica*	Hortus I9 10289r 24		24,6	26,5	12,7	11,8	14,3	10,9	10,3	12,6	7,5	9,8	17,9	17,4
Capra aff. *caucasica*	Hortus I9 1373a 26		23,3	24,9	13,1	12,4	14,5	12,5	11,0	13,4	6,7	8,8	18,4	18,1
Capra aff. *caucasica*	Hortus I9 1426- 27		23,8	26,6	13,5	12,7	15,8	11,7	11,4	13,0	8,5	9,8	19,3	18,6
Capra aff. *caucasica*	Hortus I9 1431- 27		21,2	23,9	12,8	12,0	14,9	12,2	11,1	13,1	7,8	8,4	18,4	17,4
Capra aff. *caucasica*	Hortus I9 1438a 27		24,7	26,4	13,7	12,3	15,5	11,6		13,1	7,7	9,4	19,6	18,3
Capra aff. *caucasica*	Hortus I9 1525-21a		22,8	26,1	12,6	11,5	14,9	11,5	9,6	12,5	8,7	8,3	11,1	18,6
Capra aff. *caucasica*	Hortus I9 1575- 28			26,1	11,7	10,0	15,0	9,6	7,7	11,8	7,4	8,9		18,8
Capra aff. *caucasica*	Hortus I9 1593- 28		23,0	25,9	13,5	11,9	15,6	12,4		13,5	7,7	7,3	20,0	19,6
Capra aff. *caucasica*	Hortus I9 278- 11		22,1	25,5	14,4	13,4	15,1	12,7	11,4	15,0	8,0	8,9	19,4	
Capra aff. *caucasica*	Hortus I9 384- 13		21,4	26,6	13,0	11,7	16,4	11,5	9,6	13,8	7,9	9,2	19,8	20,7
Capra aff. *caucasica*	Hortus I9 403- 13		22,0	25,1							8,0	10,3		
Capra aff. *caucasica*	Hortus I9 525- 15		20,1	22,3	13,2	11,6	14,8	10,7	9,3	12,8	6,9	7,2	19,4	17,3
Capra aff. *caucasica*	Hortus I9 525a 15		19,9		12,8	10,7	15,1	10,5	9,2	12,7	7,0	7,5	18,7	16,7
Capra aff. *caucasica*	Hortus J10 248- 10		17,7	24,3							7,2	6,8	17,4	18,4
Capra aff. *caucasica*	Hortus J10 304- 10							9,6	8,2	13,0	7,6	7,5		18,3
Capra aff. *caucasica*	Hortus J10 304- 10							9,7	7,9	13,0	7,3	7,4		
Capra aff. *caucasica*	Hortus J10 800- 13		22,8	23,1	13,6	12,1	14,2	12,5	11,0	13,0	6,7	9,4	19,5	18,1
Capra aff. *caucasica*	Hortus J10 814- 13		23,1	25,8			14,8	12,2	11,0	12,5	6,5	9,1		18,2
Capra aff. *caucasica*	Hortus J10 868- 13		26,0	29,6	15,3	13,2	16,8	13,7	12,2	14,6	8,8	8,8	23,6	22,0
Capra aff. *caucasica*	Hortus J10 868- 13		26,0	27,9	15,3	13,1	16,9	13,2	11,3	14,6	8,3	8,2	23,2	22,6
Capra aff. *caucasica*	Hortus J9 1060- 15				15,7						8,5	8,6		
Capra aff. *caucasica*	Hortus J9 993- 14		25,8	28,2	15,4	14,0	16,4	13,4	12,4	13,8	8,3	11,0	22,1	21,3
Capra aff. *caucasica*	Hortus K10 1287- 14		17,0	22,0	11,2	9,9	13,9	8,6	8,0	12,0	7,2	8,3	16,3	16,1
Capra aff. *caucasica*	Hortus K10 713- 11		17,5	22,5	10,4	8,2	14,6	9,3	7,1	12,9	7,6	9,0	17,3	19,0
Capra aff. *caucasica*	Hortus K9 1120- 13						14,4			13,2	6,6	7,7		17,0
Capra aff. *caucasica*	Hortus L10 237- 12		20,6	28,3	13,5	11,0	16,1	11,5	8,6	13,9	7,4	9,7	18,7	19,0
Capra aff. *caucasica*	Portel-Ouest B1		17,4	24,4	10,3	7,5	13,8	9,8	6,8	12,8	7,3	8,5	16,3	18,6
Capra aff. *caucasica*	Portel-Ouest B1?	30,9	19,1	23,5	11,8	11,1	15,2	9,8	9,3	13,0	7,5	8,3	17,4	17,8
Capra aff. *caucasica*	Portel-Ouest F2	42,6	16,5	19,0	10,2	8,2		8,6	6,8	12,7	7,5	9,0	16,1	
Capra aff. *caucasica*	Portel-Ouest F2	32,8	17,4				14,3				7,2	8,4	16,0	18,3
Capra aff. *caucasica*	Portel-Ouest F3	42,6	16,2	21,7	9,7	8,1	14,4	8,1	6,8	12,6	7,8	9,4	15,8	18,7
Capra caucasica	Dzudzuana GSM 83 (Géo	45,2	20,1					9,4	7,2	15,2	7,3	9,8	18,7	21,4
Capra caucasica	Grotte de l'Ours MN 1245	36,1	17,7	19,6	10,2	8,8	13,9	8,8	7,0	11,6	5,6	7,0	16,9	16,5
Capra caucasica	Ortvala Cave 181	31,8	20,6	21,7	13,4	11,8	15,1	12,5	10,6	14,4	7,4	7,6	18,3	17,7
Capra caucasica	Ortvala Cave 69	34,6	20,7	22,2	12,9		13,4	11,6	9,3	12,1	6,0	9,5	18,8	18,4
Capra caucasica	Ortvala Cave mha 79 73 -	32,8	19,3	20,1	13,0		14,1	11,2		12,9	6,1	7,8	18,2	17,6
Capra caucasica	Ortvala-Klde 82 322	24,7	27,1		14,6		15,9	13,5	12,3	14,9	8,6			
Capra caucasica	Ortvala-Klde 82:15 c.3 1	41,2	22,3	24,9	13,9	11,3	16,0	10,5	9,5	13,7	8,0	11,3	19,3	20,3
Capra caucasica	Ortvala-Klde 90 C11 405-	28,1	23,5		14,8	12,9		12,8	10,6	16,0	7,5	7,8	20,3	
Capra caucasica	Ortvala-Klde 90 C12 410-420 4		23,7	26,3	14,9	13,1	17,0	12,8	11,5	17,0	8,8	10,8	20,8	22,0
Capra caucasica	Ortvala-Klde 95 C11 370-	24,0	21,8	22,4	15,6	13,1	14,7	13,5	10,3	13,5	6,0	9,2	18,6	18,5
Capra caucasica	Ortvala-Klde 95 C11 370-	39,4		24,5	13,1	11,2	16,8		9,0	14,3	7,8	9,6	20,6	20,2
Capra caucasica	Ortvala-Klde 95 E8 370-4	31,2	23,5	24,5		12,5	16,8		10,7	16,0	8,7	10,8	20,7	21,6
Capra caucasica	Ortvala-Klde C12 370-375	28,0	24,4	22,4	13,8	12,6	15,1	12,7	11,3	13,0	6,7	9,4		19,7
Capra caucasica	Ortvala-Klde G6d 290-295	44,2	18,5	22,2	12,4	10,2	15,6				7,3	8,5	18,1	20,1
Capra caucasica	Ortvala-Klde G8a 366-366	20,7	22,9	22,3	14,5	12,6	15,1	12,7	11,6	13,8	7,4	9,7	18,1	18,2
Capra caucasica	Ortvala-Klde G8d 355-360	43,7		27,1	12,5	10,1	15,7			14,8	8,7	12,2	21,5	
Capra caucasica	Sacurblia 19.bg.229.78.34	41,8	20,1	25,3	12,5	10,8	15,5	10,3	9,7	14,6	7,7	10,6	19,3	20,9
Capra caucasica	Sakazia 19 Ls 74 2149 14	38,4	20,4	24,5	11,5	8,9	15,0	9,4	7,3	13,9	7,1	9,7	17,8	19,4
Capra caucasica	Sakazia 19 Ls 74 2328 13	32,4									7,6	8,7		
Capra cf. *pyrenaica*	Arago H29 A1 1	36,7			10,7						6,8			

Tableau B10 – Dimensions des troisièmes molaires définitives supérieures de *Capra*.

Espèce	**Collection**	**HC**	**1**	**2**	**3**	**4**	**5**	**6**	**7**	**8**	**9**	**10**	**11**	**12**
Hemitragus bonali	Arago C15 C12b 2838	35,2	19,7			10,2	13,8		9,3		6,3	8,6	17,4	17,3
Hemitragus bonali	Arago D16 DQY8 5482	41,2	17,3	20,3	10,3	9,3		8,6	7,5	12,3	6,4	8,6	15,7	17,7
Hemitragus bonali	Arago D19 DKF8 1728	13,8	21,9	22,1	14,6	14,2	15,0	12,4	11,5	12,6	6,4	7,5	18,5	18,1
Hemitragus bonali	Arago E17 EKZ5 1310		19,5		10,8	9,4		8,7	7,7	11,8	7,5	8,5	18,0	20,1
Hemitragus bonali	Arago F18 FSY6 1868	14,7	23,0	21,8	14,7	13,8	14,6	12,7	11,5	13,0	6,7	8,1	18,0	18,2
Hemitragus bonali	Arago G14 GA4 2032	36,7	19,9	21,6	11,5	9,7			8,1		6,5	8,7	18,0	18,7
Hemitragus bonali	Arago G14 GA4 369	23,0	20,8	21,8	12,4	11,6	13,4	10,8	9,7	12,0	6,7	8,7	17,3	17,4
Hemitragus bonali	Arago G15 GY10 4015	20,4	22,9	23,0			14,3	11,8	11,0		7,0	9,2	19,2	18,8
Hemitragus bonali	Arago G15 GY16 6511	31,3	19,3	18,9	11,4	10,0	13,8	10,5		12,5	5,7	7,3	16,6	16,3
Hemitragus bonali	Arago G15 GY17 6741	33,7	20,2	21,8	11,6	10,6	14,4	10,4	9,5	13,2	6,8	7,8	17,8	19,0
Hemitragus bonali	Arago H14 HA3 2635	34,3	17,2	20,5	10,7	9,1	13,6	8,8	7,2	12,7	6,3	8,0	16,2	17,7
Hemitragus bonali	Arago H14 HA3 R10572	9,3	19,6		13,3	12,6	12,7	11,6	11,0				18,1	
Hemitragus bonali	Arago H15 HAY14 6870	22,8	22,1	23,1	14,1	13,1	14,6	11,8	11,3	12,4	6,4	8,0	18,7	18,9
Hemitragus bonali	Arago H16 HDY4 3699	32,0		23,0	12,6	10,8	14,1		9,8	12,1	7,3	8,8	18,3	19,9
Hemitragus bonali	Arago H16 HDY4 4098	19,2	22,3	22,2	13,4	12,7	13,3	12,2	11,0	12,2	7,0	8,2	18,2	18,3
Hemitragus bonali	Arago H16 HDZ5 2088	27,7			12,4	11,4	13,4				7,1		18,7	18,8
Hemitragus bonali	Arago I16 IPY3 4468	18,8	21,8	21,5	13,2	12,7	13,0	11,7	10,7	11,7	6,8	8,6	18,0	16,8
Hemitragus bonali	Arago I16 IPY4 4719	26,0	21,4	21,4	12,5	11,5	13,0	11,8	10,1	11,5	6,6	7,9	18,3	17,7
Hemitragus bonali	Arago I20 ILD11 231	7,1	19,2	19,9	13,0	12,9		11,5	11,4				16,5	
Hemitragus bonali	Arago K17 KMP7 489	23,9	21,2	21,1	13,1	12,5	13,4	11,7		12,2	6,7	8,2	18,0	18,7
Hemitragus bonali	Arago K17 KMY2 697	31,7	18,6	20,9	10,8	9,9	12,7	9,4	8,2	11,5	6,7	8,2	16,6	17,9
Hemitragus bonali	Orgnac3 D9 12635 r 4b							11,2	10,0	10,6	6,5			
Hemitragus bonali	Vaufrey H8 C.XI 6	20,4	18,7	18,8	12,2	10,9	12,9	11,0	9,6	11,7	5,9	7,3	17,3	17,1
Hemitragus bonali	Vaufrey K13 C.VIII 224	31,3	17,9	20,7	11,1	8,8	13,3	8,9	7,9	12,2	6,9	8,8	16,5	18,4
Hemitragus cedrensis	Arago I23 IOB3 106							9,1	8,3			7,6		
Hemitragus cedrensis	Arago I24 IPB4 799	30,6	15,6	18,8	9,2	8,8	10,5			11,6	7,1	7,3	15,0	17,0
Hemitragus jemlahicus	MNHN 1932-92		16,3		10,8	9,0		9,3	7,7		7,8	7,6	16,0	

Tableau B11 – Dimensions des troisièmes molaires définitives supérieures d'*Hemitragus*.

Espèce	Collection	HC	1	2	3	4	5	6	7	8	9	10	11	12
Ovis ammon	Azich V 6/530	42,7	24,0	24,2	13,2	11,5	16,6	11,4	9,7	13,5	8,9	11,1	19,6	22,5
Ovis ammon	Ortvala Cave 56	26,0	25,4	25,8	14,8	12,8	16,0	12,2	10,8	14,0	8,8	11,3	22,3	22,4
Ovis ammon	Ortvala Cave 8-74:310 739	34,6	23,1	24,0	12,4	10,9			9,5	15,5	8,4	9,8	19,4	21,2
Ovis ammon	Ortvala Cave mha 79:29 241	36,7		27,1			16,4	12,6	10,1	15,6	9,8	13,0		23,0
Ovis ammon	Ortvala Cave mha 79:32 506	26,5	21,4	22,1	14,0	11,7	14,1	12,2	12,2	15,1	7,7	8,0	19,7	20,0
Ovis ammon	Ortvala Cave mha 79:34 - 507	27,4	24,0	24,9	15,7	12,6	16,3	13,4	10,9		8,1	9,7	21,2	21,7
Ovis ammon	Ortvala Cave mha 79:37 - 283	28,6		26,6				12,6	10,6	15,1	7,8	12,2	21,7	22,9
Ovis ammon	Ortvala-Klde mha.72.42.396	31,5	23,3	27,9	15,6	13,0	17,0	13,7	10,9	15,6	8,0	9,2		
Ovis ammon	Sakazhia Ls.77:403.794	39,8	25,8	31,7	15,1	12,7	18,1	13,0	11,3	15,5	9,7	13,5		
Ovis ammon	Sakazia Ls 76 823 593	28,4	25,1	25,9	14,5	13,0	15,6	13,0	11,3	14,4	9,1	11,7	20,5	20,8
Ovis ammon	Sakazia Lss 78 1060 929	35,1	23,7	26,4	15,6	14,2	17,8	12,2	10,7	16,4	7,8	10,5	21,3	23,7
Ovis ammon	Taglar 2/123	36,9						12,0	10,3	13,0		11,8		
Ovis ammon	Taglar 2/241	34,9	22,0	23,9	15,0	13,2	17,7	11,7	10,3	19,5	8,6	9,7	21,6	21,3
Ovis ammon	Taglar 2/356	17,0						13,5	12,1	14,7		9,2		
Ovis ammon	Taglar 2/523	36,1	23,2		13,5	11,7	16,3	11,0	9,6		8,4	10,6	18,8	19,1
Ovis ammon	Taglar 2/526	47,1	18,7	26,2	11,5	9,9	16,1	8,6	7,8	13,4	8,2	11,8	19,2	23,0
Ovis ammon	Taglar 2/758			25,4								11,4		22,0
Ovis ammon	Taglar 3/219	34,9	23,2	26,1			15,8	10,8	9,8	12,9	8,1	10,5	18,0	23,7
Ovis ammon	Taglar 99							10,8	9,3			11,4		
Ovis ammon	Taglar II	41,8	24,6	26,4	13,9	12,6		12,2	10,8	15,2		11,1	19,6	23,4
Ovis ammon	Taglar II		19,8	24,6	12,6	11,5		10,4	8,8		8,6	10,8	18,3	22,8
Ovis ammon	Taglar II	27,5	20,8	22,8	13,5	11,5	13,3	11,2	9,7	11,3	6,4	8,9	19,8	20,8
Ovis ammon	Taglar II	41,6	21,1	24,1	13,0	11,0	15,0	11,2	10,0	12,8	7,7	8,3	18,6	21,9
Ovis ammon	Taglar III-2 7/292	35,0	23,4	28,1			15,9	12,2	10,2	14,3	7,2	10,0	21,1	24,4
Ovis ammon	Taglar III-2 7/349		20,3		11,1	10,1	13,2	9,2	7,8		8,3	9,3	17,0	
Ovis ammon	Taglar IV	35,5	22,0	22,9	12,5	11,7	13,4	10,2	9,7	11,8	7,9	10,3	18,3	18,9
Ovis ammon	Taglar IV		23,6		15,3	13,1		13,2	11,1	14,9	7,8	10,5	21,3	
Ovis ammon	Taglar IV 7/36	38,8	26,3	25,6	13,7	11,6	14,1	12,3	10,0		8,7	11,9	21,4	23,4
Ovis ammon	Taglar IV 7/471	39,7	25,3	27,0	15,2	13,2	16,2	12,9	11,5	15,4	7,8	11,9	21,6	23,8
Ovis gmelinii	Karain E KE86 A GH=I AH=7	19,1	20,9					11,2	10,7	13,9	6,9	9,7		
Ovis gmelinii	Karain E KE87 A2 GH=I AH=8	23,5	18,8	19,4	11,8	10,8	13,8	9,8	8,7	12,3	6,6	7,7	17,2	17,5
Ovis gmelinii	Karain E KE87 A3 GH=I AH=14	15,9	20,4	19,9	12,4	11,8	13,6	11,0	10,1	12,9	7,2	7,9	17,5	17,7
Ovis gmelinii	Karain E KE87 A3b GH=I AH=7	22,8		19,9			13,2			12,7	7,1	8,2		17,3
Ovis gmelinii	Karain E KE87 A4a GH=I AH=3	28,2	21,1	20,1	13,9	12,9	14,8	11,5	9,6	12,8	6,4	8,1	19,0	17,3
Ovis gmelinii	Karain E KE90 12H GH=I AH=7			21,1				10,4	9,5	14,2	7,7	9,1		
Ovis gmelinii	Karain E KE90 12H GH=I AH=7		19,3	18,5	12,8	12,1	13,0	11,0	10,7	12,0	6,4	8,0	16,9	16,6
Ovis gmelinii	Karain E KE90 12H GH=I-II AH=17	19,3	18,5	17,4	11,5	10,4	13,5	9,9	9,3	12,4	6,9	7,1	16,3	16,8
Ovis gmelinii	Karain E KE90 12H GH=I-II AH=21	17,8		19,9		12,6	14,2	11,5	10,7	13,2		8,7		17,8
Ovis gmelinii	Karain E KE90DP 12H GH=I AH=8	19,4	21,1	20,1	12,9	11,7	14,6				7,0	8,1		
Ovis gmelinii	Karain E KE93 15G AH=24	25,1	18,7	20,2	12,1	11,4	14,6	10,5	9,7	12,5	6,4	7,7	16,7	17,2
Ovis gmelinii	Karain E KE93 16F AH=24	20,5	21,2	18,3	14,0	12,0	15,8	11,2	10,3	12,9	7,7	7,9	18,5	18,3
Ovis gmelinii	Karain E KE93 16F GH=I AH=18-19	21,9		20,8	14,6	12,9	15,8		11,3	13,8	8,0	8,3	18,6	18,6
Ovis gmelinii	Karain E KE93 17F AH=24	24,3	17,5	18,5	11,7	11,3	13,3	10,1	10,0	12,7	6,5	7,6	16,6	17,1
Ovis gmelinii	Karain E KE93 17F AH=26	27,3											16,0	
Ovis gmelinii	Karain E KE99 17H GH=III.2/III.2.1 AH=29	23,8	18,2	17,0	12,3	10,7	13,1	9,9	8,8	12,3	6,1	6,3	16,5	16,6
Ovis g. gmelinii	Actuel Turquie		17,2		11,0	9,9		8,3	7,2		6,6	7,1	15,7	

Tableau B12 – Dimensions des troisièmes molaires définitives supérieures d'*Ovis*.

Espèce	Collection	HC	1	2	3	4	5	6	7	8	9	10	11	12
Rupicapra pyrenaica	Arbreda B1 c.23 67642	9,5					10,1	9,6	8,9	9,2		9,2		
Rupicapra pyrenaica	Arbreda c.21-24 71179		16,6		8,9	7,9		7,5	6,5				12,9	
Rupicapra pyrenaica	Portel-Ouest B (10191)	11,7	14,6	13,9	9,3	8,4	10,3	9,3	7,5	8,5	4,8	4,9	12,5	11,7
Rupicapra pyrenaica	Portel-Ouest B (10192)	18,3	13,1	14,0	7,9	7,2	11,2	6,8	6,3	10,0	5,3	4,9	11,8	12,7
Rupicapra pyrenaica	Portel-Ouest B1	23,9	12,4	13,9	6,8	6,2	10,7	5,9	5,4	9,3	5,5	5,2	11,1	12,6
Rupicapra pyrenaica	Portel-Ouest B1 A0	23,0	12,6	13,9	6,8	6,5	10,4	6,3	5,6	9,4	5,4	5,0	11,2	12,8
Rupicapra pyrenaica	Portel-Ouest F2 (800)	10,6	15,7	14,1	10,3	9,5	11,6	9,2	8,4	9,7	5,0	5,3	14,0	12,8
Rupicapra pyrenaica	Portel-Ouest F2 (896)	21,9	14,3	14,5	8,8		11,8	7,3	6,6	10,1	5,2	5,4	12,9	13,6

Tableau B13 – Dimensions des troisièmes molaires définitives supérieures de *Rupicapra*.

Espèce	Collection	HC	1	2	3	5
Capra aff. *caucasica*	Portel-Ouest 4,5*0,3 (Mandibule)	8,3	6,1		5,3	
Capra aff. *caucasica*	Portel-Ouest F1 4,7*1,7*3,5		6,3		4,7	
Capra aff. *caucasica*	Portel-Ouest F3	10,2	6,8		5,7	
Capra aff. *caucasica*	Portel-Ouest G	9,6	6,1		5,6	
Capra aff. *caucasica*	Portel-Ouest G	7,4	6,2		5,4	
Capra caucasica	Ortvala-Klde G8a 300-305/312 4d	9,9	6,8	6,2	5,6	6,7
Hemitragus bonali	Arago E10 EBK10 497	11,2	7,7		6,9	
Hemitragus bonali	Arago E15 EAY4 3300	9,7	7,1		5,6	
Hemitragus bonali	Arago F14 FMAO R10551	10,5	7,4		6,2	
Hemitragus bonali	Arago F17 FMY9 R14373	9,5	7,6		5,4	
Hemitragus bonali	Arago G10 GBT2 271	9,5	7,7		5,6	
Hemitragus bonali	Arago G13 GEM3 1024b	10,7	7,9		5,4	
Hemitragus bonali	Arago G14 GA2 R10552	11,0	7,1		5,4	
Hemitragus bonali	Arago G14 GA4 364	9,6	7,9		5,5	
Hemitragus bonali	Arago G15 GT2 2291	8,7	8,2		4,8	
Hemitragus bonali	Arago H14 HA1 590	14,2	7,9		6,2	
Hemitragus bonali	Arago I16 solG R18627	8,2	6,1		5,1	
Hemitragus bonali	Arago I17 IRY1 2155	9,3	7,0		5,0	
Hemitragus bonali	Arago I17 IRY5 4331	9,0	6,6		5,0	
Hemitragus bonali	Arago I19 IKF15 3251	12,9	7,9		6,3	
Hemitragus bonali	Arago Ind R15201	10,7	6,1		4,7	
Hemitragus bonali	Arago J17 JPY1 2027	10,9	7,7		5,7	
Hemitragus bonali	Arago J17 JPY2 2306	9,7	7,7		5,7	
Hemitragus bonali	Arago J18 JJBE4 3131	9,9	8,0		6,3	
Hemitragus bonali	Arago J20 JLD7 675	11,9	7,8		5,5	
Hemitragus bonali	Arago K18 KSY9 972	10,6	7,6		5,8	
Hemitragus bonali	Orgnac3 E12 12637 r 5	9,0	7,1	6,2	4,2	4,3
Hemitragus bonali	Orgnac3 E14 12638 r 6	8,4	6,5	6,0	4,0	4,5
Rupicapra pyrenaica	Portel-Ouest B1	5,6	5,8		3,8	
Rupicapra pyrenaica	Portel-Ouest F2	4,8	5,1		3,1	

Tableau B14 – Dimensions des deuxièmes prémolaires définitives inférieures.

Espèce	Collection	HC	1	2	3	4	5	6
Capra aff. *caucasica*	Hortus H10 1856- 29					6,2	6,8	
Capra aff. *caucasica*	Hortus H9 1745- 29	12,5	9,0	7,5	5,2	5,4	6,9	4,1
Capra aff. *caucasica*	Hortus H9 1771- 29	5,3	7,3	7,3	5,6	6,4	6,3	2,7
Capra aff. *caucasica*	Hortus H9 c.29 1745	12,6	9,6	8,4	5,2	5,2	6,9	4,7
Capra aff. *caucasica*	Hortus H9 c.29 1771	5,0	7,3	7,4	5,7	6,5	6,3	2,6
Capra aff. *caucasica*	Hortus I9 1526- 28	11,2	9,3	7,9	5,5	4,5	6,4	4,2
Capra aff. *caucasica*	Hortus I9 228- 10	9,5	9,0	9,1	5,7	6,1	7,5	3,4
Capra aff. *caucasica*	Hortus I9 409- 13	13,6	9,0	7,7	4,8	4,5	6,8	4,1
Capra aff. *caucasica*	Hortus I9 c.13 409	14,4	9,1	7,7	4,8	4,8	6,8	4,5
Capra aff. *caucasica*	Hortus I9 c.14	13,6	9,6	7,8	4,8	4,6	6,6	4,3
Capra aff. *caucasica*	Hortus I9 c.16	5,5	8,1	7,5	6,0	7,1	7,2	2,2
Capra aff. *caucasica*	Hortus I9 c.19	15,3	9,7	7,7	5,1	5,0	6,8	4,6
Capra aff. *caucasica*	Hortus I9 c.27	7,8	8,4	8,2	6,0	5,7	6,7	3,1
Capra aff. *caucasica*	Hortus I9 c.29	7,1	7,8	7,9	5,7	6,1	6,2	2,9
Capra aff. *caucasica*	Hortus I9 r 14	14,7	9,6	8,3	4,7	4,4	6,6	4,7
Capra aff. *caucasica*	Hortus I9 r 16	5,3	8,0	7,7	5,8	7,0	6,9	2,0
Capra aff. *caucasica*	Hortus I9 r 19	15,0	9,6	7,5	5,1	5,0	6,7	4,5
Capra aff. *caucasica*	Hortus I9 r 27	8,0	8,4	8,1	6,0	5,5	6,7	2,9
Capra aff. *caucasica*	Hortus I9 r 29	7,0	7,8	7,9	5,7	6,0	5,7	3,5
Capra aff. *caucasica*	Hortus J10 1016- 14	9,5	8,3	7,5	5,3	5,9	6,7	4,1
Capra aff. *caucasica*	Hortus J10 339- 10	10,1	9,1	8,8	5,5	6,0	7,1	4,0
Capra aff. *caucasica*	Hortus J10 c.10 339	9,9	9,4	8,8	5,6	6,3	7,4	3,8
Capra aff. *caucasica*	Hortus J10 c.14	6,1	8,0	7,5	6,0	7,4	7,3	2,4
Capra aff. *caucasica*	Hortus J10 c.14 1016	9,5	9,0	8,0	5,4	6,0	6,8	3,9
Capra aff. *caucasica*	Hortus J10 r 14	5,6	8,0	7,4	6,0	7,4	7,1	2,4
Capra aff. *caucasica*	Hortus J9 1526-21a	7,0	8,3	8,3	5,7	5,9	6,8	3,3
Capra aff. *caucasica*	Hortus K10 1221- 14	7,4	8,3	8,9	5,7	6,6	7,4	3,2
Capra aff. *caucasica*	Hortus K10 1266- 14	6,4	8,4	8,7	5,8	7,3	7,5	3,7
Capra aff. *caucasica*	Hortus K10 1327- 15	7,0	8,5	8,5	5,9	6,5	7,0	3,4
Capra aff. *caucasica*	Hortus K10 1359- 15	10,4	8,0	7,2	5,4	5,3	6,5	4,1
Capra aff. *caucasica*	Hortus K10 1417- 15	8,5	8,6		6,0	7,1	7,7	3,0
Capra aff. *caucasica*	Hortus K10 1429- 15	8,6	8,8	8,5	6,1	7,1	7,7	3,5
Capra aff. *caucasica*	Hortus K10 1565- 20		9,4	8,6	5,5	5,2		4,6
Capra aff. *caucasica*	Hortus K10 744- 11	10,3	9,2	8,8	5,4	4,8	6,9	4,1
Capra aff. *caucasica*	Hortus K10 930- 13	10,6	8,3	8,0	5,4	5,8	7,4	3,6
Capra aff. *caucasica*	Hortus K10 c.15 1327	8,3	8,5	8,6	6,0	6,6	7,2	3,0
Capra aff. *caucasica*	Hortus K10 c.15 1359	10,1	8,5	7,5	5,4	5,5	6,6	4,0
Capra aff. *caucasica*	Hortus K9 c.14	12,1	8,4	7,2	5,1	4,9	6,3	4,1
Capra aff. *caucasica*	Hortus K9 r 14	12,0	8,0	7,0	5,2	4,7	6,3	3,6
Capra aff. *caucasica*	Hortus L10 274- 13	11,0	8,4	7,8	5,2	5,2	7,5	4,2
Capra aff. *caucasica*	Portel-Ouest 4,2*12,4*3,73	10,5	9,3	8,3	5,7	6,6	7,3	4,2
Capra aff. *caucasica*	Portel-Ouest 4,5*0,3 (Md)	10,6	9,3	7,1	5,7	6,4	7,0	4,4
Capra aff. *caucasica*	Portel-Ouest F1 4,7*1,7*3,5		9,3		4,6	5,2		4,5
Capra caucasica	Ortvala Cave 113		8,7	8,3	6,4	7,8	8,6	3,5
Capra caucasica	Ortvala Cave 12	7,1	8,6		5,6	6,6	7,5	3,4
Capra caucasica	Ortvala Cave 292	17,4	9,0		6,0	7,0	7,3	4,3
Capra caucasica	Ortvala Cave 362	9,7	10,0	8,0	5,3	5,7	8,3	4,9
Capra caucasica	Ortvala Cave 476		8,4	7,4	5,0	5,8	6,6	4,2
Capra caucasica	Ortvala Cave 88		9,3	8,8	5,7	5,3	8,2	4,1
Capra caucasica	Ortvala Cave mha 79-351 284	12,0	8,7		6,1	7,0	7,2	4,3
Capra caucasica	Ortvala Cave mha 79-66		8,2	7,5	5,6	6,0	6,7	3,5
Capra caucasica	Ortvala-Klde 90 C12 370-380 3	14,3	9,4	8,8	6,3	7,3	8,2	3,9
Capra caucasica	Ortvala-Klde 95 E8 370-420 4		10,2		5,7	7,0		5,0
Capra caucasica	Ortvala-Klde G6a 315-320 5	13,3	10,1	8,8	5,6	7,0	7,8	5,1
Capra caucasica	Ortvala-Klde G6b 300-312 4d(bottom)	16,6	9,9	7,8			6,9	
Capra caucasica	Ortvala-Klde G7a 355-360 6	9,1	8,2	7,4	6,1	7,1	7,7	3,4
Capra caucasica	Ortvala-Klde G7d 292-296 4c(bottom)	11,5	8,0	5,9	4,6	5,5	6,7	5,3
Capra caucasica	Ortvala-Klde G7d 360-365 6(bottom)	14,6	9,9	7,9	5,7	6,0	7,5	4,9
Capra caucasica	Ortvala-Klde G8d 317/320-320 5(top)	9,9	8,5	7,4	5,6	6,6	7,4	3,6
Hemitragus bonali	Arago E15 EQ R 10820	10,6	9,9	8,1	5,1	5,5	6,8	5,4
Hemitragus bonali	Arago E17 EKY6 11090	9,3	8,8	8,5	5,9	6,8	6,9	
Hemitragus bonali	Arago F15 FG1 R10252	16,2	10,4	8,7	4,4	5,4	7,6	5,6
Hemitragus bonali	Arago G14 GA2 R10553	13,4	9,5	8,3	4,7	4,9	6,8	6,0
Hemitragus bonali	Arago G16 GDY6 4540	7,2	8,3	8,0	4,8	6,4	6,3	
Hemitragus bonali	Arago G16 GDY7 5063	7,2		7,7		6,8	6,6	
Hemitragus bonali	Arago G16 GDZ3 862	11,6	9,7	9,1	5,3	6,0	6,8	5,9
Hemitragus bonali	Arago G17 GJY2 2222	8,8	8,7	7,9		6,6	6,8	
Hemitragus bonali	Arago H10 HBL2 R10419	14,6	9,6	8,4	4,7	4,8	6,0	5,2
Hemitragus bonali	Arago H14 HA1 2886	16,3	9,9	8,5	5,3	5,4	6,8	5,8
Hemitragus bonali	Arago H14 HA3 1547	6,2	8,5	8,3	5,8	6,7	6,4	
Hemitragus bonali	Arago H14 HA3 R10554	16,4	10,1	8,8	5,4	5,6	6,8	5,3
Hemitragus bonali	Arago H15 HAZ2 796	16,3	9,8	8,6	5,1	5,1	6,5	5,7
Hemitragus bonali	Arago H16 HD13 1594	14,2	9,7	8,0	5,2	5,3	6,7	5,3
Hemitragus bonali	Arago H17 HQY6 3593	6,1	8,8	7,9	5,5	6,6	6,5	4,5

Tableau B15 – Dimensions des troisièmes prémolaires définitives inférieures.

Espèce	Collection	HC	1	2	3	4	5
Capra aff. *caucasica*	Arago K19 KKE16B 3191	15,2	9,6	8,6	6,5	6,0	6,6
Capra aff. *caucasica*	Hortus H9 1506- 28	14,1	10,7	10,3	7,2	6,5	7,7
Capra aff. *caucasica*	Hortus I9 1629- 28		10,9		7,2	6,0	7,5
Capra aff. *caucasica*	Hortus I9 542- 15	12,7	10,0	9,7	6,8	5,8	7,0
Capra aff. *caucasica*	Hortus J9 787- 13		9,2		7,4	7,7	7,6
Capra aff. *caucasica*	Hortus K10 1221- 14	9,7	9,5		7,2	7,4	7,4
Capra aff. *caucasica*	Hortus K10 1266- 14	10,4	9,9	10,1	7,5	7,6	8,1
Capra aff. *caucasica*	Hortus K10 1417- 15	11,0	10,6	10,6	8,2	8,0	8,1
Capra aff. *caucasica*	Hortus K10 1429- 15	10,5	10,8	10,6	7,7	8,1	
Capra aff. *caucasica*	Hortus K10 744d 11	19,9	12,4	11,4	7,5	5,4	
Capra aff. *caucasica*	Hortus K10 744g 11		11,8		7,3	5,3	
Capra aff. *caucasica*	Hortus K10 929- 13	18,8	10,7	10,0	7,5	6,3	8,4
Capra aff. *caucasica*	Hortus K9 1116- 13	20,3	10,7	8,6	7,4	5,1	6,6
Capra aff. *caucasica*	Hortus L10 223- 13	20,8	10,9	10,3	7,7	5,8	8,0
Capra aff. *caucasica*	Portel-Ouest F1 4,7*1,7*3,5		10,7		7,2	5,6	
Capra caucasica	Grotte du Bronze (Tsutskhvati, Géorgie)	9,7	10,2	10,5	8,0	8,9	9,3
Capra caucasica	Grotte du Bronze (Tsutskhvati, Géorgie)	28,7	13,2	11,3	6,7	6,0	7,8
Capra caucasica	Ortvala-Klde 90 C12 405-410 4	23,1	13,0		6,5	6,8	8,3
Capra caucasica	Ortvala-Klde 95 E8 370-420 4	22,2	12,1	10,5	7,8	6,7	8,2
Capra caucasica	Ortvala-Klde G6a 273-386 4b	17,9	11,2	10,5	7,6	6,7	8,4
Capra caucasica	Ortvala-Klde G6b 244/250-255 3(top)		12,1		7,8	6,5	
Capra caucasica	Ortvala-Klde G7a 355-360 6	27,3	13,1	11,2	7,6	6,1	8,3
Capra caucasica	Ortvala-Klde G7d 360-365 6(bottom)	22,8	12,1	10,4	7,5	7,7	8,0
Capra caucasica	Ortvala-Klde G8a 300-305/312 4d	20,3	11,8	10,5	8,1	7,4	8,8
Capra caucasica	Ortvala-Klde G8b 280-287 4c		13,6	12,1	7,5	6,5	8,4
Capra caucasica	Ortvala-Klde G8c 346-351 6	20,2	12,1	10,7	8,6	7,2	8,0
Hemitragus bonali	Arago B10 BBL1 53	10,8	10,0	9,8	7,7	5,7	6,7
Hemitragus bonali	Arago C14 C10 904	8,7	9,8	9,1	7,3	6,3	6,8
Hemitragus bonali	Arago D16 DHH6 6231	22,9	11,0		6,2	5,6	
Hemitragus bonali	Arago D20 DLD6 R	12,9	10,2	10,0	6,7	5,9	6,9
Hemitragus bonali	Arago E15 EA1 R10548	15,9	11,7	9,5	6,9	6,4	7,1
Hemitragus bonali	Arago F14 FA1 1662	12,8	10,9	10,3	7,1	6,6	7,3
Hemitragus bonali	Arago F17 FMY3 R11089	14,8	10,8	10,0	6,9	6,0	7,2
Hemitragus bonali	Arago G14 GA4 1038	20,2	12,4	9,6	7,2	5,7	7,0
Hemitragus bonali	Arago G16 GDY6 4638	8,7	10,1	8,8	6,9	6,7	6,9
Hemitragus bonali	Arago G16 GDY6 R10557	9,5	9,1	9,0	6,1	5,7	6,2
Hemitragus bonali	Arago G17 GJY7 3885	12,7	10,1	9,8	6,7	5,6	6,9
Hemitragus bonali	Arago H15 HAY2 6497	12,8	10,1	8,9	7,0	5,7	7,0
Hemitragus bonali	Arago I15 INY1 1795	18,3	11,5	9,6	6,4	6,0	6,8
Hemitragus bonali	Arago I16 IP5 249	9,5	9,7	9,2	6,3	5,3	6,3
Hemitragus bonali	Arago I17 IRY5 4130	15,1	10,9		7,0	6,1	
Hemitragus bonali	Arago I18 IJBF6 3639	19,8	12,7	11,1	7,0	5,6	7,0
Hemitragus bonali	Arago Ind R15200	17,7	10,9	9,4	7,1	5,5	7,3
Hemitragus bonali	Arago J18 JJG1 R53320	17,6	11,0	9,5	6,4	5,8	6,9
Hemitragus bonali	Arago J20 JLE6 2194	17,2	11,5	9,9	7,3	5,5	7,2
Hemitragus bonali	Arago K19 KKBE1 4020	15,0	11,0	9,6	6,8	6,0	6,6
Hemitragus bonali	Orgnac3 C13 12640 r 6	11,9	9,2	7,7	6,1	4,7	5,9
Hemitragus bonali	Orgnac3 C15 12529 r 6		9,9	9,1	6,3	5,0	6,4
Hemitragus bonali	Orgnac3 E15 12641 r 3	6,1	9,1	8,9	6,3	6,0	5,9
Hemitragus cedrensis	Arago F24 FPD5 526	16,4	9,3	9,0	6,3	4,5	6,7
Hemitragus cedrensis	Arago K19 KKE2B 2910	16,6	10,6	9,1	6,5	5,4	6,8
Ovis ammon	Sakazia Ls 478	22,7	11,5		6,7	6,9	
Rupicapra pyrenaica	Portel-Ouest B1	3,5			4,9	5,8	5,6

Tableau B16 – Dimensions des quatrièmes prémolaires définitives inférieures.

Espèce	**Collection**	**HC**	**1**	**2**	**3**	**4**	**5**
Capra aff. *caucasica*	Arago J18 JJD4 2855				8,6		
Capra aff. *caucasica*	Portel-Ouest D (Mandibule)	7,0	12,2		9,4	9,7	9,7
Capra aff. *caucasica*	Portel-Ouest D1	30,5	15,8		8,8	8,0	9,3
Capra aff. *caucasica*	Portel-Ouest F2		15,9		8,9	8,6	
Capra aff. *caucasica*	Portel-Ouest G	15,9	13,5	12,2	8,5	8,9	7,8
Capra caucasica	Ortvala-Klde 67	30,7	16,0	13,5	7,9	7,9	10,0
Capra caucasica	Ortvala-Klde 87 D9 405-410 4	21,9	15,7		9,1	10,1	9,9
Capra caucasica	Ortvala-Klde 90 C11 405-460 4	32,1	16,8	14,6	8,3	8,0	9,7
Capra caucasica	Ortvala-Klde 95 E8 370-420 4	29,5	17,2	15,7	9,2	9,0	10,1
Capra caucasica	Ortvala-Klde G8a 346-351 6	21,9	14,5	12,4	8,4	8,8	9,1
Capra caucasica	Ortvala-Klde G8a 366-366/391 6	23,8	15,5		9,1	9,3	8,9
Capra caucasica	Sakazia 19 Ls 74 2294 139	24,0	14,3	11,8			8,4
Capra caucasica	Sakazia 19 Ls 74 41 148	11,1	13,0	12,2	8,0	8,6	9,1
Capra caucasica	Sakazia 19.Zs.75:320.475	44,1	18,9	15,7	8,2	7,8	10,0
Capra caucasica	Sakazia Ls 77 19	15,4					
Capra caucasica	Sakazia Ls 792	19,4	14,4	12,4	7,7	8,6	8,9
Capra caucasica	Sakazia Ls.77:205.741	33,5	17,0	13,2	9,0	8,8	10,3
Hemitragus bonali	Arago C9 CAQ5 595	16,9	15,2	13,7	9,3	9,6	8,8
Hemitragus bonali	Arago D16 DQY5 2740	23,9	16,9	14,3	9,0	9,5	9,4
Hemitragus bonali	Arago D24 DPD7 1153	30,5	17,1	14,6	7,1	6,9	9,1
Hemitragus bonali	Arago D9 DAO3 198		17,8		9,6	10,3	
Hemitragus bonali	Arago E11 ECP6 1090		16,4	13,5	7,4	6,7	8,8
Hemitragus bonali	Arago E17 EJM4 165	15,5	13,7	11,3		8,1	7,9
Hemitragus bonali	Arago E17 EJM4 573			12,8	7,1		8,2
Hemitragus bonali	Arago F10 FBP8 683	11,2	11,3	11,3	7,1	8,1	8,5
Hemitragus bonali	Arago F14 F1 600	9,2	13,4	12,6	8,5	9,7	9,3
Hemitragus bonali	Arago F17 FJ1 41	30,7	17,6	14,4	7,2	6,7	9,1
Hemitragus bonali	Arago G14 GFP16 3813	32,7	18,5	17,4	7,5	7,9	10,1
Hemitragus bonali	Arago G17 GJY1 1929	22,0	16,4	12,9		9,4	8,8
Hemitragus bonali	Arago G19 GKF9 1881	12,6	13,9	12,3	8,2	9,2	9,0
Hemitragus bonali	Arago H17 HQY1 2002	15,2	14,7	12,7	8,6	9,3	8,6
Hemitragus bonali	Arago H18 JBSC R12280	34,7		14,1	7,8		9,8
Hemitragus bonali	Arago H24 HPC8 R14390	13,9	14,3	12,5	8,1	9,7	9,2
Hemitragus bonali	Arago I16 IPZ6 969	19,5		14,0		9,6	9,1
Hemitragus bonali	Arago I17 IRY5 4235	13,5	13,9	12,5	8,6	9,3	9,1
Hemitragus bonali	Arago I23 IOD11 2011		18,0	13,7	6,6	6,6	9,9
Hemitragus bonali	Arago J18 JCZ3 859		17,5		7,3	7,0	
Hemitragus bonali	Arago K17 KMP1 253	18,6	16,5	15,0	9,4	10,4	9,9
Hemitragus bonali	Arago K19 KKD33 1556		16,5		8,4	8,3	
Hemitragus bonali	Arago K20 KLE1 2409		12,9			9,5	8,8
Hemitragus bonali	Orgnac3 C14 12643 r 5b	15,4	13,5	10,3	8,1	9,1	8,3
Hemitragus bonali	Orgnac3 C16 10098 r 7				8,3		
Hemitragus bonali	Orgnac3 D16 12642 r 5a				8,3		
Hemitragus bonali	Orgnac3 E12 459 -- 5b	12,3	13,4	11,5	7,6	8,8	8,3
Hemitragus bonali	Orgnac3 E15 137 -- 3	14,6	13,7	11,1	7,9	9,0	8,3
Hemitragus cedrensis	Arago K18 KJD7 R10768	15,1			8,2	8,6	
Hemitragus cedrensis	Arago K19 KKD22 1030					9,2	
Ovis ammon	Sakazia 19 Ls 75 320 482	27,1	15,3	13,3	8,1	8,4	8,7
Ovis ammon	Sakazia Ls 76 784 393	25,0	15,1	13,0	8,7	8,7	9,2
Ovis ammon	Sakazia Ls 77 310 703	29,8	16,4	13,8	8,2	8,0	9,1
Rupicapra pyrenaica	Portel-Ouest B	7,2	9,7	9,2	6,2	6,5	6,6
Rupicapra pyrenaica	Portel-Ouest B1	5,0	8,7		6,7	6,8	7,1
Rupicapra pyrenaica	Portel-Ouest D	7,5	10,4	10,2	6,1	6,6	7,1

Tableau B17 – Dimensions des premières molaires définitives inférieures.

Espèce	Collection		HC	1	2	3	4	5
Capra aff. *caucasica*	Portel-Ouest B1	f	27,0	16,8	14,3	9,3	8,8	9,6
Capra aff. *caucasica*	Portel-Ouest D (Mandibule)	f		16,5		10,7	11,0	
Capra aff. *caucasica*	Portel-Ouest D1 (12)	f		20,0		8,2	7,4	
Capra aff. *caucasica*	Portel-Ouest F1	f	13,8	17,2	16,6	10,4	11,1	10,3
Capra aff. *caucasica*	Portel-Ouest F2	f	27,0	18,5	16,2	9,6	9,1	9,8
Capra aff. *caucasica*	Portel-Ouest F2	f	32,1	18,7	16,2	9,4	9,1	10,3
Capra aff. *caucasica*	Portel-Ouest F2 (37)	f	37,2	19,0	15,9	8,9	7,9	9,6
Capra caucasica	Grotte de l'Ours MN 1246 (Tsutskhvati, Géorgie)	f	29,6	18,5	17,3	11,4	11,5	11,4
Capra caucasica	Grotte du Bison (Tsutskhvati, Géorgie)	f	22,7	20,0	17,9	10,3	11,3	11,0
Capra caucasica	Grotte du Bison (Tsutskhvati, Géorgie)	f	33,8	18,4		11,1	10,6	
Capra caucasica	Grotte du Bison dM1111 (Tsutskhvati, Géorgie)	f	22,9	20,0	18,4	10,4	11,2	11,3
Capra caucasica	Ortvala-Klde 90 C11 405-460 4	f	43,2	21,1	18,9	8,4	7,3	11,0
Capra caucasica	Ortvala-Klde 95 C11 420-440 4	f	33,6	18,5	15,3	9,5	9,0	10,3
Capra caucasica	Ortvala-Klde 95 E8 370-420 4	f	4,2	18,9	18,0	10,6	10,8	11,3
Capra caucasica	Ortvala-Klde 95 E8 370-420 4	f	39,1	20,8	17,9	8,8	8,8	11,7
Capra caucasica	Ortvala-Klde 95 E8 370-420 4	f	47,6	21,9	18,2	8,8	8,4	11,5
Capra caucasica	Ortvala-Klde 95 E8 370-420 4	f	34,3	20,6	17,8	10,3	9,7	10,6
Capra caucasica	Ortvala-Klde G6c 331-336 6	f	29,5	16,3	14,3	9,1	8,8	9,9
Capra caucasica	Ortvala-Klde G8b 308/315-315/318 4d(bottom)	f	45,9	22,1	19,5	9,7	9,5	
Capra caucasica	Sakazhia 19.Zs.75:320.475	f	44,1	18,9	15,7	8,2	7,8	10,0
Capra caucasica	Sakazia Ls 76 772 598	f	13,5					
Capra caucasica	Sakazia Ls 76 823 591	f	36,5	11,8		8,6	7,8	
Hemitragus bonali	Arago C20 CLG9A 1164+1174	f	30,3	17,8	16,4	9,1	8,7	9,6
Hemitragus bonali	Arago D14 Da 137	f	16,8	16,5	14,5	9,5	9,5	9,7
Hemitragus bonali	Arago D20 DLF10 1599	f		22,0		7,7	7,2	10,0
Hemitragus bonali	Arago E15 ER 663	f	29,8	18,1	15,0	9,8	9,3	9,8
Hemitragus bonali	Arago E17 EKY5 2333	f	23,8	17,4		9,8		10,0
Hemitragus bonali	Arago E19 EKF8 858	f		21,4		8,0	7,1	
Hemitragus bonali	Arago F14 F1 573bis	f	36,0	19,5	14,7	7,9		9,2
Hemitragus bonali	Arago F16 FKY2 2099	f	30,0	18,9	16,8	10,5	10,6	11,3
Hemitragus bonali	Arago F16 FZ3 1192	f	37,6	21,9	17,8	8,8	8,4	11,6
Hemitragus bonali	Arago F18 FJBF6 3051	f	37,5	21,1		7,7	7,3	10,4
Hemitragus bonali	Arago F20 FLD1 R10024	f	21,9	17,3	15,9	8,8	8,7	9,4
Hemitragus bonali	Arago F20 FLF11 948	f		21,1		7,6	7,3	
Hemitragus bonali	Arago F20 FLF12 459	f	38,5	20,6		9,2		10,5
Hemitragus bonali	Arago G14 GA4 1109	f	23,6	17,3	16,2	9,9		10,5
Hemitragus bonali	Arago G14 GA4 1118	f	35,4	18,2	15,5	9,5	9,1	10,0
Hemitragus bonali	Arago G20 GLF5 261	f	39,0	21,1	16,6	8,7	7,9	10,7
Hemitragus bonali	Arago G20 GLF7 721	f	37,6	20,7		8,7	8,1	10,2
Hemitragus bonali	Arago H13 HF4 105	f	20,3	16,2	13,6	9,6	10,0	9,7
Hemitragus bonali	Arago H14 HA3 1520	f	35,5	20,7	16,5	7,9	7,6	9,7
Hemitragus bonali	Arago H14 HA3 R10222	f	38,4	22,5	18,0	9,5	8,5	
Hemitragus bonali	Arago H15 HAY8 4795	f	35,9	21,3	17,0	8,4	8,0	10,5
Hemitragus bonali	Arago H16 HDY4 4158	f		21,2		8,1	7,5	10,2
Hemitragus bonali	Arago H16 HDY4 4440	f		20,9	17,3			10,4
Hemitragus bonali	Arago H17 HDZ3 878	f	34,1	20,2	16,5	8,1	7,8	10,2
Hemitragus bonali	Arago H17 HQZ3 628	f	37,6	21,7		8,7		
Hemitragus bonali	Arago H18 HCZ10 790+811	f		21,2		8,3	7,9	
Hemitragus bonali	Arago H20 HLF12 2343	f		20,9		8,5	8,1	
Hemitragus bonali	Arago I12 IDK10 1115	f	40,2	21,9	17,6	8,8	8,2	10,9
Hemitragus bonali	Arago I14 ICAT1 323	f	35,4	21,2		8,4		10,6
Hemitragus bonali	Arago I17 IRY5 4322	f	22,7	16,9	15,2	9,4	9,4	9,6
Hemitragus bonali	Arago K18 KJD7 2426	f		21,0	16,5	8,4	7,7	9,9
Hemitragus bonali	Arago K19 KKBE1 3988	f	27,3	19,1	16,8	10,5	10,0	11,7
Hemitragus bonali	Orgnac3 E13 10528 r 2	f	14,6	14,7		8,6	9,5	9,0
Hemitragus bonali	Orgnac3 E13 437 -- 5b	f		14,6			8,9	
Hemitragus bonali	Orgnac3 G9 12644 r 4b	f	23,2	16,1	12,8	9,2	9,1	9,0
Ovis ammon	Sakazia Ls 76 823 580	f	8,9	18,0	17,0	11,4	10,1	10,9
Ovis ammon	Sakazia Ls 76 988 545	f	39,0	20,5	17,8	10,1	9,6	11,7
Ovis ammon	Sakazia Ls 77 423 742	f		23,2		8,8	8,1	
Ovis ammon	Sakazia Lss 78 1051 930	f	24,7	20,0	17,1	10,3	10,7	11,0
Ovis ammon	Sakazia Lss 78 995 863	f			16,2			10,2
Rupicapra cf. *pyrenaica*	Arago Ind R R12067	f	11,4	13,5	11,6	7,5	7,2	8,5
Rupicapra pyrenaica	Actuel CERPT	a		11,1		6,9	6,8	
Rupicapra pyrenaica	Arbreda A1 c.20 62609	f		13,6		6,8	7,0	
Rupicapra pyrenaica	Arbreda B1 c.16 16036	f					7,4	
Rupicapra pyrenaica	Portel-Ouest B1	f		11,8		7,2	6,7	
Rupicapra pyrenaica	Portel-Ouest D	f	21,7	14,2	11,1	6,1	6,0	7,1
Rupicapra pyrenaica	Portel-Ouest F2	f	21,8	13,8		5,8	5,7	8,4
Rupicapra pyrenaica	Portel-Ouest F2	f	19,3	12,7		5,9	5,8	
Rupicapra rupicapra	Les Gras MR4.02.180/4	f		13,2		6,8	6,3	
Rupicapra rupicapra	Les Gras MR4.02.214/1	f		12,9		6,7	6,8	
Rupicapra rupicapra	Les Gras MR4.02.350/1	f	13,9	12,7	12,3	7,3	7,0	8,0
Rupicapra rupicapra	Les Gras MR4.02.350/1	f	11,8	12,9	12,3	6,8	7,2	8,2

Tableau B18 – Dimensions des deuxièmes molaires définitives inférieures.

Espèce	Collection		HC	1	2	3	4	5	6
Capra aff. *caucasica*	Arago H19 HKD11 106	f	15,1	27,4	27,4	9,6	9,4	6,5	9,6
Capra aff. *caucasica*	Portel-Ouest D	f	38,1	23,2	25,3	7,9	7,6	4,5	9,0
Capra aff. *caucasica*	Portel-Ouest D (Mandibule)	f		27,7		10,5	10,2	6,5	
Capra aff. *caucasica*	Portel-Ouest F2	f	42,6	23,0	28,4	7,6	7,0	4,1	9,4
Capra aff. *caucasica*	Portel-Ouest G	f	36,3	25,7	30,4	9,3	8,9	4,7	10,0
Capra caucasica	Dzudzuana GSM 323 (Géorgie)	f	37,1	28,7	32,5	9,9	9,8	5,5	10,5
Capra caucasica	Ortvala Klde Lln 83-69 2706+2707	f		26,7		9,5	8,9	6,0	
Capra caucasica	Ortvala-Klde 95 C11 370-420 4	f	41,9	25,8	28,7	7,2	7,0	5,5	10,1
Capra caucasica	Ortvala-Klde G8a 366-366/391 6	f	45,4	25,6	31,3	8,2	7,7	5,4	10,8
Capra caucasica	Ortvala-Klde G8d 390-400/405 7(bottom)	f	47,9	28,0	30,8	9,5	9,2	5,6	10,3
Capra caucasica	Sakazia 19 Ls 75 130 473	f	24,5				11,2		11,6
Capra caucasica	Sakazia 19 Ls 75 160 474	f	23,4	27,5	27,4	10,1	10,0	6,1	9,6
Capra caucasica	Sakazia 19 Ls 75 320 471	f	38,6				7,3	6,6	
Capra caucasica	Sakazia Ls 76 1013 546	f					7,8	5,1	
Capra caucasica	Sakazia Ls 76 1074 547	f	27,2			9,3	8,7		
Capra caucasica	Sakazia Ls 76:708.390	f	33,9	26,4	28,3	9,1	9,3	5,4	9,8
Hemitragus bonali	Arago C15 C10 2369	f		25,6	26,8		9,8	5,4	9,6
Hemitragus bonali	Arago D16 DQY9 5719	f	24,3	26,5	26,8	9,7	9,2	5,1	10,0
Hemitragus bonali	Arago F15 FKY4 2642	f		23,6		9,7	8,8	4,8	
Hemitragus bonali	Arago F15 FQH5 4821	f					8,5	4,8	
Hemitragus bonali	Arago F18 FC25 68	f	34,6	26,2	26,7	8,9	9,3	4,8	9,7
Hemitragus bonali	Arago G11 GCP10 372	f	27,5	25,7	26,8	8,9	8,8	4,8	9,0
Hemitragus bonali	Arago G14 GA4 1126	f	30,0	25,6	25,9	9,1	9,3	5,1	9,7
Hemitragus bonali	Arago G15 GY17 R10546	f					9,3	5,4	
Hemitragus bonali	Arago G16 GDY1 2884	f	35,4			9,1	8,7		10,2
Hemitragus bonali	Arago G18 GSY4 R10677	f					10,0	5,9	
Hemitragus bonali	Arago H14 HA3 3054	f	22,5	23,5	23,7	9,5	9,3	5,1	8,9
Hemitragus bonali	Arago H15 HAY10 5501+5564	f	33,5	26,1	26,4	9,7	9,8	5,1	10,9
Hemitragus bonali	Arago H15 HAY12 6341	f				7,6	7,4		
Hemitragus bonali	Arago H15 HAY8 4922	f					10,5	5,8	
Hemitragus bonali	Arago I15 INY5 2632	f	39,2	26,8	27,6	8,4	7,7	7,2	10,1
Hemitragus bonali	Arago I16 IPZ7 1225	f				10,0	10,1		9,5
Hemitragus bonali	Arago I17 IRY1 2308	f	29,8	25,9	27,1	9,8	8,8	4,7	9,7
Hemitragus bonali	Arago I19 IKF10 2144	f	40,7	25,2	26,5	8,2	7,8	3,7	10,1
Hemitragus bonali	Arago Ind R R15048	f	32,7	23,2	25,2	9,1	8,7	4,1	9,4
Hemitragus bonali	Arago Ind R R15059	f	16,8	25,2	25,3	9,9	10,5	6,3	10,1
Hemitragus bonali	Arago J19 JKE2 2403	f	39,0			8,3			9,6
Hemitragus bonali	Arago K17 KMY3 765	f		24,7		8,7	8,9	4,5	
Hemitragus bonali	Arago K19 KKD38 1613	f	30,0	25,7		9,0	8,7	4,3	
Hemitragus bonali	Arago K19 KKD49 1866	f	34,1	24,0	24,3	7,7	7,0	3,8	9,4
Hemitragus bonali	Orgnac3 D15 252 -- 4a	f					7,8	4,2	
Hemitragus bonali	Orgnac3 D15 75 -- 2	f	38,0			8,4			
Hemitragus bonali	Orgnac3 D16 12647 r 4b	f					7,0		
Hemitragus bonali	Orgnac3 D8 12645 r 5a	f						5,2	
Hemitragus bonali	Orgnac3 E16 173 -- 3	f	23,9	23,4	24,3	8,9	8,7	5,4	8,9
Hemitragus bonali	Orgnac3 F11 10527 r 3	f				9,1	8,9		
Hemitragus cedrensis	Arago I20 ILD12 360	f					7,8	3,9	
Hemitragus cedrensis	Arago J20 JLE2 1757	f	29,7		22,6		6,9	3,5	8,4
Ovis ammon	Sacurblia 19.bg.225.78.348	f	30,8	28,5	31,3	10,0	9,9	6,5	10,2
Ovis ammon	Sakazia 19 Ls 74 1985 150	f	24,5				11,5	7,0	
Ovis ammon	Sakazia Ls	f		28,5	27,0	10,0	9,0	5,2	9,3
Ovis ammon	Sakazia Ls 76 823 579	f	13,4	30,2	30,1	11,3	10,7	6,7	10,4
Ovis ammon	Sakazia Ls 77 99 789	f	42,5			10,8	10,9		11,4
Ovis ammon	Sakazia Ls 787	f	38,3			10,4	10,6		10,6
Rupicapra cf. *pyrenaica*	Arago H20 HLF6 482	f		18,3		5,7	5,5	2,9	7,3
Rupicapra cf. *pyrenaica*	Arago Ind R R12067	f				7,2			7,6
Rupicapra cf. *pyrenaica*	Arago J18 JJG1 5217	f					6,8		
Rupicapra occitanica	Le Nestier	f	26,0	18,7	19,2	5,9	5,6	3,6	8,2
Rupicapra pyrenaica	Actuel CERP Tautavel	a		15,7		6,5	6,3	3,3	
Rupicapra pyrenaica	Arbreda A1 c.20 62609	f		18,2		6,7	6,7	3,7	
Rupicapra pyrenaica	Orgnac 3 C8.3.69	f	15,7	18,5	18,4	7,0	6,9	3,4	7,9
Rupicapra pyrenaica	Portel-Ouest (10185)	f		17,1		6,8	6,3	6,4	
Rupicapra pyrenaica	Portel-Ouest B	f	27,4	16,9	17,4	4,6	4,4	1,8	7,5
Rupicapra rupicapra	La Salpétrière 78.N4.C6b.1088	f		17,4		6,9	6,5	3,7	7,7
Rupicapra rupicapra	Les Gras MR4.02.180/4	f		17,0		6,6	6,1	2,9	
Rupicapra rupicapra	Les Gras MR4.02.214/1	f	17,6	17,9	19,6	6,3	6,0	3,2	7,9
Rupicapra rupicapra	Les Gras MR4.02.237/2	f	25,5	16,1	17,8	5,9	5,4	2,0	7,4
Rupicapra rupicapra	Les Gras MR4.02.237/3	f	22,4	18,4	20,9	6,8	6,1	2,6	8,7
Rupicapra rupicapra	Les Gras MR4.02.237/4	f	24,8	16,0	18,7	5,9	5,5	2,1	7,5
Rupicapra rupicapra	Les Gras MR4.02.262/1	f	15,8	17,3	17,1	6,6	6,5	3,1	7,3
Rupicapra rupicapra	Les Gras MR4.02.262/2	f	10,9	17,3	17,5	7,2	6,4	3,1	7,3
Rupicapra rupicapra	Les Gras MR4.02.271/3	f	25,2			5,7	5,4		
Rupicapra rupicapra	Les Gras MR4.02.274/3	f	25,5	17,0	19,5	5,7	5,4	2,6	7,8
Rupicapra rupicapra	Les Gras MR4.02.350/1	f		19,1	19,3	7,3	6,8	3,9	

Tableau B19 – Dimensions des troisièmes molaires définitives inférieures.

Espèce	Collection		lat.	sx	1	2	3	4	5	6	7	8	9	11	12	13	14	15a	15b	15c
H. bonali	Arago F13 FEM1 1275	f	g				42,5		128,6	158,2	87,8	59,3	28,1		66,2	62,2		40,5	26,3	22,1
H. bonali	Arago F15 FKY5 2638	f	d									57,6								
H. bonali	Arago G14 GAY5 2498	f	g								86,6	58,2	27,1							
H. jemlahicus	MNHN 1903-639	a		f							75,4	50,1	23,5							
H. jemlahicus	MNHN 1932-92	a									79,7	54,5	24,9							
H. jemlahicus	MNHN 1944-187	a	d	m							79,4	52,4	26,2							
H. jemlahicus	MNHN 1944-187	a	g	m							79,5	51,9	26,4							
H. jemlahicus	MNHN 1966-110	a	d								76,0	53,7	22,8							
H. jemlahicus	MNHN 1966-110	a	g								76,3	53,3	23,8							
H. jemlahicus	MNHN 1972-133	a	d	f							78,5	56,0	23,3							
H. jemlahicus	MNHN 1972-133	a	g	f							77,9	55,3	23,1							
O. a. ammon	MNHN	a									96,4	76,4	20,0							
O. a. antiqua	Arago D13 DEO3 2328	f	d		266,5	285,9	84,7	187,5	189,3	220,3	111,5	75,9	35,3	63,5	90,3	82,5		55,0	35,7	27,1
O. a. antiqua	Arago E12 EDN1 1469	f	d		195,3		50,6	149,0	133,8	159,6				45,4	72,1	72,4		47,0	31,2	20,6
O. a. antiqua	Arago F15 FGN5 4704	f	g								121,3	84,1	36,7					55,8	38,5	30,3
O. a. antiqua	Arago F16 FHH15 3870	f	g								112,2	76,8	34,7							
O. a. antiqua	Arago F17 FMY1 1722	f	d															46,7	32,6	23,3
O. a. antiqua	Arago G12 GDP17 536	f	d								111,4	77,9	34,2						40,5	34,7
O. a. antiqua	Arago G17 GIL3 5202	f	d								123,2	86,8	36,2					61,5	37,1	30,9
O. a. antiqua	Arago H14 HFN1 4780	f	d								104,8	71,2	33,9						34,7	30,8
O. a. antiqua	Arago H17 HQZ 143	f	d								105,7	71,9	31,4							
O. a. antiqua	Arago H17 HQZ 180	f	g																36,4	
O. a. antiqua	Arago J18 JCZ1 323	f	g								107,6	75,6	32,5							
O. a. karelini	MNHN 1889-47	a			245,5	259,8				192,6	91,3	66,6	37,9	68,8	87,9		134,0	51,0	35,7	25,3
O. a. polii	MNHN 1901-4	a		m							90,0	66,0	24,0							
O. dalli	MNHN 1938-124	a									81,3	44,6	36,7							
O. g. musimon	MNHN	a									70,6	51,6	19,0							
O. g. musimon	MNHN 72.671	a									75,3	44,5	30,8							
O. g. ophion	GSM Zool. Inst. 59-16 1	a			166,0	188,5	47,2	120,2	116,7	134,4	70,9	49,3	20,1	49,2	72,1	64,0	93,6	33,2	21,4	18,5
O. v. orientalis	MNHN	a									76,2	54,1	22,1							
O. v. orientalis	MNHN 12-23	a									67,7	46,5	21,2							

Tableau B20 – Dimensions de la mandibule.

Espèce	Collection		sx	1	2	3	4	5	6	7	8	9	10	11	12
Capra aff. *caucasica*	Hortus H10 1872- 29	f						35,5	25,8						
Capra aff. *caucasica*	Hortus H9 1794- 29	f		51,6	49,6	35,3	15,0	39,9	28,9		24,7		25,5		
Capra aff. *caucasica*	Hortus I8 358- 13	f		40,1	38,8	25,5	11,0	34,6	24,3	29,3	19,0	16,6	19,7		
Capra aff. *caucasica*	Hortus I9 1210- 23	f				26,5		37,3	26,4			18,7			
Capra aff. *caucasica*	Hortus I9 1234- 26	f		42,8	38,4	27,3	11,4		24,3	27,4	19,7	17,9	20,3		
Capra aff. *caucasica*	Hortus I9 1258a 26	f		47,2	44,3	31,5	13,2	39,3	27,1		22,8	20,7	22,9		
Capra aff. *caucasica*	Hortus I9 1260- 26	f		46,8	44,3	29,0	13,6	39,9	28,6	34,6	24,0	20,7	24,4		
Capra aff. *caucasica*	Hortus I9 719- 20	f		52,5	49,5	33,0	16,0		31,1	37,4	25,2	20,7	24,3		
Capra aff. *caucasica*	Hortus I9 853- 19	f		40,2								17,5	18,9		
Capra aff. *caucasica*	Hortus J10 545- 11	f				25,0			23,7			18,2			
Capra aff. *caucasica*	Hortus J10 845/6- 13	f			37,9	24,5	12,8				19,7		20,8		
Capra aff. *caucasica*	Hortus J9 170b 10	f				31,1			28,5			19,3			
Capra aff. *caucasica*	Hortus J9 936- 14	f		45,4	43,5	29,8	13,3	38,0	25,5	31,3	23,2	19,7	22,8		
Capra caucasica	MNHN 1979-064	a		46,4	45,7	30,8	15,5	39,1	29,1	35,1	20,1	20,4	25,0	25,9	245,7
Capra caucasica	MNHN 1979-064	a		46,3	44,6	29,1	15,9	38,5	29,3	34,7	22,0	20,3	24,5	25,4	246,1
Capra caucasica	Ortvala Cave Lha 80:392 1512	f		42,9	40,6	25,2	15,5	39,5	25,4	33,7	20,3	18,6	22,5		
Capra caucasica	Ortvala Cave Lha 80:392 1513	f		49,0	46,3	31,1	14,1		29,3		22,9	21,0	25,8		
Capra caucasica	Ortvala-Klde 95 C11 420-440 4	f		49,3	49,1	34,0	14,6	43,4	31,3	35,5	23,5	21,4	26,6		
Capra caucasica	Ortvala-Klde 95 E8 370-420 4	f		45,4	42,7	29,1	14,0	38,8		34,4	21,4	21,8	25,2		
Capra caucasica	Ortvala-Klde C11 c.3	f		52,4	49,3	31,1	14,6	43,6	31,3	35,5	23,4	21,0	25,6		
Capra pyrenaica	MNHN 1832-8	a	jm	37,7	33,7	23,5	10,5	32,7	21,8	26,8	16,1	15,9	19,4	16,5	
Hemitragus cedrensis	Arago E22 END4 92	f								29,7	20,8				
Hemitragus jemlahicus	MNHN 1932-92	a		42,4	38,5	23,2	14,4	32,1	24,7	29,7	17,5	18,2	20,6		
Hemitragus jemlahicus	MNHN 1944-187	a	m	39,4	37,8	22,7	13,2	32,1	23,1	28,7	16,0	16,6	21,3	18,7	188,7
Hemitragus jemlahicus	MNHN 1944-187	a	m	39,5	37,7	24,1	12,4	32,2	22,4	29,3	14,7	16,5	21,3	18,4	188,2
Hemitragus jemlahicus	MNHN 1966-110	a		43,9	41,9	24,6	15,6	34,8	26,1	30,2	19,0	19,2	23,4	26,2	235,0
Hemitragus jemlahicus	MNHN 1966-110	a		44,7	41,0	25,4	15,2	33,8	26,3	28,8	19,4	19,5	23,8	25,6	238,4
Hemitragus jemlahicus	MNHN 1972-133	a	f	38,0	35,2	23,0	12,3	30,0	22,1	26,1	16,5	16,7	20,4	20,7	199,9
Hemitragus jemlahicus	MNHN 1972-133	a	f	37,4	35,7	23,4	12,5	29,5	23,1	27,3	17,4	16,9	19,9	20,7	200,9

Tableau B21 – Dimensions de l'humérus.

Espèce	**Collection**		**lat**	**1**	**3**	**4**	**5**	**6**	**7**	**8**	**9**	**10**	**11**	**12**	**13**	**14**	**15**
Capra aff. *caucasica*	Hortus H9 1886a 30	f	d			49,2					19,3						
Capra aff. *caucasica*	Hortus H9 1899/- 30	f	d							14,7	17,4						
Capra aff. *caucasica*	Hortus I9 1133- 24	f	d	40,1													
Capra aff. *caucasica*	Hortus I9 1259- 26	f	d	37,5	47,8	42,8	29,8	13,8	22,1	12,5	16,9						
Capra aff. *caucasica*	Hortus I9 1626- 28	f	g		54,4	50,6	33,6	20,5	25,6	15,9		34,7					
Capra aff. *caucasica*	Hortus I9 691-19	f	g		51,4	48,1		14,5	23,8	14,5	18,4		10,3				
Capra aff. *caucasica*	Hortus J10 537- 11	f	g	42,2													
Capra aff. *caucasica*	Hortus J9 430- 11	f	d			37,4	24,2	12,2	19,6	10,9	15,3	25,5	9,5	6,0			
Capra aff. *caucasica*	Hortus J9 764/9- 14	f	g							13,2	19,4						
Capra aff. *caucasica*	Hortus K10 574/6-10/11	f	g	33,3	39,8	38,4	25,8	11,5	20,9	9,8	15,8	27,8	8,7		8,6		
Capra aff. *caucasica*	Hortus K10 846/8- 12	f	d			44,3	29,5	13,8	23,4		18,0	30,3	10,9	7,0			
Capra aff. *caucasica*	Hortus K9 760- 11	f	d	38,9													
Capra aff. *caucasica*	Portel-Ouest F	f			44,5	42,2	26,7	13,0		12,7		27,5	9,7	5,0	7,2		
Capra aff. *caucasica*	Portel-Ouest F2	f			44,9	42,1	28,9	13,0	22,5	12,4	16,2	27,2	9,7	4,8	7,7		
Capra caucasica	MNHN 1979-064	a	d	225,2	47,9	43,4	28,9	13,8	21,5		19,3					29,0	14,8
Capra caucasica	MNHN 1979-064	a	g	223,4	48,8	44,4	30,4	13,5	22,0		18,9					28,8	15,1
Capra caucasica	Ortvala-Klde 95 E8 370-420 4	f			47,4		29,1		21,5	13,2		28,1	10,0	6,9	10,7		
Capra caucasica	Tsona GSM 16-54-539 (Moustérien)	f	g		39,1	37,3	24,9	11,8	20,0	11,9	13,2	25,9	9,0	6,3	12,2	21,3	11,6
Capra pyrenaica	Arbreda B1 c.22 66083	f	g		29,7	28,5	19,7	7,7	15,9	10,6	12,9	16,0	5,2	5,7	5,5		
Capra pyrenaica	Arbreda c.21à24 71276	f	g		41,2	37,1	27,8	9,1	20,4	11,4							
Hemitragus jemlahicus	MNHN 1932-92	a			41,9	37,9	25,0	12,6	20,3	9,2	16,1	25,9	9,3	6,4	8,4		
Hemitragus jemlahicus	MNHN 1972-133	a			36,5	34,6	23,9	10,7	17,0		12,5						
Rupicapra pyrenaica	Portel Moust F2	f	d		31,2	29,2	20,4	7,8	16,5	9,4	12,2	16,7	5,1	4,1	5,4		

Tableau B22 – Dimensions du radius.

Espèce	Collection		1	2	3	4	5	6	7	8	9	10
Capra aff. *caucasica*	Hortus H10 1987-32	f	19,0	30,4	26,7	18,2	26,2	16,0			14,8	6,2
Capra aff. *caucasica*	Hortus H9 1769-29	f		30,6	29,6	19,6	27,2	15,0	12,3	5,9	17,6	6,9
Capra aff. *caucasica*	Hortus H9 1900-30	f	18,2			18,2						
Capra aff. *caucasica*	Hortus H9 1921-30	f				17,6		16,2			14,9	4,8
Capra aff. *caucasica*	Hortus H9 1932-30	f	18,4	31,5	30,0	18,1	25,6	15,2	14,8	4,7	15,6	5,3
Capra aff. *caucasica*	Hortus I9 10306-28	f				18,8		16,0			17,1	5,0
Capra aff. *caucasica*	Hortus I9 10307-11	f	15,4	22,3	20,8	13,3		12,4	11,3	3,8		5,6
Capra aff. *caucasica*	Hortus I9 1125-24	f	16,0	25,4	21,7	15,9	21,7	14,2	11,7	4,1	15,0	5,7
Capra aff. *caucasica*	Hortus I9 1720-30	f				17,3		14,6			14,5	6,8
Capra aff. *caucasica*	Hortus I9 2112-30	f				18,8		15,3	14,6	5,3		6,3
Capra aff. *caucasica*	Hortus J10 272-10	f	16,6	26,1	24,1	16,0	24,5	13,4	11,0	4,2	14,5	5,3
Capra aff. *caucasica*	Hortus J9 1520-21a	f	19,4	31,5	27,6	18,2	26,9	16,5	15,0	5,7	16,9	6,6
Capra aff. *caucasica*	Hortus J9 169c10	f	13,9	21,1	20,3	12,4	19,5	10,9	10,8	3,7	13,2	4,0
Capra aff. *caucasica*	Hortus J9 284a10	f						14,3			14,4	6,0
Capra aff. *caucasica*	Hortus K10 673-11	f	16,0	23,9	22,0	14,3	21,8	12,5	12,2	4,3	14,2	4,4
Capra aff. *caucasica*	Hortus K9 450- 9	f	19,0	28,6	27,6	17,0	26,2	15,8	13,2	5,3	13,8	5,2
Capra aff. *caucasica*	Hortus K9 758-11	f	16,9	27,9	25,0	15,9	26,1	13,8		4,6	16,0	6,1
Capra aff. *caucasica*	Hortus K9 761-11	f	17,6	28,4	25,9	16,7	25,2	14,5		4,9	13,8	4,9
Capra aff. *caucasica*	Hortus L10 301-14	f	16,2	24,6	23,4	14,4	22,8	13,3		4,5		
Capra aff. *caucasica*	Hortus L10 342-15	f	15,9	24,7	23,5	15,0	21,8	12,0	12,3	4,1		
Capra aff. *caucasica*	Portel-Ouest K	f	15,0	23,4	19,6	13,7	20,4	13,1	14,8	3,7	14,3	4,5
Capra caucasica	MNHN 1979-064	a	17,9	29,0	26,7	16,3	22,9	15,8	13,3	5,6	15,9	6,9
Capra caucasica	MNHN 1979-064	a	18,1	29,6	27,2	17,1	22,7	15,8	14,5	5,7	15,4	5,7
Capra caucasica	Ortvala-Klde 82 322	f	16,0	26,0	25,9	15,4	23,1	14,2	15,8	4,4	17,4	
Capra caucasica	Ortvala-Klde 87 533 3	f	15,5	23,1	22,3	13,8	21,5	12,1	11,2	2,4	15,2	5,5
Capra caucasica	Ortvala-Klde 90 C12 380-385 3	f	15,4	25,1	24,9	15,6	22,5	13,7	13,2	3,4	13,7	5,8
Capra caucasica	Ortvala-Klde 95 C12 420-440 4	f	16,5	23,8	23,3	14,2	23,4	13,4	14,2	4,8	16,7	6,1
Capra caucasica	Ortvala-Klde 95 E8 370-420 4	f	19,5	28,6	26,6	17,4	26,4	15,8	15,7	4,2	15,6	7,3
Capra caucasica	Ortvala-Klde G8a 300-305/312 4d	f	12,5	21,4	28,8	12,3	20,3	11,2	12,6	2,7	12,4	3,1
Capra caucasica	Ortvala-Klde G8d 330-335 6	f	16,0	24,1	23,0		21,2	13,2	10,9	3,8	14,6	5,9
Capra ibex	MNHN A 14112	a	18,7	29,5	26,1	18,3	23,6	15,1	11,4	4,6	15,6	6,7
Hemitragus jemlahicus	MNHN 1944-187	a	15,8	22,7	20,8	14,2	22,1	12,8	9,4	5,5	14,5	4,5
Hemitragus jemlahicus	MNHN 1944-187	a	15,7	23,2	20,8	14,5	21,6	13,2	10,1	5,2	14,3	4,6
Hemitragus jemlahicus	MNHN 1972-133	a	15,6	22,8	22,0	14,2	20,5	12,1	10,5	4,5	11,9	4,4
Ovis musimon	Regalia 534-7	a	14,2	19,3	17,5	10,7	16,4	10,2	10,2	3,5	10,9	4,8
Ovis musimon	Regalia 534-7	a	13,4	19,0	17,6	10,6	16,0	10,5	10,3	4,2	10,9	4,4

Tableau B23 – Dimensions du scaphoïde.

Espèce	Collection		1	2	3	4	5	6	7	8	9	10	11	12	13	14	15	16	17	18	19	20	21	22	23
Capra caucasica	Ortvala-Klde 95 C11 370-420 4	f	19,4	23,7	32,4	27,5	20,0	19,9	11,5	14,7	15,9	8,3	8,4	9,0	7,2	9,3	13,6	7,7	9,7	13,9	6,1	7,9	2,3	15,0	3,5
Capra caucasica	Ortvala-Klde 95 C11 370-420 4	f	17,5	21,1	29,1	26,1	17,2	14,9	8,9	12,5	13,7	7,7	5,2	6,1	8,1	8,6	12,0	6,3	6,5	12,0	3,9	6,6	2,8	12,6	3,6
Capra caucasica	Ortvala-Klde G6a 336-341 6	f	17,7	22,4	30,5	26,1	16,9	13,5																	
Hemitragus jemlahicus	MNHN 1972-133	a	16,4	15,2	24,8	22,4	16,3	11,6	9,5	10,5	12,2	5,4	4,9	5,6	5,5	6,3	9,4	6,5	7,4	12,4	2,0	5,6	2,6	14,6	3,8
Rupicapra cf. *pyrenaica*	Arago I17 IRZ2 304	f	14,5	16,0			12,0		6,7	7,7	10,6	4,3	4,3	4,2	4,5	5,5	8,9	3,4	4,0			4,0	2,0	14,1	1,5

Tableau B24 – Dimensions du semi-lunaire.

Espèce	Collection		1	2	3	4	5	6	7	8	9	10
Capra aff. *caucasica*	Arago K18 KJD7 2415	f		11,5			5,5		6,4	8,2	10,6	4,2
Capra aff. *caucasica*	Portel-Ouest F2	f	13,7	12,1	12,4	11,6	6,0	16,4	7,2	8,2	11,7	5,2
Capra caucasica	Ortvala Cave ORT 138 (Géorgie)	f	18,1	16,2	17,4	14,8	9,7	23,1	11,1	14,0	17,2	10,5
Capra caucasica	Ortvala-Klde 87 533 3	f	18,4	16,4	17,4	12,0	6,7	10,3	20,5	12,8	14,3	9,6
Capra caucasica	Ortvala-Klde 95 E8 370-420 4	f	17,1	15,2	16,4	14,4	7,4	20,3	8,8	11,3		8,2
Hemitragus cedrensis	Arago K19 KKD3 R14369	f	13,6	11,4	12,5		7,0	12,5	7,8	8,8	11,2	5,6
Hemitragus cedrensis	Arago K19 KKD3 R14370	f	13,0	10,8		12,8	5,7	13,0	6,6	6,7		
Hemitragus jemlahicus	MNHN 1972-133	a	15,2	12,6	15,6	11,2	6,3	15,0	7,4	7,6	11,3	6,9
Hemitragus sp.	Arago G15 GT102675	f	12,2	11,3	11,4		7,0		6,6	8,4	11,0	4,2

Tableau B25 – Dimensions du pyramidal.

Espèce	Collection		1	2	3	4	5	6	7	8	9	10	11	12	13	14	15	16	17
Hemitragus jemlahicus	MNHN 1972-133	a	11,6	17,7	13,6	13,4	7,8	6,0	6,3	7,9	12,4	7,1	6,1	17,1	11,8	13,4	12,7	10,9	11,7
Rupicapra cf. *pyrenaica*	Arago G15 GZ2 1090	f	10,6	14,5	11,2	11,0	6,4	4,8	6,0	5,9	10,0	7,0	5,4	13,9	10,5	11,4	9,9	8,2	8,3
Rupicapra pyrenaica	Arbreda B3 c.27 76604	f	16,0	22,4	19,5												16,7	14,5	

Tableau B26 – Dimensions de l'os crochu (onciforme).

Espèce	Collection		1	2	3	4	5	6	7	8	9	10	11	12
Capra caucasica	Ortvala Cave ORT 497 (Géorgie)	f	23,5	22,8			6,9	20,7					33,0	21,7
Capra caucasica	Portel-Ouest F2	f	21,3	21,4	14,6	8,3	4,9	17,2	6,1		4,6	17,8	28,7	19,0
Capra caucasica	Portel-Ouest F2	f	19,3	18,0	12,2	6,6	6,0	17,5	4,4	12,8	4,4	15,3	26,2	17,3
Hemitragus jemlahicus	MNHN 1972-133	a	18,1	16,2	11,4	6,9	4,4	13,1	3,7	13,4	3,8	13,9	25,0	12,9

Tableau B27 – Dimensions du capitatotrapézoïde.

Espèce	Collection		lat.	1	2	3	4	5	6	7	8	9	10	11	12	13	14	15	16	17	18	19	20	21	22	23	24
Capra caucasica	MNHN 1979-064	a	d	150,2	130,5	142,7	37,4	33,9	14,6	20,3	20,9	29,2	26,7	22,1	24,8	15,8	39,8	38,8	17,4	14,3	21,8	23,3	19,3	22,6	15,3	21,5	14,0
Capra caucasica	MNHN 1979-064	a	g	150,0	131,7	143,6	37,7	33,9	13,8	20,3	20,6	29,2	26,6	21,2	23,9	15,4	40,1	38,0	17,5	15,2	22,7	23,0	19,6	22,2	15,4	21,5	14,1
Capra caucasica	Ortvala-Klde 82 212	f																38,3	17,2		23,7	24,3	20,1	15,1	23,4	15,7	23,9
Capra caucasica	Ortvala-Klde 87 D9 405-410 4	f															34,3	34,0	16,5	15,3	18,7	20,9	17,0		14,9	21,9	13,9
Capra caucasica	Ortvala-Klde G7b 375-380 7	f															38,1	37,7	17,4		22,3	23,1	19,2				
Capra caucasica	Sakazia Ls 76 1104 549	f	d						15,3		20,4																
Capra cylindricornis	GSM Zool. Inst. 5-56 589	f		121,1	105,8	115,7	26,4	26,1	11,1	18,5	17,4	22,1	18,1	17,5	16,9	11,6	30,8	29,3	14,1	12,5	18,3	19,1	16,0	12,1	18,6	17,7	10,4
Ovis ammon	Bronze Cave dh 75 170 (501)	f	g														47,9	47,4	21,8		28,2	27,9	23,1	27,1	18,2	26,0	17,0
Ovis ammon	Sakazia Ls 76 1098 550	f	d														36,6	36,2	17,8		22,1	22,2	19,0	21,2	15,2	21,0	13,6
Ovis ammon	Sakazia Ls 76 823 560+561+562	f	g														39,0	39,0	18,6		21,7	23,0	19,3				
Rupicapra occitanica	Le Nestier	f					25,0								16,4												
Rupicapra pyrenaica	Arbreda c.21à24 70133	f	g														31,8	32,1						19,4			
Rupicapra rupicapra	La Niche	f		147,0			25,2						18,7		16,9	12,5	29,6							16,6			

Tableau B28 – Dimensions du métacarpien.

Espèce	Collection		1	2	3	4	5	6	7	8
Capra caucasica	Ortvala Cave Lha 81:676 1514	f	34,6	27,5	23,5	24,4	16,5	6,5		
Capra caucasica	Ortvala Cave Lha 81:676 811	f	35,5	26,0	23,3	24,2	15,9	6,6		
Capra caucasica	Ortvala-Klde G8b 298-308/315 4d	f	41,4	30,6	27,9	27,9	8,3	18,7		
Ovis ammon	Sakazia Ls 77 379 760	f	39,7	34,2	28,0	27,6	8,3	13,7		
Rupicapra cf. *pyrenaica*	Orgnac3 D13 244 -- 3	f	26,9	20,1	19,4	17,6	3,9	10,1		
Rupicapra pyrenaica	Actuel CERP Tautavel	a	25,1	18,7	17,7	16,2	4,2	11,2	14,0	12,5
Rupicapra rupicapra	Grotte du Bison dM 1124 (Tsutskhvati)	f	28,7	20,6	19,9	17,8	4,6	12,9	15,7	12,1

Tableau B29 – Dimensions du tibia.

Espèce	Collection		1	2	3	4	5	6	7	8	9	10	11	12	13	14	15
Hemitragus bonali	Arago c12 cdp8 1008	f			8,6	24,6			22,5	35,6					31,2	23,3	21,1
Hemitragus bonali	Arago c13 cej13 682	f	24,1	22,1	9,7	24,8			22,4	36,3	21,1	37,7	5,2	12,2	31,5		22,4
Hemitragus bonali	Arago d18 dsy7 2557	f			9,7	27,0			23,4	38,2	22,6		6,6	13,8	32,6	25,8	
Hemitragus bonali	Arago e15 eay7 4076	f	28,0	24,9	10,8	26,8			23,2	37,8	21,6	39,6	6,5	14,7	32,4	25,0	26,4
Hemitragus bonali	Arago e15 egh3 4347	f			10,2	28,1			24,0	39,7	23,3				34,5	27,0	
Hemitragus bonali	Arago f15 fky12 4643	f	25,2	23,0	9,8	26,4			22,3	37,4	21,0	39,6	5,6	13,1	32,4	24,4	22,0
Hemitragus bonali	Arago f15 fky12 4684	f	28,1	25,6	10,8				24,6	40,1	23,1				34,7	26,0	
Hemitragus bonali	Arago f17 fmy4 2613	f	25,5	23,3	9,4	26,2			23,2	36,1	22,2	37,9	7,2	13,5	31,2	24,4	22,6
Hemitragus bonali	Arago f18 fsy10 2130	f	26,4	23,6	9,4	25,2			22,6	37,3	21,1	39,0	5,2	12,8	32,4	24,2	22,5
Hemitragus bonali	Arago g10 gbp1 1201	f	26,0	24,7	9,5	25,6			22,0	36,4	21,6	39,4	6,4	12,1	31,9	23,7	26,5
Hemitragus bonali	Arago g14 ga4 884	f	27,0	23,3	9,5				22,8	37,3	20,6				32,1	25,1	23,4
Hemitragus bonali	Arago g15 gy15 6042	f	27,5	24,7	10,2	27,6			24,1	38,5	23,0	40,7	5,9	14,5	32,8		
Hemitragus bonali	Arago g16 gdy1 3540	f	28,2	25,0	8,9	27,4			24,3	38,8	22,7	41,4			33,6	26,7	23,5
Hemitragus bonali	Arago g16 gdy5 4091	f	24,8	22,1	9,2										32,1	24,7	
Hemitragus bonali	Arago h14 ha3 2281	f													31,4		
Hemitragus bonali	Arago h15 hay5 4196	f	25,6	23,4	9,9	27,0			21,7	37,4	20,9	39,4	5,9	14,3	32,6	24,9	22,8
Hemitragus bonali	Arago h16 hdy4 4886	f	27,1	24,4	10,3	27,6			24,7	39,1	23,3	42,5	6,9	13,9	34,0	25,7	24,3
Hemitragus bonali	Arago h16 hqy5 5236	f				26,1											
Hemitragus bonali	Arago h17 hqy8 5144	f	26,4	24,2	8,8	25,9				36,8	21,2	39,4			31,6	24,6	23,1
Hemitragus bonali	Arago i14 ifj3 1349	f	27,3	23,8	9,5	26,1			22,3	36,9	21,1	40,0	5,7		32,4	25,4	24,4
Hemitragus bonali	Arago i15 iny6 3257	f	25,4	22,8		26,0			22,1	36,7			5,8		32,3		
Hemitragus bonali	Arago i16 ipy3 3075	f	27,7	24,9	10,4	28,0			24,2	39,3	23,1	42,6	6,9	13,1	34,0	26,8	24,6
Hemitragus bonali	Arago i16 ipy3 4827	f	29,5	23,8	10,0	27,5			23,3	38,5	22,7	41,6	6,4	13,9	33,6	25,5	25,3
Hemitragus bonali	Arago i20 ilf9 2027	f	27,3	23,0	9,6	25,7			22,3	36,6	21,3	38,8	5,8	11,6	31,8		26,5
Hemitragus bonali	Arago j16 jmy 1466	f	28,6	26,1	10,2	28,1			24,6	39,4	24,1	42,3			34,4	26,2	24,5
Hemitragus bonali	Arago j16 jmy4 10601	f	26,2	23,8						39,3							
Hemitragus bonali	Arago j17 jpy2 2683	f			9,4										32,2	25,1	
Hemitragus bonali	Arago j17 jpy3 4438	f	26,0	23,2	9,2	26,0			22,2	36,0	21,3	38,5	6,2	12,6	31,8	24,1	22,7
Hemitragus bonali	Arago j18 jjbf8 4401	f	26,5	23,4	9,1	25,0			21,3	36,4	21,1	38,5	5,3	13,4	31,0	22,2	25,0
Hemitragus bonali	Rameaux F4M C62	f	24,7	21,2	7,9	24,3	10,9	12,9	22,1	35,8	21,6	38,7	5,5	12,1	31,0	22,6	25,9
Hemitragus bonali	Rameaux FIN C63 38	f	25,2	22,2	7,4	24,5	10,4	13,5	22,0	35,8	21,6	38,3	5,6	11,7	31,4	22,3	25,9
Hemitragus cedrensis	Arago I18 IJD6 3190	f	22,5	21,3	8,8				18,9	34,4	19,8	36,4			29,9		
Hemitragus cedrensis	Arago J19 JKD13 1219	f	22,3		7,3	22,9	11,5	10,9			20,2	35,9			30,1		
Hemitragus cedrensis	Arago K20 KLD14 967	f	23,0	22,6	9,1										33,3		
Hemitragus jemlahicus	MNHN AC 1944-187	a	22,3	21,4	8,6	22,9	10,4	11,8	21,1	31,8	18,9	34,3	5,6	9,9	26,9	20,2	23,1
Hemitragus jemlahicus	MNHN AC 1944-187	a	23,0	21,5	8,2	22,6	9,8	12,4	21,0	32,0	19,0	34,2	4,7	10,1	27,0	20,7	22,7
Hemitragus jemlahicus	MNHN AC 1972-133	a	23,1	20,8	7,5	22,7	10,0	11,6	19,7	33,6	19,4	36,2	5,7	7,1	28,6	20,3	22,8

Tableau B30 – Dimensions du talus d'*Hemitragus*.

Espèce	Collection		1	2	3	4	5	6	7	8	9	10	11	12	13	14	15
Capra aff. *caucasica*	Adaouste 9C O21 9	f	28,1	22,1		25,3			22,9	36,7	21,9	39,5			32,0		
Capra aff. *caucasica*	Adaouste L21 19 D	f	24,6	19,9		24,8			20,7	32,5	20,3	35,7			28,7		
Capra aff. *caucasica*	Arche 98 (Musée Tautavel)	f				28,8					22,9	41,6	6,5	12,1	33,2	22,4	
Capra aff. *caucasica*	Arche 98 (Musée Tautavel)	f	26,8	24,1	9,2	25,9			23,0	37,2	22,3	40,6	5,8	14,7	31,6	21,2	25,9
Capra aff. *caucasica*	Arche 98 (Musée Tautavel)	f	25,5	23,1	8,3	23,9			20,6	35,3	20,5	37,4	6,5	12,5	30,4	20,2	25,2
Capra aff. *caucasica*	Arche 98 (Musée Tautavel)	f		22,3	7,4												
Capra aff. *caucasica*	Hortus H9 1754-29	f				27,5											
Capra aff. *caucasica*	Hortus H9 1787-29	f				30,0					23,4	44,6	8,1		36,6		
Capra aff. *caucasica*	Hortus H9 1790a29	f	31,0	27,0	10,4	30,7			26,8	42,6	25,0	44,0	8,0		35,7		
Capra aff. *caucasica*	Hortus H9 1806-29	f	32,0	30,0	11,3	31,1			25,1	41,4	23,2	44,2	7,8	15,0	36,2		30,9
Capra aff. *caucasica*	Hortus H9 1933-30	f	29,6	26,8	10,4	27,4			23,9	38,9	22,3	41,6	7,2	15,6	33,8		29,1
Capra aff. *caucasica*	Hortus I10 2009-28	f	31,0	27,4	10,4	29,4			25,0	39,2	23,7	43,0	6,1	14,9	34,0		28,1
Capra aff. *caucasica*	Hortus I8 355b13	f	28,4	27,2	10,2	29,0			24,2	37,5	22,9	40,2	7,4	17,7	32,4		28,3
Capra aff. *caucasica*	Hortus I9 1179-24	f	25,0	24,2	8,1	26,1			21,7	34,8	21,0	38,5	6,3	13,0	29,8		25,9
Capra aff. *caucasica*	Hortus I9 1183a24	f	25,4	24,4	8,3	25,5			21,7		21,5	38,2	6,4	13,2	30,6		25,8
Capra aff. *caucasica*	Hortus I9 1194-23	f	25,4	23,6	8,3	25,6			21,6	36,7	21,7	39,4	7,3	14,2	31,4		25,3
Capra aff. *caucasica*	Hortus I9 1256/-26	f				28,5						41,1			36,1		
Capra aff. *caucasica*	Hortus I9 1281-26	f				28,1				38,9			7,2	16,4			
Capra aff. *caucasica*	Hortus I9 1630-28	f	30,6	28,6	10,3				25,6	40,9	24,1	44,0	6,8	16,6	35,5		29,5
Capra aff. *caucasica*	Hortus I9 1653-28	f	30,1	27,4	9,9	29,3			24,3	39,3	23,8	43,3			34,3		28,7
Capra aff. *caucasica*	Hortus I9 1686-28	f	28,1	25,7	10,0	32,8			24,2	38,5	22,4	40,2	8,2		33,0		27,8
Capra aff. *caucasica*	Hortus I9 2020-29	f	28,9	25,5	10,3	28,3			23,5	38,9	22,1	41,3	7,3		34,3		27,8
Capra aff. *caucasica*	Hortus I9 2023-29	f	28,7	26,8	11,2	27,7			23,3	38,2	21,8	41,0	7,8	15,0	33,5		28,3
Capra aff. *caucasica*	Hortus I9 2080-29	f									22,5	41,3	7,6	17,2			
Capra aff. *caucasica*	Hortus I9 451-14	f	24,3	22,7	9,3	24,6			20,2	35,4	21,0	38,5			30,5		
Capra aff. *caucasica*	Hortus I9 465-14	f									19,9	36,9					
Capra aff. *caucasica*	Hortus I9 852-19	f									20,1				30,4		
Capra aff. *caucasica*	Hortus J9 1179-18	f	25,5	23,5	8,1	25,2			20,9	36,9	22,0	39,4	5,5	11,5	31,8		26,4
Capra aff. *caucasica*	Hortus J9 423-11	f	26,0	23,6	9,8	24,1			20,4	35,6	20,8	37,9			30,7		24,3
Capra aff. *caucasica*	Hortus J9 427-11	f	26,0	23,4	8,8	24,3			20,2	35,2	20,8	38,2	6,8	13,9	30,3		24,8
Capra aff. *caucasica*	Hortus J9 710-13	f	28,1	27,2	10,3	29,8			24,7	37,9	22,3	42,1	7,5		33,8		29,0
Capra aff. *caucasica*	Hortus J9/691/7-12/13	f	26,1	23,5	7,5	26,1			20,4	34,7	20,5	37,6					
Capra aff. *caucasica*	Hortus L10 318a14	f	25,1	24,3	8,4				21,5	35,3	20,0	39,1			30,6		25,9
Capra pyrenaica	Castel 2 (Musée Tautavel)	f	23,5	22,8	8,5	25,3			20,0	36,7	20,2	39,1	6,2	12,4	31,3	22,5	25,6
Capra pyrenaica	Castel 2 (Musée Tautavel)	f	25,1	23,2	8,6	24,0			20,5	36,6	20,3	39,5	6,0		30,8	22,2	25,8
Capra pyrenaica	Castel 2 (Musée Tautavel)	f	22,9	21,0	7,8	22,9			20,4	34,3	18,8	36,6	4,9	11,8	29,2	21,2	24,2

Tableau B31 – Dimensions du talus de *Capra*.

Espèce	Collection		1	2	3	4	5	6	7	8	9	10	11	12	13	14	15
Rupicapra pyrenaica	CERP Tautavel	a	18,6	17,9	6,6	17,6			16,0	26,8	15,3	27,8	4,2	9,8	22,8		17,7
Rupicapra pyrenaica	CERP Tautavel	a	18,4	18,0	6,6	17,3			16,1	26,5	15,7	27,8	4,2	10,8	22,7		17,7
Rupicapra pyrenaica	Portel-Ouest A	f	21,8			20,5	9,1	11,5	17,8	29,3			4,8	10,5		18,3	
Rupicapra pyrenaica	Portel-Ouest B1	f	21,2	17,4	6,8			10,2			15,8	29,8					
Rupicapra pyrenaica	Portel-Ouest F2	f	20,8	17,8	6,8	19,8	9,3	9,1	18,4	30,5	17,9	31,7	5,7	10,7	25,4	17,6	20,3
Rupicapra rupicapra	G1921-22 (Bavière)	a	22,0	20,7	7,1	21,1			20,1	32,0	18,0	32,7	5,1	10,0	26,0		22,2
Rupicapra rupicapra	G1921-22 (Bavière)	a	21,7	20,4	6,8	20,8			20,3	31,7	17,9	32,6	5,3	11,2	25,8		22,1
Rupicapra rupicapra	G1939-2	a	22,6	20,2	8,5	22,5			18,7	31,2	17,5	32,0	5,9	12,2	27,2		23,6
Rupicapra rupicapra	G1939-2	a	21,4	20,6	6,2	20,4			19,2	30,0	18,0	31,6	5,0	9,8	25,2		19,8
Rupicapra rupicapra	IPH 1985-10	a	22,1	21,1	7,0	22,1			18,0	30,7	18,1	33,3	4,5	11,6	26,0		21,8
Rupicapra rupicapra	IPH 1985-10	a	21,8	20,8	7,1	21,4			18,2	30,3	17,8	33,4	4,5	10,9	26,0		21,9
Rupicapra rupicapra	Regalia 468-15	a	19,8	18,8	5,8	19,3			17,5	29,7	16,7	30,3	4,6	10,5	24,2		19,2
Rupicapra rupicapra	Regalia 468-15	a	20,0	18,8	5,8	19,5			17,7	29,5	16,8	30,4	4,5	10,0	24,3		19,2
Rupicapra rupicapra	Regalia 538-1	a	22,2	20,6	5,8	21,3			19,9	31,1	18,7	32,1	5,0	11,5	25,8		21,3
Rupicapra rupicapra	Regalia 540-3	a	23,4	21,3	6,7	21,7			19,7	31,3	18,8	32,2	5,7	9,9	25,8		21,8
Rupicapra rupicapra	Regalia 540-3	a	22,7	21,0	6,3	22,3			19,5	31,4	18,8	32,2	5,6	10,5	25,5		21,4

Tableau B32 – Dimensions du talus de *Rupicapra*.

Espèce	Collection		lat.	1	2	3	4	5	6	7	10	11	12	13	14	15	16	17	18	19	20	21	22	23
Capra aff. *caucasica*	Hortus H10 1980-31	f	g		40,7	34,5				6,5			7,8	17,7	17,9					14,2	10,5	9,5		
Capra aff. *caucasica*	Hortus H9 1756-29	f	g		39,7	32,5				7,0	23,6	14,3	6,8	19,3	16,9					14,6	10,8	9,7		
Capra aff. *caucasica*	Hortus H9 1790-29	f	g		40,4	32,4				7,8	23,6	13,7	6,3	19,1	15,7					15,5	10,2			
Capra aff. *caucasica*	Hortus H9 1888-30	f	d							6,4				18,3	15,8									
Capra aff. *caucasica*	Hortus H9 1897/-30	f	g		39,8	33,0							6,4	18,8	17,3					14,1	11,5	9,3		
Capra aff. *caucasica*	Hortus H9 1953-31	f	g	29,1	35,7	28,5	14,1	13,7	25,0	6,6	21,1	12,3	6,5	15,9	15,9	5,2		9,9	8,2	14,9	10,8	9,7	25,9	
Capra aff. *caucasica*	Hortus I10 1408-26	f	g	28,7	35,2	29,5	15,4	13,7	25,4	6,2	20,6	12,2	5,4	15,5	15,8			8,1	8,9	14,1	11,7	9,7		19,3
Capra aff. *caucasica*	Hortus I10 1561-28	f	g	28,3	39,1	31,3	15,6	14,3	26,0	7,4	21,7	14,2	6,4	17,6	16,6			10,1	7,9	15,7	12,5	11,0		19,0
Capra aff. *caucasica*	Hortus I10 1588-28	f	g		37,5	31,6	16,4	14,5		6,1	21,9	12,5	7,2	16,5	16,2					15,5	10,1	10,7		
Capra aff. *caucasica*	Hortus I10 1714-28	f	d	26,8	36,8	30,8	16,1	13,1	24,6	5,8	21,1	13,5	5,7	17,5	15,6			6,7	9,3	13,8	10,0	8,8	24,9	17,6
Capra aff. *caucasica*	Hortus I8 355a13	f	d	28,2	36,0	30,6	14,8	12,7		6,3	20,9	12,1	5,2	16,5	14,9					14,1	10,9	9,6	26,3	18,7
Capra aff. *caucasica*	Hortus I9 1148-24	f	g		31,6	27,1	13,8	11,8	18,8	4,6		10,8			12,0	5,3	10,5	7,2	8,1				23,0	17,3
Capra aff. *caucasica*	Hortus I9 1170-23	f	d							4,4				15,3	14,2									
Capra aff. *caucasica*	Hortus I9 1182-24	f	d						19,9	5,2			5,7	13,8	12,1	5,1	10,4		9,1	12,9	9,6	7,7		17,2
Capra aff. *caucasica*	Hortus I9 1275-26	f	d	28,3	34,7	28,6	15,1	12,8	21,8	6,7	20,1	11,8	5,6	16,9	13,7	6,2	12,0	8,2	8,4	13,1	11,8	9,6	25,6	18,4
Capra aff. *caucasica*	Hortus I9 1708-28	f	d											17,4	16,9									
Capra aff. *caucasica*	Hortus I9 2022-29	f	g	28,8	35,4	29,8	15,4	12,7	22,7	6,7	20,8	12,5	6,3	16,3	14,3	6,3	13,4	7,2	8,1	14,0	9,7	8,8		20,2
Capra aff. *caucasica*	Hortus I9 2024-29	f	d	28,1	35,9	30,7	14,6	13,1	21,9	5,7	21,9	12,0	6,2	16,8	13,5	5,0	14,1	7,8	9,4	14,3	10,4	8,4	26,5	18,9
Capra aff. *caucasica*	Hortus I9 704-19	f	d	22,4	29,1	24,5	12,5	11,0	19,7	4,5	17,3	10,6	4,5	14,7	12,3	4,4	10,8	7,3	7,9	10,6	8,9	7,1	17,8	15,2
Capra aff. *caucasica*	Hortus J9 1533-21a	f	d	25,8	31,0	25,3	12,8	11,9	21,1	5,9	18,2	10,6	4,8	15,4	12,2	6,0	9,8	6,5	7,1	12,1	8,7	7,7	23,5	16,8
Capra aff. *caucasica*	Hortus K10 673/4-11	f	d	25,6	34,2	26,9				5,1													22,8	
Capra aff. *caucasica*	Hortus K9 757-11	f	g	28,0	34,7	28,6	14,8	12,6	23,0	6,2	20,4	12,3	5,9	15,5	14,7			8,3	8,8	14,4	9,8	9,0	23,2	18,8
Capra aff. *caucasica*	Hortus L10 285-14	f	g	24,1	29,3	24,1	12,2	10,7	19,3	5,2	17,9	10,0	5,9	14,3	12,3					12,7	9,1	7,9		
Capra caucasica	MNHN 1979-064	a		32,7	33,6	27,1	12,4	13,7	20,4	8,1	19,8	12,7	7,1	14,8	10,1	9,9	6,5	8,1	7,2	13,7	9,3	7,6	21,8	19,6
Capra caucasica	MNHN 1979-064	a		33,2	34,0	27,8	12,1	14,9	21,2	8,2	19,8	12,8	6,2	15,7	10,6	6,6	10,3	8,0	7,3	12,8	9,6	7,5	23,5	19,6
Capra caucasica	Ortvala-Klde 87 533 3	f		29,1	35,3	29,8	14,1	14,6	23,9	5,8	22,9	12,4	3,8	18,0	13,5	7,3	12,4	6,4	7,6	12,1	9,3	8,2	26,7	20,3
Capra caucasica	Ortvala-Klde 95 E8 370-420 4	f	g	31,5	39,2	32,1	15,9	14,8	25,4	6,0	22,7	13,7	7,2	17,8	14,8	6,2	15,5	8,4	7,4	16,0	10,8	9,6	29,0	22,4
Capra caucasica	Ortvala-Klde G8a 300-305/312 4d	f	d	25,3	31,0	26,2	13,7	11,8	23,5	5,6	20,2	11,9	5,7	15,7	12,4	5,4	9,0	8,9	8,6	13,1	8,9	8,2	21,2	17,3
Capra caucasica	Portel-Ouest F3	f	g	25,5	35,0	27,0	13,7	12,4	19,5	6,6	22,0	11,6	6,2	15,7	13,4	5,2	9,3	6,7	8,8	14,6	11,2	9,0	27,8	18,7
Capra caucasica	Sakazia Ls 77 364 620	f	g	28,1	33,2	28,2			14,0	5,2	21,0	11,5	6,3	16,3	12,9	5,3	7,6	8,5	8,6	11,9	9,0	7,7	21,9	17,6
Capra ibex	MNHN A 14112	a	g	28,8	35,2	29,0			18,5	6,8	20,8	12,5	6,9	17,8	9,6	5,3	12,4	7,0	7,4	15,3	10,0	8,0	22,4	18,1
Capra pyrenaica	MNHN 1832-8	a	g	21,2	26,2	22,1	11,4	10,3	18,4	4,8	16,4	8,2	5,4	12,5	10,1			6,3	5,4	12,1	8,6	6,2	20,1	18,4
Hemitragus cedrensis	Arago K18 KJBE7 2817	f	d	23,5	27,2	22,9	11,1	10,3	16,2	4,4	18,1	11,2	5,6	14,9	10,0	4,2	6,7	7,4	7,7	12,0	9,4	7,6	20,3	15,5
Hemitragus jemlahicus	MNHN 1972-133	a		22,6	28,5	23,8	11,3	11,2	17,8	5,1	16,2	9,1	5,9	14,7	11,3	3,8	8,2	5,7	4,9	10,5	7,1	5,9	16,7	16,6
Rupicapra pyrenaica	Portel-Ouest F2	f	d	19,9	25,4	20,8	11,4	8,1	13,7	5,0	15,5	9,2	4,2	11,9	9,8	4,5	8,2	5,9	5,2	9,9	7,8	6,8	15,6	15,6

Tableau B33 – Dimensions du cubonaviculaire.

Espèce	Collection		1	2	5	7	8	9	10	11	12	13	14	15	16	17	18	19	20	21	22	24	25
Capra caucasica	MNHN 1979-064	a	157,2	140,1	28,0	27,2	8,5	8,3	11,1	20,2	9,2	15,3	7,4	13,6	5,4	19,5	18,5	33,8	33,9	16,6	15,0		
Capra caucasica	MNHN 1979-064	a	157,4	139,9	27,8	27,0	7,0	8,6	11,3	20,7	8,8	15,7	6,7	14,1	6,3	19,2	17,9	33,9	33,3	17,5	14,3		
Capra caucasica	Azych III-1 5/15	f			29,8	28,2	8,7	9,1	11,9	23,8	12,4	19,5	9,0	8,7	5,2	19,2	19,0				21,5	31,6	27,4
Capra caucasica	Ortvala-Klde 90 C12 400-410 4	f			28,5	23,3					13,6	18,3			5,6								
Capra caucasica	Upper Cave (Tsutskhvati, Géorgie)	f	176,8	157,6	27,7	26,6	6,0	8,2	10,6	21,5	14,3	17,0	7,7		5,2	21,9	18,2	38,2	36,8	19,5	17,1	27,5	25,4
Capra cylindricornis	GSM Zool. Inst. 5-56 589	f	130,3	116,8	22,3	20,4	6,9	7,8	7,9	18,9	9,8	14,9	6,4	9,5	3,9	13,2	12,6	27,2	26,6	13,7	12,2	21,0	19,8
Hemitragus cedrensis	Arago H19 HKC1 3	f			23,5	24,3	6,6	8,8	7,3	19,2	10,6	16,2	6,5									24,6	21,8
Hemitragus cedrensis	Arago I24 IPB4 801	f									11,1	17,3	6,5										
Hemitragus cedrensis	Arago I24 IPC10 1673	f	142,8	124,8	26,0	24,4	6,5	8,3	9,7	19,7	11,0	18,6	6,7	9,4	4,6	18,8	17,4				13,8	25,2	23,1
Hemitragus cedrensis	Arago J19 JKD1 29	f			23,5	22,9	6,4	7,8	8,1	17,0	11,4	15,1	5,9		4,2							23,9	21,7
Hemitragus cedrensis	Cèdres CIV.357	f																				27,6	24,7
Hemitragus cedrensis	Cèdres sII C6	f																				25,6	22,4
Hemitragus jemlahicus	MNHN 1972-133	a	133,9	121,2	21,4	20,0	4,8	6,0	6,3	16,9	8,0	15,7	4,4	9,8	3,6	16,6	14,0	28,5	27,7	12,4	12,9		

Tableau B34 – Dimensions du métatarsien.

Espèce	Collection			1	2	3	4	5	6	7	8	9	10	11	12	13	14	15	16	17	18	19	20	21	22	23	24	25
Capra aff. *caucasica*	Arago F24 FPD1 99	f	mp																				14,0		10,7	11,9	12,5	
Capra aff. *caucasica*	Arago I20 ILD11 178	f	ma																				17,2	15,9	11,7	13,5	14,3	
Capra aff. *caucasica*	Arago K18 KJG1 159	f	mp																				13,9	12,2	10,4	12,0	12,3	9,3
Capra aff. *caucasica*	Hortus H10 3011-31	f	ma	47,4	47,2	47,6	21,9		20,5		5,6	8,6	5,5			14,0	4,3				18,7	16,8	20,1	18,6	14,8	16,0	17,1	14,7
Capra aff. *caucasica*	Hortus H9 1766-29	f	ma		46,0		22,8	25,1	21,5	20,6	5,3	9,0	5,9	7,1	18,9	14,6	4,3	4,4	21,7	18,7	19,9	16,4					18,3	14,9
Capra aff. *caucasica*	Hortus H9 1817b29	f	ma	42,9	42,8	43,4		21,8				7,1				12,7					16,8	15,1	18,0		13,5	14,7	16,5	12,4
Capra aff. *caucasica*	Hortus H9 1928-30	f	ma	47,6	48,1	48,8	22,8	23,8	21,1		5,7	8,4		6,2	16,7	13,5					18,8	17,0	21,6	19,8	16,2	17,1	18,8	14,8
Capra aff. *caucasica*	Hortus I10 1580-28	f	mp	49,6	49,9	52,3	20,5	24,1	18,7	18,8	3,9	8,0	5,1	5,2	16,9	15,7	5,2		21,3		16,4		18,5	17,7	13,3	15,5	15,8	13,0
Capra aff. *caucasica*	Hortus I10 2119-31	f	ma	46,9	47,7	48,9	22,4	23,9	20,9		5,5	8,9	4,9	7,2	16,9	13,6	4,8	4,7	21,3	17,5		15,5	20,6	17,7	15,7	17,2		14,4
Capra aff. *caucasica*	Hortus I8 257-10	f	ma	48,5	48,0	48,4	20,9	24,4	20,1	20,0	5,2	7,1			16,7	13,6					18,6	17,2	19,2	18,2	14,5	15,6	16,5	13,8
Capra aff. *caucasica*	Hortus I8 55-12	f	ma	44,5	46,6																18,4	16,2	19,9	19,2	14,8	16,5	17,0	14,0
Capra aff. *caucasica*	Hortus I9 1184a24	f	mp	48,0	49,2	50,6	20,8		19,3		4,4	8,2								18,2	15,2	14,9	16,8	16,0	12,4	14,4	14,3	12,2
Capra aff. *caucasica*	Hortus I9 1261a26	f	mp	44,5	46,5	48,7	18,8	22,7	17,7	17,8	4,0	6,6	4,3	5,0	16,1	13,7	3,9	5,2	18,4	17,6	14,9	15,8	17,0	16,0	12,6	14,7	14,9	12,5
Capra aff. *caucasica*	Hortus I9 1627-28	f	ma	47,6	48,6	49,6	24,2	24,7	22,2	20,5	5,7	9,0	4,3	6,2	17,8	15,2	5,1	5,8	21,7	18,6	20,1	17,5	22,2	19,1		17,2		15,6
Capra aff. *caucasica*	Hortus I9 2002-28	f	mp	50,3	50,0	52,7	19,9	23,3	18,9	18,5	4,9	7,7	5,7	5,0	17,5	14,2	5,0	4,7	21,8	18,2	15,2	15,5	17,5	15,8	12,6	15,0	14,6	12,3
Capra aff. *caucasica*	Hortus I9 2045-29	f	mp	44,4	45,6	47,9			17,0		4,1	7,6				14,6				16,6		15,2	16,1	14,9	12,2		14,3	12,1
Capra aff. *caucasica*	Hortus I9 2072-29	f	ma	52,3	51,1	51,4			22,6	21,6	6,3	9,3			20,3	18,2					22,0				16,2		18,3	
Capra aff. *caucasica*	Hortus I9 720-20	f	mp	49,9	49,2	50,6	21,5	24,9	19,8	19,9	4,4	8,9	4,8	5,4	18,5	15,0	4,6	4,8	21,8	19,6	17,3	16,0	18,1	17,0				13,8
Capra aff. *caucasica*	Hortus I9 757-18	f	mp	47,9	48,0	49,6	18,8	22,3	18,5	18,3	5,0	7,3	5,3	5,1	16,7	13,7	4,5	4,6	20,5	18,2	14,0	14,6	17,1	15,6	12,8	14,7	14,5	12,2
Capra aff. *caucasica*	Hortus J10 275-10	f	ma	43,3	43,5	44,3	19,3	21,3	17,5	18,5	4,7	7,5	3,9	5,2	15,2	13,8	3,6	4,6	18,2	16,8	15,7	15,2	17,2	16,1	13,3	14,5	15,9	12,8
Capra aff. *caucasica*	Hortus J10 540-11	f	mp	45,9	46,8	48,8	18,1	21,6	16,6	16,6	3,9	7,6			14,3	14,1					14,0	14,7	16,1	14,7	12,6	13,7	14,6	12,6
Capra aff. *caucasica*	Hortus J9 1291-11	f	ma	45,3	46,2	46,8	20,3	23,1	19,8	17,6	5,0	8,0				13,3					17,1	15,7	19,3	18,1	14,3	15,5	17,2	14,0
Capra aff. *caucasica*	Hortus J9 1834-28	f	ma	49,8	50,1	51,2		25,2		20,6	5,4		4,9		17,0		5,6		21,4		18,9	16,9	21,4	19,5	16,0	18,0	19,0	15,5
Capra aff. *caucasica*	Hortus J9 1838-29	f	mp	53,2	50,1	52,9	21,2	25,4	19,8	21,5	4,5	9,0	5,9	6,2	18,8	13,8	5,2	5,5	23,8	18,7	15,7	15,8	18,1	16,8	12,3	15,4	14,6	12,8
Capra aff. *caucasica*	Hortus K10 1029-13	f	ma	44,8	47,5	47,4	20,5	21,2	19,8	18,3	5,2	8,6			16,9	16,3					16,9	15,7	19,7	18,8	14,4	15,9	19,0	13,8
Capra aff. *caucasica*	Hortus K10 678-11	f	mp	46,6	46,8	49,2	18,2	20,7	16,5	16,1	3,5	7,3	5,5		15,1		3,7		18,8		13,9	15,5	16,2	14,9	12,3	13,7	14,6	12,4
Capra aff. *caucasica*	Hortus K10 897-13	f	mp	48,7	48,1	49,3	18,6	20,8	17,7	17,3	4,5	6,8	4,7		16,5	14,0	4,3		20,2		14,2	15,0	17,1	15,9	12,1	14,3	14,3	11,8
Capra aff. *caucasica*	Hortus K10 898-13	f	ma	44,9	47,0	47,2	20,9	22,6	20,9	18,2	5,4	8,8	7,0	7,6		15,1					17,0	15,5	20,1	19,3	14,5	16,1	18,4	13,5
Capra aff. *caucasica*	Hortus K9 765-11	f	ma	46,0	46,1	46,8	19,6	22,1	19,2	17,7	4,6	8,2	5,1	6,0	16,7	13,8	4,1	4,5	20,4	16,6	16,3	16,1	18,7	17,5	13,8	15,5	17,7	14,0
Capra aff. *caucasica*	Hortus K9 767-11	f	ma	44,7	46,2	46,8	19,6	21,8	18,7	17,4	5,1	7,9		6,9	16,6	13,2		4,6		17,9	16,7	16,2	18,9	17,8	13,8	15,4	17,0	13,6
Capra aff. *caucasica*	Hortus L10 239-12	f	ma	45,0	46,7	47,2	20,3	20,7	19,9	18,4	5,8	8,2		7,5	15,9			5,2			16,9	15,8	19,8	17,1	14,2	15,3	17,3	13,5
Capra caucasica	Grotte supérieure (Tsutskhvati)	f		45,5	46,7	48,3															12,6	13,3	15,5	14,0	10,9	13,4	13,6	10,9
Capra caucasica	Ortvala-Klde 90 C11 405-460 4	f					17,4	21,2	16,3	16,3	4,9	6,5	5,3	5,7	15,6	13,9	4,6	4,7	19,7	17,6								
Capra caucasica	Ortvala-Klde 95 C12 370-420 4	f		46,3	45,4	47,4	15,7	20,0	15,4	16,2	4,8	6,3	4,9	5,8	15,6	12,6	4,5	4,4	19,6	16,7	13,1	13,9	15,3	14,1	10,9	12,4	12,7	
Capra caucasica	Ortvala-Klde 95 C12 420-440 4	f					16,3	19,3	14,8	15,4	4,5	5,2	4,7	6,0	14,3	11,0	3,5	3,9	17,5	14,2								
Capra caucasica	Ortvala-Klde 95 C12 420-440 4	f					17,8	20,0	17,2	16,9	4,3	6,8	4,1	6,3	15,0	13,6	3,7	3,5	18,2	16,2								
Capra caucasica	Ortvala-Klde 95 E8 370-420 4	f					14,5	18,3	14,5	14,7	4,6	5,7			15,3	11,0			17,4	14,8								
Capra caucasica	Ortvala-Klde G6d 300-310 4d	f					19,1	20,5	18,9	16,8		7,2																
Capra caucasica	Ortvala-Klde G6d 315-325 5	f					17,6		17,4	17,4	5,0	6,5																
Capra caucasica	Ortvala-Klde G7d 296-303/310 4d	f					19,1	21,6	18,2	14,7	8,9	6,5	5,5	5,4	16,7	12,3	4,7	5,6	20,5	17,2								
Capra caucasica	Ortvala-Klde G8a 356-361 6	f					20,8		20,3	19,3	5,4	9,4		7,5	18,1	14,2		4,0										
Capra caucasica	Portel-Ouest B	f	mp	39,9	39,5	41,3	14,9	17,7	14,2	13,1	4,2	5,7	4,4		13,0	11,3			16,5		12,2	11,7	13,4					10,0
Capra caucasica	Portel-Ouest F	f	mp	45,7	46,0	47,4	16,6	20,1	16,3	15,7	4,6	5,7			14,5	11,6					14,0	13,9	16,0	15,3	11,3	13,1	13,2	10,8
Capra caucasica	Portel-Ouest F2	f	mp	41,8	41,7	43,6	16,3	19,5	15,0	15,0	4,0	6,0	4,2	4,5	13,2	11,5	3,4	3,5	16,6	14,2	13,4	12,9	14,9	14,1	11,2	12,8	13,2	10,5
Capra caucasica	Portel-Ouest F3	f	ma	37,8	39,3	39,9	15,5	18,0	15,3	13,5	4,6	6,1	3,2	4,3	13,5	10,5	3,2		16,1		13,7	13,1	15,6	15,5	11,3	12,7	13,6	11,1
Hemitragus bonali	Orgnac3 C10 c.8 180	f	ma	41,9	41,1	43,2	16,4	19,7	15,2	17,1	4,5	6,3			14,8	13,2					13,0	16,0	13,9	13,1	12,0	13,2	13,4	12,2
Hemitragus cedrensis	Arago I23 IOC6 R11925	f	mp																				13,8	13,3	10,9	11,8	13,3	
Hemitragus cedrensis	Arago J19 JKD2 153	f	mp																				14,5	13,5	10,9	13,1	12,3	
Hemitragus cedrensis	Arago K18 KJBE7 2797	f	mp							15,1	4,2				14,4	10,5												
Hemitragus cedrensis	Arago K18 KJBE8 2916	f	ma																				13,2		10,3	11,1	12,6	9,7
Hemitragus cedrensis	Arago K19 KKE2B 2906	f	ma						14,8	14,3	4,1	5,5			12,2	9,6												
Rupicapra cf. *pyrenaica*	Orgnac3 C15 c.5a 241	f	ma	35,7	35,6	36,6	11,6	13,9	10,9	11,4	3,5	4,6	3,5	4,0	10,1	9,8	3,3	3,1	13,3	13,4	8,1	10,0	10,2	10,1	7,8	9,2	9,7	8,1
Rupicapra pyrenaica	Portel-Ouest B	f	mp	44,1	44,8	46,4	13,4	15,8	12,6	12,4	3,6	5,3	4,7	4,2	10,8	9,8		2,9		11,7	8,9	10,5	11,8	11,0	8,7		8,9	8,3
Rupicapra pyrenaica	Portel-Ouest B1	f	mp	41,0	41,8	42,9	13,5				3,7	5,1									8,7	10,5	12,3	12,1	8,6	9,7	9,7	7,9
Rupicapra pyrenaica	Portel-Ouest F1	f		39,7	41,1	41,3	14,2	15,1	13,3	12,7	3,6	5,7	3,0	4,4	10,9	9,2	2,9	3,3	13,3	12,2	9,7	10,2	13,1	12,8	9,4	10,6	12,4	9,0
Rupicapra rupicapra	Grotte du Bison dM 14 (Tsutskhvati)	f		30,8	32,0	33,2	11,5	13,5	11,7	10,4	3,1	4,9			10,4	9,6			12,6		8,4	8,8	11,4		8,0	9,3	9,9	7,0

Tableau B35 – Dimensions de la première phalange.

Espèce	Collection	a/p	1	2	3	4	5	6	7	8	9	10	11	12	13	14	15	16	17	18
Capra aff. *caucasica*	Arago F24 FPD5 1325	ma	26,8	25,6	22,9				11,4	8,2	8,8		12,5	12,5	12,7	12,9	11,5	16,4	11,3	15,6
Capra aff. *caucasica*	Arago J20 JLE3 1514	mp	27,4	25,1	23,8	14,7	14,9	14,7	9,9	7,0	8,0	10,7	11,1	11,1	9,5	11,5	9,8	12,7	9,7	18,2
Capra aff. *caucasica*	Arago J20 JLE3 1572	ma				16,8	18,0		11,0		8,3	11,7	13,4							
Capra aff. *caucasica*	Arago K19 KKD3 R14248	mp												11,6	11,2	11,8	11,2	12,4	10,0	
Capra aff. *caucasica*	Hortus H10 1826-29	mp	28,5	26,8	25,3	16,8	18,7			6,5		10,9		12,9	11,7	12,8	10,8		10,4	18,5
Capra aff. *caucasica*	Hortus H8 63-12	ma	30,0	28,0	25,4	20,0	19,4	19,9	12,8		10,6	12,9	15,5	15,4	14,8	16,5	13,0	17,9	13,8	17,2
Capra aff. *caucasica*	Hortus H9 1799+-29	mp	31,4	28,8	26,9	19,8	20,0	18,6	12,2	8,4	10,0	13,3	13,7	14,3	11,8	15,3	13,5	15,4	13,1	19,6
Capra aff. *caucasica*	Hortus H9 1946-31	ma	31,3	30,3	27,1		21,2		13,2		10,3		16,4	15,8	14,3	16,5	12,7	18,1	12,8	17,5
Capra aff. *caucasica*	Hortus H9 1959-31	mp	31,4	27,9	27,4	17,5	17,8		12,5	7,7	8,0	12,6		13,6	11,5	13,4	12,5		11,7	20,8
Capra aff. *caucasica*	Hortus I10 1600-28	mp	32,3	30,4	29,0	19,7	20,0	18,6	13,2	8,5	10,1	13,3	14,9	15,8	12,7		12,1		12,4	21,9
Capra aff. *caucasica*	Hortus I9 10457r24	mp	27,9	26,8	25,1	16,5	16,2	15,4	10,6	7,4	7,4	10,8	12,0	12,1	10,5	12,4	11,0	14,2	11,1	19,0
Capra aff. *caucasica*	Hortus I9 1184-24	ma	31,9	31,2	27,2	22,4	23,5	21,9	14,4	10,0	11,6	16,4	16,6	16,6	15,5	17,0	13,2	18,4	13,4	19,3
Capra aff. *caucasica*	Hortus I9 1427-27	ma	30,1	30,2	27,6	20,3	19,8	18,8	13,6	8,4	9,9	13,3	16,1	15,5	14,5	15,3	12,8	17,2	13,2	18,5
Capra aff. *caucasica*	Hortus I9 1627-28	mp	34,2	31,8	29,0	19,5	19,3	18,4	11,9	8,6	9,9	12,8	13,1	15,0	12,0	15,5	13,0	15,6	12,9	21,7
Capra aff. *caucasica*	Hortus I9 1627a28	ma	30,8	28,5	25,8	21,2	20,1	20,3	14,1	9,5	10,5	14,0	16,5	16,8	14,1	16,4	13,5	16,9	13,4	17,8
Capra aff. *caucasica*	Hortus I9 1702-28	ma	30,9	28,4	25,9	21,1	20,2	20,3	15,4	10,0	10,5	14,8	16,4	17,2	14,4	17,0	13,1	17,7	13,1	18,3
Capra aff. *caucasica*	Hortus I9 1719-28	ma	30,6	28,9	26,2	18,9	18,9	18,6	14,0	9,0	9,3	13,3	15,6	15,0	13,9	15,8	12,5	17,0	13,3	18,6
Capra aff. *caucasica*	Hortus I9 194- 9	mp	33,8	30,6					12,9	8,4		13,6					12,5	12,0	12,1	22,5
Capra aff. *caucasica*	Hortus I9 2046-29	mp	32,3		27,7				10,6	9,0		12,2		13,3	11,1	13,8	12,3	15,3	11,9	21,1
Capra aff. *caucasica*	Hortus J9 733-13	mp	32,1	29,8	27,8	18,1	18,9	17,0	11,3	7,8	9,2	12,2	13,1	13,1	12,4	14,9	14,0	16,6	13,1	20,9
Capra aff. *caucasica*	Portel-Ouest F3	mp	28,8	26,7	25,2	15,0	15,6	14,4	9,9	6,9	7,4	10,7	11,6	11,5	10,3	11,1	10,0	14,0	10,4	19,4
Capra caucasica	Ortvala Cave 187	mp	35,5	34,3	32,0	19,3	19,3	18,7	11,0	9,5	9,6	12,1	13,8	14,0	12,5	14,8	13,0	16,3	11,8	23,7
Capra caucasica	Ortvala Cave 209	mp	34,4	33,1	38,0		17,1	16,3	17,7	7,5	7,6	12,4	13,1	12,4	12,0	13,4	12,6	15,5	11,6	23,4
Capra caucasica	Ortvala Cave 366	ma	30,6	29,8		18,6	19,1	18,7	19,2	9,0	9,1	13,1	14,8	14,1	14,5		13,0	17,9	12,5	17,7
Capra caucasica	Ortvala Cave 367	ma	30,9	29,4	27,5	19,3	19,7	19,3	19,6	8,3	10,1	13,2	14,0	15,3	15,0	15,4	12,4	18,9	13,1	17,1
Capra caucasica	Ortvala Cave 368	ma	29,2	28,0	25,2	16,9	17,6	17,0	17,6	8,5	8,4	11,7	13,3	12,9	14,0	12,9	11,2	16,7	10,7	17,3
Capra caucasica	Ortvala Cave 41	mp	34,8	33,2	31,7	18,1	18,8				9,1	13,8	13,6	13,6	12,3	14,7	13,0	15,3	13,0	23,5
Capra caucasica	Ortvala Cave 93	mp		35,0	32,6	17,8	18,3	17,8	18,7	8,2	8,6	13,1		13,0	11,9	13,8	12,2	16,0	12,3	24,3
Capra caucasica	Ortvala Cave mha 79-59 412	ma	30,1	28,8	25,9	17,5	18,8	18,0	17,5	8,3	9,3	11,4	13,7	13,3	13,8	13,7	11,8	17,7	12,0	17,8
Capra caucasica	Ortvala-Klde 87 D9 405-410 4		32,3	29,7	28,6	17,6	17,7	17,0	12,1	8,2	8,4	12,3	13,5	13,1	11,8	13,1	10,9	14,5	10,9	23,0
Capra caucasica	Ortvala-Klde 87 D9 405-410 4					20,5	21,6	19,6	12,8	9,3	10,4	14,7	15,0							
Capra caucasica	Ortvala-Klde 90 C12 420-480 4			35,3		21,7	20,9	20,9	14,3	10,5	12,2	16,5	15,5		15,3		14,6			
Capra caucasica	Ortvala-Klde 95 C11 420-440 4		33,7	31,2	29,2	18,9	19,3	18,7	12,5	8,9	10,0	13,3	13,5	13,6	12,1	14,8	12,2	16,0	11,8	21,0
Capra caucasica	Ortvala-Klde 95 E8 370-420 4		33,5	30,7	29,4	19,2	19,4	18,7	13,2	8,3	9,9	11,7	14,2	13,6	12,0	14,8	12,0	15,7	11,6	21,2
Capra caucasica	Ortvala-Klde C11 c.3		33,6	31,2	29,5	18,9	19,5	18,8	13,1	8,6	9,8	13,7	13,3	13,8	12,1	14,9	12,0	16,0	11,2	21,6
Capra caucasica	Ortvala-Klde G6b 244/250-255 3(top)		30,9	29,5	26,5	18,6	20,2	18,1	13,0	8,9	9,6	13,6	14,9	13,4	13,8	15,5	13,3	17,9	13,3	18,3
Capra caucasica	Ortvala-Klde G8a 300-305/312 4c		31,3	30,1	27,2	18,7	20,0	18,4	12,7	9,3	9,0	14,6	12,6	13,6	14,9	13,0	18,0	12,9	18,1	
Capra caucasica	Ortvala-Klde G8a 361-366 6					18,5	20,2	18,0	13,3							16,5	13,0	17,0	12,3	
Capra caucasica	Sakazia Ls 76 1065 603	ma	28,4	27,6	24,3	18,2	18,0	17,2	11,6	9,3	9,2	12,4	13,1	14,1	13,0	14,3	11,5	15,5	11,3	17,0
Hemitragus cedrensis	Arago E24 EDP12 1107	mp			23,4	13,7				7,2	6,0			11,2	10,2			13,0	10,2	
Hemitragus cedrensis	Arago E24 EDP15 1351	ma	25,7		22,9	13,9	14,2	13,9	9,9	6,8	7,5	10,7	11,4	11,0	10,6			14,0	10,0	16,8
Hemitragus cedrensis	Arago H23 HOD2 794	mp													10,3	11,2				
Hemitragus cedrensis	Arago I19 IKD9 352	ma		26,4	23,9	16,8		15,6		7,4	8,4			12,4		12,8	11,1		11,0	
Hemitragus cedrensis	Arago J19 JKD2 190	ma	26,5	24,2	22,4	15,3	16,2	14,3	10,1	7,0	7,5	11,5	13,0	11,4	10,8	12,2	10,3	13,6	10,1	17,5
Rupicapra cf. *pyrenaica*	Arago I16 IPZ 385	ma	27,2	24,5	23,7	12,6	13,7	12,2	9,3	6,0	6,5	10,4	11,8	10,0	9,1	8,5				16,7
Rupicapra cf. *pyrenaica*	Arago Ind SolG R12495	ma				15,0	16,3	14,2	11,9	6,7	7,4	11,7	14,4							
Rupicapra cf. *pyrenaica*	Arago K18 KJG1 200															10,6	9,8	11,8	9,5	
Rupicapra pyrenaica	Portel-Ouest F		30,8	28,3	25,6	14,0	15,6	13,5	9,1	6,3	6,7	10,4	11,4	8,8	8,7	10,1	10,3	12,1	9,6	21,4
Rupicapra pyrenaica	Portel-Ouest F2		28,8	26,6	26,2	12,4	13,5	11,8	8,7	4,8	6,3	8,8	9,5	7,8	7,5	9,2	8,6	10,5	7,9	21,3

Tableau B36 – Dimensions de la deuxième phalange.

Espèce	Collection		1	2	3	4	5	6	7	8	9	10	11	12
Capra aff. *caucasica*	Arago I18 IJD5 3166	f	20,1	18,8	6,9	12,0	5,5	9,4	6,4	4,5	13,4	15,8	11,6	38,7
Capra aff. *caucasica*	Arago I19 IKD8 248	f		15,2	6,8	10,6	4,7	8,3	5,4	4,0	10,3	13,3	11,6	
Capra aff. *caucasica*	Arago J20 JLE2 1694	f	19,5	17,6	6,8	11,3	5,7	8,2	5,2	4,0	11,4	14,1	10,5	36,6
Capra aff. *caucasica*	Arago K18 KJD6 2336	f	23,0	20,2	8,5	11,8	3,8	8,7	6,8	4,6	10,7	14,8	13,0	
Capra caucasica	Ortvala-Klde 89 F6 350-370 4	f	23,0	21,0	8,6	14,3	7,1	10,6	7,7	5,5	14,5	16,4	14,6	
Capra caucasica	Ortvala-Klde 95 C11 420-440 4	f		21,6	8,3	12,6	6,4	10,1	6,7	4,8	12,8	16,4	14,1	
Capra caucasica	Ortvala-Klde 95 C12 420-440 4	f		22,2	7,4	13,1	6,9	11,7	7,9	4,6	13,4	17,7	13,7	
Capra caucasica	Ortvala-Klde 95 E8 370-420 4	f	24,1	20,3	7,7	13,6	5,6	9,9	6,5	5,5	14,3	15,9	14,1	
Capra caucasica	Ortvala-Klde 95 E8 370-420 4	f	24,4	20,3	7,6	12,8	6,7	8,5	6,3	5,0	13,1	16,1	13,1	
Capra caucasica	Ortvala-Klde G6b 244/250-255 3(top)	f	25,5	22,7	7,8	13,6	6,8	10,2	7,5	5,2	13,9	18,1	14,2	51,0
Capra caucasica	Ortvala-Klde G8a 300-305/312 4c	f		24,3	8,9	14,5	7,1	11,5	8,5	6,1	15,5	20,0	16,8	
Capra caucasica	Ortvala-Klde G8a 391/385-192 7	f		21,8	8,4	14,3	6,3	10,4	7,4	5,5	14,0	16,7	14,8	
Hemitragus bonali	Orgnac3 D16 10158 r 7	f	22,7	16,8	7,6	11,6	4,7	8,0	6,4	4,6	12,0	15,0	11,7	34,3
Hemitragus bonali	Orgnac3 E13 12648 r 7	f		18,5	6,3	10,9	5,1	8,3	5,9	4,7	13,0	15,1	11,6	35,2
Hemitragus cedrensis	Arago J19 JKD13 1261	f		19,4	7,0			9,5	6,6	3,5	12,4	16,3		
Hemitragus cedrensis	Arago J19 JKD13 1263	f		17,8	7,1	11,0	5,6	8,5	6,5	4,3	11,3	14,0	11,4	
Hemitragus cedrensis	Arago J19 JKD14 1330	f		19,4	8,4	12,0	5,7	8,6	6,9	4,1	11,7	15,2	12,6	
Hemitragus cedrensis	Arago K19 KKD4 R14244	f		20,4		11,6	5,8	8,9			12,2		11,7	
Rupicapra cf. *pyrenaica*	Arago I20 ILE8 688	f		15,9	5,9	10,3	5,0	6,8	5,8	3,7	10,8	12,4	10,9	
Rupicapra pyrenaica	Actuel CERPT 1	a	17,1	13,8	4,7	8,4	4,0	5,9	5,5	3,4	8,9	10,7	9,0	35,2
Rupicapra pyrenaica	Actuel CERPT 2	a	17,3	14,4	5,0	8,6	4,8	6,1	5,8	2,9	9,6	11,2	9,6	35,3
Rupicapra pyrenaica	Actuel CERPT 3	a	17,4	14,5	5,2	8,8	4,8	6,0	5,8	2,9	9,5	11,0	9,2	35,2
Rupicapra pyrenaica	Actuel CERPT 4	a	17,0	14,0	4,3	8,3	4,6	5,7	4,9	3,5	9,1	10,8	8,7	35,1
Rupicapra pyrenaica	Portel-Ouest F2	f	18,2	16,1	6,1	10,2	4,6	6,3	5,6	4,9	10,5	12,3	10,5	35,2

Tableau B37 – Dimensions de la troisième phalange.

Annexe C

Stades d'usure des dents sur les mandibules et maxillaires pour *Ovis ammon antiqua* et *Hemitragus bonali* de la Caune de l'Arago.

Ovis ammon antiqua
Mandibule 240
Maxillaire 247

Hemitragus bonali
Mandibule 251
Maxillaire 252

Classes d'âge	Hémi-mandibules droites d'*Ovis ammon antiqua*																		
	Zone	Numéro	Couche	Stade d'usure des dents															
				i1	i2	i3	c	I1	I2	I3	C	D2	D3	D4	P2	P3	P4	M1	M2	M3
I	C14	641	C19									5	5	4				4	2	
	C16	396	CH12										5	4				4		
	C20	122	CLG1									5	5	4						
	D13	2243	DEL2										5	4				3		
	D17	2127	DLY5									-	5	4				4		
	D17	3354	DLY12		4	4	4													
	E12	1469	EDN1									5	5	4				4	2	
	E15	1076	ER		5	5														
	E19	564	EKF5M											4						
	F19	242	FKF5M										5	4				4		
	G19	1212	GKF8										5	4						
	H20	612	HLF6										5	4						
	H20	R10049	HLF8									5								
	I12	1114	IDK10											4						
	I15	1420	INT2									5	5	4				4		
	I15	4215	ENY9	5	4	4	4													
	I16	1671	IPZ8										5	4						
	I17	268	IRZ2										-	4						
	I18	3462	IJBF2										5	4						
	I19	940	IKF5M										5	4						
	I20	1395	ILF7											4				4		
	I20	1396	ILF7										5							
	J18	2290	JJBL2									5	5	4						
II	C12	806	CDK10									6	6	5				4		
	E15	982	ER											5				4	3	
	E17	1059	EKZ2									-	6							
	E19	623	EKF6										6	5						
	F16	4040	FHL4												1	2				
	F19	1056	FKF15											5						
	G19	2	sol D										6	5						
	G19	2114	GKF10											5						
	G20	216	GLF5																3	
	I10	245	IBP4									5	6							
	I15	1593 b	INT2			6	6													
	I20	A 644	IFL8									5	6							

Classes d'âge	Hémi-mandibules gauches d'*Ovis ammon antiqua*																		
	Zone	Numéro	Couche	Stade d'usure des dents															
				i1	i2	i3	c	I1	I2	I3	C	D2	D3	D4	P2	P3	P4	M1	M2	M3
I	E17	1599	EKZ5											4						
	E19	1289	EKF11											4						
	F18	3750	FJBF10										5	4				4	2	
	G11	161	GCO3									5	5	4				4	2	
	G14	3757	GFO1										5	4				4	2	
	G16	A 1231	GDY3									5	-	4				4	2	
	G17	A 638	GJZ4									5	5							
	H15	A 636	HAT8											4				3		
	H19	750	HKF5M										5							
	I12	1116	IDK10																2	
	I13	A 1381	IEP16M									6	6	6						
	I17	1082	IRZ4									5	5							
	I18	219	ISG2									5	5	4						
	I19	2986	IKF14											4						
	J18	438	JCZ1									5	5	4				3		
	J18	A 637	JJBE4															4	2	
	J19	5454	JKF14											4						
	K18	1456	KJH12									5	5	4				4		
II	E17	1167	EKZ2											5				4		
	G16	2171	GDZ4			6							6	5				4		
	G18	163	GSZ1										6							
	H16	1841	HDZ4																3	
	H18	1287	HCY1									5	6	5				4		
	H19	1224	HKF6											-				4		
	IND	R 15162			6			2												
	J17	857	GPZ3									-	6							
	J19	2329	JKE9											5				4	3	2
	K19	3059	KKE2															4	3	

Hémi-mandibules droites d'*Ovis ammon antiqua* – Stade d'usure des dents

Classes d'âge	Zone	Numéro	Couche	i1	i2	i3	c	I1	I2	I3	C	D2	D3	D4	P2	P3	P4	M1	M2	M3
II (suite)	J19	1574	JKE1									6	6							
	J19	3830	JKF8										-	5				4	3	
	K20	2640	KLF5M											5				4		
III	C15	291	C7a											7				4	4	
	D14	258	DFJ12															4	4	2
	D20	2046	DLF12										7	6				4	-	
	D20	A 1345	DLF12															4	4	
	E20	A 1223	ELF5															4	4	
	F17	1722	FMY1										7	7				4	4	
	F18	3674	FJBF9										6	6				4	4	
	F19	662	FKF11															4	4	2
	F19	1970	FKF22										6	6	2					
	F20	1146	FLF11															4	4	
	F20	1488	FLF12															4	4	
	G17	3029	GJY7											7				4	4	2
	G18	3794	GJL6										6	6	2	2		4	4	2
	H11	277	HCL3											7				4	4	2
	H15	A 1200	HAY					3	3						2					
	H19	395	HKE5														2	4	4	2
	H19	1134A	HKF6										6	6				4		
	H19	2611	HKF11											6				4		
	I11	826	ICK9										6	7	2	2	2	4	4	2
	I16	449	IPZ2									6	6							
	I16	696	IPZ3						3	2					2					
	I20	A 1187	ILF8									6	7							
	J17	240	JP5									7	7	6						
IV	D19	1607	DKF6													3	4	5	4	3
	E18	A 615	EKF8																4	3
	E20	2601	ELF9														-	5		
	F10	422	FBM1														3	5	4	3
	F18	1350	FSY1													4	3			
	F19	1970	FKF22												2	3	3			
	FI18	A 641													2	3	3	5	4	3
	G18	3434	GJBF8												2	3				
	H16	307	HD7															5	4	3

Hémi-mandibules gauches d'*Ovis ammon antiqua* – Stade d'usure des dents

Classes d'âge	Zone	Numéro	Couche	i1	i2	i3	c	I1	I2	I3	C	D2	D3	D4	P2	P3	P4	M1	M2	M3
III	C12	717	CDK9										7	6				4		
	C20	2359	CLG15												2					
	D16	2174	DQ10																4	2
	E15	650	ER															4	4	
	E16	886	EKY2										7	6				4	4	
	E19	1305	EKF11															-	4	
	F13	730	FEK11											7			2	4	4	
	F16	3790	FHH12										7	6						
	F18	3897	FJBF10											6				4	4	
	G18	557	GSZ5												2	2	2	4		
	G20	1987	JLF11											6				4	4	
	H13	1420	HEL5											7				4	4	2
	H16	1359	HDZ2										7	7						
	H17	1589	HQT8										7	6				4	4	2
	H19	401	HKE6										7	7				4		
	H20	A 631	HLF8															4	4	
	I17	169	IRZ										6	6						
	J19	4214	JKF10															4	4	2
	K19	4492	KKE9						2											
	ind	12530	indet																4	2
IV	B10	A 642	BBL															5	4	3
	C19	R 13524	JCMn																	3
	C20	1842	CLG13																4	
	D18	A 640	DSG12														3	-	-	-
	D20	A 1346	DLF12													3	3	5	4	3
	E12	274	EDJ12M															5	4	
	E19	911	EKF8													3	3	5		
	E19	A 614	EKF11																4	3
	F19	1322	FKF19														3	5		

Classes d'âge	Hémi-mandibules droites d'*Ovis ammon antiqua*																				Hémi-mandibules gauches d'*Ovis ammon antiqua*																			
	Zone	Numéro	Couche	Stade d'usure des dents																	Zone	Numéro	Couche	Stade d'usure des dents																
				i1	i2	i3	c	I1	I2	I3	C	D2	D3	D4	P2	P3	P4	M1	M2	M3				i1	i2	i3	c	I1	I2	I3	C	D2	D3	D4	P2	P3	P4	M1	M2	M3
IV (suite)	H18	3921	HJBF21							2						3	3	5	4	3	G15	A 1220	G7C					4	4											
	I18	1047	ISZ3																4	3	G17	2917	GJY6															5	4	
	I18	5101	IJBF15													3	3	5	4	3	G18	556	GSZ5													3	3			
																					G18	702	GSZ5															5	4	3
																					H17	194	HQZ2													3				
																					H17	3392	HQY3													3	3			
																					H18	3448	HJBF11												2					
																					I18	3689	IJBF6																4	3
V	D16	2161	DQ8												3	4	4	5	4	3	C20	798	CLG4													4	4	5		
	D16	A 649	DQ8														4	5	4		D18	3024	BJBE2													4	-			
	D17	1789	DLY3																4	3	D20	1861	DLF12													4	4			
	D17	1982	DLY3													4	4	5			D21	907	DLE5												3	4	4	5	4	3
	D18	3127	DJBG1														4	5			E10	1019	EBP12												3	4	4	5		
	D20	2036	DLF12													4	4	5	4	4	E17	1548	EKZ5																4	
	E17	A 1150	EKZ5												3	4		5		3	E17	1361b	EKZ3															5	4	4
	E20	2436	ELF8													4	4	5	4		E17	A 647	EKZ												3	4	4	5	4	
	F15	1135	FI					5	4	3											E19	734	EKF7												3					
	F15	A 650	FI												3	4	4	5	4	3	E20	A 1224	ELF7												3	4				
	F17	1325	FMT2													4	4				F15	1646	FI																4	3
	F18	3825	FJBF10																	3	F18	388	FSZ1												3	4				
	F19	242	FKF5m													4	4	5	4		F18	A 1226	FJBF25													4	4	5	4	4
	F19	1252	FKF18													4	4	5	4	3	F19	1273	FKF18														4	5		
	F19	1949	FKF22												3	4	4	5	4	3	F19	A 1228	FKF22															5	4	
	F19	2198	FKF22												4	4	4	5	4		G15	1442	GZ4					4	4	3	2									
	G14	3715	GFL4													4	4	5	4	3	G18	197	GSZ1													4	4	5	4	
	G19	2042	GKF10												3	4	4				H11	304	HCL5												3	4	4	5	4	3
	G19	A 617	GKF9																4	4	H15	A 648	HAZ															5	4	4
	H14	283	SO0												3						H17	180	HQZ					5 5	4	3	2				3			5	4	3
	H15	923	HAZ2												3	4	4	5			H17	180	HQZ					5 5	4	3	2				3			5	4	3
	H16	2022	HDZ4																4	4	H18	216	HCZ1													4	4	5		
	H16	3788	HAY4													4	4	5	4	4	H19	2241	HKF9																	3
	H17	143	HQZ												3	4	4	5	4	3	H19	750 M	HKF5M														4	5	4	
	H19	1506	HKF7													4					H20	1367	HLF8														4	5	4	
	H19	1715	HKF7												3	4	4	5	4		I15	1356	INZ																4	3
	H19	1759	HKF7													4					I18	4566	IJBF11												3	4				

Classes d'âge	Hémi-mandibules droites d'*Ovis ammon antiqua*																				Hémi-mandibules gauches d'*Ovis ammon antiqua*																			
	Zone	Numéro	Couche	Stade d'usure des dents																	Zone	Numéro	Couche	Stade d'usure des dents																
				i1	i2	i3	c	I1	I2	I3	C	D2	D3	D4	P2	P3	P4	M1	M2	M3				i1	i2	i3	c	I1	I2	I3	C	D2	D3	D4	P2	P3	P4	M1	M2	M3
V (suite)	H19	1852	HKF8														4	5	4		I19	373	IKG1													4	4	5	4	3
	I16	583	IPZ2												3	4	4	5			I20	753	ILF5M												3		4	5		
	I17	A 1206	IRY0					d 5	g 6												IND	R 11842	IND																4	4
	I18	4296	IJBF5												3	4					J19	2094	JKE5													4	4	5	4	4
	I19	478	IKE1													4	4	5	4	4	J19	4172	JKF10													4	4			
	I19	2282	IKF10															5	4		K18	3223	KJG1M													4	4	5	4	4
	I19	2499	IKF11													4	4	5			K19	4707	KKF7b																4	4
	I20	1157	ILF6													4	4	5			L19	R 13520	LKD5														4	5		
	I20	2238	ILF9												4	4																								
	J19	1756	JKE3														4	5	4	3																				
	J19	3696	JKF7																	4																				
	J19	4525	JKF11												3	4	4	5																						
		A 1151													3	4	4																							
VI	C14	3407	CFP1																5	-	C16	587	CH9															6	5	
	C20	A 1161	CLG4												-	5	5	6	5		C17	A 1158	CK9													5	5	6	5	
	D13	2328	DEO3							-					4	5	5	6	5	4	D13	1846	DEJ17												4	5	5	6	5	4
	D14	775	DFJ18g												4	5	5				D18	338	DSG1												4	5				
	D18	569	DSG13															6	5	4	D18	577	DSG13															6	5	4
	E13	1978	EEJ20													5	5	6	5		D18	3279	DJBF7													5	5	6	5	
	E15	A 1157	EP												4	5					D18	A 600	DJBF8																5	4
	E20	1116	ELF5															6			D20	1862	DLF12																5	4
	E20	2013	ELF6																5	4	E15	213	EP													5	5	6	5	
	E20	A 1225	ELF9													5	5	6			E15	259 bis	EP												4	5				
	F15	2881	FKY5						-	4	3				4	5	5	6	5	4	E17	1361	EKZ3													5	5	6	5	4
	F15	A 1154	FG1												4	5	5	6	5	4	E17	A 1156	EKZ2													5	5	6		4
	F15	A 1160	FI												4	5	5	6	5	4	E18	R52334	EJBF27															6	5	4
	F17	958	FMZ2												4	5	5	6	5	4	E20	2517	ELF8														5	6	5	-
	F17	1654	FMT6												4	5	5	6			E20	2811	ELF10																	4
	F18	1114	FSZ4													5	5	6			F15	4904	FGN5												4	5	5	6	5	4
	F18	3727	FJBF9												4	5	5	6	5	4	F17	1565	FMZ3												4	5	5	6	5	4
	F18	A 612	FJBF10													5	5				F18	564	FSZ1													5				
	F19	1185	FKF12													5	5	6			F19	2226	FKF22												4	5				
	F19	1301	FKF18													5					F19	A 1227	FKF15																5	4
	F19	1635	FKF21																5	-	F20	1266	FLF12													5	5	6		

Classes d'âge	Hémi-mandibules droites d'*Ovis ammon antiqua*																				Hémi-mandibules gauches d'*Ovis ammon antiqua*																			
	Zone	Numéro	Couche	Stade d'usure des dents																	Zone	Numéro	Couche	Stade d'usure des dents																
				i1	i2	i3	c	I1	I2	I3	C	D2	D3	D4	P2	P3	P4	M1	M2	M3				i1	i2	i3	c	I1	I2	I3	C	D2	D3	D4	P2	P3	P4	M1	M2	M3
	F19	1770	FKF21																	4	F20	A 1230	FKF11																5	4
VI (suite)	F20	A 624	FLF11													5	5	6	5	4	G15	1660	GZ4												4		5	6	5	
	G12	536 b	GDP17												4	5	5	6	5	4	G16	7511	GHL3													5		6	5	4
	G15	A 1155	GZ2												4	5	5	6	5		G17	A 1286	GIL4					5	5	4					4	5	5	6	5	
	G15	A 1164	G2F												4	5	5				G19	219	GKF5M													5	-			
	G17	A 1232	GJZ2													5	5	6			G19	756	GKF6													5		6		
	G17	5202	GIL2												4	5	5	6	5	4	G19	A 1233	GKF9												4	5				
	G18	A 1167	GC25															6	5	4	H15	400	HN15												4	5				
	G19	567	GKF6													5					H15	2885	HAT8															6	5	4
	G19	1008	GKF8															6	5		H15	4434	HAY7																	4
	H11	278	HCL2												4	5	5	6	5		H15	A 1153	HAT9												4	5	5	6		
	H14	4780	HFN1												4	5	5	6	5	4	H16	2571	HAT2															6		
	H14	4808	HFN4																	4	H18	3079	HJBF6												4	5	5			
	H15	2695	HAT8													5	5				I15	973	INZ5															6	5	4
	H15	A 1169	HAZ2												4	5	5				I16	A 1152	IPZ2																5	4
	H16	1813	HDZ4													5	5	6	5		I18	1048	ISZ3													5	5	6	5	
	H17	371	HQZ2												4	5	5	6			I18	4377	IJFB10															6		
	H17	A 1166	HQZ2												4	5	5	6	5	4	J18	324	JCZ1													5	5	6	5	4
	H18	2896	HJBE7															6	5		J18	323	JCZ1												4		5	6	5	4
	H18	3549	HJBF14																5	4	J19	3469	JKF6													5	5	6	5	
	H19	1136	HKF6												4	5	5	6	5		J20	4314	JLF7															6	5	
	H19	1853	HKF8													5					K17	256	KMP1													5	5			
	H19	2465	HKF10																5	4	K18	1320													4	5	5	6	5	
	I11	1134	ICM3													5	5	6	5			A 1162													4	5	5	6		
	I14	A 1201	IA3					5	5	4	3																													
	I16	A 1202	IPY3					5	5	4																														
	I16	R 10130	IP6												4	5	5																							
	I17	A 1165	IIH7																5	4																				
	I18	1060	ISZ3													5	5	6	5	4																				
	I18	1460	ISZ5												4	5	5																							
	I19	1887	IKF9													5																								
	I19	2296	IKF10																5																					
	J18	3434	JJI1													5	5	6																						
	J19	3471	JKF6													5	5	6	5	4																				
	J19	5540	JKG1M																5	4																				

Hémi-mandibules droites d'*Ovis ammon antiqua*

Classes d'âge	Zone	Numéro	Couche	i1	i2	i3	c	I1	I2	I3	C	D2	D3	D4	P2	P3	P4	M1	M2	M3
				Stade d'usure des dents																
VI (suite)	K19	R 13521	KKE														5	6		
		A 1163													4	5	5	6	5	
		A 1175														5	5	6	5	4
VII	C15	58	C5A												5	6				
	C19	394	CKG7												-	6	6	7	6	
	D13	1131	DEJ15												5	6	6	7	6	4
	D16	531	DQ6																	5
	D16	671	DQ8													6				
	D16	2145	DQ6													6	6			
	D18	670	DSG14													6	6	7	6	
	D19	1622	DKF6													5				
	D20	1349	DLF8													6	6	7	6	5
	D20	1902	DLF12													6	6	7	6	5
	E10	A 1172																6	6	
	E17	1918	EKY3													6	6			
	E20	2605	ELF9																6	
	F18	1185	FSZ5													6	6	7		
	F18	1872	FSY5																6	5
	F19	1407	FKF20													6	6	7	6	5
	G14	954	GA4													6				
	G17	5872	GIJ1													6	6	6	6	4
	H14	A 1234	HA1													6	6			
	H15	1529	HAZ3												5	6	6			
	H16	5766	HDY6					6	5	4										
	H17	551	HQZ2													6	6			
	H19	1254	HKF6												5	6	6	7		
	I13	502	IEJ14																6	5
	I16	199	IP18													6	6	-		
	I16	1351	IPZ7													6	6	7	6	5
	I16	A 1177	IPZ6												5	6	6	7	6	
	I16	A 1199	IPY4							4	4									
	I19	830	IKF5M																	5
	I20	499	ILE2															6	6	5
	J17	4253	JPY2														6	7	6	

Hémi-mandibules gauches d'*Ovis ammon antiqua*

Classes d'âge	Zone	Numéro	Couche	i1	i2	i3	c	I1	I2	I3	C	D2	D3	D4	P2	P3	P4	M1	M2	M3
				Stade d'usure des dents																
VI (suite)																				
VII	C15	2925	C12b					6	5											
	C16	69	CG4												5	6	6			
	C16	276	CH10													-	-	6	5	
	C17	A 1173	CK													6	6	-	-	
	D19	1440	DKE7													6	6			
	D20	521	DLE1														-	7	6	
	D20	1302	DLF8															7	6	5
	E15	3457	EAY4													6	6		6	5
	E17	A 1176	EKZ5															6	6	4
	E20	2871	ELF10													6	6	7	6	
	F13	1328	FEO2													6	6	7	6	5
	F15	A 1207	FI					6	5	4										
	F16	A 1178	FZ3															6	6	
	F16	A 1198	FKY7						5	4	4									
	F16	3870	FHH15													6	6	6	6	5
	F18	591	FSZ1													6	6	7		
	F18	3698	FJBF9												5	6	6			
	F19	1176	FKF17														-	7	6	
	F20	632	FLF7													6	6		6	5
	H15	451	HA1												5	6	6			
	H15	715	HAZ2															6	6	
	H18	A 635	HJBF													6	6	7	6	5
	I15	A 1209	INZ3							4	4									
	I18	3780	IJBF6													-	6	7	6	5
	I18	4454	IJBF10												5	6	6	7	6	5
	I20	A 1181	ILF10													6	6	7		
	J16	A 1174	JMZ2												5	6				
		R 11244														6	6			

Classes d'âge	Hémi-mandibules droites d'*Ovis ammon antiqua*																				Hémi-mandibules gauches d'*Ovis ammon antiqua*																			
	Zone	Numéro	Couche	Stade d'usure des dents																	Zone	Numéro	Couche	Stade d'usure des dents																
				i1	i2	i3	c	I1	I2	I3	C	D2	D3	D4	P2	P3	P4	M1	M2	M3				i1	i2	i3	c	I1	I2	I3	C	D2	D3	D4	P2	P3	P4	M1	M2	M3
VII (suite)	J17	A 1175													5	6		7																						
	J17	A 1179	JMI8															6	6																					
	J18	179	JC15a																6	5																				
	J18	A 645	JJBF7												4	6																								
	J19	1747	JKE3																	5																				
	J20	2188	JLE6													6	6	6																						
		A 1170													5	6	6	6	6																					
		A 1171														6	6	7	6																					
VIII	D12	1173 b	DDJ16					6 6	6 6	5											C17	A 1196	CKY1					6 6	6 6	6 6	5									
	D12	336	DDJ12M														7	7	6	6	D14	1124	DFM1												6	6	7	7		
	D16	3897	DQY8						6	5											D16	3569	DQY7															7	7	6
	D16	A 1221																	6	6	D17	A 1203	DLY14					6	6	6	5									
	D18	561	DSG13															-	7		E19	620	EKF6															7	7	6
	D19	A 1222	DKG4														7	7	7		E19	A 1181	EKF					6	6											
	D19	1639	DKF6																	6	F17	1389	FMT2												6	6	7	7	7	6
	F15	R 11856	FKY4															7		6	F18	1122	FSZ4																6	6
	F16	R 10518	FT2													6	7				G16	3649	GDY2												6	6	7			
	F20	A 1229	FLD12													6	7	7			H12	513	HDM2												6	6	7	7	7	6
	G15	3553	GY8					6 6	6 6	6 6											H15	6752	HAY13													6				
	G9	83	GAM1												6	6	7	7	7	6	H16	3744	HDY4													6	7	7	7	6
	H15	A 1205	HAZ2					6 6	6 6												H19	1057	HKF6												6	6	7	7		
	H16	112	HD4																	6	I15	A 1204	INZ						6	5	5									
	H17	1255	HQZ4					6 6	6												I18	2154	IST6															7	7	6
	I16	949	IPZ6																7		J18	6094 b	JJG8												6					
	I16	1273	IPZ7																7	6	ind	R 15183						6 6	6											
	I17	1205	IRT2b															7	6	6																				
	I20	2674	ILF10															7																						
	J19	1880	JKZ3														7																							
	J19	5484	JKG1															7	6																					
	J20	3037	JLF6												6	6	7	7																						
IX	E16	A 1186	ESY6														7	7	7	7	E15	3458	EAY4													7	7			
																					E16	956	ESY2													7				
																					G19	A 643	GKF9													7	7			
Indéter.	H19	2040	HKF8															-			D19	1724	DKF8															-	-	
	I18	4589	IJBF11					5													I16	A 1197	IPZ2					6 6												

Classes d'âge	Hémi-maxillaires droits d'*Ovis ammon antiqua*												Hémi-maxillaires gauches d'*Ovis ammon antiqua*											
	Zone	Numéro	Couche	Stade d'usure des dents									Zone	Numéro	Couche	Stade d'usure des dents								
				D2	D3	D4	P2	P3	P4	M1	M2	M3				D2	D3	D4	P2	P3	P4	M1	M2	M3
I	C14	638	C17		5	4							F19	2415	FKF22	6	5	4						
	E19	813	EKF7	6	5	4							C20	2236	CLG15	6	5							
	F15	658	F1		5	4																		
	F18	A1376	FSZ4		5	4																		
	G14	3755	GFN2	6	5	4																		
	G15	1669	GT1		5	4																		
	H15	3076	HAT10		5	4																		
	ind	R 15069			5	4																		
	D19	1738	DKF8		5	4				2														
	H15	3076	HAT10		5	4																		
II	B13	602	BEJ14		6	5				3			D12	71	EJ2A	7	6	5				3		
	D17	1202	DLY3			5				4			E15	3587	EAY3	7	6	5						
	H15	4339	HAY6			5				4			J18	A 4523	JJBF8		6	5						
	H16	85	HD4		6	5				3			K18	2582	KJBE4					1	1			
	J18	4214	IJBF6	7	7	6				3														
III	C19	410	CKG8			6				4	3		D14	19	MAOb			6		2	2	4+4	3+3	
	F17	2596	FMY4	7	7	6	1	2	2	4			H17	1521	HQT2b					2	2	4	3	2
	F18	3728	FJBF9			6				4	3													
	F19	A1285	FKF16		6	6				4														
	F20	986	FLF11		7	6				4	3													
	G18	766	GSZ5			6				4														
	I19	2704	IKF11			6				4														
	J19	1648	JKE2		7	6																		
	K19	3046	KKD62			-			2	4	3													
IV	D19	1276	DKG4						3	4			D18	512	DJG12				-	3	3	4	3	
	E15	3823 b	EAY6						3	4	3		E16	A 1269	ESY6				3	3	3			
	E16	952	ESY2								4	3	F20	A622	FLF12							4	3	
	E20	2369	ELF8							4	3		ind	R 15066	sol J				3	3	3	4	4	3
	F19	1414	FKF20				3	3	3	4														

Classes d'âge	Hémi-maxillaires droits d'*Ovis ammon antiqua*												Hémi-maxillaires gauches d'*Ovis ammon antiqua*											
	Zone	Numéro	Couche	Stade d'usure des dents									Zone	Numéro	Couche	Stade d'usure des dents								
				D2	D3	D4	P2	P3	P4	M1	M2	M3				D2	D3	D4	P2	P3	P4	M1	M2	M3
IV (suite)	H12	515	HDM2				3	3	3	4	4	3												
	H14	4679	HLF5					3	3	4	4	3												
	I13	1121	IEM2						3	4	4	3												
V	D20	A625	DLF10				3	4					C19	208	CKG6					4	4	4	4	
	E15	3020	EAY3				3	4	4				F17	412	FIH7								4	3
	F15	2639	FKY4					4	4	4	4	3	F19	1805	FKF21								4	3
	G15	2206	GT6				3	4		4	4	3	F19	2040	FKF22							4	4	3
	G19	91	GKE6					4	4	4	4	3	G17	830	GJZ3				3	4	4	4	4	3
	H19	2609	HKF11					-	4	4	4	3	H15	4744	HAY8				3	4	4	4		
	I13	1042	IEL3							4	4		H17	94	HQ5				3	4	4+4	4+4	4+4	3+3
	J17	R 11122					3	4																
VI	B13	73	BJ2					4	4	5	4	4	C20	119	CLD1							5	4	
	C15	2602	C12a					4	4	5	4		D13	1693	DEJ16							4	4	4
	C20	868	CLG5								4	4	D17	826	DLY2						4	5	4	4
	D14	57	DM				4		4	5	4	4	D19	1457	DKF5M				4	4	4	5	4	4
	D19	1715	DKF7							5	4		E11	928	ECM1							5	4	4
	D19	1804	DKF11							5	4	4	E17	2564	EKY5							5	4	
	E13	2388	EEL7							5	4		E18	2395	EJBF7				4	4	4			
	E13	2444	EEN4				4+4	4+4	4+4	5+5	4+4	4+4	E20	3031	ELF11							4	5	
	E15	A1271	EA1					4		4	4		F18	1233	FSZ6					4	4	5	4	
	E16	A1270	ESY6						4	5	4		G16	3648	GDY2							5	4	4
	E17	A1282	EKY5					4	4	5	4		H14	4715	HLF6				4	4	4			
	E20	2147	ELF7					3	3				I19	694	IKE7								4	3
	E20	2614	ELF8					4	4	5	4		J17	A1272	JPZ5					4	4	5	4	
	F17	704	FMY2					4	4	5	4	4	J19	5461	JKF14					4	4	5	4	
	F18	2612					4	4																
	G15	1672	GZ4							5	4	4												
	G17	1448	GJZ4							5	4	4												
	G18	390	GSZ3						4	5	4													

Classes d'âge	Hémi-maxillaires droits d'*Ovis ammon antiqua*												Hémi-maxillaires gauches d'*Ovis ammon antiqua*											
	Zone	Numéro	Couche	Stade d'usure des dents									Zone	Numéro	Couche	Stade d'usure des dents								
				D2	D3	D4	P2	P3	P4	M1	M2	M3				D2	D3	D4	P2	P3	P4	M1	M2	M3
VI (suite)	G18	725	GSZ5				4	4	4	-														
	H12	315	HDK10							5	4	4												
	H19	2602	HKF11						4	5														
	H20	1861	HLF10					4	4	5	4													
	H20	A627	HLF6					4		5	4													
	I12	679	IDJ16					4	4	5														
	I12	1484	IDL7				4			6	5													
	I16	1453	IPZ7					4		5														
	I18	544	ISZ1					4	4	5														
VII	D16	3031	DQY3								5	4	C17	R11121	C7e						5	6		
	F20	976	FLF11				5	5	5	6	5	4	C20	379	CLGYa					5	5			
	G11	123	GLL4							6	5	5	C20	387	CLG4					5		6	5	5
	G13	1045	GEO3				5+5	5+5	5+5	6+6	5+5	5+5	D14	29	Mad					5	5	6	5	4
	G17	A1283	GIL2							6	5	4	E12	1038	EDK1				5	5	5	6	5	4
	G19	1502	GKF9							6	5		E15	2067	EA1							6	5	4
	H16	2132	HDZ5							6	5		E17	1504	EKZ3					5	6	5		
	I13	1216	IEN1				5	5	5				E17	1793	EKY1					5	5	6	5	4
	J17	5410	JIL3						5		6	5	E20	2232	ELF7						6	5	5	
													G17	2795	GJY6							6	5	
													G19	610	GKF6							5	4	
													H16	2115	HDZ5								5	4
													ind	R11933									5	4
VIII	C15	3499	CGH8								6	5	E19	815	EKF7							7	6	
	J19	3717	JKF8						6	7	6	5												
	H18	1268	HJBE2				7	6	6															
	J19	A1284	JKF9							7	6	5												
	F17	1434	FMT4								6	5												
	E20	1301+02	FLF12								6	5												

Classes d'âge	Hémi-maxillaires droits d'*Ovis ammon antiqua*												Hémi-maxillaires gauches d'*Ovis ammon antiqua*											
	Zone	Numéro	Couche	Stade d'usure des dents									Zone	Numéro	Couche	Stade d'usure des dents								
				D2	D3	D4	P2	P3	P4	M1	M2	M3				D2	D3	D4	P2	P3	P4	M1	M2	M3
IX	I18	412	ISG10					7		7	6		H15	4972	HAY8				7	7	6	7	6	
	G16	A1273	GDY4				7	7	6	7	6	6	E20	2045	ELF7							7	6	6
	G19	2450	JKF5M							7	6	6												
INDET	F16	3714	FHH1				-	-	-	-	-		B14	10	C8b						-	-	-	
	F18	2497	FJH9							-	-	-												

Stade de croissance	Hémi-mandibules droites d'*Hemitragus bonali*																Hémi-mandibules gauches d'*Hemitragus bonali*															
				Stade d'usure des dents																Stade d'usure des dents												
	Zone	Numéro	Couche	I1	I2	I3	C	D2	D3	D4	P2	P3	P4	M1	M2	M3	Zone	Numéro	Couche	I1	I2	I3	C	D2	D3	D4	P2	P3	P4	M1	M2	M3
I																	D17	3407	DLY12					3	4							
II	D13	433	DMT3							6				3	2		C16	1359	CHY6					4	5	6				3		
III	I15	A 1241	IN3					6	7	7			2	4	3																	
IV	G17	4737	GIH5									3	4	4	-		F15	A 1211	FKY12								2	3				
	H15	1416	HAZ2											4			G14	73	GA2													3
	IND	A 1212	IND								2	3					H17	5000	HQY5								2	3	4	4	4	3
V	E15	A 1218	EA1										4	5	4	4	F13	1275	FEM1									3	4	5	4	4
	F14	573	FI										4	5	4		G14	2498	GAY5								3	4	4	5	4	4
	F15	2638	FKY4											5	4	4	G18	A 1240	GSY7										4	5	4	4
	F18	1758	FSY5									3	4				H14	3710	HAY5											5	4	
	G13	1033	GEM3									3	4	5	4	4	I19	A 1243	IKF15								3	3	4			
	G16	4732	GDY6													4	K18	928	KSY3									4	4			
	H13	A 1213	HEJ1									3	4	5	4	4																
	H15	5555	HAY10									3	4	4	-																	
	H16	3416	HAY3											5	4	4																
	J10	A 1219	JBO2											5	4																	
VI	F14	1269	FA1										5	6	5		D17	3077	DLY10								4	4	5	6	5	5
	F14	A 1216	FQY5									4	6	6	5		E16	A 1215	ESY6								4	4	5			
	G14	A 1239	GA4									4	5	6	5		F14	A 1214	FAY5								4	5	6			
	I16	A 1242	IPY3P												5	5	F16	A 1217	FKY4											6	5	
	J17	2129	JPY2								4	5					F17	2681	FMY5											6	5	
	K17	217	KMZ2									-	6				G14	A 1238	GA4									5	5			
	K17	A 1244	KMY2												5	5	H15	6477	HAY12									5	6			
																	I17	4281	IRY5										5	6	5	5
																	I17	4682	IRY5											6	5	-
																	J19	61	JKD3											-	5	5
VII	E17	1379	EKZ3												6		E16	2924	ESY11													6
	G16	4268	GDY5								5	6					F14	566	FI									6	7			
	I15	3387	INY3									6	6	7			F15	839	FI									6		7		
																	F15	2697	FKY4									6	7			
																	G15	3465	GY7													6
																	H16	A 1237	HDY4									6	6	7	6	6
																	H16	5097	HDY5									6	7	7	7	
																	H17	2731	HQY5									6	6	7	6	6
																	J18	R 12278	JJD1								6					
INDET	E15	3506 b	EAY3									-	-																			

Stade de croissance	**Hémi-maxillaires droits d'*Hemitragus bonali***												**Hémi-maxillaires gauches d'*Hemitragus bonali***											
				Stade d'usure des dents												Stade d'usure des dents								
	Zone	Numéro	Couche	D2	D3	D4	P2	P3	P4	M1	M2	M3	Zone	Numéro	Couche	D2	D3	D4	P2	P3	P4	M1	M2	M3
I	E23	R 10016	EOD5			7			2	4			I18	3422	IJBE4						2	4	3	
II													F15	3014	FKY5				2	3	3			
III	H15	6485	HAY12				3	4	4	4	4	3	F15	3099	FKY6				3	4	4	4	4	
IV	F15	3208	FKY5				4	4	4	5			C14	A 1277	GAY5					4	4	5	4	4
	H15	A 1276	HAY10						4	5	4	4	H14	1713	HA3							5	4	
													I16	2828	IPY2						4	5	4	
V	E16	4237	ESY14						5	6	5		D12	501	DDJ12M				5	5	5	5	4	4
	F13	A 1279	FJ5								5	4	F15	4444	FKY2				5	5	4			
	F17	R 51654	FMY9				5	5	4				H16	A 1274	HD5				5	5	4		5	
	I17	A 1275	IRY2				5	5	4	5	-		I15	2482	INY2						5	5		
	I24	A 1281	IPB4				5	5	4	5	4													
VI	F16	A 1280	FKY7				6	5	5	6	5	4	H15	2865	HAT8					6	5			
	F18	2601	FJH11						5	6	5	4	H18	R 10809	Sol G				6	6	5	6		
	H15	6313	HAY12					6	5															
	H16	A 1278	HHH1						5	6	5	4												
	K17	563	KMY				6	5	5	6														
VII													A12	241	ADN2P						7	7		
													E14	164	EY				7	6				
													E16	899	ESY7								6	5
													I18	1880	IST5				7	6	6	7	6	
INDET	IND	12279	INDET							-	-													

www.ingramcontent.com/pod-product-compliance
Ingram Content Group UK Ltd.
Pitfield, Milton Keynes, MK11 3LW, UK
UKHW061846041026
15591UKWH00015B/936